Mathematik Primarstufe und Sekundarstufe I + II

Reihe herausgegeben von

Andreas Büchter, Universität Duisburg-Essen, Essen, Deutschland

Friedhelm Padberg, Universität Bielefeld, Bielefeld, Deutschland

Die Reihe „Mathematik Primarstufe und Sekundarstufe I + II" (MPS I+II) ist die führende Lehrbuchreihe im Bereich Mathematik und ihre Didaktik für die Lehrämter aller Schulstufen. Sie wurde von Prof. Dr. Friedhelm Padberg als Herausgeber gegründet und mehrere Jahrzehnte lang von ihm gestaltet. Zielgruppen sind Lehrende und Studierende an Universitäten und Pädagogischen Hochschulen, Referendar:innen sowie Lehrkräfte, die nach neuen Ideen für ihren täglichen Unterricht suchen.

Die Reihe enthält eine große Anzahl weit verbreiteter und bekannter Klassiker sowohl bei den speziell für die Lehrkräftebildung konzipierten Mathematikwerken als auch bei den Werken zur Didaktik der Mathematik für die Primarstufe (einschließlich der frühen mathematischen Bildung), die Sekundarstufe I und die Sekundarstufe II. Aktuell werden mit weit über 50 lieferbaren sowie einer großen Zahl in Planung befindlicher Bände alle relevanten Themenfelder bedient.

Die schon langjährige Position als Marktführerin wird durch in regelmäßigen Abständen erscheinende, gründlich überarbeitete Neuauflagen ständig neu erarbeitet und ausgebaut. Ferner wird durch die Einbindung jüngerer Koautor:innen bei schon lange laufenden Titeln gleichermaßen für Kontinuität und Aktualität der Reihe gesorgt. Die Reihe wächst seit Jahren dynamisch und behält dabei die sich ständig verändernden Anforderungen an den Mathematikunterricht und die Lehrkräftebildung im Auge.

Friedhelm Padberg ist im deutschsprachigen Raum als einer der renommiertesten Autoren und Herausgeber mathematikdidaktischer und mathematischer Grundlagenwerke bekannt und geschätzt und hat selbst zahlreiche Bücher in dieser Reihe geschrieben. Nach seinem Tod führt Prof. Dr. Andreas Büchter, der schon seit über einem Jahrzehnt als Mitherausgeber und Autor fungiert, die Reihe in seinem Sinne weiter.

Konkrete Hinweise auf weitere Bände dieser Reihe finden Sie am Ende dieses Buches und unter http://www.springer.com/series/8296

Hermann Kautschitsch • Gert Kadunz

Elemente der Codierungstheorie

Besser sehen, besser hören, besser informieren

Springer Spektrum

Hermann Kautschitsch
Institut für Mathematik
Alpen-Adria-Universität Klagenfurt
Klagenfurt, Österreich

Gert Kadunz
Institut für Mathematik
Alpen-Adria Universität Klagenfurt
Klagenfurt, Österreich

ISSN 2628-7412 ISSN 2628-7439 (electronic)
Mathematik Primarstufe und Sekundarstufe I + II
ISBN 978-3-662-67519-9 ISBN 978-3-662-67520-5 (eBook)
https://doi.org/10.1007/978-3-662-67520-5

Die Deutsche Nationalbibliothek verzeichnet diese Publikation in der Deutschen Nationalbibliografie; detaillierte bibliografische Daten sind im Internet über https://portal.dnb.de abrufbar.

Planung/Lektorat: Iris Ruhmann
Springer Spektrum ist ein Imprint der eingetragenen Gesellschaft Springer-Verlag GmbH, DE und ist ein Teil von Springer Nature.
Die Anschrift der Gesellschaft ist: Heidelberger Platz 3, 14197 Berlin, Germany

Hinweis der Herausgeber

Dieser Band von Hermann Kautschitsch und Gert Kadunz bietet fachliches Hintergrundwissen zur Codierungstheorie für (angehende) Lehrkräfte der Sekundarstufe I und II, ist aber auch bereits für Schülerinnen und Schüler der Sekundarstufe II zugänglich. Der Band erscheint in der Reihe *Mathematik Primarstufe und Sekundarstufe I + II*, aus der Sie insbesondere die folgenden Bände unter mathematischen oder mathematikdidaktischen Gesichtspunkten interessieren könnten:

- H. Albrecht: Elementare Koordinatengeometrie
- H. Albrecht: Geometrie und GPS
- S. Bauer: Mathematisches Modellieren
- A. Büchter/H.-W. Henn: Elementare Analysis – Von der Anschauung zur Theorie
- A. Büchter/F. Padberg: Arithemetik und Zahlentheorie
- A. Filler: Elementare Lineare Algebra – Linearisieren und Koordinatisieren
- H. Humenberger/B. Schuppar: Mit Funktionen Zusammenhänge und Veränderungen beschreiben
- H. Kütting/M. Sauer: Elementare Stochastik
- T. Leuders: Erlebnis Algebra – zum aktiven Entdecken und selbstständigen Erarbeiten
- F. Padberg/A. Büchter: Elementare Zahlentheorie
- B. Schuppar/H. Humenberger: Elementare Numerik für die Sekundarstufe
- B. Schuppar/Geometrie auf der Kugel – Alltägliche Phänomene rund um Erde und Himmel
- G. Wittmann: Elementare Funktionen und ihre Anwendungen
- R. Danckwerts/D. Vogel: Analysis verständlich unterrichten
- C. Geldermann et al.: Unterrichtsentwürfe Mathematik Sekundarstufe II
- G. Greefrath: Anwendungen und Modellieren im Mathematikunterricht
- G. Greefrath et al.: Didaktik der Analysis für die Sekundarstufe II
- K. Heckmann/F. Padberg: Unterrichtsentwürfe Mathematik Sekundarstufe I
- H.-W. Henn/A. Filler: Didaktik der Analytischen Geometrie und Linearen Algebra
- K. Krüger et al.: Didaktik der Stochastik in der Sekundarstufe I

- A. Pallack: Digitale Medien im Mathematikunterricht der Sekundarstufe I + II
- F. Padberg/S. Wartha: Didaktik der Bruchrechnung
- V. Ulm/M. Zehnder: Mathematische Begabung in der Sekundarstufe
- H.-G. Weigand et al.: Didaktik der Algebra

Bielefeld/Essen, Deutschland
Mai 2023

Friedhelm Padberg
Andreas Büchter

Vorwort

Das vorliegende Buch entstand aus einer Reihe von Lehrveranstaltungen, die für Lernende der Sekundarstufe II angeboten wurden. Dieser Hinweis deutet an, wen wir uns als Lesende vorgestellt haben. Zuerst nennen wir Lernende der Sekundarstufen. Hier ist die Sekundarstufe I inkludiert, da sich die Behandlung von Themen aus den ersten Abschnitten aus unserer Sicht auch für diese Stufe eignet. Als Zweites nennen wir Lehrende in den Sekundarstufen, die aktuelle und anwendungsorientierte Mathematik für ihren Unterricht erkunden wollen. Als drittes Lesepublikum denken wir an Mathematikstudierende der ersten Semester. Allen wollen wir einen nachvollziehbaren Text zu einem aktuellen Ausschnitt der angewandten, diskreten Mathematik anbieten und dabei auf die jeweiligen Bedürfnisse Rücksicht nehmen.

Wie kann dies gelingen? Hätten wir uns nur auf die Lernenden der Sekundarstufen konzentriert, so hätten wir ein Schulbuch verfasst. Hätten wir nur die Lehrenden im Blick gehabt, so hätten wir Unterrichtsvorschläge entwickelt und diese präsentiert. Für die Studierenden der ersten Semester wäre eine Darstellung entstanden, die zahlreiche Voraussetzungen verwendet hätte und knapper formuliert worden wäre. Um die eben gestellte Frage nach einem hoffentlich erfolgreichen Gelingen zu beantworten, haben wir uns daher an folgendem didaktischem Prinzip orientiert. Die Ausführungen sollten in allen Abschnitten **a**ltersgemäß, aber nicht trivial, **a**nschaulich, aber nicht oberflächlich und **a**nwendungsorientiert, aber nicht theorielos sein. Mit diesen drei Orientierungen sehen wir uns in guter mathematikdidaktischer Tradition. Beispielhaft verweisen wir auf didaktische Arbeiten unter dem Stichwort „operatives Prinzip", das Erich Wittmann u. a. für die Mathematikdidaktik fruchtbar vorgestellt haben. Wie gehen wir im Sinne des eben formulierten „Triple-AAA" vor?

Werfen wir einen Blick auf die mathematikdidaktischen Orientierungen. Als Erstes ist die Handlungsorientierung zu nennen. Die händische und vollständige Ausarbeitung von Beispielen dient zu Beginn von Abschnitten der Motivation von Begriffen. Sind Sätze bewiesen und Algorithmen hergeleitet, so sind es die Beispiele, welche Zusammenhänge nochmals erläutern und Abläufe sichtbar machen. Durch den Nachvollzug dieser Beispiele werden Selbsttätigkeiten angeregt. Es entsteht eine eigene Praxis. Die Handlungsorientierung wird durch experimentelle Zugänge ergänzt. Was können wir beobachten, wenn wir Parameter ändern, was können wir ändern, wenn der algorithmische Aufwand bei einer Bearbeitung zu groß wird? Bewusst wurden Redundanzen in den Text aufgenommen. Dabei stand die „Eleganz“ von Argumentationen nicht im Mittelpunkt unserer Ausführungen. Wir werfen mit diesem Buch einen Blick auf die Mathematik als ein komplexes Regelwerk, das der Einübung bedarf.

Wie zeigt sich dies bei den vorgestellten Inhalten? In der täglich erlebten Umwelt sind wir zunehmend, teils sichtbar und teils unsichtbar, von Codes umgeben. Damit meinen wir nicht die Verwendung des Wortes Code, wie er in der Kommunikationswissenschaft üblich ist. Es sind die mit Mitteln der Mathematik hergestellten Codes, auf die sich unser Augenmerk richtet. Bei diesen sind es zuerst die *sichtbaren* Codes, wie die Europäische Artikelnummer EAN, die internationale Standardbuchnummer ISBN und ihre Darstellungen als Strichcodes, oder Codes aus der Finanzwelt, wie die internationale Bankkontonummer IBAN oder Seriennummern auf Geldscheinen. Sichtbare Codes sind auch die zweidimensionalen QR-Codes, die uns im Alltag begleiten.

Andererseits verwenden wir, ohne es zu wissen, *nicht sichtbare* Codes in Anwendungen, von denen wir meist nur den Namen kennen: GPS, Bluetooth, WLAN, Audio-CD, Daten-DVD, digitales Fernsehen DVB, digitale Speichermedien in Kameras, Mobiltelefonen und vielen anderen.

Die hier angeführten Codes werden in diesem Buch im Rahmen des Möglichen behandelt. Es wird dargelegt, wie sie aufgebaut sind, wie sie arbeiten und welche Mathematik zu ihrer Entwicklung und Anwendung notwendig ist. Dabei denken wir an die gültige Einsicht, dass das Verstehen von Mathematik, hier von Codes, durch die selbständige Herstellung und Verwendung didaktisch maßgeschneiderter Codes wesentlich gefördert werden kann. Codes in „Mini“-Format, wie sie im Buch vorgestellt werden, gestatten das „händische“ Erkennen und Korrigieren von Fehlern, also der Kernaufgabe von Codes. Insbesondere eignen sich die eben genannten sichtbaren Codes, die Geheimnisse der Fehlererkennung und Fehlerkorrektur zu entmystifizieren. Die zum Verständnis dieser Codes notwendigen mathematischen Kenntnisse sind in den Sekundarstufen vermittelbar (Teilbarkeit von ganzen Zahlen, eine Primzahleigenschaft, Mengendiagramme). Somit können Prinzipien der Codierungstheorie einer breiten Leserschaft zugänglich gemacht werden. Nur bei der Vorstellung der QR-Codes verwenden wir einen Kunstgriff, der in dieser Form in der Praxis nicht verwendet wird: Codieren und Decodieren erfolgen bei uns anschaulich unter Verwendung von Mengendiagrammen. Im Verlauf des Buches ist es genau dieser anschaulich gegebene QR-Code, an dem die mathematische Entwicklung von Codes demonstriert wird. Sind zu Beginn Codes nur Teilmengen von Produktmengen, so werden sie später zu Teilräumen von Vektorräumen über endlichen Körpern und schließlich zu Idealen in speziellen Polynomringen. Je ausgefeilter die zugrunde gelegte mathematische Struktur ist, desto effizienter arbeitet der entsprechende Code. Möglich wird dies durch den Wandel des Begriffs „Wort“. Zunächst ist es nur ein n-Tupel, dann ist es ein Vektor, im nächsten Schritt ist es ein Polynom, und zuletzt ist es ein n-Tupel aus Polynomauswertungen. Bei der Darstellung dieser Entwicklung wird auch die Theorie der endlichen Körper verwendet. Im ersten Schritt genügt dafür der kleinste Körper $(\mathbb{Z}_2, +, \cdot)$, um einige der „unsichtbaren" Codes zu erläutern. Bald ist es aber notwendig, größere endliche Körper einzusetzen, um zum Beispiel Reed-Solomon-Codes zu definieren. Da der Lehrplan der Schule über endliche Körper in der Regel keine Auskunft gibt, wird im Anhang auf die Darstellung der Konstruktion von endlichen Körpern und auf das Rechnen in ihnen besonderer Wert gelegt.

Am Beispiel der Codierung einer Audio-CD werden zuletzt einige der gängigsten Prinzipien der Codierungstheorie behandelt: Erweitern, Verkürzen, Spreizen (Interleaving) und die Produktbildung von Codes. Damit gelingen Erklärung und Konstruktion der „unsichtbaren" Codes und der QR-Codes höherer Leistungsstufen.

Im Sinne des Grundsatzes, eigenhändig Codes herzustellen, per Hand Fehler zu erkennen und zu korrigieren, werden eine Mini-CD mit einem CIRC-Code über einem Körper mit acht Elementen vorgestellt. Den Abschluss bildet ein Mini-QR-Code, der ähnlich zur Praxis auf einem Reed-Solomon-Code aufbaut.

Ein weiterer Grundsatz bei der Gestaltung dieses Buches zielt auf ein möglichst langes Verweilen bei elementaren Methoden des Rechnens mit ganzen Zahlen und Polynomen. Damit können zumindest die ersten drei Kapitel sowie große Abschnitte der Kapitel fünf und sechs mit Lernenden der Sekundarstufe II erarbeitet werden. Bei diesem Rechnen benötigt man nur der Satz von der Division mit Rest als zentrale Aussage. Dieser Satz ist den Lernenden schon aus der Sekundarstufe I bekannt und kann auf das Rechnen mit Polynomen übertragen werden. Daraus ist eine für Anwendungen der Codierungstheorie bedeutsame Eigenschaft von Primzahlen bzw. von irreduziblen Polynomen ableitbar. Darüber hinaus ermöglicht dieser Satz das Rechnen mit Resten, einschließlich der Inversenbildung, und damit die Konstruktion endlicher Körper. Die Darstellung in diesem Buch benötigt nicht die Sprache der Euklidischen Ringe und Faktorringe und ist für die Sekundarstufe geeignet.

Für die verbleibenden Ausführungen sind Kenntnisse notwendig, die über die Mathematik der Sekundarstufe II hinausgehen. Allerdings sind dies nur elementare Begriffe und Sätze der Linearen Algebra bzw. Algebra. Die Codierungstheorie liefert reichhaltige Motivationen zur Einführung dieser mathematischen Konzepte.

Die Vielfalt der mathematischen Bezüge und der Wunsch, einer breiten Leserschaft vollständig nachvollziehbare Mathematik zu präsentieren, führten zur Erstellung eines umfangreichen Anhanges. Damit sollen auch jüngere Lernende in die Lage versetzt werden, notwendige Begriffe und Sätze, z. B. aus der Algebra, beim Lesen des Buches zur Verfügung zu haben. Besonders erwähnenswert erscheint der Anhang über endliche Körper.

Wie zeigt sich das Zusammenspiel von Codierungstheorie, deren Anwendungen und den entsprechenden mathematischen Inhalten in den einzelnen Abschnitten dieses Buches?

Inhalte der Codierungstheorie	Anwendungen	Mathematische Inhalte
Kapitel 1: Quellencodierung Kanalcodierung Decodierung Redundanz	Quellencodierung von Text, Bild und Ton Wiederholungscode	Stellenwertsystem und Zahldarstellungen
Kapitel 2: *Ein- und zweidimensionale Codes* Prüfziffernverfahren Strichcode (Barcode) Leistungspotential von Codes Paritätsprüfung Systematische und nicht systematische Codierung Fehlererkennung und Fehlerkorrektur	EAN ISBN-10 ISBN-13 IBAN EURO-Seriennummer QR-Code Anschaulicher Mini-QR-Code mit Kreisdiagrammen „Historischer“ Hamming-Code	Satz von der Division mit kleinstem nicht-negativen Rest Teilbarkeit ganzer Zahlen Primzahlen Primzahleigenschaften Euklidischer Algorithmus Satz vom größten gemeinsamen Teiler und seine Linearkombinationsdarstellung Kongruenzrechnung Neunerrest und Quersummenbildung Stellenwertsysteme Zahldarstellung XOR-Verknüpfung Mengendiagramme
Kapitel 3: *Grundlagen* Alphabet A Wörter als *n-Tupel* *Code* als *Teilmenge* von A^n Systematische und nicht systematische Codierfunktion Blockcodes Hamming-Abstand Minimalabstand eines Codes Maximum Likelihood Decodierung (MLD) Hamming-Decodierung Bounded-Distance-Decodierung (BD) Kriterien für fehlererkennende und fehlerkorrigierende Codes Auslöschungen Hamming-Schranke Singleton-Schranke Perfekte Codes Optimale Codes (MDS-Codes) Decodierung zum	Wiederholungscode $W(r)$ Quersummenprüfcode $Q(b)$	Rechnen mit Mengen Direktes Produkt von Mengen Mächtigkeit von Mengen Disjunkte Zerlegung von Mengen Injektive und surjektive Funktionen (Abbildungen) Indirekter Beweis Beweis durch Kontraposition Beweise für Äquivalenzaussagen

(Fortsetzung)

Inhalte der Codierungstheorie	Anwendungen	Mathematische Inhalte
Kugelmittelpunkt Informationsrate		
Kapitel 4: *Lineare Codes* Wörter als *Vektoren* Code als *Teilraum* eines Vektorraumes Gewicht eines Wortes Generatormatrix Kontrollmatrix Äquivalente Codes Syndromdecodierung Binäre und allgemeine Hamming-Codes Syndromdecodierung bei Hamming-Codes Erweitern und Kürzen von Linearcodes Golay-Codes Perfektheit von Hamming- und Golay-Codes	ISBN-10 IBAN Quersummenprüfcode als Linearcode ECC GPS Systemwetten Voyager-1 und Voyager-2 Mini-QR-Code erzeugt von einer Matrix	Gruppe, Ring, Körper Vektorräume, Teilräume Lineare Ab- und Unabhängigkeit Basis und Dimension Matrix-Vektorprodukt Blockmultiplikation von Matrizen Transponierte einer Matrix Elementare Zeilenoperationen Zeilenraum einer MatrixStufenform und reduzierte Stufenform von Matrizen Systematische Matrizen Nebenklassen nach einer Untergruppe Lineare Gleichungssysteme Dimensionsformel für lineare Abbildungen und Matrizen
Kapitel 5: *Polynomcodes* Wörter *als Polynome* Codes als *Vielfachenmenge* eines Polynoms Bündelfehler Polynomcodierung von Blockcodes	LAN Ethernet Mini-QR-Code erzeugt von einem Polynom	Satz von der Division mit Rest für Polynome über einem Körper irreduzible Polynome
Kapitel 6: *Zyklische Codes* Code als *Ideal* Zyklische Vertauschung Generator- und Kontrollpolynom zyklischer Codes Generator- und Kontrollmatrix zyklischer Codes Syndromdecodierung bei zyklischen Codes CRC-Polynome CRC-Codes	USB Bluetooth WLAN SD-Karte Zyklischer Mini-QR-Code	Unterring und Ideal Produkt modulo $(x^n - 1)$

(Fortsetzung)

Inhalte der Codierungstheorie	Anwendungen	Mathematische Inhalte
Kapitel 7: *Reed-Solomon-Codes (RS-Codes)* Code als Polynom-auswertungstupel Verallgemeinerter Reed-Solomon-Code Spezielle RS-Codes Zyklische RS-Codes PGZ-Decodierung	QR-Codes mit kleinster Fehlerkorrekturstufe L Voyager-2 Mission Militärfunk NATO Audio-CD DVD DVB Mini-QR-Code erzeugt von einem RS-Code über $\mathbb{K}_8$	Nullstellen von Polynomen Große endliche Körper Zyklische Gruppen Ordnung eines Gruppenelementes Satz von Lagrange Satz von Fermat Primitive Elemente n-te Einheitswurzel Charakteristik eines Körpers Endliche Körper als Vektorräume Lineare Gleichungssysteme Rechnen in endlichen Körpern
Kapitel 8: *Spreizen und Kreuzen von Codes* Spreizen zur Tiefe s Gekreuztes Spreizen (Cross Interleaving) Direktes Produkt zweier Codes	QR-Codes mit höheren Fehlerkorrekturstufen	Matrizenschreibweise Matrizenprodukt Zerlegung einer Matrix in Teilmatrizen
Kapitel 9: *CIRC-Codes* Gekreuztes Spreizen mit verkürzten RS-Codes	Audio-CD DVD Mini-CD über $\mathbb{K}_8$	Rechnen in einem endlichen Körper Rechnen mit Matrizen

Diese Auflistung der Inhalte zeigt, dass sich das Buch auf die Kanalcodierung bzw. Kanaldecodierung von Blockcodes konzentriert. Auf die Quellencodierung bzw. Leitungscodierung sowie auf Faltungscodes wird nicht näher eingegangen.

Das Buch wendet sich somit an

- Lernende, die selbständig einen Barcode, einen QR-Code, eine IBAN oder einen Code für eine Mini-CD herstellen und damit Fehler korrigieren wollen,
- Lehrende der Sekundarstufen, die für den Mathematikunterricht Beispiele zur Motivation und Anwendung von mathematischen Algorithmen suchen bzw. die Hintergrundwissen für alltäglich verwendete Codierungen erlangen wollen,
- Dozentinnen und Dozenten der Mathematik, die Beispiele zur Motivation und Anwendung für Inhalte aus Elementarer Zahlentheorie, Linearer Algebra und Algebra suchen,
- Personen, die an einer handlungsorientierten Einführung in die Grundbegriffe der Codierungstheorie interessiert sind.

Unser Dank gilt dem leider bereits verstorbenen Reihenherausgeber Friedhelm Padberg für die Möglichkeit, didaktische Anliegen am Beispiel der Codierungstheorie vorstellen zu können.

Weiterhin möchten wir uns beim Springer Verlag, besonders bei Agnes Herrmann, Iris Ruhmann, Stella Schmoll und Bianca Alton für die kompetente Betreuung dieses Buchprojektes bedanken.

Klagenfurt, Österreich
März 2024

Hermann Kautschitsch
Gert Kadunz

Inhaltsverzeichnis

Einleitung 1

Auf einem Notenblatt ist „codiert", welche Töne wie lange, wie laut und von wem gespielt (gesungen) werden sollen (Abb. 1.1). Mit unterschiedlichsten „Zeichen" hat der Komponist versucht, seine Melodie- und Klangvorstellungen und seine Empfindungen der Öffentlichkeit zu übermitteln. Nach einer gehörigen Übungszeit können Musiker auf der ganzen Welt in „Echtzeit" uns ihre Interpretation der Klangvorstellungen des Komponisten vermitteln. Sie verarbeiten diesen Code.[1] An der Kasse von Supermärkten, auf der Rückseite von Büchern, Waren aller Art oder anderen Gegenständen erkennt man „Bildmuster", die Informationen auf kleinstem Raum vermitteln (Haftendorn, 2016, S. 45).

Beim Notenblatt wird eine hörbare Melodie nach Regeln in sichtbare Notenzeichen umgewandelt. Beim Barcode (Strichcode) werden Daten (Land der Herstellung, Bezeichnung des Erzeugers etc.) nach Regeln in unterschiedlich breite Balken umgewandelt (Abb. 1.2). Beim QR-Code wird z. B. eine Internetadresse in eine quadratisch angeordnete Sammlung von schwarzen bzw. weißen Pixel umgewandelt.

Definition 1.1
Codieren ist das regelgeleitete Umwandeln von Ausgangsdaten in Zeichen.

Ein Code C ist das Ergebnis dieser Umwandlung. Die Ausgangsdaten bezeichnet man als Message, Nachricht oder Klartext. Elektronische Geräte interpretieren in Sekundenbruchteilen den Code und erzeugen daraus den ursprünglichen Klartext.

[1] Code von lateinisch codex: Buch aus Holztafeln, Sammlung von Normen und Regeln.

H. Kautschitsch, G. Kadunz, *Elemente der Codierungstheorie*, Mathematik Primarstufe und Sekundarstufe I + II, https://doi.org/10.1007/978-3-662-67520-5_1

Abb. 1.1 Eine Notenzeile ist ein Code

9 783662 499535

Abb. 1.2 Beispiele für Codierungen: Ein Strichcode und ein QR-Code

Bei der Codierung ist der Übersetzungsprozess nicht geheim. Jede Person kann den Klartext wiederherstellen: Musiker mit ihren Instrumenten, Sänger mit ihrer Stimme, CD- bzw. DVD-Player mittels Reader. Anders verhält es sich in der Kryptographie. Nur Besitzer eines passenden Schlüssels können die Zeichenfolgen richtig interpretieren. Ohne Kenntnis dieses Schlüssels soll die Wiederherstellung, im Gegensatz zur Codierung, möglichst lange dauern.

Der stetig zunehmende Einsatz von elektronischen Instrumenten und des Computers zur Datengewinnung und Datenerzeugung verlangt nach rascher und korrekter Übertragung dieser Daten. Jede Übertragung ist durch ein bestimmtes Maß an Störungen (Rauschen) bestimmt, das die Datenübertragung beeinträchtigt. Wenn wir miteinander sprechen, so müssen wir nicht jedes Wort exakt verstehen und können trotzdem den Sinn eines Satzes rekonstruieren. Unsere Sprache enthält nämlich viele „überflüssige" Bestandteile, sodass aufgrund der Grammatik bzw. der Stellung des Wortes mit einiger Übung auch fehlerhafte Texte richtig rekonstruiert werden können. Man sagt, dass die natürliche Sprache redundant[2] ist.

Versuche folgenden Text[3] zu lesen:

Ehct ksras! Gmäeß eneir Sutide eneir Uvinisterät,ist es nchit witihcg, in wlecehr Rneflogheie die Bstachuebn in eneim Wort snid, das ezniige was wcthiig ist, das der estre und der leztte Bstabchue an der ritihcegn Pstoiin snid. Der Rset knan ein ttoaelr Bsinöldn sein, tedztorm knan man ihn onhe Pemoblre lseen. Das ist so, weil wir nicht jeedn Bstachuebn enzelin leesn, snderon das Wort als gzeans enkreenn. Ehct ksras! Das ghet wicklirh! Und dfüar ghneen wir jrhlaeng in die Slhcue!

Oder schwieriger:[4]

[2] Redundanz von lateinisch redundare: sich reichlich ergießen, überlaufen. Es sind zusätzliche funktional gleiche oder vergleichbare Mittel (bei uns Informationen) vorhanden.

[3] http://bsti.be/newsletter/dokumente/20140112/Echtkrass.pdf, 19.08.2021.

[4] http://www.logopaedie-eichler.com/Interessantes.html, 19.08.2021.

D1353 M1TT31LUNG Z31GT D1R, ZU W3LCH3N GRO554RT1G3N L315TUNG3N UN53R G3H1RN F43H1G 15T! 4M 4NF4NG W4R 35 51CH3R NOCH 5CHW3R, D45 ZU L353N, 483R M1TTL3W31L3 K4NN5T DU D45 W4HR5CH31NL1ICH 5CHON G4NZ GUT L353N, OHN3 D455 35 D1CH W1RKL1CH 4N5TR3NGT. D45 L315T3T D31N G3H1RN M1T 531N3R 3NORM3N L3RNF43HIGKEIT. 8331NDRUCK3ND, OD3R?

Anders verhält es sich, wenn wir Daten von einem Satelliten empfangen oder über das Internet versenden. Hier liegt im Allgemeinen keine Redundanz vor. Wie können wir den praktisch unvermeidlichen Übertragungsfehlern begegnen? Es hilft, wie in vielen anderen Fragestellungen, die Mathematik mit ihren vielfältigen Werkzeugen. Ein Lösungsansatz im Sinne der Mathematik besteht darin, Daten in einen Code „einzupacken“, das heißt, durch geschicktes Hinzufügen von weiteren, mit der Nachricht zusammenhängenden Zeichen, Redundanz zu erzeugen. Mithilfe dieses Codes können Fehler erkannt (error detecting code) und in vielen Fällen auch korrigiert (error correcting code) werden. Mit solchen Codes wollen wir uns – wenn wir von den ersten einführenden Beispielen absehen – beschäftigen.

Computer, Handy, DVD, CD, Internet arbeiten mit Strom. Dabei kommt es nur darauf an, ob an einer bestimmten Stelle Strom fließt oder nicht – unabhängig von der Stromstärke. Daher wird dem Zustand „Strom fließt“ das Zeichen 1 (oder auch I) und dem Zustand „Strom fließt nicht“ das Zeichen 0 zugeordnet.

Daten werden bei diesen Geräten in binärer[5] Form gespeichert und übertragen.

▶ Ein Bit $\widehat{=}$ „Speicherplatz“ für 0 oder 1.

Ein Bit ist das Informationsatom, die kleinste Einheit, die Information beinhaltet.

Ursprünglich liegt eine zu speichernde oder zu übertragende Information als Zeichenfolge über einem beliebigen „Alphabet“ vor. Man spricht vom *Klartext*.

Definition 1.2

(1) Quellencodierung ist die Umwandlung und Reduzierung eines Klartextes in eine Folge von Zeichen eines solchen Alphabets A, das eine maschinelle Verarbeitung gestattet.

(2) Kanalcodierung ist die Hinzufügung redundanter Informationen zum quellencodierten Klartext mit Zeichen aus dem Alphabet A, um mögliche Übertragungs- bzw. Speicherfehler erkennen und korrigieren zu können.

(3) Man spricht von binärer Codierung, wenn das Alphabet A nur aus den Zeichen 0 und 1 besteht.

[5] Binär von lateinisch bina: doppelt, paarweise.

Anmerkungen:

(1) Binäre Quellencodierung $\widehat{=}$ Umwandlung eines Klartextes in eine 0,1-Folge.

(2) Binäre Kanalcodierung $\widehat{=}$ Erweiterung einer binären Quellencodierung um redundante Zeichen aus $\{0,1\}$, die von der quellencodierten Nachricht abhängen.

Ein üblicher Text besteht aber nicht nur in einer Aneinanderreihung von Zeichen aus einem Alphabet, wie z. B.:

D1353M1TT31LUNGZ31GTD1RZUW3LCH3NGRO554RT1G3N

In diesem Fall würden wir den Text nicht lesen können. Zur Lesbarkeit werden aus dem Alphabet Wörter gebildet und diese durch Leerzeichen getrennt:

D1353 M1TT31LUNG Z31GT D1R ZU W3LCH3N GRO554RT1G3N L315TUNG3N

Allerdings sind die Wörter unterschiedlich lang. Um die Fehlerentdeckung und Fehlerkorrektur zu erleichtern, werden die im Allgemeinen sehr langen Zeichenfolgen in Blöcke gleicher Länge unterteilt.

Wir beschreiben nun an Beispielen die digitale Übermittlung von Text, Bild und Ton.

Beispiel 1.1 Binäre Quellencodierung eines Textes.

Betrachten wir den kurzen Text *JA*, welchen wir als 0,1-Folge darstellen möchten. Dies kann auf unterschiedliche Weise erfolgen.

(1) Ersetze Buchstaben und Sonderzeichen durch Paare von Ziffern. Verwende dazu den ASCII-Code:[6] $J \mathrel{\widehat{=}} 74$, $A \mathrel{\widehat{=}} 65$ und damit $JA \mathrel{\widehat{=}} 7465$.

(2) Ersetze die Ziffernpaare $z_1z_2$durch binäre 8-Blöcke (8-Tupel aus 0 und 1). Die Ersetzung erfolgt in folgender Weise: Deute das Ziffernpaar z_1z_2 als eine einzige Zahl z und stelle diese im Binärsystem dar (vgl. Padberg & Büchter, 2018, S. 148 ff. oder Anhang Satz A2.5). Weil wir 8-Blöcke verwenden wollen, schreiben wir für unsere Zahl $z = b_7b_6\ldots b_0$, wobei $z = b_72^7 + b_62^6 + \ldots + b_02^0$ mit $b_i \in \{0,1\}$ für $i = 0,1, 2, \ldots, 7$ verwendet wird. Damit folgt aus $74 = 0 \cdot 2^7 + 1 \cdot 2^6 + 0 \cdot 2^5 + 0 \cdot 2^4 + 1 \cdot 2^3 + 0 \cdot 2^2 + 1 \cdot 2^1 + {} + 0 \cdot 2^0$ die binäre Folge 01001010. In analoger Weise entsteht aus 65 die binäre Folge 01000001. Der Nachricht *JA* entspricht 01001010 01000001.

Halten wir fest: Die Nachricht *JA* über dem Alphabet $\{A, B, C, \ldots, Z, 0, 1, 2, \ldots, 9\}$ codieren wir mit dem ASCII-Code (vgl. Abschn. 10.8) zu 74 65, also in Blöcke der Länge 2. Diese Blöcke werden unter Verwendung der Binärschreibweise (Alphabet $\{0,1\}$) in die Folge 01001010 01000001 codiert. Es entstehen Blöcke der Länge 8.

[6] ASCII-Code von **A**merican **S**tandard **C**ode for **I**nformation **I**nterchange.

Würden wir diese Folge senden und sie ohne Fehler empfangen, so kann man unter Kenntnis der Codierungsvorschrift, also binäre 8– Blöcke bilden und ASCII-Code verwenden, die Nachricht *JA* rekonstruieren.

Definition 1.3
Die Rekonstruktion einer Nachricht aus einer gesendeten Zeichenfolge nennt man *Decodierung*.

Bei der Rekonstruktion gehen wir umgekehrt zur Codierung vor: Teile die empfangene Nachricht in 8-Blöcke und bestimme die entsprechenden ASCII-Werte.

$$01001010 \mathrel{\widehat{=}} 0\cdot 2^7 + 1\cdot 2^6 + 0\cdot 2^5 + 0\cdot 2^4 + 1\cdot 2^3 + 0\cdot 2^2 + 1\cdot 2^1 + 0\cdot 2^0 = 74.$$

$$01000001 \mathrel{\widehat{=}} \ldots = 65.$$

Decodiere dann aus der ASCII-Tabelle: 74 zu *J* und 65 zu *A*.

Beispiel 1.2 (Binäre) Quellencodierung eines Bildes

Wir senden ein Bild (Abb. 1.3).

Zuerst ordnen wir den Feldern des Bildes ganzzahlige Koordinaten (i,j) mit $0 \leq i \leq 2$ und $0 \leq j \leq 3$ zu und codieren i bzw. j jeweils binär. Der Farbinhalt eines Feldes wird folgendermaßen festgelegt: $Rot \mathrel{\widehat{=}} (0,0)$, $Gelb \mathrel{\widehat{=}} (0,1)$, $Grün \mathrel{\widehat{=}} (1,0)$, $Blau \mathrel{\widehat{=}} (1,1)$. In unserem Bild wird das dritte Feld in der zweiten Zeile $(1{,}2, blau)$ zuerst zu $1 \mathrel{\widehat{=}} 01$, $2 \mathrel{\widehat{=}} 10$ sowie $Blau \mathrel{\widehat{=}} (1,1)$ und dann zum 6-Tupel 01 10 11 codiert. Insgesamt wird obiges Bild ersetzt durch:

000000 000111 001001 001110 010001 010100 011011 011100

110010 110111 111010 101111

In ähnlicher Weise erfolgt die Bildverarbeitung bei der Satellitenübertragung oder auch die Generierung eines Bildes am Fernsehgerät. Es liegt eine Quelle mit kontinuierlichen (stufenlosen, analogen) Übergängen von Formen und Farben vor. Für jede der drei Komplementärfarben Rot-Grün-Blau (RGB) wird das Bild durch eine Rasterung in einzelne

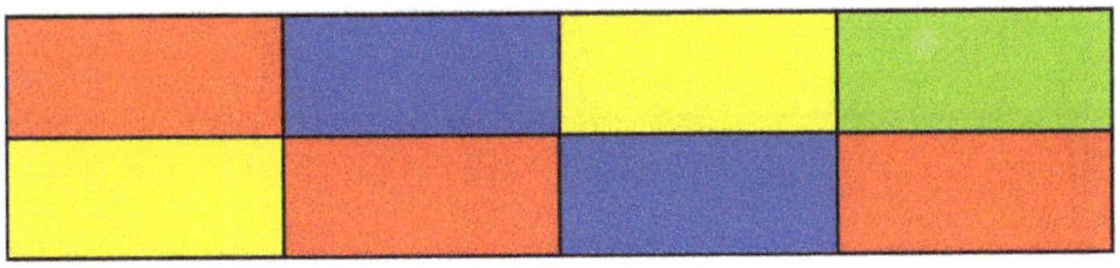

Abb. 1.3 Modernes Bild

Bildelemente (picture elements oder Pixel) zerlegt (siehe Schulz, 1991, S. 4). Jedem dieser Pixel wird eine von $256 = 2^8$ Intensitätsstufen beim Abtasten zugeordnet. Beim hochauflösenden Fernsehbild werden für die Standbildquelle z. B. bei der 4K-Auflösung 3840×2160, also rund 8,3 Millionen Pixel verwendet.

Die Umwandlung eines analogen Signales erfolgt also durch zwei „Diskretisierungen“, nämlich Abtasten und Quantifizieren (vgl. Schulz, 1991, S. 3 f.).

Ähnlich erfolgt die Umwandlung eines analogen Tonsignals.

Beispiel 1.3 (Binäre) Quellencodierung eines Audiosignals

In einem Zeit-Amplitudendiagramm wird ein analoges Audiosignal dargestellt (vgl. Dorninger, 1996, S. 91).

Das Amplitudenintervall wird in endlich viele Teilintervalle zerlegt (Abb. 1.4). Dies nennt man Quantifizierung. In sehr kurzen Zeitabständen wird abgetastet, in welchem dieser Teilintervalle der Amplitudenmesswert liegt. Es entsteht eine Folge $a_3a_5a_4a_4a_4a_4a_4a_3a_2\ldots$ von Zeichen aus einem endlichen Alphabet. Ist die Abtastfrequenz sehr hoch, kann aus dieser Folge das ursprüngliche Tonsignal gut rekonstruiert werden.

Aus Abb. 1.4 lesen wir $a_3a_5a_4a_4a_4a_4a_4a_3a_2\ldots$ ab. Dieser Folge entsprechen

$$3\,5\,4\,4\,4\,4\,3\,2\ldots \mathrel{\widehat{=}} 0011\;0101\ldots,$$

falls man binäre 4-Tupel wählt ($3 = 0 \cdot 2^3 + 0 \cdot 2^2 + 1 \cdot 2^1 + 1 \cdot 2^0 \triangleq 0011, \ldots$) (vgl. Satz A2.5).

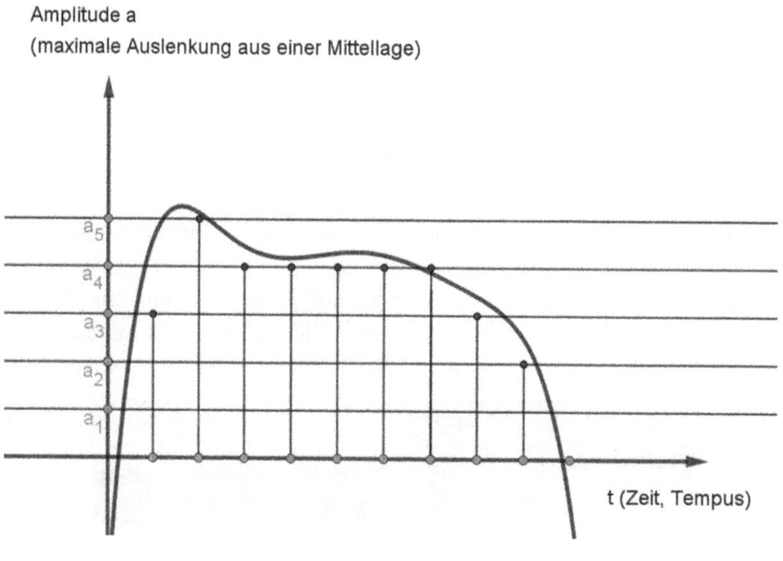

Abb. 1.4 Ein Tonsignal

Wir erkennen, dass in allen Fällen (Text, Ton und Bild) die ursprüngliche Information durch eine 0,1-Folge ersetzt wurde. Zur leichteren Lesbarkeit werden die im Allgemeinen sehr langen 0,1-Folgen in Blöcke gleicher Länge unterteilt.

Alle digitalen elektronischen Geräte verarbeiten ausschließlich lange Folgen aus 0 und 1.

Digitale Bilder enthalten keine Farbpigmente, digitale Musik enthält keine Töne, beim digitalen Fernsehen kommen bei unserem Fernseher Ströme von 0 und 1 an. Auch das Internet können wir als ein erdumspannendes Netz aus 0,1-Folgen betrachten. Damit ist es möglich, beinahe überall Fernsehbilder zu empfangen oder den Computer einzusetzen.

Die Abb. 1.5 zeigt ein übertragenes Bild ohne und mit Fehlerkorrektur.[7] Bei der Übertragung von Signalen treten durch das „Rauschen" im „Übertragungskanal" Fehler auf. Diese Fehler entstehen durch Überlagerungen vieler Schwingungen mit unterschiedlichen Amplituden und Frequenzen (z. B. Stromschwankungen). Bei der Audioübertragung kann sich dies durch ein Rauschen oder Knistern im Wiedergabelautsprecher bemerkbar machen. Im Falle der Bildübertragung können durch atmosphärische Einflüsse, kosmische Hintergrundstrahlung oder ähnliche Einflüsse Fehler entstehen. Diese äußern sich durch fehlende Pixel (weiß) oder falsche Signale (zusätzliche schwarze Pixel). Wurde die Übertragung sporadisch unterbrochen, so treten im empfangenen Bild weiße Streifen auf.

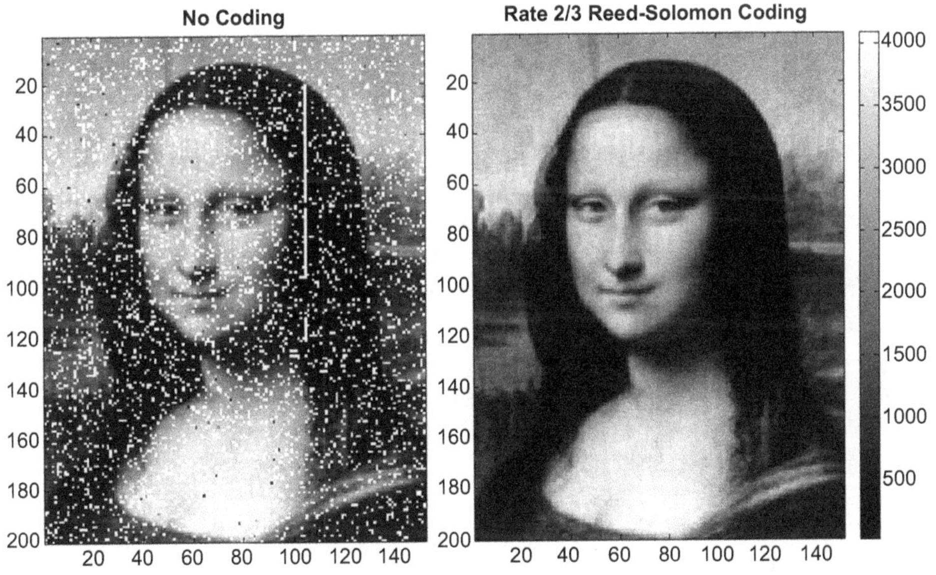

Abb. 1.5 Leistung einer Fehlerkorrektur

[7] Aus: https://de.m.wikipedia.org/wiki/Fehlerkorrekturverfahren 16.11.2022.

Bei einer digitalen Übertragung können Nullen und Einsen vertauscht werden. Um diese Fehler erkennen oder sogar korrigieren zu können, wird die natürliche Sprache mit ihrer innewohnenden Redundanz nachgeahmt. Dabei werden „überflüssige“ Zeichen der Nachricht hinzugefügt. Rechengesetze simulieren die Grammatik einer natürlichen Sprache. Die hinzugefügten Zeichen sind aber nicht zufällig, sondern hängen von der zu übermittelnden Nachricht ab. Die einfachste Methode zur Erhöhung einer solchen Redundanz besteht in der Wiederholung der Nachricht.

Beispiel 1.4 Dreifacher Wiederholungscode für JA. Als Alphabet der Quellencodierung verwenden wir $\{A, B, C, \ldots, X, Y, Z\}$.

Wir senden die Nachricht JA dreimal: $JA \rightarrow JAJAJA$.

(1) Angenommen, es geschieht ein Fehler bei der Übertragung.
Empfangen wird $JAJXJA$. Weil wir annehmen, dass ein Nachrichtenwort mit zwei Zeichen übertragen wurde, teilen wir die empfangene Zeichenfolge in Zweiergruppen: $JA \mid JX \mid JA$. Da nicht alle Gruppen gleich sind, wird die Fehlerhaftigkeit erkannt. Eine Korrektur muss drei gleiche Gruppen erzeugen. Dafür gibt es zwei Möglichkeiten.
(a) In der empfangenen Nachricht ersetzen wir X durch A. Es entsteht $JAJAJA$. Daraus schließen wir, dass JA gesendet wurde.

$$JA \rightarrow JAJAJA \rightarrow JAJXJA \rightarrow JAJAJA \rightarrow JA$$

(b) In der empfangenen Nachricht ersetzen wir A durch X. Es entsteht $JXJXJX$. Daraus schließen wir, dass JX gesendet wurde. Dies ist falsch.

$$JA \rightarrow JAJAJA \rightarrow JAJXJA \rightarrow JXJXJX \rightarrow JX$$

In diesem Fall mussten wir im Gegensatz zu (a) zwei Zeichen ändern. Wir gehen davon aus, dass das Auftreten von zwei Fehlern bei der Übertragung *unwahrscheinlicher* ist, als das Auftreten eines einzelnen Fehlers. Diese Sichtweise wird in den Überlegungen des Buches verwendet werden und lässt sich mit Mitteln der elementaren Wahrscheinlichkeitsrechnung begründen (vgl. Kap. 3, Abschnitt Hamming-Decodierung).

(2) Angenommen, es geschehen zwei Fehler bei der Übertragung.
Empfangen wird: $JAJXJB \rightarrow JA \mid JX \mid JB$. Wieder erkennen wir die Fehlerhaftigkeit, weil nicht drei gleiche Wortgruppen auftreten. Um drei gleiche Wortgruppen zu erhalten, gibt es zwei Möglichkeiten, um mit **so wenig** Zeichenänderungen **wie möglich** drei gleiche Wortgruppen zu erzeugen.
(a) $JAJXJB \rightarrow JBJBJB \rightarrow JB$: Korrigiert werden $A \rightarrow B$, $X \rightarrow B$, falsche Decodierung.
(b) $JAJXJB \rightarrow JAJAJA \rightarrow JA$: Korrigiert werden $X \rightarrow A$, $B \rightarrow A$, richtige Decodierung.

Beide Fälle sind gleich wahrscheinlich. Daher können zwei Fehler nicht korrigiert werden. Insgesamt bemerkt man, dass die dreifache Wiederholung zwei Fehler erkennen, aber nur einen Fehler korrigieren kann.

Liegt eine Nachricht vor, die aus mehr als zwei Zeichen besteht, ist es praktisch, diese Nachricht in Zweierblöcke zu zerlegen. Darauf können dann die oben vorgestellten Regeln zur Codierung und Decodierung angewandt werden.

$$JANASO \rightarrow JA \mid NA \mid SO \rightarrow JAJAJA \mid NANANA \mid SOSOSO \rightarrow JAJAJANANANASOSOSO$$

Wie haben wir in diesem Beispiel Redundanz erzeugt? Zur Nachricht *JA* wurden vier Zeichen aus demselben Alphabet hinzugefügt. Sie waren von der Nachricht bestimmt: $JA \rightarrow JAJAJA$.

Allgemein wird beim Kanalcodieren zu jedem Nachrichtenblock der konstanten Länge k (von *K*lartext) eine konstante Anzahl von Zeichen hinzugefügt, sodass wieder Wörter konstanter Länge $n > k$ entstehen. Diese Zeichen hängen von den Zeichen des Nachrichtenblocks ab. Man spricht von *Blockcodierung*.

Datenverarbeitung als mehrstufiger Codierungsprozess

Den bisher vorgestellten Codierungs- und Decodierungsprozess können wir schematisch in Abb. 1.6 zusammenfassen.

Die **Leitungscodierung** transformiert den zweifach codierten Klartext in eine für das Übertragungsmedium geeignete Form. Darauf werden wir in unserem Buch nicht eingehen.

Aufgaben

1.1: Binäre Quellencodierung der Nachricht *OK*:
- Codiere diese Nachricht zuerst mit dem ASCII-Code in Ziffern und dann die Ziffern in binäre Fünferblöcke.
- Nimm an, dass die Übertragung fehlerfrei ist und decodiere die empfangene Nachricht. Gehe dabei wie im gezeigten Beispiel vor.

1.2: Fehlererkennung und Fehlerkorrektur:
- Codiere die Nachricht *OK* durch Vierfachwiederholung.
- Simuliere ähnlich wie in Beispiel 1.4 das Auftreten von einem, zwei oder drei Fehlern bei der Übertragung.
- Verwende folgende Decodierstrategie: Es sollen zur Rekonstruktion möglichst wenige Zeichen geändert werden. Zeige, dass mit dieser Strategie bis zu drei Fehler entdeckt und ein Fehler korrigiert werden kann.

Klartext: Folge von Zeichen aus einem Alphabet A´.

⇓

Quellencodierung: Transformation eines Klartextes über einem Alphabet A´ unter Reduktion von Redundanzen und eventueller Datenkompression in eine Nachrichtendarstellung über ein solches Alphabet A, das eine mathematische bzw. maschinelle Verarbeitung ermöglicht. Oft ist dies eine binäre Darstellung.

⇓

Kanalcodierung: Hinzufügung solcher redundanter Informationen mit Zeichen aus dem Alphabet A, sodass Speicher- und Übertragungsfehler erkannt und korrigiert werden können. Es entsteht die kanalcodierte Nachricht als erweiterte Folge von Zeichen aus dem Alphabet A. Diese wird gesendet oder gespeichert.

⇓

Übertragung: Fehler können auftreten. Die empfangene Nachricht ist eine Folge von Zeichen aus dem Alphabet A.

⇓

Kanaldecodierung: Rekonstruktion der kanalcodierten Nachricht.
Es entsteht die kanaldecodierte Nachricht als Folge von Zeichen aus dem Alphabet A.

⇓

Quellendecodierung: Darstellung der kanaldecodierten Nachricht im ursprünglichen Alphabet A´. Es entsteht eine Zeichenfolge, die der ursprünglichen Nachricht entsprechen sollte.

Abb. 1.6 Codierung – Decodierung

Abb. 1.7 Einen Buchstaben übertragen

1.3: Binäre Quellencodierung eines Bildes:

Das Muster des Buchstabens T in Abb. 1.7, welches aus zwei Zeilen und drei Spalten aufgebaut ist, wird übertragen.

Codiere dieses Muster in eine 0,1-Folge. Ordne jedem Pixel des Musters Koordinaten zu. Beachte, dass nur die Farben Schwarz und Weiß auftreten. Diese können durch die Zeichen 1 und 0 codiert werden.

Wie lautet die binäre Folge, die diesem Bild entspricht?

Sichtbare Codes im Alltag

2

Bevor es zu einem systematischen Aufbau von Elementen der Codierungstheorie kommt, sollen Erfahrungen im Umgang mit einfachen Codes gesammelt werden. In diesem Kapitel werden „sichtbare“ Codes besprochen, die uns täglich immer öfter begleiten. Dies sind zum einen die eindimensionalen Strichcodes (Barcodes), bei denen unterschiedlich breite schwarze bzw. weiße Balken linear aufeinanderfolgen (EAN, ISBN, ...) oder Zeichenketten (Strings) aus Großbuchstaben und Ziffern aus $\{0, \ldots, 9\}$ (IBAN, EURO-Seriennummer). Zum anderen sind es die zweidimensional angeordneten schwarz-weiß gefärbten Quadrate (QR-Codes).

Die zuerst genannten Codes erkennen fehlerhafte Eingaben und fordern zur nochmaligen Eingabe auf. Beim Lesen von QR-Codes werden Fehler, die durch mechanische Einwirkung oder durch die beabsichtigte Einbringung von Logos verursacht wurden, erkannt und sogar automatisch korrigiert. Diese Korrektur wird für den Anwender unbemerkt durchgeführt. Die selbständige Korrektur werden wir in nachfolgenden Kapiteln bei den „unsichtbaren“ Codes wie GPS, LAN, WLAN, CD, ... wieder beobachten. Wie ist ein solcher Automatismus möglich?

In der Mathematik gibt es Werkzeuge mit entsprechenden Theorien, die es gestatten, einer zu übermittelnden Nachricht auf geschickte Art und Weise redundante Zeichen so anzufügen, dass eine fehlerhafte Übermittlung erkannt und korrigiert werden kann.

Bei den eindimensionalen Codes sind es die Werkzeuge Teilbarkeit von ganzen Zahlen (Kongruenzrechnung) sowie Primzahlen und deren fundamentale Eigenschaft: Teilt eine Primzahl das Produkt von „Zahlen“, dann teilt diese Primzahl mindestens einen der Faktoren dieses Produktes. Diese Werkzeuge werden im Anhang in Abschn. 10.2 vorgestellt und elementar bewiesen. Dazu benötigt man „nur“ den Satz von der Division mit Rest und die Linearkombinationsdarstellung des größten gemeinsamen Teilers zweier

H. Kautschitsch, G. Kadunz, *Elemente der Codierungstheorie*, Mathematik Primarstufe und Sekundarstufe I + II, https://doi.org/10.1007/978-3-662-67520-5_2

Zahlen. Dies sind zwei Lehrsätze, die auch in den Sekundarstufen sowohl rechnerisch als auch theoretisch erfahrbar sind. Die Verwendung dieser beiden Lehrsätze zieht sich als roter Faden durch die zentralen theoretischen Ausführungen dieses Buches (vgl. Strukturübersicht in Abschn. 10.8.1). Bei der Diskussion des Leistungspotentiales obiger Codes werden zugleich Beweistechniken ausführlich dargestellt.

Bei den zweidimensionalen Codes bzw. den „nicht sichtbaren" Codes, die in den nachfolgenden Kapiteln vorgestellt werden, sind die zugrunde liegenden Überlegungen aufwändiger, da diese Codes auch Fehler korrigieren sollen. Daher sind auch die entsprechenden mathematischen Werkzeuge (Matrizen, Polynome über endlichen Körpern) anspruchsvoller.

Um schon in den Sekundarstufen die Prinzipien eines fehlerkorrigierenden Codes beinahe ohne Mathematik vorstellen und anwenden zu können, verwenden wir als Werkzeug die Paritätsprüfung mittels Kreisdiagrammen. Damit kann die Mini-Version eines QR-Codes realisiert werden. Diese simuliert die Arbeitsweise von QR-Applikationen (Lesen und Korrigieren). Der „anschauliche" Hamming-Code, der Kreisdiagramme verwendet und dem Mini-QR-Code zugrunde liegt, wird im Buch später mit unterschiedlichen mathematischen Werkzeugen (Matrix, Generatorpolynom, RS-Code) realisiert, um die Überlegenheit dieser Werkzeuge und deren Einsatz in der Praxis demonstrieren zu können.

Das Kapitel 2 endet mit der Vorstellung des „historischen" Hamming-Codes, eines fehlerkorrigierenden Codes, den Richard Hamming bereits 1948 entwickelte. Er kann mittels einer geschickten Verteilung von redundanten Zeichen selbständig Fehler erkennen und korrigieren. Die dafür benötigten mathematischen Werkzeuge sind die Binärdarstellung von Zahlen (basierend auf dem Satz von der Division mit Rest) und die „Modulo−2-Rechnung" (XOR Verknüpfung).

Lernende sollen selbständig die Codes EAN, ISBN und deren Barcodedarstellung, sowie die Codes IBAN, EURO-Seriennummer konstruieren und deren Wirkungsweise erproben können. Kenntnisse der dabei verwendeten mathematischen Werkzeuge (Stellenwertsysteme, Kongruenzrechnung, Eigenschaften von Primzahlen) sollen erworben werden.

Lehrende finden eine Vielzahl von Motivationen für Begriffe und Sätze der elementaren Zahlentheorie (Teilbarkeitslehre, Kongruenzrechnung, Primzahlen).

2.1 EAN – Europäische Artikelnummer

Die EAN (**E**uropäische **A**rtikel **N**ummer) bzw. der Strichcode (BARCODE, *bar* engl. Strich, Balken) wird im Handel mit Gütern verwendet. Sie dient unter anderem der Lagerhaltung oder organisiert das Bestellwesen. Die dabei zu vermittelnde Information besteht aus der Angabe des Herstellerlandes und aus verschiedenen Produktinformation, denen Ziffern zugeordnet werden. Diese werden für ein maschinelles Einlesen in unterschiedlich breite schwarze und weiße Balken transformiert (Abb. 2.1).

Im Strichcode ist genau jene Zahl codiert, die unter dem Code angeschrieben ist. Auch diese Zahl ist bereits eine Codierung.

Abb. 2.1 Barcode eines Produktes

Tab. 2.1 Fehlerhäufigkeiten

Fehlertyp	symbolisch	Relative Häufigkeit in %
Verwechslung einer Ziffer (Einzelfehler)	$x \to y$	79
Zifferndreher (Vertauschung benachbarter Ziffern)	$xy \to yx$	10,2
Phonetischer Fehler	$x\,0 \to 1y$, $x \in \{2,\ldots,9\}$	0,5

Im Detail enthält die EAN 13 Ziffern $a_1a_2a_3\ldots a_{12}a_{13}$ mit $a_i \in \{0,1,\ldots 9\}$.

$$\text{Bedeutung der einzelnen Stellen}: \begin{cases} a_1a_2 & \text{Länderkennzahlen} \\ a_3\ldots a_i & \text{Hersteller}, i \in \{7,8,9\} \\ a_{i+1}\ldots a_{12} & \text{Produktinformationen} \\ a_{13} & \text{Prü fziffer} \end{cases}.$$

Die ersten drei Ziffern stehen für ein Land (400–440 Deutschland,[1] 90–91 Österreich, 80–81 Italien, 76 Schweiz; siehe auch Länderkennziffern EAN https://ean-code.eu/ean-13-ean-codes-laendercode-tabelle/). Die letzte Ziffer ist die Prüfziffer. Mit dieser Ziffer kontrolliert man, ob die eingegebene Ziffernfolge korrekt ist. Beim Einkauf werden an der Kassa die Codes der gekauften Waren eingelesen. Dies kann maschinell und in Sonderfällen auch händisch geschehen. Beide Arten sind fehleranfällig, wenngleich das Einlesen mittels Scanner sicherer ist. In jedem Fall prüft der Kassencomputer die EAN und meldet eine fehlerfreie Eingabe durch einen Signalton bzw. eine fehlerhafte Eingabe durch das Fehlen des Signaltons. Fehlertypen und deren relative Häufigkeit zeigt Tab. 2.1 (vgl. Schulz, 1991, S. 58).

Konstruktionsalgorithmus[2] einer EAN (Codierung)

Die ersten zwölf Ziffern sind bekannt und werden vom herstellenden Betrieb vergeben.

[1] Für besonders große Industrienationen werden dreistellige Länderkennzahlen verwendet.

[2] Ein Algorithmus (benannt nach Al-Chwarizmi, von arabisch: ىالخوارزم al-Ḫwārizmī) ist eine eindeutige Handlungsvorschrift zur Lösung eines Problems (vgl. https://de.wikipedia.org/wiki/Algorithmus, 27.02.2023).

Beispiel 2.1 Betrachten wir ein Produkt aus der Schweiz, wobei dem Land Schweiz die Ziffernfolge 76 entspricht. Wir lesen auf der Verpackung eine Ziffernfolge von zwölf Ziffern 7 6 2 2 2 1 0 1 4 6 1 2 und gehen wie folgt vor:

(1) Abwechselndes Multiplizieren der Ziffern mit 1 bzw. 3 von links nach rechts und Aufsummieren ergibt die Summe:

$$1\cdot 7+3\cdot 6+1\cdot 2+3\cdot 2+1\cdot 2+3\cdot 1+1\cdot 0+3\cdot 1+1\cdot 4+3\cdot 6+1\cdot 1+3\cdot 2=70.$$

(2) Ist diese Summe ein *voller Zehner*, so wählen wir als Prüfziffer $a_{13}=0$. In allen anderen Fällen ist die Prüfziffer die *Ergänzung* dieser Summe auf den nächsten *vollen Zehner*. In unserem Beispiel ist die Prüfziffer 0. Die EAN lautet damit 7 6 2 2 2 1 0 1 4 6 1 2 0.

Beispiel 2.2 Betrachten wir nun ein Produkt aus Italien, wobei dem Land Italien die Ziffernfolge 80 entspricht. Die Ziffernfolge auf der Produktverpackung aus zwölf Ziffern lautet: 8 0 7 6 8 0 9 5 1 4 4 2. Wie bei dem Produkt aus der Schweiz folgen wir der gleichen Vorschrift:

(1) Abwechselndes Multiplizieren von links nach rechts und Aufsummieren:

$$1\cdot 8+3\cdot 0+1\cdot 7+3\cdot 6+1\cdot 8+3\cdot 0+1\cdot 9+3\cdot 5+1\cdot 1+3\cdot 4+1\cdot 4+3\cdot 2=88.$$

(2) Ergänzen auf den nächsten vollen Zehner: $88+2=90$. Dies ist eindeutig möglich. Die Prüfziffer ist 2. Die EAN lautet also 8 0 7 6 8 0 9 5 1 4 4 2 2.

Beschreibung der Codierungsvorschrift für die EAN:
Erweitere die gegebenen zwölf Ziffern um eine Ziffer aus der Menge $\{0,1,\ldots,9\}$, sodass die Prüfsumme ein Vielfaches von Zehn ist:
$1\cdot a_1+3\cdot a_2+1\cdot a_3+\ldots+3\cdot a_{12}+1\cdot a_{13}$ ist ein Vielfaches von 10.
Wir bemerken, dass die hinzugefügte Ziffer a_{13} von den übrigen Ziffern gemäß einer Regel abhängig ist. Damit sind in a_{13} redundante Informationen enthalten.

Prüfalgorithmus einer EAN (Decodierung)

(1) Multiplikation der 13 Ziffern abwechselnd mit 1 und mit 3.
(2) Die Addition dieser Produkte ergibt die *Prüfsumme*.
(3) Ist die Prüfsumme ein Vielfaches von 10, dann ist die EAN – bis auf Ausnahmen – gültig. An der Kasse erklingt ein Signalton.
(4) Ist die Prüfsumme kein Vielfaches von 10, dann ist die EAN sicher ungültig, und es erklingt kein Signalton (nochmaliges Lesen oder händische Eingabe ist erforderlich).

EAN	7	6	2	2	2	1	0	1	4	6	1	2	0
Faktor	1	3	1	3	1	3	1	3	1	3	1	3	1
Produkt	7	18	2	6	2	3	0	3	4	18	1	6	0
Prüfsumme	$7+18+2+6+2+3+0+3+4+18+1+6+0=70$												

Die Prüfsumme ist 70, also ein Vielfaches von 10 (ein voller Zehner). Damit ist diese Ziffernfolge eine gültige EAN.

Beachte: Für die Prüfziffer ist nur der Rest bei Division durch 10 von Bedeutung. Dies gilt ungeachtet der Länge der Ziffernfolge. Wir sprechen vom Rechnen mit Resten nach einem Modul (Divisor). Man nennt dies *modulares Rechnen* (siehe auch Padberg & Büchter, 2018, S. 116 ff; sowie Abschn. 10.2). Das modulare Rechnen bzw. das Rechnen mit Kongruenzen und das damit verbundene Rechnen mit Resten sind für die Konstruktion der EAN und deren Leistungsbeurteilung nicht notwendig. Bei Beweisen hingegen unterstützt das modulare Rechnen die Argumentation wesentlich. Die Tragweite dieses Rechnens wird sich besonders bei der Konstruktion endlicher Körper zeigen.

Definition 2.1
Seien $a, b \in \mathbb{Z}$ und $m \in \mathbb{N}$. Die ganzen Zahlen a und b nennt man kongruent modulo m, genau dann, wenn a und b bei Division durch m denselben kleinsten nicht-negativen Rest ergeben.

Symbolisch: $a \equiv b \; mod \; m \Leftrightarrow a \; mod \; m = b \; mod \; m$.

Anmerkung: Für den „kleinsten nicht-negativen Rest r“, der bei der Division von a durch m auftritt, verwendet man die Schreibweise $r = a \; mod \; m \Leftrightarrow a = m \cdot q + r$ mit $0 \leq r < |m|$. So ist 13:5 = 2 mit dem Rest $r = 3$, oder $13 = 5 \cdot 2 + 3$ und damit $13 \; mod \; 5 = 3$. Siehe dazu die Ausführungen zum Satz von der Division mit Rest (vgl. Anhang Satz A2.1).

Beispiel 2.3 $12 \equiv 7 \; mod \; 5$, weil $12 \; mod \; 5 = 2$ und $7 \; mod \; 5 = 2$, da $12 = 2 \cdot 5 + 2$ und $7 = 1 \cdot 5 + 2$. Es gilt aber auch$12 \equiv 32 \; mod \; 5$ oder $37 \equiv 82 \; mod \; 5 \ldots$

$70 \equiv 0 \; mod \; 10$ weil $70 = 7 \cdot 10 + 0$. Dies bedeutet, dass 70 durch 10 teilbar bzw. 70 ein Vielfaches von 10 ist.

In der Sprache der Kongruenz bzw. in der Sprache der Reste: Die natürliche Zahl b teilt die natürliche Zahl a ist gleichwertig mit $a \equiv 0 \; mod \; b$ bzw. $a \; mod \; b = 0$.

Für den EAN Code bedeutet dies:

$$(1 \cdot a_1 + 3 \cdot a_2 + 1 \cdot a_3 + \ldots + 3 \cdot a_{12}) + 1 \cdot a_{13} \equiv 0 \; mod \; 10.$$

Nach den Rechenregeln für Kongruenzen (vgl. Satz A2.7, Gl. 10.4) gilt damit

$$a_{13} \equiv -(1 \cdot a_1 + 3 \cdot a_2 + 1 \cdot a_3 + \ldots + 3 \cdot a_{12}) \; mod \; 10.$$

Nach Addition von $10 \cdot (a_1 + a_2 + a_3 + \ldots + a_{12})$ bleibt die Kongruenz erhalten, und es ergibt sich

$$a_{13} \equiv (9 \cdot a_1 + 7 \cdot a_2 + 9 \cdot a_3 + \ldots + 7 \cdot a_{12}) \; mod \; 10.$$

Diese Darstellung verwendet nur positive Zahlen.

In der „Sprache der Reste" würde man folgendermaßen argumentieren: Die Kongruenz $a_{13} \equiv -(1 \cdot a_1 + \ldots + 3 \cdot a_{12}) \; mod \; 10$ bedeutet $a_{13} \; mod \; 10 = -(1 \cdot a_1 + \ldots + 3 \cdot a_{12}) \; mod \; 10$. Weil $a_{13} \in \{0, \ldots, 9\}$, gilt wegen $a_{13} = 0 \cdot 10 + a_{13}$ die Gleichung $a_{13} \; mod \; 10 = a_{13}$. Damit gilt für die EAN-Prüfziffer a_{13} folgende Gleichung:

$$a_{13} = -(1 \cdot a_1 + 3 \cdot a_2 + 1 \cdot a_3 + \ldots + 3 \cdot a_{12}) \; mod \; 10,$$

oder

$$a_{13} = (9 \cdot a_1 + 7 \cdot a_2 + 9 \cdot a_3 + \ldots + 7 \cdot a_{12}) \; mod \; 10.$$

Zur Bestimmung von a_{13} ist nur eine einzige Division notwendig.

In den beiden folgenden Beispielen werden die Prüfziffern zu Beispiel 2.1 und Beispiel 2.2 mittels Kongruenzrechnung bzw. Rechnen mit Resten gelöst.

Beispiel 2.4 „Schweizer Produkt"

$$a_{13} \equiv -(1 \cdot 7 + 3 \cdot 6 + 1 \cdot 2 + \ldots + 3 \cdot 2) \; mod \; 10 \equiv -70 \; mod \; 10 \equiv 0 \; mod \; 10.$$

Für a_{13} kommt also infrage: 0, ± 10, ± 20, ...

Da $a_{13} \in \{0, \ldots, 9\}$ sein soll, ist nur $a_{13} = 0$ möglich.

In der „Sprache der Reste"

$$a_{13} = -(1 \cdot 7 + 3 \cdot 6 + 1 \cdot 2 + \ldots + 3 \cdot 2) \; mod \; 10 = -70 \; mod \; 10 = 0,$$

oder

$$a_{13} = (9 \cdot 7 + 7 \cdot 6 + 9 \cdot 2 + \ldots + 7 \cdot 2) \; mod \; 10 = 270 \text{ mod } 10 = 0.$$

Beispiel 2.5 „Italienisches Produkt"

$$a_{13} \equiv -(1 \cdot 8 + 3 \cdot 0 + 1 \cdot 7 + \ldots + 3 \cdot 2) \; mod \; 10 \equiv$$

$$\equiv -88 \; mod \; 10 \equiv -88 + 9 \cdot 10 \text{ mod } 10 \equiv 2 \; mod \; 10.$$

Dabei haben wir für $-88 \; mod \; 10 \equiv -88 + 9 \cdot 10 \; mod \; 10$ den Satz A2.7 verwendet.
Für a_{13} kommt also infrage: 2,12, – 8,22, – 18, ...
Da $a_{13} \in \{0, \ldots, 9\}$ sein soll, ist nur $a_{13} = 2$ möglich.
In der „Sprache der Reste“:

$$a_{13} = -(1 \cdot 8 + 3 \cdot 0 + 1 \cdot 7 + \ldots + 3 \cdot 2) \; mod \; 10 = -88 \text{ mod } 10 = 2,$$

weil $-88 = -9 \cdot 10 + 2$ (Division mit kleinstem nicht-negativen Rest),
oder

$$a_{13} = (9 \cdot 8 + 7 \cdot 0 + 9 \cdot 7 + \ldots + 7 \cdot 2) \; mod \; 10 = 452 \text{ mod } 10 = 2.$$

Das Leistungspotential der EAN
In diesem Buch verwenden wir drei Beweismethoden, die wir vereinfacht vorstellen.

Sei A die Voraussetzung und B die Behauptung in einem Satz.

(1) Direkter Beweis: Gilt A, und können wir aus A die Behauptung B unter Verwendung von Argumenten (Definitionen, andere Sätze, Folgerungen, ...) ableiten, dann gilt die Behauptung B.
(2) Indirekter Beweis (Beweis durch Widerspruch): Es soll „aus A folgt B“ gezeigt werden. Als zusätzliche Voraussetzung zu A nimmt man an, dass B nicht gilt. Gelingt es damit, einen Widerspruch abzuleiten, dann lehrt die zweiwertige Logik, dass B gilt.
(3) Beweis durch Kontraposition: Man zeigt, dass aus „B gilt nicht“ die Behauptung „A gilt nicht“ folgt. Dies ist nach den Regeln der zweiwertigen Logik gleichwertig zu „aus A folgt B“.

Satz 2.1
Die EAN entdeckt alle Einzelfehler, kann diese aber nicht korrigieren.

Beweis (indirekt):
Der Einzelfehler bei Eingabe der EAN geschehe an der i-ten Position mit $i \in \{1,2, \ldots, 13\}$.

1. Fall: An einer „mal-1“-Position wird statt x die Ziffer $y \neq x$ eingegeben.

Ursprüngliche Zahl: ... x ... mit der Prüfsumme $PS_{richtig}$.
Eingegebene Zahl: ... y ... mit der Prüfsumme PS_{falsch}.
Dann folgt für die Prüfsummen:

$PS_{richtig} = 1 \cdot x + s$ mit s als Summe der restlichen mit 1 und 3 abwechselnd multiplizierten Zahlen.

$PS_{falsch} = 1 \cdot y + s$ mit der gleichen Zahl s, weil alle übrigen Ziffern der EAN gleich geblieben sind (Einzelfehler!). Wegen $y \neq x$ ist $PS_{richtig} \neq PS_{falsch}$.

Würde der Fehler vom Algorithmus *nicht* erkannt werden, dann würde die Prüfsumme PS_{falsch} bei Division durch 10 trotz falscher Eingabe den Rest 0 ergeben.

Damit wären $PS_{richtig}$ und PS_{falsch} jeweils ein Vielfaches von 10.

Wir bilden die Differenz und erhalten:

$$PS_{falsch} - PS_{richtig} = 1 \cdot \mathrm{y} - 1 \cdot \mathrm{x} + 0 = \mathrm{y} - \mathrm{x} \neq 0.$$

Gleichzeitig erhalten wir wegen der Annahme, dass beide Prüfsummen durch 10 teilbar sind:

$$PS_{richtig} = r \cdot 10 \text{ und } PS_{falsch} = s \cdot 10 \text{ mit } r, s \in \mathbb{Z} \text{ und } r \neq s.$$

Damit folgt:[3]

$$PS_{falsch} - PS_{richtig} = y - x = s \cdot 10 - \mathrm{r} \cdot 10 = 10(\mathrm{s} - \mathrm{r}). \tag{2.1}$$

Nun sind x und y aus $\{0,1,\ldots,9\}$, und es gilt wegen des Eingabefehlers $y \neq x$. Daraus schließen wir, dass $-9 \leq y - x \leq 9$ gilt und $y - x \neq 0$ ist. Damit kommt für $y - x$ nur eine Zahl aus $\{-9, -8, \ldots, -2, -1, 1, 2, \ldots, 8, 9\}$ infrage. Diese Zahl $y - x$ ist also kein voller Zehner. Gleichzeitig ist aber $y - x$ wegen Gl. 2.1 ein voller Zehner. Die Annahme, dass der Fehler nicht erkannt wird, hat zum Widerspruch geführt. Daher gilt das Gegenteil dieser Annahme, also dass der Eingabefehler erkannt wird.

2. Fall: An einer „mal-3"-Position wird statt x die Ziffer $y \neq x$ eingegeben.

Ursprüngliche Zahl: $\ldots x \ldots$ mit der Prüfsumme $PS_{richtig}$.

Eingegebene Zahl: $\ldots y \ldots$ mit der Prüfsumme PS_{falsch}.

Dann folgt für die Prüfsummen:

$PS_{richtig} = 3 \cdot x + s$ mit s als Summe der restlichen mit 1 und 3 abwechselnd multiplizierten Zahlen.

$PS_{falsch} = 3 \cdot y + s$ mit der gleichen Zahl s, weil alle übrigen Ziffern der EAN gleich geblieben sind (Einzelfehler!).

Damit gilt für die Differenz:

[3] Mittels der Kongruenzrechnung (vgl. Folgerung zu Satz A2.7) sieht man dies sofort.

$$PS_{falsch} - PS_{richtig} = 3 \cdot y - 3 \cdot x + 0 = 3 \cdot (y - x).$$

Würde der Fehler vom Algorithmus *nicht* erkannt werden, dann würde die Prüfsumme PS_{falsch} bei Division durch 10 trotz falscher Eingabe den Rest 0 ergeben. Damit wären PS_{falsch} und $PS_{richtig}$ jeweils ein Vielfaches von 10 und daher auch ihre Differenz:

$$PS_{falsch} - PS_{richtig} = 3 \cdot y - 3 \cdot x = 3 \cdot (y - x) = k \cdot 10 \text{ mit } k \in \mathbb{Z}. \tag{2.2}$$

Nun sind x und y aus $\{0,1,\ldots,9\}$, und es gilt $y \neq x$. Daraus schließen wir:

$$-27 \leq 3 \cdot (y - x) \leq 27.$$

Es gilt $3 \cdot (y - x) \neq 0$, weil $y \neq x$. Weiterhin ist $3 \cdot (y - x) \neq \pm 10$, weil sonst 3 die Zahl 10 teilen würde.

Aus dem gleichen Grund gilt $3 \cdot (y - x) \neq \pm 20$.

Damit kommt für $3 \cdot (y - x)$ nur eine Zahl aus der Menge $\{-27,\ldots,27\} \backslash \{\pm 10, 0, \pm 20\}$ infrage, die weder 0 noch ein Vielfaches von 10 enthält. Damit ist $3 \cdot (y - x)$ kein voller Zehner. Gleichzeitig ist wegen Gl. 2.2 das Produkt $3 \cdot (y - x)$ ein voller Zehner. Die Annahme, dass der Fehler nicht erkannt wird, hat zu einem Widerspruch geführt. Der Eingabefehler wird also erkannt.

■

Anmerkung: Der Beweis zu Satz 2.1 verläuft für jede Position i = 1,2, ..., 13 gleich. Daher kann man nicht entscheiden, an welcher Stelle der Fehler aufgetreten ist. Er kann also nicht korrigiert werden.

Satz 2.2
Die EAN entdeckt alle Zahlendreher (Vertauschung benachbarter Ziffern), außer die benachbarten Ziffern besitzen einen Abstand von 5.

Beweis:

1. Fall: In der ursprünglichen EAN stehe an einer mal-1-Position x, und an der Nachbarstelle stehe y.

   Ursprüngliche Zahl: ... x y ... mit der Prüfsumme $PS_{richtig}$.
   Eingegebene Zahl: ... y x ... mit der Prüfsumme PS_{falsch}.
   $PS_{richtig} = x + 3 \cdot y + s$ mit s als Summe der restlichen mit 1 und 3 abwechselnd multiplizierten Zahlen.

$PS_{falsch} = y + 3 \cdot x + s$ mit der gleichen Zahl s, weil alle übrigen Ziffern der EAN gleich geblieben sind.

Wir bilden die Differenz.

$$PS_{falsch} - PS_{richtig} = y - x + 3 \cdot (x - y) + 0 = 2 \cdot x - 2 \cdot y = 2 \cdot (x - y).$$

Wir nehmen an, dass der Fehler vom Algorithmus *nicht* erkannt wird. Dann würde PS_{falsch} bei Division durch 10 trotz falscher Eingabe den Rest 0 ergeben. Damit wären PS_{falsch} und $PS_{richtig}$ jeweils ein Vielfaches von 10. Also wäre

$$2 \cdot (x - y) = k \cdot 10 \text{ mit } k \in \mathbb{Z}. \tag{2.3}$$

Nun sind x und y aus $\{0,1,\ldots,9\}$, und es gilt $y \neq x$ (sonst läge kein Zahlendreher vor). Daraus schließen wir:

$$-18 \leq 2 \cdot (x - y) \leq 18.$$

Also können die Zahlen 0 und ±20, ±30, ±40... nie erreicht werden. Kann $2 \cdot (x - y)$ ein Vielfaches von ±10 sein? Ja, wenn folgende Beziehungen gelten:

$$\begin{array}{cc} (x,y) & 2 \cdot (x-y) \\ (5,0) & 2 \cdot (5-0) = 10 \\ (6,1) & 2 \cdot (6-1) = 10 \\ (7,2) & 2 \cdot (7-2) = 10 \\ (8,3) & 2 \cdot (8-3) = 10 \\ (9,4) & 2 \cdot (9-4) = 10 \end{array} \tag{2.4}$$

oder

$$\begin{array}{cc} (x,y) & 2 \cdot (x-y) \\ (0,5) & 2 \cdot (0-5) = -10 \\ (1,6) & 2 \cdot (1-6) = -10 \\ (2,7) & 2 \cdot (2-7) = -10 \\ (3,8) & 2 \cdot (3-8) = -10 \\ (4,9) & 2 \cdot (4-9) = -10 \end{array} . \tag{2.5}$$

Wir sehen, dass der Abstand der Zahlen x und y gleich 5 ist. Nur in den Gl. 2.4 und Gl. 2.5 aufgelisteten Fällen wird ±10 erreicht.

Ist der Abstand von 5 verschieden, dann ist $2 \cdot (x - y)$ kein voller Zehner. Gleichzeitig ist wegen unserer Annahme

$$PS_{falsch} - PS_{richtig} = 2 \cdot (x - y)$$

ein voller Zehner. Gleichzeitig ein voller Zehner und kein voller Zehner zu sein, ist nicht möglich. Die Annahme, dass trotz falscher Eingabe der Fehler nicht erkannt wird, hat also zu einem Widerspruch geführt. Sie ist also falsch. Der Fehler wird erkannt.

2. Fall: Steht in der ursprünglichen EAN die Zahl x an einer mal-3-Position, so führt man einen analogen Beweis.

∎

Satz 2.3
Die EAN kann phonetische Fehler entdecken.

Vorbemerkung: Im Deutschen können Fehler der Form „Dreißig → Dreizehn", „Vierzig → Vierzehn" auftreten. Allgemein „$a0 \to 1a$" mit $a \in \{2,3,4,\ldots,9\}$. Man beachte, dass es sich bei diesen phonetischen Fehlern um Doppelfehler handelt, die von der verwendeten Sprache abhängen und dass in Paaren von Zahlen gesprochen wird.

Beweis:
Der phonetische Fehler geschehe ab der i-ten Position mit $i \in \{1,2,\ldots,13\}$.

1. Fall: Beginnend bei einer „mal-1"-Position wird statt „a 0" „1 a" gesprochen. Ist z. B. $a = 3$, dann wird statt 30 „dreißig" das Wort „1 3", also „dreizehn" gehört.

   Ursprüngliche Zahl: ... a 0... mit der Prüfsumme $PS_{richtig}$.
   Eingegebene Zahl: ... 1 a ... mit der Prüfsumme PS_{falsch}.

   Dann folgt für die Prüfsummen:
   $PS_{richtig} = 1 \cdot a + 3 \cdot 0 + s$ mit s als Summe der restlichen mit 1 und 3 abwechselnd multiplizierten Zahlen.
   $PS_{falsch} = 1 \cdot 1 + 3 \cdot a + s$ mit der gleichen Zahl s, weil alle übrigen Ziffern der EAN gleich geblieben sind. Wir bilden die Differenz.

$$PS_{falsch} - PS_{richtig} = 2 \cdot a + 1.$$

Würde der Fehler vom Algorithmus *nicht* erkannt werden, dann würde die Prüfsumme PS_{falsch} bei Division durch 10 trotz falscher Eingabe den Rest 0 ergeben. Damit wären PS_{falsch} und $PS_{richtig}$ jeweils ein Vielfaches von 10. Also wäre

$$2 \cdot a + 1 = k \cdot 10 \text{ mit } k \in \mathbb{Z}. \tag{2.6}$$

Nun ist a aus $\{2,3,\ldots,9\}$[4], und damit ist der Term $(2 \cdot a + 1)$ aus $\{5,7,9,11,13,15,17,19\}$. Also ist $(2 \cdot a + 1)$ kein voller Zehner. Gleichzeitig ist wegen der Annahme, dass der Fehler nicht erkannt wird, $PS_{falsch} - PS_{richtig} = 2 \cdot a + 1$ ein voller Zehner. Das ist ein Widerspruch. Der Fehler wird also erkannt.

2. Fall: Beginnend bei einer „mal-3“-Position wird statt „$a0$“ „$1a$“ gesprochen.

Ursprüngliche Zahl: $\ldots a\ 0 \ldots$ mit der Prüfsumme $PS_{richtig}$.
Eingegebene Zahl: $\ldots 1\ a \ldots$ mit der Prüfsumme PS_{falsch}.
Dann folgt für die Prüfsummen:
$PS_{richtig} = 3 \cdot a + 1 \cdot 0 + s$ mit s als Summe der restlichen mit 1 und 3 abwechselnd multiplizierten Zahlen.
$PS_{falsch} = 3 \cdot 1 + 1 \cdot a + s$ mit der gleichen Zahl s, weil alle übrigen Ziffern der EAN gleich geblieben sind. Wir bilden die Differenz.

$$PS_{falsch} - PS_{richtig} = 3 - 2 \cdot a.$$

Wieder erhalten wir unter der Annahme, dass der Fehler trotz falscher Eingabe nicht erkannt wird, die Gleichung

$$3 - 2 \cdot a = k \cdot 10 \text{ mit } k \in \mathbb{Z}.$$

Nun ist a aus $\{2,3,\ldots,9\}$ und damit ist $(3 - 2 \cdot a)$ aus $\{-1,-3,-5,-7,-9,-11,-13,-15\}$ und daher kein voller Zehner. Nach Annahme ist aber
$PS_{falsch} - PS_{richtig} = (3 - 2 \cdot a)$ ein voller Zehner. Wir haben einen Widerspruch erhalten. Der Fehler wird erkannt.

∎

Anmerkung: Mehrfache Fehler können durchaus die Prüfsumme um einen vollen Zehner ändern, werden also nicht erkannt.

Beispiel 2.7

1	3	1	3	1	3	1	3	1	3	1	3	1
		↓	↓			↓	↓	↓				
8	0	7	6	8	0	9	5	1	4	4	2	2
		6	7			3	0	0				

[4] Wir beziehen uns auf die Sprache Deutsch.

Für die Prüfsummen folgt:

$$PS_{richtig} = 8 + 7 + 18 + 8 + 9 + 15 + 1 + 12 + 4 + 6 + 2 = 90.$$
$$PS_{falsch} = 8 + 6 + 21 + 8 + 3 + 12 + 4 + 6 + 2 = 70.$$

Hier finden wir einen Zahlendreher, den wir als einen Fehler zählen und zusätzlich drei Einzelfehler. Insgesamt erhält man einen vollen Zehner trotz vier Eingabefehler!

Anmerkungen:

(1) Hätte man im Gegensatz zum bisherigen Ansatz wechselweise mit 1 und 4 multipliziert, dann wäre der Unterschied: $4 \cdot x + y - (x + 4 \cdot y) = 3 \cdot (x - y) \leq 27$. Nun ist $3 \cdot (x - y)$ ungleich 10 bzw. 20, weil 10 und 20 nicht durch 3 teilbar sind. Das heißt, jeder Zahlendreher würde erkannt werden. Aber für Einzelfehler gilt ähnlich wie in Gl. 2.2:

$$PS_{falsch} - PS_{richtig} = 4 \cdot y - 4 \cdot x = 4 \cdot (y - x).$$

Nun sind x und y aus $\{0,1,\ldots,9\}$, und es gilt $y \neq x$. Daraus schließen wir:

$$-36 \leq 4 \cdot (y - x) \leq 36.$$

Es gilt:

$$4 \cdot (y - x) \neq 0, \text{weil } y \neq x,$$

$$4 \cdot (y - x) \neq \pm 10, \text{weil } 4 \nmid 10,$$

$$4 \cdot (y - x) \neq \pm 30, \text{weil } 4 \nmid 30.$$

Aber es gilt:

$$4 \cdot (y - x) = \pm 20 \Leftrightarrow y - x = \pm 5.$$

Also werden in bestimmten Fällen auch Einzelfehler nicht erkannt.

(2) Die US-amerikanische Artikelnummer UPC-A ist 12zwölfstellig. Stellt man ihr eine 0 voran, so wird sie 13-stellig, behält aber ihre Prüfziffer. Daher bezeichnen Artikelnummern mit führender Null die Länder USA oder Kanada.

2.2 Barcode – Strichcode

Die händische Eingabe von Ziffern ist erfahrungsgemäß fehlerbehaftet, da Zifferndreher oder mechanische Fehler auftreten können. Im Folgenden werden wir daher ein Verfahren beschreiben, mit dem Ziffernfolgen in Folgen von verschieden breiten schwarzen und weißen Balken umgewandelt werden. Dadurch wird eine optisch-elektronische Verarbeitung mit einem Lesegerät möglich, die bezüglich der Eingabe weniger fehleranfällig als die händische Eingabe ist (vgl. Haftendorn, 2016, S. 48 f.).

Ein Strichcode (Barcode) ist eine Folge von verschieden breiten schwarzen und weißen Balken (vgl. Abb. 2.2).

In der Alltagssprache bezeichnet „Strichcode" meist diese sichtbaren Balken. Im Sinne der Codierungstheorie sind diese sichtbaren Balken keine Codes, sondern stellen nur lesbare Codewörter eines zugrunde liegenden Prüfzifferncodes dar.

Konstruktions-Algorithmus

Der in US-Amerika entwickelte Strichcode hatte zunächst nur 12 zwölf Ziffern. Zwischen den längeren Doppelstrichen, die Anfang und Ende markieren, waren je sechs Ziffern in schwarzen und weißen Balken codiert.

Für die EAN benötigt man noch eine 13. Ziffer. Die erste Ziffer des EAN steht immer außerhalb des Strichcodes. Sie muss mit den Balken der bisherigen zwölf Ziffern mitcodiert werden. Deren Breite darf aber nicht dicker werden! Dazu haben die Mathematiker einen genialen Trick erfunden. Es wird ein weiterer Code B hinzugefügt und eine Liste, wie die zweite bis siebente Ziffer in der EAN mit Code A oder Code B zu bestimmen sind, falls die erste Ziffer einen bestimmten Wert hat.

Jede 0 wird als weißer Balken, jede 1 als schwarzer Balken dargestellt. Folgen 2, 3, 4 Nullen oder Einser aufeinander, ist der entsprechende Balken 2-mal, 3-mal, 4-mal so breit. Wir betrachten als Beispiel den Barcode in Abb. 2.2.

Die führende Ziffer bestimmt, ob die nachfolgenden sechs Ziffern entweder nach Code A oder Code B codiert werden. Die Reihenfolge der Wahl von Code A oder Code B wird dabei von der führenden Ziffer gemäß der zweiten Spalte von Tab. 2.2 organisiert. Die verbleibenden sechs Ziffern werden ausschließlich mit dem Code C codiert. Damit man die richtige Breite ablesen kann, wurde in Abb. 2.2 eine Abzählhilfe hinzugefügt.

Dies bedeutet: Wegen der führenden Ziffer 7 müssen wir aus Tab. 2.2 für die Codierung der folgenden sechs Ziffern die Buchstabenfolge ABA BAB verwenden. Die 6 in der ersten Hälfte wird nach Code A, siehe Tab. 2.2, mit 0101111 codiert und als ein dünner weißer, ein dünner schwarzer, ein dünner weißer und als ein vierfach breiter schwarzer Balken dargestellt. Die nächste Ziffer 2 in der ersten Hälfte muss nach Code B als 0011011 codiert werden usw.

Abb. 2.2 Barcode mit hinzugefügter Abzählhilfe

7 622210 146120

Tab. 2.2 EAN-Code

Z	führende Ziffer	Code A	Code B	Code C
0	*AAA AAA*	0 00110 1	0 10011 1	1 11001 0
1	*AAB AAB*	0 01100 1	0 11001 1	1 10011 0
2	*AAB BAB*	0 01001 1	0 01101 1	1 10110 0
3	*AAB BBA*	0 11110 1	0 10000 1	1 00001 0
4	*ABA ABB*	0 10001 1	0 01110 1	1 01110 0
5	*ABB AAB*	0 11000 1	0 11100 1	1 00111 0
6	*ABB BAB*	0 10111 1	0 00010 1	1 01000 0
7	*ABA BAB*	0 11101 1	0 01000 1	1 00010 0
8	*ABA BBA*	0 11011 1	0 00100 1	1 00100 0
9	*ABB ABA*	0 00101 1	0 01011 1	1 11010 0

Die 1 in der zweiten Hälfte wird nach Tab. 2.2 mittels Code C als 1100110 codiert, also als ein doppelter schwarzer, ein doppelter weißer, ein doppelter schwarzer und ein dünner weißer Balken dargestellt.

Dabei muss man berücksichtigen, dass die langen Balken *in der Mitte* je mit einem dünnen weißen Balken umrahmt sind, damit man die Dicke eines vorherigen oder nachfolgenden schwarzen Balkens ablesen kann. Diese dünnen weißen Balken darf man für die Ziffernfolge *nicht* auslesen.

Der Scanner liest also folgende 0,1-Folge:

linke Hälfte: 0101111 0011011 0010011 0011011 0011001 0100111,
rechte Hälfte: 1100110 1011100 1010000 1100110 1101100 1110010.

Alle Ziffernfolgen in den Codes A, B, C bestehen aus sieben Ziffern. Die Ziffernfolgen im Code A oder Code B beginnen stets mit 0, die im Code C stets mit 1. Die Ziffernfolgen in A bestehen immer aus einer *ungeraden* Anzahl von Einsen. Man sagt, sie haben *ungerade Parität.* Die Ziffernfolgen aus B bestehen immer aus einer *geraden* Anzahl von Einsen, sie haben *gerade Parität.* Diese Paritätseigenschaft wird in den Beispielen noch öfter verwendet werden. Daher geben wir folgende Definition:

Definition 2.2
Eine endliche Ziffernfolge aus 0 und 1 besitzt *ungerade Parität*, falls die Anzahl der Einsen ungerade ist. Ist diese Anzahl gerade, so besitzt die Ziffernfolge *gerade Parität.*

Die codierten Ziffernfolgen der linken Hälfte verraten eine Buchstabenfolge aus A und B. Nach Tab. 2.2 kann aus dieser Buchstabenfolge die allererste Ziffer der EAN bestimmt werden. Die rechte Hälfte verrät nichts, es wird immer mit C codiert, die Siebenergruppen fangen auch alle mit 1 an.

Lesealgorithmus
Aus obigen Überlegungen resultiert folgender Lesealgorithmus, welcher aus dem Strichcode die EAN-Ziffernfolge bestimmt.

Ordne die eingelesene 0,1-Folge in Siebenergruppen an. Wir beginnen mit der linken Hälfte, sie verrät die Buchstabenfolge. Alle Siebenergruppen beginnen mit 0, d. h., sie wurden mittels A oder B codiert. Bestimme dann die Parität der Ziffernfolge. Sie entscheidet über A oder B.

Beispiel 2.7 Wie lautet der EAN-Code aus Abb. 2.2, wenn nur die Codierungsbalken zur Verfügung stehen? Falls wir richtig decodieren, entsteht die unter diesen Balken stehende Ziffernfolge.

Betrachten wir nochmals die Balkenfolge zwischen den ersten beiden Doppelstrichpaaren.

0101111 – 0011011 – 0010011 – 0011011 – 0011001 – 0100111

Die erste 7-Ziffernfolge besitzt fünf Einsen. Sie ist also von ungerader Parität. Also wurde Code A verwendet. Suche daher die Folge 0101111 in der Spalte mit dem Titel-Code A. Sie entspricht der Ziffer 6 in der Spalte mit dem Titel Z. Die erste „Siebener-Ziffernfolge“ ergibt decodiert 6 _ A. Diese Schreibweise bedeutet, dass 6 gemäß A codiert wird.

Die zweite „Siebener-Ziffernfolge“ 0011011 hat vier Einsen. Sie ist also von gerader Parität. Also wurde Code B verwendet. Suche daher die Ziffernfolge 0011011 in der Spalte mit dem Titel-Code B in Tab. 2.2. Sie entspricht der Ziffer 2 in der Spalte mit dem Titel Z. Die zweite Ziffernfolge ergibt decodiert also 2 _ B. So fortfahrend erhalten wir:

0101111 –	0011011 –	0010011 –	0011011 –	0011001 –	0100111
6A	2B	2A	2B	1A	0B

Wir lesen die Buchstabenfolge ABA BAB aus dieser Decodierung. Dieser Buchstabenfolge entspricht die Ziffer 7 in der ersten Spalte von Tab. 2.2. Das ist die *erste* Ziffer in der EAN 7“622210“ Die Apostrophe symbolisieren die langen Doppelbalken im Strichcode.

Die 7-Ziffernfolgen der rechten Hälfte beginnen stets mit 1, sie wurden also alle nach C codiert:

1100110 –	1011100 –	1010000 –	1100110 –	1101100 –	1110010
1_C	4_C	6_C	1_C	2_C	0_C

Die decodierte Ziffernfolge lautet 146120, und damit erhalten wir die vollständige EAN: 7 622210 146120.

Für die Prüfsumme dieser EAN erhalten wir:

$(7+2+2+0+4+1+0)+3\cdot(6+2+1+1+6+2)=16+54=70$. Das ist ein voller Zehner, also handelt es sich um eine gültige EAN. Das Lesen ist sehr aufwändig, der Scanner vollbringt dies in Millisekunden!

Die EAN-Code-Tabelle enthält nur 30 Codewörter von insgesamt $2^7 = 128$ möglichen Wörtern. Daher können diese Wörter so ausgesucht werden, dass sich irgendwelche zwei Codewörter an mindestens zwei Stellen unterscheiden (ihr Hamming-Abstand ist ≥ 2, siehe dazu Abschn. 10.3). Dadurch wird das Auffinden einer falschen Balkenbreite unterstützt.

Konstruktionsalgorithmus

Die Umkehrung des obigen Algorithmus liefert ein Verfahren, zu einer EAN den Strichcode herzustellen.

Beispiel 2.8 Verwandle die EAN 7 622210 146120 in einen Strichcode (Abb. 2.3).

(1) Die Ziffer 7 führt nach Tab. 2.2 zur Buchstabenfolge: ABA BAB.

(2) Die linke Hälfte entspricht: 6_A 2_B 2_A 2_B 1_A 0_B, d. h., 6 wird mit A codiert usw. Das ergibt die 0,1-Folge:

$$0101111 -- 0011011 - 0010011 - 0011011 - 0011001 - 0100111$$

und damit die Balkenfolge in Abb. 2.3, bei der die langen Balken Begrenzungszeichen sind.

(3) Die rechte Hälfte entspricht: 1_C 4_C 6_C 1_C 2_C 0_C, also 1 wird mit C codiert. So fortfahrend erhalten wir die 0,1-Folge:

$$1100110 - 1011100 - 1010000 - 1100110 - 1101100 - 1110010$$

und damit die Balkenfolge in Abb. 2.4.

(4) Füge die zwei Hälften zusammen und beachte dabei, dass die beiden langen Mittelstriche je von einem dünnen, weißen Balken begrenzt sind, der nicht zur EAN zählt. Insgesamt ergibt sich der Strichcode aus Abb. 2.2.

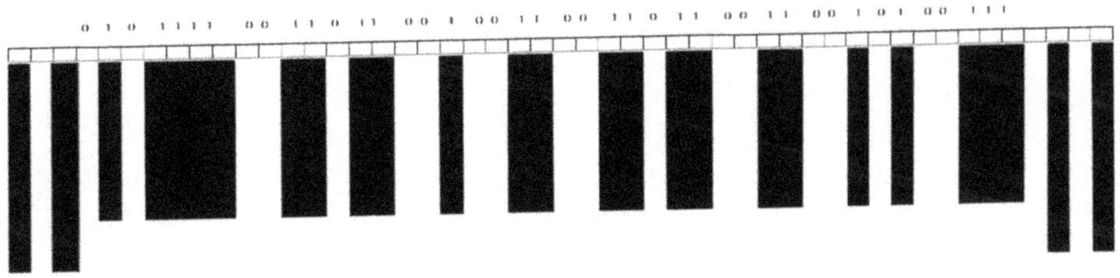

Abb. 2.3 Umwandlung in einen Strichcode, Teil 1

Abb. 2.4 Umwandlung in einen Strichcode, Teil 2

2.3 ISBN – Internationale Standardbuchnummer

Im Verlagswesen verwendet man schon seit langer Zeit die elektronische Bucherfassung zur effizienten Lagerhaltung. Bis 2006 war die zu diesem Zweck entwickelte ISBN (**I**nternationale **S**tandard **B**uch **N**ummer) zehnstellig. Man bezeichnet sie mit ISBN-10.

Im Detail enthält die ISBN-10 die Ziffern $a_1a_2a_3 \ldots a_{10}$ mit $a_i \in \{0,1,\ldots,9\}$.

$$\text{Bedeutung der einzelnen Stellen}: \begin{cases} a_1 & \text{verwendete Sprache} \\ a_2 \ldots a_i & \text{Verlag}, i \in \{3,4\} \\ a_{i+1} \ldots a_9 & \text{verlagsinterne Informationen} \\ a_{10} & \text{Prüfziffer} \end{cases}.$$

Konstruktionsalgorithmus einer ISBN-10 (Codierung)

Ein Verlag gibt die Zeichenfolge 3-642-55176 bekannt. Wir wollen die Prüfziffer a_{10} bestimmen.

Die Prüfziffer erhält man durch folgenden Algorithmus:

(1) Multipliziere die Ziffernfolge 364255176 abwechselnd mit 10, 9, 8, 7, ... 2.
(2) Addiere alle Produkte.
(3) Dividiere diese Summe durch 11. Ist der Rest bei dieser Division gleich 0, diese Summe also ein „voller" Elfer, dann wählen wir als Prüfziffer $a_{10} = 0$.

Für unser Beispiel erhalten wir hingegen:

$$3 \cdot 10 + 6 \cdot 9 + 4 \cdot 8 + 2 \cdot 7 + 5 \cdot 6 + 5 \cdot 5 + 1 \cdot 4 + 7 \cdot 3 + 6 \cdot 2 = 222.$$

Division von 222 durch 11 ergibt $222 = 20 \cdot 11 + 2$. Um den nächsten „vollen" Elfer zu erhalten, ergänzen wir den Rest 2 um 9 auf 11. Damit folgt $a_{10} = 9$.

(5) Die ISBN-10 lautet also 3-642-55176-9.

Anmerkung: Für den ISBN-10-Code bedeutet dies in Kongruenzschreibweise:

$$10 \cdot a_1 + 9 \cdot a_2 + 8 \cdot a_3 + \ldots + (11 - i) \cdot a_i + \ldots + 2 \cdot a_9 + 1 \cdot a_{10} \equiv 0 \; mod \; 11.$$

Nach den Rechenregeln für Kongruenzen (siehe Satz A2.7, Gl. 10.4) gilt damit

$$a_{10} \equiv -(10 \cdot a_1 + 9 \cdot a_2 + 8 \cdot a_3 + \ldots + 2 \cdot a_9) \; mod \; 11.$$

Eine andere Darstellung der Prüfziffer a_{10} erhält man aus folgender Überlegung unter Verwendung von Satz A2.7 (Addition von Vielfachen von 11):

$$a_{10} \equiv -(10 \cdot a_1 + 9 \cdot a_2 + 8 \cdot a_3 + \ldots + 2 \cdot a_9) \; mod \; 11 \equiv$$

$$\equiv -(10 \cdot a_1 + 9 \cdot a_2 + 8 \cdot a_3 + \ldots + 2 \cdot a_9) + 11 \cdot (a_1 + a_2 + a_3 + \ldots + a_9) \; mod \; 11 \equiv$$

$$\equiv -(10 \cdot a_1 + 9 \cdot a_2 + 8 \cdot a_3 + \ldots + 2 \cdot a_9) + (11 \cdot a_1 + 11 \cdot a_2 \ldots + 11 \cdot a_9) \; mod \; 11 \equiv$$

$$\equiv 1 \cdot a_1 + 2 \cdot a_2 + 3 \cdot a_3 + \ldots + 9 \cdot a_9 \; mod \; 11.$$

Damit folgt:

$$a_{10} \equiv 1 \cdot a_1 + 2 \cdot a_2 + 3 \cdot a_3 + \ldots + 9 \cdot a_9 \; mod \; 11.$$

Nach Definition 2.1 ist dies gleichbedeutend mit:

$$a_{10} \; mod \; 11 = (1 \cdot a_1 + 2 \cdot a_2 + 3 \cdot a_3 + \ldots + 9 \cdot a_9) mod \; 11.$$

Da $a_{10} \in \{0,1,\ldots,9\}$ ist, folgt $a_{10} \; mod \; 11 = a_{10}$, denn $a_{10} = 0 \cdot 11 + a_{10}$. Also gilt in der „Reste-Schreibweise" folgende Gleichung für die ISBN-Prüfziffer a_{10}:

$$a_{10} = (1 \cdot a_1 + 2 \cdot a_2 + 3 \cdot a_3 + \ldots + 9 \cdot a_9) \; mod \; 11.$$

Für das Beispiel 364255176 bedeutet dies:
$a_{10} = (1 \cdot 3 + 2 \cdot 6 + 3 \cdot 4 + \ldots + 9 \cdot 6) \; mod \; 11 = 207 \; mod \; 11 = 9$, weil $207 = 18 \cdot 11 + 9$.
Die Prüfziffer ist also 9.

Prüfalgorithmus der ISBN-10 (Decodierung)
Gegeben sei die ISBN-10: 3-642-55176-9. Ist dies eine gültige ISBN-10?

(1) Multipliziere die zehn Ziffern der Reihe nach mit den Faktoren 10, 9,...,1.
(2) Die Addition dieser Produkte ergibt die *Prüfsumme*.

(3) Ist die Prüfsumme ein Vielfaches von 11, dann ist die ISBN-10 – bis auf Ausnahmen – gültig. Es erklingt ein Signalton.
(4) Ist die Prüfsumme kein Vielfaches von 11, dann ist die ISBN-10 sicher ungültig, und es erklingt kein Signalton (nochmaliges Lesen oder händische Eingabe ist erforderlich).

ISBN – 10	3	6	4	2	5	5	1	7	6	9
Faktor	10	9	8	7	6	5	4	3	2	1
Produkt	30	54	32	14	30	25	4	21	12	9

Prüfsumme $30 + 54 + 32 + 14 + 30 + 25 + 4 + 21 + 12 + 9 = 231 = 11 \cdot 21.$

Die Prüfsumme ist ein Vielfaches von 11. Es liegt eine gültige ISBN-10 vor.
Oder: $9 = a_{10} = (1 \cdot 3 + 2 \cdot 6 + 3 \cdot 4 + \ldots + 9 \cdot 6)\ mod\ 11 = 207\ mod\ 11 = 9.$

Bei Division durch 11 kann auch der Rest 10 auftreten. Dann ist die Prüfziffer 10, also eine zweistellige Zahl. Diese kann nicht als einzelne Ziffer aus $\{0,1,\ldots,9\}$ geschrieben werden. In diesem Fall wird als Prüfziffer das Zeichen „X“ genommen.

Nun besprechen wir die ISBN-13, um auch die Buchnummern als Strichcode darstellen zu können.

Beispiel 2.9 Sei 345622446 als Ziffernfolge gegeben. Bestimme nach obigem Algorithmus die Summe: $3 \cdot 10 + 4 \cdot 9 + 5 \cdot 8 + \ldots + 6 \cdot 2 = 210$. Division durch 11 ergibt $210 = 19 \cdot 11 + 1$, also liegt kein Vielfaches von 11 vor. Die Ergänzung auf den nächsten vollen Elfer 220 ist 10. Wir schreiben als Prüfziffer dafür X und erhalten die Zeichenkette 345622446X. Sie kann nicht als Zahl im Dezimalsystem gelesen werden. Dieser Nachteil wurde durch die Einführung der ISBN-13 behoben (vgl. Abb. 2.5). Darüber hinaus werden durch die Verwendung von dreizehn Ziffern die Überlegungen zum EAN-Strichcode einsetzbar. Die ISBN-13 kann also in einen Strichcode übersetzt werden.

Durch folgende Vorschrift wandeln wir eine ISBN-10 in eine ISBN-13 um:

(1) Voranstellen von 978 und Weglassen der Prüfziffer der ISBN-10 ergibt eine zwölfstellige Ziffernfolge.
(2) Abwechselndes Multiplizieren mit 1 und 3, Summenbildung und Ergänzung auf den nächsten vollen Zehner ergibt die EAN-Prüfziffer, die zu den zwölf vorhergehenden Ziffern hinzugefügt wird.

Abb. 2.5 Buchnummer ISBN-13

ISBN 978-3-662-49953-5

9 783662 499535

Beispiel 2.10 Sei die ISBN-10: 3-642-55176-9 gegeben. Voranstellen von 978 und Weglassen der ISBN-10-Prüfziffer 9 ergibt: 978364255176. Abwechselndes Multiplizieren mit 1 und 3 und Aufsummieren ergibt:

$$(9+8+6+2+5+7)+3\cdot(7+3+4+5+1+6)=37+78=115.$$

Ergänzen auf den nächsten vollen Zehner 120 mit 5 ergibt die EAN-Prüfziffer 5 und damit die ISBN-13: 978-3-642-55176-5.

Umgekehrt können wir aus der ISBN-13 die zugehörige ISBN-10 herstellen.

Beispiel 2.11 Erzeuge aus der ISBN-13: 978-3-642-55176-5 die dazugehörige ISBN-10.

Die 978-3-642-55176-5 ist eine gültige EAN, weil die Prüfsumme

$$1\cdot(9+8+6+2+5+7+5)+3\cdot(7+3+4+5+1+6)=42+78=120,$$

also ein voller Zehner ist. Nun zur Umwandlung:

Streiche 978 und die an der letzten Position stehende ISBN-13-Prüfziffer 5.

Dies ergibt 3-642-55176. Bestimme für diese Ziffernfolge die ISBN-10-Prüfziffer a_{10}:

$$3\cdot 10+6\cdot 9+4\cdot 8+2\cdot 7+5\cdot 6+5\cdot 5+1\cdot 4+7\cdot 3+6\cdot 2=222.$$

Division von 222 durch 11 ergibt den Rest 2. Ergänze diesen Rest auf 11, um einen „vollen“ Elfer zu erhalten. Dies ergibt die ISBN-10-Prüfziffer 9. Damit ist die gesuchte ISBN-10: 3-642-55176-9.

Oder kurz auch so:

$$a_{10}=(1\cdot 3+2\cdot 6+3\cdot 4+\ldots+9\cdot 6)\ mod\ 11=207\ mod\ 11=9,$$

weil 207 : 11 = 18 mit Rest 9 gilt.

Fassen wir zusammen:

ISBN-10-Prüfsumme: Nacheinander-Multiplizieren mit 10, 9, 8, ... ,2, 1 und Aufsummieren.

EAN-Prüfsumme: Abwechselndes Multiplizieren mit 1 und 3 und Aufsummieren.

ISBN-10 Prüfziffer: $a_{10} \equiv 1\cdot a_1 + 2\cdot a_2 + 3\cdot a_3 + \ldots + 9\cdot a_9\ mod\ 11$ bzw.
$a_{10} = (1\cdot a_1 + 2\cdot a_2 + 3\cdot a_3 + \ldots + 9\cdot a_9)\ mod\ 11.$

EAN – Prüfziffer: $a_{13} \equiv\ -(1\cdot a_1 + 3\cdot a_2 + 1\cdot a_3 + \ldots + 3\cdot a_{12})\ mod\ 10$ bzw.
$a_{13} =\ -(1\cdot a_1 + 3\cdot a_2 + 1\cdot a_3 + \ldots + 3\cdot a_{12})\ mod\ 10$ oder
$a_{13} = (9\cdot a_1 + 7\cdot a_2 + 9\cdot a_3 + \ldots + 7\cdot a_{12})\ mod\ 10.$

Leistungspotential der ISBN-10

Satz 2.4
Die ISBN-10 entdeckt alle Einzelfehler, alle Vertauschungen benachbarter und auch nicht benachbarter Ziffern. Darüber hinaus werden phonetische Fehler entdeckt.

Beweis (indirekt):

1. *Einzelfehler:* An der i-ten Position werde y statt x eingetippt mit $i \in \{1,2,\ldots,10\}$.

$$\begin{array}{ccccccccc} & i & & & & & i & \\ \cdots & x & \cdots & \rightarrow & \cdots & & y & \cdots \end{array}$$

Wir bilden die Differenz der Prüfsummen.

$$PS_{falsch} - PS_{richtig} = (11-i)\cdot y - (11-i)\cdot x = (11-i)\cdot(y-x).$$

Beachte, dass der Faktor an der i-ten Position $(11 - i)$ ist. So haben wir ihn oben eingeführt.

Die Prüfsumme ändert sich dadurch um $(11 - i) \cdot (y - x)$, alle anderen Teilprodukte ändern sich bei einem Einzelfehler nicht.

Würde der Fehler vom Algorithmus *nicht* erkannt werden, dann würde die Prüfsumme PS_{falsch} bei Division durch 11 trotz falscher Eingabe den Rest 0 ergeben. Damit wären PS_{falsch}, $PS_{richtig}$ und auch deren Differenz jeweils ein Vielfaches von 11.

$$PS_{falsch} - PS_{richtig} = (11-i)\cdot(y-x) = k\cdot 11 \text{ mit } k \in \mathbb{Z}, \quad k \neq 0.$$

Die Zahl 11 ist aber eine Primzahl. Für Primzahlen gilt folgende Primzahleigenschaft (vgl. Satz A2.4): Teilt eine Primzahl p ein Produkt ganzer Zahlen $a \cdot$ b, so muss sie mindestens einen dieser Faktoren teilen. Symbolisch: $p \mid a \cdot b \Rightarrow p|a$ oder $p|b$.

Wir sprechen „a teilt b“ für „a|b“ (vgl. Definition A2.2).

Damit gilt für unsere Überlegungen:

$$11 \mid ((11-i)\cdot(y-x)).$$

Es müsste also nach dieser Primzahleigenschaft gelten:

$$11 \mid (11-i) \text{ oder } 11 \mid (y-x).$$

Beides ist nicht möglich. Wegen $x, y \in \{0,1,\ldots,10\}$ erhalten wir:

$$0 < (11 - i) < 11 \text{ und } -11 < (y - x) < 11,$$

wobei wegen $y \neq x$ auch $y - x \neq 0$ gilt. Bei $y = x$ hätten wir keinen Fehler gemacht.

Wir haben erhalten: Die Primzahl 11 teilt keinen der Faktoren von $(11 - i) \cdot (y - x)$, obwohl sie das Produkt teilt. Dies ist ein Widerspruch zur Primzahleigenschaft.

Also ist die Annahme falsch, und der Fehler wird erkannt.

2. Vertauschung zweier Ziffern:

Es stehe an der Position i die Ziffer x und an der Position j die Ziffer y. Dabei trägt die Ziffer x zur Prüfsumme den Summanden $(11 - i) \cdot x$ bei. Analog trägt die Ziffer y den Summanden $(11 - j) \cdot y$ bei. Die restlichen Summanden bleiben gleich.

$$\overbrace{\overset{}{\cdots} \ \overset{i}{x} \ \cdots \ \overset{j}{y} \ \cdots}^{(11-i)\cdot x + (11-j)\cdot y} \quad \longrightarrow \quad \overbrace{\cdots \ \overset{i}{y} \ \cdots \ \overset{j}{x}}^{(11-i)\cdot y + (11-j)\cdot x}$$

Nun sind die Positionen i und j verschieden und nehmen Werte aus $\{1, \ldots, 9\}$ an. Es sei $j > i$, also $(j - i) \in \{1, .., 9\}$.

Die Prüfsumme ändert sich also um den Wert:

$$PS_{falsch} - PS_{richtig} = (11 - i) \cdot y + (11 - j) \cdot x - ((11 - i) \cdot x + (11 - j) \cdot y) =$$

$$= (11 - i) \cdot (y - x) - (11 - j) \cdot (y - x) = ((11 - i) - (11 - j)) \cdot (y - x) =$$

$$= (j - i) \cdot (y - x),$$

also:

$$PS_{falsch} - PS_{richtig} = (j - i) \cdot (y - x).$$

Würde der Fehler vom Algorithmus nicht erkannt werden, dann würde die Prüfsumme PS_{falsch} bei Division durch 11 trotz falscher Eingabe den Rest 0 ergeben. Damit wären PS_{falsch}, $PS_{richtig}$ und auch deren Differenz jeweils ein Vielfaches von 11.

$$PS_{falsch} - PS_{richtig} = (j - i) \cdot (y - x) = k \cdot 11 \text{ mit } k \in \mathbb{Z} \text{ und } k \neq 0. \tag{2.7}$$

Die Primzahl 11 müsste also mindestens einen der Faktoren $(j - i)$ oder $(y - x)$ teilen. Weil $(j - i)$ aus $\{1, \ldots, 9\}$ ist, und wegen $j \neq i$ auch $(j - i) \neq 0$ gilt, kann $(j - i)$ kein Vielfaches von 11 sein. Weiter gilt, dass $(y - x)$ aus $\{-9, -8, \ldots, -1, 1, \ldots, 8, 9\}$ ist. Die Zahl 0 liegt nicht in dieser Menge, weil $y \neq x$ ist. Damit ist auch $(y - x)$ kein Vielfaches von

11. Insgesamt teilt die Primzahl 11 keinen der beiden Faktoren in Gl. 2.7. Widerspruch! Der Fehler wird also erkannt.

$\blacksquare$

In den bisherigen Überlegungen haben wir Fälle untersucht, in denen Einzelfehler entdeckt werden konnten. Die ISBN-10 kann in Situationen, in denen die Position des Fehlers bekannt ist, auch Einzelfehler korrigieren. Zur Erläuterung verwenden wir die Kongruenzrechnung. Betrachten wir dazu folgendes Beispiel zur gültigen ISBN-10: 3642551769.

Angenommen, wir wissen, dass das dritte Zeichen a_3 nicht korrekt oder schwer leserlich ist. Welches Zeichen muss an dieser dritten Position stehen?

Die schon vorgestellte Kontrollgleichung für die ISBN-10 lautet:

$$10 \cdot a_1 + 9 \cdot a_2 + 8 \cdot a_3 + \ldots + (11 - i) \cdot a_i + \ldots + 2 \cdot a_9 + 1 \cdot a_{10} \equiv 0 \; mod \; 11.$$

Wir setzen ein:

$$10 \cdot 3 + 9 \cdot 6 + 8 \cdot a_3 + 7 \cdot 2 + \ldots + 2 \cdot 6 + 1 \cdot 9 \equiv 0 \; mod \; 11,$$

$$8 \cdot a_3 + 199 \equiv 0 \; mod \; 11.$$

Wegen

$$199 \equiv 1 \; mod \; 11$$

erhalten wir nach den Folgerungen aus Satz A2.7 Gl. 10.2 durch Subtraktion der beiden letzten Kongruenzen:

$$8 \cdot a_3 \equiv -1 \; mod \; 11,$$

$$8 \cdot a_3 \equiv 10 \; mod \; 11.$$

Prüft man in dieser Kongruenz für a_3 alle Zahlen aus $\{0,1,\ldots,9\}$, dann erhält man nur für $a_3 = 4$ eine wahre Aussage.

Aus der Kontrollgleichung sehen wir, dass jedes a_i aus der ISBN-10 durch die restlichen a_k ausgedrückt werden kann: Weil 11 eine Primzahl ist, also der $ggT(11, (11 - i)) = 1$ gilt, finden wir in der Kontrollgleichung zu jedem Faktor $(11 - i)$ zu a_i eine Zahl z mit $(11 - i) \cdot z \equiv 1 \; mod \; 11$ (vgl. Satz A3.2).

Damit können wir a_i aus der Kontrollgleichung berechnen. Allgemein gilt:

Satz 2.5
Die ISBN-10 kann Einzelfehler, deren Position bekannt ist, sogar korrigieren.

Anmerkungen:
(1) Fehler, deren Position bekannt sind, nennt man *Auslöschungen*.
(2) Damit kann man Satz 2.5 so formulieren: Die ISBN-10 korrigiert Einzelauslöschungen.
(3) Die ISBN-10 kann alle Zahlendreher entdecken.
(4) Die ISBN-13 als eine EAN kann dies aber nicht mehr.

Vorteile der ISBN-13: Die Prüfziffer X entfällt, und die ISBN-13 ist für den Computer lesbar.

Ähnlich der ISBN gibt es für Zeitschriften eine 13-stellige ISSN (**I**nternational **S**tandard **S**erial **N**umber) für fortlaufende Sammelwerke: Es wird 977 vorangestellt, die letzte Ziffer ist wieder eine EAN-Prüfziffer.

2.4 IBAN – Internationale Bankkontonummer

Die IBAN (**I**nternational **B**ank **A**ccount **N**umber) wurde entwickelt, um den Zahlungsverkehr zwischen einzelnen Ländern einheitlich durchführen zu können. Um dies zu gewährleisten, musste die IBAN so gestaltet werden, dass die länderspezifischen Banknotationen in eine einheitliche Struktur abgebildet werden konnten. Seit 2016 ist im europäischen Bankverkehr die internationale Bankkontonummer IBAN verpflichtend.

Aufbau der IBAN
Die IBAN besteht der Reihe nach aus:

- zweistelligem Ländercode, der aus Großbuchstaben besteht.
- zweistelliger Prüfsumme, die aus Ziffern aus $\{0,1,\ldots,9\}$ besteht.
- Maximal 30-stelliger Kontoidentifikation, bestehend aus Buchstaben A-Z, a-z oder Ziffern. Damit kann die IBAN höchstens 34 Stellen umfassen.

Beispiel 2.12 Deutsche IBAN, 22 Stellen (Abb. 2.6)

Österreichische IBAN, 20 Stellen (Abb. 2.7)
Schweizer IBAN, 21 Stellen (Abb. 2.8)
Dabei wird die Kontonummer von *rechts* beginnend eingetragen. Bleiben links davon Stellen leer, so werden diese mit Nullen aufgefüllt.

1	2	3	4	5	6	7	8	9	10	11	12	13	14	15	16	17	18	19	20	21	22
DE		Prüfs.		Bankleitzahl								Kontonummer									

Abb. 2.6 Deutsche IBAN

1	2	3	4	5	6	7	8	9	10	11	12	13	14	15	16	17	18	19	20
AT		Prüfs.		Bankleitzahl					Kontonummer										

Abb. 2.7 Österreichische IBAN

1	2	3	4	5	6	7	8	9	10	11	12	13	14	15	16	17	18	19	20	21
CH		Prüfs.		Bankclearing-Nr.					Kontonummer											

Abb. 2.8 Schweizer IBAN

Die Berechnung der zweistelligen Prüfsumme ist etwas aufwändiger. Bisher hatten wir bei der EAN und bei der ISBN-10 die aufsummierten Produkte als Prüfsumme bezeichnet. Die Prüfzahl war der auftretende Rest bei Division der Prüfsumme durch 10 bzw. 11.

Bei der Berechnung der Prüfsumme der IBAN werden wir eine Zahl z, die noch erläutert werden wird, durch 97 dividieren, um ein ähnliches Leistungspotential zu erhalten. Diese Zahl z nennt man nun im Gegensatz zur bisherigen Verwendung Prüfzahl statt Prüfsumme. Der bei dieser Division auftretende zweistellige Rest wird den Vorgaben der ISO-Norm ISO $13616 - 1 : 2020$ folgend als Prüfsumme bezeichnet. Die beiden Ziffern dieser Prüfsumme nennt man Prüfziffern der IBAN. Ist der auftretende Rest r einstellig, so wird eine 0 vorangestellt.

Konstruktion einer IBAN an einem Beispiel

Betrachten wir die Konstruktion einer österreichischen IBAN. Sie besitzt 20 Stellen, davon sind 5 Stellen für die Bankleitzahl BLZ und 11 Stellen für die Kontonummer KtoNr. reserviert.

Sei nun die BLZ: 1234 (in Österreich derzeit nicht vergeben), und sei die KtoNr.: 2008832035 gegeben.

(1) Umwandlung der Länderkennung AT in eine Länderkennzahl LKZ:

Nach ISO-Norm werden beide Buchstaben der Länderkennung und eventuelle weitere in der KtoNr. auftretende Buchstaben durch ihre Stellung im lat. Alphabet und Addition von 9 ersetzt. Damit stammen die den Buchstaben entsprechenden Zahlen aus der Menge $\{10, 11, \ldots, 35\}$. Für unser Beispiel erhalten wir:

A ≙ erster Buchstabe +9 ≙1 + 9 = 10.
T ≙ zwanzigster Buchstabe +9 ≙ 20 + 9 = 29.
Die LKZ für AT ist damit 1029.

(2) Bildung der Zahl z':

Bilde die Ziffernfolge BLZ KtoNr. LKZ 00 und deute sie als Zahl $z' :=$ BLZ KtoNr. LKZ 00 im Zehnersystem.

Die Bankleitzahl muss in Österreich fünfstellig sein. Bei unserer nur vierstelligen BLZ müssen wir eine zusätzliche Null anfügen. Es entsteht 12340.

Die Kontonummer muss in Österreich elfstellig sein. Bei unserer nur zehnstelligen KtoNr. wird eine zusätzlich Null vorangestellt. Es entsteht 02008832035.

Die Kontonummer wird rechtsbündig, und die Bankleitzahl wird linksbündig geschrieben.

Unser z' lautet nun $z' = 1234002008832035102900$. Die letzten beiden Nullen müssen nach ISO-Norm angehängt werden. Eine Begründung für dieses Anhängen wird unten vorgestellt.

(3) Bestimmung des Restes r der ganzzahligen Division von z' durch 97.

$1234002008832035102900 : 97 = 12721670194144691782$ mit dem Rest $r = 46$

Wir bemerken, dass nach dem Satz von der Division mit Rest (vgl. Satz A2.1) dieser eindeutig bestimmt ist. Die Berechnung des Restes ist rechenaufwändig. Sie sollte mit einem gängigen CAS durchgeführt werden.

(4) Bestimmung der beiden Prüfziffern der Prüfsumme PS.

Subtrahiere den Rest r der obigen Division von 98. Dies ergibt die Prüfsumme, deren beide Ziffern die Prüfziffern sind. Falls diese Subtraktion ein einstelliges Ergebnis liefert, so wird als erste Prüfziffer Null gewählt. In unserem Beispiel gilt: $98 - 46 = 52$. Damit sind die beiden Prüfziffern durch 5 und 2 gegeben.

Man beachte, dass *ungeachtet* der Länge von Bankleitzahlen und Kontonummern in den einzelnen Ländern sich immer nur zwei Prüfziffern ergeben. Dies gilt, weil der Rest r aus der Menge $\{0, \ldots, 96\}$ stammt. Damit liegt die Prüfsumme in der Menge $\{2, \ldots, 98\}$. Das Verfahren ist für die unterschiedlichsten Länder und deren oft sehr langen IBAN anwendbar.

(5) Damit erhalten wir nach dem in der Einleitung geschilderten Aufbau für unsere fiktive BLZ und unsere ebenso frei erfundene Kontonummer folgende IBAN:

$$\underbrace{AT}_{\text{LKZ}}\ \underbrace{52}_{\text{PS}}\ \underbrace{12340}_{\text{BLZ}}\ \underbrace{02008832035}_{\text{KtoNr.}}.$$

Algorithmus zur Konstruktion einer IBAN

(1) Ersetze alle Buchstaben der Länderkennung oder jene, die in der Kontonummer auftreten, durch eine zweistellige Zahl. Diese Zweistelligkeit kann sicher durch Addition von 9 zur Position im lateinischen Alphabet erreicht werden. Aus der Länderkennung entsteht die Länderkennzahl LKZ.
(2) Bilde die Ziffernfolge BLZ KtoNr. LKZ **00**. Beachte die Anfügung von zwei Nullen. Deute diese Folge als Zahl $z' :=$ BLZ KtoNr. LKZ **00** im Zehnersystem.
(3) Bestimme der Rest r von z' bei ganzzahliger Division durch 97. Nach dem Satz von der Division mit Rest gilt: $z' = 97 \cdot q + r$. Die Bedeutung von 97 als größte zweistellige Primzahl werden wir bei der Darstellung des Leistungspotentials erkennen.
(4) Prüfsumme$:= 98 - r$. Die Begründung für die Wahl von 98 erfahren wir bei der Beschreibung der Kontrolle einer vorgegebenen IBAN.
(5) Bilde die IBAN := Länderkennung Prüfsumme Bankleitzahl Kontonummer

Kontrolle einer vorgegebenen IBAN
Eine IBAN ist genau dann gültig, wenn die Division der *Prüfzahl* $z := z' +$ Prüfsumme durch 97 den Rest 1 ergibt. Die Prüfzahl folgt aus den nachfolgenden Punkten (1) und (2).

(1) Bestimme die Länderkennzahl LKZ.
(2) Bilde nun die Ziffernfolge BLZ KtoNr. LKZ Prüfsumme und deute diese als Zahl z im Zehnersystem. Sie heißt Prüfzahl.
(3) Dividiere z durch 97 und bestimme den Rest.
(4) Ist der Rest 1, so ist die IBAN gültig.

Mit der oben angegebenen IBAN *AT*521234002008832035 erhalten wir:

(1) LKZ $=1029$.
(2) Prüfzahl $z = 1234002008832035102952$.
(3) $z : 97 = 12721670194144691783$ mit dem Rest 1, symbolisch $z \; mod \; 97 = 1$.
(4) Der Rest ist gleich 1. Also ist die IBAN gültig.

Begründung: Nach den Punkten (2) und (3) des Konstruktionsalgorithmus gilt

$$z' := \text{BLZ KtoNr. LKZ } \mathbf{00} = 97 \cdot q + r.$$

Damit gilt für die Prüfzahl z:

$$z = z' + \text{Prüfsumme}.$$

Hier sehen wir die Bedeutung der beiden angefügten Nullen in z', nämlich:
Ein Zehnerübertrag kann nicht auftreten, weil nach Punkt (4) des Konstruktionsalgorithmus die Prüfsumme höchstens 98 sein kann.

$$z = z' + \text{Prüfsumme} = (97 \cdot q + r) + (98 - r) = 97 \cdot q + 98 = 97(q + 1) + 1.$$

Die Prüfzahl z ergibt also bei Division durch 97 den Rest 1. Symbolisch: $z \; mod \; 97 = 1$.

Um also den Rest 1 zu erhalten, subtrahiert man im Punkt (4) des Konstruktionsalgorithmus den Rest r von 98. Man hätte ihn auch von 97 subtrahieren können. Dann gibt es auch keinen Zehnerübertrag, aber $z \; mod \; 97 = 0$. Damit hätte „0" entschieden, ob eine gültige IBAN vorliegt (vgl. Aufgabe 4.3).

Leistungspotential der IBAN

Satz 2.6
Die IBAN entdeckt alle Einzelfehler.

Beweis: Eine IBAN wird eingegeben, und ein Einzelfehler geschieht. Bei einer korrekten Eingabe würde die Zahl z = (BLZ KtoNr.LKZ 00 + Prüfsumme) bei Division durch 97 den Rest 1 ergeben. Wie wirkt sich der Eingabefehler auf diese Zahl z aus?

1. *Fall*: Eine Ziffer der IBAN wurde falsch eingegeben. Bei unserer Beschränkung auf die Länder Deutschland, Österreich und Schweiz, bei denen in der Kontonummer keine Buchstaben auftreten, sind also die Buchstaben des Länderkennzeichens richtig eingegeben worden. Die Zahl z lesen wir als Zahl im Zehnersystem. Tritt der Fehler an der Position i auf, so wird ein y anstelle eines x eingegeben.

   $\ldots x \ldots$, also $z_{richtig} = \ldots + x \cdot 10^i + \ldots$ im Zehnersystem gelesen,
   $\ldots y \ldots$, also $z_{falsch} = \ldots + y \cdot 10^i + \ldots$ im Zehnersystem gelesen.

Würde der Fehler vom Algorithmus nicht erkannt werden, dann würde z_{falsch} bei Division durch 97 trotz falscher Eingabe den Rest 1 ergeben. Mit dem Satz von der Division mit Rest folgt:

$$z_{richtig} = 97 \cdot m + 1; z_{falsch} = 97 \cdot n + 1; m, n \in \mathbb{N}.$$

Differenzenbildung ergibt einerseits:

$$z_{falsch} - z_{richtig} = 97 \cdot (n - m).$$

Andererseits folgt bei Differenzenbildung aus obiger Darstellung im Zehnersystem unter Berücksichtigung, dass alle Eingaben bis auf jene der Position i gleich sind:

$$z_{falsch} - z_{richtig} = (y - x) \cdot 10^i.$$

Also folgt:

$$97 \cdot (n - m) = (y - x) \cdot 10^i.$$

Damit teilt die Primzahl 97 die Zahl $(y-x)\cdot 10^i$.

Nun ist $10^i=(2\cdot 5)^i=2^i\cdot 5^i$. Nach der im Anhang gezeigten Primzahleigenschaft (Satz A2.4) muss 97 die Zahlen 2^i oder 5^i teilen, falls 97 die Zahl 10^i teilen würde. Die Zahl 2^i ist eine gerade Zahl, kann also nie durch die ungerade Zahl 97 geteilt werden.

Betrachten wir $5^i = 5\cdot 5\cdot\ldots\cdot 5$. Würde 97 die Zahl 5^i teilen, so müsste 97 unter Verwendung der Primzahleigenschaft die Zahl 5 teilen. Dies ist nicht möglich. Damit teilt 97 die Zahl 10^i nicht. Also muss 97 nach dieser Primzahleigenschaft die Zahl $(y-x)$ teilen. Die Zahlen y und x sind aus $\{0,1,\ldots,9\}$. Ihre Differenz $(y-x)$ liegt also zwischen -9 und 9. Würde 97 also $(y-x)$ teilen, so kommt nur $(y-x)=0$ infrage. Dann gilt aber $y=x$, und es liegt kein Eingabefehler vor.

Die Primzahl 97 teilt keinen der Faktoren des Produktes $(y-x)\cdot 10^i$, obwohl sie das Produkt teilt. Dies ist ein Widerspruch zur Primzahleigenschaft.

Also kann z_{falsch} bei Division durch 97 nie den Rest 1 ergeben. Der Fehler wird erkannt.

2. *Fall*: Ein Buchstabe der IBAN wurde falsch eingegeben.

Es ist $z=z'$ + Prüfsumme = BLZ KtoNr.LKZ 00 + Prüfsumme
= BLZ KtoNr. XY 00 + p_1p_2 = BLZ KtoNr. XY p_1p_2 im Zehnersystem.

(i) Der erste Buchstabe X der Länderkennung ist fehlerhaft. Jeder Buchstabe der Länderkennung wird nach obigem Algorithmus in eine zweistellige Zahl codiert. Sei $X_{richtig}$ der korrekte Buchstabe mit den entsprechenden Ziffern x_1 und x_2, also $X_{richtig} \triangleq x_1x_2$. Weil die Zahlenersetzungen für Buchstaben aus $\{10,11,\ldots,35\}$ stammen, ist $x_1\in\{1,2,3\}$. Damit ergibt sich für $X_{richtig}$ der numerische Wert $x_1\cdot 10^5+x_2\cdot 10^4$, weil $(\ldots x_1x_2y_1y_200)_{10}=\ldots+x_1\cdot 10^5+x_2\cdot 10^4+y_1\cdot 10^3+y_2\cdot 10^2+0\cdot 10^1+0\cdot 10^0$.

Sei X_{falsch} der falsche Buchstabe mit den entsprechenden Ziffern $x_1'\in\{1,2,3\}$ und $x_2'\in\{0,1,\ldots,9\}$, also $X_{falsch}\triangleq x_1'x_2'$. Damit ergibt sich für X_{falsch} der numerische Wert $x_1'\cdot 10^5+x_2'\cdot 10^4$.

Es folgt für $z_{richtig}$ bzw. z_{falsch}:

$$z_{richtig}=x_1\cdot 10^5+x_2\cdot 10^4+\ldots,$$

$$z_{falsch}=x_1'\cdot 10^5+x_2'\cdot 10^4+\ldots.$$

Alle anderen Summanden in $z_{richtig}$ bzw. z_{falsch} sind gleich.

Würde der Fehler vom Algorithmus nicht erkannt werden, dann würde z_{falsch} bei Division durch 97 trotz falscher Eingabe den Rest 1 ergeben. Wie im ersten Fall schließt man, dass 97 die Differenz $(z_{falsch}-z_{richtig})$ teilt.

Es gilt:

$$z_{falsch} - z_{richtig} = (x_1' - x_1) \cdot 10^5 + (x_2' - x_2) \cdot 10^4 = 10^4 \cdot [(x_1' - x_1) \cdot 10 + (x_2' - x_2)].$$

Wir setzen: $a := [(x_1' - x_1) \cdot 10 + (x_2' - x_2)]$.

Also teilt 97 die Zahl $10^4 \cdot a$. Wie im ersten Fall begründet, kann 97 die Zahl 10^4 nicht teilen. Die Zahl a liegt zwischen -29 und 29. Dies gilt, weil x_1, x_1' jeweils aus $\{1,2,3\}$ und x_2, x_2' aus $\{0,1,\ldots,9\}$ sind. Damit kann 97 die Zahl a nur teilen, falls $a = 0 = 0 \cdot 10 + 0$ ist. Dann gilt aber $x_1 = x_1'$ und $x_2 = x_2'$. Es liegt keine fehlerhafte Eingabe vor.

Also kann z_{falsch} bei Division durch 97 nie den Rest 1 ergeben. Der Fehler wird erkannt.

(ii) Der zweite Buchstabe Y der Länderkennung ist fehlerhaft. Als Übungsaufgabe zeige man, dass in diesem Fall gilt:

97 teilt $10^2 \cdot b$ mit $b := (y_1' - y_1) \cdot 10 + (y_2' - y_2)$ und $Y_{richtig} \triangleq y_1 y_2$ sowie $Y_{falsch} \triangleq y_1' y_2'$.
Auch hier kann z_{falsch} bei Division durch 97 nie den Rest 1 ergeben.

∎

Beispiel 2.13 Die IBAN AT521234002008832035 ist gültig, weil

$$z = 1234002008832035102952 \bmod 97 = 1.$$

Wir erstellen aus dieser gültigen IBAN nun zwei fehlerhafte Nummern.

Erste falsche IBAN: AT52123405**2**008832035. Es wurde bei der Eingabe an der Position 10 anstelle von „0" eine „5" geschrieben.

$$z = 1234\mathbf{05}2008832035102952 \bmod 97 = 20 \neq 1$$

Der Fehler wird erkannt.

Zweite falsche IBAN: A**R**521234002008832035. Es wurde ein „R" anstelle des „T" geschrieben.

$$z = 12340020088320351\mathbf{027}52 \bmod 97 = 92 \neq 1$$

Der Fehler wird erkannt.

Satz 2.7
Die IBAN erkennt alle Vertauschungen benachbarter und auch nicht benachbarter Zeichen. Damit werden insbesondere die häufig auftretenden Zahlendreher erkannt.

Beweis:

1. *Fall*: Vertauschung zweier Ziffern

$$\underbrace{\begin{matrix} & i & & j & \\ \cdots & x & \cdots & y & \cdots \end{matrix}}_{\textit{richtige IBAN}} \quad \rightarrow \quad \underbrace{\begin{matrix} & i & & j \\ \cdots & y & \cdots & x \end{matrix}}_{\textit{falsche IBAN}}$$

mit $i > j$, also $i = j + d$. Bei langen IBAN kann d sehr groß werden.

Dann folgt:

$$z_{richtig} = \ldots x \cdot 10^i + \ldots + y \cdot 10^j + \ldots,$$

$$z_{falsch} = \ldots y \cdot 10^i + \ldots. + x \cdot 10^j + \ldots.$$

Wird die Vertauschung nicht erkannt, ergeben die Divisionen von $z_{richtig}$ und von z_{falsch} durch 97 jeweils den Rest 1. Analog wie oben schließen wir, dass die Differenz ($z_{falsch} - z_{richtig}$) durch 97 teilbar ist.

$$z_{falsch} - z_{richtig} = (y-x) \cdot 10^i + (x-y) \cdot 10^j = (y-x) \cdot 10^i - (y-x) \cdot 10^j =$$

$$= (y-x) \cdot 10^{j+d} - (y-x) \cdot 10^j = 10^j \cdot \left[(y-x) \cdot 10^d - (y-x)\right] =$$

$$= 10^j \cdot (y-x) \cdot \left(10^d - 1\right).$$

Also teilt 97 die Zahl $10^j \cdot (y - x) \cdot (10^d - 1)$. Nun wissen wir, dass 97 die Zahl 10^j nicht teilt. Wegen $-9 \leq (y - x) \leq 9$ ist $(y - x)$ nur dann durch 97 teilbar, falls $(y - x) = 0$ gilt. Damit wäre $y = x$, und es liegt keine Vertauschung vor. Die Primzahl 97 teilt aber auch $(10^d - 1)$ nicht, denn

$$\frac{1}{97} = 0.\overline{0103092783505154639175257731958762886597\ldots6082474226804123711340206185567}.$$

Diese Dezimalzahl besitzt die Periodenlänge 96.

Nach Padberg & Büchter, S. 189 Satz 8.3 ist keine der Zahlen $\{(10 - 1), (10^2 - 1), (10^3 - 1), \ldots, (10^{95} - 1)\}$ durch 97 teilbar. Der bei einer Vertauschung auftretende Faktor $(10^d - 1)$ liegt auch bei sehr großen IBAN in dieser Menge.

Insgesamt ist also $z_{falsch} - z_{richtig}$ nicht durch 97 teilbar. Die Vertauschung wird erkannt. Aus diesem Schluss erkennt man, warum als Divisor die Primzahl 97 gewählt wird. Die Periodenlänge 96 von $\frac{1}{97}$ ist hinreichend groß, damit auch bei langen IBAN Einzelfehler entdeckt werden können. Die Primzahl 93 eignet sich z. B. nicht, weil $\frac{1}{93}$ nur die Periodenlänge 15 besitzt. Damit wäre $10^{16} - 1$ durch 93 teilbar. Eine Vertauschung von Ziffern mit dem Abstand 16 würde nicht entdeckt werden.

2. *Fall*: Vertauschung der beiden Buchstaben der Länderkennung.

Nach dem Algorithmus zur Herstellung der IBAN werden die beiden Buchstaben der Länderkennung zu den Zahlen X und Y codiert. Weil wir voraussetzen, dass diese Buchstaben verschieden sind, sind auch X und Y verschieden.

Dies wirkt sich auf z= BLZ KtoNr. XY p_1p_2 folgendermaßen aus:
$z_{richtig} = \ldots XYp_1p_2$ mit der Codierung X,Y aus $=\{10,11,\ldots,35\}$, also
$X = 10 \cdot x_1 + x_2$ und $Y = 10 \cdot y_1 + y_2$.

$$z_{falsch} = \ldots YXp_1p_2.$$

Im Zehnersystem gelesen erhalten wir

$$z_{richtig} = \ldots + x_1 \cdot 10^5 + x_2 \cdot 10^4 + y_1 \cdot 10^3 + y_2 \cdot 10^2 + p_1 \cdot 10 + p_2.$$

$$z_{falsch} = \ldots + y_1 \cdot 10^5 + y_2 \cdot 10^4 + x_1 \cdot 10^3 + x_2 \cdot 10^2 + p_1 \cdot 10 + p_2.$$

$$z_{falsch} - z_{richtig} = (y_1 - x_1) \cdot 10^5 + (y_2 - x_2) \cdot 10^4 +$$

$$+ (x_1 - y_1) \cdot 10^3 + (x_2 - y_2) \cdot 10^2.$$

Wieder folgt aus der Annahme, dass der Fehler nicht erkannt wird, der Schluss, dass $z_{falsch} - z_{richtig}$ durch die Primzahl 97 teilbar ist. Also teilt 97 die Zahl

$$10^4[(y_1 - x_1) \cdot 10 + (y_2 - x_2)] + 10^2[(x_1 - y_1) \cdot 10 + (x_2 - y_2)] =$$

$$= 10^4[(y_1 - x_1) \cdot 10 + (y_2 - x_2)] - 10^2[(y_1 - x_1) \cdot 10 - (x_2 - y_2)].$$

Setzt man $a := (y_1 - x_1) \cdot 10 + (y_2 - x_2)$, dann teilt 97 die Zahl

$$\left(10^4 - 10^2\right) \cdot a = 9900 \cdot a.$$

Die Zahl 9900 ist nicht durch 97 teilbar. Dies sieht man entweder durch Division oder unter Verwendung der Primzahleigenschaft (Satz A2.4) mit den Faktoren 99 und 100.

Damit muss 97 die Zahl a teilen. Nun ist aber

$$a := (y_1 - x_1) \cdot 10 + (y_2 - x_2) = (10 \cdot y_1 + y_2) - (10 \cdot x_1 + x_2).$$

Gleichzeitig sind sowohl $(10 \cdot y_1 + y_2)$ als auch $(10 \cdot x_1 + x_2)$ aus $\{10, 11, \ldots, 35\}$. Daher gilt

$-25 \leq a \leq 25$ und 97 teilt a nur, falls $a = 0$ ist. Dies bedeutet, dass

$$(10 \cdot y_1 + y_2) = (10 \cdot x_1 + x_2)$$

gilt. Dann folgt $y_1 = x_1$ und $y_2 = x_2$. Es wäre $X = Y$, im Gegensatz zur $X \neq Y$.

Wir haben einen Widerspruch. Die Annahme, dass der Vertauschungsfehler nicht bemerkt wird, führt auf einen Widerspruch. Der Vertauschungsfehler wird erkannt.

■

Die hier angegebenen Sätze und die zugehörigen Beweise zeigen nur, dass genau ein einziger Fehler erkannt wird. Wie die IBAN bei Mehrfachfehlern reagiert, wird an folgenden Beispielen untersucht.

Beispiel 2.14 Wir gehen von der gültigen IBAN AT521234002008832035 aus und konstruieren unterschiedliche Fehler. Werden diese erkannt?

Falsche IBAN: AT52**21**34002008832035. Ein Zahlendreher ist aufgetreten, da 21 anstelle von 12 eingegeben wurde.

$z = \mathbf{21}34002008832035102952 \bmod 97 = 76 \neq 1.$

Der Fehler wird erkannt.

Falsche IBAN: AT52123400**8**00**2**832035. Eine Ziffernvertauschung ist aufgetreten.

$z = 123400\mathbf{8}00\mathbf{2}832035102952 \bmod 97 = 68 \neq 1.$

Der Fehler wird erkannt.

Falsche IBAN **TA**521234002008832035. Es ist eine Buchstabenvertauschung aufgetreten.

$$z = 1234002008832035291052 \bmod 97 = 18 \neq 1.$$

Der Fehler wird erkannt.

Werden bei der Eingabe Zeichen ausgelassen oder mehrfach eingegeben, so wird dies durch die Kontrolle der Länge der Zeichenkette sofort erkannt.

Was geschieht nun bei *Mehrfachfehlern*?

Die IBAN AT521234002008832035 sei wieder unsere gültig Angabe.

Falsche IBAN AT521234**97**2008832035. Anstelle „00“ an den Positionen 9 und 10 wurde „97“ eingegeben.

$z = 1234\mathbf{97}2008832035102952 \bmod 97 = 1.$

Der Fehler wird nicht erkannt.

Falsche IBAN AT521234**97**2**97**8832035. Anstelle der beiden „00“ wurde jeweils „97“ eingegeben.

$z = 1234\mathbf{97}2\mathbf{97}8832035102952 \bmod 97 = 1.$

Der Fehler wird nicht erkannt.

Falsche IBAN AT5212340**9997**8832035. Anstelle von „0200” wurde „9997” eingegeben.

$z = 12340\mathbf{9997}8832035102952 \bmod 97 = 1.$

Der Fehler wird nicht erkannt.

Die bisherigen Fehler entstanden durch Addition von 97. Damit addiert man zur Kontrollzahl der gültigen IBAN nur Vielfache von 97. Der Rest bei Division durch 97 bleibt also gleich 1.

Prüfen wir nun Mehrfachfehler, die aus Zahlendrehern und Einzelfehlern bestehen.

Falsche IBAN AT**252143**00**1**00**77**32035.

$z = \mathbf{2143}00\mathbf{1}007732035102 9\mathbf{25} \bmod 97 = 71.$

Der Mehrfachfehler wird erkannt.

Wir halten fest, dass es Fälle gibt, in denen Mehrfachfehler nicht erkannt werden.

In den Beweisen zum Leistungspotential der IBAN verwendeten wir wiederholt die Primzahl 97. Dafür können wir folgende Gründe anführen:

(1) Teilbarkeitsuntersuchungen benötigen eine Primzahl (Satz A2.4).
(2) Da die Prüfsumme zweistellig sein muss, scheiden drei und mehrstellige Primzahlen aus. Der Rest, welcher die Prüfsumme bestimmt, könnte dreistellig sein.

Sollen eine falsche Buchstabeneingabe und Ziffernvertauschungen erkannt werden, muss man darüber hinaus fordern:

(3) Die Primzahl darf die Zahlen $(10 - 1), (10^2 - 1), \ldots, (10^d - 1)$ auch für große d nicht teilen. Dies ist gesichert, falls der Kehrwert der Primzahl eine große Periodenlänge besitzt (vgl. Satz 2.7). Unter allen Primzahlen, die kleiner als 100 sind, besitzt der Kehrwert der Primzahl 97 die größte Periodenlänge. Sie beträgt 96 Stellen. So ist z. B. die Periodenlänge des Kehrwertes von 93 nur 15 Stellen oder jene des Kehrwertes von 89 nur 44 Stellen lang.

2.5 EURO-Kontrollnummer (Seriennummer)

Betrachten wir eine EURO-Banknote, so sehen wir zusätzlich zum Geldwert noch eine zwölfstellige Seriennummer, welche mit zwei Großbuchstaben beginnt und auf die dann zehn Ziffern folgen. Die letzte dieser Ziffern ist die Prüfziffer, während der erste Buchstabe die Druckerei angibt, in welcher die Banknote produziert wurde.

Die Berechnung der Prüfziffer für EURO-Banknoten der zweiten Serie, die ab 2013 verwendet wird (vgl. Manz, 2017, S. 9 f.) geschieht folgendermaßen.

Im Produktionsprozess einer Druckerei werden einer Banknote die Zeichen $XYc_5\ldots c_{12}c_{13}$ zugeordnet.

(1) Ersetze die beiden Buchstaben durch ihre Position im Alphabet ($A = 01, \ldots, Z = 26$). Damit entsteht eine 13-stellige Ziffernfolge $c_1\ldots c_{12}c_{13}$ mit $0 \leq c_i \leq 9$ für $1 \leq i \leq 13$.
(2) Die Prüfziffer c_{14} ist so zu wählen, dass bei Division von $c_1 + c_2 + \ldots + c_{13} + c_{14}$ durch 9 der Rest 7 entsteht.

Dies bedeutet in der Kongruenzschreibweise, dass die Prüfziffer c_{14} mit $0 \leq c_{14} \leq 9$ sich aus

$$c_1 + c_2 + \ldots + c_{13} + c_{14} \equiv 7 \; mod \; 9$$

berechnet.

Kontrolle einer EURO-Seriennummer:

(1) Ersetze die beiden Buchstaben durch ihre Position im Alphabet.
Dies ergibt eine 14-stellige Zahl $c_1c_2\ldots c_{14}$.
(2) Dividiere die Quersumme $c_1 + c_2 + \ldots + c_{13} + c_{14}$ durch 9.
Ist der Rest 7, dann ist die EURO- Seriennummer gültig.

Beispiel 2.15

(1) Bei einer Banknote sei die Zeichenfolge SC438112194 vorgegeben. Wir erzeugen nach obigem Verfahren die Prüfziffer c_{14}.

Aus $S \triangleq 19$, $C \triangleq 03$ entsteht die dreizehnstellige Zahl $z := 1903438112194$. Die Prüfziffer c_{14} ist Lösung der Kongruenz

$$1 + 9 + 0 + 3 + 4 + 3 + 8 + 1 + 1 + 2 + 1 + 9 + 4 + c_{14} \equiv 7 \; mod \; 9, \text{ also}$$

$$46 + c_{14} \equiv 7 \; mod \; 9.$$

Nach den Rechengesetzen für Kongruenzen (vgl. Folgerung aus Satz A2.7) erhalten wir

$$\Rightarrow c_{14} \equiv (7-46) \; mod \; 9 \equiv -39 \bmod 9 \equiv 6 \bmod 9.$$

Weil $c_{14} \in \{0,1,\ldots,9\}$ ist, muss $c_{14} = 6$ sein.
Damit erhalten wir für diese Banknote als EURO-Seriennummer: SC438112194**6**.

(2) Wir kontrollieren die Seriennummer SC4381121946 auf Gültigkeit.

Aus $S \triangleq 19$, $C \triangleq 03$ entsteht die vierzehnstellige Zahl $z := 19034381121946$.
Wir bestimmen den Neunerrest r von z:

$$19034381121946 : 9 = 2114931235771 \text{ mit Rest } r = 7.$$

Also ist $z \equiv 7 \; mod \; 9$. Die Seriennummer ist gültig. Anstelle der aufwändigen ganzzahligen Division durch 9 kann auch eine wiederholte Quersummenbildung für die Zahl z angewendet werden. Diese Quersummenbildung lässt den Neunerrest unverändert, ist aber leichter handhabbar und endet, sobald bei diesem Verfahren nur mehr eine einstellige Zahl verbleibt. Erinnerung: Die Quersumme $Q(z)$ einer Zahl $z = z_1 \ldots z_n$ ist die Summe ihrer Ziffern, also $Q(z) = z_1 + \ldots + z_n$.

Für unser Beispiel folgt $Q(19034381121946) = 52$, $Q(52) = 7$, $Q(7) = 7$, also ist 7 der Neunerrest von z. Diese Methode ist allgemeingültig (siehe Anhang A2, Folgerung (3) zu Satz A2.6)

Möchte man die Kongruenzrechnung vermeiden, dann ist der Punkt (2) des Produktionsprozesses zu modifizieren.

(2) Dividiere die Summe $c_1 + c_2 + \ldots + c_{13}$ durch 9. Ist der Rest r eine Zahl mit $0 \leq r \leq 7$, dann ist $c_{14} = 7 - r$. Ist der Rest r gleich 8, dann setze $c_{14} := 8$ (weil $8 + 8 = 16 = 9 + 7$). Insgesamt ergibt $(c_1 + c_2 + \ldots + c_{13}) + c_{14}$ bei Division durch 9 den Rest 7.

Leistungspotential

Dieser Code erkennt einen einzelnen Ziffernfehler, sofern nicht Null anstelle von Neun oder umgekehrt eingesetzt wurde.

Es entsteht aus der ursprünglichen Ziffernfolge $c_5c_6 \ldots c_i \ldots c_{13}c_{14}$ die neue Ziffernfolge $c_5c_6 \ldots x \ldots c_{13}c'_{14}$ mit x an der Stelle i. Die Prüfziffern c_{14} bzw. c'_{14} berechnen sich aus den beiden folgenden Gleichungen:

$$c_5 + c_6 + \ldots + c_i + \ldots + c_{13} + c_{14} \equiv 7 \; mod \; 9,$$

$$c_5 + c_6 + \ldots + x + \ldots + c_{13} + c'_{14} \equiv 7 \; mod \; 9.$$

Wäre $c_{14} = c'_{14}$, dann würde bei Subtraktion dieser Gleichungen $c_i - x \equiv 0 \; mod \; 9$ folgen. Also folgt $9 \mid (c_i - x)$. Wegen $0 \leq c_i, x \leq 9$ ist dies nur möglich, falls $c_i - x = 0$ oder

$c_i - x = \pm 9$ gilt. Im ersten Fall wäre $c_i = x$, und es wäre kein Fehler aufgetreten. Im zweiten Fall ist $x = 9$ und $c_i = 0$ oder $x = 0$ und $c_i = 9$. Damit wäre nur der Fehler $0 \leftrightarrow 9$ möglich.

Buchstabenfehler werden ebenfalls *nicht* alle erkannt:

Beispiel 2.16 Anstelle der Seriennummer SC4381121946 wird die Nummer SL4381121946 gelesen. Wegen $S \triangleq 19$, $L \triangleq 12$ ist die Prüfzahl $z = 19124381121946$. Für diese gilt:

$$Q(z) = Q(19124381121946) = 52;\ Q(52) = 7; Q(7) = 7.$$

Trotz des Buchstabenfehlers L anstelle von C erhalten wir ein gültige Seriennummer.

Aufgaben
Zur EAN

2.1: Ist 4 035851 123456 eine gültige EAN?

2.2: Ergänze die Ziffernfolge 803215723421 zu einer gültigen EAN.

2.3: Führe einen Einzelfehler bzw. eine Zahlenverdrehung durch und kontrolliere die Prüfsumme.

2.4: Finde drei Fehler, die nicht erkannt werden.

2.5: Zeige: Die EAN erkennt Ziffernvertauschung a_i und a_j mit $i \neq j$, außer i und j sind beide gerade. Auch wenn i gerade und j ungerade ist (oder umgekehrt) und der Abstand von a_i und a_j gleich 5 ist, wird der Fehler nicht erkannt.

Zum Strichcode

2.6: Gegeben sei die Ziffernfolge 8 076809 514422. Zeige, dass es sich um eine gültige EAN handelt. Entwickle den dazu entsprechenden Strichcode!

Vertausche die Ziffer 6 mit 8. Weise nach, dass die neue Ziffernfolge keine EAN ist.

Führe einen Dreifachfehler (inklusive einer Zahlenverdrehung) durch, der nicht entdeckt wird!

Zur ISBN

2.7: Auf einem Buchumschlag findet sich der ISBN-Code in Abb. 2.9.

Bestimme die hier nicht vollständig sichtbare ISBN und deren Prüfsumme!

2.8: Zeige: 3-540-32160-8 ist eine gültige ISBN-10.

2.9: Ersetze 5 durch 7. Wird der Fehler erkannt?

2.10: Vertausche 1 mit 6: Wird der Fehler erkannt?

2.11: Verwandle obige ISBN-10 in eine ISBN-13.

2.12: Wird die Vertauschung von 1 mit 6 jetzt erkannt?

2.13: Verwandle die ISBN-13 zurück in eine ISBN-10.

Abb. 2.9 Ein beschädigter ISBN-Code

2.14: Führe einen Einzelfehler und einen Zahlendreher in beiden ISBN durch. Wird der Mehrfachfehler erkannt?

2.15: Zeige, dass bei der ISBN-13 auch phonetische Fehler erkannt werden. Gehe bei der Begründung wie bei den Überlegungen zur EAN vor.

Zur IBAN

Verwende für die nächsten Aufgaben ein CAS, z. B: Wolfram|Alpha https://www.wolframalpha.com

2.16: Kontrolliere Deine eigene IBAN und vertausche dann zwei Zeichen miteinander. Prüfe, ob dies vom Algorithmus erkannt wird.

2.17: Führe bei Deiner IBAN zwei Zahlendreher durch. Prüfe, ob dies vom Algorithmus erkannt wird.

2.18: Generiere eine deutsche IBAN mit folgenden fiktiven Daten:
BLZ 123456.
KtoNr.: 12405073.
Beachte: DEz_1z_2 bbbb bbbb kkkk kkkk kk mit
b. . .Stelle der BLZ.
k. . .Stelle der KtoNr.
Überprüfe die Gültigkeit dieser IBAN.

2.19: Nimm eine gültige IBAN und simuliere die Eingabe einer falschen Ziffer. Wird der Fehler erkannt?

Simuliere dann die Eingabe eines falschen Buchstabens bei der richtigen IBAN. Wird der Fehler wieder erkannt?

2.20: Nimm eine gültige IBAN.

Simuliere der Reihe nach folgende Eingabefehler:

- Ziffernvertauschung an den Stellen 5 und 8,
- Buchstabenvertauschung,
- ein Zahlendreher.

Werden diese Fehler erkannt?

2.21: Mehrfachfehler:

Simuliere an der gültigen IBAN einen Zahlendreher und zwei Einzelfehler. Prüfe, ob dies erkannt wird.

2.22: Addiere zu einer gültigen IBAN rechts von der Prüfziffer die Zahl 97. Dadurch entsteht eine falsche IBAN mit zwei oder drei falschen Ziffern. Wird dies vom Algorithmus erkannt?

Addiere rechts von der Prüfziffer an mehreren Stellen die Zahl 97. Wird die falsche IBAN erkannt?

2.23: Erkläre mittels Kongruenzrechnung, warum solche Additionen von 97 zu einer falschen IBAN führen, aber nicht erkannt werden.

2.6 QR-Codes mit anschaulicher Codierung

Bisher haben wir im wesentlichen Codes kennengelernt, die Fehler „nur" entdeckten und das Auftreten eines solchen meldeten, um die Eingabe zu wiederholen. Darüber hinaus genügte wegen der geringen Zeichenanzahl eine eindimensionale Anordnung der Codezeichen. Nun werden wir Codes kennenlernen, die Fehler zusätzlich selbständig korrigieren. Dies ist notwendig, weil:

(1) die sofortige wiederholte Eingabe von Daten wegen des dazu benötigten Zeitaufwandes oft unmöglich ist, wie etwa beim Abhören einer CD oder bei der digitalen Fotografie,
(2) mechanische und elektronische Beeinträchtigungen Nachrichtenbits unlesbar machen (z. B. Zerstörungen auf einem Datenträger, zu dem auch Papier zählt, oder Funklöcher bei Übertragungen). Daher wurden mithilfe der Mathematik Codes entwickelt, durch die mehrere Fehler in kürzester Zeit **selbständig** korrigiert werden können. Solche selbständig korrigierenden Verfahren verwendet man bereits bei den nun zu besprechenden QR-Codes.

Man sieht im Alltag häufig Quadrate auf Büchern, Verpackungen, Bildern, Plakaten, Zeitungen. Diese Quadrate sind mit einem unregelmäßigen Muster aus kleineren Quadraten ausgefüllt (Abb. 2.10). Sie sind Zeichen für 0 oder 1. Um viele solche Zeichen auf kleinem Raum unterbringen zu können, werden sie nicht linear, sondern meist quadratisch angeordnet. Man spricht von einem QR-Code. Der Buchstabe „**Q**" leitet sich nicht von „**q**uadratisch" ab, sondern **QR** bedeutet **Q**uick **R**esponse (engl. „schnelle Antwort"). Sie

Abb. 2.10 Ein QR-Code

geben also eine schnelle Antwort auf nicht ausgesprochene Fragen wie „Wo steht mehr?" oder „Welche Internet-Adresse hat der Anbieter?". So können umfassende Antworten trotz geringem Platzangebot gegeben werden. Man erhält diese Antworten, wenn man die Kamera eines QR-Scanners auf den QR-Code richtet. Sofort erscheint die im QR-Code verborgene Antwort, oder eine Seite im Internet wird aufgerufen.

Allerdings können auch beim Einsatz des QR-Codes Fehler auftreten. Der Datenträger könnte verschmutzt oder beschädigt sein. Solche Fehlerquellen bzw. Fehler kann nun der QR-Code selbständig erkennen und korrigieren.

In der Alltagssprache bezeichnet „QR-Code" meist das sichtbare quadratische Pixelmuster. Dieses Pixelmuster kann von unterschiedlichen Codes generiert werden. Im Sinne der Codierungstheorie ist das im Allgemeinen quadratische Pixelmuster kein Code, sondern stellt nur lesbare Codewörter eines zugrunde liegenden Codes dar.

Im Folgenden werden wir herleiten, wie ein Code aufgebaut sein muss, damit er eine bestimmte Anzahl von Fehlern entdecken (error detecting code) bzw. sie auch korrigieren kann (error correcting code). Beim Wiederholungscode sahen wir, dass ein Fehler korrigiert werden konnte, allerdings um den Preis, dass die Nachrichtenlänge vervielfacht wurde. Damit ist der Wiederholungscode in der Praxis nicht einsetzbar. Wir beginnen mit dem Beispiel eines der ältesten fehlerkorrigierenden Codes, der die Nachrichtenlänge nicht vervielfacht. Allerdings beschränken wir uns auf einen „kleinen" Code und eine Konstruktionsmethode, die beinahe keine Mathematik benötigt. Damit können die Prinzipien der Fehlerkorrektur anschaulich und elementar vermittelt werden. In den nächsten Überlegungen werden wir diesen Code für unseren Mini-QR-Code verwenden. Diesem Mini-QR-Code liegt der anschauliche Hamming-Code H_{bin} zugrunde.

Ein anschaulicher Hamming-Code H_{bin}

Der erste fehlerkorrigierende Code wurde von Richard Hamming bereits 1948 entwickelt. Mit diesem Code sollte die damals eingesetzte Lochkartentechnologie Lesefehler selbständig erkennen und korrigieren können (vgl. Abschn. 2.7). Das Codewort, bezeichnet mit $\boldsymbol{c}$, erzeugt man aus dem Nachrichtenwort bzw. Datenwort, bezeichnet mit $\boldsymbol{m}$ (vom engl. message), durch Hinzufügen von zusätzlichen Kontrollstellen. Diese Kontrollstellen nennt man auch Prüfbits. Diese entstehen durch eine „Paritätsprüfung" von bestimmten Teilen der Nachrichtenbits (Datenbits). Sie erzeugen die zur Korrektur notwendige Redundanz (siehe Einleitung). Für die nächsten Überlegungen stellen wir ein anschauliches Verfahren vor, das auf McEliece (1985, zitiert nach Shier, 1999, S. 299) zurückgeht.

Beispiel 2.17 Die Nachricht $\boldsymbol{m} := m_1m_2m_3m_4 = 1101$ soll übertragen werden. Dazu zeichnen wir drei einander überlappende Kreise, die vier Durchschnitte besitzen, in welche wir die vier Nachrichtenbits eintragen. Für größere Datenmengen verwendet man nicht mehr Kreise, da die Durchschnitte unübersichtlich werden. Hamming hatte für diesen Fall ein spezielles, für die Praxis taugliches Verfahren entwickelt, das wir später erläutern (vgl. Abschn. 2.7).

Nun zum Verfahren von McEliece, bei dem die Reihenfolge des Eintragens der Nachrichtenbits nach folgendem Muster erfolgt:

Man zeichnet drei Kreise k_1, k_2 und k_3 mit vier Überlappungen.

Das Feld 2 ist der Durchschnitt dieser drei Kreise. Die Felder 1, 3, 4 bezeichnen die Durchschnitte von je zwei Kreisen. Die Felder 5, 6, 7 sind die noch verbleibenden Felder, welche die zu bestimmenden Prüfbits enthalten. Wir nennen sie Prüffelder und die Felder 1, 2, 3, 4 Nachrichtenfelder oder Datenfelder (Abb. 2.11).

Im Feld 5 steht die Parität der Bitfolge aus den Eintragungen in den Feldern 1, 2 und 3.

Im Feld 6 steht die Parität der Bitfolge aus den Eintragungen in den Feldern 3, 2 und 4.

Im Feld 7 steht die Parität der Bitfolge aus den Eintragungen in den Feldern 1, 2 und 4.

Konstruktionsalgorithmus

Wir demonstrieren die Konstruktion an der Nachricht $\boldsymbol{m} := 1101$.

(1) Schreibe die Datenbits in die Felder 1, 2, 3 und 4.

(2) Der Kreis k_1 enthält von m die Bitfolge 110. Diese Folge enthält zwei Einsen, also eine gerade Anzahl von Einsen. Ihre Parität ist daher 0. Diese wird in das Feld 5 eingetragen. Analog: Im Feld 6 steht die Parität der Folge 011, also 0. Im Feld 7 steht die Parität der Folge 111, also 1. Die Felder 5, 6 und 7 enthalten in dieser Reihenfolge (!) die Prüfbits $p_1p_2p_3$ (Abb. 2.12).

(3) Stelle die Prüfbits vor die Nachricht.

(4) Das Codewort entsteht durch das Auslesen der Felder in folgender, hier willkürlich gewählter Reihenfolge: 5, 6, 7, 1, 2, 3 und 4. Dies ergibt das Codewort $\boldsymbol{c} := 001$ **1101** $= c_1c_2c_3c_4c_5c_6c_7 = p_1p_2p_3m_1m_2m_3m_4$.

Abb. 2.11 Diagrammdarstellung

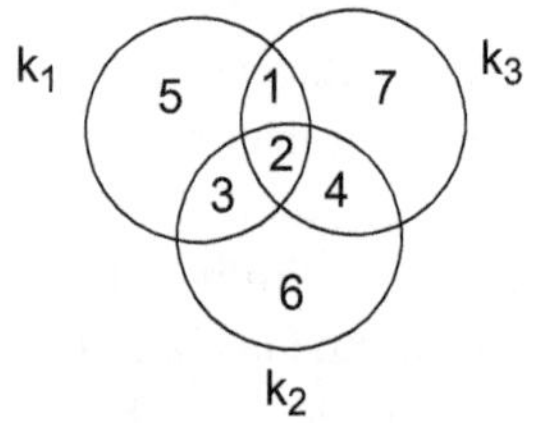

Abb. 2.12 Die Felder und ihre Paritäten

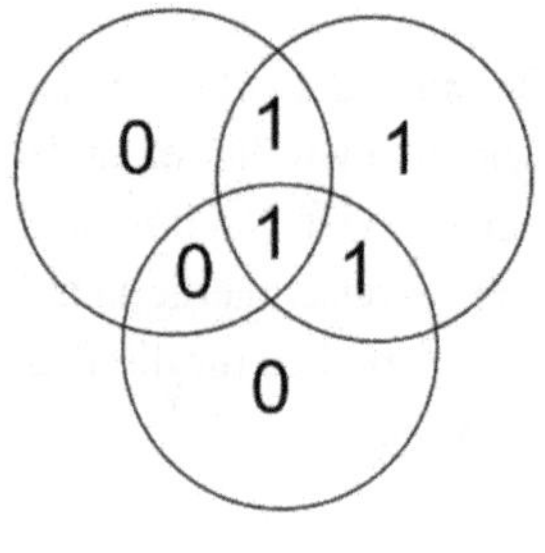

(5) Falls nach Paritätsprüfung in den Feldern 5, 6 und 7 eine „falsche“ Parität steht, wurde das Codewort fehlerhaft übertragen.

Dies ist die Vorgangsweise des anschaulichen Hamming-Codes H_{bin}. Liegt eine lange 0,1-Folge vor, so unterteilt man sie in Viererblöcke. Jede gesendete Nachricht besteht aus drei vorangestellten Prüfbits gefolgt von vier Nachrichten-(Daten-)bits am Ende des Codewortes. Man könnte die Prüfbits auch an das Ende der Nachricht stellen. Beim historischen Verfahren, das Hamming entwickelte, stehen die Prüfbits innerhalb des Codewortes an vorgegebenen Stellen (vgl. Abschn. 2.7).

In unserem Falle besteht das Codewort also aus insgesamt 7 Bits. Von diesen Bits sind 4 Datenbits und $7 - 4 = 3$ Prüfbits. Weil alle Prüfbits vor der Nachricht stehen, kann diese an den letzten vier Stellen abgelesen werden. Man spricht: Der Hamming-Code ist ein *systematischer* (7,4)-Blockcode.

Beispiel 2.18 Codiere die Nachricht $\boldsymbol{m} := 0101$.

(1) Trage die Nachrichtenbits in die Felder 1, 2, 3 und 4 ein. Beachte die Reihenfolge!
(2) Bestimme die Prüfbits für die Felder 5, 6 und 7 unter Verwendung der Parität in den entsprechenden Durchschnitten.
(3) Das Codewort $\boldsymbol{c}$ ergibt sich durch Auslesen der Bits aus den Feldern 5, 6, 7 sowie 1, 2, 3 und 4. Beachte die Reihenfolge! Es entsteht 100 0101.

Leistungspotential des anschaulichen Hamming-Codes

Bevor wir die Funktionsweise des Korrekturalgorithmus begründen, sollen an einigen Beispielen in experimenteller Form die Leistungen dieses Algorithmus erkundet werden (vgl. Haftendorn, 2016, S. 56). Dazu werden wir in ein Wort, das aus Kontrollbits und Prüfbits besteht, Fehler einbauen und die Reaktion des Algorithmus beobachten. Beginnen wir mit drei Fehlern. Statt des ursprünglichen Codewortes $\boldsymbol{c} := 001\ 1101$ wird das Wort $\boldsymbol{c}' := 001$ **0110** empfangen. Die gekennzeichneten Stellen sind also falsch. Wie drückt sich dies in den Kreisdiagrammen aus?

Im rechten Teil von Abb. 2.13 sehen wir das empfangene fehlerhafte Wort. Der linke Teil zeigt das ursprüngliche Wort. Die Durchführung der Paritätsprüfung führt zu keiner Fehlererkennung. Dies zeigt der Buchstabe „r“ (für richtig) an. Die Prüfbits passen in diesem Fall zu den Paritäten. Dies bedeutet, dass diese drei Fehler nicht erkannt werden.

Wir reduzieren die Anzahl der Fehler. Statt des ursprünglichen Wortes $\boldsymbol{c} := 001\ 1101$ wird das Wort $\boldsymbol{c}'' := 0$**1**1 **1**001 empfangen. Daraus würde man schließen, dass die Nachricht 1001 zu übermitteln gewesen wäre. Dies ist aber falsch, da 1101 die ursprüngliche Nachricht war. Dies erkennt der Algorithmus durch Paritätsprüfung. Im linken Teil von Abb. 2.14 treten zwei „f“ (falsch) auf.

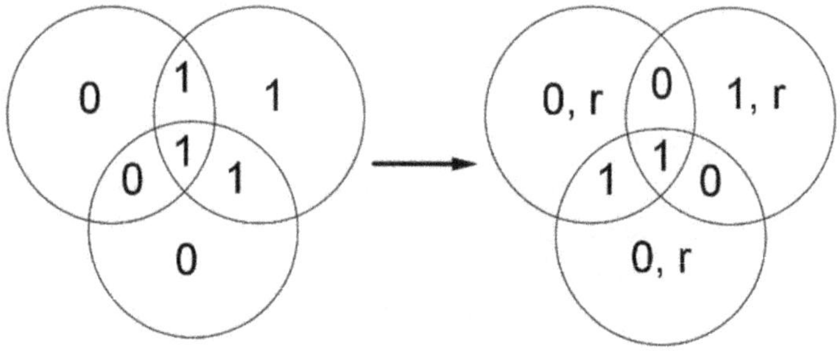

Abb. 2.13 Bestimmung der Paritäten

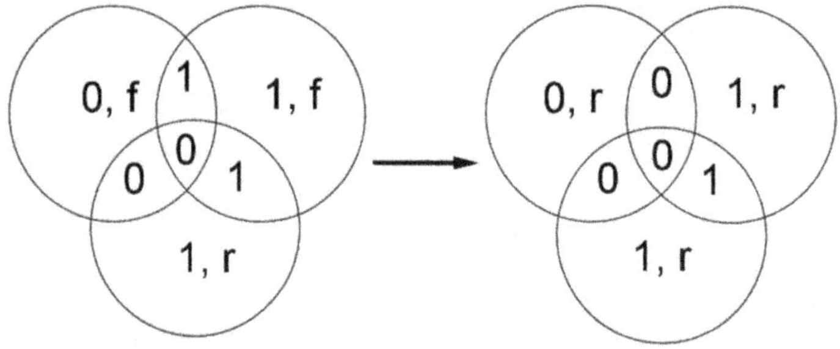

Abb. 2.14 Ein Korrekturversuch

Im rechten Teil von Abb. 2.14 sehen wir einen Korrekturversuch nach einem Paritätsvergleich. Die Nachricht 1001 wird zu 0001 korrigiert. Damit stimmen zwar die Paritäten, aber das ursprünglich gesendete Wort 001 1101 wird auf das noch immer falsche Wort 011 0001 geändert. Der Algorithmus schlägt vor, dass die ursprüngliche Nachricht 0001 zu übermitteln gewesen wäre. In einer Situation mit zwei Fehlern wird zwar erkannt, dass Fehler vorliegen, aber die Korrektur versagt.

Betrachten wir ein weiteres Beispiel (Abb. 2.15). Statt des ursprünglichen Wortes $\boldsymbol{c} := 001\ 1101$ wird das Wort $\boldsymbol{c}''' := 001\ \mathbf{01}1\mathbf{1}$ empfangen. Wieder sind zwei Fehler aufgetreten. Diesmal sind zwei Bits im Nachrichtenwort falsch, während die Prüfbits richtig empfangen wurden.

Dass Fehler aufgetreten sind, erkennt der Algorithmus durch Paritätsprüfung. Wir sehen zwei „f" im linken Teil von Abb. 2.15. Doch was soll der Algorithmus nun korrigieren? Z. B. könnte er Bit 7 in der Nachricht $\boldsymbol{c}''' = \mathrm{c}_1\mathrm{c}_2\mathrm{c}_3\mathrm{c}_4\mathrm{c}_5\mathrm{c}_6\mathrm{c}_7 = \mathrm{p}_1\mathrm{p}_2\mathrm{p}_3\mathrm{m}_1\mathrm{m}_2\mathrm{m}_3\mathrm{m}_4$ von 1 auf 0 korrigieren. Damit wäre die Paritätsprüfung bestanden. Dies sehen wir im rechten Teil von Abb. 2.15, in dem nur mehr die Buchstaben „r" auftreten. Dann würde aber das korrigierte Wort 001 0110 lauten. Also wäre die Nachricht 0110 zu übermitteln gewesen. Dies ist falsch. Es zeigt sich wieder, dass der Algorithmus bei zwei Fehlern zu keiner passenden Korrektur führt.

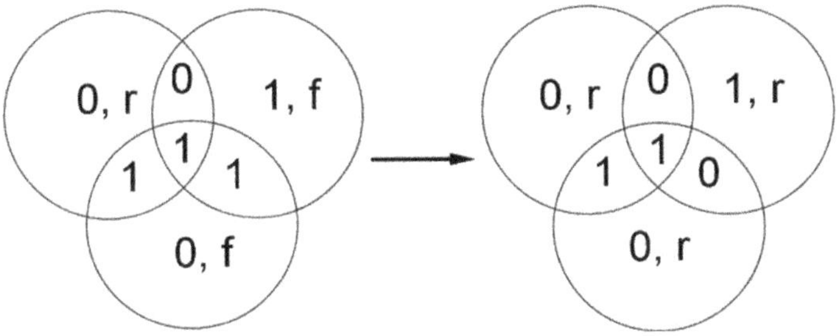

Abb. 2.15 Ein anderer Korrekturversuch

Wenden wir uns nun dem Fall zu, dass *genau ein* Fehler aufgetreten ist. Die Sendung besteht aus sieben Bits 001 1101, und wir wollen nun alle sieben Fehlermöglichkeiten untersuchen. Dass ein Fehler beim Senden aufgetreten ist, erkennen wir an den eingetragenen „f". Unser Ziel ist es, durch eine einzige Bitkorrektur zu erreichen, dass in den Prüffeldern 5, 6 und 7 nur der Buchstabe „r" auftritt. Im ersten Fall liefert dies die Korrektur des Bits c_4 im empfangenen Codewort $c_1c_2c_3c_4c_5c_6c_7$, im zweiten Fall die Korrektur von c_5. Analog geht man bei den verbleibenden Fehlern vor.

Aus der in Abb. 2.16 vorgestellten Fehlerkorrektur erkennen wir, dass durch Paritätsprüfung jeder Einzelfehler bemerkt und korrigiert wird. Mehr als ein Fehler kann, wie wir aus den ersten Beispielen bemerkt haben, nicht korrigiert werden. Ist es möglich, aus Abb. 2.16 ein Muster zu gewinnen, das den Korrekturalgorithmus für jeden Einzelfehler bei einem (7,4)-Code festlegt?

Aus Abb. 2.16 erkennen wir, dass die Anzahl der als falsch „f" angezeigten Paritätsbits entweder 3 oder 2 oder 1 ist. Da wir nur einen Fehler korrigieren möchten, überlegen wir, welches einzelne Bit in der Bitfolge des empfangenen Codewortes **c** so zu ändern ist, dass keine falsch angezeigten Paritätsbits auftreten. Sei $\boldsymbol{c} = c_1c_2c_3c_4c_5c_6c_7$, wobei vereinbarungsgemäß die drei Prüfbits vorangestellt sind. Der Algorithmus bestimmt in einem ersten Schritt die Paritäten der Nachrichtenbits $c_4c_5c_6c_7$ und verwendet dabei das bekannte Kreisschema.

1. Fall: Alle Prüfbits zeigen nach Paritätsprüfung einen Fehler an. Welches Bit sollen wir ändern? Die Änderung sollte in diesem Fall gleichzeitig alle Paritätsbits so beeinflussen, dass die Prüfung der Paritäten ein korrektes Ergebnis liefert. Wir erkennen aus Abb. 2.17, dass dies nur bei Änderung des Bits c_5 möglich ist. Es liegt im Durchschnitt aller drei Kreise und wirkt damit gleichzeitig auf alle drei Prüfbits c_1, c_2 und c_3. Würde man c_4 oder c_6 oder c_7 ändern, so würde genau eines der drei Prüfbits nicht betroffen sein, und der Einzelfehler wäre noch vorhanden.
2. Fall: Wir nehmen an, dass nach Paritätsprüfung genau zwei Prüfbits einen Fehler anzeigen. Ohne Beschränkung der Allgemeinheit seien dies die Prüfbits c_1 und c_3. Abb. 2.18 zeigt diese Situation. Welches einzelne Bit müssen wir ändern, damit nach

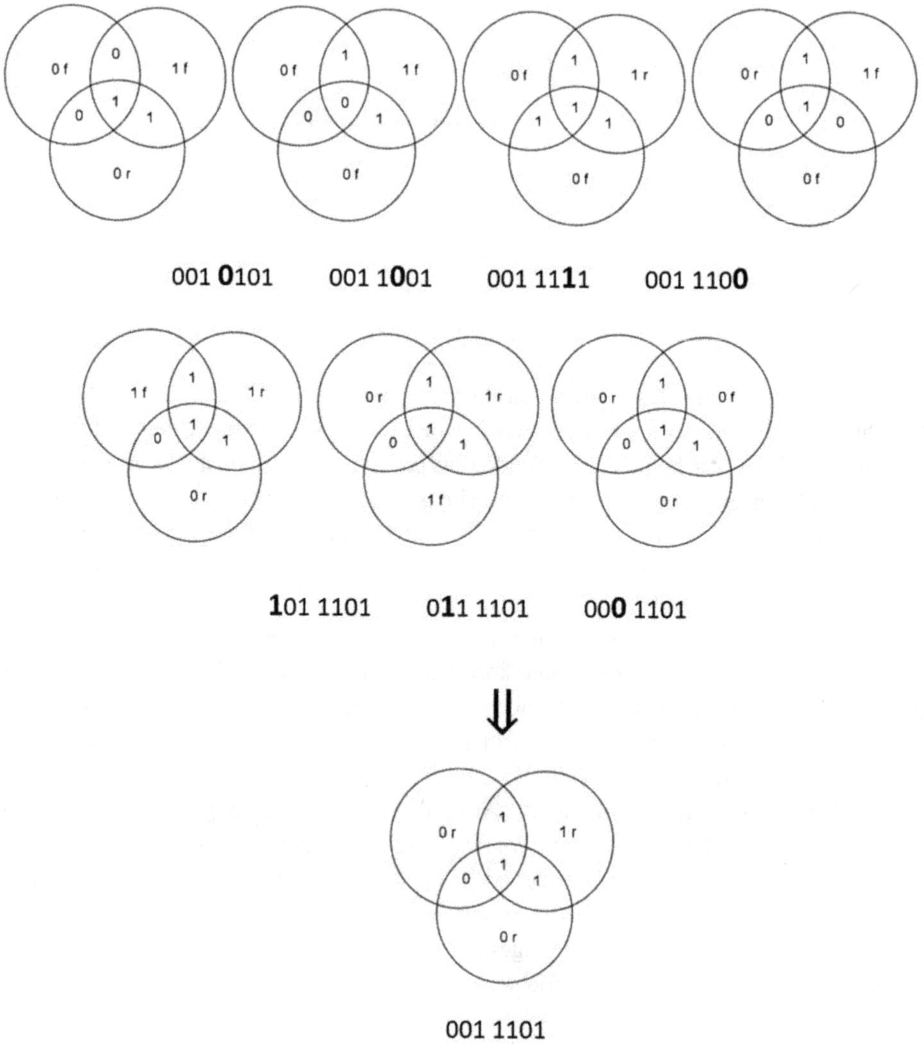

Abb. 2.16 Genau ein Fehler kann korrigiert werden

Paritätsprüfung die Werte mit den Werten in c_1 und c_3 übereinstimmen? Das Bit c_5 dürfen wir nicht ändern (1. Fall). Die Bits c_6 und c_7 wirken nach Änderung aber entweder auf c_1 oder c_3, aber nicht auf c_1 und gleichzeitig auf c_3. Also bleibt nur c_4 als Änderungskandidat übrig. Gleichzeitig bemerken wir aus Abb. 2.18, dass c_4 im Durchschnitt jener Kreise liegt, in denen die Bits c_1 und c_3 liegen. Für den Algorithmus bedeutet dies, dass im Falle von zwei beteiligten Prüfbits jenes Datenbit zu ändern ist, das im Durchschnitt der zwei entsprechenden Kreise liegt. Diese Überlegung gilt analog für jeden möglichen Fehler, der von zwei Prüfbits angezeigt wird. Würden die Prüfbits

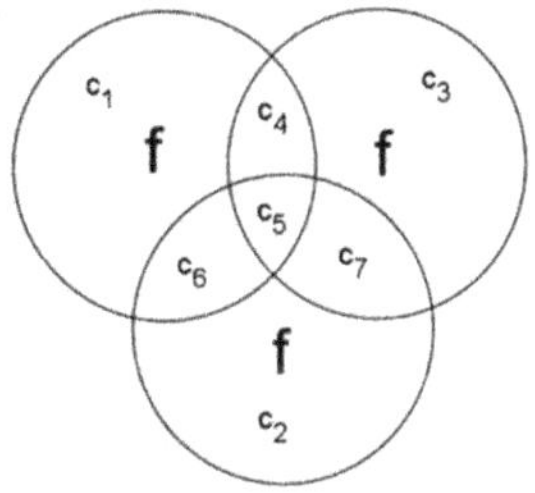

Abb. 2.17 Alle Prüfbits zeigen einen Fehler

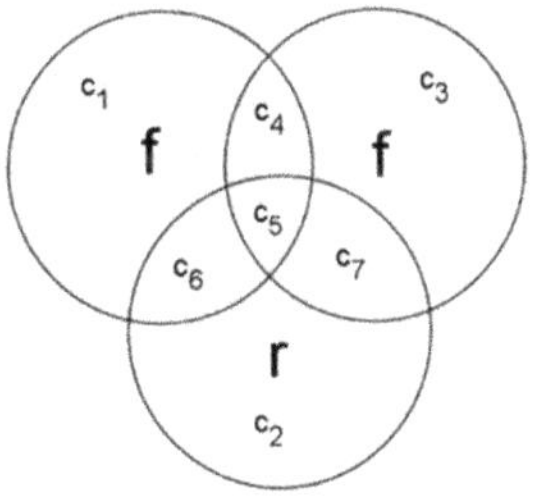

Abb. 2.18 Zwei Prüfbits zeigen einen Fehler

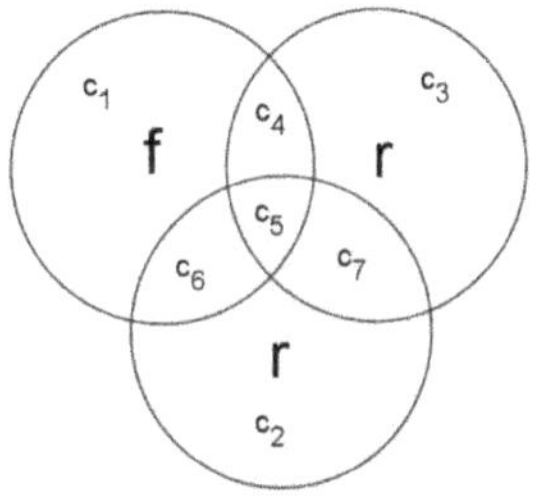

Abb. 2.19 Ein Prüfbit zeigt einen Fehler

c_1 und c_2 Fehler anzeigen, so wäre $c_6$zu ändern. Und bei den Prüfbits c_2 und c_3 ist c_7 der Änderungskandidat.

3. Fall: Als letzter Fall verbleibt, dass genau ein Prüfbit nach Paritätsprüfung einen Fehler anzeigt. Wir nehmen an, dass c_1 den Fehler anzeigt (vgl. Abb. 2.19). Unter der Voraussetzung, dass nur ein Fehler auftritt, erkennen wir, dass das Bit c_1 zu ändern ist, damit der Einzelfehler korrigiert wird. Würden wir ein anderes Bit ändern, so bliebe c_1 „falsch" und ein anderes Prüfbit würde ebenfalls einen Fehler anzeigen. Dies bedeutet, dass bei einem angezeigten Fehler nur dieses Prüfbit zu ändern ist.

Korrekturalgorithmus

Fassen wir anschaulich die obigen Überlegungen zusammen. Sind die Bits in allen drei Prüffeldern falsch, dann wird das Bit im grau markierten Datenfeld korrigiert (Abb. 2.20).

Sind die Bits in zwei Prüffeldern falsch, so wird das Bit im grau markierten Datenfeld, dem jeweiligen Durchschnitt der Prüffelder korrigiert. Es sind drei Fälle möglich (vgl. Abb. 2.21).

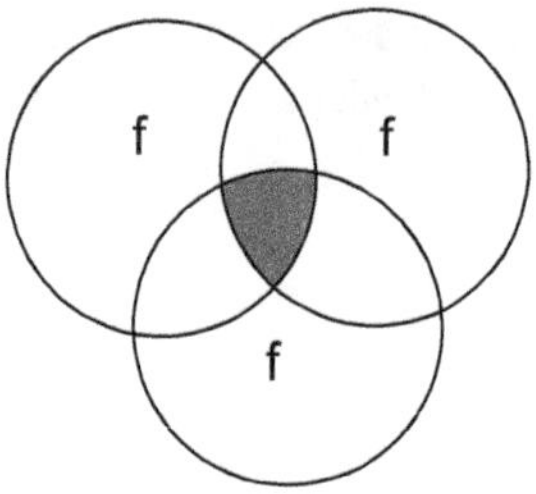

Abb. 2.20 Drei Prüfbits zeigen den Fehler im Durchschnitt aller Kreise

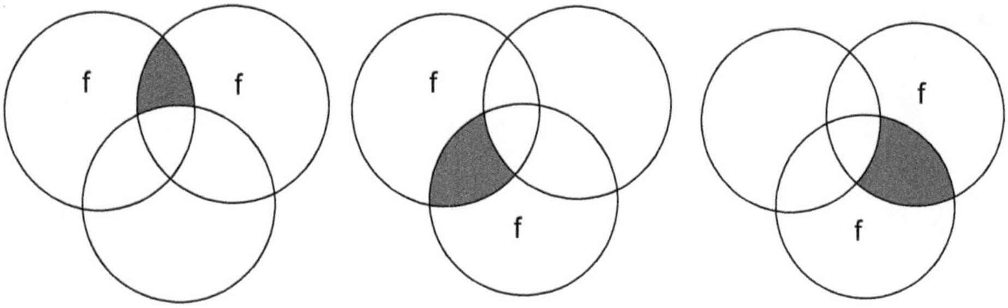

Abb. 2.21 Zwei falsche Prüfbits und deren zugehörige Durchschnitte

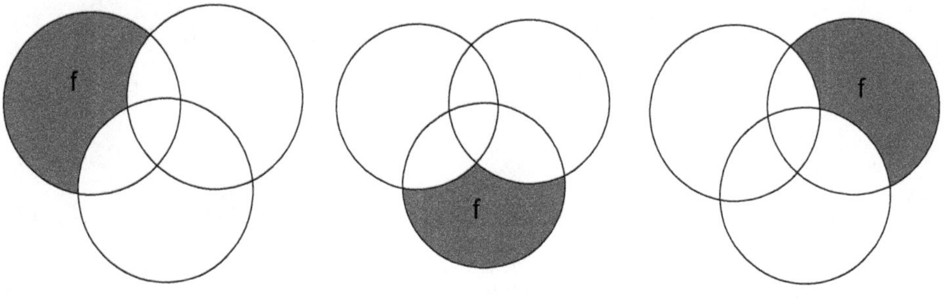

Abb. 2.22 Korrektur bei einem einzigen falschen Prüfbit

Ist das Bit eines einzelnen Prüffeldes falsch, so wird dieses Bit korrigiert (Abb. 2.22).

Wir haben gesehen, dass Einzelfehler bei Blöcken der Länge 7 stets korrigiert werden können. Dies ist unabhängig von der Position des Fehlers im empfangenen Wort. Bei einer sehr langen Bitfolge unterteilt man diese Folge in Blöcke der Länge 7. Tritt in keinem dieser Blöcke mehr als ein Fehler auf, so kann die gesamte Folge trotz zahlreicher Fehler korrigiert werden.

Aufbau des QR-Codes

Im Vergleich zum Strichcode werden im QR-Code wesentlich mehr Informationen verarbeitet. Dies erfordert eine Anordnung der entsprechenden 0,1-Folge nicht in einer Linie (eindimensional), sondern in einer Fläche (zweidimensional). Die Bits werden nicht nur durch Striche (Strichcode), sondern quadratisch veranschaulicht (Abb. 2.23). Dabei entspricht dem Zeichen 1 ein schwarzes Quadrat und dem Zeichen 0 ein weißes Quadrat. Die Standardfläche ist in der Regel ein Quadrat, wobei die Seitenlängen zwischen 21 und 177 liegen müssen. In drei Ecken des QR-Quadrates sind drei auffällige Quadratmarkierungen eingezeichnet. Diese ermöglichen die Erkennung von Oben und Unten. Eine kleinere Quadratmarkierung dient zur Positionierung von größeren Quadraten. Manchmal findet man in der Mitte des QR-Quadrates das Logo einer Firma. In weiteren reservierten Pixeln findet man Informationen über den verwendeten Code und technische Informationen. Der verbleibende Rest bietet Platz für die zu vermittelnde Information. Die Codewörter stammen von einem leistungsfähigen Reed-Solomon-Code (vgl. Kap. 7 und 8), der es sogar erlaubt, die von einem Firmenlogo „beschädigten“ Informationen zu rekonstruieren.

Wir werden die Funktionsweise an einem kleinen Mini-QR-Code demonstrieren. Für die Codierung der Nachricht verwenden wir den bisher entwickelten (7,4)-Hamming-Code. Unser Mini-QR ist ein Quadrat von sieben Pixeln Seitenlänge und 14 reservierten Plätzen. Diese sind mit einem „R“ markiert (Abb. 2.24).

Damit verbleiben für die zu vermittelnde Information $7 \cdot 7 - 14 = 35$ Plätze. Da $35 = 5 \cdot 7$ gilt, kann man fünf Codewörter (vier Nachrichtenbits mit je drei Prüfbits) unterbringen. Wegen der vier binären Nachrichtenbits und wegen $2^4 = 16$ werden wir die quellencodierte Information im 16-System (vgl. Satz A2.5) darstellen. In diesem Zahlen-

Abb. 2.23 Ein QR-Code

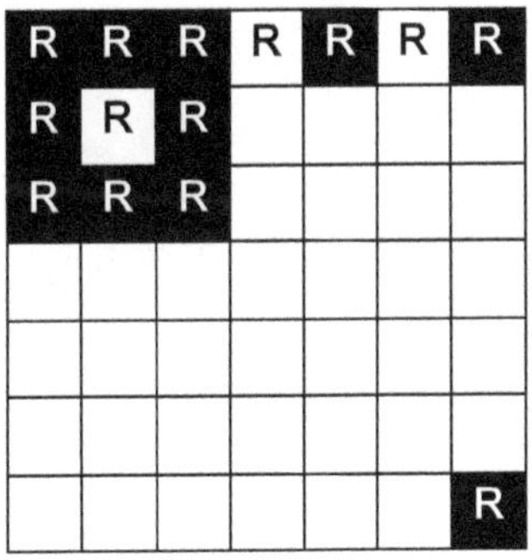

Abb. 2.24 Das Quadrat für den Mini-QR-Code

system kann eine Zahl z als $z = a_k 16^k + a_{k-1} 16^{k-1} + \ldots + a_1 16^1 + a_0$ mit $a_i \in \{0, 1, \ldots, 15\}$ angegeben werden. Der höchste Koeffizient 15, der im 16-System auftritt, kann im Binärsystem „gerade noch" mit vier Bits geschrieben werden:

$$15 = 1 \cdot 2^3 + 1 \cdot 2^2 + 1 \cdot 2^1 + 1 \cdot 2^0 \triangleq (1, 1, 1, 1).$$

Eine Nachricht $\boldsymbol{m}$ wird durch $\boldsymbol{m} = (a_k a_{k-1} \ldots a_1 a_0)_{16}$ dargestellt. Weil wir aber nur für fünf Codewörter Platz haben, muss $k = 4$ gelten. Somit haben nur Zahlen $z \leq 15 \cdot 16^4 + 15 \cdot 16^3 + 15 \cdot 16^2 + 15 \cdot 16^1 + 15 \cdot 16^0 = 1048575 =: z^*$ Platz in unserem Mini-QR-Code. Nachrichten deren quellencodierte Zahl z größer als z^* ist, können in unserem Mini-QR-Code nicht geschrieben werden. So kann ein Kalenderdatum wie 24.12.2021 in unserem Mini-QR-Code nicht dargestellt werden, weil $24.12.2021 \triangleq 24122021 > 1048575 = z^*$ gilt. Hingegen 24.12.21schon, weil $24.12.21 \triangleq 241221 < 1048575 = z^*$ gilt.

Beispiel 2.19 Konstruiere einen Mini-QR-Code, der das Kalenderdatum 24.12.21 enthält. Dabei vermeiden wir bei diesem Beispiel die Quellencodierung durch den ASCII-Code, weil das Datum aus Gründen der Vereinfachung durch drei Zahlenpaare gegeben ist. Die später folgenden Beispiele, welche aus alphanumerischen Zeichen aufgebaut sind, werden für die Quellencodierung den ASCII-Code verwenden.

Konstruktionsalgorithmus des QR-Codes

(1) Stelle die Information als Zahl z durch das Aneinanderreihen der zweistelligen Datumsangaben dar: $\boldsymbol{m} := 24.12.21 \triangleq z = 241221$.
(2) Stelle z im 16-System dar (Abb. 2.25).

Damit folgt: $\boldsymbol{m} := (3, 10, 14, 4, 5)_{16}$, und $\boldsymbol{m}$ ist also eine Nachricht aus fünf Komponenten.

(3) Stelle jede Komponente im Binärsystem dar und schreibe sie hintereinander an.
(4) $3 = 0 \cdot 2^3 + 0 \cdot 2^2 + 1 \cdot 2^1 + 1 \cdot 2^0 \triangleq (0, 0, 1, 1)_2 \triangleq 0011$.

Abb. 2.25 Divisionsalgorithmus

R	R	R	R	R	R	R
R	R	R	1	0	1	1
R	R	R	1	0	1	0
1	0	1	1	0	1	0
0	1	1	0	0	0	0
1	1	1	1	1	1	0
0	1	0	0	0	1	R

$$10 \triangleq 1010,$$

$$14 \triangleq 1110,$$

$$4 \triangleq 0100,$$

$$5 \triangleq 0101.$$

Also:

$$\boldsymbol{m} \triangleq (0011\ 1010\ 1110\ 0100\ 0101).$$

(5) Ordne diese Binärfolge in einem (5,4)-Block an. Eine solche Anordnung nennt man (5 × 4)-Matrix, die Nachrichtenmatrix genannt wird (vgl. Abschn. 10.4).

$$\boldsymbol{m} \triangleq \begin{matrix} 0 & 0 & 1 & 1 \\ 1 & 0 & 1 & 0 \\ 1 & 1 & 1 & 0 \\ 0 & 1 & 0 & 0 \\ 0 & 1 & 0 & 1 \end{matrix}.$$

Ermittle die Prüfbits mit dem Codieralgorithmus des anschaulichen Hamming-Codes H_{bin} durch die Bestimmung der Parität und trage diese in die Matrix C ein. Man nennt C die zu $\boldsymbol{m}$ gehörende Codewortmatrix.

$$C := \begin{matrix} \mathbf{1} & 0 & 1 & 0 & 0 & 1 & 1 \\ \mathbf{0} & 1 & 1 & 1 & 0 & 1 & 0 \\ \mathbf{1} & 0 & 0 & 1 & 1 & 1 & 0 \\ \mathbf{1} & 1 & 1 & 0 & 1 & 0 & 0 \\ \mathbf{1} & 0 & 0 & 0 & 1 & 0 & 1 \end{matrix}.$$

(6) Übertrage die 0,1-Folge aus der Matrix C als schwarz-weiß-Folge von Pixeln (0=weiß, 1 = schwarz) in das Mini-QR-Quadrat. Beachte dabei, dass die Komponenten aus der Matrix C spaltenweise ausgelesen („↓“) und dann in das Mini-QR-Quadrat (Abb. 2.26) zeilenweise eingegeben werden („→“). Es entsteht der zur Nachricht 241221 gehörende QR-Code.

Abb. 2.26 Codewortmatrix

R	R	R	R	R	R	R
R	R	R	1	0	1	1
R	R	R	1	0	1	0
1	0	1	1	0	1	0
0	1	1	0	0	0	0
1	1	1	1	1	1	0
0	1	0	0	0	1	R

Abb. 2.27 Übersetzung in schwarze und weiße Felder

Den Grund für dieses aufwändige Ein- bzw. Auslesen werden wir am Ende dieses Kapitels besprechen.

Lesealgorithmus

Wir gehen in umgekehrter Reihenfolge zum Konstruktionsalgorithmus vor (Abb. 2.27).

(1) Wir lesen die Schwarz-Weiß-Folge der Pixel zeilenweise aus. Es entsteht: **10111**0101 0110100110000111111 0010001.
(2) Unterteile diese Folge in Fünfergruppen.
Es entsteht: **10111** 01010 11010 01100 00111 11100 10001.
(3) Trage diese Gruppen als Spalten in eine (5 × 7)-Matrix ein. Es entsteht:

$$\begin{matrix} \mathbf{1} & 0 & 1 & 0 & 0 & 1 & 1 \\ \mathbf{0} & 1 & 1 & 1 & 0 & 1 & 0 \\ \mathbf{1} & 0 & 0 & 1 & 1 & 1 & 0. \\ \mathbf{1} & 1 & 1 & 0 & 1 & 0 & 0 \\ \mathbf{1} & 0 & 0 & 0 & 1 & 0 & 1 \end{matrix}$$

(4) Bestimmung der Komponenten der Nachricht im 16-System:
Nur die letzten vier Bits jeder Zeile stellen die Bits der Nachricht dar. Wandle diese Bits in eine Dezimalzahl um.

(5)

$$(0,0,1,1)_2 = 3,$$

$$(1,0,1,0)_2 = 10,$$

$$(1,1,1,0)_2 = 14,$$

$$(0,1,0,0)_2 = 4,$$

$$(0,1,0,1)_2 = 5.$$

Wir erhalten die Nachricht $\boldsymbol{m}$ in der Form : $\boldsymbol{m} \triangleq (3,10,14,4,5)_{16}$.

(6) Wandle $\boldsymbol{m} \triangleq (3,10,14,4,5)_{16}$ in Ziffern aus dem Dezimalsystem um.

$$\boldsymbol{m} \triangleq (3,10,14,4,5)_{16} = 3 \cdot 16^4 + 10 \cdot 16^3 + 14 \cdot 16^2 + 4 \cdot 16^1 + 5 \cdot 16^0 = 241221.$$

(7) Ordne die Dezimalzahl 241221 in Zweiergruppen an.
Es entsteht: 24.12.21, also die gesendete Nachricht.

Beispiel 2.20 Betrachten wir eine Textnachricht. Es soll das Wort LUX in einem Mini-QR-Quadrat dargestellt werden.

(1) Quellencodierung unter Verwendung des ASCII-Codes (Anhang A10.8)

$$LUX \triangleq 76|85|88 \triangleq 768588 =: z.$$

Diese Zahl ist kleiner als unsere obere Schranke z^*. Daher kann LUX für unseren Mini-QR-Code verwendet werden.

768588:16	=	48036:16	=	3002:16	=	187:16	=	11:16	=	0
128		03		140		27		**11**		
5		36		122		**11**				
58		**4**		**10**						
12										

Abb. 2.28 Darstellung im 16-System

(2) Stelle z im 16-System dar (Abb. 2.28).

$$z = (11, 11, 10, 4, 12)_{16}$$

(3) Stelle jede Komponente im Binärsystem dar und schreibe sie hintereinander an.

$$\begin{aligned} 11 &= (8+0+2+1) \triangleq 1011, \\ 10 &= (8+0+2+0) \triangleq 1010, \\ 4 &= (0+4+0+0) \triangleq 0100, \\ 12 &= (8+4+0+0) \triangleq 1100. \end{aligned}$$

$$\boldsymbol{m} \triangleq (1011\ 1011\ 1010\ 0100\ 1100).$$

(4) Bilde aus dieser Binärfolge eine (5 × 4)-Nachrichtenmatrix.

$$\boldsymbol{m} \triangleq \begin{matrix} 1 & 0 & 1 & 1 \\ 1 & 0 & 1 & 1 \\ 1 & 0 & 1 & 0 \\ 0 & 1 & 0 & 0 \\ 1 & 1 & 0 & 0 \end{matrix}.$$

(5) Ermittle die Prüfbits durch die Bestimmung der Parität, stelle sie der Nachricht voran und erzeuge die zu $\boldsymbol{m}$ gehörende Codewortmatrix C (Abb. 2.29).

$$C := \begin{matrix} 0 & 0 & 0 & 1 & 0 & 1 & 1 \\ 0 & 0 & 0 & 1 & 0 & 1 & 1 \\ 0 & 1 & 1 & 1 & 0 & 1 & 0 \\ 1 & 1 & 1 & 0 & 1 & 0 & 0 \\ 0 & 1 & 0 & 1 & 1 & 0 & 0 \end{matrix}.$$

(6) Bilde aus C das zur Nachricht LUX gehörende Mini-QR-Quadrat.

Abb. 2.29 Die Matrixeintragungen im Quadrat

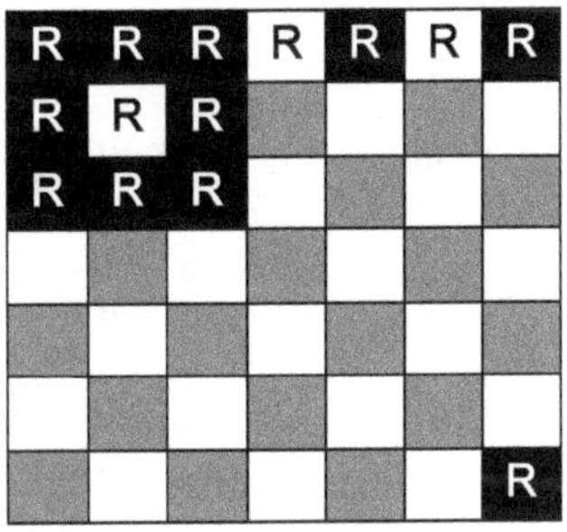

Abb. 2.30 Eine Nachricht lesen

Beispiel 2.21 Sei das Mini-QR – Quadrat aus Abb. 2.30 gegeben. Welche Nachricht vermittelt es?

(1) Lies aus dem Datenfeld des Mini-QR-Quadrates die Schwarz-Weiß-Folge der Pixel ab. Es entsteht: 10100 10101 01010 10101 01010 10101 01010.
(2) Trage diese Gruppen als Spalten in eine (5×7)-Matrix ein. Es entsteht

$$\begin{matrix} 1 & 1 & 0 & 1 & 0 & 1 & 0 \\ 0 & 0 & 1 & 0 & 1 & 0 & 1 \\ 1 & 1 & 0 & 1 & 0 & 1 & 0 \\ 0 & 0 & 1 & 0 & 1 & 0 & 1 \\ 0 & 1 & 0 & 1 & 0 & 1 & 0 \end{matrix}.$$

(3) Bestimmung der Komponenten der Nachricht im 16-System. Nur die letzten vier Bits jeder Zeile stellen die Bits der Nachricht dar. Wandle diese Bits in eine Dezimalzahl um.

$$(1, 0, 1, 0)_2 = 10,$$

$$(0, 1, 0, 1)_2 = 5,$$

$$(1, 0, 1, 0)_2 = 10,$$

$$(0, 1, 0, 1)_2 = 5,$$

$$(1, 0, 1, 0)_2 = 10.$$

Wir erhalten die Nachricht $\boldsymbol{m}$ in der Form : $\boldsymbol{m} \triangleq (10, 5, 10, 5, 10)_{16}$.

(4) Wandle $\boldsymbol{m} \triangleq (10,5, 10,5, 10)_{16}$ in Ziffern aus dem Dezimalsystem um.

$$\boldsymbol{m} \triangleq (10, 5, 10, 5, 10)_{16} = 10 \cdot 16^4 + 5 \cdot 16^3 + 10 \cdot 16^2 + 5 \cdot 16^1 + 10 \cdot 16^0 = 678490.$$

(5) Ordne die Dezimalzahl 678490 in Zweiergruppen an.
Es entsteht: 67 84 90.

(6) Decodiere mithilfe der ASCII-Tabelle. Es entsteht als gesendete Nachricht die Zeichenfolge CTZ.

Fehlerkorrektur

Kehren wir nun zum obigen Beispiel, in welchem „LUX“ dargestellt wurde, zurück. Wir nehmen an, dass drei Positionen im Mini-QR-Quadrat falsch übermittelt wurden (Abb. 2.31).

Es wurde also Folgendes eingelesen: 00010 00**0**11 00110 11101 000**00** 11100 11000. Nach dem Lesealgorithmus entsteht die (5 × 7)-Matrix C'.

Abb. 2.31 Drei Fehler sind aufgetreten

$$C' = \begin{matrix} 0 & 0 & 0 & 1 & 0 & 1 & 1 \\ 0 & 0 & 0 & 1 & 0 & 1 & 1 \\ 0 & \mathbf{0} & 1 & 1 & 0 & 1 & 0 \\ 1 & 1 & 1 & 0 & \mathbf{0} & 0 & 0 \\ 0 & 1 & 0 & 1 & \mathbf{0} & 0 & 0 \end{matrix}.$$

In jeder Zeile ist genau ein Fehler aufgetreten, der nach dem Korrekturalgorithmus des anschaulichen Hamming-Codes H_{bin} korrigiert werden kann. Die dritte Zeile wurde als 001 1010 eingelesen. Wir verwenden unseren Korrekturalgorithmus und prüfen die Paritäten. Es zeigt sich, dass das Bit des zweiten Prüffeldes falsch ist. Also wird es im Sinne des Korrekturalgorithmus geändert, und 0**0**1 1010 wird zu 0**1**1 1010 korrigiert. Die vierte Zeile wurde als 111 0000 eingelesen (Abb. 2.32).

Der Fehler liegt also im zweiten Nachrichtenbit. Der Algorithmus korrigiert die falsch eingelesene vierte Zeile zu 111 0100. Analog wird die fünfte Zeile zu 010 1100 korrigiert (Abb. 2.33).

Insgesamt können in diesem Fall sogar drei Fehler korrigiert werden! Dies gilt, weil die Codewörter dem Algorithmus folgend eingegeben und ausgelesen wurden.

Warum werden die Codewörter so aufwändig in die Datenfelder eingetragen?

Wir erinnern uns, dass die 0,1-Folge der Codewortmatrix als Schwarz-Weiß-Folge spaltenweise von oben nach unten ausgelesen und zeilenweise von links nach rechts eingetragen wird. Für unsere nächsten Ausführungen verwenden wir den Mini-QR-Code für „LUX“ (Abb. 2.34).

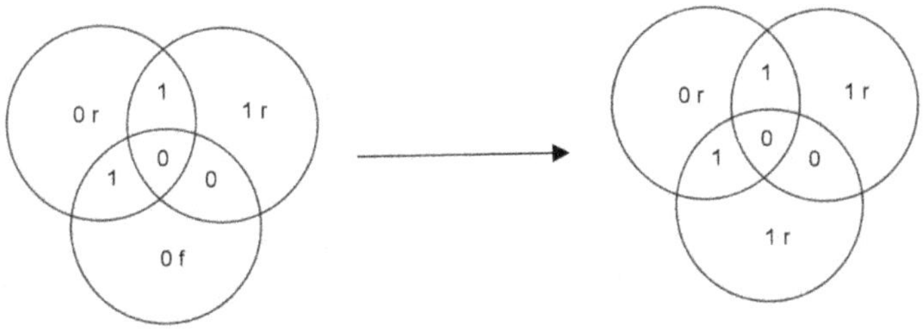

Abb. 2.32 Der Korrekturalgorithmus kommt zum Einsatz

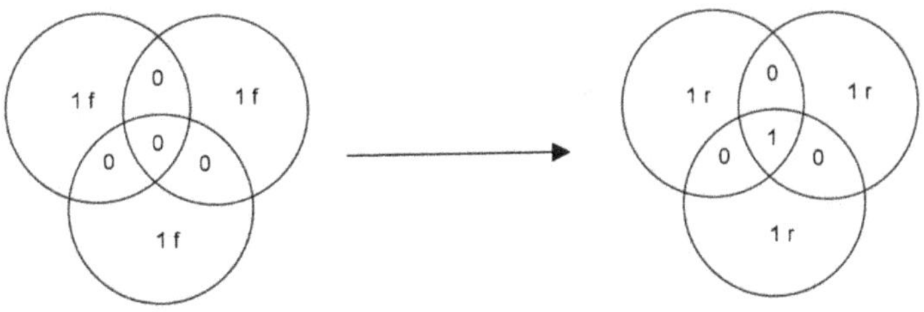

Abb. 2.33 Die Korrektur

LUX ≙

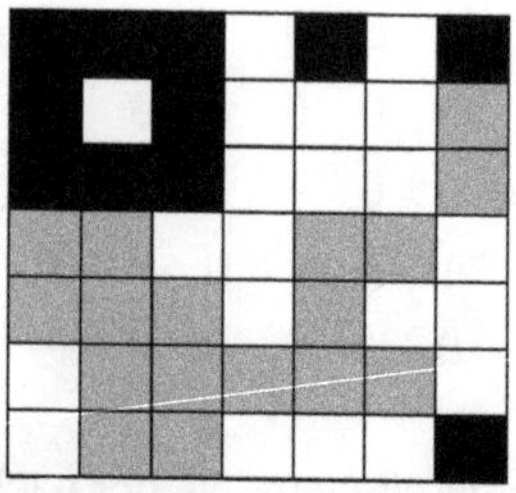

0	0	0	1	0	1	1
0	0	0	1	0	1	1
0	1	1	1	0	1	0
1	1	1	0	1	0	0
0	1	0	1	1	0	0

Die ausgelesene Codewortmatrix.

Erste Spalte entspricht den ersten Komponenten der fünf Codewörter.
Zweite Spalte entspricht den zweiten Komponenten der fünf Codewörter.
....
Letzte Spalte entspricht den letzten Komponenten der fünf Codewörter.

Dic Bits des ersten Codewortes (erste Siebenergruppe) erscheinen dort, wo eine 1 steht.
Die Bits des zweiten Codewortes (zweite Siebenergruppe) erscheinen dort, wo eine 2 steht, usw.
Die grau markierten Felder, zeigen, wie „zerrissen" das erste Codewort eingetragen wird.

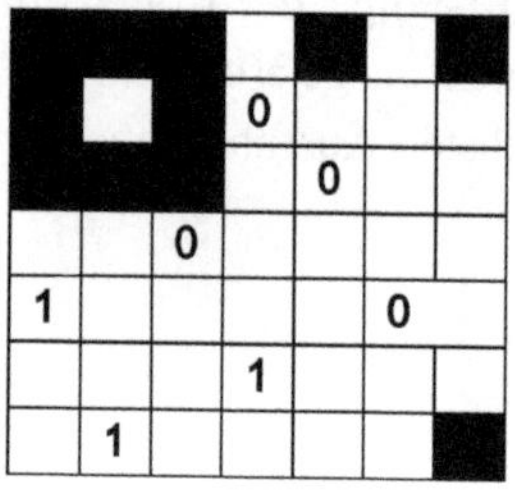

Das erste Codewort wird an den mit „1" markierten Stellen eingetragen.

Abb. 2.34 Lesen und Schreiben

Nehmen wir an, dass mechanisch verursachte Fehler (Verschmutzungen, Löcher, Knicke usw.) vorhanden sind (Abb. 2.35 und Abb. 2.36). Diese treten oft gehäuft auf (linear hintereinander, als Fleck ...). Man bezeichnet sie dann als Bündelfehler (vgl. Kap. 6).

Bei langen Codes ist es schwierig, effiziente „Zerissenheiten" zu finden. Siehe dazu das Kap. 8 zum Thema Spreizung von Codes.

Aufgabe 2.24 Es wurde folgender Mini-QR-Code eingelesen (Abb. 2.37):

(a) Welche Nachricht liegt vor, falls nicht korrigiert wird?
(b) Welche Nachricht liegt nach Anwendung des anschaulichen Korrekturalgorithmus vor?

Angenommen, zwei Fehler, die hintereinander liegen (grau markiert), sind aufgetreten. Hätte man die Codewörter zeilenweise eingelesen, so würden beide im vierten Wort liegen und daher nicht korrigierbar sein.

Bei der spaltenweisen Eintragung betreffen diese Fehler aber das vierte und das fünfte Wort. Also sind sie korrigierbar.

Abb. 2.35 Zwei Fehler sind manchmal korrigierbar

Der „Viererfleck" ist korrigierbar, weil nur ein Fehler im dritten, vierten, fünften bzw. ersten Codewort auftritt.

Die lineare „Fünferkette" ist ebenfalls korrigierbar, da je Codewort nur jeweils ein Fehler auftritt.
Obwohl fünf Fehler vorliegen, kann der nur einen Fehler korrigierende Code diese Fehler korrigieren. Der Grund liegt in der geschickten „Zerissenheit".

Abb. 2.36 Sogar vier oder fünf Fehler können in Sonderfällen korrigiert werden

In alltäglich verwendeten QR-Codes werden als fehlerkorrigierende Codes die sogenannten Reed-Solomon-Codes verwendet. Ausführungen dazu findet man im gleichnamigen Kap. 7. Diese Codes lassen bis zu 30 % Fehler zu. Dies kann z. B. zur Implementierung von Firmenlogos verwendet werden (Abb. 2.38).

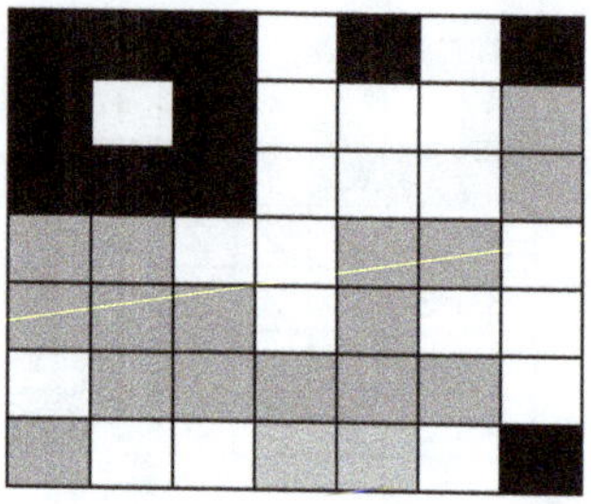

Abb. 2.37 Lesen und korrigieren

Abb. 2.38 QR-Code mit beabsichtigten Fehlern

2.7 Der historische Hamming-Code (Codieren mit Paritätsprüfung)

Im Gegensatz zum bisher vorgestellten Hamming-Code, der für unseren Mini-QR-Code verwendet wurde, musste R. Hamming ein Verfahren entwickeln, das Einzelfehler in Datenwörtern unterschiedlicher Länge korrigieren konnte. Die oben vorgestellte Methode unter Verwendung von „Kreisen“ würde wegen der notwendigen Darstellung von geeigneten Durchschnitten unübersichtlich werden. Damit ist die Bestimmung der Parität durch Mengendurchschnitte nicht verwendbar. Hamming konstruierte Codewörter, deren Länge n um eins kleiner war als eine Zweierpotenz ($n = 2^r - 1$). Zusätzlich verteilte Hamming Prüfbits so geschickt zwischen die Datenbits, dass eine selbständige Fehlerkorrektur von allen Einzelfehlern möglich wurde.[5]

Aufbau des historischen Hamming-Codes

Betrachten wir zuerst folgende nach rechts offene Tabelle (Tab. 2.3).

Die Bits des Codewortes $\boldsymbol{c}$, also die Codebits, werden mit 1 beginnend von links nach rechts durchnummeriert: $\boldsymbol{c} := c_1, c_2, c_3, \ldots$

In diesem Codewort stehen an den Stellen 1, 2, 4, 8, 16 …, also den Stellen, deren Position eine Zweierpotenz ist, die Prüfbits:

[5](Vgl. https://docplayer.org/20611169-03-codierungen-technische-grundlagen-der-informatik.html, 09.11.2022, S.51–S.58).

Tab. 2.3 Prüfbits im historischen Hamming-Code

2^0	2^1		2^2				2^3								2^4		
c_1	c_2	c_3	c_4	c_5	c_6	c_7	c_8	c_9	c_{10}	c_{11}	c_{12}	c_{13}	c_{14}	c_{15}	c_{16}	c_{17}	...
p_1	p_2	d_1	p_3	d_2	d_3	d_4	p_4	d_5	d_6	d_7	d_8	d_9	d_{10}	d_{11}	p_5	d_{12}	...

$$p_1 = c_{2^0} = c_1, p_2 = c_{2^1} = c_2, p_3 = c_{2^2} = c_4, \ldots, p_k = c_{2^{k-1}} = c_{2^{k-1}}, \ldots \quad k = 1,2, \ldots$$

Die restlichen Bits $(c_3, c_5, c_6, c_7, c_9, \ldots)$ sind die informationstragenden Datenbits:

$$\boldsymbol{d} := (d_1, d_2, d_3, \ldots);\; d_1 = c_3, d_2 = c_5, d_3 = c_6, d_4 = c_7, \ldots$$

Jedes Prüfbit ist ein Paritätsbit für eine bestimmte Menge von Datenbits. Wie bestimmen wir diese Datenbits?

Konstruktionsalgorithmus des historischen Hamming-Codes
Wir gehen schrittweise vor und konstruieren $p_1, p_2, p_3, p_4, \ldots$ an einem Beispiel.

Beispiel 2.22 Bestimmung von $p_1 = c_1$: Ein Bit eintragen, ein Bit überspringen, beginne bei c_1:

$\mathbf{c_1}c_2\mathbf{c_3}c_4\mathbf{c_5}c_6\mathbf{c_7}c_8\mathbf{c_9}c_{10}\mathbf{c_{11}}c_{12}\mathbf{c_{13}}c_{14}\mathbf{c_{15}}c_{16}\mathbf{c_{17}}c_{18}\mathbf{c_{19}}c_{20}\mathbf{c_{21}}c_{22}\mathbf{c_{23}}c_{24}\mathbf{c_{25}}c_{26}\mathbf{c_{27}} \ldots,$
$p_1 =$ Parität von $\mathbf{c_3c_5c_7c_9c_{11}c_{13}c_{15}c_{17}c_{19}c_{21}c_{23}c_{25}c_{27}} \ldots$

Seien die Daten $\boldsymbol{d} := 11011100100$ zu übermitteln. Dann folgt für die Prüfbits:

?	?	**1**	?	**1**	0	**1**	?	**1**	1	**0**	0	**1**	0	**0**
c_1	c_2	$\mathbf{c_3}$	c_4	$\mathbf{c_5}$	c_6	$\mathbf{c_7}$	c_8	$\mathbf{c_9}$	c_{10}	$\mathbf{c_{11}}$	c_{12}	$\mathbf{c_{13}}$	c_{14}	$\mathbf{c_{15}}$
p_1	p_2		p_3				p_4							

$$p_1 = \text{Parität von } 1111010 = 1.$$

Dies kann man auch in einer „Summe“ mit dem Symbol $\bigoplus$ anschreiben. Dabei benützt man die Modulo-2-Arithmetik oder die XOR-Verknüpfung.
Wir wiederholen: $0 \bigoplus 0 = 0, 0 \bigoplus 1 = 1, 1 \bigoplus 0 = 1, 1 \bigoplus 1 = 0.$

Damit ist

$$p_1 = c_1 = c_3 \bigoplus c_5 \bigoplus c_7 \bigoplus c_9 \bigoplus c_{11} \bigoplus c_{13} \bigoplus c_{15}.$$

Also ist p_1 die Summe der ungeraden Indizes.
Bestimmung von $p_2 = c_2$: Zwei Bit eintragen, zwei Bit überspringen, beginne bei c_2.

$c_1 \mathbf{c_2 c_3} c_4 c_5 \mathbf{c_6 c_7} c_8 c_9 \mathbf{c_{10} c_{11}} c_{12} c_{13} \mathbf{c_{14} c_{15}} c_{16} c_{17} \mathbf{c_{18} c_{19}} c_{20} c_{21} \mathbf{c_{22} c_{23}} c_{24} c_{25} \mathbf{c_{26} c_{27}} \ldots$
$p_2 =$ Parität ***von*** $\mathbf{c_3 c_6 c_7 c_{10} c_{11} c_{14} c_{15} c_{18} c_{19} c_{22} c_{23} c_{26} c_{27}} \ldots$

Für die Daten $\boldsymbol{d} := 11011100100$ folgt:

?	**1**	?	1	**0**	**1**	?	1	**1**	**0**	0	1	**0**	**0**
c_2	$\mathbf{c_3}$	c_4	c_5	$\mathbf{c_6}$	$\mathbf{c_7}$	c_8	c_9	$\mathbf{c_{10}}$	$\mathbf{c_{11}}$	c_{12}	c_{13}	$\mathbf{c_{14}}$	$\mathbf{c_{15}}$
p_2		p_3				p_4							

$\mathbf{p_2}$ **= Parität von 1011000 = 1.**

Oder mit der XOR Verknüpfung gilt:

$$p_2 = c_3 \bigoplus c_6 \bigoplus c_7 \bigoplus c_{10} \bigoplus c_{11} \bigoplus c_{14} \bigoplus c_{15},$$

$$p_2 = 1 \bigoplus 0 \bigoplus 1 \bigoplus 1 \bigoplus 0 \bigoplus 0 \bigoplus 0 = 1.$$

Bestimmung von $p_3 = c_4$: Vier Bit eintragen, vier Bit überspringen, beginne bei c_4.

$\mathbf{c_4 c_5 c_6 c_7} c_8 c_9 c_{10} c_{11} \mathbf{c_{12} c_{13} c_{14} c_{15}} c_{16} c_{17} c_{18} c_{19} \mathbf{c_{20} c_{21} c_{22} c_{23}} c_{24} c_{25} c_{26} c_{27} \ldots,$

$$p_3 = c_4 = \text{Parität von } c_5 c_6 c_7 c_{12} c_{13} c_{14} c_{15} c_{20} c_{21} c_{22} c_{23} \ldots$$

Für die Daten $\boldsymbol{d} := 11011100100$ folgt:

?	**1**	**0**	**1**	?	1	1	0	**0**	**1**	**0**	**0**
c_4	$\mathbf{c_5}$	$\mathbf{c_6}$	$\mathbf{c_7}$	c_8	c_9	c_{10}	c_{11}	$\mathbf{c_{12}}$	$\mathbf{c_{13}}$	$\mathbf{c_{14}}$	$\mathbf{c_{15}}$
p_3				p_4							

$$p_3 = \text{Parität von } 1010100 = 1.$$

Oder mit der XOR Verknüpfung gilt:

$$p_3 = \; c_5 \bigoplus c_6 \bigoplus c_7 \bigoplus c_{12} \bigoplus c_{13} \bigoplus c_{14} \bigoplus c_{15} \bigoplus c_{20} \bigoplus c_{21} \bigoplus c_{22} \bigoplus c_{23} \ldots,$$

$$p_3 = 1 \bigoplus 0 \bigoplus 1 \bigoplus 0 \bigoplus 1 \bigoplus 0 \bigoplus 0 = 1.$$

Bestimmung von $p_4 = c_8$: Acht Bit eintragen, acht Bit überspringen, beginne bei c_8.

$\boldsymbol{c_8 c_9 c_{10} c_{11} c_{12} c_{13} c_{14} c_{15} c_{16} c_{817} c_{18} c_{19} c_{20} c_{21} c_{22} c_{23} c_{24} c_{25} c_{26} c_{27}} \ldots$

$$p_4 = c_8 = \textit{Parität von } c_9 c_{10} c_{11} c_{12} c_{13} c_{14} c_{15} c_{24} c_{25} c_{26} c_{27} \cdots$$

Für die Daten $\boldsymbol{d} \coloneqq 11011100100$ folgt:

?	**1**	**1**	**0**	**0**	**1**	**0**	**0**
c_8	$\boldsymbol{c_9}$	$\boldsymbol{c_{10}}$	$\boldsymbol{c_{11}}$	$\boldsymbol{c_{12}}$	$\boldsymbol{c_{13}}$	$\boldsymbol{c_{14}}$	$\boldsymbol{c_{15}}$
p_4							

$$p_4 = \text{Parität von } 1100100 = 1.$$

Oder mit XOR Verknüpfung gilt:

$$p_4 = c_9 \bigoplus c_{10} \bigoplus c_{11} \bigoplus c_{12} \bigoplus c_{13} \bigoplus c_{14} \bigoplus c_{15},$$

$$p_4 = 1 \bigoplus 1 \bigoplus 0 \bigoplus 0 \bigoplus 1 \bigoplus 0 \bigoplus 0 = 1.$$

Das Prüfbit $p_5 = c_{16}$ muss nicht bestimmt werden, weil das Datenwort $\boldsymbol{d}$ zu kurz ist.

Insgesamt wird $\boldsymbol{d} = 11011100100$ zu $\boldsymbol{c} = \mathbf{11}1\mathbf{1}011\mathbf{1}100100$. Bei diesem Verfahren erfordern elf Datenbits die Berechnung von vier Prüfbits.

Bei $15 = 2^4 - 1$ Codebits gibt es vier Prüfbits an den Stellen 2^0, 2^1, 2^2 und 2^3. Damit verbleiben $15 - 4 = 11$ Bits für die zu übermittelnde Nachricht. Entsprechend gibt es bei $n = 2^r - 1$ Codebits r Prüfbits an den Stellen 2^0, 2^1, …, 2^{r-1} und damit $(2^r - 1) - r = 2^r - r - 1$ Nachrichtenbits (vgl. Abschn. 4.4 über Hamming-Codes). Man spricht: Die Hamming-Codes „zur Stufe r" sind $(2^r - 1, 2^r - r - 1)$-Codes. Für $r = 3$ erhalten wir wegen $2^3 - 1 = 7$ und $2^3 - 3 - 1 = 4$ den bisher vorgestellten anschaulichen Code H_{bin}. Daher erfordern bei diesem Code vier Datenbits drei Prüfbits, um einen Fehler selbständig korrigieren zu können.

Aufgabe 2.25 Prüfe, ob für den Code H_{bin} folgende Gleichungen gelten:

$$p_1 = c_3 \bigoplus c_5 \bigoplus c_7,$$

$$p_2 = c_3 \bigoplus c_6 \bigoplus c_7,$$

$$p_3 = c_5 \bigoplus c_6 \bigoplus c_7.$$

Das Einführungsbeispiel und die Übungsaufgaben zeigen: Ein Datenbit kann zur Berechnung verschiedener Prüfbits verwendet werden.

Im Code H_{bin}:

c_3 verwendet man für $p_1 = c_1$ und $p_2 = c_2$,
c_5 verwendet man für $p_1 = c_1$ und $p_3 = c_4$,
c_7 verwendet man für $p_1 = c_1$, $p_2 = c_2$ und $p_3 = c_4$.

Im Code aus Beispiel 2.22:

c_3 verwendet man für $p_1 = c_1$ und $p_2 = c_2$,
c_5 verwendet man für $p_1 = c_1$ und $p_3 = c_4$,
c_7 verwendet man für $p_1 = c_1$, $p_2 = c_2$ und $p_3 = c_4$,
c_9 verwendet man für $p_1 = c_1$, $p_4 = c_8$,
c_{10} verwendet man für $p_2 = c_2$ und $p_4 = c_8$.

Es fällt auf:

c_5 ist Summand von c_1 und c_4 und $5 = 1 + 4$,
c_7 ist Summand von c_1, c_2 und c_4 und $7 = 1 + 2 + 4$,
c_9 ist Summand von c_1 und c_8 und $9 = 1 + 8$,
c_{10} ist Summand von c_2 und c_8 und $10 = 2 + 8$.

Beachte:

$p_1 = c_1$ und $1 = 2^0$,
$p_2 = c_2$ und $2 = 2^1$,
$p_3 = c_4$ und $4 = 2^2$,
....

$p_i = c_k$ und $k = 2^{i-1}$.

Allgemein: Um festzustellen, zu welchen Prüfbits das Codebit mit Index k (also c_k) etwas beiträgt, gehe man wie folgt vor:

(1) Stelle k als Summe von Zweierpotenzen dar. An diesen Stellen stehen genau die Prüfbits. Diese Darstellung ist eindeutig (vgl. Satz A2.5).
(2) Sei $k = 2^{i_1} + 2^{i_2} + \ldots + 2^{i_m}$.
(3) Dann steht c_k in der XOR-Summe der Prüfbits an den Stellen $2^{i_1} + 2^{i_2} + \ldots + 2^{i_m}$.

Beispiel 2.23 In welchen Prüfbits wird c_{19} verwendet?

Es gilt: $19 = 16 + 2 + 1 = 2^4 + 2^1 + 2^0$. Daher steht c_{19} in der XOR-Summe von $p_3 = c_{16}$, $p_2 = c_2$ und $p_1 = c_1$.

Korrekturalgorithmus des historischen Hamming-Codes
Sei das ursprüngliche Datenwort $\boldsymbol{d} = 11011100100$, das zu $\boldsymbol{c} = 111110111100100$ codiert wurde. Nehmen wir an, dass bei der Übertragung ein Einzelfehler, z. B. an Position 11, aufgetreten ist. Empfangen wird $\boldsymbol{c}' = 1111101111\mathbf{1}0100$. Wir kontrollieren die Prüfbits $p_1, \ldots, p_4$ durch deren „Neuberechnung" mit dem obigen Algorithmus.

Bestimmung von $p_1 = c_1$: Ein Bit eintragen, ein Bit überspringen, beginne bei c_1:

$\mathbf{c_1}c_2\mathbf{c_3}c_4\mathbf{c_5}c_6\mathbf{c_7}c_8\mathbf{c_9}c_{10}\mathbf{c_{11}}c_{12}\mathbf{c_{13}}c_{14}\mathbf{c_{15}}$,
$p_1 =$ Parität von $\mathbf{c_3c_5c_7c_9c_{11}c_{13}c_{15}}$.

Nun wurde $\boldsymbol{c}' = 1111101111\mathbf{1}0100$ empfangen. Wir tragen $\boldsymbol{c}'$ in die erste Zeile folgender Tabelle ein.

1	1	**1**	1	**1**	0	**1**	1	**1**	1	**1**	0	**1**	0	**0**
c_1	c_2	$\mathbf{c_3}$	c_4	$\mathbf{c_5}$	c_6	$\mathbf{c_7}$	c_8	$\mathbf{c_9}$	c_{10}	$\mathbf{c_{11}}$	c_{12}	$\mathbf{c_{13}}$	c_{14}	$\mathbf{c_{15}}$
p_1	p_2		p_3				p_4							

$p_1 = c_1 = 1 =$ Parität von $1111110 = 0$. Es ist ein Fehler aufgetreten.
Bestimmung von $p_2 = c_2$: Zwei Bit eintragen, zwei Bit überspringen, beginne bei c_2:

$\mathbf{c_2c_3}c_4c_5\mathbf{c_6c_7}c_8c_9\mathbf{c_{10}c_{11}}c_{12}c_{13}\mathbf{c_{14}c_{15}}$,
$p_2 =$ Parität von $\mathbf{c_3c_6c_7c_{10}c_{11}c_{14}c_{15}}$.

Für $\boldsymbol{c}' = 1111101111\mathbf{1}0100$ folgt

1	1	**1**	1	1	**0**	**1**	1	1	**1**	**1**	0	1	**0**	**0**
c_1	c_2	$\mathbf{c_3}$	c_4	c_5	$\mathbf{c_6}$	$\mathbf{c_7}$	c_8	c_9	$\mathbf{c_{10}}$	$\mathbf{c_{11}}$	c_{12}	c_{13}	$\mathbf{c_{14}}$	$\mathbf{c_{15}}$
p_1	p_2		p_3				p_4							

$p_2 = c_2 = 1 =$ Parität von $1011100 = 0$. Es ist ein Fehler aufgetreten.
Bestimmung von $p_3 = c_4$: Vier Bit eintragen, vier Bit überspringen, beginne bei c_4:

$\boldsymbol{c_4 c_5 c_6 c_7} c_8 c_9 c_{10} c_{11} \boldsymbol{c_{12} c_{13} c_{14} c_{15}}$,

$$p_3 = c_4 = \text{Parität von } c_4 c_5 c_6 c_7 c_{12} c_{13} c_{14} c_{15}.$$

Für $\boldsymbol{c}' = 111110111110100$ folgt aus:

1	1	1	**1**	**1**	**0**	**1**	1	1	1	1	**0**	**1**	**0**	**0**
c_1	c_2	$\boldsymbol{c_3}$	c_4	$\boldsymbol{c_5}$	$\boldsymbol{c_6}$	$\boldsymbol{c_7}$	c_8	c_9	c_{10}	c_{11}	$\boldsymbol{c_{12}}$	$\boldsymbol{c_{13}}$	$\boldsymbol{c_{14}}$	$\boldsymbol{c_{15}}$
p_1	p_2		p_3				p_4							

$p_3 = c_4 = 1 =$ Parität von $1010100 = 1$. Es ist kein Fehler aufgetreten.
Bestimmung von $p_4 = c_8$: Acht Bit eintragen, acht Bit überspringen, beginne bei c_8:

$\boldsymbol{c_8 c_9 c_{10} c_{11} c_{12} c_{13} c_{14} c_{15}}$,

$$p_4 = c_8 = \text{Parität von } c_8 c_9 c_{10} c_{11} c_{12} c_{13} c_{14} c_{15}.$$

Für $\boldsymbol{c}' = 111110111110100$ folgt aus:

1	1	1	1	1	0	1	**1**	**1**	**1**	**1**	**0**	**1**	**0**	**0**
c_1	c_2	c_3	c_4	c_5	c_6	c_7	$\boldsymbol{c_8}$	$\boldsymbol{c_9}$	$\boldsymbol{c_{10}}$	$\boldsymbol{c_{11}}$	$\boldsymbol{c_{12}}$	$\boldsymbol{c_{13}}$	$\boldsymbol{c_{14}}$	$\boldsymbol{c_{15}}$
p_1	p_2		p_3				p_4							

$p_4 = c_8 = 1 =$ Parität von $1110100 = 0$. Es ist ein Fehler aufgetreten.
Die Indizes der Codebits, welche zu den falschen Prüfbits gehören, sind 1, 2 und 8.

Unser Ziel ist es, die Prüfbits p_1, p_2 und p_4 richtig zu stellen. Welcher Codebit c_k ist an der Bestimmung dieser Prüfbits beteiligt? Dabei beachten wir, dass nur ein Codebit geändert werden darf, da nach Annahme bei der Übertragung nur ein Fehler aufgetreten ist. Nach obigen Überlegungen kommt als Index k eines Codebits c_k nur ein solcher infrage, dessen Binärdarstellung Zweierpotenzen enthält, welche in $p_1 = c_1$, $p_2 = c_2$ und $p_4 = c_8$ gleichzeitig auftreten. Also ist $k = 1 + 2 + 8 = 11$. Damit ist c_{11} von 1 auf 0 zu korrigieren.

$\boldsymbol{c}'_{korr} = 111110111100100 = \boldsymbol{c}$.

Das empfangene Wort $\boldsymbol{c}'$ wurde erfolgreich korrigiert.

Hätten wir anders korrigiert, z. B. $\boldsymbol{c}'_{12} = 0$ auf $\boldsymbol{c}'_{12} = 1$, dann kommt wegen $12 = 8 + 4 + 0 + 0$ nach obigen Überlegungen $\boldsymbol{c}_{12}$ in der XOR-Darstellung von p_4 und p_3 vor. Eine Änderung von $\boldsymbol{c}'_{12}$ würde ergeben, dass p_4 richtig, aber p_3 falsch wird. Analog könnte man auch andere Korrekturen versuchen und erkennen, dass Widersprüche auftreten.

Insgesamt ergibt sich folgender *Korrekturalgorithmus*:

(1) Bestimme die fehlerhaften Prüfziffern. Seien die Prüfziffern p mit den Indizes $2^{i_1},\ 2^{i_2}, \ldots,\ 2^{i_m}$ falsch.
(2) Setze $k := 2^{i_1} + 2^{i_2} + \ldots + 2^{i_m}$.
(3) Korrigiere c_k. Damit entsteht das ursprünglich gesendete Codewort $\mathbf{c}$.

Begründung: Das Bit c_k tritt in der XOR-Summenbildung aller fehlerhaften Prüfziffern auf. Durch Korrektur von c_k wird also die Parität dieser fehlerhaften Prüfziffern von „falsch" auf „richtig" geändert. Hätte man ein k', welches in der Binärdarstellung eine andere Zweierpotenz 2^j enthält mit $2^j \notin \{2^{i_1},\ 2^{i_2}, \ldots,\ 2^{i_m}\}$, so wäre auch ein vorher richtiges p_j so geändert worden, dass die entsprechende Parität nicht mehr richtig ist. Wieder haben wir die Eindeutigkeit der Binärdarstellung einer Zahl verwendet und gleichzeitig angenommen, dass nur ein Fehler aufgetreten ist.

Beispiel 2.24 Wir nehmen an, dass bei der Übertragung zwei Fehler aufgetreten sind.

Gesendet: $\boldsymbol{c} = 111110111100100$.
Empfangen: $\boldsymbol{c}' = 111\mathbf{0}1011\mathbf{0}100100$.
Dann folgt:

$p_1 = c_1 = 1 =$ Parität von $1110010 = 0$. Fehler!
$p_2 = c_2 = 1 =$ Parität von $1011000 = 1$. Richtig!
$p_3 = c_4 = 0 =$ Parität von $1010100 = 1$. Fehler!
$p_4 = c_8 = 1 =$ Parität von $0100100 = 0$. Fehler!

Korrekturversuch: 1, 4 und 8 sind jene Codebitindizes, die an der Berechnung der falschen Prüfbits beteiligt sind. Addition dieser Indizes ergibt $1 + 4 + 8 = 13$. Damit korrigieren wir $\boldsymbol{c}'_{13}$ von 1 auf 0. Wir erhalten

$\boldsymbol{c}'_{korr} = 111\mathbf{0}1011\mathbf{0}100\mathbf{0}00$.

$p_1 = c_1 = 1 =$ Parität von $1110000 = 1$. Richtig!
$p_2 = c_2 = 1 =$ Parität von $1011000 = 1$. Richtig!
$p_3 = c_4 = 0 =$ Parität von $1010000 = 0$. Richtig!
$p_4 = c_8 = 1 =$ Parität von $0100000 = 1$. Richtig!

Das Codewort $\boldsymbol{c}'_{korr}$ besitzt zwar „richtige“ Prüfbits, stimmt aber mit dem gesendeten $\boldsymbol{c}$ nicht überein. Zwei Fehler werden vom Algorithmus erkannt, aber nicht korrigiert.

Aufgaben

2.26: Ändere im gesendeten Wort $\boldsymbol{c} = 111110111100100$ an einer beliebigen Stelle ein Bit und prüfe auf Fehlererkennung und Fehlerkorrektur.

2.27: Bestimme drei Fehler so, dass diese nicht erkannt werden.

2.28: Bestimme vier Codewörter des H_{bin} mittels des historischen Hamming-Codes.

2.29: Prüfe an einer selbst gewählten Nachricht, dass alle Wörter im H_{bin}, welche einen einzigen Fehler enthalten, korrigiert werden können.

Theoretische Grundlagen

3

Nachdem in Kap. 2 praktische und theoretische Erfahrungen mit Elementen der Codierungstheorie an alltäglichen Codierungen gesammelt wurden, wollen wir in diesem Kapitel grundlegende Begriffe der Codierungstheorie allgemein beschreiben. Dabei werden Wörter als n-Tupel über einem Alphabet A und Codes als „bloße" Teilmengen das A^n, also ohne irgendeine Rechenstruktur, aufgefasst. Insbesondere beschränken wir uns auf Wörter der konstanten Länge n, die jeweils eine konstante Anzahl k von zu übermittelnden Nachrichtenzeichen und damit $n - k$ Prüfzeichen enthalten. Man spricht von (n, k)-Blockcodes. Auf die Faltungscodes wird in diesem Buch nicht eingegangen. Diese Prüfzeichen werden der Nachricht gerne vorangestellt oder angehängt. Damit kann nach der Decodierung des gesendeten (gespeicherten) Wortes die Nachricht sofort abgelesen werden (systematische Codierung). Als zentral für die Erkennung und Korrektur von Fehlern erweist sich der dem anschaulichen Abstand nachempfundene Hamming-Abstand zweier Codewörter. Mit ihm kann als eine Decodierungsstrategie die Hamming-Decodierung formuliert werden. Sie erweist sich der Maximum-Likelihood-Decodierung (MLD) als gleichwertig, sofern man annimmt, dass die Übertragungskanäle binär und symmetrisch sind sowie die Fehlerwahrscheinlichkeit je Bit kleiner als 0,5 ist. Dies ist in der Praxis oft der Fall. Um der bei der Hamming-Decodierung möglichen „sinnlosen" Decodierung entgegenzuwirken, wird die Strategie der Bounded-Distance-Decodierung (BD) eingeführt und eine Schranke für den Abbruch einer Decodierung entwickelt. Dazu und zur Definition von t-fehlererkennenden bzw. t-fehlerkorrigierenden Codes erweist sich der ebenfalls der Anschauung entliehene Begriff der t-Umgebung bzw. der „Kugelumgebung" eines Wortes als nützlich. Der Minimalabstand d eines Codes zeigt sich als entscheidende Größe für die Fehlerkorrekturkapazität. Damit werden die in Kap. 2 vorgestellten Codes untersucht. Die Informationsrate eines Codes stellt eine weitere Maßzahl für die „Güte" eines Codes dar. Es wird auf die

H. Kautschitsch, G. Kadunz, *Elemente der Codierungstheorie*, Mathematik Primarstufe und Sekundarstufe I + II, https://doi.org/10.1007/978-3-662-67520-5_3

Frage eingegangen, welche Anforderungen ein „guter" (n, k, d)-Blockcode erfüllen soll. Dazu werden zwei der wichtigsten Schranken der Codierungstheorie entwickelt, die Hamming- und die Singleton-Schranke. Wird in den entsprechenden Ungleichungen die Gleichheit erreicht, so spricht man von perfekten Codes bzw. von optimalen Codes (MDS-Codes). Am Ende des Kapitels wird auf die Namensgebung dieser „Maximal Distance Separable" Codes experimentell eingegangen. Mit dem Wort „optimal" wird ausgedrückt, dass ein Code die maximale Anzahl von Wörtern enthält. Mit dem Wort „perfekt" wird ausgedrückt, dass der Idealfall der vollständigen Überdeckung der Wortmenge A^n durch elementfremde Kugeln erreicht wird. In solchen Codes ist die Decodierungsstrategie „Decodierung zum Kugelmittelpunkt" möglich. Auf die zur Menge der perfekten Codes gehörigen Hamming-Codes und die Golay-Codes wird in Kap. 4 eingegangen.

Insgesamt behandelt dieses Buch nur Kanalcodierungen und Kanaldecodierungen von Blockcodes. Dafür gibt es effiziente mathematische Werkzeuge.

Lernende üben zentrale Begriffe der Mengenlehre (Rechnen mit Mengen, direktes Produkt, disjunkte Zerlegung von Mengen ...) und elementare Eigenschaften von Funktionen. Es wird empfohlen, Abschn. 10.1 im Anhang als Vorbereitung zu studieren.

Lehrende finden eine Vielzahl von Decodierungsstrategien und Anwendungen zu Begriffen aus Mengenlehre und Funktionseigenschaften.

3.1 Grundbegriffe der Codierungstheorie

An den Beispielen, die in den ersten Kapiteln vorgestellt wurden, können wir folgende Konfiguration beobachten:

$$\text{Sender, Quelle} \xrightarrow{\textit{übertragen, speichern}} \text{Empfänger, Datenträger}$$

Das Übertragen bzw. Speichern von Nachrichten bzw. Daten erfolgt durch eine Folge von Zeichen aus einem meist endlichen Zeichenvorrat. Diesen Zeichenvorrat nennt man das *Alphabet* der Quelle. Dabei ist die Reihenfolge der Zeichen zu beachten.

Häufig verwendete Alphabete sind (vgl. Schulz, 1991, S. 1):

- $\{\mathrm{A}, \mathrm{B}, \mathrm{C}, \ldots, \mathrm{Y}, \mathrm{Z}\}$ Großbuchstaben des lateinischen Alphabets.
- $\{0,1,2,\ldots,8,9\}$ Dezimalziffern zur Darstellung von Zahlen im Dezimalsystem.
  Beispiel: $(2,1,3,9)_{10} = 2139 = 2 \cdot 10^3 + 1 \cdot 10^2 + 3 \cdot 10^1 + 9 \cdot 10^0$.
- $\{0,1,2,\ldots,8,9,\mathrm{A},\mathrm{B},\mathrm{C},\mathrm{D},\mathrm{E},\mathrm{F}\}$ Hexadezimalziffern zur Darstellung von Zahlen im Hexadezimalsystem mit $\mathrm{A} := 10$, $\mathrm{B} := 11, \ldots, \mathrm{F} := 15$.
  Beispiel: $(21\mathrm{AF})_{16} = 2 \cdot 16^3 + 1 \cdot 16^2 + \mathrm{A} \cdot 16^1 + \mathrm{F} \cdot 16^0 = (4527)_{10} = 4527$.
- $\{\mathrm{A}, \mathrm{B}, \mathrm{C}, \ldots, \mathrm{Y}, \mathrm{Z}, 0, 1, 2, \ldots, 8, 9\}$ alphanumerisches Alphabet.
- $\{.,\ -\ , \text{Pause}\}$ Morse-Alphabet.
- $\{0,1\}$ binäres Alphabet. Anstelle von $\{0,1\}$ kann man auch „Strom fließt nicht, Strom fließt" oder „Schalter offen, Schalter geschlossen" benützen.

Binäre Darstellung von Zahlen im Dualsystem.
Beispiel: $(1011)_2 = 1 \cdot 2^3 + 0 \cdot 2^2 + 1 \cdot 2^1 + 1 \cdot 2^0 = (11)_{10} = 11$.
Zu den Stellenwertsystemen vgl. Satz A2.5.

- $\{0,1,2\}$ ternäres Alphabet.

Anmerkung: Ein Bit (*bi*nary digi*t*) ist ein Zeichen im binären Alphabet. Einem Byte entsprechen acht Bits. Schriftzeichen werden oft durch Bytes dargestellt.

Wechsel des Alphabets
Aus technischen Gründen ist es notwendig, das in der Quelle verwendete Alphabet zu wechseln. Wir verweisen auf die Beispiele in der Einleitung.

$$JA \to 74\ 65 \to 01001010\ 01000001.$$

$$\text{„24.12.21"} \to 241221 \to (3AE45)_{16} = 0011\ 1010\ 1110\ 0100\ 0101.$$

Dabei wird jede Hexadezimalziffer binär dargestellt: $(E)_{16} = (14)_{10} = (1110)_2$.
Wiederholung: Zur Darstellung von Buchstaben, Zahlen und Sonderzeichen wird der ASCII-Code verwendet (vgl. Anhang A10.8).

$$A \triangleq (65)_{10} = 6 \cdot 10^1 + 5 \cdot 10^0 = 4 \cdot 16^1 + 1 \cdot 16^0 = (41)_{16}.$$

$$A \triangleq (65)_{10} = 1 \cdot 2^6 + 0 \cdot 2^5 + 0 \cdot 2^4 + 0 \cdot 2^3 + 0 \cdot 2^2 + 0 \cdot 2^1 + 1 \cdot 2^0 = (1000001)_2.$$

Um ein Zeichen durch ein Byte darzustellen, wird eine Null vorangestellt. Damit gilt:

$$A \triangleq (01000001)_2$$

Diskretisierung
Ton- bzw. Bildquellen liefern oft ein kontinuierliches (analoges) Signal. Aus Kapazitätsgründen, aber auch, um die Qualität von übertragenen Ton- und Bildsignalen zu steigern, werden die Daten diskretisiert. Zum Beispiel werden durch Rasterungen die analogen Signale in endlich viele Speicherzustände umgewandelt (vgl. Kap. 1, Beispiele 1.2 und 1.3 sowie Abb. 3.1 und 3.2).

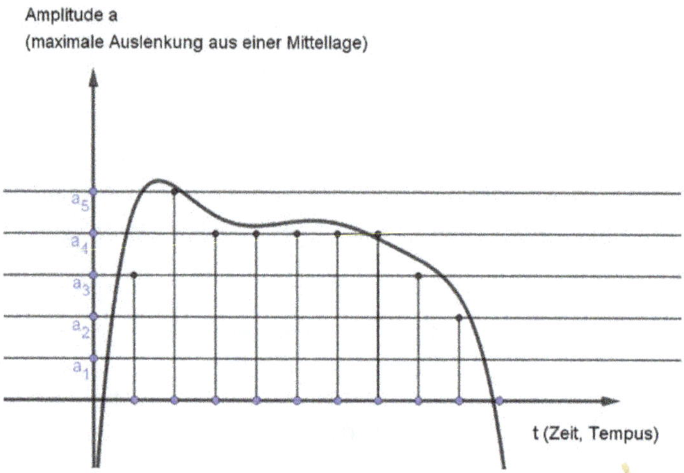

Abb. 3.1 Ein analoges Signal rastern

$$\downarrow$$

$$a_3a_5a_4a_4a_4a_4a_4a_3a_2\ldots \mathrel{\widehat{=}} 3\,5\,4\,4\,4\,4\,4\,3\,2\ldots \mathrel{\widehat{=}} 0011\ 0101\ldots.$$

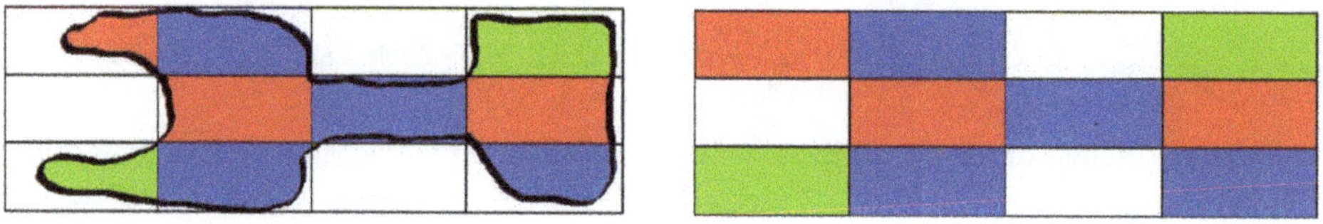

Abb. 3.2 Ein modernes Bild rastern

$$\downarrow$$

$$000000\ 000111\ 001110\ 010100\ 011011\ 011100\ 110010\ 110111\ 101111.$$

Quellencodierung und Kanalcodierung

Daten, die von einer Quelle ausgehen, werden nach etwaiger Reduzierung der Datenmengen (Datenkompression) in eine Folge von Zeichen eines solchen Alphabets transformiert, das eine geeignete maschinelle und mathematische Verarbeitung ermöglicht. Sehr oft ist dies das Alphabet $\{01\}$. Dieser Vorgang wird als *Quellencodierung* bezeichnet.

Die im Einleitungskapitel vorgestellten Beispiele zeigten folgende Strategie zur Fehlererkennung bzw. Fehlerkorrektur: Füge zur quellencodierten Nachricht weitere Zeichen hinzu, welche mit der zu übermittelnden Nachricht zusammenhängen (redundante Zeichen). Dabei nennen wir ein Zeichen redundant, falls es ohne Verlust des Informationsgehaltes vernachlässigt werden kann. Beim EAN-Code ist es die Prüfzahl, beim Hamming-Code sind es Prüfzeichen, die nach einem Algorithmus aus speziellen Nachrichtenzeichen bestimmt werden. Damit können wir das Prinzip der *Kanalcodierung* formulieren: Füge der quellencodierten Nachricht solche redundanten Zeichen hinzu, die eine Fehlererkennung bzw. Fehlerkorrektur ermöglichen.

Bei dieser Kanalcodierung unterscheidet man zwei Verfahren.

FEC-Verfahren (**F**orward **E**rror **C**orrection): Bei diesem Verfahren werden aufgetretene Fehler aufgrund der hinzugefügten Zeichen (Redundanz) sofort erkannt und korrigiert. Dadurch erspart man sich Wiederholungen der Sendung (Zeitersparnis). Gleichzeitig sind aber längere Codewörter notwendig, die einen größeren Speicherbedarf zur Folge haben. Beispiele dazu sind der Wiederholungscode oder der Hamming-Code.

ARQ-Verfahren (**A**utomatic **R**epeat **R**equest): Bei diesem Verfahren werden aufgetretene Fehler nur erkannt, aber nicht korrigiert. Es wird eine Wiederholung der Übertragung beim Sender angefordert (größerer Zeitaufwand, dafür geringerer Speicherbedarf wegen kleinerer Redundanz) (vgl. Hauck, 2005, S. 4). Beispiele dafür sind EAN, ISBN oder IBAN.

In den bisherigen Ausführungen haben wir die Begriffe „Wort" und „Codierung" intuitiv verwendet. Um den Überlegungen in diesem Kapitel eine möglichst präzise Verwendung von „Wort" bzw. „Codierung" zu ermöglichen, geben wir folgende Definition.

Definition 3.1
Sei ein Alphabet A gegeben.

Ein *Wort* $\boldsymbol{w}$ der Länge $n \in \mathbb{N}$ über einem Alphabet A ist eine *Aneinanderreihung* (*Konkatenation*) von n Zeichen aus dem Alphabet A, bei der es auf die Reihenfolge ankommt.

Symbolisch: $\boldsymbol{w} = a_1a_2 \ldots a_n$. Das Element a_i nennt man i-te Komponente des Wortes.

Diese Darstellungsweise wird in der Codierungstheorie bevorzugt. Auflistungen, bei denen die Reihenfolge zu beachten ist, nennt man auch n-Tupel. Bei Mengen ist die Reihenfolge der Auflistung ohne Bedeutung. Im Gegensatz zur üblichen Mengenschreibweise, die geschwungene Klammern verwendet, werden n-Tupel mit runden Klammern geschrieben (vgl. Abschn. 10.1). Daher kann man den Begriff „Wort" auch so definieren:

Definition 3.2
Sei A ein Alphabet, $n \in \mathbb{N}$ und $A^n = A \times A \times \ldots \times A$. Ein Wort $\boldsymbol{w}$ der Länge $n \in \mathbb{N}$ über dem Alphabet A ist ein *n-Tupel* mit Komponenten aus A.

Symbolisch: $\boldsymbol{w}$ ist ein Wort der Länge $n \Leftrightarrow \boldsymbol{w} \in A^n$.

Anmerkungen:

(1) Der Kontext bestimmt, ob wir ein Wort als Konkatenation von Zeichen oder als n-Tupel deuten. Also $\boldsymbol{w} = a_1a_2 \ldots a_n = (a_1, a_2, \ldots, a_n)$ mit a_i aus dem Alphabet A.

Man spricht, dass $a_1a_2...a_n$ mit dem n-Tupel $(a_1, a_2, ..., a_n)$ „identifiziert" wird.

(2) Für Wörter verwendet man auch die Bezeichnungen Zeichenkette oder String der Länge n.

(3) Ein Wort über dem Alphabet $A := \{0,1\}$ nennt man ein *binäres* Wort.

(4) Die Menge aller Wörter der konstanten Länge n über einem festen Alphabet A bezeichnet man, wie schon angeführt, mit A^n.

Sind $A = \{0,1\}$ und $n = 3$, dann ist $A^3 = \{000,100,010,001,110,101,011,111\}$.

(5) Bei einem Wort ist die Reihenfolge der Komponenten wesentlich: $110 \neq 101$ bzw. $(1,1,0) \neq (1,0,1)$. Hingegen gilt für Mengen: $\{1,1,0\} = \{1,0,1\}$.

(6) Die Anzahl der Elemente einer Menge A wird symbolisch mit $|A|$ bezeichnet (vgl. Definition A1.18). Damit gilt für die Anzahl der Wörter der Länge n die Gleichheit $|A^n| = |A|^n$, denn für jede Komponente a_i eines Wortes $\boldsymbol{w}$ gibt es genau $|A|$ Möglichkeiten der Auswahl (vgl. Satz A1.2).

Sei $A := \{0,1\}$, also $|A| = 2$. Wie viele Wörter $\boldsymbol{w} = a_1a_2a_3$ der Länge 3 gibt es über A? Für a_1 gibt es zwei Möglichkeiten, ebenso für a_2. Für Wörter der Länge zwei gibt es also $2 \cdot 2 = 4$ Möglichkeiten. Alle Wörter der Länge drei entstehen durch Anfügung von 0 oder 1 zu diesen vier Wörtern der Länge zwei. Das sind dann $8 = 2^3$ mögliche Wörter der Länge 3. Intuitiv halten wir fest, dass die Anzahl der binären Wörter der Länge n gleich 2^n ist.

Blockcodes und Codierfunktion

Bei der Hamming-Codierung zur Konstruktion des in Kap. 2 vorgestellten Mini-QR-Codes haben wir die Datumsangabe 24.12.21 in folgende quellencodierte binäre Nachricht umgewandelt: 00111010111001000101. Zur leichteren Lesbarkeit wird diese im Allgemeinen sehr lange 0,1-Folge in gleich lange *Blöcke,* z. B. der Länge vier unterteilt:

0011 1010 1110 0100 0101. Anschließend haben wir in unserem Beispiel des Mini-QR-Codes zu jedem Nachrichten (Daten)-Block nach einem bestimmten Verfahren drei Prüfbits gebildet. Diese wurden den jeweiligen Nachrichtenblöcken vorangestellt. Eine Anfügung am Ende jedes Blockes wäre auch möglich. Damit man stets das *gleiche* Verfahren anwenden kann, ist es notwendig, dass die Blöcke *gleich* lang sind. Auf diesem Wege entstehen Siebener-Blöcke (3 + 4 = 7), also wieder gleich lange Blöcke:

101|0011 011|1010 100|1110 111|0100 100|0101. Dieses Verfahren ordnet also verschiedenen Vierer-Blöcken verschiedene Siebener-Blöcke zu.

Wir wollen diese Überlegungen verallgemeinern.

Gegeben sei eine quellencodierte Nachricht $\boldsymbol{m}^* := a_1a_2a_3...$, und es seien $n, k \in \mathbb{N}$ sowie $n > k$.

Unterteile die Nachricht $\boldsymbol{m}^*$ in gleich lange Blöcke $\boldsymbol{m}$ der Länge k. Ordne diesen Blöcken gleich lange Blöcke $\boldsymbol{c}$ der Länge n zu. Wegen $n = k + (n - k)$ werden also $(n - k)$ zusätzliche (redundante) Zeichen hinzugefügt. Beachte, dass jedem Block $\boldsymbol{m}$ genau ein Block $\boldsymbol{c}$ zugeordnet wird und unterschiedlichen Blöcken $\boldsymbol{m}$ auch unterschiedliche Blöcke $\boldsymbol{c}$. Eine solche Zuordnung nennt man eine *injektive* Abbildung bzw. *injektive* Funktion (vgl. Definition A1.15).

$$f_c : \begin{cases} A^k \to A^n \\ a_1a_2\dots a_k \to c_1c_2\dots c_n \text{ mit } a_i, c_j \in A \end{cases}$$

oder binär:

$$f_c : \begin{cases} \{0,1\}^k \to \{0,1\}^n \\ a_1a_2\dots a_k \to c_1c_2\dots c_n \text{ mit } a_i, c_j \in \{0,1\} \end{cases}$$

also:

$$f_c(\boldsymbol{m}) = \boldsymbol{c} \text{ bzw. } f_c(a_1a_2\dots a_k) = c_1c_2\dots c_n.$$

Wegen der Injektivität gilt: $\boldsymbol{m_1} \neq \boldsymbol{m_2} \Rightarrow f_C(\boldsymbol{m_1}) \neq f_C(\boldsymbol{m_2})$. Logisch äquivalent dazu gilt:

$$f_C(\boldsymbol{m_1}) = f_C(\boldsymbol{m_2}) \Rightarrow \boldsymbol{m_1} = \boldsymbol{m_2}.$$

Die Funktion f_c nennt man Codierfunktion. Der Code C besteht aus allen Bildern unter f_c. Damit ist

$$C := \{f_c(a_1\dots a_k) | a_i \in A\} \subset A^n.$$

Von Interesse sind nur *echte* Teilmengen von A^n. Die Gleichheit $C = A^n$ liefert keine Codierung, weil die Wörter nur in einer anderen Reihenfolge aufgelistet werden. Die Elemente $\boldsymbol{c} \in C \subset A^n$ nennt man Codewörter, die Elemente $\boldsymbol{m} \in A^k$ heißen Nachrichten(Daten)-wörter, die $(n - k)$ zusätzlichen Zeichen sind die Prüfbits bzw. Kontrollzeichen. Es ist vorteilhaft, wenn diese Prüfbits entweder am Anfang oder am Ende der Nachrichtenbits stehen:

$$f_c(a_1a_2\dots a_k) = a_1a_2\dots a_k\, c_{k+1}c_{k+2}\dots c_n,$$

oder

$$f_c(a_1a_2\dots a_k) = c_1c_2\dots c_{n-k}a_1a_2\dots a_k.$$

Wie man sieht, kann dann das Nachrichtenwort $a_1a_2\dots a_k$ unmittelbar abgelesen werden. Die Funktion f_C nennt man in diesem Fall eine *systematische Codierfunktion.*

Definition 3.3

Seien $k, n \in \mathbb{N}$, und sei f_c eine injektive Funktion von A^k in A^n.

(1) Ein (n, k)-Blockcode C ist das Bild von A^k in A^n unter f_c.
Symbolisch: $C := f_C(A^k) \subset A^n$. Man nennt C einen Code der Länge n.

(Fortsetzung)

Definition 3.3 (Fortsetzung)
(2) Ein binärer (n, k)-Blockcode C ist ein Code mit $C = f_C(\{0,1\}^k) \subset \{0,1\}^n$.
(3) Man nennt C einen systematischen (n, k)-Code, falls seine Codierfunktion systematisch ist.

Bei einem (n, k)-Blockcode sind alle Codewörter gleich lang (n Zeichen). Ebenso sind alle Nachrichtenwörter gleich lang (k Zeichen).

Anmerkungen:
(1) Wegen der Injektivität kann aus einem Codewort genau ein Nachrichtenwort ermittelt werden. Angenommen, es gäbe zwei unterschiedliche Nachrichtenwörter $\boldsymbol{m_1} \neq \boldsymbol{m_2}$, die zum gleichen Wort $\boldsymbol{c}$ codiert werden, also $\boldsymbol{c} = f_C(\boldsymbol{m_1}) = f_C(\boldsymbol{m_2})$. Wegen der Injektivität folgt $\boldsymbol{m_1} = \boldsymbol{m_2}$ im Widerspruch zu $\boldsymbol{m_1} \neq \boldsymbol{m_2}$.
(2) Wegen der Injektivität von $f_c : A^k \rightarrow A^n$ und wegen $C = f_C(A^k)$ ist f_c eine bijektive Abbildung von A^k auf C. Damit gilt: $|C| = |A^k| = |A|^k$ (vgl. Satz A1.2 (1)). Es gibt also genauso viele Codewörter wie Nachrichtenwörter über A.
(3) Der (n, k)-Code ist immer eine echte Teilmenge aller n-Tupel: Für Codes über A mit $|A| > 1$ gilt: $0 < (n - k)$, also $k < n$ und damit $|A|^k < |A|^n$.
Für den binären Hamming-Code H_{bin} über $A := \{0,1\}$ gilt: $|H_{bin}| = 2^4 = 16$ und $|A^7| = |A|^7 = 2^7 = 128$.
(4) Die Codierfunktion kann durch einen Text, durch ein Bildungsgesetz oder durch eine „Formel" festgelegt werden.

Beispiel 3.1 Der anschauliche **Hamming-Code H_{bin}**, der beim Mini-QR-Code verwendet wird, ist ein systematischer (7,4)-Code. Dabei wird die Codierfunktion durch die Paritätsprüfung festgelegt (vgl. Kap. 2). Es gibt dafür keine „Formel". Die Codewörter werden aufgelistet.

$$H_{bin} = \{\boldsymbol{c}_1, \boldsymbol{c}_2, \boldsymbol{c}_3, \ldots, \boldsymbol{c}_{16}\} \subset \{0,1\}^7 \text{ mit:}$$

$$\boldsymbol{c}_1 = 000 \mid 0000, \boldsymbol{c}_2 = 101 \mid 1000, \boldsymbol{c}_3 = 111 \mid 0100, \boldsymbol{c}_4 = 110 \mid 0010, \boldsymbol{c}_5 = 011 \mid 0001,$$

$$\boldsymbol{c}_6 = 010|1100, \boldsymbol{c}_7 = 011|1010, \boldsymbol{c}_8 = 110|1001, \boldsymbol{c}_9 = 001|0110, \boldsymbol{c}_{10} = 100 \mid 0101,$$

$$\boldsymbol{c}_{11} = 101|0011, \boldsymbol{c}_{12} = 100|1110, \boldsymbol{c}_{13} = 000|1011, \boldsymbol{c}_{14} = 010|, \boldsymbol{c}_{15} = 001 \mid 1101,$$

$$\boldsymbol{c}_{16} = 111 \mid 1111.$$

Der Code H_{bin} besteht aus $16 = 2^4$ von $128 = 2^7$ möglichen Wörtern.
Der **EAN-Code** ist ein (13,12)-Code mit folgender Codierfunktion:
$f_{EAN}\ (a_1a_2a_3 \ldots a_{12}) := (a_1a_2a_3 \ldots a_{12}a_{13})$ mit $a_{13} := (1 \cdot a_1 + 3 \cdot a_2 + 1 \cdot a_3 + \ldots + 3 \cdot a_{12})\ mod\ 10$.

Der **ISBN- 10-Code** ist ein (10,9)-Code mit folgender Codierfunktion:

$f_{ISBN-10}(a_1a_2...a_9) := (a_1a_2...a_9a_{10})$ mit $a_{10} := (1 \cdot a_1 + 2 \cdot a_2 + 3 \cdot a_3 + ... + 9 \cdot a_9)$ *mod* 11.

Wie kann der r-fache **Wiederholungscode** $W(r, k)$ (Repeating-Code) bzw. $W_{bin}(r, k)$ beschrieben werden? Bei diesem Code wird eine Nachricht aus k Zeichen r-mal wiederholt. Damit ist die Codelänge $n = r \cdot k$ mit $r, k \in \mathbb{N}$ und $r \geq 2$.

Die Codierfunktion $f_{W(r,k)}$ ist gegeben durch:

$$f_{W(r,k)}(a_1 \ldots a_k) := a_1 \ldots a_k a_1 \ldots a_k a_1 \ldots a_k \ldots a_1 \ldots a_k.$$

Der r-fache Wiederholungscode $W(r, k)$ ist demnach ein $(r \cdot k, k)$-Code bzw. ein r-facher Wiederholungscode $W(r)$ der Länge n, also ein $\left(n, \frac{n}{r}\right)$-Code (wegen $n = r \cdot k \Leftrightarrow k = \frac{n}{r}$).

Ist das Alphabet $A = \{0,1\}$, dann schreiben wir $W_{bin}(r)$.

Sei C der binäre dreifache Wiederholungscode der Länge 6 bzw. $C = W_{bin}(3)$ der Länge 6. Dann sind $k = \frac{n}{r} = \frac{6}{3} = 2$ und $A = \{0,1\}$. Damit ist $f_{W_{bin}(3)}$ gegeben durch:

$$f_{W_{bin}(3)}(00) = 000000,$$

$$f_{W_{bin}(3)}(01) = 010101,$$

$$f_{W_{bin}(3)}(10) = 101010,$$

$$f_{W_{bin}(3)}(11) = 111111.$$

Dieser Wiederholungscode $W_{bin}(3)$ der Länge 6 ist damit ein systematischer (6,2)-Code, der aus vier Codewörtern besteht, weil $|\{0,1\}|^2 = 4$ gilt.

$$W_{bin}(3) = \{000000, 010101, 101010, 111111\}.$$

Beim binären **Quersummenprüfcode** $Q_{bin}(k)$ wird zu den k Stellen des Nachrichtenwortes eine einzige Stelle hinzugefügt. Der Wert dieser Stelle ist gleich null, falls die Nachricht aus einer geraden Anzahl von Einsen besteht, sonst ist der Wert gleich eins.

Sei $k := 3$, und sei das Nachrichtenwort $\boldsymbol{m} := 110$. Diesem Wort fügen wir 0 hinzu. Also folgt: $\boldsymbol{c} := 1100$.

Ist $\boldsymbol{m} := 010$, dann ist $\boldsymbol{c} := 0101$.

Die Codierungsfunktion des Quersummenprüfcodes können wir unter Verwendung der modularen Arithmetik formelhaft fassen:

$$f_{Q_{bin}(k)}(a_1a_2 \ldots a_k) := a_1a_2 \ldots a_k(a_1 \bigoplus a_2 \bigoplus a_3 \bigoplus \ldots \bigoplus a_k).$$

Der Quersummenprüfcode $Q_{bin}(k)$ ist also ein systematischer $(k + 1, k)$-Code.

Ist $k = 3$, dann ist $Q_{bin}(3) = \{0000, 0011, 0101, 0110, 1001, 1010, 1100, 1111\}$.

Der schon vorgestellte historische **Hamming-Code** ist *kein systematischer* Code, da die Prüfbits innerhalb des Codewortes positioniert sind.

Distanz von Wörtern

Bei einer Datenübertragung haben wir folgende Wörter empfangen: MARHEMATAK, TAPENTE, SPRINKERVARLEK. Offensichtlich sind Fehler entstanden. Was könnten die Wörter bedeuten?

Um diese Frage auf systematische Weise bearbeiten zu können, hat es sich als zweckmäßig erwiesen, die Anzahl jener Stellen zu bestimmen, an denen sich zwei gleich lange Wörter unterscheiden. Diese Anzahl misst den „Abstand" d zweier Wörter.

Beispiel 3.2 Berechne folgende Abstände:

$$d(\text{MATHEMATIK, MA}\mathbf{R}\text{HEMAT}\mathbf{A}\text{K}) = 2.$$

$$d(\text{SPRINGERVERLAG, SPRIN}\mathbf{K}\text{ERV}\mathbf{A}\text{RLE}\mathbf{K}) = 4.$$

Wir vermuten, dass je kleiner dieser Abstand d ist, desto eher man ein empfangenes Wort entschlüsseln (*decodieren*) kann, also den Klartext ermitteln. In obiger Aufgabe leistet unsere Sprachkenntnis die erfolgreiche Decodierung der vorliegenden Wörter. Wie sollen wir vorgehen, wenn entsprechendes Wissen nicht vorliegt? Wir formulieren damit die zentrale Frage:

Wie kann man Übertragungsfehler entdecken und sogar korrigieren?

Um diese Frage behandeln zu können, hat sich eine Präzisierung des obigen „Abstandes" als zielführend erwiesen.

Definition 3.4

Seien A ein Alphabet, $n \in \mathbb{N}$ und $\boldsymbol{a} := a_1a_2...a_n$ sowie $\boldsymbol{b} := b_1b_2 \ldots b_n$ Wörter aus A^n. Die Anzahl der Stellen, an denen sich die Wörter $\boldsymbol{a}$ und $\boldsymbol{b}$ unterscheiden, nennt man den *Hamming-Abstand* $d(\boldsymbol{a}, \boldsymbol{b})$ von $\boldsymbol{a}$ und $\boldsymbol{b}$. Symbolisch:

$$d(\boldsymbol{a}, \boldsymbol{b}) := | \{i | 1 \leq i \leq n, a_i \neq b_i\} |$$

Definition 3.5

Ist C ein Blockcode der Länge n mit $|C| > 1$, dann nennt man

$$d_{min}(C) := \min\{d(\boldsymbol{a}, \boldsymbol{b}) | \boldsymbol{a}, \boldsymbol{b} \in C \textit{ und } \boldsymbol{a} \neq \boldsymbol{b}\}$$

den *Minimalabstand* von C. Gilt $|C| = 1$, so setzt man $d_{min}(C) := 0$.

Besitzen die Nachrichtenwörter eines Codes C die Länge k, die Codewörter die Länge n, und besitzt C den Minimalabstand d, dann nennt man C einen (n, k, d)-Code.

Anmerkungen:
(1) Es gilt: $0 \leq d(\boldsymbol{a}, \boldsymbol{b}) \leq n$ und $d(\boldsymbol{a}, \boldsymbol{b}) \in \mathbb{N}$.
(2) Die Definition $d_{min}(C)$ ist für Blockcodes möglich, da in diesen alle Wörter die gleiche Länge besitzen.
(3) Wird ein Wort $\boldsymbol{c} \in C$ gesendet und das Wort $\boldsymbol{u} \in A^n$ empfangen mit $d(\boldsymbol{c}, \boldsymbol{u}) = t$, dann sind genau t Fehler aufgetreten.
(4) Anstelle von $d_{min}(C)$ werden wir zur Vereinfachung auch nur $d(C)$ schreiben. Eine Verwechslung ist nicht möglich, weil C immer einen Code bezeichnet, $\boldsymbol{a}$ und $\boldsymbol{b}$ aber zwei Wörter sind.
(5) Der Begriff des *Hamming-Abstandes* stammt aus dem Jahr 1950 vom US-amerikanischen Mathematiker Richard W. Hamming (1915–1998) (vgl. Manz, 2017, S. 11).
(6) Die Berechnung von d_{min} ist wegen der zahlreich durchzuführenden Abstandsvergleiche rechenaufwändig. Wir werden aber sehen, dass bei speziellen Codes die Anzahl der Vergleiche wesentlich verkleinert werden kann.

Beispiel 3.3 Für den Wiederholungscode $W_{bin}(3)$ der Länge 6 gilt z. B.:

$$d(010101, 101010) = 6; d(000000, 101010) = 3.$$

Berechnet man alle möglichen Distanzen, so bemerkt man, dass $d_{min}(W_{bin}(3)) = 3$ gilt. Damit ist $W_{bin}(3)$ der Länge 6 ein (6,2, 3)-Code.

Aufgabe 3.1
(1) Berechne $d_{min}(Q_{bin}(k))$ für $k = 3$ und dann für ein beliebiges $k \in \mathbb{N}$.
(2) Zeige: $d_{min}(H_{bin}) = 3$. Damit ist H_{bin} ein (7,4, 3)-Code.

Der Hamming-Abstand zweier Wörter verhält sich wie ein „anschaulicher" Abstand. Für diesen Abstand gilt z. B.: „Eine Seitenlänge im Dreieck ist stets kürzer als die Summe der beiden anderen Seitenlängen." Dabei ist die Seitenlänge der Abstand zwischen zwei Eckpunkten des Dreiecks (Dreiecksungleichung).

Beispiel 3.4

$$\boldsymbol{x} := 100, \quad \boldsymbol{y} := 101, \quad \boldsymbol{z} := 111.$$

$d(\boldsymbol{x}, \boldsymbol{y}) = 1$; $d(\boldsymbol{x}, \boldsymbol{z}) = 2$; $d(\boldsymbol{z}, \boldsymbol{y}) = 1$. Dann gilt wegen $1 \leq 2 + 1$ die Beziehung $d(\boldsymbol{x}, \boldsymbol{y}) \leq d(\boldsymbol{x}, \boldsymbol{z}) + d(\boldsymbol{z}, \boldsymbol{y})$. (Hinweis: Wir haben zwischen $\boldsymbol{x}$ und $\boldsymbol{y}$ das Wort $\boldsymbol{z}$ eingeschoben, also $\mathbf{x} \rightarrow \mathbf{z} \rightarrow \mathbf{y}$).

Ebenso gilt: $d(\boldsymbol{x}, z) = 2 \leq d(\boldsymbol{x}, \boldsymbol{y}) + d(\boldsymbol{y}, z) = 1 + 1$. Es wurde $\boldsymbol{y}$ eingeschoben.

Satz 3.1
Es seien $\boldsymbol{x}, \boldsymbol{y}, \boldsymbol{z}$ binäre Wörter gleicher Länge. Dann besitzt der Hamming-Abstand folgende Eigenschaften:

(1) Positivität: $d(\boldsymbol{x}, \boldsymbol{y}) \geq 0$ und $d(\boldsymbol{x}, \boldsymbol{y}) = 0 \Leftrightarrow \boldsymbol{x} = \boldsymbol{y}$.
(2) Symmetrie: $d(\boldsymbol{x}, \boldsymbol{y}) = d(\boldsymbol{y}, \boldsymbol{x})$.
(3) Dreiecksungleichung: $d(\boldsymbol{x}, \boldsymbol{y}) \leq d(\boldsymbol{x}, \boldsymbol{z}) + d(\boldsymbol{z}, \boldsymbol{y}) \Leftrightarrow d(\boldsymbol{x}, \boldsymbol{z}) \geq d(\boldsymbol{x}, \boldsymbol{y}) - d(\boldsymbol{z}, \boldsymbol{y})$.

Beweis: (1) und (2) gelten offensichtlich.

(3): Sei $d(\boldsymbol{x}, \boldsymbol{y}) = r$, d. h., $\boldsymbol{x}$ und $\boldsymbol{y}$ unterscheiden sich an r Stellen. Wir nehmen der Einfachheit halber an, dass sie sich an den ersten r Stellen unterscheiden. Die restlichen Stellen seien gleich. $\boldsymbol{z}$ unterscheide sich von $\boldsymbol{x}$ in den ersten r Stellen an r_1 Stellen und in den restlichen an r_2 Stellen. Dann unterscheidet sich $\boldsymbol{z}$ von $\boldsymbol{y}$ in den ersten r Stellen an $(r - r_1)$ Stellen und in den restlichen um r_2 Stellen. Es ist also $d(\boldsymbol{x}, \boldsymbol{z}) = r_1 + r_2$ und $d(\boldsymbol{z}, \boldsymbol{y}) = (r - r_1) + r_2$. Damit erhält man

$$d(\boldsymbol{x},\boldsymbol{z}) + d(\boldsymbol{z},\boldsymbol{y}) = (r_1 + r_2) + ((r - r_1) + r_2) = r + 2r_2 \geq r = d(\boldsymbol{x},\boldsymbol{y}).$$

■

Alternative Begründung der Eigenschaft (3) des Satzes 3.1:

Sei i die Nummer einer Komponente, in der sich $\boldsymbol{x}$ und $\boldsymbol{y}$ unterscheiden. Also gilt $x_i \neq y_i$ und damit: $x_i \neq z_i$ oder $z_i \neq y_i$. Wäre $x_i = z_i$ und $z_i = y_i$, dann wäre $x_i = y_i$ im Widerspruch zur Voraussetzung $x_i \neq y_i$. Damit folgt: Eine Komponente, die einen Beitrag 1 zu $d(\boldsymbol{x},\boldsymbol{y})$ liefert, gibt einen solchen Beitrag auch für $d(\boldsymbol{x},\boldsymbol{z})$ oder $d(\boldsymbol{z},\boldsymbol{y})$.

Aufgabe 3.2
Überprüfe die Dreiecksungleichung an: $\boldsymbol{x} = 100110, \boldsymbol{y} = 010111, \boldsymbol{z} = 001010$.

Hamming-Decodierung

Beispiel 3.5 Sei $W_{bin}(3) = \{\boldsymbol{c}_1 := 000000, \boldsymbol{c}_2 := 010101, \boldsymbol{c}_3 := 101010, \boldsymbol{c}_4 := 111111\}$ der dreifache Wiederholungscode der Länge 6. Wir nehmen an, dass das Wort $\boldsymbol{u} := 110101$ empfangen wurde. Wir sehen, dass $\boldsymbol{u} \notin W_{bin}(3)$ gilt. Also ist mindestens ein Fehler aufgetreten. Wir können annehmen, dass $\boldsymbol{u}$ beim Senden des Codewortes $\boldsymbol{c}_2 := 010101$ entstanden ist, da sich $\boldsymbol{c}_2$ von $\boldsymbol{u}$ nur an einer Stelle unterscheidet, also gilt $d(\boldsymbol{u}, \boldsymbol{c}_2) = 1$.

Alle anderen Hamming-Distanzen zu den verbleibenden Codewörtern sind größer als eins: $d(\boldsymbol{u}, \boldsymbol{c}_1) = 4$, $d(\boldsymbol{u}, \boldsymbol{c}_3) = 5$, $d(\boldsymbol{u}, \boldsymbol{c}_4) = 2$. Es ist also wahrscheinlich, dass $\boldsymbol{u}$ von $\boldsymbol{c}_2$ stammt. Trotzdem könnte es sein, dass $\boldsymbol{c}_3$ gesendet wurde, obwohl $d(\boldsymbol{u}, \boldsymbol{c}_3) = 5 > 1$ ist.

Wenn wir wüssten, dass der Übertragungskanal so gut ist, dass höchstens ein Fehler auftreten kann, dann wäre $\boldsymbol{c}_2$ die „richtige" Korrektur (Decodierung) von $\boldsymbol{u}$. Leider weiß man in der Praxis nicht, ob wirklich bei jedem ankommenden Wort höchstens 1 (bzw. höchstens t) Fehler aufgetreten sind.

Was wäre ein plausibles Vorgehen?

Man decodiert ein empfangenes Wort $\boldsymbol{u}$ zu solch einem Codewort $\boldsymbol{c}$, für welches die Wahrscheinlichkeit P (engl. probability) am größten ist, dass $\boldsymbol{u}$ von $\boldsymbol{c} \in C$ stammt. Die Wahrscheinlichkeit, dass $\boldsymbol{u}$ empfangen wird, falls $\boldsymbol{c}$ gesendet wurde, wird $P(\boldsymbol{u}|\boldsymbol{c})$ bezeichnet. Dies nennt man eine *bedingte Wahrscheinlichkeit* (vgl. Cramer & Kamps, 2020).

Damit ergibt sich folgende „plausible" Strategie: Suche ein Codewort $\boldsymbol{c}$ aus C so, dass $P(\boldsymbol{u}|\boldsymbol{c}) = max\ \{P(\boldsymbol{u}|\boldsymbol{c}')|\boldsymbol{c}' \in C\}$ gilt. Diese Strategie nennt man *Maximum-Likelihood-Decodierung* (MLD).

Leider kennt man in der Praxis diese bedingten Wahrscheinlichkeiten nicht. Nun sind aber die in der Praxis häufig verwendeten Übertragungskanäle sogenannte binäre symmetrische Kanäle (vgl. Manz, 2017, S. 41 f. und Abb. 3.3). Dies bedeutet, dass die Fehlerwahrscheinlichkeit p je Bit gleich ist. Darüber hinaus wird $p < \frac{1}{2}$ vorausgesetzt. Angenommen, es wird ein Wort der Länge n übertragen. Nach Annahme ist die Wahrscheinlichkeit p dafür, dass ein Bit falsch übertragen wird, kleiner als $\frac{1}{2}$. Also:

$$p < \frac{1}{2} \Leftrightarrow 2p < 1 \Leftrightarrow p + p < 1 \Leftrightarrow p < 1 - p.$$

Sei w_s die Wahrscheinlichkeit dafür, dass das Wort an s Stellen falsch übertragen wird. Es gilt nach den Regeln der Wahrscheinlichkeitsrechnung (vgl. z. B. Cramer & Kamps, 2020):

$$w_s = p^s (1 - p)^{n-s}.$$

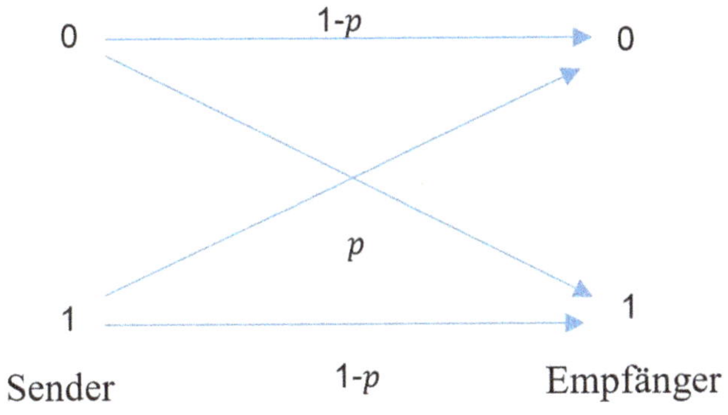

Abb. 3.3 Symmetrische Kanäle. (Vgl. Schulz, 1991, S. 76)

Wird das Wort an mehr als s Stellen falsch übertragen, nämlich an $t > s$ Stellen, so gilt:

$$w_t = p^t(1-p)^{n-t} \text{ mit } t > s.$$

Wir zeigen nun $w_t < w_s$. Da alle Faktoren positiv sind, sind die folgenden Umformungsschritte möglich:

$$p < \frac{1}{2} \Rightarrow p < 1-p \Rightarrow p^{t-s} < (1-p)^{t-s} \Rightarrow p^{t-s}p^s < (1-p)^{t-s}p^s \Rightarrow p^t < (1-p)^{t-s}p^s$$

$$\Rightarrow p^t(1-p)^{n-t} < (1-p)^{t-s}p^s(1-p)^{n-t} \Rightarrow p^t(1-p)^{n-t} < (1-p)^{n-s}p^s \Rightarrow w_t < w_s.$$

Für binäre symmetrische Kanäle mit der Fehlerwahrscheinlichkeit $p < \frac{1}{2}$ gilt also:
Die Wahrscheinlichkeit einer falschen Übertragung sinkt mit der Zunahme der Anzahl der falsch übertragenen Stellen. Man korrigiert daher das übertragene Wort zu einem solchen Codewort, das sich vom empfangenen Wort an möglichst wenigen Stellen unterscheidet.

Strategie: Korrigiere das empfangene Wort $\boldsymbol{u}$ zu jenem Codewort $\boldsymbol{c}$, das $\boldsymbol{u}$ am nächsten liegt. Suche also ein $\boldsymbol{c} \in C$ mit $d(\boldsymbol{u}, \boldsymbol{c}) = \min \{d(\boldsymbol{u}, \boldsymbol{c}') | \boldsymbol{c}' \in C\}$. Diese Strategie nennt man *Hamming-Decodierung*.

Sei $\boldsymbol{c} \in C$ beliebig. Die bedingte Wahrscheinlichkeit $P(\boldsymbol{u}|\boldsymbol{c})$ ist dann am größten, wenn der Hamming-Abstand am kleinsten ist.

$$max\{P(\boldsymbol{u}|\boldsymbol{c}')|\boldsymbol{c}' \in C\} = min\{d(\boldsymbol{u}, \boldsymbol{c}')|\boldsymbol{c}' \in C\}.$$

Unsere Überlegungen haben gezeigt, dass für die in der Praxis gängigen binären symmetrischen Übertragungskanäle mit Fehlerwahrscheinlichkeit $p < 1/2$ gilt:
Maximum-Likelihood-Decodierung $\triangleq$ Hamming-Decodierung.

Anmerkungen:
(1) Gibt es mehrere $\boldsymbol{c}'$ aus C mit gleicher minimaler Hamming-Distanz zu $\boldsymbol{u}$, so decodiert man zu einem beliebigen solchen $\boldsymbol{c}'$.
(2) Die bisherigen Überlegungen bedeuten aber auch, dass alle Hamming-Distanzen berechnet werden müssen, um die Hamming-Decodierung durchführen zu können. Dies werden wir durch Überlegungen, welche in den nächsten Kapiteln vorgestellt werden, vereinfachen.

Beispiel 3.6 Gegeben sei $W_{bin}(3) := \{\boldsymbol{c}_1 := 000000, \boldsymbol{c}_2 := 010101, \boldsymbol{c}_3 := 101010, \boldsymbol{c}_4 := 111111\}$. Empfangen wurde $\boldsymbol{u} := 110100 \notin W_{bin}(3)$. Dies bedeutet, dass $\boldsymbol{u}$ Fehler enthält. Wie viele Fehler liegen vor?

$$d(\boldsymbol{u},\boldsymbol{c}_1)=3, d(\boldsymbol{u},\boldsymbol{c}_2)=d\left\{\begin{matrix}1&1&0&1&0&0\\0&1&0&1&0&1\end{matrix}\right\}=2, d(\boldsymbol{u},\boldsymbol{c}_3)=4, d(\boldsymbol{u},\boldsymbol{c}_4)=3.$$

Nach der Hamming-Decodierung wird $\boldsymbol{u}$ zu $\boldsymbol{c}_2 = 010101$ decodiert. Da ein systematischer Code vorliegt, wurde die Nachricht 01 gesendet. Dies kann richtig sein. Es wäre aber auch möglich, dass $\boldsymbol{m} = 11$, also $\boldsymbol{c}_4 = 111111$ gesendet wurde. Eine solche Übertragung wäre aber mit drei Fehlern behaftet. Dies ist unwahrscheinlicher als eine Übertragung mit zwei Fehlern (bei symmetrischen guten Übertragungskanälen). Man kann nur sagen, dass $\boldsymbol{m} = 01$ am wahrscheinlichsten gesendet wurde.

Es soll $\boldsymbol{m} := 01$ übertragen werden. Dann wäre $\boldsymbol{c} := 010101$.

Empfangen wird $\boldsymbol{u} := 011101$, also ist ein Fehler aufgetreten. Für die Distanzen folgt:

$$d(\boldsymbol{u},\boldsymbol{c}_1)=4, d(\boldsymbol{u},\boldsymbol{c}_2)=1, d(\boldsymbol{u},\boldsymbol{c}_3)=5, d(\boldsymbol{u},\boldsymbol{c}_4)=2.$$

Nach der Hamming-Decodierung wird $\boldsymbol{u}$ zu $\boldsymbol{c}_2 = 010101$ decodiert. Dies bedeutet, dass $\boldsymbol{m} = 01$ ist und die Decodierung erfolgreich verlief (da wir wussten, dass $\boldsymbol{m} = 01$ zu übertragen war).

Es soll $\boldsymbol{m} := 00$ übertragen werden. Dann wäre $\boldsymbol{c} := 000000$.

Empfangen wird das Wort $\boldsymbol{u} := 011001$, es sind also drei Fehler aufgetreten. Für die Distanzen folgt:

$$d(\boldsymbol{u},\boldsymbol{c}_1)=3, d(\boldsymbol{u},\boldsymbol{c}_2)=2, d(\boldsymbol{u},\boldsymbol{c}_3)=4, d(\boldsymbol{u},\boldsymbol{c}_4)=3.$$

Nach Hamming-Decodierung wäre $\boldsymbol{c}_2 = 010101$gesendet und damit die Nachricht $\boldsymbol{m} = 01$ übermittelt worden. Dies ist falsch. Im Einleitungskapitel haben wir gesehen, dass der dreifache Wiederholungscode höchstens einen Fehler korrigieren kann. Damit ist das „falsche“ Ergebnis verständlich. Die Hamming-Decodierung liefert ein Ergebnis, das nicht immer sinnvoll sein muss. Eine mögliche Reaktion wäre das Beenden des Decodierens bei zu großen Abständen. Diese Strategie nennt man *Bounded-Distance-Decodierung* oder *BD-Decodierung*.

Sollte der Abstand zwischen empfangenem Wort und dem nächstgelegenen Codewort zu groß sein, dann wird das Decodieren abgebrochen. Somit stellt sich die Frage, wann ein Abstand „zu groß“ ist. Unsere nächsten Überlegungen werden eine Schranke für die Anzahl von Fehlern angeben, um diesen Abbruch zu rechtfertigen. Eine solche Schranke wollen wir für unterschiedliche Codes entwickeln. Damit soll es möglich sein, sinnlose Decodierungen zu vermeiden. Zahlreiche schnelle Decodierverfahren verwenden diese Strategie (vgl. Manz, 2017, S. 14).

3.2 Fehlererkennende und fehlerkorrigierende Codes

Damit man fehlerhafte Wörter leichter erkennen bzw. korrigieren kann, ist es zweckmäßig, dass Codewörter nicht zu „nahe" beieinanderliegen (vgl. Satz 3.2 und Satz 3.3). Dazu wollen wir Wörter, die sich von einem gegebenen Wort nur an 1,2, …, t Stellen unterscheiden, in einer speziellen Menge zusammenfassen.

Definition 3.6
Seien $\boldsymbol{x} \in A^n$ und $t \in \mathbb{N}$. Die Menge $U_t(\boldsymbol{x}) := \{\boldsymbol{y} \in A^n | \, d(\boldsymbol{x}, \boldsymbol{y}) \leq t\}$ heißt *t-Umgebung* von $\boldsymbol{x}$ oder auch Kugel vom Radius t um den Mittelpunkt $\boldsymbol{x}$.

Mit dieser Definition gilt: Das empfangene Wort $\boldsymbol{u} \in A^n$ unterscheidet sich an höchstens t Stellen von einem Codewort $\boldsymbol{c}$ ist gleichbedeutend mit $\boldsymbol{u} \in U_t(\boldsymbol{c})$.

Beispiel 3.7 Berechne die 1-Umgebungen der Codewörter $c_i = 1010$, $c_j = 0011$ des binären (4,3)-Quersummencodes $Q_{bin}(3)$.

$$U_1(\boldsymbol{c}_i) = \{1010, 0010, 1110, 1000, 1011\},$$

$$U_1(\boldsymbol{c}_j) = \{0011, 1011, 0111, 0001, 0010\}.$$

Beobachtung: $U_1(\boldsymbol{c}_i) \cap U_1(\boldsymbol{c}_i) = \{1011\} \neq \{\}$.

Berechne die 2-Umgebung dieser beiden Codewörter.

$$U_2(\boldsymbol{c}_i) = \{1010, 0010, 1110, 1000, 1011, 0110, 0000, 0011, 1100, 1111, 1001\},$$

$$U_2(\boldsymbol{c}_j) = \{0011, 1011, 0111, 0001, 0010, 1111, 1001, 1010, 0101, 0110, 0000\}.$$

Beobachtungen:

$$U_2(\boldsymbol{c}_i) \cap U_2(\boldsymbol{c}_i) = \{1010, 0010, 1011, 0110, 0000, 0011, 1111, 1001\}$$

und

$$U_1(\boldsymbol{c}_i) \subset U_2(\boldsymbol{c}_i), \quad U_1(\boldsymbol{c}_j) \subset U_2(\boldsymbol{c}_j).$$

Allgemein gilt: $U_1(\boldsymbol{c}) \subset U_2(\boldsymbol{c}) \subset \ldots \subset U_t(\boldsymbol{c}) \subset U_{t+1}(\boldsymbol{c}) \subset \ldots$.

Blicken wir auf diese Beispiele, so stellen wir uns die Frage, wie viele Elemente eine t-Umgebung eines Wortes insgesamt enthält?

Tab. 3.1 Fehlerwahrscheinlichkeiten

Möglichkeiten				$(q-1)$		$(q-1)$		
Zeichen				a		b		
Wort	*	*	*	*	*	*	*	*
Position	1	2	...	i	...	j	...	n

Sei dazu ein Alphabet A gegeben mit $|A| := q$ und $\boldsymbol{x} \in A^n$. Weil das Alphabet q Elemente besitzt, gibt es $(q-1)$ Möglichkeiten, an **einer** Stelle einen Fehler zu machen. Werden an zwei Stellen Fehler begangen, so haben wir dafür $(q-1) \cdot (q-1) = (q-1)^2$ Möglichkeiten (Tab. 3.1).

Anstelle von „a" bzw. „b" kann man in den Positionen i bzw. j jeweils $(q-1)$ Zeichen aus dem Alphabet A einsetzen.

Sind nun die Positionen i bzw. j nicht fest, so fragen wir, auf wie viele Möglichkeiten man zwei Positionen aus n Positionen auswählen kann. Da es auf die Reihenfolge nicht ankommt, sind dies $\frac{n\cdot(n-1)}{2} =: \binom{n}{2}$ Möglicheiten.[1] Kombiniert man jede dieser $\binom{n}{2}$ Möglichkeiten mit den $(q-1)^2$ Möglichkeiten von oben, so ergeben sich insgesamt $\binom{n}{2} \cdot (q-1)^2$ Möglichkeiten, in einem Wort der Länge n zwei Fehler zu begehen.

Analog: Werden an drei festen Stellen Fehler begangen, so hat man dafür $(q-1) \cdot (q-1) \cdot \cdot (q-1) = (q-1)^3$ Möglichkeiten. Darüber hinaus hat man $\binom{n}{3}$ Möglichkeiten, diese drei Stellen auszuwählen. Es gibt also $\binom{n}{3} \cdot (q-1)^3$ Möglichkeiten, um in einem Wort der Länge n drei Fehler zu begehen. Intuitiv[2] schließt man, dass es $\binom{n}{t} \cdot (q-1)^t$ Möglichkeiten gibt, um in einem Wort der Länge n genau t Fehler zu begehen.

Nun liegen aber in einer t-Umgebung eines Wortes $\boldsymbol{x}$ ein Wort mit null Fehlern (das Wort $\boldsymbol{x}$ selbst) Wörter mit einem Fehler,. . ., Wörter mit $(t-1)$ Fehlern und Wörter mit t Fehlern. Insgesamt gilt für die Anzahl der Wörter in einer t-Umgebung von $\boldsymbol{x}$:

[1] Der Ausdruck $\binom{n}{i}$ heißt Binomialkoeffizient. Er gibt an, wie viele i-elementige Teilmengen einer n-elementigen Teilmenge existieren. Da es bei Mengen nicht auf die Reihenfolge der Elemente ankommt, gibt der Binomialkoeffizient auch an, auf wie viele Arten man i Elemente aus n Elementen ohne Berücksichtigung der Reihenfolge auswählen kann. Es gilt $\binom{n}{i} = \frac{n\cdot(n-1)\cdot\ldots\cdot(n-i+1)}{1\cdot 2\cdot\ldots\cdot i}$ und $\binom{n}{0} := 1$.

[2] Die Gültigkeit dieses intuitiven Schlusses kann durch die Beweismethode „vollständige Induktion" gezeigt werden (vgl. Bosch, 2008, S. 23 ff.).

$$|U_t(\boldsymbol{x})| = \binom{n}{0}(q-1)^0 + \binom{n}{1}(q-1)^1 + \binom{n}{2}(q-1)^2 + \ldots + \binom{n}{t}(q-1)^t \quad (3.1)$$

oder mit dem Summenzeichen geschrieben:

$$|U_t(\boldsymbol{x})| = \sum_{i=0}^{t} \binom{n}{i}(q-1)^i.$$

Für den Spezialfall $A := \{0{,}1\}$ haben wir $|A| = q = 2$ und damit

$$|U_t(\boldsymbol{x})| = \sum_{i=0}^{t} \binom{n}{i}(2-1)^i = \sum_{i=0}^{t} \binom{n}{i}.$$

Beachte, dass diese Anzahl unabhängig vom gewählten Wort $\boldsymbol{x}$ ist, also für alle Wörter $\boldsymbol{x}$ gilt.

Beispiel 3.8 Aus obigem Beispiel zum (4,3)-Quersummencode $Q_{bin}(3)$ lesen wir ab:

$$|\mathrm{U}_1(\mathbf{c}_i)| = \sum_{i=0}^{1} \binom{4}{i} = \binom{4}{0} + \binom{4}{1} = 1 + 4 = 5,$$

$$|\mathrm{U}_2(\mathbf{c}_i)| = \sum_{i=0}^{2} \binom{4}{i} = \binom{4}{0} + \binom{4}{1} + \binom{4}{2} = 1 + 4 + 6 = 11.$$

Die Definition von $\mathrm{U}_t(\mathbf{x})$ erinnert an die Definition einer Kreisscheibe bzw. Vollkugel. Aus diesem Grund werden solche Umgebungen auch Kreis- bzw. Kugelumgebungen genannt und durch Kreisscheiben in der Zeichenebene veranschaulicht. Dies soll uns bei der Vermutungsfindung helfen.

Seien $\boldsymbol{c} \in C$ ein Codewort, $\boldsymbol{u} \in \mathrm{A}^n$ ein empfangenes Wort mit höchstens t Fehlern und $d := d_{min}(C)$ (Abb. 3.4).

Man erkennt aus Abb. 3.4:

Definition 3.7
Seien $\boldsymbol{c},\boldsymbol{c}' \in C$ mit $\boldsymbol{c} \neq \boldsymbol{c}'$. Es werde $\boldsymbol{c}$ gesendet. Das empfangene Wort $\boldsymbol{u}$ ist *fehlerbehaftet* $\Leftrightarrow (\boldsymbol{u} \notin C$ oder $\boldsymbol{u} = \boldsymbol{c}')$.

Wie kann ein Code *C* fehlerbehaftete Wörter erkennen?
Wie müssen die Codewörter „liegen“, damit Fehler erkannt werden können?

$$u \in U_t(c) \Rightarrow u \in U_{t+1}(c) \Rightarrow u \in U_{t+2}(c) \Rightarrow \ldots \Rightarrow u \in U_{t+i}(c).$$

Ist $\boldsymbol{u}$ kein Element von C, dann ist dieses Wort mit Fehlern behaftet. Wie kann man mit dem Code C feststellen, ob ein empfangenes Wort $\boldsymbol{u}$ mit höchstens t Fehlern behaftet ist?

1. Fall: Das Wort $\boldsymbol{u}$ könnte mit einem anderen $\boldsymbol{c}' \in \boldsymbol{C}$ zusammenfallen (Abb. 3.5). Dann fällt nicht auf, ob $\boldsymbol{u}$ mit Fehlern behaftet ist. Liegen also in $U_t(\boldsymbol{c})$ noch weitere Codewörter, so kann man nicht entscheiden, ob $\boldsymbol{u}$ mit t Fehlern behaftet ist.

Dann gilt: $d = d_{min}(C) \leq d(\boldsymbol{c}, \boldsymbol{c}') \leq t$, also $d \leq t$.

2. Fall: Ist, wie in Abb. 3.6 dargestellt, $d = d_{min} \geq t + 1$ (beachte, dass sich d nur um natürliche Zahlen ändern kann), dann liegt in $U_t(\boldsymbol{c})$ kein weiteres Codewort, und $\boldsymbol{u}$ kann als fehlerhaft erkannt werden.

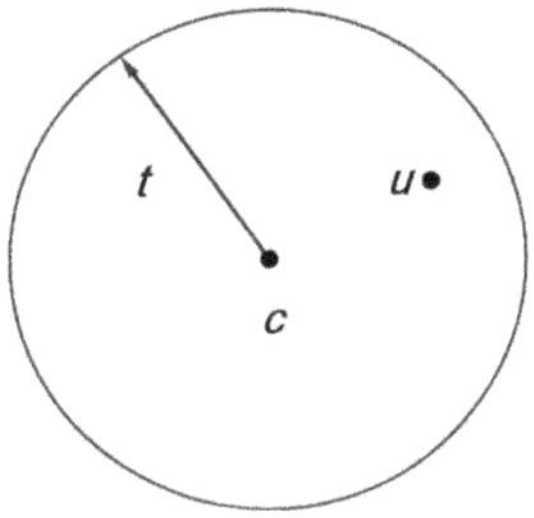

Abb. 3.4 Das Wort u ist mit höchstens t Fehlern behaftet

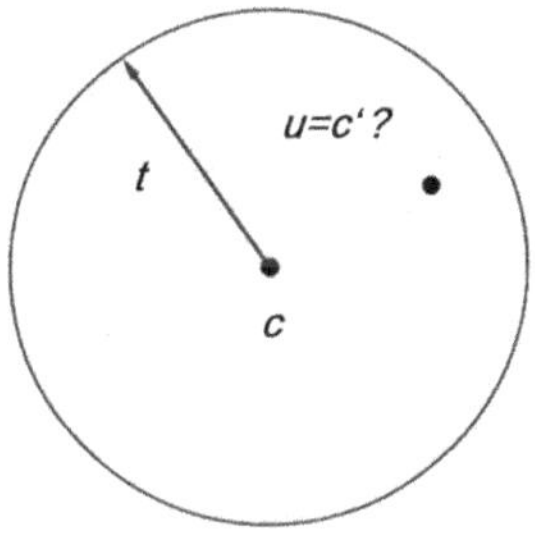

Abb. 3.5 Ein fehlerbehaftetes Wort wird nicht erkannt

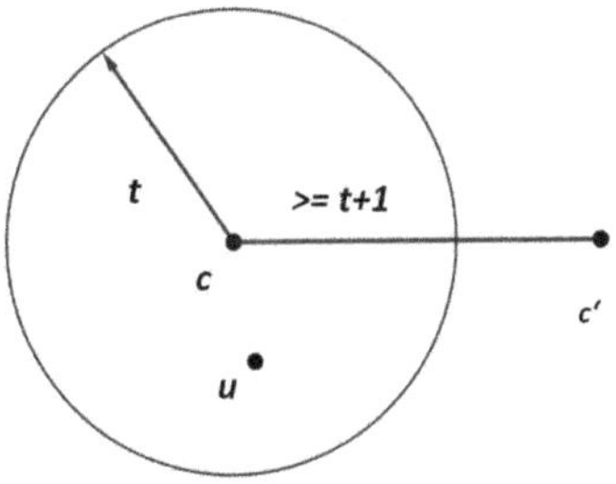

Abb. 3.6 In der Umgebung des Wortes liegt kein anderes Codewort

Definition 3.8
Der Blockcode C heißt *t-fehlererkennend* genau dann, wenn für alle Codewörter $\boldsymbol{c} \in C$ die t-Umgebung $U_t(\boldsymbol{c})$ außer $\boldsymbol{c}$ kein weiteres Codewort enthält.

Mit dem Minimalabstand des Codes C kann folgendes Kriterium formuliert werden:

Satz 3.2 (Fehlererkennung)
Ein Code C ist genau dann t-fehlererkennend, wenn

$$d_{min}(C) \geq (t+1).$$

Anmerkung: Aus Satz 3.2 folgt, dass $d_{min}(C) \geq 1$ ist und $t \leq d_{min}(C) - 1$ gilt.
Beweis (in zwei Teilen):
„$\Rightarrow$“:
Voraussetzung (A): C entdecke alle Wörter mit höchstens t Fehlern.
Behauptung (B): $d_{min}(C) >$ t.
Beweis durch Kontraposition: Aus dem logischen Verneinung der Behauptung schließen wir die logische Verneinung der Voraussetzung:
Sei also $d_{min}(C) \leq$ t. Wird ein Codewort $\boldsymbol{c}$ aus C gesendet und als Wort $\boldsymbol{u}$ mit höchstens t Fehlern empfangen, also $d(\boldsymbol{u},\boldsymbol{c}) \leq t$, dann könnte $\boldsymbol{u}$ ein Codewort aus C sein (weil der Minimalstand $\leq t$ ist). Daraus folgt, dass $\boldsymbol{u}$ nicht als Fehlerwort erkannt wird, obwohl es höchstens t Fehler enthält. Dies ist die logische Verneinung der Voraussetzung. Wir haben gezeigt: Aus nicht (B) folgt nicht (A). Also gilt: Aus (A) folgt (B). Also muss $d_{min}(C) >$ t gelten.
„$\Leftarrow$“:
Voraussetzung: $d_{min}(C) > \text{t} \Leftrightarrow d_{min}(C) \geq (t + 1)$.
Behauptung: C entdeckt alle Wörter mit höchstens t Fehlern.
Beweis (direkt): Das Wort $\boldsymbol{c}$ werde gesendet und als ein Wort $\boldsymbol{u} \neq \boldsymbol{c}$ mit $1 \leq d(\boldsymbol{u},\boldsymbol{c}) \leq t$ empfangen. Dann liegt $\boldsymbol{u}$ *nicht* in C, denn: Wäre $\boldsymbol{u} \in C$, dann folgt wegen $\boldsymbol{c} \in C$ und $d(\boldsymbol{u},\boldsymbol{c}) \leq t$, im Widerspruch zur Voraussetzung $d_{min}(C) \geq (t + 1)$, dass $d_{min}(C) \leq t$ ist.
Wenn aber $\boldsymbol{u}$ nicht in C liegt, wird $\boldsymbol{u}$ als fehlerhaft erkannt.
∎

Ist ein Fehler erkannt worden, so könnte man die Sendung wiederholen. Dies entspricht dem ARQ-Verfahren (Automatic Repeat Request). Das kostet Zeit, genügt aber für manche Anwendungen (vgl. Abschn. 6.4). Um eine neuerliche Sendung zu vermeiden, wurden Codes entwickelt, welche selbständig Fehler korrigieren können.

Wie kann man fehlerhafte Wörter decodieren?
Wir überlegen anschaulich, wie empfangene Wörter und Codewörter liegen können.

Betrachten wir Abb. 3.7. Es kann der Fall eintreten, dass $\boldsymbol{u}$ näher zu einem anderen Codewort $\boldsymbol{c}'$ liegt, das sich außerhalb von $U_4(\boldsymbol{c})$ befindet. Dann wird $\boldsymbol{u}$ zu einem „falschen" Codewort $\boldsymbol{c}'$ decodiert werden. Die Ursache dieser falschen Decodierung liegt im *nicht leeren* Durchschnitt der t-Umgebungen von $\boldsymbol{c}$ und $\boldsymbol{c}'$. Um möglichst leere Durchschnitte von t-Umgebungen zu erhalten, sollen die zu $\boldsymbol{c}$ nächstgelegenen Codewörter $\boldsymbol{c}'$ passend weit voneinander entfernt sein.

In Abb. 3.8 gilt: $U_4(\boldsymbol{c}) \cap U_4(\boldsymbol{c}') = \{\boldsymbol{u}\}$. Eine eindeutige Decodierung ist nicht möglich, weil $d(\boldsymbol{u}, \boldsymbol{c}) = d(\boldsymbol{u}, \boldsymbol{c}') = 4$ ist. Wir müssen die Distanzen weiter vergrößern.

In Abb. 3.9 beträgt die Distanz von $\boldsymbol{c}$ zum nächstgelegenen Wort $\boldsymbol{c}' \in C$ mindestens $2t + 1$. Dann gilt: $U_4(\boldsymbol{c}) \cap U_4(\boldsymbol{c}') = \{\}$, und $\boldsymbol{u}$ wird zu $\boldsymbol{c}$ decodiert. Diese Möglichkeit der Decodierung gilt insbesondere, falls $d_{min}(C) \geq 2t + 1$ gilt. Wenn also bei der Übertragung

Abb. 3.7 „falsche" Decodierung

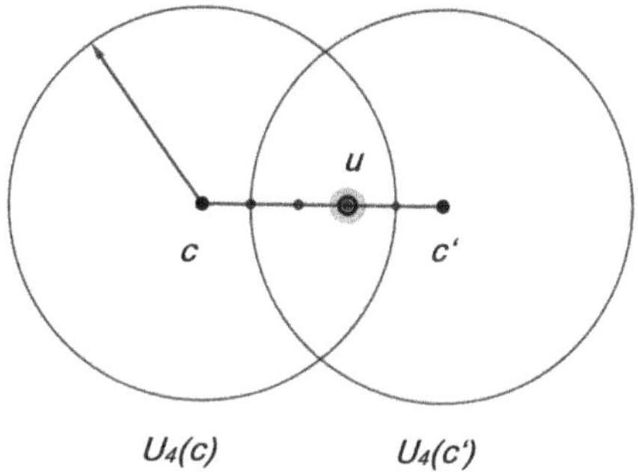

Abb. 3.8 Eine eindeutige Decodierung ist nicht möglich

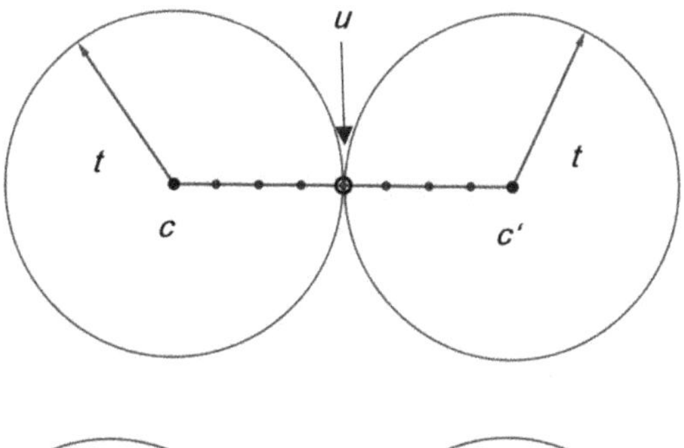

Abb. 3.9 Der Abstand zwischen Codewörter ist groß genug

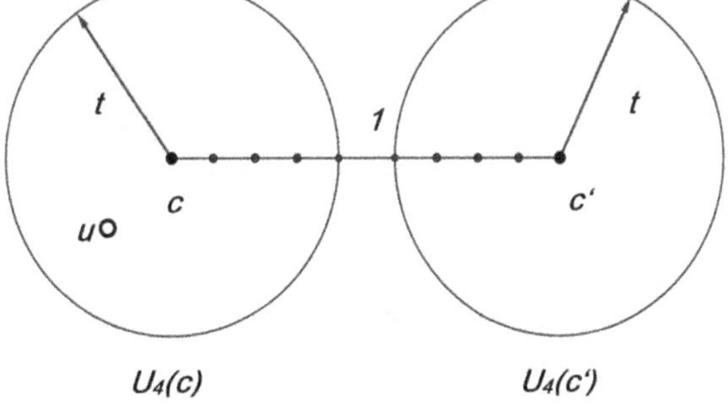

eines Codewortes $\boldsymbol{c}$ höchstens t Fehler auftreten, so liegt das empfangene Wort $\boldsymbol{u} \in A^n$ nur im Kreis $U_t(\boldsymbol{c})$ und in keinem anderen. Somit kann $\boldsymbol{u}$ eindeutig zu $\boldsymbol{c}$ decodiert werden.

Definition 3.9
Der Blockcode C heißt *t-fehlerkorrigierend* genau dann, wenn für je zwei verschiedene Codewörter $\boldsymbol{c}$ und $\boldsymbol{c}'$ aus C gilt:

$$U_t(\boldsymbol{c}) \cap U_t(\boldsymbol{c}') = \{\}.$$

Wieder kann man mit dem Minimalabstand des Codes C ein Kriterium zur Fehlerkorrektur formulieren.

Satz 3.3 (Fehlerkorrektur)
Ein Code C ist genau dann t-fehlerkorrigierend, wenn

$$d_{min}(C) \geq (2t + 1) \text{ ist.}$$

Beweis (in zwei Teilen):
„$\Rightarrow$":
Voraussetzung (A): C kann alle Wörter mit bis zu t Fehlern korrigieren.
Behauptung (B): $d_{min}(C) \geq 2t + 1$.
Beweis (durch Kontraposition): Nicht (B) bedeutet:

$$s := d_{min}(C) \leq 2t \Leftrightarrow \mathrm{t} \geq \frac{d_{min}(C)}{2}.$$

Damit findet man $\boldsymbol{c}_1, \boldsymbol{c}_2 \in C$ mit $d(\boldsymbol{c}_1, \boldsymbol{c}_2) = s$.

1. Fall: $s < t$. Dann ist $d(\boldsymbol{c}_1, \boldsymbol{c}_2) = s < t \Rightarrow \boldsymbol{c}_2 \in U_t(\boldsymbol{c}_1) \cap U_t(\boldsymbol{c}_2)$. Also ist der Durchschnitt nicht leer und C ist nicht t-fehlerkorrigierend (nicht (A)).
2. Fall: $s \geq t$. Dann unterscheiden sich $\boldsymbol{c}_1$ und $\boldsymbol{c}_2$ in s Komponenten. In $t \leq s$ Komponenten von $\boldsymbol{c}_1$ kann man diese Komponenten in jene von $\boldsymbol{c}_2$ ändern. Es entsteht ein Wort $\boldsymbol{z}$ mit $d(\boldsymbol{z}, \boldsymbol{c}_1) = t$ und $d(\boldsymbol{z}, \boldsymbol{c}_2) = s - t$. Wegen $s \leq 2t$ ist $s - t \leq 2t - t = t$. Wegen $s \geq t$ ist

$s - t \geq t - t = 0$. Es ist also $0 \leq s - t \leq t$ und daher $\boldsymbol{z} \in U_{s-t}(\boldsymbol{c}_2) \subset U_t(\boldsymbol{c}_2)$ und $\boldsymbol{z} \in U_t(\boldsymbol{c}_1)$. Damit folgt $\boldsymbol{z} \in U_t(\boldsymbol{c}_1) \cap U_t(\boldsymbol{c}_2)$. Also ist der Durchschnitt nicht leer und C ist damit nicht t-fehlerkorrigierend (nicht (A)).

„$\Leftarrow$":
Voraussetzung (A): $d_{min}(C) \geq 2t + 1$.
Behauptung (B): C kann alle Wörter mit höchstens t Fehlern korrigieren.

Beweis (durch Kontraposition): Nicht (B) bedeutet: Sei C nicht t-fehlerkorrigierend. Also findet man$\boldsymbol{c}_1$, $\boldsymbol{c}_2 \in C$ und $\boldsymbol{u} \in C$ mit

$$\boldsymbol{u} \in U_t(\boldsymbol{c}_1) \cap U_t(\boldsymbol{c}_2) \Leftrightarrow d(\boldsymbol{u},\boldsymbol{c}_1) \leq t \wedge d(\boldsymbol{u},\boldsymbol{c}_2) \leq t.$$

Mit der Dreiecksungleichung folgt:

$$d_{min}(C) \leq d(\boldsymbol{c}_1,\boldsymbol{c}_2) \leq d(\boldsymbol{c}_1,\boldsymbol{u}) + d(\boldsymbol{u},\boldsymbol{c}_2) \leq t + t = 2t.$$

Damit ist $d_{min}(C) \leq 2t$. Das ist die Aussage „nicht A", und insgesamt folgt daher, dass aus (A) die Aussage (B) folgt. Damit ist der zweite Teil gezeigt.

■

Anmerkung: Die Bedingung aus Satz 3.3 kann folgendermaßen umgeformt werden:

$$d_{\min}(C) \geq (2t + 1) \Leftrightarrow t \leq \frac{d_{min}(C) - 1}{2}.$$

Der Term $\frac{d_{min}(C)-1}{2}$ muss nicht in $\mathbb{N}$ liegen. Wäre $d_{min}(C) = 4$, dann ist $\frac{d_{min}(C)-1}{2} = \frac{3}{2}$. Damit $t \in \mathbb{N}$ gilt, verwenden wir die Gauss-Klammerfunktion $\left\lfloor \frac{d_{min}(C)-1}{2} \right\rfloor$, welche die größte ganze Zahl kleiner gleich $\frac{d_{min}(C)-1}{2}$ erzeugt. Für $d_{min}(C) = 4$ wäre $\left\lfloor \frac{d_{min}(C)-1}{2} \right\rfloor = 1$.

Das Kriterium in Satz 3.3 gibt mithilfe des Minimalabstandes an, wie viele Fehler der Code C korrigieren kann. Dann ist die nächste Definition sinnvoll:

Definition 3.10
Sei t^*das größte t des Blockcodes C mit der Eigenschaft $2t + 1 \leq d_{min}(C)$. Dann nennt man t^* die *Fehlerkorrekturkapazität* von C.
Symbolisch:

$$t^* = \max\{t \in \mathbb{N} | 2t + 1 \leq d_{min}(C)\}.$$

Wegen obiger Äquivalenzbedingung gilt: $t^* = \left\lfloor \frac{d_{min}(C)-1}{2} \right\rfloor$.

Anmerkungen:

(1) Die Zahl t^*bezeichnet die maximale Anzahl von korrigierbaren Fehlern. Ist die Anzahl aufgetretener Fehler größer als t^*, so ist die Decodierung nicht sinnvoll. Dies zeigt die letzte Aufgabe in Beispiel 3.6.

Damit liefert t^* die gesuchte *Abbruchbedingung* bei der BD-Decodierung.

(2) Mit Satz 3.3 folgern wir: Ist C ein Code mit Mininmalabstand $d_{min}(C)$, dann kann C alle Wörter mit höchstens t^* Fehlern korrigieren. Mit Definition 3.10 sind je zwei t^*-Umgebungen von beliebigen Codewörtern aus C elementfremd.

Beispiel 3.8 Gegeben sei der vierfache binäre Wiederholungscode der Länge 4, also $W_{bin}(4) = \{0000{,}1111\}$. Er ist ein (4,1)-Code mit $d_{min}(C) = 4$.

Also ist $t^* = \lfloor \frac{4-1}{2} \rfloor = \lfloor \frac{3}{2} \rfloor = 1$. Daraus folgt, dass $W_{bin}(4)$ alle einfachen Fehler korrigieren und wegen $d_{min}(C) - 1 = 3$ drei Fehler erkennen kann.

Angenommen, es werde $\boldsymbol{u} = 1011$ empfangen. Wegen $\boldsymbol{u} \notin C$ ist dieses Wort fehlerhaft, es besitzt einen Fehler.

(1) Nach der Hamming-Decodierung bestimmen wir alle möglichen Abstände zu den Codewörtern in $W_{bin}(4)$:
$d(\boldsymbol{u}, 0000) = 3$, $d(\boldsymbol{u}, 1111) = 1$. Also wird $\boldsymbol{u}$ zu 1111 decodiert.
(2) Mittels der Decodierung elementfremder 1-Umgebungen erhalten wir:

$$U_1(0000) = \{0000, 1000, 0100, 0010, 0001\}, U_1(1111) = \{1111, 0111, \mathbf{1011}, 1101, 1110\}.$$

Nach obiger Anmerkung (2) sind alle 1-Umgebungen elementfremd. Also gilt $U_1(0000) \cap U_1(1111) = \{\}$, und $\boldsymbol{u}$ liegt in genau einer Umgebung, welche genau ein Codewort enthält, nämlich $\boldsymbol{c} = 1111$. Dieses $\boldsymbol{c}$ ist der Mittelpunkt der Umgebung (Kugel). Wir decodieren $\boldsymbol{u}$ nach diesem Mittelpunkt, weil $\boldsymbol{c} = 1111$ das einzige Codewort in $U_1(1111)$ ist. Man spricht von einer *Decodierung zum Kugelmittelpunkt.*

Angenommen, es wurde $\boldsymbol{u} = 1010$ empfangen. Dieses Wort hat $2 > t^*$ Fehler. Bei Verwendung der obigen Verfahren (Hamming-Decodierung und Codierung zum Kugelmittelpunkt) kann $\boldsymbol{u}$ sowohl nach 0000 als auch nach 1111 decodiert werden. Eine eindeutige Decodierung nach Hamming ist nicht möglich:

$$d(\boldsymbol{u}, 0000) = 2 \text{ und } d(\boldsymbol{u}, 1111) = 2.$$

Gleichzeitig liegt dieses $\boldsymbol{u}$ in keiner 1-Umgebung von $\{0000{,}1111\}$. Man spricht von einem *Decodierausfall* (vgl. Schulz, 1991, S. 85).

Wir sehen, dass $\boldsymbol{u}$ weiter von den Codewörtern aus C entfernt ist, als die Fehlerkorrekturkapazität $t^* = 1$ beträgt. Somit ist es sinnvoll, die Decodierung abzubrechen (BD-Decodierung). Die Fehlerkorrekturkapazität liefert daher eine Abbruchsbedingung.

Auslöschungen

Auf der Oberfläche einer CD, DVD oder Festplatte können z. B. durch mechanische Einwirkung Bits vollständig unlesbar sein. Damit können im Codewort einige Stellen nicht gelesen werden. Die Schreibweise $\boldsymbol{c} = c_1c_2 * c_4 * * c_7 \ldots$ bedeutet, dass die dritte, fünfte und sechste Stelle im Wort $\boldsymbol{c}$ nicht gelesen werden können oder nicht empfangen wurden.

Definition 3.11
Seien C ein Code und $\boldsymbol{c} \in C$. Einen Fehler in $\boldsymbol{c}$ nennt man *Auslöschung*, falls seine Position in $\boldsymbol{c}$ bekannt ist.

Folgerung: Ist C ein Code mit dem Minimalabstand d_{min}, dann kann der Code nach Satz 3.2 $d_{min} - 1$ Fehler erkennen und „nur" $\lfloor \frac{d_{min}-1}{2} \rfloor$ Fehler korrigieren. Hingegen kann er $d_{min} - 1$ Auslöschungen korrigieren.

Beweis: (vgl. Manz, 2017, S. 13 f.) Der Einfachheit halber nehmen wir an, dass die s Auslöschungen am Anfang des Codewortes erfolgt sind. Es wurde also $\boldsymbol{c} := c_1c_2c_3 \ldots c_n$ gesendet und $\boldsymbol{u} := * \ldots * c_{s+1} \ldots c_n$ empfangen. Wir korrigieren $\boldsymbol{u}$ zu einem Codewort $\boldsymbol{c}' = \boldsymbol{c}'_1 \ldots \boldsymbol{c}'_s c_{s+1} \ldots c_n$. Dann gilt $d(c, \boldsymbol{c}') \leq s$. Ist nun $s \leq d_{min} - 1$, dann ist $d(\boldsymbol{c}, \boldsymbol{c}') \leq d_{min} - 1$. Wegen der Minimalitätseigenschaft ist dies nur möglich, wenn $d(\boldsymbol{c}, \boldsymbol{c}') = 0$ gilt.

Also ist $\boldsymbol{c}' = \boldsymbol{c}$.

■

Anmerkung: Auslöschungen sind „harmloser" als Fehler.

Zusammenfassung
Die Leistungsfähigkeit eines Codes C wird durch die minimale Hamming-Distanz $d := d_{min}(C)$ bestimmt. Aus diesem d_{min} bestimmt man t^*, die Fehlerkorrekturkapazität des Codes.

Ein (n, k, d)–Code kann damit höchstens $(d - 1)$ Fehler erkennen und höchstens $t^* = \lfloor \frac{d-1}{2} \rfloor$ Fehler korrigieren. Darüber hinaus kann er zusätzlich $(d - 1)$ Auslöschungen ausbessern. Insgesamt wird man also versuchen, Codes mit möglichst „weit" entfernten Wörtern zu konstruieren.

Beispiel 3.9
(1) Wir betrachten den binären dreifachen Wiederholungscode $W_{bin}(3)$ der Länge 6. Es ist $W_{bin}(3) = \{000000, 101010, 010101, 111111\}$. Wir bemerken, dass sich je zwei Codewörter an mindestens drei Positionen unterscheiden. Also gilt $d_{min}(W_{bin}(3)) = 3$. Der Code $W_{bin}(3)$ kann zwei Fehler erkennen, wegen $\lfloor \frac{3-1}{2} \rfloor = 1$ einen Fehler korrigieren, aber zwei Auslöschungen ausbessern.
(2) Der binäre Quersummenprüfcode $Q_{bin}(k)$ erzeugt, wie schon vorgestellt, stets eine gerade Anzahl von Einsen. Damit gilt:
    (i) Ist die Parität des empfangenen Wortes ungerade, dann weiß der Empfänger, dass Fehler aufgetreten sind. Allerdings kennt er die Anzahl der Fehler nicht. Es können an einer oder drei oder fünf usw. Positionen Fehler aufgetreten sein.
    (ii) Ist die Parität des empfangenen Wortes gerade, dann könnten an keiner oder zwei oder vier usw. Positionen Fehler aufgetreten sein.

Diese beiden Bemerkungen zeigen, dass der Quersummenprüfcode für die Anwendung nicht brauchbar ist.

Wenn wir aber annehmen, dass bei der Übertragung höchstens ein einziger Fehler auftreten kann, z. B. wegen der guten technischen Qualität des Übertragungskanals, dann wird ein Fehler sicher erkannt, damit gilt nach Satz 3.2, dass $d_{min} \geq 2$ ist.

Es gibt zwei Codewörter $\boldsymbol{c}$ und $\boldsymbol{c}'$ mit $d(\boldsymbol{c}, \boldsymbol{c}') = 2$. Seien z. B. in $Q_{bin}(k)$ die Codewörter $\boldsymbol{c} := 10\ldots01x$ und $\boldsymbol{c}' := 01\ldots01x$ gegeben. Sie mögen sich nur an den ersten beiden Stellen unterscheiden. Damit sind die Paritäten gleich und $d(\boldsymbol{c}, \boldsymbol{c}') = 2$. Wegen $d_{min} \geq 2$ gilt daher $d_{min} = 2$.

Also kann $Q_{bin}(k)$ einen Fehler erkennen, eine Auslöschung korrigieren, aber keinen Einzelfehler ausbessern.

Es werde z. B. das Wort $\boldsymbol{u} := 0001$ empfangen. Wegen $\boldsymbol{u} \in U_1(0000) \cap U_1(1001)$ kann $\boldsymbol{u}$ aus 0000 oder 1001 entstanden sein. Damit kann $\boldsymbol{u}$ nicht eindeutig decodiert werden.

(3) Betrachten wir den ISBN-10-Code. Dies ist ein (10,9)-Code. Die Prüfziffer c_{10} wird aus $10c_1 + 9c_2 + \ldots + 2c_9 + c_{10} \equiv 0 \; mod \; 11$ berechnet. Weil 11 eine Primzahl ist, wird ein Abschreibfehler erkannt. Dies haben wir im Kap. 2 gezeigt. Damit ist $d_{min}(C) \geq 2$. Wir zeigen nun, dass es zwei Codewörter mit dem Abstand 2 gibt. Angenommen, die Codewörter $\boldsymbol{c}$ und $\boldsymbol{c}'$ unterscheiden sich an der neunten Stelle und die vorhergehenden acht Ziffern seien gleich. Dann gilt aber auch, dass die Prüfziffern verschieden sind, also $c_{10} \neq c'_{10}$. Wegen $d_{min}(C) \geq 2$ und $d(\boldsymbol{c}, \boldsymbol{c}') = 2$ gilt $d_{min}(C) = 2$.

Der ISBN-10-Code ist daher 1-fehlererkennend, 0-fehlerkorrigierend, kann aber eine Auslöschung korrigieren.

(4) Beim EAN-Code haben wir einen (13,12)-Code C, wobei die Prüfziffer c_{13} aus $c_1 + 3c_2 + c_3 + \ldots + 3c_{12} + c_{13} \equiv 0 \; mod \; 10$ berechnet wird. Nach Kap. 2 wird ein Abschreibfehler erkannt. Damit ist $d_{min}(C) \geq 2$. Wir zeigen nun: Es gibt zwei Codewörter $\boldsymbol{c}$ und $\boldsymbol{c}'$ mit dem Abstand 2. Es gelte $c_i = c'_i$ für $1 \leq i \leq 11$ und $c_{12} \neq c'_{12}$. Dann sind auch die Prüfziffern an der dreizehnten Stelle verschieden, also $c_{13} \neq c'_{13}$. Nehmen wir an, dass $c_{13} = c'_{13}$. Subtrahiere die Gleichungen

$$c_1 + 3c_2 + c_3 + \ldots + c_{11} + 3c_{12} + c_{13} \equiv 0 \; mod \; 10,$$
$$c'_1 + 3c'_2 + c'_3 + \ldots + c'_{11} + 3c'_{12} + c'_{13} \equiv 0 \; mod \; 10.$$

Dann folgt wegen $c_i = c'_i$ für $1 \leq i \leq 11$ und $c_{13} = c'_{13}$ die Gleichung:

$$3c_{12} - 3c'_{12} \equiv 0 \; mod \; 10,$$

also

$$3\left(c_{12} - c'_{12}\right) \equiv 0 \; mod \; 10.$$

Also ist $3\left(c_{12} - c'_{12}\right)$ durch 10 teilbar. Wegen $0 \leq c_{12}, c'_{12} \leq 9$ ist dies nur möglich, wenn

$(c_{12} - c'_{12}) = 0$ oder $c_{12} = c'_{12}$ ist. Dies widerspricht der Annahme $c_{12} \neq c'_{12}$. Beachte, dass $3(c_{12} - c'_{12}) \neq \pm 10$ gilt, weil sonst 3 ein Teiler von 10 wäre.

Analog gilt $3(c_{12} - c'_{12}) \neq \pm 20$, weil sonst 3 ein Teiler von 20 wäre.

Es gibt also zwei Wörter $\boldsymbol{c}$ und $\boldsymbol{c}'$mit dem Hamming-Abstand 2. Wegen $d_{min}(C) \geq 2$ und $d(\boldsymbol{c}, \boldsymbol{c}') = 2$ gilt $d_{min}(C) = 2$.

Insgesamt ist der EAN-Code 1-fehlererkennend, 0-fehlerkorrigierend und kann eine Auslöschung ausbessern.

3.3 Perfekte Codes

Sei $t \in \mathbb{N}$. Sind die Codewörter eines Codes C so weit voneinander entfernt, dass $d_{min}(C) \geq 2t + 1$ gilt, dann liegt in jeder t-Umgebung $U_t(\boldsymbol{c})$ eines Codewortes $\boldsymbol{c}$ kein weiteres Codewort, und nach Satz 3.3 sind je zwei Umgebungen elementfremd. Dies kann man für die Decodierung ausnützen.

Das Wort $\boldsymbol{u} \in U_t(\boldsymbol{c}_2)$ in Abb. 3.10 wird zu $\boldsymbol{c}_2$, also zum Kugelmittelpunkt decodiert, weil der Abstand von $\boldsymbol{u}$ zu $\boldsymbol{c}_2$ kleiner ist als die Abstände von $\boldsymbol{u}$ zu jedem der restlichen Kugelmittelpunkte.

Das entspricht der Hamming-Decodierung. Das Wort $\boldsymbol{w}$ in Abb. 3.10 liegt in keiner t-Umgebung irgendeines Codewortes. Wenn wir annehmen, dass bei der Übertragung höchstens t Fehler auftreten, so wird $\boldsymbol{w}$ nicht erfasst.

Also ist $\boldsymbol{w}$ nicht decodierbar und gehört zum „*Decodierausfall*". Ist C ein Code mit $d_{min}(C) \geq 2t + 1$, dann lassen sich Wörter mit bis zu t Fehlern durch folgendes Schema decodieren:

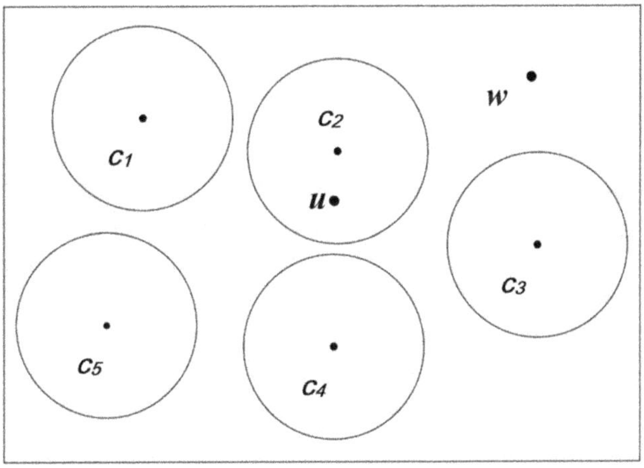

Abb. 3.10 Perfekter Code

(1) Liste die t-Umgebungen (Kugeln) um alle Codewörter auf.
(2) Bestimme jene Kugel, in der ein empfangenes Wort $\boldsymbol{u}$ liegt.
(3) Ersetze $\boldsymbol{u}$ durch den Kugelmittelpunkt.
(4) Liegt $\boldsymbol{u}$ in keiner t-Umgebung (Kugel), so kann dieses Wort nicht decodiert werden.

Dieses Verfahren nennt man *Decodierung zum Kugelmittelpunkt*. Es entspricht der Hamming-Decodierung.

Beispiel 3.10 Drei Experimente

(1) Sei C der binäre vierfache Wiederholungscode der Länge 4, also $C = W_{bin}(4) = \{0000,1111\}$. Es sind $k = 1$, $n = d = 4$, $t^* = \lfloor \frac{d-1}{2} \rfloor = \lfloor \frac{3}{2} \rfloor = 1$, $A = \{0,1\}$.
Wir bilden die 1-Umgebungen (Kugeln K_1, K_2) der beiden Codewörter:
$K_1 := U_1(0000) = \{0000,1000,0100,0010,0001\}$ mit $|K_1| = 5 = 1 + \binom{4}{1}$,
$K_2 := U_1(1111) = \{1111,0111,1011,1101,1110\}$ mit $|K_2| = 5 = 1 + \binom{4}{1}$.
Wir beobachten: $K_1 \cap K_2 = \{\}$ und $K_1 \cup K_2 \neq A^4$.
Angenommen, das Wort $\boldsymbol{w} = 1100$ wird empfangen. Wegen $\boldsymbol{w} \notin K_1 \cup K_2$ ist $\boldsymbol{w}$ ein Decodierausfall.
Angenommen, es wird das Wort $\boldsymbol{u} = 1101$ empfangen, das in K_2 liegt. Nach dem Verfahren der Kugelmittelpunkts-Decodierung wird $\boldsymbol{u}$ zu 1111 decodiert. Dieses Ergebnis erzielt auch die Hamming-Codierung: $d(\boldsymbol{u}, \boldsymbol{c}_1) = 3$, $d(\boldsymbol{u}, \boldsymbol{c}_2) = 1$. Nach beiden Verfahren wird $\boldsymbol{u}$ zu $\boldsymbol{c}_2$ decodiert.
(2) Im ersten Experiment enthielten die Kugeln zu wenige Elemente, waren also offensichtlich zu klein, um alle Elemente der Menge A^4 zu erfassen. Wir versuchen es nun mit 2-Umgebungen (Kugeln K_3, K_4) der beiden Codewörter.

$$K_3 := U_2(0000) = \{0000, 1000,0100,0010,0001, 1100, \mathbf{1010}, 1001,0110,0101,0011\},$$

$$K_4 := U_2(1111) = \{1111, 0111,1011,1101,1110, 0011,0101,0110,1001, \mathbf{1010}, 1100\}.$$

Wir beobachten: $K_3 \cap K_4 = \{0110,1001,1010,1100\} \neq \{\}$ und $K_3 \cup K_4 = A^4$.
Die 2-Umgebungen der Codewörter erfassen alle Elemente von A^4. Es gibt also keinen Decodierausfall. Allerdings ist der Durchschnitt dieser 2-Umgebungen nicht leer. Daher können Wörter mit zwei Fehlern nicht eindeutig einem Codewort zugeordnet werden. Zum Beispiel liegt das empfangene Wort $\boldsymbol{u} := 1010$ sowohl in K_3 als auch in K_4, also ist $d(\boldsymbol{u}, 0000) = d(\boldsymbol{u}, 1111) = 2$.
Die BD-Decodierung würde den Abbruch der Decodierung vorschreiben, weil der Abstand zu allen Codewörtern größer als $t^* = 1$ ist.
(3) Betrachten wir als nächstes Experiment den dreifachen binären Wiederholungscode der Länge 3, also $C = W_{bin}(3) = \{000,111\}$. Dann sind $k = 1, n = d = 3, t^* = \lfloor \frac{2}{2} \rfloor = 1$ und $A = \{0,1\}$. Wir bilden die 1-Umgebungen (Kugeln K_5, K_6) der beiden Codewörter:

$K_5 := U_1(000) = \{000,100,010,001\}$ mit $|K_5| = 4 = 1 + \binom{3}{1}$,

$K_6 := U_1(111) = \{111,011,101,110\}$ mit $|K_6| = 4 = 1 + \binom{3}{1}$.

Wir beobachten: $K_5 \cap K_6 = \{\}$ und $K_5 \cup K_6 = A^3$. Es gibt keinen Decodierausfall, und jedes Wort $\boldsymbol{w}$ aus A^3 kann eindeutig decodiert werden.

Fassen wir die Beobachtungen dieser drei Experimente zusammen:
Beim Code $C = W_{bin}(4)$ gibt es Kugeln mit $K_1 \cap K_2 = \{\}$ und $K_1 \cup K_2 \neq A^4$ sowie Kugeln mit $K_3 \cap K_4 \neq \{\}$ und $K_3 \cup K_4 = A^4$. Nicht alle Wörter aus A^4 konnten eindeutig decodiert werden.

Beim Code $C = W_{bin}(3)$ gibt es Kugeln mit $K_5 \cap K_6 = \{\}$ und $K_5 \cup K_6 = A^3$. Jedes Wort aus A^3 kann eindeutig decodiert werden.

Wünschenswert wäre es also, wenn es elementfremde Kugeln mit Radius r gibt, die alle Wörter der Menge A^n erfassen.

Definition 3.12
Ein Code $C \subset A^n$ heißt *r-perfekt* mit $r \in \mathbb{N}$ genau dann, wenn gilt:
(1) $U_r(\boldsymbol{c_1}) \cap U_r(\boldsymbol{c_2}) = \{\ \}$ für alle $\boldsymbol{c_1},\boldsymbol{c_2} \in C$ mit $\boldsymbol{c_1} \neq \boldsymbol{c_2}$ und
(2) A^n ist die (disjunkte) Vereinigung der r-Umgebungen $U_r(\boldsymbol{c})$ für alle $\boldsymbol{c} \in C$.

$$\bigcup_{c \in C} U_r(\boldsymbol{c}) = A^n$$

Anschauliche Formulierung: Ein Code C der Länge n über dem Alphabet A heißt r-perfekt genau dann, wenn es elementfremde Kugeln vom Radius r gibt, die A^n überdecken.

Alternative Formulierung unter Verwendung von Definition 3.9:

Ein Code $C \subset A^n$ ist genau dann r-perfekt, wenn C r-fehlerkorrigierend ist und die r-Umgebungen von allen Codewörtern die Menge A^n überdecken.

Anmerkungen:
(1) Anstelle von 1-perfekt nennt man den Code oft nur *perfekt.*
(2) Es gilt: Ein Code C ist r-perfekt genau dann, wenn $d_{min}(C) = 2r + 1$ ist (vgl. Hauck, 2005, Satz 4.2).

Im Sinne von Definition 3.12 gilt:

(1) $W_{bin}(3)$ der Länge 3 ist ein perfekter Code, und $W_{bin}(4)$ für der Länge 4 ist nicht perfekt.
(2) Der binäre Quersummenprüfcode $Q_{bin}(k)$ ist nicht perfekt.
(3) Der (7,4)-Hamming-Code ist perfekt, weil für die 1-Umgebungen $|U_1(\boldsymbol{c})| = 8$ gilt und es $2^4 = 16$ solcher 1-Umgebungen gibt. Aufwändig kann man feststellen, dass diese Umgebungen paarweise elementfremd sind. Damit enthält die Vereinigung aller 1-Umgebungen $16 \cdot 8 = 128$ Wörter der Länge 7. Nun gilt $128 = 2^7$, also werden durch diese Vereinigung alle Wörter der Länge 7 erfasst.

Mit der im nächsten Satz vorgestellten Hamming-Schranke kann man die Perfektheit des (7,4)-Hamming-Codes leicht feststellen (vgl. Beispiel 3.11 (2)).

Damit die elementfremden Umgebungen (Kugeln) alle Elemente von A^n überdecken, müssen genügend viele Codewörter vorhanden sein. Dazu gilt folgender Satz von der *Kugelpackungsschranke* (*Hamming-Schranke*).

Satz 3.4 (Satz von der Hamming-Schranke)
Sei C ein Code der Länge n über dem Alphabet A mit $|A| = q$ und sei $t^* = \max\{t \in \mathbb{N} \mid d_{min}(C) \geq 2t + 1\}$.

Dann gilt folgende Ungleichung:

$$|C| \cdot \sum_{i=0}^{t^*} \binom{n}{i} (q-1)^i \leq q^n.$$

Beweis: Für die Anzahl der Wörter in einer t^*-Umgebung von $\boldsymbol{c}$ gilt nach Gl. 3.1 $|U_{t^*}(\boldsymbol{c})| = \sum_{i=0}^{t^*} \binom{n}{i} (q-1)^i$. Diese Summe ist unabhängig von der Wahl von $\boldsymbol{c}$!

Wegen $d_{min}(C) \geq 2t^* + 1$ ist nach Satz 3.3 der Code C ein t^*-fehlerkorrigierender Code. Nach Definition 3.9 sind die Durchschnitte der t^*-Umgebungen paarweise leer. Damit ist

$$\left|\bigcup_{c \in C} U_{t^*}(\boldsymbol{c})\right| = \sum_{c \in C} |U_{t^*}(\boldsymbol{c})|.$$

In dieser Summe ist jeder Summand gleich groß, nämlich gleich $\sum_{i=0}^{t^*} \binom{n}{i} (q-1)^i$. Zusätzlich gibt es so viele Summanden, wie C Elemente enthält. Dies sind also $|C|$ Summanden. Damit gilt für die Anzahl der Elemente in der Vereinigungsmenge aller Kugeln wegen $\bigcup_{c \in C} U_{t^*}(\boldsymbol{c}) \subseteq A^n$:

$$\left|\bigcup_{c \in C} U_{t^*}(\boldsymbol{c})\right| = \sum_{c \in C} |U_{t^*}(\boldsymbol{c})| = |C| \cdot \sum_{i=0}^{t^*} \binom{n}{i} (q-1)^i \leq |A^n| = |A|^n = q^n.$$

Es gilt die Behauptung:

$$|C| \cdot \sum_{i=0}^{t^*} \binom{n}{i} (q-1)^i \leq q^n.$$

■

Löst man diese Ungleichung nach $|C|$ auf, so erhält man:

$$|C| \leq \frac{q^n}{\sum\limits_{i=0}^{t^*} \binom{n}{i} (q-1)^i}.$$

Anmerkung:

Den Term $\frac{q^n}{\sum\limits_{i=0}^{t^*} \binom{n}{i} (q-1)^i}$ nennt man *Hamming-Schranke* des Codes C. Diese Schranke gibt an, wie viele Wörter der Code C höchstens enthalten kann.

Der Idealfall, dass die Vereinigung aller elementfremden Umgebungen von Codewörtern alle Wörter von A^n erfasst, tritt genau dann ein, wenn in obiger Ungleichung das „=“ gilt.

Folgerung aus der Hamming-Schranke:

Ein Code C der Länge n über dem Alphabet A mit $|A| = q$ und der Fehlerkorrekturkapazität t^* ist genau dann ein t^*-perfekter Code, wenn in der Hamming-Schranke die Gleichheit gilt, also

$$|C| = \frac{q^n}{\sum\limits_{i=0}^{t^*} \binom{n}{i} (q-1)^i}.$$

Beweis:

„$\Rightarrow$“ Sei C ein t^*-perfekter Code. Nach Definition 3.12 ist A^n die disjunkte Vereinigung der t^*-Umgebungen. Damit gilt

$$|A^n| = \left|\bigcup\nolimits_{c \in C} U_{t^*}(\boldsymbol{c})\right| = \sum\nolimits_{c \in C} |U_{t^*}(\boldsymbol{c})|.$$

Daraus folgt:

$$q^n = \sum\nolimits_{c \in C} |U_{t^*}(\boldsymbol{c})| = |C| \sum_{i=0}^{t^*} \binom{n}{i} (q-1)^i \Rightarrow |C| = \frac{q^n}{\sum\limits_{i=0}^{t^*} \binom{n}{i} (q-1)^i}.$$

„$\Leftarrow$“ Sei $|C|$ gleich der Hamming-Schranke.

(1) Die t^*-Umgebungen der Codewörter $\boldsymbol{c} \in C$ sind nach Satz 3.3 elementfremd.

(2) Sie überdecken A^n, denn wegen der Disjunktheit gilt

$$\left|\bigcup_{c\in C} U_{t^*}(\boldsymbol{c})\right| = \sum_{c\in C} |U_{t^*}(\boldsymbol{c})| = |C| \cdot \sum_{i=0}^{t^*} \binom{n}{i}(q-1)^i$$

$$= \frac{q^n}{\sum\limits_{i=0}^{t^*} \binom{n}{i}(q-1)^i} \sum_{i=0}^{t^*} \binom{n}{i}(q-1)^i = q^n.$$

Also $\left|\bigcup_{c\in C} U_{t^*}(\boldsymbol{c})\right| = |\ A^n\ |$.

Wegen $\bigcup_{c\in C} U_{t^*}(\boldsymbol{c}) \subseteq A^n$ gilt $\bigcup_{c\in C} U_{t^*}(\boldsymbol{c}) = A^n$ und damit ist C ein t^*-perfekter Code.

∎

Beispiel 3.11

(1) Gegeben sei der (6,3)-Code C^* über $A = \{0,1\}$ mit

$$C^* := \{\boldsymbol{c}_1 = 000000, \boldsymbol{c}_2 = 110100, \boldsymbol{c}_3 = 011010, \boldsymbol{c}_4 = 111001, \boldsymbol{c}_5 = 101110,$$

$$\boldsymbol{c}_6 = 001101, \boldsymbol{c}_7 = 100011, \boldsymbol{c}_8 = 010111\}$$

Es gilt z. B. in Tab. 3.2: $d(\boldsymbol{c}_4, \boldsymbol{c}_7) = d(111001, 100011) = 3$.

Da neben $d(\boldsymbol{c}_i, \boldsymbol{c}_j) = d(\boldsymbol{c}_j, \boldsymbol{c}_i)$ auch $d(\boldsymbol{c}_i, \boldsymbol{c}_i) = 0$ gilt, genügt es, nur die Distanzen oberhalb der Diagonalen zu bestimmen. Dies erfordert $\binom{8}{2} = \frac{8\cdot 7}{2} = 28$ Distanzbestimmungen. In obiger Tabelle ist 3 der kleinste Wert, also ist $d_{min}(C) = 3$.

Im nächsten Kapitel werden wir eine Methode vorstellen, welche die Anzahl der Distanzbestimmungen drastisch reduziert.

Wegen $d_{\min}(C^*) = 3$ kann C^* wegen $t^* = \lfloor\frac{3-1}{2}\rfloor = 1$ höchstens einen Fehler korrigieren.

Berechne die elementfremden Umgebungen vom Radius 1 der 8 Codewörter von C^* und decodiere die angegebenen empfangenen Wörter.

Tab. 3.2 Distanzen

$d(\boldsymbol{c}_i, \boldsymbol{c}_j)$	$\boldsymbol{c}_1$	$\boldsymbol{c}_2$	$\boldsymbol{c}_3$	$\boldsymbol{c}_4$	$\boldsymbol{c}_5$	$\boldsymbol{c}_6$	$\boldsymbol{c}_7$	$\boldsymbol{c}_8$
$\boldsymbol{c}_1$	0	3	3	4	4	3	3	4
$\boldsymbol{c}_2$		0	4	3	3	4	4	3
$\boldsymbol{c}_3$			0	3	4	3	4	3
$\boldsymbol{c}_4$				0	4	3	3	4
$\boldsymbol{c}_5$					0	3	3	4
$\boldsymbol{c}_6$						0	4	3
$\boldsymbol{c}_7$							0	3
$\boldsymbol{c}_8$								0

$$U_1(\boldsymbol{c}_1) = U_1(000000) = \{000000,100000,010000,001000,000100,000010,000001\},$$

$$U_1(\boldsymbol{c}_2) = U_1(110100) = \{110100,010100,100100,111100,110000,110110,110101\},$$

$$U_1(\boldsymbol{c}_3) = U_1(011010) = \{011010,111010,001010,010010,011110,011000,011011\},$$

$$U_1(\boldsymbol{c}_4) = U_1(111001) = \{111001,011001,101001,110001,111101,\mathbf{111011},111000\},$$

$$U_1(\boldsymbol{c}_5) = U_1(101110) = \{101110,001110,\mathbf{111110},100110,101010,101100,101111\},$$

$$U_1(\boldsymbol{c}_6) = U_1(001101) = \{001101,101010,011101,000101,001001,001111,001100\},$$

$$U_1(\boldsymbol{c}_7) = U_1(100011) = \{100011,000011,110011,101011,100101,100010,100010\},$$

$$U_1(\boldsymbol{c}_8) = U_1(010111) = \{010111,\mathbf{110111},000111,011111,010011,010101,010110\}.$$

(1) Wird $\boldsymbol{u}_1 = 110111$ empfangen, so liegt es in $U_1(010111)$, wird also zu $\boldsymbol{c}_8$ decodiert.
(2) Decodiere $\boldsymbol{u}_2 = 111110$. Dieses Wort liegt in $U_1(101110)$, wird also zu $\boldsymbol{c}_5$ decodiert.
(3) Decodiere $\boldsymbol{u}_3 = 001011$. Dieses Wort kommt in keiner Umgebung vor, es kann nicht decodiert werden. Es gilt $d(\boldsymbol{u}_3, \boldsymbol{c}) \geq 2$ für alle Codewörter $\boldsymbol{c}$.
(4) Decodiere $\boldsymbol{u}_4 = 111011$. Unter der Annahme, dass nur ein Fehler aufgetreten ist, wird es zu $\boldsymbol{c}_4$ decodiert. Nimmt man an, dass zwei Fehler aufgetreten sind, dann kann es nicht eindeutig decodiert werden. Sowohl $\boldsymbol{c}_3 = \mathbf{01}1010$ als auch $\boldsymbol{c}_7 = 1\mathbf{00}011$ sind möglich. Der Code C^* ist zu schwach, um zwei Fehler korrigieren zu können.

Nehmen wir nun ein empfangenes Wort mit drei Fehlern $\boldsymbol{u}_5 = 110100$. Es sei bei der Übertragung von 110011 entstanden. Da 110100 selbst schon ein Codewort ist, nämlich $\boldsymbol{c}_2$, kann der Fehler nicht erkannt werden.

Die 1-Umgebungen von C^* sind paarweise elementfremd, überdecken aber A^6 nicht, da z. B. $\boldsymbol{u}_3 = 001011$ nicht erfasst wird. Der Code C^* ist nicht 1-perfekt, also nicht perfekt.

Der Code C^* erfüllt auch nicht das Gleichheitszeichen in Satz 3.4:
Es ist $|C^*| = 8$ und $8 \neq \frac{2^6}{1+\binom{6}{1}} = \frac{64}{7}$.

(2) Dagegen ist der (7,4)-Code H_{bin} perfekt, bzw. 1-perfekt.
Es gilt: $|\mathrm{H}_{bin}| = 16, t^* = \lfloor \frac{3-1}{2} \rfloor = 1$.
Für die Hamming-Schranke gilt: $\frac{2^7}{1+\binom{7}{1}} = \frac{128}{8} = 16 = |\mathrm{H}_{bin}|$. Also ist H_{bin} perfekt.

Anmerkung: In perfekten Codes ist die Codierung zum Kugelmittelpunkt stets möglich. Nach dem Klassifikationssatz von van Lint und Tietäväinen sind perfekte Codes sehr selten. Dazu zählen Hamming-Codes, die Golay-Codes G_{23} und G_{11} und die binären

Wiederholungscodes $C := \{00...000, 11...111\}$ mit ungerader Länge n (vgl. Manz, 2017, S. 64).

Auf die allgemeinen Hamming-Codes (bisher wurde nur der (7,4, 3)-Code vorgestellt) und die beiden Golay-Codes werden wir im Kap. 4 eingehen.

Aufgabe 3.3

(1) Berechne alle 1-Umgebungen der 16 Codewörter von H_{bin}.
(2) Überprüfe die Bedingungen von Definition 3.12 (prüfe die Elementfremdheit der Umgebungen nur exemplarisch an $U_1(\boldsymbol{c}_3)$ und $U_1(\boldsymbol{c}_7)$ bzw. $U_1(\boldsymbol{c}_6)$ und $U_1(\boldsymbol{c}_{15})$).
(3) Wähle zwei Wörter aus $\{0,1\}^7$, die nicht in H_{bin} liegen und decodiere sie zum Kugelmittelpunkt.

3.4 Optimale Codes

Betrachten wir verschiedene Codes auf ihre Effektivität. Es enthalten der (13,12,2)-EAN-Code oder der (10,9, 2)-ISBN-Code oder der $(k + 1, k, 2)$-Parity-Check-Code nur eine redundante Stelle. Daher ist ihr Informationsgehalt sehr hoch, da fast alle Bits zur Dateninformation verwendet werden. Andererseits können diese Codes keinen Fehler korrigieren. Der anschauliche (7,4, 3)-Hamming-Code besitzt $7 - 4 = 3$ redundante Stellen. Die Anzahl der Bits für die Dateninformation ist zwar kleiner, dafür kann dieser Code zwei Fehler erkennen und einen Fehler korrigieren. Der (6,2, 3)-Wiederholungscode $W_{bin}(3)$ der Länge 6 enthält vier redundante Stellen für zwei Datenbits und kann auch nur einen Fehler korrigieren. Trotz Erhöhung der Redundanz steigt die Fehlerkorrekturfähigkeit nicht. In diesem Fall besteht ein ungünstiges Verhältnis zwischen der Anzahl der redundanten Stellen und der Anzahl der Datenstellen. Eine Vergrößerung der Wortlänge würde zwar die Fehlererkennung begünstigen, würde aber gleichzeitig den Rechen- und Speicheraufwand wesentlich erhöhen. Als vereinfachtes Maß für die Redundanz bzw. Informationsgüte bietet sich der Anteil der Datenbits an der Gesamtlänge des Wortes an.

Definition 3.13
Sei C ein (n, k)-Code. Unter der Informationsrate R versteht man den Quotienten aus der Anzahl der Nachrichtenstellen und der Gesamtwortlänge.

$$R := \frac{k}{n}.$$

Beispiel 3.12 Informationsraten

- EAN-Code: $R = \frac{12}{13} \approx 0{,}92$
- ISBN-Code: $R = \frac{9}{10} = 0{,}9$

- Parity-Check-Code $Q_{bin}(10)$: $R = \frac{10}{11} \approx 0{,}91$
- (7,4)-Hamming-Code: $R = \frac{4}{7} \approx 0{,}57$
- Wiederholungscode $W_{bin}(3)$: $R = \frac{2}{6} \approx 0{,}33$

Aus diesen Beispielen sehen wir, dass eine größere Redundanz eine kleinere Informationsrate zur Folge hat. Bei fehlender Redundanz ist die Informationsrate gleich 1.

Die ersten drei der angeführten Codes sind bezüglich der Informationsrate R ungefähr gleich effizient. Der Hamming-Code ist bei gleichem Fehler-Leistungspotential wie der Wiederholungscode effizienter als dieser. Es drängt sich die Frage auf:

Welche Anforderungen sollte ein „guter (n,k,d) -Code C“ über einem Alphabet A erfüllen?

(1) Die gesamte Wortlänge n sollte klein sein (kurze Verarbeitungszeit).
(2) Die Nachrichtenlänge k sollte groß sein (dann ist die Anzahl der Codewörter groß, nämlich gleich $|A|^k$). Bei vorgegebenem n bedeutet dies, dass die Informationsrate groß ist.
(3) Die Minimaldistanz des Codes sollte groß sein, um möglichst viele Fehler erkennen und korrigieren zu können.

Die eingangs besprochenen Codes ISBN, EAN oder IBAN haben zwar nur $d_{min} = 2$ und können damit auch nur Einzelfehler erkennen. Zusätzlich bemerken sie aber auch z. B. Ziffernvertauschungen. Dies sind die häufigsten Fehler bei der Eingabe. Daher ist ein möglichst großer Minimalabstand nicht das einzig bestimmende Kriterium für die Auswahl eines Codes. Bei weniger komplexen Anwendung ist es auch hilfreich, wenn die Codierverfahren einfach berechenbar sind. Ein wesentliches Kriterium für die Auswahl eines Codes stellt also die Praktikabilität dar, die von der Anwendungssituation bestimmt wird.

Die Punkte (1) und (2) bedeuten, dass die Redundanz $(n - k)$ klein und die Informationsrate R groß ist. Leider unterstützen diese drei Forderungen einander nicht.

Die Zahlen n, k und d hängen nämlich voneinander ab. Diese Abhängigkeit ist der Inhalt des folgenden Satzes.

Satz 3.5 (Singleton-Schranke)
Sei C ein (n,k,d)-Code über dem Alphabet A mit q Elementen. Dann gilt:

$$k \leq n - d + 1 \Leftrightarrow d \leq n - k + 1 \Leftrightarrow k + d \leq n + 1.$$

Beweis: Seien $\boldsymbol{c} := c_1c_2 \ldots c_{d-1}c_dc_{d+1} \ldots c_n$ und $\boldsymbol{c}' := c'_1c'_2 \ldots c'_{d-1}c'_dc'_{d+1} \ldots c'_n$ zwei beliebige und verschiedene Codewörter aus C. Streiche in jedem Codewort die ersten $(d-1)$ Stellen. Es entstehen zwei „gekürzte" Wörter:

$\boldsymbol{c}(gek\ddot{u}rzt) := c_dc_{d+1} \ldots c_n$ und $\boldsymbol{c}'(gek\ddot{u}rzt) := c'_dc'_{d+1} \ldots c'_n$.

Diese „gekürzten" Wörter sind alle verschieden, denn wären zwei gleich, also wäre $c_dc_{d+1} \ldots c_n = c'_dc'_{d+1} \ldots c'_n$. Dann folgt $d = d_{min}(C) \le d(\boldsymbol{c}, \boldsymbol{c}') \le d-1$, also $d \le d-1$, Widerspruch!

Sei $\tilde{C}$ die Menge der gekürzten Wörter. Dann gilt $|\tilde{C}| = |C|$ und $\tilde{C} \subseteq A^{n-(d-1)} = A^{n-d+1}$. Es gibt daher höchstens q^{n-d+1} gekürzte Worte, also $|\tilde{C}| \le q^{n-d+1}$.

Damit gilt auch $|C| \le q^{n-d+1}$. Nach Voraussetzung ist $|C| = q^k$, und es folgt damit $q^k \le q^{n-d+1}$ oder $k \le n-d+1$ wegen $q > 1$.

∎

Folgerung: Ein (n,k,d)-Code C über einem Alphabet mit q Elementen enthält also höchsten q^{n-d+1} Wörter. Dies stellt eine Schranke für obige Forderung (2) dar. Codes, die genau q^{n-d+1} Wörter enthalten, heißen MDS-Codes.

Definition 3.14

Ein (n,k,d)-Code C mit

$$k = n - d + 1 \Leftrightarrow d = n - k + 1 \Leftrightarrow k + d = n + 1$$

heißt MDS-Code oder optimaler Code.

Anmerkung: Mit dem Wort optimal wird nur ausgedrückt, dass die maximale Anzahl von Wörtern in C erreicht wird. Die Mächtigkeit von C kann nicht größer sein. Die Herkunft des Akronyms MDS (**M**aximal **D**istance **S**eparable Code) werden wir anschließend erläutern.

Beispiel 3.13

(1) Der (4,3,2)-Parity-Check-Code ist optimal, weil $k = 3 = 4 - 2 + 1$. Er ist aber nicht perfekt. Allgemein gilt, dass der Parity-Check-Code
$C = \{\boldsymbol{c_1}, \boldsymbol{c_2}, \ldots, \boldsymbol{c_n} | \boldsymbol{c_1} \oplus \boldsymbol{c_2} \oplus \ldots \oplus \boldsymbol{c_n} = \boldsymbol{0}\}$ mit $k = n-1$ und $d = 2$ optimal ist, weil $k = n-1 = n-2+1$. Allerdings ist er nicht perfekt.

(2) Der n-fache binäre Wiederholungscode der Länge n mit $W_{bin}(n) = \{00\ldots0, 11\ldots1\}$ ist optimal, weil $k = \frac{4}{4} = 1$ und $n = d$ gilt. Damit folgt $k = 1 = (n-d) + 1$.
Über dem Alphabet $A := \{0,1\}$ gibt es keine anderen MDS-Codes. Für Anwendungen muss auf größere Alphabete ausgewichen werden (vgl. Kap. 7).

(3) Der (7,4,3)-Hamming-Code ist kein optimaler (MDS-) Code, weil $k = 4 \neq 7 - 3 + 1$. Allerdings ist er ein perfekter Code.

(4) Der (6,3,3)-Code C^* ist nicht optimal, weil $k = 3 \neq 6 - 3 + 1$. Darüber hinaus ist C^* nicht perfekt.

Wir halten fest, dass aus der Eigenschaft „optimal“ nicht notwendig die Eigenschaft „perfekt“ folgt. Dies gilt auch für die Umkehrung.

Zur Namensgebung „MDS-Code“

Wir betrachten den (n, k, d)-Code

$$Q_{bin} = \{0000, 1100, 0110, 0011, 1001, 1111, 1010, 0101\}.$$

Mit $n = 4$, $k = 3$, $d = 2 = 4 - 3 + 1$ ist dieser Code ein MDS-Code mit dem maximal möglichen $k = 3$.

Betrachten wir ein beliebiges Dreiertupel, z. B. 101. Wieviele Codewörter finden wir in Q_{bin}, welche an den Positionen 1,2 und 3 als Eintragung 1,0 und 1 besitzen? Wir finden in Q_{bin} nur ein Codewort, nämlich 1010 (vgl. Tab. 3.3 und 3.4). Gehen wir systematisch vor.

Analog kann man die Positionen (1,2,4) und (1,3,4) vorgeben und die zugehörigen Codewörter suchen. In allen Fällen stellt man fest: Ein Codewort unseres MDS-Codes Q_{bin} ist durch Vorgabe eines 3-Tupels eindeutig bestimmt.

Tab. 3.3 Codewort suchen

Vorgegebene Positionen		Gefundenes Codewort
Pos. (1,2,3)	000	0000
	100	1001
	010	0101
	001	0011
	110	1100
	101	1010
	011	0110
	111	1111

Tab. 3.4 Ein weiteres Codewort suchen

Vorgegebene Positionen		Gefundenes Codewort
Pos. (2,3,4)	000	0000
	100	1100
	010	1010
	001	1001
	110	0110
	101	0101
	011	0011
	111	1111

Als zweites Beispiel betrachten wir einen Code, der kein MDS-Code ist. Nehmen wir z. B. den (6,3)-Code C^* mit

$$C^* = \{000000, 110100, 011010, 111001, 101110, 001101, 100011, 010111\}$$

Es ist $d = d_{min}(C^*) = 3$. Wegen $k = 3 \neq 6 - 3 + 1 = 4 = n - d + 1$ ist C^* kein MDS Code. Betrachten wir die Positionen 2, 3, und 4.

Vorgegebene Positionen		Gefundenes Codewort
Pos. (2,3,4)	000	000000, 100011
	100	
	010	
	001	
	110	011010, 111001
	101	110100, 010111
	011	101110, 001101
	111	

Diese beiden Beispiele legen folgenden Satz nahe:

Satz 3.6
Sei C ein MDS-Code mit den Parametern (n, k, d). Dann ist jedes Codewort von C durch Vorgabe eines beliebigen k-Tupels eindeutig bestimmt.

Beweis: Seien $\boldsymbol{c} := c_1 \ldots c_n$ und $\boldsymbol{c}' = c'_1 \ldots c'_n$ zwei Codewörter aus C.
Da C ein MDS-Code ist, gilt $d = (n - k) + 1$. Wir betrachten beliebige k Positionen in $\boldsymbol{c}$ und $\boldsymbol{c}'$ und nehmen an, dass die Eintragungen gleich sind. Also seien $c_{j_1} = c'_{j_1}, \ldots, c_{j_k} = c'_{j_k}$. Dann sind auch die übrigen $(n - k)$ Eintragungen gleich, denn wären einige oder sogar alle verschieden, dann gilt:

$$d = d_{min}(C) \leq d(\boldsymbol{c}, \boldsymbol{c}') \leq n - k < (n - k) + 1.$$

Also wäre $d < (n - k) + 1$. Dies widerspricht der Eigenschaft eines MDS-Codes.
∎

Die Umkehrung dieses Satzes kann man wie folgt formulieren:
Sei C ein MDS-Code, und seien $\boldsymbol{c}$ und $\boldsymbol{c}'$ zwei verschieden Codewörter. Greift man aus diesen beiden Wörtern ein beliebiges k-Tupel heraus, so sind diese k-Tupel alle verschieden. Wegen der Singleton-Schranke und der Eigenschaft des MDS-Codes ist $n - d + 1$ der größtmögliche Wert für k. Irgendein beliebiges k-Tupel trennt also zwei Codewörter, daher der Name **M**aximal-**D**istance-**S**eparable.

Tab. 3.5 Wir untersuchen 3-Tupel

$c \neq c'$	k-Tupel			
	(1,2,3)	(1,2,4)	(1,3,4)	(2,3,4)
c=1100	110	110	100	100
c'= 0110	011	010	010	110
c= 0011	001	001	011	011
c'= 1001	100	101	101	001

Beispiel 3.14 Sei $Q_{bin} = \{0000, 1100, 0110, 0011, 1001, 1111, 1010, 0101\}$. Es sind $d_{min}(Q_{bin}) = 2$ und $k = 3$. Damit untersuchen wir 3-Tupel (Tab. 3.5).

Die betrachteten 3-Tupel sind ebenso wie die zugehörigen Codewörter verschieden.

Anmerkung: Optimale MDS-Codes und perfekte Codes nehmen in den wichtigsten Schranken der Codierungstheorie den bestmöglichsten Wert an:

In optimalen MDS-Codes ist $d = n - k + 1$ der bestmöglichste Wert in der Singleton-Schranke $d \leq n - k + 1$.

In perfekten Codes ist $|C| = \frac{q^n}{\sum_{i=0}^{t^*} \binom{n}{i} (q-1)^i}$ der bestmöglichste Wert der Hamming-Schranke

$$|C| \leq \frac{q^n}{\sum_{i=0}^{t^*} \binom{n}{i} (q-1)^i}.$$

Lineare Codes 4

In den bisherigen Überlegungen haben wir überwiegend Wörter als Konkatenationen von Zeichen aus einem Alphabet A gedeutet. Die Codes C waren damit nur Teilmengen von A^n. Als Alphabete wurden $A = \{0,1\}$, $A = \{0,1,\ldots,9\}$ oder andere Teilmengen von $\mathbb{Z}$ verwendet. Daraus ergaben sich eine Reihe von Nachteilen.

(1) Als eine wesentliche Größe für die Güte eines Codes C erwies sich sein Minimalabstand $d_{min}(C)$. Seine Bestimmung erfordert für große Codes zahlreiche Vergleiche.
(2) „Gute" Codes über $\{0,1\}$ – wie perfekte oder MDS-Codes – findet man kaum.
(3) Decodierverfahren, wie die Hamming-Decodierung oder die Codierung zum Kugelmittelpunkt, sind zeitaufwändig, weil das Rechnen mit Wörtern nicht unterstützt wird.

Um ein Rechnen mit Wörtern zu erreichen, verwendet man als Alphabete solche Mengen, in denen man die vier Grundrechnungsarten mit den üblichen Rechenregeln ausführen kann. Solche Strukturen nennt man Körper $(\mathbb{K}, +, \cdot)$. Sie werden im Abschn. 10.3 behandelt. Die Rechenoperationen eines Körpers überträgt man auf die Wörter des Codes C. Die Wörter der Länge n werden so als Vektoren aus $\mathbb{K}^n$ aufgefasst. Da es sich bei $\mathbb{K}$ um einen Körper handelt, kann man die Theorie der Vektorräume, die nur über Körper definiert sind, einfließen lassen. Als Codes verwendet man daher nur solche Teilmengen des $\mathbb{K}^n$, die Teilräume des Vektorraumes $\mathbb{K}^n$, also selbst wieder Vektorräume über $\mathbb{K}$ sind. Es wird vorausgesetzt, dass Lesende mit Grundbegriffen der Vektorraumtheorie, wie lineare Ab- und Unabhängigkeit, Basis und Dimension sowie die Verwendung von Matrizen vertraut sind. Eine Darstellung dazu findet man im Abschn. 10.5 über Lineare Algebra bzw. in Abschn. 10.4 über Matrizen. Ihre Lektüre ist für das Verständnis dieses Kapitels notwendig.

H. Kautschitsch, G. Kadunz, *Elemente der Codierungstheorie*, Mathematik Primarstufe und Sekundarstufe I + II, https://doi.org/10.1007/978-3-662-67520-5_4

Die Teilraumstruktur eines Codes C ermöglicht es, die für einen Code so wichtige Kennzahl der Minimaldistanz auf die wesentlich einfachere Bestimmung des Minimalgewichtes rückführen zu können. Darüber hinaus kann die Codierung eines Nachrichtenwortes mittels Multiplikation mit einer Matrix, der Generatormatrix, erfolgen. Eine systematische Codierung ist mit einer Generatormatrix in Standardform möglich. Die Erkennung eines empfangenen (gespeicherten) Wortes als Codewort kann anstelle des langwierigen Lösens von linearen Gleichungssystemen wieder durch Multiplikation mit einer Matrix, der Kontrollmatrix des Codes C, erfolgen. Die Kontrollmatrix gestattet die Decodierung mittels Syndromen. Diese Decodierung beruht auf der elementfremden Vereinigung des $\mathbb{K}^n$ durch Nebenklassen von C. Besonders effizient ist die 1-Fehlerkorrektur von binären Codes, wenn die Spalten der Kontrollmatrix paarweise verschieden sind. Dies führt zur Besprechung einer wichtigen Klasse von Linearcodes, den Hamming-Codes.

Viele Anwendungen erfordern Codes bestimmter Länge und Dimension. Durch die Verfahren „Erweitern" und „Kürzen" von bestehenden Linearcodes können solche Codes „maßgeschneidert" konstruiert werden. Demonstriert wird dies an den ECC-Codes und GPS-Codes. Das Kapitel beschließt ein Exkurs über die Golay-Codes G_{11} und G_{23}. Sie sind auch von theoretischem Interesse, weil sie neben den Hamming- und Wiederholungscodes ungeraden Grades die einzigen perfekten Codes sind.

Lernende erfahren elementare Vektorraum- und Matrizentheorie. Viele der in Kap. 2 vorgestellten sichtbaren Codes erweisen sich als linear. Die anschauliche Codierung und Decodierung des Mini-QR-Codes wird der Syndromdecodierung des anschaulichen Hamming-Codes gegenübergestellt und dadurch die Überlegenheit linearer Methoden demonstriert.

Lehrende finden Motivationen zu beinahe allen grundlegenden Begriffen der Vektorraum- und Matrizentheorie sowie eine Anwendung von Nebenklassen nach Untergruppen.

4.1 Grundlagen

Bei einem binären Code des Alphabets A, gegeben durch $A = \{0,1\}$ mit $0 \neq 1$, können wir unter Verwendung folgender Tafeln „rechnen" (Addieren und Multiplizieren vgl. Abb. 4.1).

Insbesondere ist $1 + 1 = 0$. Es gelten die „üblichen Rechenregeln" wie beim Rechnen mit den rationalen Zahlen. Insbesondere wollen wir auch unbeschränkt subtrahieren und dividieren können. Im Alphabet $A = \{0,1,\ldots,9\}$ ist dies nicht möglich. Zum Beispiel ist $3 - 6$ kein Element von A. Ebenso ist $3 : 6$ nicht in A. Möchte man unbeschränkt die vier Grundrechnungsarten mit den üblichen Rechenregeln verwenden, so benötigt man dafür die Struktur eines Körpers. Diese Struktur $(\mathbb{K}, +, \cdot)$ wird in Definition A3.14 vorgestellt

Abb. 4.1 Verknüpfung im einfachsten Körper

+	0	1
0	0	1
1	1	0

·	0	1
0	0	0
1	0	1

und im Anschluss daran erläutert. In der Codierungstheorie werden fast ausschließlich endliche Körper verwendet. Die Anzahl der Elemente solcher Körper muss stets eine Primzahlpotenz sein (vgl. Abschn. 10.7). Es gibt also keinen Körper mit z. B. 6 oder 10 Elementen.

Sei das Alphabet in den folgenden Ausführungen ein Körper $\mathbb{K}$. Dann können wir mit den Wörtern aus $\mathbb{K}^n$ so rechnen, wie es im $\mathbb{R}^n$ üblich ist.

Seien $\boldsymbol{c} := (c_1, \ldots, c_n)$ und $\boldsymbol{c}' := \left(c_1', \ldots, c_n'\right)$ zwei Wörter aus $\mathbb{K}^n$, und sei $\lambda \in \mathbb{K}$. Die Elemente des Körpers nennt man in diesem Zusammenhang Skalare. Diese werden wir mit griechischen Buchstaben λ, μ, ν usw. bezeichnen, sofern diese bei der Multiplikation eines Körperelementes mit einem Wort verwendet werden. Man spricht von einer Multiplikation eines Wortes mit einem Skalar.

Wir setzen:

$$\boldsymbol{c} + \boldsymbol{c}' = (c_1, c_2, \ldots, c_n) + \left(c_1', c_2', \ldots, c_n'\right) := \left(c_1 + c_1', c_2 + c_2', \ldots, c_n + c_n'\right) \in \mathbb{K}^n,$$

$$\lambda \boldsymbol{c} = \lambda(c_1, c_2, \ldots, c_n) := (\lambda \cdot c_1, \lambda \cdot c_2, \ldots, \lambda \cdot c_n)\ ) \in \mathbb{K}^n.$$

Mit dieser Setzung erhält $\mathbb{K}^n$ die Struktur eines Vektorraumes (vgl. Definition A5.2). *Wörter können damit als Vektoren aufgefasst werden.*

Die Verwendung von Körpern als Alphabete hat zur Folge, dass man die ausgefeilte Theorie
der Vektorräume und deren Methoden für die Codierungstheorie nutzbar machen kann (vgl. Abschn. 10.5). Der Inhalt dieses Abschn. 10.5 ist wesentlich für das Verständnis für die nachfolgenden Ausführungen.

Nach Anmerkung (1) zu Definition 3.2 wird ein Wort je nach Kontext unterschiedlich dargestellt: 10110 $\triangleq$ (1,0, 1,1, 0).

Beispiel 4.1 Sei C der dreifache Wiederholungscode der Länge 3, also $C := W_{bin}(3) =$ $= \{000,111\}$ über dem Körper $\mathbb{K} = \{0, 1\} = \mathbb{Z}_2$ gegeben. In n-Tupel-Darstellung erhalten wir beispielhaft:

$$000 + 111 = (0, 0, 0) + (1, 1, 1) = (0 + 1, 0 + 1, 0 + 1) = (1, 1, 1) = 111 \in C,$$
$$111 + 000 = (1, 1, 1) + (0, 0, 0) = (1 + 0, 1 + 0, 1 + 0) = (1, 1, 1) = 111 \in C,$$

$$111 + 111 = (1, 1, 1) + (1, 1, 1) = (1 + 1, 1 + 1, 1 + 1) = (0, 0, 0) = 000 \in C,$$
$$1(111) = 1(1, 1, 1) = (1 \cdot 1, 1 \cdot 1, 1 \cdot 1) = (1, 1, 1) = 111 \in C,$$
$$0(111) = 0(1, 1, 1) = (0 \cdot 1, 0 \cdot 1, 0 \cdot 1) = (0, 0, 0) = 000 \in C.$$

Wir bemerken, dass die Addition von Wörtern und die Multiplikation mit einem Skalar wieder zu einem Wort in C führen. Man sagt, dass der Code C bezüglich dieser beiden Operationen abgeschlossen ist. Zur Abgeschlossenheit siehe Anmerkung (1) zu Definition A3.1. Man beachte, dass die Multiplikation mit einem Skalar ohne Verknüpfungszeichen geschrieben wird. Ein „Punkt" bezeichnet die Multiplikation in einem Körper. Sollte es der Kontext erlauben, so werden wir auch den „Punkt" vernachlässigen.

Beispiel 4.2 Als Alphabet wählen wir den ternären Körper $\mathbb{K}$ mit $\mathbb{K}:=\{0,1,2\}$ (Abb. 4.2) und als Code den dreifachen Wiederholungscode $C := W_{bin}(3) = \{000, 111, 222\}$ der Länge 3:

$$\begin{aligned}222 + 111 &= (2,2,2) + (1,1,1) = (2+1, 2+1, 2+1) = (0,0,0) = 000 \in C,\\ 2(222) &= 2(2,2,2) = (2\cdot 2, 2\cdot 2, 2\cdot 2) = (1,1,1) = 111 \in C,\\ 1(222) + 2(111) &= 1(2,2,2) + 2(1,1,1) = (1\cdot 2, 1\cdot 2, 1\cdot 2) + (2\cdot 1, 2\cdot 1, 2\cdot 1) =\\ &= (2,2,2) + (2,2,2) = (2+2, 2+2, 2+2) = (1,1,1) = 111 \in C.\end{aligned}$$

An diesen Beispielen sehen wir wieder, dass die Addition von zwei Wörtern und die Multiplikation eines Wortes mit einem Skalar stets zu einem Wort in C führen. Insbesondere ist jede Linearkombination von Codewörtern wieder ein Codewort. Solche Teilmengen eines Vektorraumes nennt man Teilräume, welche als Vektorräume sowohl eine Basis als auch eine Dimension besitzen (vgl. Definitionen A5.6 und A5.7). Zum Begriff Teilraum vgl. Definition A5.3 und Satz A5.1.

Definition 4.1
Sei das Alphabet ein endlicher Körper $\mathbb{K}$, und seien $n, k, d \in \mathbb{N}$. Ein Blockcode C über dem Alphabet $\mathbb{K}$ und der Länge n heißt ein *linearer Code* oder *Linearcode* genau dann, wenn C ein Teilraum des Vektorraumes $\mathbb{K}^n$ ist. Symbolisch: $C \trianglelefteq \mathbb{K}^n$.

Hat C die Dimension k, also $\dim(C) = k$, sowie den Minimalabstand $d = d_{min}(C)$, dann heißt C ein *(n, k, d)-Linearcode.*

Beispiel 4.3 Wir beziehen uns mit den verwendeten Symbolen und Begriffen auf Abschn. 10.5. Der Code $C = W_{bin}(3) = \{000, 111\} \subset \mathbb{K}^3$ ist ein linearer Code über $\mathbb{K} = \{0,1\}$. Es gilt $d_{min}(W_{bin}(3)) = 3 =: d$ mit der Wortlänge $n = 3$. Mit Definition A5.4 bemerken wir: $W_{bin}(3) = \langle(1,1,1)\rangle \triangleleft \mathbb{K}^3$ und damit $\dim(W_{bin}(3)) = 1 =: k$. Also ist $W_{bin}(3)$ ein (3,1,3)-Linearcode. Er ist sogar ein MDS-Code mit $d = 3 = 3 - 1 + 1 = n - k + 1$.

Abb. 4.2 Ein Körper mit drei Elementen

+	0	1	2
0	0	1	2
1	1	2	0
2	2	0	1

·	0	1	2
0	0	0	0
1	0	1	2
2	0	2	1

Der Code $C := \{000,111\}$ ist *kein* linearer Code über $\mathbb{K} = \{0, 1, 2\}$, weil z. B. $2(1,1,1) = (2,2,2) \notin C$ oder auch $(1,1,1) + (1,1,1) = (2,2,2) \notin C$.

Dagegen ist der Code $C := \{000,111,222\}$ ein linearer Code über $\mathbb{K} = \{0, 1, 2\}$.

Es ist auch das Wort $2(1,1,1) + 2(2,2,2) = (2,2,2) + (1,1,1) = (0,0,0) \in C$. Alle möglichen Linearkombinationen wären zu überprüfen oder Satz A5.1 anzuwenden. Es gilt $C = \langle (1,1,1) \rangle \lhd \mathbb{K}^3$, und insgesamt ist C ein (3,1,3)-Linearcode.

Satz 4.1
Jeder Linearcode enthält das Nullwort $\mathbf{0} = 0\ldots0 = (0,0,\ldots,0)$. Enthält ein Code das Nullwort nicht, so ist er kein linearer Code.

Beweis: Ist $\boldsymbol{c} = (c_1,\ldots,c_n) \in C$, dann ist auch $0\boldsymbol{c} = (0 \cdot c_1,\ldots,0 \cdot c_n) = (0,\ldots,0) \in C$ und C enthält damit als Teilraum den Nullvektor.

∎

Bemerkung: Das k in einem (n, k)-Blockcode bezeichnete ursprünglich die Länge eines Nachrichtenwortes, also die Anzahl der Nachrichtenstellen. Bei einem Linearcode wird mit k jedoch die Dimension des Codes bezeichnet. Dies ist wegen des nächsten Satzes gerechtfertigt.

Satz 4.2
Die Dimension eines Linearcodes stimmt mit der Anzahl der Nachrichtenstellen überein.

Beweis: Sei k die Anzahl der Nachrichtenstellen. Die Codierfunktion $f_C : \mathbb{K}^k \to \mathbb{K}^n$ ist injektiv (vgl. Kap. 3 und Definition A1.15). Daher gilt wegen $C = f_C(\mathbb{K}^k)$ und der Bijektivität von $f_C : \mathbb{K}^k \to C$:

$$|C| = |f_C(\mathbb{K}^k)| = |\mathbb{K}^k| = |\mathbb{K}|^k.$$

Wäre $\dim(C) = k'$, dann wäre jedes Codewort $\boldsymbol{c}$ eine eindeutige Linearkombination von k' Basisvektoren, also $\boldsymbol{c} = \lambda_1 \boldsymbol{b}_1 + \ldots + \lambda_{k'} \boldsymbol{b}_{k'}$ mit $\lambda_i \in \mathbb{K}$. Für λ_i gibt es $|\mathbb{K}|$ Möglichkeiten, also ist $|C| = |\mathbb{K}|^{k'}$. Wir erhalten: $|\mathbb{K}|^{k'} = |C| = |\mathbb{K}|^k$ und damit gilt $k = k'$.

Wir halten fest: $\dim(C) = k =$ Anzahl der Nachrichtenstellen und $|C| = |\mathbb{K}|^k$.

∎

Anmerkung: Ein Vorteil von linearen (n, k)-Codes C über dem Körper $\mathbb{K}$ besteht neben der Möglichkeit mit Wörtern zu rechnen auch in der *Reduktion des Speicheraufwandes* der Codewörter von C. Der Code C besitzt als Teilraum des $\mathbb{K}^n$ eine Basis $B := \{\boldsymbol{b}_1,\ldots,\boldsymbol{b}_k\}$.

Jedes Codewort von C ist daher eine eindeutige Linearkombination dieser Basisvektoren, also gilt:

$$C = \{\lambda_1 \boldsymbol{b}_1 + \ldots + \lambda_k \boldsymbol{b}_k \mid \lambda_i \in \mathbb{K}, i = 1, .., k\} = \langle \boldsymbol{b}_1, \ldots, \boldsymbol{b}_k \rangle.$$

Es genügt die Speicherung von k Basisvektoren anstelle der Speicherung von $|\mathbb{K}|^k$ Codewörtern.

Beispiel 4.4 Gegeben sei der (6,3)-Code C^* mit

$$C^* = \{000000, 110100, 011010, 111001, 101110, 001101, 100011, 010111\}.$$

Man zeige, dass C^* ein linearer Code ist und bestimme seine Dimension.

Nach Satz A5.1 und der zugehörigen Bemerkung ist C^* ein Teilraum des $\mathbb{K}^6$ genau dann, wenn mit je zwei Wörtern auch deren Summe in C^* liegt. Das erfordert 36 Additionen, z. B.: $011010 + 001101 = 010111 \in C^*$. Man erkennt, dass C^* ein linearer Code ist.

Wie kann man eine Basis B und damit die Dimension des Teilraumes $C^* \lhd \mathbb{K}^6$ bestimmen?

Dazu schreiben wir die Codewörter von C^* zeilenweise übereinander an. Den Nullvektor des Codes schreiben wir in die letzte Zeile. Wir wenden elementare Zeilenumformungen (vgl. Definition A5.12) auf die so entstehende Matrix an, um eine Stufenform der Vektoren zu bilden. Die Vektoren ungleich dem Nullvektor bilden dann eine Basis.

$$M := \begin{matrix} 110100 \\ 011010 \\ 111001 \\ 101110 \\ 001101 \\ 100011 \\ 010111 \\ 000000 \end{matrix} \rightarrow \begin{matrix} 110100 \\ 011010 \\ 001101 \\ 011010 \\ 001101 \\ 010111 \\ 010111 \\ 000000 \end{matrix} \rightarrow \begin{matrix} 110100 \\ 011010 \\ 001101 \\ 000000 \\ 001101 \\ 001101 \\ 001101 \\ 000000 \end{matrix} \rightarrow \begin{matrix} 110100 \\ 011010 \\ 001101 \\ 000000 \\ 000000 \\ 000000 \\ 000000 \\ 000000 \end{matrix} \rightarrow \begin{matrix} 110100 \\ 011010 \\ 001101 \\ \mathbf{O} \end{matrix} =: M'.$$

Der Code C^* ist linear, also liegt jede Linearkombination der Codewörter wieder in C^*. Symbolisch: $Z(M) \subseteq C^* \subseteq Z(M) \Rightarrow Z(M) = C^*$.

Nach Definition und Satz A5.11 gilt $C^* = Z(M) = Z(M') = \langle 110100, 011010, 001101 \rangle$, die Menge $\{110100, 011010, 001101\}$ ist linear unabhängig und damit nach Definition A5.6 eine Basis von C^*.

Daher gilt

$$C^* = \langle 110100, 011010, 001101 \rangle \text{ und } dim(C^*) = 3.$$

Anstelle der acht Codewörter genügt die Speicherung von drei Codewörtern.

Wählen wir z. B. das Wort $\boldsymbol{c}=100011$ aus C^*, so gilt eindeutig:

$$\boldsymbol{c} = 100011 = \lambda_1(110100) + \lambda_2(011010) + \lambda_3(001101) \text{ mit } \lambda_1 = \lambda_2 = \lambda_3 = 1.$$

Insgesamt ist C^* ein (6,3)-Linearcode.
Welche Beziehung besteht zwischen einem linearen Code und seiner Codierfunktion?

Satz 4.3
Sei die Codierfunktion $f_C : \mathbb{K}^k \longrightarrow \mathbb{K}^n$ linear. Dann ist $C{:=}f_C(\mathbb{K}^k)$ ein (n, k)-Linearcode.

Beweis: Seien $\boldsymbol{m}_1$, $\boldsymbol{m}_2$ zwei Nachrichtenwörter aus $\mathbb{K}^k$ und $\boldsymbol{c}_1 = f_C(\boldsymbol{m}_1)$, $\boldsymbol{c}_2 = f_C(\boldsymbol{m}_2)$.
Sei f_C linear, dann gilt (vgl. Definition A5.9):

$$\boldsymbol{c}_1 + \boldsymbol{c}_2 = f_C(\boldsymbol{m}_1) + f_C(\boldsymbol{m}_2) \underset{linear}{=} f_C(\boldsymbol{m}_1 + \boldsymbol{m}_2) = f_C(\boldsymbol{m})$$

für ein $\boldsymbol{m} \in \mathbb{K}^k$ (weil $\mathbb{K}^k$ als Vektorraum abgeschlossen bezüglich der Addition ist). Also ist $\boldsymbol{c}_1 + \boldsymbol{c}_2 \in C$. Weiterhin gilt:

$$\lambda\boldsymbol{c}_1 = \lambda f_C(\boldsymbol{m}_1) \underset{linear}{=} f_C(\lambda\boldsymbol{m}_1) = f_C(\boldsymbol{m})$$

für ein $\boldsymbol{m} \in \mathbb{K}^k$ (weil $\mathbb{K}^k$ als Vektorraum abgeschlossen bezüglich der Multiplikation mit einem Skalar ist). Also ist auch $\lambda\boldsymbol{c}_1 \in C$, und C ist insgesamt ein Linearcode.
Nach Satz 4.2 ist $\dim(C) = k$.
■

Bestimmung der Minimaldistanz eines Linearcodes

Beispiel 4.5

(1) Seien $\boldsymbol{u}$, $\boldsymbol{v}$ und $\boldsymbol{w}$ Wörter aus $\mathbb{K}^5$ mit $\mathbb{K} = \{0, 1\} = \mathbb{Z}_2$. Wir setzen

$$\boldsymbol{u}{:=}(0, 1, 1, 0, 1), \boldsymbol{v}{:=}(1, 0, 1, 1, 0)\ \boldsymbol{w}{:=}(1, 0, 0, 1, 1).$$

Wir berechnen eine „Translation" von $\boldsymbol{u}$ und $\boldsymbol{v}$ um $\boldsymbol{w}$:

$$\boldsymbol{u} + \boldsymbol{w} = (1, 1, 1, 1, 0), \boldsymbol{v} + \boldsymbol{w} = (0, 0, 1, 0, 1).$$

Die Wörter $\boldsymbol{u}$ und $\boldsymbol{v}$ unterscheiden sich an den Position 1, 2, 4 und 5. Daher ist die Distanz $d(\boldsymbol{u}, \boldsymbol{v}) = 4$. An welchen Positionen unterscheiden sich die um $\boldsymbol{w}$ verschobenen Wörter? Es sind dies wieder die Positionen 1, 2, 4 und 5.

An welchen Positionen unterscheiden sich $\boldsymbol{u}$ und $\mathbf{0}$? Es sind dies die Positionen 2, 3 und 5, die wir in einer Menge $T_{\boldsymbol{u}} := \{2,3,5\}$ zusammenfassen. Diese Positionen sind genau jene, an denen die Eintragungen $u_i \neq 0$ sind. Damit ist $d(\boldsymbol{u}, \mathbf{0}) = 3 = |\ T_{\boldsymbol{u}}\ |$. Analog ist $T_{\boldsymbol{v}} := \{1,3,4\}$ und $d(\boldsymbol{v}, \mathbf{0}) = 3 = |\ T_{\boldsymbol{v}}\ |$.

(2) Seien $\boldsymbol{u}$,$\boldsymbol{v}$ und $\mathbf{w}$ Wörter aus $\mathbb{K}^4$ mit $\mathbb{K} = \{0, 1, 2\} = \mathbb{Z}_3$. Wir setzen $\boldsymbol{u} := (2,0,1,2)$, $\boldsymbol{v} := (1,2,1,2)$ $\boldsymbol{w} := (0,2,2,0)$. Wir bestimmen wieder eine „Translation" von $\boldsymbol{u}$ und $\boldsymbol{v}$ um w: $\boldsymbol{u} + \boldsymbol{w} = (2,2,0,2)$, $\boldsymbol{v} + \boldsymbol{w} = (1,1,0,2)$. Die Wörter $\boldsymbol{u}$ und $\boldsymbol{v}$ unterscheiden sich an den Position 1 und 2. Daher ist die Distanz $d(\boldsymbol{u}, \boldsymbol{v}) = 2$. An welchen Positionen unterscheiden sich die um $\boldsymbol{w}$ verschobenen Wörter? Es sind dies wieder die Positionen 1 und 2. An welchen Positionen unterscheiden sich $\boldsymbol{u}$ und $\mathbf{0}$? Es sind dies die Positionen 1, 3 und 4, die wir in einer Menge $T_{\boldsymbol{u}} := \{1,3,4\}$ zusammenfassen. Diese Positionen sind genau jene, an denen die Eintragungen $u_i \neq 0$ sind. Damit ist $d(\boldsymbol{u}, \mathbf{0}) = 3 = |\ T_{\boldsymbol{u}}\ |$. Analog ist $T_{\boldsymbol{v}} := \{1,2,3,4\}$ und $d(\boldsymbol{v}, \mathbf{0}) = 4 = |\ T_{\boldsymbol{v}}\ |$.

In beiden Beispielen bemerken wir, dass eine Translation die Distanz zweier Wörter unverändert (invariant) lässt. Die Distanz eines Wortes zum Nullwort ist gleich der Anzahl jener Positionen, an denen die Eintragungen des Wortes ungleich Null sind.

Definition 4.2
Sei C ein Code der Länge n über einem endlichen Körper $\mathbb{K}$, und bezeichne $d(\boldsymbol{u}, \boldsymbol{v})$ den Hamming-Abstand zweier Wörter $\boldsymbol{u}$, $\boldsymbol{v}$ aus C.

Der *Träger* $T_{\boldsymbol{u}}$ eines Wortes $\boldsymbol{u} = (u_1, \ldots, u_n)$ ist die Menge jener Positionen, an denen die Eintragungen des Wortes $\boldsymbol{u}$ von Null verschieden sind. Symbolisch: $T_{\boldsymbol{u}} = \{i | u_i \neq 0\}$.

Das *Gewicht* $w(\boldsymbol{u})$ eines Wortes $\boldsymbol{u}$ ist die *Anzahl* der Eintragungen von $\boldsymbol{u}$, die von Null verschieden sind. Symbolisch: $w(\boldsymbol{u}) = |T_{\boldsymbol{u}}| = d(\boldsymbol{u}, \mathbf{0})$.

Das *Minimalgewicht* $w(C)$ eines Codes $C \neq \{\mathbf{0}\}$ ist das Minimum aller Codewort-Gewichte.

Symbolisch: $w(C) := \min\ \{w(\boldsymbol{c}) | \mathbf{0} \neq \boldsymbol{c} \in C\}$.

Anmerkung: Ist $C = \{\mathbf{0}\}$, dann setzt man $w(C) := 0$.

Mit diesen Bezeichnungen kann die Bestimmung der Minimaldistanz eines linearen Codes auf die Bestimmung seines Minimalgewichtes zurückgeführt werden. Diese Bestimmung erfordert nur $|C| - 1$ Gewichtsbestimmungen im Gegensatz zu den sonst notwendigen $|C|\ (|C| - 1)/2$ Abstandsbestimmungen.

Satz 4.4
Sei C ein linearer Code der Länge n über einem endlichen Körper $\mathbb{K}$.

(Fortsetzung)

Satz 4.4 (Fortsetzung)
(1) $d(\mathbf{u}, \mathbf{v}) = d(\mathbf{u} + \mathbf{w}, \mathbf{v} + \mathbf{w})$ für alle $\boldsymbol{u}, \boldsymbol{v}, \boldsymbol{w} \in C$ (Translationsinvarianz).
(2) Der Minimalabstand eines Codes ist gleich seinem Minimalgewicht, also $d_{min}(C) = w(C)$.

Beweis:

(1) Die Wörter $\boldsymbol{u}$ und $\boldsymbol{v}$ unterscheiden sich an denselben Stellen wie Wörter $\boldsymbol{u} + \boldsymbol{w}$ und $\boldsymbol{v} + \boldsymbol{w}$. Betrachten wie die Position i:
Es ist $u_i + w_i = v_i + w_i \Leftrightarrow u_i + w_i - w_i = v_i + w_i - w_i \Leftrightarrow u_i + 0 = v_i + 0 \Leftrightarrow u_i = v_i$.

Bei diesen Umformungen haben wir die Gruppeneigenschaft von $(\mathbb{K}, +)$ benützt.
Ist also $u_i \neq v_i$, dann ist auch $u_i + w_i \neq v_i + w_i$ und umgekehrt. Damit sind die Distanzen gleich.

(2) Wegen der Linearität von C gilt: $\boldsymbol{u}, \boldsymbol{v} \in C \Rightarrow \boldsymbol{u} - \boldsymbol{v} =: \boldsymbol{c} \in C$. Weiterhin benützen wir die Translationsinvarianz mit $\boldsymbol{w} = -\boldsymbol{v}$.

$$d(C) = \min\{d(\boldsymbol{u}, \boldsymbol{v}) | \boldsymbol{u}, \boldsymbol{v} \in C, \boldsymbol{u} \neq \boldsymbol{v}\} = \min\{d(\boldsymbol{u} + (-\boldsymbol{v}), \boldsymbol{v} + (-\boldsymbol{v})) | \boldsymbol{u}, \boldsymbol{v} \in C, \boldsymbol{u} \neq \boldsymbol{v}\}$$

$$= \min\{d(\boldsymbol{u} + (-\boldsymbol{v}), \mathbf{0})) | \boldsymbol{u}, \boldsymbol{v} \in C, \boldsymbol{u} \neq \boldsymbol{v}\} = \min\{d(\boldsymbol{c}, \mathbf{0})) | \boldsymbol{c} \in C, \boldsymbol{c} \neq \mathbf{0}\} =$$

$$= \min\{w(\boldsymbol{c}) | \boldsymbol{c} \neq \mathbf{0}\} = w(C).$$

■

Anmerkung: Die Minimalgewichte unserer bisher vorgestellten Codes lassen sich leicht bestimmen. Zum Beispiel gilt: $w(C^*) = 3$, $w(H_{bin}) = 3$, $w(W_{bin}(3)) = 3$.

4.2 Codieren mit Matrizen

Für die praktische Codierung von Nachrichten ist die Verwendung von Matrizen aus rechentechnischer Sicht und wegen des geringeren Speicherbedarfs vorteilhaft.

Beispiel 4.6 Betrachten wir wieder den (6,3)-Code C^* über $\mathbb{K} = \{0, 1\} = \mathbb{Z}_2$. Er enthält $2^3 = 8$ Elemente.

$$C^* = \{000000, 110100, 011010, 111001, 101110, 001101, 100011, 010111\}.$$

Alternativ kann C^*, weil er ein Linearcode ist, mithilfe einer Basis angegeben werden.

$$C^* = \langle 110100, 011010, 001101 \rangle.$$

Jedes Codewort von C^* ist, wie schon beschrieben, eine eindeutige Linearkombination dieser drei Codewörter mit $g_1 = 110100, g_2 = 011010, g_3 = 001101$. Schreiben wir diese drei Basisvektoren untereinander an. Es entsteht eine Matrix G mit drei Zeilen und sechs Spalten:

$$G := \begin{pmatrix} 1 & 1 & 0 & 1 & 0 & 0 \\ 0 & 1 & 1 & 0 & 1 & 0 \\ 0 & 0 & 1 & 1 & 0 & 1 \end{pmatrix} = \begin{pmatrix} g_1 \\ g_2 \\ g_3 \end{pmatrix}.$$

Erinnerung (vgl. Abschn. 10.4):

$$(a,b)\begin{pmatrix} 1 & 2 & 3 \\ 4 & 5 & 6 \end{pmatrix} = (a \cdot 1 + b \cdot 4, a \cdot 2 + b \cdot 5, a \cdot 3 + b \cdot 6) = a(1,2,3) + b(4,5,6)$$

„also: a mal erste Zeile + b mal zweite Zeile".

Multipliziert man die Matrix G von links mit dem Vektor $m := (a, b, c)$, so folgt:

$$mG = (a,b,c)\begin{pmatrix} 1 & 1 & 0 & 1 & 0 & 0 \\ 0 & 1 & 1 & 0 & 1 & 0 \\ 0 & 0 & 1 & 1 & 0 & 1 \end{pmatrix} =$$

$$= (a, a+b, b+c, \mathrm{a}+c, b, c) =$$

$$= a(1,1,0,1,0,0) + b(0,1,1,0,1,0) + c(0,0,1,1,0,1) = ag_1 + bg_2 + cg_3 \in C^*,$$

weil C^* ein Teilraum ist.

Die Linksmultiplikation von m mit der Matrix G erzeugt Codewörter von C^*, sogar alle Codewörter, wie wir im Satz 4.5 sehen werden.

Codieralgorithmus für einen Linearcode C

Gegeben sei ein (n, k)-Linearcode C über dem Körper $\mathbb{K}$.

(1) Bestimme für den Code $C \trianglelefteq \mathbb{K}^n$ eine Basis $B := \{g_1, \ldots, g_k\}$ (z. B. mittels elementarer Zeilenumformungen).

(2) Bilde mit dieser Basis die Matrix G mit den Zeilenvektoren $g_1, \ldots, g_k$.

$$G := \begin{pmatrix} g_1 \\ \vdots \\ g_k \end{pmatrix}.$$

(3) Berechne für die Nachricht $m \in \mathbb{K}^k$ den Vektor $c := mG$. Der Vektor c ist das Codewort der Nachricht m.

(4) Berechne für alle Nachrichtenwörter $m \in \mathbb{K}^k$ das Produkt mG. Es entsteht der Code C. Symbolisch: $C = \{c \in \mathbb{K}^k \mid c = mG \text{ mit } m \in \mathbb{K}^k\}$.

$$\text{Damit gilt}: C^* = \left\{ \boldsymbol{c} \in \mathbb{K}^6 | \boldsymbol{c} = \boldsymbol{m} \begin{pmatrix} 110100 \\ 011010 \\ 001101 \end{pmatrix} \text{mit } \boldsymbol{m} \in \mathbb{K}^3 \text{ beliebig} \right\}.$$

Dieses Verfahren liefert eine Möglichkeit, einen beliebigen linearen (n, k)-Code zu erzeugen.

(1) Wähle eine $(k \times n)$-Matrix G mit k linear unabhängigen Zeilenvektoren.

(2) Bestimme $C := \{\boldsymbol{m}G | \boldsymbol{m} \in \mathbb{K}^k\} \subset \mathbb{K}^n$.

Es gilt: $\boldsymbol{m}G \subset \mathbb{K}^n$, weil $\boldsymbol{m}$ eine $(1 \times k)$-Matrix und G eine $(k \times n)$-Matrix ist. Also ist $\boldsymbol{m}G$ eine $(1 \times n)$-Matrix und daher ein Element des $\mathbb{K}^n$.

Der Code C ist wegen der Rechenregeln für Matrizen linear:
Seien $\boldsymbol{c}_1 = \boldsymbol{m}_1 G$, $\boldsymbol{c}_2 = \boldsymbol{m}_2 G$, und sei $\lambda \epsilon \mathbb{K}$. Dann gilt:
$\boldsymbol{c}_1 + \boldsymbol{c}_2 = \boldsymbol{m}_1 G + \boldsymbol{m}_2 G = (\boldsymbol{m}_1 + \boldsymbol{m}_2) G = \boldsymbol{m}G$ für ein $\boldsymbol{m} \in \mathbb{K}^k$.
$\lambda \boldsymbol{c}_1 = (\lambda \boldsymbol{m}_1) G = \boldsymbol{m}' G$ für ein $\boldsymbol{m}' \in \mathbb{K}^k$.

Beispiel 4.7 Erzeuge einen (3,2)-Linearcode C über $\mathbb{K} := \{0, 1, 2\} = \mathbb{Z}_3$.

Sei $G := \begin{pmatrix} 1 & 0 & 2 \\ 2 & 1 & 1 \end{pmatrix}$. Die Zeilenvektoren $\mathbf{z}_1$, $\mathbf{z}_2$von G sind linear unabhängig, denn $z_1 \neq \lambda z_2$.

Bilde $C = \{\boldsymbol{m}G | \boldsymbol{m} \in \mathbb{K}^2\} = \{000, 102, 201, 211, 122, 221, 112, 020, 010\}$:

$$(0,0)\begin{pmatrix} 1 & 0 & 2 \\ 2 & 1 & 1 \end{pmatrix} = (0,0,0),\ (1,0)\begin{pmatrix} 1 & 0 & 2 \\ 2 & 1 & 1 \end{pmatrix} = (1,0,2),\ (2,0)\begin{pmatrix} 1 & 0 & 2 \\ 2 & 1 & 1 \end{pmatrix} = (2,0,1),$$
$$(0,1)\begin{pmatrix} 1 & 0 & 2 \\ 2 & 1 & 1 \end{pmatrix} = (2,1,1),\ (0,2)\begin{pmatrix} 1 & 0 & 2 \\ 2 & 1 & 1 \end{pmatrix} = (1,2,2),\ (1,2)\begin{pmatrix} 1 & 0 & 2 \\ 2 & 1 & 1 \end{pmatrix} = (2,2,1),$$
$$(2,1)\begin{pmatrix} 1 & 0 & 2 \\ 2 & 1 & 1 \end{pmatrix} = (1,1,2),\ (2,2)\begin{pmatrix} 1 & 0 & 2 \\ 2 & 1 & 1 \end{pmatrix} = (0,2,0),\ (1,1)\begin{pmatrix} 1 & 0 & 2 \\ 2 & 1 & 1 \end{pmatrix} = (0,1,0).$$

Wir bestimmen dim(C) mittels elementarer Zeilenumformungen:

$$\begin{matrix} 102 \\ 201 \\ 211 \\ 122 \\ 221 \\ 112 \\ 020 \\ 010 \\ 000 \end{matrix} \rightarrow \begin{matrix} 102 \\ 000 \\ 010 \\ 020 \\ 020 \\ 010 \\ 020 \\ 010 \\ 000 \end{matrix} \rightarrow \begin{matrix} 102 \\ 010 \\ 000 \\ 000 \\ 000 \\ 000 \\ 000 \\ 000 \\ 000 \end{matrix} \rightarrow \begin{matrix} 102 \\ 010 \\ \mathbf{0} \end{matrix}.$$

Also besitzt C die Basis $\{(1,0,2), (0,1,0)\}$, und es gilt dim $(C) = 2$. Damit ist C ein linearer (3,2)-Code.

Diese Vorgehensweise wollen wir verallgemeinern. Nachdem jeder Vektorraum eine Basis besitzt und je zwei Basen gleich viele Elemente enthalten, ist folgende Definition möglich:

Definition 4.3
Seien C ein (n,k)-Linearcode über dem Körper $\mathbb{K}$ und $B := \{\boldsymbol{g}_1, \ldots, \boldsymbol{g}_k\}$ eine Basis von C. Dann nennt man die Matrix $G := \begin{pmatrix} \boldsymbol{g}_1 \\ \vdots \\ \boldsymbol{g}_k \end{pmatrix}$ eine *Generatormatrix* von C.

Mit $\boldsymbol{g}_1 := (g_{11}, \ldots, g_{1n}), \boldsymbol{g}_2 := (g_{21}, \ldots, g_{2n}), \ldots, \boldsymbol{g}_k := (g_{k1}, \ldots, g_{kn})$ ist
$G = \begin{pmatrix} g_{11} & \cdots & g_{1n} \\ \vdots & \ddots & \vdots \\ g_{k1} & \cdots & g_{kn} \end{pmatrix}$ eine $(k \times n)$-Matrix mit k linear unabhängigen Zeilen.

Anmerkung: Da ein Vektorraum unterschiedliche Basen besitzt, können die Generatormatrizen eines Linearcodes C unterschiedlich sein. Sie sind nicht eindeutig bestimmt.

Die Bezeichnung der Matrix G als Generatormatrix ist durch folgendem Satz gerechtfertigt.

Satz 4.5
Sei C ein (n,k)-Linearcode über dem Körper $\mathbb{K}$.
Eine $(k \times n)$-Matrix G ist genau dann eine Generatormatrix von C, wenn gilt:

$$C = \left\{\boldsymbol{c} \in \mathbb{K}^n \middle| \boldsymbol{c} = \boldsymbol{m}G \text{ für alle } \boldsymbol{m} \in \mathbb{K}^k\right\}.$$

Beweis:
„$\Rightarrow$" Voraussetzung: Sei G eine $(k \times n)$-Generatormatrix des linearen (n,k)-Codes C.
Behauptung: Dann gilt $C = \left\{\boldsymbol{c} \in \mathbb{K}^n \middle| \boldsymbol{c} = \boldsymbol{m}G \text{ für alle } \boldsymbol{m} \in \mathbb{K}^k\right\}$.

Begründung: Weil G eine Generatormatrix ist, sind die Zeilen $\{\boldsymbol{g}_1, \ldots, \boldsymbol{g}_k\}$ von G eine Basis von C, und es gilt $C = \langle \boldsymbol{g}_1, \ldots, \boldsymbol{g}_k \rangle$. Sei

$$G := \begin{pmatrix} \boldsymbol{g}_1 \\ \vdots \\ \boldsymbol{g}_k \end{pmatrix} = \begin{pmatrix} g_{11} & \cdots & g_{1n} \\ \vdots & \ddots & \vdots \\ g_{k1} & \cdots & g_{kn} \end{pmatrix},$$

und sei $\boldsymbol{m} := (m_1, \ldots, m_k)$ ein beliebiges Nachrichtenwort aus $\mathbb{K}^k$. Dann ist

$$\boldsymbol{m}G = (m_1, \ldots, m_k)\begin{pmatrix} g_{11} & \cdots & g_{1n} \\ \vdots & \ddots & \vdots \\ g_{k1} & \cdots & g_{kn} \end{pmatrix} =$$

$$= (m_1 g_{11} + \ldots + m_k g_{k1}, \ldots, m_1 g_{1n} + \ldots + m_k g_{kn}) =$$

$$= m_1(g_{11}, \ldots, g_{1n}) + \ldots + m_k(g_{k1}, \ldots, g_{kn}) =$$

$$= m_1 \boldsymbol{g}_1 + \ldots + m_k \boldsymbol{g}_k \in C.$$

Umgekehrt gilt für $\boldsymbol{c} \in C$:

$$\boldsymbol{c} = \lambda_1 \boldsymbol{g}_1 + \ldots + \lambda_k \boldsymbol{g}_k = \ldots = (\lambda_1, \ldots, \lambda_k)\begin{pmatrix} g_{11} & \cdots & g_{1n} \\ \vdots & \ddots & \vdots \\ g_{k1} & \cdots & g_{kn} \end{pmatrix}, \lambda_i \in \mathbb{K}, i = 1, \ldots, k.$$

Also gilt $\{\boldsymbol{m}G | \boldsymbol{m} \in \mathbb{K}^k\} \subseteq C \subseteq \{\boldsymbol{m}G | \boldsymbol{m} \in \mathbb{K}^k\}$ und damit $C = \{\boldsymbol{m}G | \boldsymbol{m} \in \mathbb{K}^k\}$.

Alle Codewörter eines Linearcodes erhält man durch Linksmultiplikation einer Generatormatrix mit allen Nachrichtenwörtern.

„$\Leftarrow$": Voraussetzung: Sei $C = \{\boldsymbol{c} \in \mathbb{K}^n | \boldsymbol{c} = \boldsymbol{m}G$ für alle $\boldsymbol{m} \in \mathbb{K}^k\}$.

Behauptung: G ist eine Generatormatrix für C.

Begründung: Wir zeigen, dass die Zeilen von G eine Basis von C bilden. Sei

$$G := \begin{pmatrix} g_{11} & \cdots & g_{1n} \\ \vdots & \ddots & \vdots \\ g_{k1} & \cdots & g_{kn} \end{pmatrix} = \begin{pmatrix} \boldsymbol{g}_1 \\ \vdots \\ \boldsymbol{g}_k \end{pmatrix}.$$

(i) Die Zeilen von G sind Elemente von C, denn:

$(g_{11}, \ldots, g_{1n}) = (1,0,\ldots,0)G \in C$ wegen $(1, 0, \ldots, 0) \in \mathbb{K}^k$,

$$\vdots$$

$$\vdots$$

$(g_{k1}, \ldots, g_{kn}) = (0,0,\ldots,1)G \in C$ wegen $(0, 0, \ldots, 1) \in \mathbb{K}^k$.

Die Zeilen von G sind die Codewörter der „Einheitsnachrichten" $\boldsymbol{m}_i = (0, 0, \ldots, 1, \ldots, 0) \in \mathbb{K}^k$.

(ii) Die Zeilen von G sind ein Erzeugendensystem von C, also $C = \langle \boldsymbol{g}_1, \ldots, \boldsymbol{g}_k \rangle$:

(a) Es gilt: $\langle \boldsymbol{g}_1, \ldots, \boldsymbol{g}_k \rangle \subseteq C$, denn nach (i) sind $\boldsymbol{g}_1 \in C, \ldots, \boldsymbol{g}_k \in C$, und damit ist jede Linearkombination von $\{\boldsymbol{g}_1, \ldots, \boldsymbol{g}_k\}$ wieder ein Element von C, weil C ein Teilraum ist.

(b) Es gilt: $C \subseteq \langle \boldsymbol{g}_1, \ldots, \boldsymbol{g}_k \rangle$, denn:

Ist $\boldsymbol{c} \in C \Rightarrow \boldsymbol{c} = \boldsymbol{m}G$ für ein $\boldsymbol{m} = (m_1, \ldots, m_k)$.

Damit ist

$$\boldsymbol{c} = \boldsymbol{m}G = (m_1, \ldots, m_k) \begin{pmatrix} g_{11} & \cdots & g_{1n} \\ \vdots & \ddots & \vdots \\ g_{k1} & \cdots & g_{kn} \end{pmatrix} =$$

$$= (m_1 g_{11} + \ldots + m_k g_{k1}, \ldots, m_1 g_{1n} + \ldots + m_k g_{kn}) =$$

$$= m_1 (g_{11}, \ldots, g_{1n}) + \ldots + m_k (g_{k1}, \ldots, g_{kn}) =$$

$$= m_1 \boldsymbol{g}_1 + \ldots + m_k \boldsymbol{g}_k \in \langle \boldsymbol{g}_1, \ldots, \boldsymbol{g}_k \rangle.$$

Aus (a) und (b) folgt: $C = \langle \boldsymbol{g}_1, \ldots, \boldsymbol{g}_k \rangle$.

(i) Die Zeilen von G sind linear unabhängig.

Nach Voraussetzung ist $\dim(C) = k$, und nach (ii) gilt $C = \langle \boldsymbol{g}_1, \ldots, \boldsymbol{g}_k \rangle$.

Dann ist die Menge $B := \{\boldsymbol{g}_1, \ldots, \boldsymbol{g}_k\}$ linear unabhängig. Wäre B linear abhängig, dann wäre mindestens ein $\boldsymbol{g}_i \in B$ eine Linearkombination der übrigen Vektoren. Dann ist aber $C = \langle \boldsymbol{g}_1, \ldots, \boldsymbol{g}_k \rangle = \langle \boldsymbol{g}_1, \ldots \boldsymbol{g}_{i-1}, \boldsymbol{g}_{i+1}, \ldots, \boldsymbol{g}_k \rangle$. Ist die Menge $\{\boldsymbol{g}_1, \ldots \boldsymbol{g}_{i-1}, \boldsymbol{g}_{i+1}, \ldots, \boldsymbol{g}_k\}$ weiterhin linear abhängig, dann kann wieder mindestens ein Vektor $\boldsymbol{g}_j$ aus dieser Menge eliminiert werden, ohne die Hülle $\langle \boldsymbol{g}_1, \ldots, \boldsymbol{g}_k \rangle$ zu verändern. Dies führt man so lange durch, bis eine linear unabhängige Teilmenge von B entsteht. Dann ist aber $\dim(C) < k$. Dies ist ein Widerspruch zu $\dim(C) = k$.

Also bilden die Zeilen von G eine Basis von C, und G ist Generatormatrix.

∎

Folgerung 1: Sei $C \lhd \mathbb{K}^n$ ein (n, k)-Linearcode mit der Generatormatrix G. Dann gilt: Die Abbildung $f_C : \mathbb{K}^k \to \mathbb{K}^n$ mit $f_C(\boldsymbol{m}) := \boldsymbol{m}G$ ist eine lineare Codierfunktion von C.

Beweis: Wir müssen nach Definition 3.3. zeigen, dass die Abbildung f_C injektiv ist und $C = f_C(\mathbb{K}^k)$ gilt.

Als Teilraum des $\mathbb{K}^n$ besitzt C eine Basis $\{\boldsymbol{g}_1, \ldots, \boldsymbol{g}_k\}$. Für die Generatormatrix $G := \begin{pmatrix} \boldsymbol{g}_1 \\ \vdots \\ \boldsymbol{g}_k \end{pmatrix}$ gilt nach Satz 4.5: $C = \left\{\boldsymbol{c} \in \mathbb{K}^n \mid \boldsymbol{c} = \boldsymbol{m}G \text{ für alle } \boldsymbol{m} \in \mathbb{K}^k\right\}$. Damit folgt für $f_C : \mathbb{K}^k \to \mathbb{K}^n$ mit $f_C(\boldsymbol{m}) := \boldsymbol{m}G$:

(1) $f_C(\mathbb{K}^k) = C$:

Sei $\boldsymbol{m} \in \mathbb{K}^k$, dann ist $f_C(\boldsymbol{m}) := \boldsymbol{m}G \in C$.
Ist umgekehrt $\boldsymbol{c} \in C$, dann ist $\boldsymbol{c} = \boldsymbol{m}G = f_C(\boldsymbol{m})$ für ein $\boldsymbol{m} \in \mathbb{K}^k$.

(2) f_C ist injektiv:

Sei $f_C(\boldsymbol{m}) = f_C(\boldsymbol{n})$. Dann gilt $\boldsymbol{m}G = \boldsymbol{n}G$ und damit für $\boldsymbol{m} := (m_1, \ldots, m_k)$ und $\boldsymbol{n} := (n_1, \ldots, n_k)$:

$$m_1\boldsymbol{g}_1 + \ldots + m_k\boldsymbol{g}_k = n_1\boldsymbol{g}_1 + \ldots + n_k\boldsymbol{g}_k$$

$$(m_1 - n_1)\boldsymbol{g}_1 + \ldots + (m_k - n_k)\boldsymbol{g}_k = \boldsymbol{0}.$$

Weil die Vektoren $\boldsymbol{g}_1, \ldots, \boldsymbol{g}_k$ linear unabhängig sind, folgt:

$$(m_1 - n_1) = 0, \ \ldots, (m_k - n_k) = 0$$

also $\boldsymbol{m} = \boldsymbol{n}$

(3) f_C ist linear: Nach den Rechenregeln für Matrizen gilt:

$$f_C(\boldsymbol{m}_1 + \boldsymbol{m}_2) = (\boldsymbol{m}_1 + \boldsymbol{m}_2)G = (\boldsymbol{m}_1 + \boldsymbol{m}_2), G = \boldsymbol{m}_1G + \boldsymbol{m}_2G = \boldsymbol{f}_C(\boldsymbol{m}_1) + \boldsymbol{f}_C(\boldsymbol{m}_2).$$

Und $f_C(\lambda\boldsymbol{m}) = \lambda f_C(\boldsymbol{m})$, $\lambda \epsilon K$.

■

Also: Jeder Linearcode besitzt eine lineare Codierfunktion.

Nach Satz A5.7 (Fortsetzungssatz) ist eine lineare Abbildung f zwischen zwei Vektorräumen V und W eindeutig durch die Bilder der Basisvektoren von V bestimmt. Da Codierfunktionen injektiv sind, müssen wir beachten, dass die Bilder der Basisvektoren linear unabhängig sind.

Folgerung 2: Durch Angabe linear unabhängiger Bilder einer Basis von $\mathbb{K}^k$ ist ein (n, k)-Linearecode C eindeutig bestimmt. Diese Bilder sind die Zeilen einer Generatormatrix von C.

Beweis: Seien $\{\boldsymbol{b}_1, \ldots, \boldsymbol{b}_k\}$ eine Basis von $\mathbb{K}^k$ und $\{\boldsymbol{g}_1, \ldots, \boldsymbol{g}_k\}$ die linear unabhängigen zugehörigen Codewörter aus $\mathbb{K}^n$, wobei $\boldsymbol{b}_i \to \boldsymbol{g}_i$ mit $i = 1, \ldots, k$. Wir erweitern diese Zuordnung zu einer Abbildung f von ganz $\mathbb{K}^k$nach $\mathbb{K}^n$ durch folgendes Verfahren:

Ist $\boldsymbol{m} \in \mathbb{K}^k$ beliebig, dann gibt es nach Definition einer Basis eindeutig bestimmte Skalare $m_1, \ldots, m_k$ aus $\mathbb{K}$ mit $\boldsymbol{m} = m_1\boldsymbol{b}_1 + \ldots + m_k\boldsymbol{b}_k$. Durch die Festsetzung

$$f(\boldsymbol{m}) := m_1\boldsymbol{g}_1 + \ldots + m_k\boldsymbol{g}_k$$

wird jedem $\boldsymbol{m} \in \mathbb{K}^k$ genau ein Element $f(\boldsymbol{m})$ aus $\mathbb{K}^n$ zugeordnet. Es ist also $f : \mathbb{K}^k \to \mathbb{K}^n$.

Ein einfache Rechnung zeigt, dass f linear ist:
$f(\boldsymbol{m}+\boldsymbol{n}) = f(\boldsymbol{m}) + f(\boldsymbol{n})$ und $f(\lambda \boldsymbol{m}) = \lambda f(\boldsymbol{m})$ für $\boldsymbol{m}, \boldsymbol{n} \in \mathbb{K}^k$ und $\lambda \in \mathbb{K}$.
Wegen der linearen Unabhängigkeit von $\{\boldsymbol{g}_1, \ldots, \boldsymbol{g}_k\}$ ist f injektiv.
Wäre $f(\boldsymbol{m}) = f(\boldsymbol{n})$ mit $\boldsymbol{m} = m_1\boldsymbol{g}_1 + \ldots + m_k\boldsymbol{g}_k$ und $\boldsymbol{n} = n_1\boldsymbol{g}_1 + \ldots + n_k\boldsymbol{g}_k$, dann erhält man $m_1\boldsymbol{g}_1 + \ldots + m_k\boldsymbol{g}_k = n_1\boldsymbol{g}_1 + \ldots + n_k\boldsymbol{g}_k$.
Es folgt $m_1\boldsymbol{g}_1 + \ldots + m_k\boldsymbol{g}_k - (n_1\boldsymbol{g}_1 + \ldots + n_k\boldsymbol{g}_k) = \boldsymbol{0}$ und damit

$$(m_1 - n_1)\boldsymbol{g}_1 + \ldots + (m_k - n_k)\boldsymbol{g}_k = \boldsymbol{0}.$$

Weil $\{\boldsymbol{g}_1, \ldots, \boldsymbol{g}_k\}$ linear unabhängig ist, gilt nach Definition A5.5

$$(m_1 - n_1) = \ldots = (m_k - n_k) = 0.$$

Also gilt $m_1 = n_1, \ldots, m_k = n_k$ und $\boldsymbol{m} = \boldsymbol{n}$.
Damit eignet sich f als Codierfunktion für einen Code C, also ist nach Definition 3.3 $C := f(\mathbb{K}^k)$. Da f linear ist, folgt nach Satz 4.3, dass C ein linearer Code ist.
Darüber hinaus gibt es keine weitere lineare Abbildung $h : \mathbb{K}^k \to \mathbb{K}^n$ mit $\boldsymbol{b}_i \to \boldsymbol{g}_i$, $h(\boldsymbol{b}_i) = \boldsymbol{g}_i$ für $i = 1, \ldots, k$. Für diese Abbildung h würde für alle $\boldsymbol{m} \in \mathbb{K}^k$ mit $\boldsymbol{m} = m_1\boldsymbol{b}_1 + \ldots + m_k\boldsymbol{b}_k$ nämlich gelten:

$$h(\boldsymbol{m}) = h(m_1\boldsymbol{b}_1 + \ldots + m_k\boldsymbol{b}_k) = m_1 h(\boldsymbol{b}_1) + \ldots + m_k h(\boldsymbol{b}_k) = m_1\boldsymbol{g}_1 + \ldots + m_k\boldsymbol{g}_k = f(\boldsymbol{m}).$$

Damit stimmt h mit f überein. Es gibt also nur einen Linearcode C, der auf $\{\boldsymbol{b}_1, \ldots, \boldsymbol{b}_k\}$ die vorgegeben Codewörter $\{\boldsymbol{g}_1, \ldots, \boldsymbol{g}_k\}$ besitzt: $C' := h(\mathbb{K}^k) = f(\mathbb{K}^k) = C$.
Die Vorschrift für $f(\boldsymbol{m})$ kann auch wie folgt geschrieben werden:

$$\mathrm{f}(\boldsymbol{m}) = m_1\boldsymbol{g}_1 + \ldots + m_k\boldsymbol{g}_k = (m_1, \ldots, m_k)\begin{pmatrix} g_1 \\ \vdots \\ g_k \end{pmatrix} = \boldsymbol{m}G \text{ mit } G := \begin{pmatrix} g_1 \\ \vdots \\ g_k \end{pmatrix}.$$

Damit gilt: $C = f(\mathbb{K}^k) = \{\boldsymbol{m}G | \boldsymbol{m} \in \mathbb{K}^k\}$. Nach der Umkehrung von Satz 4.5 ist die Matrix G eine Generatormatrix von C. Die Zeilen dieser Generatormatrix sind gerade die vorgegebenen Bilder der Basisvektoren.

■

Anmerkungen:

(1) Verwendet man den Satz aus der linearen Algebra, dass die Bilder von linear unabhängigen Vektoren unter einer injektiven linearen Abbildung linear unabhängig sind und beachtet, dass in einem k-dimensionalen Vektorraum je k linear unabhängige Vektoren eine Basis bilden, dann folgt die Behauptung aus Folgerung (2) sofort.

(2) Konstruktion einer Generatormatrix G des linearen (n, k)-Codes C: Wähle
   (a) als Zeilen von G die Basisvektoren von C oder
   (b) als Zeilen von G linear unabhängige Bilder einer beliebigen Basis des $\mathbb{K}^k$. Gerne verwendet man als Basis des $\mathbb{K}^k$ die Standardbasis $\{\boldsymbol{e}_1, \ldots, \boldsymbol{e}_k\}$.

Zusammenfassung:
Zu jedem (n, k)-Linearecode über einem Körper $\mathbb{K}$ gibt es eine nicht eindeutig bestimmte $(k \times n)$-Matrix G mit $rg(G) = k$, sodass alle Codewörter durch Linksmultiplikation der Matrix G mit allen Nachrichtenwörtern erzeugt werden können: $C = \{\boldsymbol{m}G| \text{ für alle } \boldsymbol{m} \in \mathbb{K}^k\}$. Die Zeilen von G sind Basisvektoren von C. Dies hat den Vorteil, dass anstelle der Auflistung von $|\ \mathbb{K}^k\ |$ Codewörtern die Angabe von k Basiselementen genügt. Dabei *beachte* man, dass in der gewählten Basis kein Einheitsvektor enthalten ist, da ein solcher das Hamming-Gewicht eins besitzt und damit d_{min} den unbrauchbaren Wert 1 annimmt. Es ist eine große Kunst, die Basis von C so zu konstruieren, dass sowohl $d_{min}(C)$ als auch die Informationsrate R möglichst groß sind.

Beispiel 4.8 Sei der (5,3)-Code C durch folgende Codewörter der Standardbasis des gegeben $\mathbb{K}^3$ gegeben:

$$(1,0,0) \rightarrow (1,0,1,1,1) =: \boldsymbol{g}_1,$$
$$(0,1,0) \rightarrow (0,0,1,0,1) =: \boldsymbol{g}_2,$$
$$(0,0,1) \rightarrow (1,1,0,1,1) =: \boldsymbol{g}_3.$$

Die Codewörter $\{\boldsymbol{g}_1, \boldsymbol{g}_2, \boldsymbol{g}_3\}$ sind linear unabhängig. Mit dieser Wahl ist nach Folgerung 2 eine injektive lineare Funktion $f_C : \mathbb{K}^3 \rightarrow \mathbb{K}^5$ eindeutig festgelegt, nämlich durch $f_C(\boldsymbol{m}) = m_1\boldsymbol{g}_1 + m_2\boldsymbol{g}_2 + m_3\boldsymbol{g}_3$ für $\boldsymbol{m} = (m_1, m_2, m_3) \in \mathbb{K}^3$.
Ausführlich:

$$f_C(0,0,0) = (0,0,0,0,0),\ f_C(1,1,0) = (1,0,0,1,0),\ f_C(1,0,1) = (0,1,1,0,0)$$

$$f_C(0,1,1) = (1,1,1,1,0),\ f_C(1,1,1) = (0,1,0,0,1).$$

Insgesamt gilt:

$$C = \{(0,0,0,0,0), (1,0,1,1,1), (0,0,1,0,1), (1,1,0,1,1), (1,0,0,1,0), (0,1,1,0,0),$$
$$(1,1,1,1,0), (0,1,0,0,1)\}.$$

Die Vektoren $\boldsymbol{g}_1, \boldsymbol{g}_2$ und $\boldsymbol{g}_3$ bilden eine Generatormatrix des Codes C, nämlich

$$G := \begin{pmatrix} 1 & 0 & 1 & 1 & 1 \\ 0 & 0 & 1 & 0 & 1 \\ 1 & 1 & 0 & 1 & 1 \end{pmatrix}.$$

Alle Codewörter von C sind nach Satz 4.5 gegeben durch:

$$(0,0,0)G = (0,0,0,0,0), (1,0,0)G = (1,0,1,1,1) = \boldsymbol{g}_1, (0,1,0)G = (0,0,1,0,1) = \boldsymbol{g}_2,$$

$$(0,0,1)G = (1,1,0,1,1) = \boldsymbol{g}_3, (1,1,0)G = (1,0,0,1,0), (1,0,1)G = (0,1,1,0,0),$$

$$(0,1,1)G = (1,1,1,1,0), (1,1,1)G = (0,1,0,0,1).$$

Bezeichnet C_G den von G erzeugten Code, dann gilt (als Verifizierung von Satz 4.5):

$$C_G = \{(0,0,0,0,0), (1,0,1,1,1), (0,0,1,0,1), (1,1,0,1,1), (1,0,0,1,0), (0,1,1,0,0), (1,1,1,1,0), (0,1,0,0,1)\} = C.$$

Nun wählen wir für eine andere Basis des $\mathbb{K}^3$ wieder linear unabhängige Codewörter. Es ist z. B. $\{(1,0,0), (1,0,1), (0,1,0)\}$ wegen der linearen Unabhängigkeit eine Basis des $\mathbb{K}^3$. Ihnen sollen folgende linear unabhängigen Codewörter zugeordnet werden:

$$\begin{aligned} (1,0,0) &\rightarrow (1,0,1,1,1) =: \boldsymbol{g}'_1, \\ (1,0,1) &\rightarrow (0,1,1,0,0) =: \boldsymbol{g}'_2, \\ (0,1,0) &\rightarrow (0,0,1,0,1) =: \boldsymbol{g}'_3. \end{aligned}$$

Dann ist die Matrix

$$G' = \begin{pmatrix} 1 & 0 & 1 & 1 & 1 \\ 0 & 1 & 1 & 0 & 0 \\ 0 & 0 & 1 & 0 & 1 \end{pmatrix}$$

eine Generatormatrix für einen Code C'. Alle Codewörter von C' erhält man durch:

$$(0,0,0)G' = (0,0,0,0,0); (1,0,0)G' = (1,0,1,1,1) = \boldsymbol{g}'_1; (0,1,0)G' = (0,1,1,0,0) = \boldsymbol{g}'_2$$

$$(0,0,1)G' = (0,0,1,0,1) = \boldsymbol{g}'_3; (1,1,0)G' = (1,1,0,1,1); (1,0,1)G' = (1,0,0,1,0);$$

$$(0,1,1)G' = (0,1,0,0,1); (1,1,1)G' = (1,1,1,1,0).$$

Damit erzeugt G'den Code $C_{G'} = C'$:

$$C_{G'} = \{(0,0,0,0,0),(1,0,1,1,1),(0,1,1,0,0),(0,0,1,0,1),(1,1,0,1,1),(1,0,0,1,0),$$
$$(0,1,0,0,1),(1,1,1,1,0)\} = C.$$

Wir beobachten, dass $C_{G'} = C_{\mathrm{G}} = C$ gilt. Zum Nachweis dieser Gleichung müsste man prüfen, ob jedes Codewort aus $C_{G'}$ auch ein Codewort von C_{G} ist und umgekehrt. Dies ist mühsam. Einfacher geschieht es durch die Verwendung folgender Eigenschaft von Zeilenräumen.

Ein Code C_G mit der Generatormatrix G ist nach Satz 4.5 der Zeilenraum seiner Generatormatrix:

$$C_G = \{\boldsymbol{c} \in \mathbb{K}^n | \boldsymbol{c} = \boldsymbol{m}G \text{ für alle } \boldsymbol{m} \in \mathbb{K}^k\} = \{m_1\boldsymbol{g}_1 + \ldots + m_k\boldsymbol{g}_k\} = Z(G).$$

Aus der Linearen Algebra ist bekannt:

Matrizen, die durch elementare Zeilenumformungen auf Stufenform (Staffelform) umgeformt wurden, haben genau dann den gleichen Zeilenraum, wenn sie die gleichen vom Nullvektor verschiedenen Zeilenvektoren besitzen (zu den Begriffen vgl. Abschn. 10.5).

Damit gilt für das Beispiel:

$$G := \begin{pmatrix} 1 & 0 & 1 & 1 & 1 \\ 0 & 0 & 1 & 0 & 1 \\ 1 & 1 & 0 & 1 & 1 \end{pmatrix} \to \begin{pmatrix} 1 & 0 & 1 & 1 & 1 \\ 0 & 0 & 1 & 0 & 1 \\ 0 & 1 & 1 & 0 & 0 \end{pmatrix} \to \begin{pmatrix} 1 & 0 & 1 & 1 & 1 \\ 0 & 1 & 1 & 0 & 0 \\ 0 & 0 & 1 & 0 & 1 \end{pmatrix} = G'.$$

Die Stufenformen von G und G' besitzen die gleichen vom Nullvektor verschiedenen Zeilenvektoren, also ist $Z(G) = Z(G')$ und damit sind die Codes von G und G' gleich.

Aufgabe 4.1 Wähle als Matrix

$$G'' = \begin{pmatrix} 1 & 0 & 1 & 1 & 1 \\ 0 & 1 & 0 & 0 & 0 \\ 0 & 0 & 1 & 0 & 1 \end{pmatrix}.$$

Die Matrix G'' kann den Code C aus Beispiel 4.8 nicht erzeugen, da die Matrix G'' bereits Stufenform besitzt und die vom Nullvektor verschiedenen Zeilenvektoren von G'' sich von den Zeilenvektoren der Stufenform von G unterscheiden.

Ein weiterer Grund für die Verschiedenheit der Codes ergibt sich aus dem Fehlen des Codewortes (0,1, 0,0, 0) in der Auflistung des Codes C in Beispiel 4.8.

Man wird versuchen, solche Generatormatrizen zu finden, mit denen man den Klartext (die ursprünglichen Daten) sofort ablesen kann. Wie in Abschn. 3.1 dargelegt, kann die Codierfunktion f_C von folgender Form sein, je nachdem, ob man die Nachrichtenzeichen am Anfang oder am Ende des Codewortes ablesen will.

$$f_C(m_1, \ldots, m_k) := c_1, \ldots, c_{n-k}, m_1, \ldots, m_k = \boldsymbol{m}G$$

oder

$$f_C(m_1, \ldots, m_k) := m_1, \ldots, m_k, c_1, \ldots, c_{n-k} = \boldsymbol{m}G'.$$

Ist

$$G := (\boldsymbol{s}_1, \boldsymbol{s}_2, \ldots, \boldsymbol{s}_{n-k}, \boldsymbol{s}_{n-k+1}, \boldsymbol{s}_{n-k+2}, \ldots, \boldsymbol{s}_n),$$

dann gilt:

$$\begin{aligned}\boldsymbol{m}G &:= \boldsymbol{m}(\boldsymbol{s}_1, \boldsymbol{s}_2, \ldots, \boldsymbol{s}_{n-k}, \boldsymbol{s}_{n-k+1}, \boldsymbol{s}_{n-k+2}, \ldots, \boldsymbol{s}_n) = \\ &= (*, \ldots, *, \boldsymbol{m}\boldsymbol{s}_{n-k+1}, \boldsymbol{m}\boldsymbol{s}_{n-k+2}, \ldots, \boldsymbol{m}\boldsymbol{s}_n).\end{aligned}$$

Nach obigem Wunsch (Nachrichtenzeichen am Ende des Codewortes) folgt:

$$(*, \ldots, *, \boldsymbol{m}\boldsymbol{s}_{n-k+1}, \boldsymbol{m}\boldsymbol{s}_{n-k+2}, \ldots, \boldsymbol{m}\boldsymbol{s}_n) = (*, \ldots, *, m_1, \ldots, m_k).$$

Gleichbedeutend ist dann

$$(\boldsymbol{m}\boldsymbol{s}_{n-k+1}, \boldsymbol{m}\boldsymbol{s}_{n-k+2}, \ldots, \boldsymbol{m}\boldsymbol{s}_n) = \boldsymbol{m}$$

oder

$$\boldsymbol{m}(\boldsymbol{s}_{n-k+1}, \boldsymbol{s}_{n-k+2}, \ldots, \boldsymbol{s}_n) = \boldsymbol{m}.$$

Damit ist

$$(\boldsymbol{s}_{n-k+1}, \boldsymbol{s}_{n-k+2}, \ldots, \boldsymbol{s}_n) = I_k$$

und

$$G = (\boldsymbol{s}_1, \ldots, \boldsymbol{s}_{n-k} | I_k) \text{ bzw. } G = (P | I_k).$$

Die Matrix P ist die $(k \times (n-k))$-Matrix der Prüfziffern, und I_k ist die $(k \times k)$-Einheitsmatrix.

Wünscht man die Nachrichtenzeichen am Anfang des Codewortes, so folgt analog, dass $G' = (I_k | P)$ gilt. Die Matrix P ist dann wieder eine $((n-k) \times k)$-Matrix der Prüfziffern, und I_k ist die $(k \times k)$-Einheitsmatrix.

Möchte man im Codewort $\boldsymbol{c}$ die Nachrichtenzeichen an den letzten k Stellen ablesen, dann muss die Generatormatrix die Form $G = (P|\,I_k)$ besitzen.

Möchte man im Codewort $\boldsymbol{c}$ die Nachrichtenzeichen an den ersten k Stellen ablesen, dann muss die Generatormatrix die Form $G' = (I_k|\,P)$ besitzen.

In beiden Fällen nennen wir eine solche Matrix *Generatormatrix in Standardform* oder *systematische Generatormatrix*.

Beispiel 4.9 Im Beispiel 4.8 war der Code C durch die nicht systematische Codierfunktion

$$f_C(1,0,0) := (1,0,1,1,1),\, f_C(0,1,0) := (0,0,1,0,1),\, f_C(0,0,1) := (1,1,0,1,1)$$

gegeben.

Die zugehörige Generatormatrix lautete

$$G := \begin{pmatrix} 1 & 0 & 1 & 1 & 1 \\ 0 & 0 & 1 & 0 & 1 \\ 1 & 1 & 0 & 1 & 1 \end{pmatrix}.$$

Die Matrix G befindet sich nicht in Standardform. Wir versuchen eine Standardform durch elementare Zeilenumformungen zu gewinnen. Man erhält

$$G' = \begin{pmatrix} 0 & 1 & 1 & 0 & 0 \\ 1 & 0 & 0 & 1 & 0 \\ 0 & 1 & 0 & 0 & 1 \end{pmatrix} = (P|I_3).$$

Damit folgt:

$$(m_1, m_2, m_3)G' = (m_2, m_1 + m_3, m_1, m_2, m_3).$$

Die Nachricht (m_1, m_2, m_3) wird durch Hinzunahme der Prüfziffern $p_1 := m_2$ und $p_2 := m_1 + m_3$ codiert. Die systematische Codierfunktion lautet damit:

$$f'_c(m_1, m_2, m_3) = (m_2, m_1 + m_3, m_1, m_2, m_3).$$

Zum Beispiel wird $(1,1,0)$ zu $(1,1,1,1,0)$ codiert.

Wir bemerken, dass man durch die Matrix $G'' := (I_k|\,P'')$ das Nachrichtenwort am Anfang des Codewortes ablesen kann.

Leider besitzt nicht jeder Linearcode eine Generatormatrix in Standardform.

Beispiel 4.10 Sei

$$G := \begin{pmatrix} 0 & 1 & 1 & 1 & 1 \\ 1 & 1 & 0 & 1 & 1 \\ 1 & 0 & 0 & 1 & 1 \end{pmatrix}.$$

Dann ist

$$C := \{\boldsymbol{m}G|m \in \mathbb{K}^k\} = \{m_2 + m_3, m_1 + m_2, m_1, m_1 + m_2 + m_3, m_1 + m_2 + m_3\}.$$

Wir sehen, dass C nur Codewörter mit gleicher vierter und fünfter Komponente enthält. Hätte C eine Generatormatrix in Standardform$(P|\, I_3)$, dann gilt:

$$(m_1, m_2, m_3) \left(P \left| \begin{matrix} 1 & 0 & 0 \\ 0 & 1 & 0 \\ 0 & 0 & 1 \end{matrix} \right. \right) = \{*, *, m_1, m_2, m_3\}.$$

Ist $m_2 \neq m_3$, dann enthielte C ein Codewort $\boldsymbol{c} = (*, \ * \ , m_1, m_2, m_3)$ mit verschiedener vierter und fünfter Komponente. Dies ist ein Widerspruch.

Aufgabe 4.2 Zeige durch elementare Zeilenumformungen, dass der von G erzeugte Code C eine Generatormatrix der Form $(I_3|\, P)$ besitzt.

Nun zeigen wir einen Code, dessen Generatormatrix weder in der Form $(P|\, I_3)$ noch $(I_3|\, P)$ dargestellt werden kann.

Beispiel 4.11 Sei C der binäre (6,3)-Linearcode mit der Generatormatrix

$$G := \begin{pmatrix} 1 & 1 & 0 & 0 & 1 & 1 \\ 1 & 1 & 0 & 1 & 1 & 1 \\ 1 & 1 & 1 & 1 & 1 & 1 \end{pmatrix}.$$

Seien $\boldsymbol{m} := (m_1, m_2, m_3)$ und $a := m_1 + m_2 + m_3$. Dann ist

$$C = \{\boldsymbol{m}G|\boldsymbol{m} \in \mathbb{Z}_2^3\} = \{(a, a, \ * \ , * \ a, a)\}.$$

Hätte C eine Generatormatrix in Standardform $G' = (I_3|\, P)$, dann wäre

$$\boldsymbol{m}G' = \{(m_1, m_2, m_3, \ * \ , \ * \ , *)\}.$$

Ist $m_1 \neq m_2$, dann ist $(m_1, m_2, m_3, \ * \ , \ * \ , *) \notin C$, weil die ersten beiden Komponenten verschieden sind. Also erzeugt G' nicht den Code C.

Hätte C eine Generatormatrix in Standardform $G'' = (P|I_3)$, dann wäre

$$mG'' = \{(*, \ *, \ *, m_1, m_2, m_3)\}.$$

Ist $m_2 \neq m_3$, dann ist $(*, \ *, \ *, m_1, m_2, m_3) \notin C$, weil die letzten beiden Komponenten verschieden sind. Also erzeugt G'' nicht den Code C.

Anmerkung: Ob ein Linearcode eine systematische Generatormatrix (Matrix in Standardform) besitzt, beantwortet die Linearen Algebra in folgender Form:

Ein Linearcode besitzt genau dann eine systematische Generatormatrix, wenn die reduzierte Stufenform der Generatormatrix bereits eine systematische Matrix ist. In diesem Fall ist sie die einzige systematische Generatormatrix des Codes.

Eine Matrix befindet sich in *reduzierter Stufenform,* falls gilt:

(1) Sie ist in Stufenform (vgl. Definition A5.14).
(2) Der erste Nichtnulleintrag einer Nichtnullzeile ist 1.
(3) Oberhalb (und unterhalb wegen der Stufenform) dieser 1 stehen nur Nullen.

Weiterhin ist aus der Linearen Algebra (vgl. Lipschutz, 1990) bekannt, dass zu jeder Matrix über einem Körper $\mathbb{K}$ eine eindeutig bestimmte Matrix in reduzierter Stufenform existiert, die durch elementare Zeilenumformungen bestimmt werden kann.

Damit gilt für Beispiel 4.11:

$$G := \begin{pmatrix} 1 & 1 & 0 & 0 & 1 & 1 \\ 1 & 1 & 0 & 1 & 1 & 1 \\ 1 & 1 & 1 & 1 & 1 & 1 \end{pmatrix} \to \begin{pmatrix} 1 & 1 & 0 & 0 & 1 & 1 \\ 0 & 0 & 0 & 1 & 0 & 0 \\ 0 & 0 & 1 & 1 & 0 & 0 \end{pmatrix} \to \begin{pmatrix} 1 & 1 & 0 & 0 & 1 & 1 \\ 0 & 0 & 1 & 1 & 0 & 0 \\ 0 & 0 & 0 & 1 & 0 & 0 \end{pmatrix} \to$$

$$\to \begin{pmatrix} 1 & 1 & 0 & 0 & 1 & 1 \\ 0 & 0 & 1 & 0 & 0 & 0 \\ 0 & 0 & 0 & 1 & 0 & 0 \end{pmatrix} =: G_R.$$

Die Matrix G_R befindet sich in reduzierter Stufenform, ist aber nicht systematisch, weil $G_R \neq (I_3|\,P)$ bzw. $G_R \neq (P|\,I_3)$. Daher besitzt der von G erzeugte Code C keine systematische Generatormatrix.

Dagegen gilt für den Code aus Beispiel 4.8:

$$G = \begin{pmatrix} 1 & 0 & 1 & 1 & 1 \\ 0 & 0 & 1 & 0 & 1 \\ 1 & 1 & 0 & 1 & 1 \end{pmatrix} \to \begin{pmatrix} 1 & 0 & 1 & 1 & 1 \\ 0 & 1 & 1 & 0 & 0 \\ 0 & 0 & 1 & 0 & 1 \end{pmatrix} \to \begin{pmatrix} 1 & 0 & 0 & 1 & 0 \\ 0 & 1 & 0 & 0 & 1 \\ 0 & 0 & 1 & 0 & 1 \end{pmatrix} = (I_3|P) = G'.$$

Dieser Code besitzt eine systematische Generatormatrix G' und damit eine systematische Codierfunktion f' mit

$$f'(m_1, m_2, m_3) = (m_1, m_2, m_3)G' = (m_1, m_2, m_3, m_1, m_2 + m_3).$$

Es sind $f' \neq f$: $f'(1{,}0, 0) = (1{,}0, 0{,}1, 0)$ und $f(1{,}0, 0) = (1{,}0, 1{,}1, 1)$.

Generatormatrizen der Codes aus Kap. 2

ISBN-10-Code

In diesem Fall haben wir 9 Datenziffern und eine Prüfziffer. Es liegt also ein (10,9)-Code vor. Ein beliebiges Codewort lautet $\boldsymbol{c} := (a_1, a_2, \ldots, a_9, a_{10})$. Die Prüfziffer a_{10} berechnet sich aus

$$10a_1 + 9a_2 + \ldots + (11 - i)a_i + \ldots + 2a_9 + 1a_{10} \equiv 0 \; mod \; 11.$$

Nach den Rechenregeln für Kongruenzen (vgl. Gl 10.2) ist dies gleichbedeutend mit

$$a_{10} = (a_1 + 2a_2 + \ldots + 9a_9) \; mod \; 11.$$

Satz 4.6

Der ISBN-10-Code ist ein (10,9)-Linearcode über dem Körper $\mathbb{K} = \mathbb{Z}_{11}$.

Anmerkung: Anstelle von $(\mathbb{Z}_{11}, \oplus, \odot)$ schreiben wir einfach $\mathbb{Z}_{11}$.
Beweis: Seien $\boldsymbol{c}:=(a_1, a_2, \ldots, a_9, a_{10}) \in \mathbb{K}^{10}$ mit $a_i \in \mathbb{K}$ und

$$a_{10} \equiv a_1 + 2a_2 + \ldots + 9a_9 \; mod \; 11.$$

Seien $\boldsymbol{c}' := (a_1', a_2', \ldots a_9', a_{10}') \in K^{10}$ mit $a_i' \in \mathbb{K}$ und

$$a_{10}' \equiv a_1' + 2a_2' + \ldots + 9a_9' \; mod \; 11.$$

Wir bilden die Differenz:

$$\boldsymbol{c} - \boldsymbol{c}' = (a_1 - a_1', a_2 - a_2', \ldots, a_9 - a_9', a_{10} - a_{10}') \in \mathbb{K}^{10},$$

weil $(a_i - a_i') \in \mathbb{K}$. Wir müssen noch zeigen, dass $a_{10} - a_{10}'$ Prüfziffer ist. Nach den Regeln für Kongruenzen gilt:

$$\begin{aligned} a_{10} - a_{10}' &\equiv ((a_1 + 2a_2 + \ldots + 9a_9) - (a_1' + 2a_2' + \ldots + 9a_9')) \text{ mod } 11 = \\ &= ((a_1 - a_1') + 2(a_2 - a_2') + \ldots + 9(a_9 - a_9')) \text{ mod } 11. \end{aligned}$$

Also ist die Bedingung für die Prüfziffer erfüllt.
Sei $\lambda \in \mathbb{K}$. Dann gilt für

$$\lambda c = (\lambda a_1, \lambda a_2, \ldots, \lambda a_9, \lambda a_{10}) \in \mathbb{K}^{10},$$

weil $\lambda a_i \in \mathbb{K}$. Es ist λa_{10} Prüfziffer:

$$\lambda a_{10} \equiv \lambda(a_1 + 2a_2 + \ldots + 9a_9) = \lambda a_1 + 2\lambda a_2 + \ldots + 9\lambda a_9 \bmod 11.$$

Nach dem Teilraumkriterium Satz A5.1 ist der ISBN-10-Code ein Teilraum des $\mathbb{K}^{10}$.
■

Eine Generatormatrix erhalten wir durch Angabe der Codewörter der Einheitsvektoren aus dem $\mathbb{K}^9$. Die Prüfziffer wird beim ISBN-Code der Praxis entsprechend an das Ende des Codewortes gesetzt. Dies ist auch bei den hier vorgestellten Prüfzeichenverfahren EAN, IBAN und dem Quersummencode der Fall. Am Anfang stehen die Nachrichtenzeichen.

$$(1,0,\ldots,0) \in \mathbb{K}^9 \to (1,0,\ldots,0,a_{10}) \in \mathbb{K}^{10} \text{ mit } a_{10} \equiv 1\cdot 1 + 2\cdot 0 + \ldots + 9\cdot 0 \equiv$$
$$\equiv 1 \; mod \; 11 = 1,$$

$$(0,0,\ldots,1) \in \mathbb{K}^9 \to (0,0,\ldots,1,a_{10}) \in \mathbb{K}^{10} \text{mit } a_{10} \equiv 1\cdot 0 + 2\cdot 0 + \ldots + 9\cdot 1 \equiv$$
$$\equiv 9 \; mod \; 11 = 9.$$

Die Generatormatrix G des ISBN-10-Codes lautet:

$$G = \begin{pmatrix} 1 & 0 & \cdots & 0 & 1 \\ 0 & 1 & \cdots & 0 & 2 \\ & & \ddots & & \\ 0 & 0 & \cdots & 1 & 9 \end{pmatrix} = (I_9|P). \tag{4.1}$$

Diese Generatormatrix befindet sich in Standardform. Der Klartext kann an den ersten 9 Ziffern des Codewortes abgelesen werden.

Dieser Code besitzt den Minimabstand $d_{min}(\text{ISBN} - 10 - \text{Code}) = 2$. Es gibt Wörter mit Hamming-Gewicht 2, z. B. die Zeilen von G. Es gibt kein Wort vom Gewicht 1, denn ist genau ein $a_i \neq 0$, $i = 1, \ldots, 9$, dann ist die Prüfziffer $a_{10} \equiv (11 - i)a_i \neq 0 \; mod \; 11$.

Wäre $a_{10} = 0$, dann gilt: $11 \mid ((11 - i)a_i)$. Weil 11 eine Primzahl ist, muss mindestens einer der Faktoren durch 11 teilbar sein. Dies ist nicht möglich, weil $11 - i < 11$ ist und $0 \leq a_i \leq 10$ gilt. Wenn also $a_i \neq 0$ gilt, so ist auch $a_{10} \neq 0$.

Sind alle $a_i = 0$, $i = 1, \ldots, 9$, dann ist auch die Prüfziffer gleich 0. Man erhält das Nullwort. Alle Wörter, die vom Nullwort verschieden sind, besitzen mindestens zwei Komponenten ungleich Null. Wegen $d_{min} = 2$ können alle Einzelfehler erkannt, aber nicht korrigiert werden.

Insgesamt ist der ISBN-10-Code ein (10,9, 2)-Linearcode.
Wir verwenden G, um die Prüfziffer für $\boldsymbol{m}$:=3-642-55176 zu bestimmen.
Es gilt:

$$\boldsymbol{c} = \boldsymbol{m}G = (3,6,4,2,5,5,1,7,6)\begin{pmatrix} 1 & 0 & \cdots & 0 & 1 \\ 0 & 1 & \cdots & 0 & 2 \\ & & \ddots & & \\ 0 & 0 & \cdots & 1 & 9 \end{pmatrix} =$$

$$= (3,6,4,2,5,5,1,7,6,(3+12+12+8+25+30+7+56+54)\ mod\ 11)$$

$$= (3,6,4,2,5,5,1,7,6,207\ mod\ 11) =$$

$$= (3,6,4,2,5,5,1,7,6,9).$$

Der ISBN-Code lautet also 3-642-55176-9.

EAN-Code

Der **EAN-Code** ist ein (13,12)-Code über $\mathbb{Z}_{10} = \{0,1,\ldots,9\}$. Nun ist aber $\mathbb{Z}_{10}$ kein Körper, weil in $\mathbb{Z}_{10}$ z. B. $2 \cdot 5 = 0$ gilt (vgl. Satz A3.15). Damit erhalten wir keinen Teilraum, weil Vektorräume nur über einem Körper definiert sind. Der EAN-Code mit Ziffern aus $\{a_1,\ldots,a_{12},a_{13}\}$ und

$$a_{13} = -(1\cdot a_1 + 3\cdot a_2 + 1\cdot a_3 \ldots + 3\cdot a_{12})\ mod\ 10$$

„sieht linear aus", es gilt aber z. B. für

$$\boldsymbol{c} = \{1,2,3,1,2,3,1,2,3,1,2,3,2\} \text{ und } \lambda = 2:$$

$$2\boldsymbol{c} = \{2,4,6,2,4,6,2,4,6,2,4,6,4\}.$$

Die letzte Zahl 4 ist aber keine EAN-Prüfziffer, denn

$$1\cdot(2+6+4+2+6+4)+3\cdot(4+2+6+4+2+6) = 24+3\cdot 24 = 96 \equiv 6 \neq 4.$$

Also: $2\boldsymbol{c} \notin$ EAN-Code. Wir sehen, dass kein Teilraum vorliegt.

Aufgabe 4.3 Zeige analog, dass der ISBN-13-Code kein linearer Code ist.

IBAN-Code

Der im Kap. 2 vorgestellte IBAN-Code verwendet zur Bestimmung der Prüfsumme die Zahl 98. Der IBAN-Code ist gültig, falls die Division der Prüfzahl durch 97 den Rest 1 ergibt.

Hätte man die Prüfsumme durch Subtraktion von 97 bestimmt, so wäre der IBAN gültig, falls bei Division der Prüfzahl durch 97 sich der Rest 0 ergibt (vgl. Kap. 2).

Wir zeigen, dass ein solcher Code mit der Kontrollziffer 0 anstelle von 1 ein linearer Code über dem Körper $\mathbb{K} = \mathbb{Z}_{97}$ ist. Betrachten wir diesen (23,22)-Code C.

Er lässt sich für eine auf Deutschland bezogen 22-stellige Kontoidentifikationszahl wie folgt beschreiben (vgl. Manz, 2017, S. 33):

$$C := \left\{ (c_1, \ldots, c_{23}) | c_i \in \mathbb{Z}_{97}, 10^{23}c_1 + 10^{22}c_2 + \ldots + 10^2 c_{22} + c_{23} \equiv 0 \; mod \; 97 \right\}.$$

Dabei sind die ersten 22 Stellen aus $\{0, \ldots, 9\}$ und nur die letzte Kontrollstelle c_{23} ist aus $\mathbb{Z}_{97}$.

Wir zeigen, dass C linear ist.

Sei $\boldsymbol{c} = (c_1, \ldots, c_{23})$ mit

$$10^{23}c_1 + 10^{22}c_2 + \ldots + 10^2 c_{22} + c_{23} \equiv 0 \; mod \; 97$$

und sei $\boldsymbol{c}' = \left(c_1', \ldots, c_{23}'\right)$ mit

$$10^{23}c_1' + 10^{22}c_2' + \ldots + 10^2 c_{22}' + c_{23}' \equiv 0 \; mod \; 97.$$

Bilden wir die Summe:

$$\boldsymbol{c} + \boldsymbol{c}' = (c_1, \ldots, c_{23}) + \left(c_1', \ldots, c_{23}'\right) = \left(c_1 + c_1', \ldots, c_{23} + c_{23}'\right)$$

mit $\left(c_i + c_i'\right) \in \mathbb{Z}_{97}$ Dann erfüllt $\left(c_{23} + c_{23}'\right)$ obige Kontrollgleichung wegen der Kongruenzregeln:

$$10^{23}c_1 + 10^{22}c_2 + \ldots + 10^2 c_{22} + c_{23} \equiv 0 \; mod \; 97,$$

$$10^{23}c_1' + 10^{22}c_2' + \ldots + 10^2 c_{22}' + c_{23}' \equiv 0 \; mod \; 97.$$

Summenbildung:

$$\left(10^{23}c_1 + 10^{22}c_2 + \ldots + 10^2 c_{22} + c_{23}\right) + \left(10^{23}c_1' + 10^{22}c_2' + \ldots + 10^2 c_{22}' + c_{23}'\right) \equiv 0 + 0$$

$$10^{23}\left(c_1 + c_1'\right) + 10^{22}\left(c_2 + c_2'\right) + \ldots + 10^2\left(c_{22} + c_{22}'\right) + \left(c_{23} + c_{23}'\right) \equiv 0 \; mod \; 97.$$

Also ist $\boldsymbol{c} + \boldsymbol{c}' \in C$. Analog liegt auch $\lambda \boldsymbol{c}$ in C. Zentral für Summenbildung und Multiplikation mit dem Skalar war, dass die linken Seiten der Kongruenzgleichungen stets kongruent zu 0 modulo 97 sind. Dies ist beim „gesetzlichen" IBAN nicht der Fall. Dort sind die linken Seiten der Kongruenzgleichungen stets kongruent zu 1 modulo 97.

Die Zeilen der Generatormatrix erhalten wir durch Berechnung der Bilder der Einheitsvektoren.

$$(1, 0, \ldots, 0) \in \mathbb{Z}_{97}^{22} \rightarrow (1, 0, \ldots, 0, c_{23}) \in \mathbb{Z}_{97}^{23}$$

mit

$$10^{23}1 + 10^{22}0 + \ldots + 10^2 0 + c_{23} = 10^{23} + c_{23} \equiv 0 \; mod \; 97.$$

Wir sehen, dass c_{23} der Rest der Division von -10^{23} durch 97 ist. Wir nennen ihn r_{23}. …und so fortfahrend …

$$(0, 0, \ldots, 1) \in (\mathbb{Z}_{97})^{22} \rightarrow (0, 0, \ldots, 1, c_2) \in \mathbb{Z}_{97}^{23}$$

mit

$$10^{23}0 + 10^{22}0 + \ldots + 10^2 1 + c_2 = 10^2 + c_2 \equiv 0 \; mod \; 97.$$

Wir sehen, dass c_2 der Rest der Division von -10^2 durch 97 ist. Wir nennen ihn r_2. Daraus ergibt sich die Generatormatrix

$$G = \begin{pmatrix} 1 & 0 & \cdots & 0 & r_{23} \\ 0 & 1 & \cdots & 0 & r_{22} \\ & & \ddots & & \\ 0 & 0 & \cdots & 1 & r_2 \end{pmatrix} = (I_{22}|P).$$

Es ist wieder $d_{min} = 2$ und der modifizierte IBAN-Code ist ein (23,22, 2)-Linearcode.

Quersummenprüfcode oder Paritätsprüfungscode $Q_{bin}(k)$

Wie im Kap. 2 vorgestellt, wird bei diesem Code zu den k Stellen des Nachrichtenwortes eine einzige Stelle hinzugefügt. Der Wert dieser Stelle ist gleich Null, falls die Nachricht aus einer geraden Anzahl von Einsen besteht, sonst ist diese Stelle gleich Eins.

Die Codierfunktion lautet

$$f_{Q_{bin}(k)}(c_1c_2\ldots c_k){:=}c_1c_2\ldots c_k(c_1\bigoplus c_2\bigoplus c_3\bigoplus\ldots\bigoplus c_k)$$

oder

$$f_{Q_{bin}(k)}(c_1c_2\ldots c_k){:=}c_1c_2\ldots c_kc_{k+1} \text{ mit } c_{k+1}\equiv c_1+c_2+\ldots+c_k \; mod\; 2.$$

Der Quersummenprüfcode $Q_{bin}(k)$ist daher ein systematischer $(k + 1, k)$-Code über dem Körper $\mathbb{K}=\mathbb{Z}_2$, bei dem die Prüfziffer an das Ende gestellt ist. In Mengenschreibweise gilt:

$$Q_{bin}(k)=\{(c_1,c_2,\ldots c_k,c_{k+1})|c_i\in\mathbb{Z}_2 \text{ mit } c_{k+1}\equiv c_1+c_2+\ldots+c_k \; mod\; 2\}.$$

Dieser Code ist linear:

$$\boldsymbol{c}{:=}(c_1,c_2,\ \ldots,c_k,c_{k+1}) \text{ mit } c_{k+1}\equiv c_1+c_2+\ldots+c_k \; mod\; 2,$$

$$\boldsymbol{c}'{:=}\left(c_1',c_2',\ \ldots,c_k',c_{k+1}'\right) \text{ mit } c_{k+1}'\equiv c_1'+c_2'+\ldots+c_k' \; mod\; 2.$$

Also $\boldsymbol{c}+\boldsymbol{c}'=(c_1,c_2,\ \ldots,c_k,c_{k+1})+\left(c_1',c_2',\ \ldots,c_k',c_{k+1}'\right)=$

$$\left(c_1+c_1',c_2+c_2',\ \ldots,c_{k+}c_k',c_{k+1}+c_{k+1}'\right).$$

Es ist

$$\left(c_{k+1}+c_{k+1}'\right)\equiv(c_1+c_2+c_3+\ldots+c_k)+\left(c_1'+c_2'+\ldots+c_k'\right)=$$

$$\left(c_1+c_1'\right)+\left(c_2+c_2'\right)+\ldots+\left(c_k+c_k'\right) \; mod\; 2.$$

Die Summe $\left(c_{k+1}+c_{k+1}'\right)$ erfüllt die obige Kongruenzbedingung. Also liegt $\boldsymbol{c} + \boldsymbol{c}'$ in $Q_{bin}(k)$. Wegen $\mathbb{Z}_2 = \{0,1\}$ gibt es nur die Multiplikationen

$$0(c_1,c_2,\ldots c_k,c_{k+1})=(0,\ \ldots,0)$$

und

$$1(c_1,c_2,\ldots c_k,c_{k+1})=(c_1,c_2,\ldots c_k,c_{k+1})$$

deren Ergebnisse natürlich in $Q_{bin}(k)$ liegen. Insgesamt ist $Q_{bin}(k)$ ein linearer Code.

Für die Generatormatrix bestimmen wir die Bilder der Einheitsvektoren.

$(1,0,\ldots,0) \in \mathbb{Z}_2^k \rightarrow (1,0,\ldots,0,1) \in \mathbb{Z}_2^{k+1}$, weil 1 die Parität von (1,0,…,0) ist.
…
$(0,0,\ldots,1) \in \mathbb{Z}_2^k \rightarrow (0,0,\ldots,1,1) \in \mathbb{Z}_2^{k+1}$, weil 1 die Parität von (0,0,…,1) ist.
Damit erhalten wir die Generatormatrix

$$G := \begin{pmatrix} 1 & 0 & \cdots & 0 & 1 \\ 0 & 1 & \cdots & 0 & 1 \\ & & \ddots & & \\ 0 & 0 & \cdots & 1 & 1 \end{pmatrix} = (I_k|P),$$

und $Q_{bin}(k)$ ist ein $(k+1, k, 2)$-Linearcode.

Anschaulicher Hamming-Code H_{bin}
Der Hamming-Code H_{bin} aus dem Mini-QR-Code ist ein systematischer (7,4)-Code. Dabei wird die Codierfunktion durch die Paritätsprüfung festgelegt.

$$H_{bin} = \{\boldsymbol{c}_1, \ldots, \boldsymbol{c}_{16}\} \subset \{0,1\}^7$$

mit

$$\boldsymbol{c}_1 = 000|0000, \boldsymbol{c}_2 = 101|1000, \boldsymbol{c}_3 = 111 \mid 0100, \boldsymbol{c}_4 = 110 \mid 0010,$$

$$\boldsymbol{c}_5 = 011|0001, \boldsymbol{c}_6 = 010|1100, \boldsymbol{c}_7 = 011|1010, \boldsymbol{c}_8 = 110|1001,$$

$$\boldsymbol{c}_9 = 001|0110, \boldsymbol{c}_{10} = 100|0101, \boldsymbol{c}_{11} = 101 \mid 0011, \boldsymbol{c}_{12} = 100 \mid 1110,$$

$$\boldsymbol{c}_{13} = 000|1011, \boldsymbol{c}_{14} = 010|0111, \boldsymbol{c}_{15} = 001 \mid 1101, \boldsymbol{c}_{16} = 111 \mid 1111.$$

Wir beobachten, dass die Bilder der Einheitsvektoren die Vektoren $\{\boldsymbol{c}_2, \boldsymbol{c}_3, \boldsymbol{c}_4, \boldsymbol{c}_5\}$ sind. Da die Prüfziffern am Anfang jedes Codewortes stehen, ist H_{bin} ein systematischer Code. Wir bilden die Matrix G aus diesen Vektoren.

$$G = \begin{pmatrix} 1 & 0 & 1 & 1 & 0 & 0 & 0 \\ 1 & 1 & 1 & 0 & 1 & 0 & 0 \\ 1 & 1 & 0 & 0 & 0 & 1 & 0 \\ 0 & 1 & 1 & 0 & 0 & 0 & 1 \end{pmatrix} = (P|I_4).$$

Die Matrix G liegt in Standardform vor. Bildet man alle möglichen Produkte von $\boldsymbol{m} \in \mathbb{Z}_2^4$ mit G, so erhält man alle Codewörter von H_{bin}. Also folgt:

$$H_{bin} = \{mG | m \in \mathbb{Z}_2^4\} = \{c_1, \ldots, c_{16}\}.$$

Zum Beispiel:

$$(1,1,0,0)\begin{pmatrix} 1 & 0 & 1 & 1 & 0 & 0 & 0 \\ 1 & 1 & 1 & 0 & 1 & 0 & 0 \\ 1 & 1 & 0 & 0 & 0 & 1 & 0 \\ 0 & 1 & 1 & 0 & 0 & 0 & 1 \end{pmatrix} = (0,1,0,1,1,0,0) = c_6,$$

oder

$$(0,1,1,1)\begin{pmatrix} 1 & 0 & 1 & 1 & 0 & 0 & 0 \\ 1 & 1 & 1 & 0 & 1 & 0 & 0 \\ 1 & 1 & 0 & 0 & 0 & 1 & 0 \\ 0 & 1 & 1 & 0 & 0 & 0 & 1 \end{pmatrix} = (0,1,0,0,1,1,1) = c_{14} \text{ usw..}$$

Damit ist H_{bin} ein (7,4)-Linearcode mit

$$d_{min}(H_{bin}) = \min\{w(c) | c \epsilon H_{bin}, c \neq 0\} = 3.$$

Also ist H_{bin} ein (7,4, 3)-Code.
Genauso gut hätte man die Generatormatrix in der Form $G' = (I_4| P)$ schreiben können.

Aufgaben
4.4: Bestimme die Generatormatrix des (7,4)-Linearcodes H_{bin} in der Form $G' = (I_4| P)$. Prüfe G' an den Nachrichtenwörtern (1,1, 0,0) und (0,1, 1,1).

4.5: Zeige: Der Wiederholungscode $W(r)$ der Länge $(r \cdot k)$ ist ein $(r \cdot k, k)$-systematischer Linearcode. Bestimme seine Generatormatrix und $d_{\min}(W(r))$.

Kontrollmatrix
Sei C ein (n, k)-Linearcode über einem Körper $\mathbb{K}$. Dann gilt $\dim(C) = k$. Eine $(k \times n)$-Matrix G ist Generatormatrix von C genau dann, wenn $C = \{mG | m \in \mathbb{K}^k\}$. Ist die Generatormatrix bekannt, dann können alle Codewörter von C durch Multiplikation mit G berechnet werden. Wenn man allerdings wissen möchte, ob $c \in \mathbb{K}^n$ ein Codewort ist, muss man ein $m \in \mathbb{K}^k$ finden, mit $mG = c$. Dies erfordert das unter Umständen langwierige Lösen eines linearen Gleichungssystems. Zweckmäßiger wäre es, dies mit einer Matrixmultiplikation zu entscheiden. Eine entsprechende Matrix H, welche kontrolliert, ob ein n-Tupel ein Codewort ist, existiert stets.

Satz 4.7
Sei C ein (n, k)-Linearcode über einem Körper $\mathbb{K}$. Dann existiert eine $((n-k) \times n)$-Matrix H vom Rang $(n-k)$ mit der Eigenschaft: Ein n-Tupel $\boldsymbol{x} \in \mathbb{K}^n$ist genau dann ein Codewort von C, falls $H\boldsymbol{x}^T = \boldsymbol{0}$ gilt.

Anmerkung: Alle Zeilen der $((n-k) \times n)$-Matrix H sind linear unabhängig. Siehe dazu Definition A5.11.

Beweis:

Bei unserer Argumentation verwenden wir folgende Eigenschaft von linearen Gleichungssystemen, die im Satz A5.17 zu finden ist:

Ein homogenes System von k linear unabhängigen Gleichungen in n Unbekannten besitzt eine Lösungsmenge der Dimension $(n-k)$.

Sei

$$G := \begin{pmatrix} \boldsymbol{g}_1 \\ \vdots \\ \boldsymbol{g}_k \end{pmatrix} = \begin{pmatrix} g_{11} & \cdots & g_{1n} \\ \vdots & \ddots & \vdots \\ g_{k1} & \cdots & g_{kn} \end{pmatrix}$$

eine Generatormatrix von C. Damit ist $\{\boldsymbol{g}_1, \ldots, \boldsymbol{g}_k\}$ eine Basis von C.

Wir bestimmen die Lösungsmenge der Gleichung $G\boldsymbol{x}^T = \boldsymbol{0}$ mit

$$\boldsymbol{x} = (x_1, \ldots, x_n) \in \mathbb{K}^n \text{ und } G\begin{pmatrix} x_1 \\ \vdots \\ x_n \end{pmatrix} = \boldsymbol{0} \Leftrightarrow \begin{array}{c} g_{11}x_1 + \ldots + g_{1n}x_n = 0 \\ \vdots \\ g_{k1}x_1 + \ldots + g_{kn}x_n = 0 \end{array}.$$

Der Lösungsraum dieses linearen Gleichungssystems besitzt die Dimension $(n-k)$. Seien

$$\boldsymbol{h}_1 := (h_{11}, \ldots, h_{1n}), \boldsymbol{h}_2 := (h_{21}, \ldots, h_{2n}), \ldots, \boldsymbol{h}_{n-k} := \left(h_{(n-k)1}, \ldots, h_{(n-k)n}\right)$$

die Basisvektoren des Lösungsraumes. Also sind die Vektoren $\boldsymbol{h}_1, \ldots, \boldsymbol{h}_{n-k}$ linear unabhängig. Bilde mit diesen Vektoren die Matrix

$$H := \begin{pmatrix} \boldsymbol{h}_1 \\ \vdots \\ \boldsymbol{h}_{n-k} \end{pmatrix} = \begin{pmatrix} h_{11}, \ldots, h_{1n} \\ \vdots \\ h_{(n-k)1}, \ldots, h_{(n-k)n} \end{pmatrix}.$$

Die Matrix H besitzt also den Rang $(n-k) \Leftrightarrow$ alle Zeilen von H sind linear unabhängig.

Weil die Vektoren $\boldsymbol{h}_1, \ldots, \boldsymbol{h}_{n-k}$ Lösungen von $G\boldsymbol{x}^T = \boldsymbol{0}$ sind, gilt

$$Gh_1^T = \mathbf{0}, \ \ldots, Gh_{n-k}^T = \mathbf{0}.$$

Nach Transposition folgt:

$$\boldsymbol{h}_1 G^T = \mathbf{0}^T = \mathbf{0}, \ \ldots, \boldsymbol{h}_{n-k} G^T = \mathbf{0}^T = \mathbf{0}.$$

Nun ist

$$G^T = (\boldsymbol{g}_1^T, \ldots, \boldsymbol{g}_i^T, \ldots, \boldsymbol{g}_k^T),$$

daher ist insbesondere für $i := 1, \ldots, k$

$$\boldsymbol{h}_1 \boldsymbol{g}_i^T = 0, \ldots, \boldsymbol{h}_{n-k} \boldsymbol{g}_i^T = 0.$$

Damit ist mit den Regeln der Matrixmultiplikation

$$H\boldsymbol{g}_i^T = \begin{pmatrix} \boldsymbol{h}_1 \\ \vdots \\ \boldsymbol{h}_{n-k} \end{pmatrix} \boldsymbol{g}_i^T = \begin{pmatrix} \boldsymbol{h}_1 \boldsymbol{g}_i^T \\ \vdots \\ \boldsymbol{h}_{n-k} \boldsymbol{g}_i^T \end{pmatrix} = \begin{pmatrix} 0 \\ \vdots \\ 0 \end{pmatrix} = \mathbf{0} \text{ für alle } i = 1, \ldots, k.$$

Ist $\boldsymbol{x} \in C$, dann gibt es Skalare $\lambda_1, \ldots, \lambda_k$ mit $\boldsymbol{x} = \lambda_1 \boldsymbol{g}_1 + \ldots + \lambda_k \boldsymbol{g}_k$. Aus den Regeln für das Transponieren folgt:

$$H\boldsymbol{x}^T = H(\lambda_1 \boldsymbol{g}_1 + \ldots + \lambda_k \boldsymbol{g}_k)^T = \lambda_1 (H\boldsymbol{g}_1^T) + \ldots + \lambda_k (H\boldsymbol{g}_k^T) = \lambda_1 \mathbf{0} + \ldots + \lambda_k \mathbf{0} = \mathbf{0}.$$

Damit haben wir gezeigt: $\boldsymbol{x} \in C \Rightarrow H\boldsymbol{x}^T = \mathbf{0}$.

Nun zeigen wir die Umkehrung: $H\boldsymbol{x}^T = \mathbf{0} \Rightarrow \boldsymbol{x} \in C$.

Dazu betrachten wir die Menge $T := \{\boldsymbol{x} \in \mathbb{K}^n | H\boldsymbol{x}^T = \mathbf{0}\}$. Diese Menge ist ein Teilraum der Dimension k des $\mathbb{K}^n$:

(1) Seien $\boldsymbol{x}, \boldsymbol{y} \in T \Rightarrow H\boldsymbol{x}^T = \mathbf{0}$ und $H\boldsymbol{y}^T = \mathbf{0} \Rightarrow H(\boldsymbol{x} + \boldsymbol{y})^T = H\boldsymbol{x}^T + H\boldsymbol{y}^T = \mathbf{0} + \mathbf{0} = \mathbf{0}$.
 Daraus folgt: $\boldsymbol{x} + \boldsymbol{y} \in T$.

(2) Seien $\boldsymbol{x} \in T$ und $\lambda \in \mathbb{K}$, dann folgt: $H(\lambda \boldsymbol{x})^T = \lambda H\boldsymbol{x}^T = \lambda \mathbf{0} = \mathbf{0} \Rightarrow \lambda \boldsymbol{x} \in T$.

(3) $H\boldsymbol{x}^T = \mathbf{0}$ ist ein homogenes lineares Gleichungssystem in n Unbekannte mit $rg(H) = n - k$. Nach dem oben erwähnten Satz A5.17 hat die Lösungsmenge, also T, die Dimension $n - (n - k) = k$.

Nach dem ersten Teil der Überlegungen gilt $C \trianglelefteq T$ und $dim(C) = k = dim\,(T)$. Nach Satz A5.5 gilt dann $T = C$. Ist also $H\boldsymbol{x}^T = \mathbf{0} \Rightarrow \boldsymbol{x} \in T \Rightarrow \boldsymbol{x} \in C$.

■

Sonderfall zu Satz 4.7:

Für den Fall, dass C eine Generatormatrix G in Standardform besitzt, kann die Matrix H ohne Lösen eines linearen Gleichungssystems bestimmt werden.

Ist $G = (P| I_k)$, dann ist

$$H = \left(I_{n-k}|(-P)^T\right). \tag{4.2}$$

Beweis:

Sei $G = (P| I_k)$, wobei P eine $(k \times (n-k))$-Matrix und I_k die $(k \times k)$-Einheitsmatrix sind.

1. Teil : Wir zeigen, dass $H\boldsymbol{c}^T = \boldsymbol{0}$ für ein beliebiges $\boldsymbol{c} \in C$ gilt.

Da $\boldsymbol{c} \in C$ und G eine Generatormatrix von C ist, gibt es ein $\boldsymbol{m} \in \mathbb{K}^k$ mit $\boldsymbol{c} = \boldsymbol{m}G$.

Wegen der Standardform von G und den Regeln für die Blockmultiplikation von Matrizen (siehe Abschn. 10.4) folgt:

$$\boldsymbol{m}G = \boldsymbol{m}(P|I_k) = (\boldsymbol{m}P\ |\boldsymbol{m}I_k) = (\boldsymbol{m}P\ |\boldsymbol{m}) = \boldsymbol{c} = (c_1, \ldots, c_{n-k}|c_{n-k+1}, \ldots, c_n).$$

Ein Vergleich liefert:

$$(c_1, \ldots, c_{n-k}) = \boldsymbol{m}P \text{ und } (c_{n-k+1}, \ldots, c_n) = \boldsymbol{m}.$$

Damit ist:

$$H\boldsymbol{c}^T = \left(I_{n-k}|(-P)^T\right)\boldsymbol{c}^T = \left(I_{n-k}|(-P)^T\right)\begin{pmatrix} c_1 \\ \vdots \\ c_{n-k} \\ - \\ c_{n-k+1} \\ \vdots \\ c_n \end{pmatrix}$$

$$=^* I_{n-k}\begin{pmatrix} c_1 \\ \vdots \\ c_{n-k} \end{pmatrix} + (-P)^T\begin{pmatrix} c_{n-k+1} \\ \vdots \\ c_n \end{pmatrix} =$$

$$= \begin{pmatrix} c_1 \\ \vdots \\ c_{n-k} \end{pmatrix} - P^T\begin{pmatrix} c_{n-k+1} \\ \vdots \\ c_n \end{pmatrix} =^{**} (c_1, \ldots, c_{n-k})^T - P^T(c_{n-k+1}, \ldots, c_n)^T =^{**}$$

$$= (c_1, \ldots, c_{n-k})^T - \left((c_{(n-k+1)}, \ldots, c_n)P\right)^T =^{***} (\boldsymbol{m}P)^T - (\boldsymbol{m}P)^T = \boldsymbol{0}.$$

* Blockmultiplikation: $(A|B)\begin{pmatrix} C \\ - \\ D \end{pmatrix} = \text{AC} + \text{BD}; \boldsymbol{m}(A|B) = (\boldsymbol{m}A|\boldsymbol{m}B)$.

** Transponierung: $(AB)^T = B^T A^T$, $(A^T)^T = A$.

*** $(c_{n-k+1}, \ldots, c_n) = \boldsymbol{m}$

2. Teil: Sei $Hc^T = \mathbf{0}$. Dann zeigen wir, dass $\boldsymbol{c}$ ein Codewort ist, also dass $\boldsymbol{c} = \boldsymbol{m}G$ gilt.

$$\mathbf{0} = H\boldsymbol{c}^T = \left(I_{n-k}|(-P)^T\right)\boldsymbol{c}^T = \left(I_{n-k}|(-P)^T\right)\begin{pmatrix} c_1 \\ \vdots \\ c_{n-k} \\ - \\ c_{n-k+1} \\ \vdots \\ c_n \end{pmatrix}$$

$$=^* I_{n-k}\begin{pmatrix} c_1 \\ \vdots \\ c_{n-k} \end{pmatrix} - P^T\begin{pmatrix} c_{n-k+1} \\ \vdots \\ c_n \end{pmatrix} =$$

$$= \begin{pmatrix} c_1 \\ \vdots \\ c_{n-k} \end{pmatrix} - P^T\begin{pmatrix} c_{n-k+1} \\ \vdots \\ c_n \end{pmatrix} = \mathbf{0} \Rightarrow \begin{pmatrix} c_1 \\ \vdots \\ c_{n-k} \end{pmatrix} = P^T\begin{pmatrix} c_{n-k+1} \\ \vdots \\ c_n \end{pmatrix} \Rightarrow$$

$$(c_1, \ldots, c_{n-k})^T = P^T(c_{n-k+1}, \ldots, c_n)^T =^{**} ((c_{n-k+1}, \ldots, c_n)P)^T = (\boldsymbol{m}P)^T$$
$$\Rightarrow (c_1, \ldots, c_{n-k}) =^{***} \boldsymbol{m}P.$$

Damit ist

$$\boldsymbol{m}G = \boldsymbol{m}(P|I_k) =^* (\boldsymbol{m}P|\boldsymbol{m}I_k) = (c_1, \ldots, c_{n-k}|c_{n-k+1}, \ldots, c_n) = \boldsymbol{c} \in C.$$

■

Hat die Standardform die Gestalt $G = (I_k|P)$, dann ist die Kontrollmatrix H von der Form $H = ((-P)^T|I_{n-k})$. Die oben angestellten Überlegungen können analog übertragen werden. In binären Codes gilt $-1 = 1$ und damit ist $(-P)$=P.

Das Ergebnis aus Satz 4.7 motiviert folgende Definition.

Definition 4.4

(1) Eine $((n-k)\times n)$-Matrix H heißt *Kontrollmatrix* des (n,k)-Linearcodes C genau dann, wenn
   (i) $rg(H)=n-k$,
   (ii) $Hc^T=\mathbf{0}\Leftrightarrow c\in C$.
(2) Die Gleichungen $Hc^T=\mathbf{0}$ für die Komponenten des Codewortes $c=(c_1,c_2,\ldots,c_n)$ nennt man *Kontrollgleichungen* für den Code C.

Anmerkung: Insgesamt kann der Code folgendermaßen beschrieben werden:

$$C=\{\boldsymbol{m}G|\boldsymbol{m}\in\mathbb{K}^k\}=\{H\boldsymbol{c}^T=\mathbf{0}|\boldsymbol{c}\in\mathbb{K}^n\}$$

mit G als Generatormatrix und H als Kontrollmatrix.

Man sagt auch, dass C der Nullraum der Kontrollmatrix H ist (vgl. Definition A5.11 (4)).

Es gibt einen Zusammenhang zwischen Generatormatrix und Kontrollmatrix.

Satz 4.8

Sei C ein (n,k)-Linearcode mit der Generatormatrix G.

Eine $((n-k)\times n)$-Matrix H ist Kontrollmatrix von C genau dann, wenn
(1) $\text{rg}(H)=n-k$,
(2) $HG^T=O$.

Anmerkungen:
(1) Die Matrix O ist die Nullmatrix.
(2) Es gilt: $HG^T=O\Leftrightarrow GH^T=O$ mit jeweils passenden Nullmatrizen. Dies folgt aus den Rechenregeln für die Transponierung von Matrizen.

$$GH^T=G^{TT}H^T=(HG^T)^T=(O)^T=O.$$

Beweis:

„$\Rightarrow$": Sei H Kontrollmatrix von C.

Die Behauptung (1) gilt wegen Definition 4.4 Punkt (1)(i).

Die Behauptung (2) gilt wegen:

Sei G Generatormatrix des Codes C. Dann ist $G=\begin{pmatrix}g_1\\ \vdots\\ g_k\end{pmatrix}$, wobei $(\boldsymbol{g_1},\ldots,\boldsymbol{g_k})$ eine Basis von C ist. Da $\boldsymbol{g}_i\in C$ für $i=1,\ldots,n$, gilt nach Definition 4.4 (1)(ii) $H\boldsymbol{g}_i^T=\mathbf{0}$.

Damit ist $HG^T=H(\boldsymbol{g}_1^T,\ldots,\boldsymbol{g}_k^T)=(H\boldsymbol{g}_1^T,\ldots,H\boldsymbol{g}_k^T)=(\mathbf{0},\ldots,\mathbf{0})=O$.

„$\Leftarrow$": Sei $HG^T = O$. Wir zeigen: $H\boldsymbol{c}^T = \boldsymbol{0} \Leftrightarrow \boldsymbol{c} \in C$.

Es genügt, $H\boldsymbol{g}_i^T = \boldsymbol{0}$ für alle Basisvektoren $\boldsymbol{g}_i \in C$ mit $i = 1, \ldots, k$ zu prüfen. Ist nämlich $\boldsymbol{c} \in C$ beliebig, dann gilt $\boldsymbol{c} = \lambda_1 \boldsymbol{g}_1 + \ldots + \lambda_k \boldsymbol{g}_k$ mit $\lambda_i \in \mathbb{K}$. Mit den Rechenregeln für Matrizen folgt:

$$H\boldsymbol{c}^T = H\left(\lambda_1 \boldsymbol{g}_1^T + \ldots + \lambda_k \boldsymbol{g}_k^T\right) = \lambda_1 H\boldsymbol{g}_1^T + \ldots + \lambda_k H\boldsymbol{g}_k^T = \boldsymbol{0} + \ldots + \boldsymbol{0} = \boldsymbol{0}.$$

Warum gilt $H\boldsymbol{g}_i^T = \boldsymbol{0}$ für alle Basisvektoren $\boldsymbol{g}_i$ von C?

Eine Generatormatrix G von C ist durch $G = \begin{pmatrix} \boldsymbol{g}_1 \\ \vdots \\ \boldsymbol{g}_k \end{pmatrix}$ gegeben. Dann ist

$G^T = \left(\boldsymbol{g}_1^T, \ldots, \boldsymbol{g}_k^T\right)$. Nach Voraussetzung ist $HG^T = O$. Also $HG^T = H\left(\boldsymbol{g}_1^T, \ldots, \boldsymbol{g}_k^T\right) = \left(H\boldsymbol{g}_1^T, \ldots, H\boldsymbol{g}_k^T\right) = O$ und damit $H\boldsymbol{g}_i^T = \boldsymbol{0}$ für $i = 1, \ldots, k$.

Außerdem wurde $rg(H) = n - k$ vorausgesetzt. Damit ist H nach Definition 4.4 (1) eine Kontrollmatrix.

■

Anwendung:

Ist C ein (n, k)-Linearcode mit einer Generatormatrix G in der Form $G = (I_k | P)$, dann ist $H := (-P^T | I_{n-k})$ eine Kontrollmatrix von C.

Denn: H ist eine $((n - k) \times n)$-Matrix in Stufenform, besitzt also $(n - k)$ linear unabhängigen Zeilen. Also ist der Rang von H gleich $(n - k)$.

Mit den Rechenregeln für Matrizen, insbesondere mit $(A|B)^T = \left(\frac{A^T}{B^T}\right)$ und $I_{n-k}^T = I_{n-k}$ folgt:

$$H^T = (-P^T | I_{n-k})^T = \left(\frac{-P^{TT}}{I_{n-k}^T}\right) = \left(\frac{-P}{I_{n-k}}\right)$$

Mit den Rechenregeln für Blockmatrizen erhalten wir :

$$GH^T = (I_k | P)\left(\frac{-P}{I_{n-k}}\right) = (I_k(-P)) + PI_{n-k} = -P + P = O.$$

Damit ist H eine Kontrollmatrix für den Code C.

Anmerkung:

Ein empfangenes Wort ist also genau dann ein Codewort, wenn seine Multiplikation mit der Kontrollmatrix H den Nullvektor ergibt. Die Konstruktion der Kontrollmatrix hängt von der Wahl der Basis des Teilraumes ab. Daher ist sie nicht eindeutig bestimmt.

Insgesamt finden wir folgende Lösungsstrategien zur Bestimmung einer Kontrollmatrix eines (n, k)-Linearcodes C:

(1) Erste Methode: Besitzt C eine Generatormatrix G in Standardform $G = (P|I_k)$ oder $G = (I_k|P)$, so erhält man die Kontrollmatrix H sofort durch $H = (I_{n-k}|(-P)^T)$ bzw. $H = ((-P)^T|I_{n-k})$.
(2) Zweite Methode: Besitzt C eine Generatormatrix G nicht in Standardform, dann liefert der zweite Teil des Beweises eine Methode zur Berechnung der Kontrollmatrix.
  (a) Löse das lineare Gleichungssystem $Gx^T = \mathbf{0}$.
  (b) Bestimme eine Basis $\{\boldsymbol{h}_1, \ldots, \boldsymbol{h}_{n-k}\}$ der entsprechenden Lösungsmenge.
  (c) Die Kontrollmatrix lautet

$$H = \begin{pmatrix} \boldsymbol{h}_1 \\ \vdots \\ \boldsymbol{h}_{n-k} \end{pmatrix},$$

wobei die Vektoren $\boldsymbol{h}_i$ in Zeilenform geschrieben werden.

Beispiel 4.12 Sei der (7,4)-Code H_{bin} gegeben durch seine Basisvektoren.

$$H_{bin} = \langle 1011000, 0101100, 0010110, 0001011 \rangle.$$

Bestimme die Kontrollmatrix nach der ersten Methode.

Die Zeilen der Generatormatrix G bestehen definitionsgemäß aus den vier oben angeführten Basisvektoren. Die entsprechende Matrix befindet sich nicht in Standardform. Durch elementare Zeilenumformungen versuchen wir, sie auf die Form $(P|I_4)$ zu transformieren.

$$G = \begin{pmatrix} 1 & 0 & 1 & 1 & 0 & 0 & 0 \\ 0 & 1 & 0 & 1 & 1 & 0 & 0 \\ 0 & 0 & 1 & 0 & 1 & 1 & 0 \\ 0 & 0 & 0 & 1 & 0 & 1 & 1 \end{pmatrix}$$ in der vierten Spalte unter 1 nur 0 erzeugen,

$$G_1 = \begin{pmatrix} 1 & 0 & 1 & 1 & 0 & 0 & 0 \\ 1 & 1 & 1 & 0 & 1 & 0 & 0 \\ 0 & 0 & 1 & 0 & 1 & 1 & 0 \\ 1 & 0 & 1 & 0 & 0 & 1 & 1 \end{pmatrix}$$ in der fünften Spalte unter 1 nur 0 erzeugen,

$$G_2 = \begin{pmatrix} 1 & 0 & 1 & 1 & 0 & 0 & 0 \\ 1 & 1 & 1 & 0 & 1 & 0 & 0 \\ 1 & 1 & 0 & 0 & 0 & 1 & 0 \\ 1 & 0 & 1 & 0 & 0 & 1 & 1 \end{pmatrix}$$ in der sechsten Spalte unter 1 nur 0 erzeugen.

Wir erhalten:

$$G_3 = \begin{pmatrix} 1 & 0 & 1 & 1 & 0 & 0 & 0 \\ 1 & 1 & 1 & 0 & 1 & 0 & 0 \\ 1 & 1 & 0 & 0 & 0 & 1 & 0 \\ 0 & 1 & 1 & 0 & 0 & 0 & 1 \end{pmatrix} = (P|I_4).$$

Damit ist die Matrix

$$\mathrm{H} = \left(I_{(7-4)}|(-P)^T\right) = \left(I_3|P^T\right) = \begin{pmatrix} 1 & 0 & 0 & 1 & 1 & 1 & 0 \\ 0 & 1 & 0 & 0 & 1 & 1 & 1 \\ 0 & 0 & 1 & 1 & 1 & 0 & 1 \end{pmatrix}.$$

Probe für $HG^T = O$:

$$\begin{pmatrix} 1 & 0 & 0 & 1 & 1 & 1 & 0 \\ 0 & 1 & 0 & 0 & 1 & 1 & 1 \\ 0 & 0 & 1 & 1 & 1 & 0 & 1 \end{pmatrix} \begin{pmatrix} 1 & 0 & 0 & 0 \\ 0 & 1 & 0 & 0 \\ 1 & 0 & 1 & 0 \\ 1 & 1 & 0 & 1 \\ 0 & 1 & 1 & 0 \\ 0 & 0 & 1 & 1 \\ 0 & 0 & 0 & 1 \end{pmatrix} = \begin{pmatrix} 0 & 0 & 0 \\ 0 & 0 & 0 \\ 0 & 0 & 0 \end{pmatrix}.$$

Wir überprüfen die Kontrollwirkung von H und codieren zuerst $\boldsymbol{m} = 1101$ mit der Generatormatrix G.

$$(1,1,0,1)G = (1,1,0,1) \begin{pmatrix} 1 & 0 & 1 & 1 & 0 & 0 & 0 \\ 1 & 1 & 1 & 0 & 1 & 0 & 0 \\ 1 & 1 & 0 & 0 & 0 & 1 & 0 \\ 0 & 1 & 1 & 0 & 0 & 0 & 1 \end{pmatrix} = (0,0,1,1,1,0,1) = \boldsymbol{c}_{15} \in H_{bin}.$$

Kontrolle:

$$H\boldsymbol{c}_{15}^T = \begin{pmatrix} 1 & 0 & 0 & 1 & 1 & 1 & 0 \\ 0 & 1 & 0 & 0 & 1 & 1 & 1 \\ 0 & 0 & 1 & 1 & 1 & 0 & 1 \end{pmatrix} \begin{pmatrix} 0 \\ 0 \\ 1 \\ 1 \\ 1 \\ 0 \\ 1 \end{pmatrix} = \begin{pmatrix} 0 \\ 0 \\ 0 \end{pmatrix} = \mathbf{0}.$$

Sei $\boldsymbol{x} := (1,0,0,0,0,0,1) \notin H_{bin}$.

$$Hx^T = \begin{pmatrix} 1 & 0 & 0 & 1 & 1 & 1 & 0 \\ 0 & 1 & 0 & 0 & 1 & 1 & 1 \\ 0 & 0 & 1 & 1 & 1 & 0 & 1 \end{pmatrix} \begin{pmatrix} 1 \\ 0 \\ 0 \\ 0 \\ 0 \\ 0 \\ 1 \end{pmatrix} = \begin{pmatrix} 1 \\ 1 \\ 1 \end{pmatrix} \neq \mathbf{0}.$$

Man sieht, wie die Matrix H ihre Kontrollfunktion ausübt. Außerdem kann durch die Kontrollmatrix der Code C durch folgende Kontrollgleichungen angegeben werden:

$$Hc^T = \mathbf{0} \Leftrightarrow \begin{pmatrix} 1 & 0 & 0 & 1 & 1 & 1 & 0 \\ 0 & 1 & 0 & 0 & 1 & 1 & 1 \\ 0 & 0 & 1 & 1 & 1 & 0 & 1 \end{pmatrix} \begin{pmatrix} c_1 \\ c_2 \\ c_3 \\ c_4 \\ c_5 \\ c_6 \\ c_7 \end{pmatrix} = \mathbf{0} \Leftrightarrow \begin{array}{r} c_1 + c_4 + c_5 + c_6 = 0 \\ c_2 + c_5 + c_6 + c_7 = 0 \\ c_3 + c_4 + c_5 + c_7 = 0 \end{array}.$$

Damit: $C = \left\{ \boldsymbol{c} \in \mathbb{K}^7 \,\middle|\, \begin{array}{l} c_1 + c_4 + c_5 + c_6 = 0 \\ c_2 + c_5 + c_6 + c_7 = 0 \\ c_3 + c_4 + c_5 + c_7 = 0 \end{array} \right\}.$

Beispiel 4.13 Der (7,4)-Linearcode H_{bin} sei nun durch die Generatormatrix

$$G = \begin{pmatrix} 1 & 0 & 1 & 1 & 0 & 0 & 0 \\ 0 & 1 & 0 & 1 & 1 & 0 & 0 \\ 0 & 0 & 1 & 0 & 1 & 1 & 0 \\ 0 & 0 & 0 & 1 & 0 & 1 & 1 \end{pmatrix}$$

gegeben.
Wir suchen die Kontrollmatrix H unter Verwendung der zweiten Methode.
Das lineare Gleichungssystem $Gx^T = \mathbf{0}$ ist zu lösen. Wir erhalten:

$$\begin{array}{l} x_1 + x_3 + x_4 = 0 \\ x_2 + x_4 + x_5 = 0 \\ x_3 + x_5 + x_6 = 0 \\ x_4 + x_6 + x_7 = 0 \end{array}.$$

Nach Umformungen folgt:

$$\begin{array}{rcccccc} x_1 & = & x_5 & & + & & x_7 \\ x_2 & = & x_5 & + & x_6 & + & x_7 \\ x_3 & = & x_5 & + & x_6 & & \\ x_4 & = & & & x_6 & + & x_7 \end{array}.$$

Wir setzen $x_5 = \lambda_1$, $x_6 = \lambda_2$, $x_7 = \lambda_3$ und erhalten für die Lösungsmenge L:

$$L = \left\{ \lambda_1 \begin{pmatrix} 1 \\ 1 \\ 1 \\ 0 \\ 1 \\ 0 \\ 0 \end{pmatrix} + \lambda_2 \begin{pmatrix} 0 \\ 1 \\ 1 \\ 1 \\ 0 \\ 1 \\ 0 \end{pmatrix} + \lambda_3 \begin{pmatrix} 1 \\ 1 \\ 0 \\ 1 \\ 0 \\ 0 \\ 1 \end{pmatrix} \right\} \text{ und } H = \begin{pmatrix} 1 & 1 & 1 & 0 & 1 & 0 & 0 \\ 0 & 1 & 1 & 1 & 0 & 1 & 0 \\ 1 & 1 & 0 & 1 & 0 & 0 & 1 \end{pmatrix}.$$

Wir bemerken, dass mit dieser Methode eine andere Kontrollmatrix bestimmt wurde als die aus der Standardform abgeleitete Kontrollmatrix.

Aufgabe 4.6
Kontrolliere die Eigenschaften der Kontrollmatrix wie oben: $HG^T = O$ und berechne $H\boldsymbol{x}^T$, wobei $\boldsymbol{x}$ einmal Codewort und einmal kein Codewort ist.

Beispiel 4.14 Bestimme die Kontrollmatrix des (3,2)-Quersummenprüfcodes Q_{bin}.
Die (2×3)-Generatormatrix ist gegeben durch

$$G = (I_2|P) \text{ mit der } (2 \times 1)\text{-Matrix } P = \begin{pmatrix} 1 \\ 1 \end{pmatrix}.$$

Daher ist

$$H = \left(P^T|I_1\right) = (1, 1, 1).$$

Ein empfangenes Wort $\boldsymbol{u} = (u_1, u_2, u_3)$ ist genau dann ein Codewort, falls

$$H\boldsymbol{u}^T = (1, 1, 1) \begin{pmatrix} u_1 \\ u_2 \\ u_3 \end{pmatrix} = u_1 + u_2 + u_3 = 0,$$

also wenn das Prüfzeichen $u_3 = u_1 + u_2 = u_1 \bigoplus u_2$ ist. Die Kontrollgleichung ist bei diesem Code genau die Prüfzeichengleichung.

Beispiel 4.15 Bestimme die Kontrollmatrix des (10,9)-ISBN-10-Codes über $\mathbb{K}=\mathbb{Z}_{11}$.
Für die Generatormatrix G gilt nach Gl. 4.1:

$$G=\begin{pmatrix} 1 & \cdots & 0 & 1 \\ 0 & \ddots & 0 & 2 \\ \vdots & & \vdots & \vdots \\ 0 & \cdots & 1 & 9 \end{pmatrix}=\left(I_9 \middle| \begin{pmatrix} 1 \\ 2 \\ \vdots \\ 9 \end{pmatrix}\right).$$

Dann folgt für die Kontrollmatrix H:

$$H=\left(-\begin{pmatrix} 1 \\ 2 \\ \vdots \\ 9 \end{pmatrix}^T \middle| I_{10-9=1}\right)=((-1,-2,\ldots,-9)|I_1)=^*(10,9,\ldots,2|1)$$
$$=(10,9,\ldots,2,1).$$

(*)Wegen $\mathbb{K}=\mathbb{Z}_{11}$ ersetzt man die Zahlen *mod* 11.
Die Kontrollgleichung $Hc^T=\mathbf{0}$ lautet:

$$10c_1+9c_2+\ldots+2c_9+c_{10}\equiv 0 \; mod \; 11.$$

Diese Gleichung stimmt mit der Prüfgleichung aus dem Kap. 2 überein.

Aufgabe 4.7 Zeige, dass die Kontrollmatrix H des (23,22)-IBAN-Codes von der Form

$$H=\left(10^{23},10^{22},\ldots 10^2|1\right) \text{ ist.}$$

Leite daraus die Kontrollgleichung für die Prüfziffer her.

Für die nächsten Überlegungen bezeichne C_G den Code, der durch die Generatormatrix G aus Beispiel 4.11 erzeugt wird. Dort haben wir gezeigt, dass G durch elementare Zeilenumformungen nicht in Standardform transformiert werden kann.

$$C_G=\{\mathbf{0},110011,110111,111111,000100,001100,001000,111011\}.$$

$$G=\begin{pmatrix} 1 & 1 & 0 & 0 & 1 & 1 \\ 1 & 1 & 0 & 1 & 1 & 1 \\ 1 & 1 & 1 & 1 & 1 & 1 \end{pmatrix}\to G'=\begin{pmatrix} 1 & 1 & 0 & 0 & 1 & 1 \\ 0 & 0 & 1 & 0 & 0 & 0 \\ 0 & 0 & 0 & 1 & 0 & 0 \end{pmatrix}.$$

Die Matrix G' entsteht aus G nur durch elementare Zeilenumformungen.

$$C_{G'} = \{\mathbf{0}, 110011, 001000, 000100, 111011, 110111, 001100, 111111\}.$$

Vergleicht man C_G und $C_{G'}$, so bemerkt man, dass $C_{G'} = C_G$. Nur die Reihenfolge der Wörter hat sich geändert.

Nun wollen wir auch Spaltenumformungen verwenden.

$$G' = \begin{pmatrix} 1 & 1 & 0 & 0 & 1 & 1 \\ 0 & 0 & 1 & 0 & 0 & 0 \\ 0 & 0 & 0 & 1 & 0 & 0 \end{pmatrix} \to G'' = \begin{pmatrix} 1 & 0 & 1 & 0 & 1 & 1 \\ 0 & 1 & 0 & 0 & 0 & 0 \\ 0 & 0 & 0 & 1 & 0 & 0 \end{pmatrix}.$$

Die Matrix G'' entsteht aus G' durch Vertauschen der zweiten mit der dritten Spalte.

$$C_{G''} = \{\mathbf{0}, 101011, 010000, 000100, 111011, 101111, 010100, 111111\}.$$

Es ist $C_{G''} \neq C_{G'}$, weil $101011 \notin C_{G'}$. Vertauscht man jedoch in jedem Wort von $C_{G''}$ die zweite mit der dritten Komponente, so erhält man wieder $C_{G'}$.

Die Matrix G''' entsteht aus G'' durch Vertauschen der dritten mit der vierten Spalte.

$$G'' = \begin{pmatrix} 1 & 0 & 1 & 0 & 1 & 1 \\ 0 & 1 & 0 & 0 & 0 & 0 \\ 0 & 0 & 0 & 1 & 0 & 0 \end{pmatrix} \to G''' = \begin{pmatrix} 1 & 0 & 0 & 1 & 1 & 1 \\ 0 & 1 & 0 & 0 & 0 & 0 \\ 0 & 0 & 1 & 0 & 0 & 0 \end{pmatrix} = (I_3|P).$$

$C_{G'''} \neq C_{G''}$, weil $100111 \in C_{G'''}$, aber nicht in $C_{G''}$. Durch Rücktauschen erhält man den ursprünglichen Code.

Insgesamt haben wir die Generatormatrix G durch elementare Zeilenumformungen und Spaltenvertauschungen in die Form $(I_3| P)$ transformiert. Dabei änderten sich die Codes, aber durch entsprechende Rücktauschungen von Komponenten konnte der ursprüngliche Code wiederhergestellt werden.

Aufgabe 4.8 Zeige, dass man die Generatormatrix G durch elementare Zeilenumformungen und Spaltenvertauschungen in die Form $(P| I_3)$ bringen kann.

Beobachtung: Das Vertauschen von Komponenten in einem Codewort ändert das Gewicht des Wortes nicht und damit auch nichts am Minimalabstand des Codes. Ebenso bleiben die Dimensionen n und k des Codes gleich. Damit bleibt das Leistungspotential des Codes erhalten.

Definition 4.5

Zwei Blockcodes Codes C und C' über $\mathbb{K}$ heißen genau dann *äquivalent*, wenn es eine bijektive lineare Abbildung $\varphi : C \to C'$ mit $w(\varphi(\mathbf{c})) = w(\mathbf{c})$ für alle $\mathbf{c} \in C$ gibt.

Symbolisch: $C \approx C'$.

Anmerkungen:
(1) Äquivalente Codes besitzen denselben Minimalabstand und damit dieselbe Fehlerkorrekturkapazität. Die „Güte" der Codes ist gleich.
(2) Nach dem Satz von MacWilliams (vgl. Willems, Satz 4.1.2 und Hauck, 2005, S. 42) gilt:

Der Code C' entsteht aus C durch Multiplikation der Komponenten von $\boldsymbol{c} \in C$ mit Skalaren ungleich Null und Vertauschung der Komponenten. Für $\mathbb{K} = \mathbb{Z}_2$ entfällt die Multiplikation.

(3) Bei nicht binären Blockcodes sind auch Multiplikationen der Eintragungen eines Codewortes mit Elementen ungleich Null aus dem verwendeten Körper möglich.
(4) Elementare Zeilenoperatione alleine an der Generator- bzw. Kontrollmatrix eines Linearcodes ändern den Code nicht, weil sie nur den Übergang zu einer neuen Basis bewirken (vgl. Satz A5.11).
(5) Spaltenvertauschungen bzw. Multiplikationen von Spalten mit einem Skalar ungleich Null erzeugen einen zum Ausgangscode äquivalenten Code.

Die oben angeführten Umformungen an der Generatormatrix G führen uns zu folgendem Satz:

Satz 4.9
Zu jedem (n, k)-Linearcode C gibt es einen dazu äquivalenten Code C' mit einer Generatormatrix in Standardform.

Beweis (nach Hauck, 2005, S. 43): Sei G eine Erzeugermatrix von C. Dann sind die k Zeilen von G linear unabhängig, und damit hat G auch k linear unabhängige Spalten („Zeilenrang=Spaltenrang", vgl. Satz A5.8). Durch geeignete Spaltenvertauschungen kann erreicht werden, dass diese linear unabhängigen Spalten sich am Ende bzw. am Anfang einer neuen Matrix $\tilde{G}$ befinden. Der von $\tilde{G}$ erzeugte Code $\tilde{C}$ ist äquivalent zu C. Die Matrix $\tilde{G}$ kann allein durch elementare Zeilenumformungen auf die Standardform

$$G' := (P|I_k) \text{ bzw. } G' := (I_k|P)$$

gebracht werden. Der von G' erzeugte Linearcode C' ist bis auf die Reihenfolge der Codewörter gleich dem Code $\tilde{C}$. Insgesamt ist C' äquivalent zu C.

∎

Aufgabe 4.9 Zum Code C, der durch $G = \begin{pmatrix} 1 & 1 & 0 & 0 & 1 & 1 \\ 1 & 1 & 0 & 1 & 1 & 1 \\ 1 & 1 & 1 & 1 & 1 & 1 \end{pmatrix}$ bestimmt ist, haben wir oben eine Generatormatrix in Standardform bestimmt: $G''' = (I_3| P)$. Lies daraus die Kontrollmatrix H''' ab. Durch Rücktauschungen der oben angewendeten Spaltenvertauschungen erzeuge eine Matrix H. Prüfe, dass H eine Kontrollmatrix für C ist, also $HG^T = O$ gilt.

Mit dem nächsten Satz beschreiben wir den Zusammenhang zwischen den Spalten einer Kontrollmatrix eines Codes C und seinem Minimalabstand d_{min}.

Satz 4.10
Seien C ein (n, k)-Linearcode über $\mathbb{K}$ mit der Kontrollmatrix H und $d \in \mathbb{N}$ mit $2 \leq d \leq n$. Für den Minimalabstand gilt $d_{min}(C) \geq d$ genau dann, wenn je $d - 1$ Spalten von H linear unabhängig sind.

Existieren in H zusätzlich d linear abhängige Spalten, dann gilt $d_{min}(C) = d$.

Also ist $d_{min}(C)$ die Minimalanzahl linear abhängiger Spalten einer Kontrollmatrix.

Beweis (nach Schulz, 1991, S. 103): Wir zeigen: Es gilt $d_{min}(C) \leq d - 1$ genau dann, wenn es $d - 1$ linear abhängige Spalten gibt. Die Behauptung des Satzes folgt dann jeweils durch Kontraposition: $A \Rightarrow B \Leftrightarrow$ (nicht $B \Rightarrow$ nicht A).

„$\Leftarrow$": Angenommen, es gibt $d - 1$ linear abhängige Spalten $\boldsymbol{s}_{k_1}, \ldots, \boldsymbol{s}_{k_{(d-1)}}$. Nach Definition A5.5 gibt es Skalare $\lambda_{k_1}, \ldots, \lambda_{k_{(d-1)}}$ aus $\mathbb{K}$, die nicht alle gleichzeitig Null sind, sodass gilt:

$$\lambda_{k_1}\boldsymbol{s}_{k_1} + \ldots + \lambda_{k_{(d-1)}}\boldsymbol{s}_{k_{(d-1)}} = \boldsymbol{0}.$$

Mit diesen Skalaren bilden wir den Vektor

$$\boldsymbol{c} := \left(0, \ldots, \lambda_{k_1}, \ldots 0, \ldots, 0, \lambda_{k_{(d-1)}}, 0, \ldots, 0\right).$$

Dieser Vektor besitzt das Gewicht $w(\boldsymbol{c}) \leq d - 1$.

Es gilt dann für das Produkt von $\boldsymbol{c}$ mit der Kontrollmatrix unter Verwendung der Regel „Matrix mal Spaltenvektor = Linearkombination der Matrixspalten":

$$H\boldsymbol{c}^T = 0\boldsymbol{s}_1 + \ldots + \lambda_{k_1}\boldsymbol{s}_{k_1} + \ldots + \lambda_{k_{(d-1)}}\boldsymbol{s}_{k_{(d-1)}} + \ldots + 0\boldsymbol{s}_n = \boldsymbol{0}.$$

Damit ist $\boldsymbol{c} \in C$, und der Code enthält mindestens ein Wort mit dem Gewicht $w(\boldsymbol{c}) \leq d - 1$.

Also gilt für das Minimalgewicht auch $d_{min}(C) \leq d - 1$.

„$\Rightarrow$" Sei $d_{min}(C) \leq d - 1$. Da $d_{min}(C)$ das Minimalgewicht seiner Codewörter ist, gibt es ein Codewort $\boldsymbol{c}$ mit $w(\boldsymbol{c}) =: t$ und $1 \leq t \leq d - 1$. Hätten alle Codewörter ein Gewicht $\geq d$, dann wäre $d_{min}(C) \geq d$. Dies wäre ein Widerspruch zur Voraussetzung. Sei dann $\boldsymbol{c}$ der Vektor mit dem Gewicht t:

$$c := (0, \ldots, \lambda_{k_1}, \ldots, \lambda_{k_i}, ..0, \ldots, 0, \lambda_{k_t}, 0, \ldots, 0),$$

wobei alle Skalare $\lambda_{k_1}, .., \lambda_{k_i}, \ldots, \lambda_{k_t}$ von Null verschieden sind. Dann ist

$$\mathbf{0} = Hc^T = 0s_1 + \ldots + \lambda_{k_1} s_{k_1} + \ldots + \lambda_{k_i} s_{k_i + \ldots} + \lambda_{k_t} s_{k_t} + \ldots + 0s_n = \mathbf{0}.$$

Daher besitzt H t linear abhängige Spalten, die man zu $d-1$ linear abhängige Spalten ergänzen kann.

Angenommen, es gibt d linear abhängige Spalten in H, dann gilt nach obiger Kontraposition $d_{min}(C) \leq d$. Da außerdem je $d-1$ Spalten linear unabhängig sind, gilt $d_{min}(C) \geq d$. Also gilt $d_{min}(C) = d$.

∎

Beispiel 4.16 Sei C der (7,4)-Linearcode H_{bin}. Eine Kontrollmatrix lautet

$$H = \begin{pmatrix} 1 & 0 & 0 & 1 & 1 & 1 & 0 \\ 0 & 1 & 0 & 0 & 1 & 1 & 1 \\ 0 & 0 & 1 & 1 & 1 & 0 & 1 \end{pmatrix}.$$

Wegen $\begin{pmatrix} 1 \\ 1 \\ 1 \end{pmatrix} = \begin{pmatrix} 0 \\ 1 \\ 0 \end{pmatrix} + \begin{pmatrix} 1 \\ 0 \\ 1 \end{pmatrix}$ findet man in H drei linear abhängige Spalten, nämlich $\begin{pmatrix} 1 \\ 1 \\ 1 \end{pmatrix}, \begin{pmatrix} 0 \\ 1 \\ 0 \end{pmatrix}$ und $\begin{pmatrix} 1 \\ 0 \\ 1 \end{pmatrix}$. Weniger linear abhängige Spalten findet man nicht, weil je zwei Spalten von H linear unabhängig sind, da keine Spalte ein Vielfaches einer anderen Spalte ist. Weil in H keine Nullspalte auftritt, ist jeder einzelne Spaltenvektor linear unabhängig.

Damit gilt: $d_{min}(H_{bin}) = 3 =$ Minimalanzahl linear abhängiger Spalten.

Beispiel 4.17 Sei $H = \begin{pmatrix} 1 & 1 & 0 & 0 & 0 \\ 1 & 0 & 1 & 0 & 1 \end{pmatrix}$ Kontrollmatrix des Codes C. Wir finden eine linear abhängige Spalte, nämlich $s_4 = \begin{pmatrix} 0 \\ 0 \end{pmatrix}$. Es ist $1s_4 = 1\begin{pmatrix} 0 \\ 0 \end{pmatrix} = \mathbf{0}$. Damit gilt $d_{min}(C) = 1$.

Unter Verwendung des obigen Satzes lassen sich leicht Codes mit gewünschtem Minimalabstand konstruieren.

Beispiel 4.18 Konstruiere einen binäre (5,2)-Linearcode C mit Minimalabstand 3.

Da ein binärer Code vorliegt, verwenden wir als Körper den $\mathbb{Z}_2$. Den gesuchten Linearcode definieren wir mit einer $(5-2=3 \times 5)$-Kontrollmatrix. Weil $d_{min}(C) = 3$ sein soll, muss H drei linear abhängige Spalten besitzen, und je zwei Spalten müssen linear unabhängig sein, und keine Spalte darf der Nullvektor sein;

z. B.: $H := \begin{pmatrix} 1 & 0 & 0 & 0 & 1 \\ 0 & 1 & 0 & 1 & 1 \\ 0 & 0 & 1 & 1 & 1 \end{pmatrix}$. Wegen $\begin{pmatrix} 1 \\ 1 \\ 1 \end{pmatrix} = \begin{pmatrix} 0 \\ 1 \\ 1 \end{pmatrix} + \begin{pmatrix} 1 \\ 0 \\ 0 \end{pmatrix}$ findet man in H drei linear abhängige Spalten, nämlich $\begin{pmatrix} 1 \\ 1 \\ 1 \end{pmatrix}, \begin{pmatrix} 0 \\ 1 \\ 1 \end{pmatrix}$ und $\begin{pmatrix} 1 \\ 0 \\ 0 \end{pmatrix}$. Je zwei Spalten sind linear unabhängig, weil keine Spalte ein Vielfaches einer anderen Spalte ist.

Also gilt $d_{min}(C) = 3 =$ Minimalanzahl linear abhängiger Spalten.

Nun ist C der Nullraum von H, also die Menge $\{\boldsymbol{x} := (x_1, x_2, x_3, x_4, x_5) | H\boldsymbol{x}^T = \boldsymbol{0}\}$.

Es folgt: $\begin{matrix} x_1 + x_5 = 0 \\ x_2 + x_4 + x_5 = 0 \\ x_3 + x_4 + x_5 = 0 \end{matrix} \Rightarrow \begin{matrix} x_1 = x_5 \\ x_2 = x_4 + x_5 \\ x_3 = x_4 + x_5 \end{matrix} \Rightarrow \begin{pmatrix} x_1 \\ x_2 \\ x_3 \\ x_4 \\ x_5 \end{pmatrix} = x_4 \begin{pmatrix} 0 \\ 1 \\ 1 \\ 1 \\ 0 \end{pmatrix} + x_5 \begin{pmatrix} 1 \\ 1 \\ 1 \\ 0 \\ 1 \end{pmatrix}$.

Der Code besteht aus vier Wörtern: $C = \{\boldsymbol{0}, 01110, 11101, 10011\}$. Das Minimalgewicht von C ist 3. Dies ist auch der Minimalabstand (vgl. Satz 4.10).

Aufgabe 4.10 Gegeben sei der binäre (6,3)-Linearcode

$$C^* := \{\boldsymbol{0}, 110100, 011010, 111001, 101110, 001101, 100011, 010111\}$$

(1) Berechne den Minimalabstand mittels der Gewichte.
(2) Bestimme eine Generatormatrix G in Standardform und eine Kontrollmatrix H.
(3) Zeige, dass $C^* = \{\boldsymbol{m}G | \boldsymbol{m} \in (\mathbb{Z}_2)^3\} = \{\boldsymbol{x} \in (\mathbb{Z}_2)^5 | H\boldsymbol{x}^T = \boldsymbol{0}\}$.
(4) Überprüfe die Gültigkeit des obigen Satzes 4.10 an dieser Kontrollmatrix.
(5) Zeige mittels der Kontrollmatrix H, dass das empfangene Wort $\boldsymbol{u} := 100111$ nicht in C^* liegt.
(6) Korrigiere $\boldsymbol{u}$ mittels der Hamming-Decodierung.
(7) Zeige, $\boldsymbol{u_1} := 100110$ kann mittels der Hamming-Decodierung nicht eindeutig korrigiert werden.

Anmerkung: Bei der Hamming-Decodierung in dieser Aufgabe 4.10 benötigen wir $6 \cdot 2^3 = 48$ Vergleiche: Der Abstand des empfangenes Wort $\boldsymbol{u}$ muss von allen Codewörtern aus C berechnet werden. Dies sind $|C| = 2^3 = 8$ Abstandsberechnungen. Jede Abstandsberechnung erfordert 6 Komponentenvergleiche. Also sind $6 \cdot 8$ Vergleiche notwendig. Bei einem (n, k)-Code sind $n \cdot |\mathbb{K}|^k$ Vergleiche notwendig.

Bei einem binären (70,50)-Linearcode mit seinen 2^{50} Codewörtern der Länge 70 erfordert dies $70 \cdot 2^{50}$ Vergleiche, weil je Codewort 70 Vergleiche notwendig sind.

Man sagt allgemein: Die Komplexität des Hamming-Decodierung beträgt $\sim n|\mathbb{K}|^k$.

Speichert man alle 2^{50} Codewörter der Länge 70, so benötigt man zu ihrer Speicherung $70 \cdot 2^{50}$ Bits. Dies sind ungefähr $9 \cdot 2^{50}$ Bytes. Dieser enorme Speicherbedarf und die hohe Komplexität beim Vergleichen verlangt nach effizienteren Decodierungs-Algorithmen.

4.3 Syndromdecodierung bei Linearcodes

Gegeben sei über dem Körper $\mathbb{K}$ ein (n,k)-Blockcode C. Es werde $\boldsymbol{c} \in C$ gesendet und $\boldsymbol{u} \in \mathbb{K}^n$ empfangen. Bei nicht linearen Codes muss man alle Abstände $d(\boldsymbol{u},\boldsymbol{c})$ mit $\boldsymbol{c} \in C$ berechnen. Liefert $\boldsymbol{c}'$ den minimalen Abstand, dann wird $\boldsymbol{u}$ zu $\boldsymbol{c}'$ decodiert. Je Codewort sind n Berechnungen durchzuführen. Insgesamt hat die Hamming-Decodierung, wie schon angemerkt, die Komplexität $\sim n|\mathbb{K}|^k$. Für lineare Codes, die nicht nur Teilmengen, sondern sogar Teilräume des $\mathbb{K}^n$ sind, gibt es effizientere Verfahren. Wie in der Einleitung zu diesem Buch schon dargelegt, hat in der natürlichen Sprache die Grammatik die Decodierung wesentlich unterstützt. Nun wollen wir die erwähnten Teilräume wie eine Grammatik verwenden. Teilräume gestatten es, den $\mathbb{K}^n$ durch gewisse Teilmengen (Nebenklassen) zu überdecken (Abb. 4.3). Dies haben wir schon bei den perfekten Codes beobachtet. Allerdings gibt es im Vergleich zu linearen Codes nur sehr wenige perfekte Codes. Das nächste Ziel wird es daher sein, $\mathbb{K}^n$ als elementfremde Vereinigung darzustellen.

Eigenschaften von Nebenklassen

Definition 4.6
Sei C Teilraum des Vektorraumes $\mathbb{K}^n$, und sei $\boldsymbol{u} \in \mathbb{K}^n$.
Die Menge $\boldsymbol{u} + C := \{\boldsymbol{u} + \boldsymbol{c} \mid \boldsymbol{c} \in C\}$ nennt man *Nebenklasse von C* bezüglich $\boldsymbol{u}$.

Anmerkung: Nebenklassen sind um $\boldsymbol{u}$ „verschobene" Teilräume, welche aber selbst keine Teilräume mehr sind.

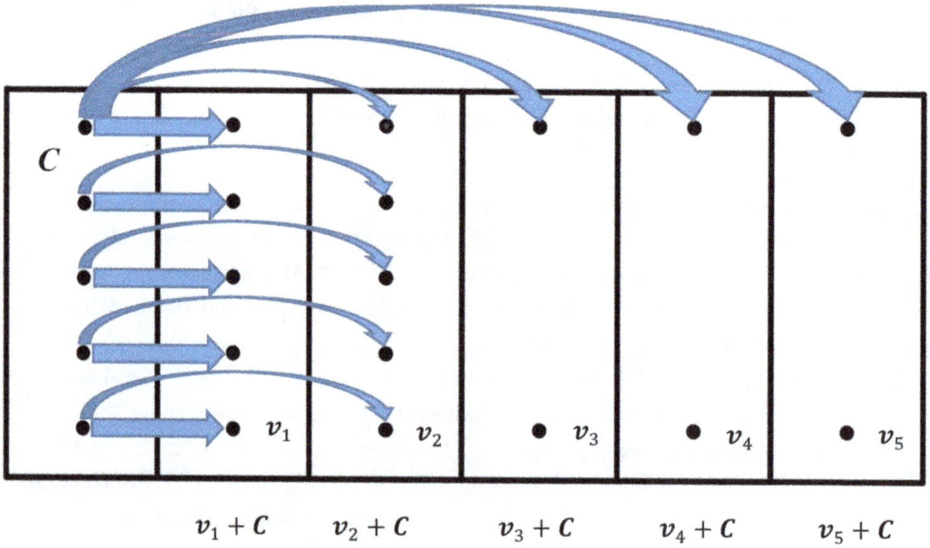

Abb. 4.3 Konstruktion von Nebenklassen

Ist $\boldsymbol{u}$ kein Element von C, so ist $\boldsymbol{u} + C$ kein Teilraum mehr, weil $\mathbf{0}$ nicht in $\boldsymbol{u} + C$ liegt. Denn sonst wäre $\mathbf{0} = \boldsymbol{u} + \boldsymbol{c}$ mit $\boldsymbol{c} \in C$ und damit wäre $\boldsymbol{u} = -\boldsymbol{c} \in C$, was ein Widerspruch zur Voraussetzung $\boldsymbol{u} \notin C$ ist.

Lemma 4.1
Zwei Nebenklassen sind entweder identisch oder elementfremd.
Symbolisch: $\boldsymbol{u}_1 + C = \boldsymbol{u}_2 + C$ oder $\boldsymbol{u}_1 + C \cap \boldsymbol{u}_2 + C = \{\ \}$.

Beweis: Sei $\boldsymbol{u}_1 + C \cap \boldsymbol{u}_2 + C \neq \{\ \}$. Ist $\boldsymbol{v}$ aus diesem Durchschnitt, dann gibt es $\boldsymbol{c}_1, \boldsymbol{c}_2 \in C$ mit $\boldsymbol{v} = \boldsymbol{u}_1 + \boldsymbol{c}_1 = \boldsymbol{u}_2 + \boldsymbol{c}_2$. Daraus folgt $\boldsymbol{u}_1 = \boldsymbol{u}_2 + (\boldsymbol{c}_2 - \boldsymbol{c}_1) \in \boldsymbol{u}_2 + C$, weil $(\boldsymbol{c}_2 - \boldsymbol{c}_1) \in C$ (C ist Teilraum!).

Sei $\boldsymbol{x} \in \boldsymbol{u}_1 + C \Rightarrow \boldsymbol{x} = \boldsymbol{u}_1 + \boldsymbol{c}$ mit $\boldsymbol{c} \in C \Rightarrow \boldsymbol{x} = \boldsymbol{u}_2 + (\boldsymbol{c}_2 - \boldsymbol{c}_1) + \boldsymbol{c} \in \boldsymbol{u}_2 + C$, weil $(\boldsymbol{c}_2 - \boldsymbol{c}_1) + \boldsymbol{c} \in C$. Damit gilt $\boldsymbol{u}_1 + C \subseteq \boldsymbol{u}_2 + C$.

Sei $\boldsymbol{y} \in \boldsymbol{u}_2 + C \Rightarrow \boldsymbol{y} = \boldsymbol{u}_2 + \boldsymbol{c}'$ mit $\boldsymbol{c}' \in C \Rightarrow \boldsymbol{y} = \boldsymbol{u}_1 + (\boldsymbol{c}_1 - \boldsymbol{c}_2) + \boldsymbol{c}' \in \boldsymbol{u}_1 + C$, weil $(\boldsymbol{c}_1 - \boldsymbol{c}_2) + \boldsymbol{c}' \in C$. Damit gilt $\boldsymbol{u}_2 + C \subseteq \boldsymbol{u}_1 + C$. Insgesamt folgt $\boldsymbol{u}_2 + C = \boldsymbol{u}_1 + C$.
Ist also der Durchschnitt nicht leer, so sind die Nebenklassen gleich.

∎

Lemma 4.2
Zwei Nebenklassen $\boldsymbol{u}_1 + C$ und $\boldsymbol{u}_2 + C$ sind genau dann gleich, wenn $\boldsymbol{u}_1 - \boldsymbol{u}_2 \in C$ gilt.

Beweis:
„⇒“: Sei $\boldsymbol{u}_1 + C = \boldsymbol{u}_2 + C$.

$$\boldsymbol{u}_1 = \boldsymbol{u}_1 + \mathbf{0} \in \boldsymbol{u}_1 + C = \boldsymbol{u}_2 + C \Rightarrow \boldsymbol{u}_1 = \boldsymbol{u}_2 + \boldsymbol{c} \text{ mit } \boldsymbol{c} \in C \Rightarrow \boldsymbol{u}_1 - \boldsymbol{u}_2 = \boldsymbol{c} \in C.$$

„⇐“: Sei $\boldsymbol{u}_1 - \boldsymbol{u}_2 \in C$. Daraus folgt:

$$\boldsymbol{u}_1 - \boldsymbol{u}_2 = \boldsymbol{c} \in C \Rightarrow \boldsymbol{u}_1 = \boldsymbol{u}_2 + \boldsymbol{c} \in \boldsymbol{u}_2 + C \text{ und } \boldsymbol{u}_1 = \boldsymbol{u}_1 + \mathbf{0} \in \boldsymbol{u}_1 + C.$$

Damit liegt $\boldsymbol{u}_1$ im Durchschnitt der beiden Nebenklassen. Nach Lemma 4.1 sind diese dann identisch.

∎

Beachte, dass in der Argumentation C ein Teilraum ist und damit den Nullvektor $\mathbf{0}$ enthält.

Lemma 4.3
Für alle $\boldsymbol{v} \in \boldsymbol{u} + C$ gilt: $\boldsymbol{v} + C = \boldsymbol{u} + C$.

Beweis: $\boldsymbol{v} = \boldsymbol{u} + \boldsymbol{c} \Rightarrow \boldsymbol{v} - \boldsymbol{u} = \boldsymbol{c} \in C \Rightarrow \boldsymbol{v} + C = \boldsymbol{u} + C$ (nach Lemma 4.2).

∎

Lemma 4.4
Der Vektorraum $\mathbb{K}^n$ ist die Vereinigung aller elementfremder Nebenklassen.

Beweis: Sei $\boldsymbol{u} \in \mathbb{K}^n$. Ist $\boldsymbol{u} \notin$ C, so bilde die Nebenklasse $\boldsymbol{u}$ + C. Nach Lemma 4.1 sind die Nebenklassen $\boldsymbol{0}$ + C und $\boldsymbol{u}$ + C elementfremd. Ist $(\boldsymbol{0} + C) \cup (\boldsymbol{u} + \mathrm{C}) = \mathbb{K}^n$, dann gilt die Behauptung. Sonst wähle $\boldsymbol{u}' \notin \mathrm{C} \cup (\boldsymbol{u} + C)$ und bilde die Nebenklasse $\boldsymbol{u}'$ + C. Nach Lemma 4.1 ist diese Nebenklasse ebenfalls elementfremd zu den beiden vorherigen Nebenklassen. Ist

$$\mathbb{K}^n = (\boldsymbol{0} + C) \cup (\boldsymbol{u} + \mathrm{C}) \cup (\boldsymbol{u}' + \mathrm{C}),$$

dann gilt wieder die Behauptung. So fahren wir fort, bis alle Elemente des $\mathbb{K}^n$ erfasst sind. Weil $\mathbb{K}^n$ endlich ist, kann es nur endlich viele Nebenklassen geben. Sei $r \in \mathbb{N}$ die Anzahl dieser Nebenklassen:

$$\mathbb{K}^n = (\boldsymbol{0} + C) \cup (\boldsymbol{u}_2 + C) \cup (\boldsymbol{u}_3 + \mathrm{C}) \cup \ldots \cup (\boldsymbol{u}_r + \mathrm{C}).$$

∎

Lemma 4.5
Je zwei Nebenklassen enthalten gleich viele Elemente und zwar genauso viele, wie der Code C. Symbolisch: $|C| = |\,\boldsymbol{v} + C|$ mit $\boldsymbol{v} \in C$.

Beweis: Wir betrachten die Abbildung $\alpha : C \to \boldsymbol{v} + C$ mit $\alpha(\boldsymbol{c}) \to \boldsymbol{v} + \boldsymbol{c}$ mit $\boldsymbol{c} \in C$. Diese Abbildung ist injektiv, denn

$$\alpha(\boldsymbol{c}) = \alpha(\boldsymbol{c}') \Rightarrow \boldsymbol{v} + \boldsymbol{c} = \boldsymbol{v} + \boldsymbol{c}' \Rightarrow \boldsymbol{c} = \boldsymbol{c}'.$$

Die Abbildung α ist surjektiv. Sei $\boldsymbol{y} \in \boldsymbol{v} + C$, dann gibt es ein $\boldsymbol{c} \in C$ mit $\boldsymbol{y} = \boldsymbol{v} + \boldsymbol{c}$. Mit diesem $\boldsymbol{c}$ gilt: $\alpha(\boldsymbol{c}) = \boldsymbol{v} + \boldsymbol{c} = \boldsymbol{y}$. Jedes Element aus $\boldsymbol{v} + C$ tritt als Bild auf. Damit ist die Abbildung insgesamt bijektiv, und die Mengen C und $\boldsymbol{v} + C$ enthalten gleich viele Elemente.

∎

Lemma 4.6
Es gibt $|\mathbb{K}|^{n-k}$ verschiedene Nebenklassen.

Beweis: Nach Lemma 4.4 gibt es ein $r \in \mathbb{N}$ mit

$$\mathbb{K}^n = (\mathbf{0} + C) + (\boldsymbol{v}_2 + C) + (\boldsymbol{v}_3 + C) + \ldots + (\boldsymbol{v}_r + C)$$

mit r elementfremden Nebenklassen. Dann ist nach Lemma 4.5

$$|\ \mathbb{K}^n\ | = |\mathbf{0} + C| + |(\boldsymbol{v}_2 + C)| + |(\boldsymbol{v}_3 + C)| + \ldots + |\boldsymbol{v}_r + C| = |C| + \ldots + |C| = |C| \cdot r.$$

Es folgt mit $|C| = \left|\mathbb{K}^k\right| = |\mathbb{K}|^k$ und $|\ \mathbb{K}^n\ | = |\mathbb{K}|^n$:

$$|\mathbb{K}|^n = |\mathbb{K}|^k \cdot r \Leftrightarrow r = |\mathbb{K}|^n : |\mathbb{K}|^k = |\mathbb{K}|^{n-k}.$$

∎

Beispiel 4.19 Berechne die Nebenklassenzerlegung von $\mathbb{K}^5$ bezüglich des binären (5,2)-Codes C mit der Generatormatrix

$$G := \begin{pmatrix} 1 & 0 & 1 & 1 & 0 \\ 0 & 1 & 1 & 0 & 1 \end{pmatrix}$$

und zugehöriger Kontrollmatrix

$$H = \begin{pmatrix} 1 & 0 & 0 & 1 & 0 \\ 0 & 1 & 0 & 0 & 1 \\ 0 & 0 & 1 & 1 & 1 \end{pmatrix}.$$

Dann ist

$$C := \{00000, 10110, 01101, 11011\}.$$

Wir beginnen mit $C = \mathbf{0} + C =: N_1$. Dann suchen wir ein $\boldsymbol{v} \in \mathbb{K}^5$ mit $\boldsymbol{v} \notin C$.

Z. B. $\boldsymbol{v_1} = 10000$. Dies ist ein Wort mit kleinstem Gewicht 1, das nicht in C liegt.

Allerdings hätten wir auch jedes andere Wort mit dem Gewicht 1, das nicht in C liegt, nehmen können. Dann bilden wir $N_2 = 10000 + C = \{10000, 00110, 11101, 01011\}$. Im nächsten Schritt suchen wir ein Wort $\boldsymbol{v}_2$, das nicht in $N_1 \bigcup N_2$ auftritt, z. B. $\boldsymbol{v}_2 = 01000$ (wieder mit kleinstem Gewicht). Damit bilden wir $N_3 = 01000 + C = \{01000, 11110, 00101, 10011\}$. Wegen Lemma 4.1 ist diese Nebenklasse zu beiden vorher bestimmten Nebenklassen elementfremd. Dieses Verfahren setzen wir fort, bis alle Elemente des $\mathbb{K}^5$ in einer Nebenklasse auftreten. Wegen der Endlichkeit von $\mathbb{K}^5$ bricht dieses Verfahren ab.

Je länger die entstehende Liste der Nebenklassen ist, desto schwieriger ist es, zu den berechneten Nebenklassen ein Wort zu finden, das in diesen Nebenklassen noch nicht aufgetreten ist. Im Übrigen ist es gleichgültig, welches Wort man zur Nebenklassenbildung verwendet. Man hätte z. B. $v_2 = 01111$ wählen können. Dann wäre $01111 + C = \{01111, 11001, 00010, 10100\} = N_5$ in der unteren Liste. Man erhält stets diese Liste, allerdings unterscheiden sich die Reihenfolgen der Nebenklassen.

Liste der Nebenklassen:

$$\begin{aligned}
N_1 &= 00000 + C = \{\mathbf{00000}, 10110, 01101, 11011\} \\
N_2 &= 10000 + C = \{\mathbf{10000}, 00110, 11101, 01011\} \\
N_3 &= 01000 + C = \{\mathbf{01000}, 11110, 00101, 10011\} \\
N_4 &= 00100 + C = \{\mathbf{00100}, 10010, 01001, 11111\} \\
N_5 &= 00010 + C = \{\mathbf{00010}, 10100, 01111, 11001\} \\
N_6 &= 00001 + C = \{\mathbf{00001}, 10111, 01100, 11010\} \\
N_7 &= 11000 + C = \{11000, 01110, 10101, \mathbf{00011}\} \\
N_8 &= 10001 + C = \{10001, 00111, 11100, \mathbf{01010}\}
\end{aligned}$$

Es gibt $8 = 2^3 = 2^{5-2}$ elementfremde Nebenklassen mit je vier Elementen. Insgesamt treten also $8 \cdot 4 = 32 = 2^5$ Elemente auf. Dies sind alle Elemente von $\mathbb{K}^5$. Also ist $\mathbb{K}^5 = N_1 \bigcup N_2 \bigcup N_3 \bigcup N_4 \bigcup N_5 \bigcup N_6 \bigcup N_7 \bigcup N_8$ mit $N_1 = C$.

Decodieralgorithmus mittels Nebenklassen

Bestimme in jeder Nebenklasse ein Wort $\boldsymbol{f}$ mit *kleinstem Gewicht.* Ist dieses Wort nicht eindeutig, so wählt man unter den Wörtern mit gleichem kleinstem Gewicht eines willkürlich aus. Man nennt dieses Wort mit kleinstem Gewicht den *Nebenklassenführer.*

Es werde $\boldsymbol{u} \in \mathbb{K}^n$ empfangen. Dann liegt $\boldsymbol{u}$ nach Lemma 4.4 in genau einer Nebenklasse. Die entsprechende Suche nach der passenden Nebenklasse ist in der Regel aufwändig, weil die Anzahl der Nebenklassen sehr groß sein kann.

Sei nun $\boldsymbol{f}$ der Nebenklassenführer, dann ist $\boldsymbol{u} \in \boldsymbol{f} + C$. Bilde die Differenz $\boldsymbol{u} - \boldsymbol{f} =: \boldsymbol{c}^*$. Das Ergebnis ist ein Element des Codes C, denn $\boldsymbol{u}$ und $\boldsymbol{f}$ liegen in der derselben Nebenklasse. Nach Lemma 4.2 und Lemma 4.3 gilt:

$$\boldsymbol{u} \in \boldsymbol{f} + C \Rightarrow \boldsymbol{u} + C = \boldsymbol{f} + C \Leftrightarrow \boldsymbol{u} - \boldsymbol{f} \in C.$$

Nun decodiert man $\boldsymbol{u}$ zu $\boldsymbol{c}^*$. Dieses Wort $\boldsymbol{c}^*$ hat vom empfangenen Wort $\boldsymbol{u}$ minimalen Abstand, denn:

$$\boldsymbol{u} - \boldsymbol{f} = \boldsymbol{c}^* \Leftrightarrow \boldsymbol{u} = \boldsymbol{c}^* + \boldsymbol{f}.$$

Damit gilt für die Distanzen nach der Translationsregel:

$$d(\boldsymbol{u}, \boldsymbol{c}^*) = d(\boldsymbol{c}^* + \boldsymbol{f}, \boldsymbol{c}^*) = d(\boldsymbol{c}^* + \boldsymbol{f} - \boldsymbol{c}^*, \boldsymbol{c}^* - \boldsymbol{c}^*) = d(\boldsymbol{f}, \boldsymbol{0}) = w(\boldsymbol{f}).$$

Da das Gewicht des Nebenklassenführers minimal ist, ist auch die Distanz $d(\boldsymbol{u}, \boldsymbol{c}^*)$ minimal. Diese Vorgangsweise entspricht der Hamming-Decodierung.

Beispiel 4.20 Im Beispiel 4.19 mit dem (5,2)-Code C werde $\boldsymbol{u} = 10111$ empfangen. Dann liegt nach obiger Liste der Nebenklassen das Wort $\boldsymbol{u}$ in N_6 mit dem Nebenklassenführer $\boldsymbol{f} = \mathbf{00001}$. Es ist

$$\boldsymbol{c}^* = \boldsymbol{u} - \boldsymbol{f} = 10111 - \mathbf{00001} = 10110.$$

Damit wird das Wort $\boldsymbol{u} = 10111$ zum Wort $\boldsymbol{c}^* = 10110$ korrigiert.

Kontrolle durch Bestimmung aller Distanzen von $\boldsymbol{u}$ zu allen Codewörtern:

$$d(\boldsymbol{u}, \mathbf{0}) = 4, d(\boldsymbol{u}, 01101) = 3, d(\boldsymbol{u}, 11011) = 2, d(\boldsymbol{u}, \boldsymbol{c}^*) = 1.$$

Wir sehen, dass $\boldsymbol{c}^*$ vom empfangene Wort $\boldsymbol{u}$ wirklich den kleinsten Abstand besitzt. Es ist damit das am wahrscheinlichsten gesendete Wort.

Nun nehmen wir an, dass das Wort $\boldsymbol{u}_1 := 10101$ empfangen wird. Dieses Wort liegt in der Nebenklasse N_7, wo es zwei Wörter mit minimalem Gewicht 2 gibt, nämlich $\boldsymbol{f}_1 = 11000$ und $\boldsymbol{f}_2 = 00011$. Dann hätte man zur Decodierung zwei Codewörter zur Auswahl:

$$\boldsymbol{c}_1 = \boldsymbol{u}_1 + \boldsymbol{f}_1 = 01101 \text{ bzw.} \boldsymbol{c}_2 = \boldsymbol{u}_1 + \boldsymbol{f}_2 = 10110 \text{ (beachte : über } \mathbb{Z}_2 \text{ ist } -f = f).$$

In diesem Fall kann man ein Codewort willkürlich wählen. Dies entspricht der willkürlichen Auswahl des Nebenklassenführers $\boldsymbol{f}_2$ von N_7. Andernfalls verzichtet man auf eine Decodierung und markiert das Wort nur im Sinne der BD-Decodierung: Es ist $d_{min}(C) = 3$, das heißt, dass nur Wörter mit einem Fehler decodiert werden können. Ist daher das Minimalgewicht in einer Nebenklasse größer oder gleich 2, so beendet man die Decodierung.

Allgemein: Besitzt ein Wort mehr als $t^* = \left\lfloor \frac{d_{min}-1}{2} \right\rfloor$ Fehler, so beendet man die Decodierung (Bounded Decodierung, BD-Decodierung, vgl. Abschn. 3.1).

Wie kann die langwierige Suche nach der geeigneten Nebenklasse erleichtert werden?

Beispiel 4.21 Im Beispiel 4.20 wurde $\boldsymbol{c} = 10110$ gesendet und $\boldsymbol{u} = 10111$ empfangen. Es ist also ein Fehler aufgetreten. Dies zeigt auch die Überprüfung mit der Kontrollmatrix H:

$$H\boldsymbol{u}^T = \begin{pmatrix} 1 & 0 & 0 & 1 & 0 \\ 0 & 1 & 0 & 0 & 1 \\ 0 & 0 & 1 & 1 & 1 \end{pmatrix} \begin{pmatrix} 1 \\ 0 \\ 1 \\ 1 \\ 1 \end{pmatrix} = \begin{pmatrix} 0 \\ 1 \\ 1 \end{pmatrix} \neq \mathbf{0}.$$

Für das Fehlerwort f gilt:

$$\boldsymbol{f} := \boldsymbol{u} - \boldsymbol{c} \Leftrightarrow \boldsymbol{u} = \boldsymbol{f} + \boldsymbol{c}.$$

In diesem Beispiel ist also

$$\boldsymbol{f} = 10111 - 10110 = 00001.$$

Nun ist $H\boldsymbol{c}^T = \boldsymbol{0}$, also wird $H\boldsymbol{f}^T = H\boldsymbol{u}^T$ sein:

$$H\boldsymbol{f}^T = \begin{pmatrix} 1 & 0 & 0 & 1 & 0 \\ 0 & 1 & 0 & 0 & 1 \\ 0 & 0 & 1 & 1 & 1 \end{pmatrix} \begin{pmatrix} 0 \\ 0 \\ 0 \\ 0 \\ 1 \end{pmatrix} = \begin{pmatrix} 0 \\ 1 \\ 1 \end{pmatrix} = H\boldsymbol{u}^T.$$

Diese Beziehung gilt allgemein, denn:

$$H\boldsymbol{u}^T = H(\boldsymbol{f} + \boldsymbol{c})^T = H\boldsymbol{f}^T + H\boldsymbol{c}^T = H\boldsymbol{f}^T + \boldsymbol{0} = H\boldsymbol{f}^T.$$

Definition 4.7

Sei H eine Kontrollmatrix des (n, k)-Linearcodes C über einem Körper $\mathbb{K}$.

Das Syndrom $s(\boldsymbol{x})$ eines Vektors $\boldsymbol{x} \in \mathbb{K}^n$ ist der Spaltenvektor $H\boldsymbol{x}^T \in \mathbb{K}^{n-k}$.

Symbolisch: $s(\boldsymbol{x}) = H\boldsymbol{x}^T$

Anmerkungen:

(1) Wegen $\boldsymbol{x} \in C \Leftrightarrow H\boldsymbol{x}^T = \boldsymbol{0}$ ist $\boldsymbol{x}$ genau dann ein Codewort, wenn sein Syndrom gleich $\boldsymbol{0}$ ist. Ist das Syndrom eines empfangenen Wortes von $\boldsymbol{0}$ verschieden, dann ist es mit Fehlern behaftet. Dies erklärt den Namen Syndrom.[1]

(2) Das Syndrom eines gesendeten Wortes ist *nur* vom Fehlervektor abhängig, weil $H\boldsymbol{u}^T = H\boldsymbol{f}^T$ gilt.

(3) Oft wird das Syndrom eines Vektors $\boldsymbol{x}$ als Zeilenvektor definiert: $s(\boldsymbol{x}) := \boldsymbol{x}H^T$. Wegen $(H\boldsymbol{x}^T)^T = \boldsymbol{x}^{TT}H^T = \boldsymbol{x}H^T$ besitzt das Syndrom gleiche Komponenten.

[1] Ein Syndrom bezeichnet in der Medizin und der Psychologie eine Kombination von verschiedenen Krankheitszeichen (Symptomen) (aus: https://de.wikipedia.org/wiki/Syndrom, 24.03.2022)

Eigenschaften des Syndroms

Lemma 4.7
Das Syndrom ist für alle Elemente einer Nebenklasse $\boldsymbol{x} + C$ gleich.

Beweis:

$$H(\boldsymbol{x}+\boldsymbol{c})^T = H\boldsymbol{x}^T + H\boldsymbol{c}^T = H\boldsymbol{x}^T + \mathbf{0} = H\boldsymbol{x}^T.$$

Man spricht vom Syndrom einer Nebenklasse.

∎

Lemma 4.8
Für verschiedene Nebenklassen $\boldsymbol{x} + C$ und $\boldsymbol{y} + C$ sind die Syndrome verschieden:

Beweis: Wären die Syndrome gleich, also

$$H(\boldsymbol{x}+\boldsymbol{c})^T = H(\boldsymbol{y}+\boldsymbol{c}')^T \Rightarrow H\boldsymbol{x}^T + H\boldsymbol{c}^T = H\boldsymbol{y}^T + H(\boldsymbol{c}')^T \Rightarrow H\boldsymbol{x}^T = H\boldsymbol{y}^T$$

$$\Rightarrow H\boldsymbol{x}^T - H\boldsymbol{y}^T = \mathbf{0} \Rightarrow H(\boldsymbol{x}-\boldsymbol{y})^T = \mathbf{0} \Rightarrow (\boldsymbol{x}-\boldsymbol{y}) \in C.$$

Nach Lemma 4.2 gilt $\boldsymbol{x} + C = \boldsymbol{y} + C$. Dies ist ein Widerspruch zur Annahme der Verschiedenheit.

∎

In folgender Liste sind die Syndrome in Zeilenform der Nebenklassen für den (5,2)-Code aus dem Beispiel 4.19 angegeben.

Nebenklassen	Syndrome s($\boldsymbol{x}$)
$N_1 = 00000 + C = \{\mathbf{00000}, 10110, 01101, 11011\}$	000
$N_2 = 10000 + C = \{\mathbf{10000}, 00110, 11101, 01011\}$	100
$N_3 = 01000 + C = \{\mathbf{01000}, 11110, 00101, 10011\}$	010
$N_4 = 00100 + C = \{\mathbf{00100}, 10010, 01001, 11111\}$	001
$N_5 = 00010 + C = \{\mathbf{00010}, 10100, 01111, 11001\}$	101
$N_6 = 00001 + C = \{\mathbf{00001}, 10111, 01100, 11010\}$	011
$N_7 = 11000 + C = \{11000, 01110, 10101, \mathbf{00011}\}$	110
$N_8 = 10001 + C = \{10001, 00111, 11100, \mathbf{01010}\}$	111

In N_7, N_8 gibt es zwei Wörter mit dem Gewicht 2. Wir wählen das fett gedruckte Wort willkürlich aus. Das ergibt folgende Liste:

Nebenklassenfü hrer	Syndrome s($\boldsymbol{x}$)
00000	000
10000	100
01000	010
00100	001
00010	101
00001	**011**
00011	110
01010	111

Damit findet man mit folgendem Algorithmus sofort die Nebenklasse, in der sich ein gesendetes Wort $\boldsymbol{u}$ befindet:

(1) Berechne das Syndrom von $\boldsymbol{u}$.
(2) Suche aus der Liste der Syndrome die zugehörige Nebenklasse bzw. den Nebenklassenführer $\boldsymbol{f}$, also jenes Wort in der Nebenklasse mit dem geringsten Gewicht.
(3) Codiere $\boldsymbol{u}$ zu $\boldsymbol{c} = \boldsymbol{u} - \boldsymbol{f}$ (im binären Fall ist $\boldsymbol{u} - \boldsymbol{f} = \boldsymbol{u} + \boldsymbol{f}$).

Diesen Algorithmus nennt man *Syndrom-Decodierung*.

Beispiel 4.22 Empfangenes Wort $\boldsymbol{u}$ = 10111⟶ Syndrom von $\boldsymbol{u}$ ist 011⟶ zugehöriger Nebenklassenführer $\boldsymbol{f}$ = 00001.

Decodierung: $\boldsymbol{u} \longrightarrow \boldsymbol{u} - \boldsymbol{f} = 10111 - 00001 = 10110$.

Anmerkungen:

(1) Nachdem es $|\mathbb{K}|^{n-k}$ Nebenklassenführer gibt, sind bei der Syndrom-Decodierung maximal $n \cdot |\mathbb{K}|^{n-k}$ Vergleiche notwendig, bei der Hamming-Decodierung sind es $n \cdot |\mathbb{K}|^k$ Vergleiche. Im obigen Beispiel sind es $6 \cdot 2^{6-3} = 48$ Vergleiche bei der Syndrom-Decodierung und $6 \cdot 2^3$ bei der Hamming-Decodierung, also gleich viele. Damit stellt sich die Frage, für welche Werte von k und n ein Vorteil eintritt?

$$|\mathbb{K}|^{n-k} < |\mathbb{K}|^k \Leftrightarrow |\mathbb{K}|^{n-2k} < 1 = |\mathbb{K}|^0 \Leftrightarrow n - 2k < 0 \Leftrightarrow n < 2k.$$

Bei einem binären (70,50)-Linearcode C ist $70 < 2 \cdot 50 = 100$. Damit benötigt man $70 \cdot 2^{20}$ Vergleiche bei der Syndrom-Decodierung gegenüber $70 \cdot 2^{50}$ bei der Hamming-Decodierung.

Der benötigte Speicherplatz bei der Syndrom-Decodierung berechnet sich aus 2^{20} Nebenklassen zu jeweils 70 Bits. Insgesamt beträgt es also $70 \cdot 2^{20}$ Bits. Dies entspricht rund $9 \cdot 2^{20}$ Bytes gegenüber $9 \cdot 2^{50}$ Bytes.

Trotz der Verminderung im Vergleich zur Hamming-Decodierung sind Rechenaufwand und Speicherbedarf groß. Bei der sogenannten schrittweisen Decodierung (Step-by-Step Decodierung) benötigt man nur die Syndrome und die Gewichte der Nebenklassenführer (vgl. Hauck, 2005, S. 40 f.).

(2) Im Beispiel 4.22 sehen wir, dass in der Liste der Syndrome alle 8 Wörter der Länge $n - k = 3$ auftreten. Dies gilt allgemein.

Wir betrachten die Abbildung $H : \mathbb{K}^n \longrightarrow \mathbb{K}^{n-k}$ mit $H(\boldsymbol{x}) := H\boldsymbol{x}^T$. Diese Abbildung ist wegen der Rechenregeln für Matrizen linear. Nach der Dimensionsformel für lineare Abbildungen (vgl. Satz A5.7 (2)) gilt:

$$\dim(Ker\ H) + \dim(Bild\ H) = \dim(\mathbb{K}^n) = n.$$

Nun ist $Ker\ H = Nullraum\ H = Code\ C$, weil H die Kontrollmatrix von C ist. Damit ist $\dim(Ker\ H) = \dim\ (C) = k$ und $\dim(Bild\ H) = n - k = \dim(\mathbb{K}^{n-k})$. Weil $Bild\ H \subset \mathbb{K}^{n-k}$ ist, folgt aus der Dimensionsgleichheit, dass $Bild\ H = \mathbb{K}^{n-k}$ gilt (vgl. Satz A5.5 (2)).

(3) Will man bei der Syndrom-Decodierung auch die BD-Decodierung einsetzen, so streicht man in der Liste der Nebenklassenführer und ihrer Syndrome alle Nebenklassenführer mit einem Gewicht größer als $t^* = \left\lfloor \frac{d_{min}(C) - 1}{2} \right\rfloor$. Im obigen Beispiel wären also die letzten beiden Zeilen zu streichen.

Korrektur von Einzelfehlern

Satz 4.11
Sei C ein *binärer* (n, k)-Linearcode über dem Körper $\mathbb{K}$. Der Code C ist genau dann 1-fehlerkorrigierend, wenn die Spalten einer Kontrollmatrix H von C paarweise verschieden und ungleich dem Nullvektor $\mathbf{0}$ sind.

Beweis:
„$\Rightarrow$“: Sei C ein 1-fehlerkorrigierender Code. Wird $\boldsymbol{c} \in \mathbb{K}^n$ gesendet und $\boldsymbol{u} \in \mathbb{K}^n$ empfangen, dann bezeichnet die Differenz $\boldsymbol{f} = \boldsymbol{u} - \boldsymbol{c}$ den Fehlervektor. Tritt der Einzelfehler in der ersten Komponente von $\boldsymbol{u}$ auf, dann ist

$$f = (1, 0, \ldots, 0) = \boldsymbol{e}_1.$$

Tritt der Einzelfehler in der i-ten Komponente von $\boldsymbol{u}$ auf, dann ist

$$f = (0, \ldots 0, 1, 0, \ldots, 0) = \boldsymbol{e}_i, \quad i = 1, \ldots, n.$$

Insgesamt durchläuft der Fehlervektor alle Einheitsvektoren $\boldsymbol{e}_i$.

Wir wissen, dass das Syndrom von $\boldsymbol{u}$ gleich dem Syndrom des Fehlervektors ist, also $H\boldsymbol{u}^T = H\boldsymbol{f}^T = H\boldsymbol{e}_i^T$. Nach den Rechenregeln für Matrizen entspricht $H\boldsymbol{e}_i^T$ der i-ten Spalte von H (vgl. Bsp. A4.3).

Wie erkennt man, dass nur die i-te Komponente eines empfangenen Wortes $\boldsymbol{u}$ falsch ist? Zunächst muss $H\boldsymbol{u}^T \neq \boldsymbol{0}$ sein. Treten nur Einzelfehler auf, ist $H\boldsymbol{u}^T = H\boldsymbol{f}^T = H\boldsymbol{e}_i^T = i$-te Spalte von H, also ist die i-te Spalte von H vom Nullvektor verschieden.

Die i—-te Spalte von H kann nicht gleich einer j-ten Spalte von H sein, weil in diesem Fall nicht entscheidbar ist, ob die i-te oder j-te Komponente von $\boldsymbol{u}$ falsch ist und daher eine Korrektur nicht möglich ist. Dann wäre C nicht 1-fehlerkorrigierend.

„$\Leftarrow$“: Sind alle Spalten von H *paarweise verschieden*, dann sind wegen des vorausgesetzten binären Falles je zwei Spalten von H linear unabhängig. Ist jede Spalte ungleich dem Nullvektor, dann ist jede Spalte auch linear unabhängig. Insgesamt kann die Minimalanzahl linear abhängiger Spalten nur größer gleich 3 sein. Nach Satz 4.10 ist $d_{min}(C) \geq 3$. Damit kann der Code C alle Einzelfehler korrigieren.

∎

Beispiel 4.23 Konstruiere einen binären (6,2)-Linearcode, der alle Einzelfehler korrigiert.

Wir suchen eine (4×6)-Kontrollmatrix H, in der alle Spalten paarweise verschieden und ungleich dem Nullvektor sind.

$$H = \begin{pmatrix} 1 & 0 & 0 & 0 & 1 & 0 \\ 0 & 1 & 0 & 0 & 1 & 0 \\ 0 & 0 & 1 & 0 & 0 & 1 \\ 0 & 0 & 0 & 1 & 0 & 1 \end{pmatrix}.$$

In der Matrix H sind $\boldsymbol{s}_1, \boldsymbol{s}_2$ und $\boldsymbol{s}_5$ linear abhängig, weil $\boldsymbol{s}_5 = \boldsymbol{s}_1 + \boldsymbol{s}_2$ gilt. Je zwei Spalten sind linear unabhängig, weil sie verschieden sind (binärer Code!). Eine einzige Spalte ist nicht linear abhängig, weil jede Spalte von H vom Nullvektor verschieden ist. Also ist die Minimalanzahl linear abhängiger Spalten gleich 3. Damit gilt $d_{min}(C) = 3$, und der Code C ist 1-fehlerkorrigierend. Dies kann mit der Syndrom-Decodierung überprüft werden:

Nach Definition der Kontrollmatrix H ist der Code C Lösungsmenge des folgenden linearen Gleichungssystems:

$$Hc^T = \mathbf{0} \Leftrightarrow \begin{array}{l} c_1 + c_5 = 0 \\ c_2 + c_5 = 0 \\ c_3 + c_6 = 0 \\ c_4 + c_6 = 0 \end{array} \Leftrightarrow \begin{array}{l} c_1 = -c_5 \\ c_2 = -c_5 \\ c_3 = -c_6 \\ c_4 = -c_6 \\ c_5 = -c_5 \end{array}$$

$$C = \left\{ \boldsymbol{c} \in \mathbb{K}^6 | \boldsymbol{c} = c_5(1,1,0,0,1,0) + c_6(0,0,1,10,1); c_5, c_6 \in \mathbb{K} \right\}.$$

Also gilt: $C = \{000000, 110010, 001101, 111111\}$. Das Minimalgewicht der Codewörter ist 3, und damit ist auch $d_{min}(C) = 3$. Der Code C kann einen Fehler korrigieren.

Sei zum Beispiel das empfangene Wort $\boldsymbol{u} = 110011$. Man sieht, dass $\boldsymbol{u}$ nicht in C liegt. Dies zeigt auch sein Syndrom:

$$s(\boldsymbol{u}) = \boldsymbol{u}H^T = 0011.$$

Wir korrigieren $\boldsymbol{u}$ mittels Syndromdecodierung. Dazu legen wir eine Liste von Nebenklassenführern und ihren Syndromen an. Es gibt $2^{6-2} = 2^4 = 16$ Nebenklassen. Wenden wir zusätzlich auch die BD-Decodierung an und beachten, dass C nur einen Fehler korrigieren kann, so benötigen wir nur jene Nebenklassenführer mit einem Gewicht von höchstens 1. Ab einem Gewicht von 2 kann C nicht eindeutig decodieren. Bei bestimmter Wahl von Nebenklassenführern kann sogar eine fehlerhafte Decodierung erfolgen.

Nebenklassenführer	Syndrome
(Auszug!)	(Auszug!)
000000	0000
100000	1000
010000	0100
001000	0010
000100	0001
000010	1100
000001	**0011**
⋮	⋮

Für das empfangene Wort $\boldsymbol{u} = 110011$ haben wir das Syndrom 0011 bestimmt. Dies führt uns in obiger Liste zum Nebenklassenführer $\boldsymbol{f} = 000001$. Das korrigierte Wort $\boldsymbol{c}$ ergibt sich aus

$$c = u + f = 110011 + 000001 = 110010.$$

Eine Kontrolle mit der Hamming-Decodierung (Bestimmung des minimalsten Abstands zu den Codewörtern in C) ergibt auch, dass $\boldsymbol{u}$ vom Codewort $\boldsymbol{c} = 110010$ den minimalsten Abstand besitzt. Das empfangene Wort $\boldsymbol{u}$ ist am wahrscheinlichsten aus dem Wort $\boldsymbol{c}$ entstanden.

Um zu demonstrieren, dass dieses Verfahren beim Auftreten von zwei Fehlern versagt, betrachten wir folgendes Beispiel.

Es werde $\boldsymbol{c} = 111111$ gesendet und $\boldsymbol{u} = 101101$ empfangen. Es sind daher zwei Fehler, nämlich an der zweiten und an der fünften Position aufgetreten. Die Berechnung des Syndroms $s(\boldsymbol{u})$ ergibt 1000. Der zugehörige Nebenklassenführer ist $\boldsymbol{f}' = 100000$. Die Decodierung liefert $\boldsymbol{u} + \boldsymbol{f}' = 101101 + 100000 = 001101 \neq \boldsymbol{c}$.

4.4 Hamming-Codes

Bei bestimmten Anwendungen ist es notwendig, dass nur sehr wenige fehlerhaften Daten auftreten. Als Beispiele sei auf Rechner in Wissenschaft oder Finanzwesen verwiesen (vgl. Manz, 2017, S. 58 f.). Übertragungskanäle in Rechnern sind naturgemäß auch weniger fehleranfällig als z. B. Übertragungen von Satelliten. Die Fehlerkorrekturkapazität in Rechnern darf also gering sein. Von größerer Bedeutung sind dort hingegen schneller Zugriff auf Codewörter und geringer Rechenaufwand. Nach Satz 4.11 wissen wir, dass ein binärer (n, k)-Linearcode über dem Körper $\mathbb{K}$ genau dann *einen* Fehler korrigieren kann, wenn seine $((n - k) \times n)$-Kontrollmatrix H aus paarweise verschiedenen Spalten ungleich dem Nullvektor besteht.

Es sei $r := n - k$ fest vorgegeben. Wie viele solche Spalten kann es geben? Die Kontrollmatrix H bestehe aus r Zeilen aus dem $\mathbb{K}^n$ und n Spalten aus dem $\mathbb{K}^r$. Davon ist im binären Fall jede Eintragung in einer Spalte entweder 0 oder 1. Da jede Spalte r Eintragungen besitzt, gibt es ingesamt 2^r verschiedene Spalten. Damit gibt es maximal $2^r - 1$ Spalten, die alle vom Nullvektor verschieden sind. Eine Kontrollmatrix aus r Zeilen enthält also höchstens $2^r - 1$ verschiedene Spalten ungleich dem Nullvektor. Im binären Fall sind zwei verschiedene Spalten auch stets linear unabhängig.

Definition 4.8
Sei $r \in \mathbb{N}$ mit $r \geq 2$. Ein *binärer Hamming-Code* $H_{bin}(r) =: H_2(r)$ mit dem Parameter r ist ein Linearcode, dessen r-zeilige Kontrollmatrix H als Spalten ***alle*** $2^r - 1$ Vektoren ungleich $\mathbf{0}$ der Länge r enthält.

Anmerkung: Bezeichnet n die Anzahl der Spalten von H, dann ist $n = 2^r - 1$.

Beispiel 4.24 Für $r = 2$ gilt $n = 2^2 - 1 = 3$. Alle Spalten der Länge 2, welche ungleich dem Nullvektor sind, sind gegeben durch

$$\left\{\begin{pmatrix}0\\1\end{pmatrix}, \begin{pmatrix}1\\0\end{pmatrix}, \begin{pmatrix}1\\1\end{pmatrix}\right\}.$$

Daher besitzt die Kontrollmatrix H die Form

$$H := \begin{pmatrix}0 & 1 & 1\\1 & 0 & 1\end{pmatrix}.$$

Bestimmen wir den zugehörigen Code C, also die Lösungsmenge von $Hc^T = \mathbf{0}$.
Es folgt:

$$\begin{aligned} c_2 + c_3 &= 0,\\ c_1 + c_3 &= 0. \end{aligned}$$

Unter Beachtung von $-c_3 = c_3$ (binär!) erhalten wir

$$\begin{aligned} c_2 &= c_3,\\ c_1 &= c_3. \end{aligned}$$

$$C = H_2(2) = \left\{c_3c_3c_3 | c_3 \in \mathbb{Z}^2\right\} = \{000, 111\} = W_{bin}(3) \text{ der Länge 3.}$$

Dies bedeutet, dass der binäre Hamming-Code $H_2(2)$ mit dem Parameter 2 dem binären dreifach Wiederholungscode der Länge 3 entspricht.

Beispiel 4.25 Für $r = 3$ gilt $n = 2^3 - 1 = 7$. Wir müssen alle Spalten der Länge 3, die ungleich dem Nullvektor sind, bestimmen. Eine mögliche Strategie wäre: Beginne mit einer Spalte, deren letzte Komponente 1 ist. In der nächsten Spalte rücke mit der 1 um eine Position nach oben. Oberhalb der 1 stehen nur Nullen. Unterhalb der 1 variiere 0 und 1.

$$\text{Kontrollmatrix } H \text{ von } H_2(3) : H = \begin{pmatrix}0 & 0 & 0 & 1 & 1 & 1 & 1\\0 & 1 & 1 & 0 & 0 & 1 & 1\\1 & 0 & 1 & 0 & 1 & 0 & 1\end{pmatrix}.$$

Durch Spaltenvertauschungen erhält man H in systematischer Form.

$$H = \begin{pmatrix} 0 & 0 & 0 & 1 & 1 & 1 & 1 \\ 0 & 1 & 1 & 0 & 0 & 1 & 1 \\ 1 & 0 & 1 & 0 & 1 & 0 & 1 \end{pmatrix} \rightarrow \begin{pmatrix} 1 & 0 & 0 & 0 & 1 & 1 & 1 \\ 0 & 1 & 0 & 1 & 0 & 1 & 1 \\ 0 & 0 & 1 & 1 & 1 & 0 & 1 \end{pmatrix} \rightarrow$$

$$\rightarrow \begin{pmatrix} 1 & 1 & 0 & 1 & 1 & 0 & 0 \\ 1 & 0 & 1 & 1 & 0 & 1 & 0 \\ 0 & 1 & 1 & 1 & 0 & 0 & 1 \end{pmatrix}.$$

Da nur Spaltenvertauschung en zur Konstruktion von H verwendet wurden, sind die zugehörigen Hamming-Codes zueinander äquivalent.

Aufgabe 4.11 Konstruiere einen Hamming-Code mit dem Parameter $r = 4$.

Eigenschaften von Hamming-Codes mit dem Parameter *r*

Lemma 4.9
Die Dimension k von $H_2(r)$ ist gegeben durch $k = 2^r - 1 - r$.

Beweis: Die Kontrollmatrix H enthält alle Spalten ungleich dem Nullvektor der Länge r insbesondere die Einheitsvektoren $(1,0,\ldots,0)^T, (0,1,0,\ldots,0)^T, \ldots, (0,\ldots,0,1)^T$. Damit ist H von der Form

$$H = \begin{pmatrix} 1 & \cdots & 0 & * \\ & \ddots & & * \\ 0 & \cdots & 1 & * \end{pmatrix}.$$

Es ist H eine $(r \times n)$-Matrix mit $n = 2^r - 1$. Die Lösungsmenge des homogenen linearen Gleichungssystems $Hc^T = \mathbf{0}$ mit r linear unabhängigen Gleichungen besitzt die Dimension $n - r$ (vgl. Satz A5.17). Damit gilt:

$$k = \dim(H_2(r)) = n - r = 2^r - 1 - r.$$

∎

Lemma 4.10
Der Minimalabstand jedes Hamming-Codes ist 3.

Beweis: Nach Satz 4.11 korrigiert $H_2(r)$ wegen der paarweisen Verschiedenheit aller Spalten jeden Einzelfehler. Daher ist nach Satz 4.10 $d_{min}(H_2(r)) \geq 3$. Nun zeigen wir, dass es ein Codewort mit dem Gewicht 3 gibt:

Da eine Kontrollmatrix H alle Spalten ungleich dem Nullvektor der Länge $r \geq 2$ enthält, können wir H wie folgt wählen:

$$H = \begin{pmatrix} 0 & 0 & 0 & 0 & \cdots & * \\ & & & \vdots & & \\ 0 & 0 & 0 & 0 & \cdots & * \\ 0 & 1 & 1 & 0 & \cdots & * \\ 1 & 0 & 1 & 0 & \cdots & * \end{pmatrix}.$$

Ein Codewort $\boldsymbol{c}$ ist Lösung von $H\boldsymbol{c}^T = \mathbf{0}$. Dies gilt z. B. für $\boldsymbol{c} = 1110\ldots0$, welches das Gewicht 3 besitzt.

$$\begin{pmatrix} 0 & 0 & 0 & 0 & * & \cdots & * \\ & & & \vdots & & & \\ 0 & 0 & 0 & 0 & * & \cdots & * \\ 0 & 1 & 1 & 0 & * & \cdots & * \\ 1 & 0 & 1 & 0 & * & \cdots & * \end{pmatrix} \begin{pmatrix} 1 \\ 1 \\ 1 \\ 0 \\ \vdots \\ 0 \end{pmatrix} = \mathbf{0} \text{ unter Beachtung von } 1+1=0.$$

Jede andere Kontrollmatrix H enthält dieselben Spalten, nur in einer anderen Reihenfolge. Dies bewirkt nur eine Permutation der Komponenten im Codewort, das Gewicht bleibt gleich.

Damit: Jeder Hamming-Code $H_2(r)$ ist also ein $(2^r - 1, 2^r - 1 - r, 3)$-Linearcode.

■

Nicht binäre Hamming-Codes über einem Körper $K \neq \mathbb{Z}_2$

Diese Codes werden analog über Kontrollmatrizen H definiert. Im binären Fall waren zwei verschiedene Spalten linear unabhängig. Im allgemeinen Fall sind die Spalten von H erst dann paarweise linear unabhängig, wenn eine Spalte nicht ein Vielfaches der anderen Spalte ist. Seien $\boldsymbol{s}_i \neq \boldsymbol{s}_j$ zwei Spalten mit $\boldsymbol{s}_i = k\boldsymbol{s}_j$ für ein $k \neq 0$ (man spricht auch, dass $\boldsymbol{s}_i$ und $\boldsymbol{s}_j$ proportional sind). Dann sind $\boldsymbol{s}_i$ und $\boldsymbol{s}_j$ linear abhängig, obwohl sie verschieden sind. Es gilt nämlich in diesem Fall:

$$1\boldsymbol{s}_i - k\boldsymbol{s}_j = \mathbf{0}, k \neq 0.$$

Das ist eine nicht triviale Linearkombination von $\boldsymbol{s}_i$ und $\boldsymbol{s}_j$, die den Nullvektor ergibt.

Beispiel 4.27 Sei $\mathbb{K} = \mathbb{Z}_5 = \{0, 1, 2, 3, 4\}$. Die Spalten $\binom{3}{4}$, $\binom{1}{3}$ sind verschieden, aber über $\mathbb{Z}_5$ linear abhängig, denn $\binom{3}{4} = 3\binom{1}{3}$ (Modulo-5-Rechnung: $3 \cdot 3 = 9 \equiv 4$).

Im Allgemeinen bestimmt man den Proportionalitätsfaktor k durch Division entsprechender Komponenten: $3 : 1 = 3{,}4 : 3 = 4 \cdot 3^{-1} = 4 \cdot 2 = 8 \equiv 3$.

Wir fragen uns wieder, wie viele linear unabhängige Spalten (ungleich dem Nullvektor) der Länge r über einem Körper $\mathbb{K}$ mit q Elementen existieren? Für jede der r Komponenten gibt es q Möglichkeiten, also findet man q^r Spalten der Länge r. Da der Nullvektor linear abhängig ist, ist die Anzahl der linear unabhängige Spalten $q^r - 1$. Davon sind je $q - 1$ Spalten linear abhängig (zu s ist ks mit $k \in K$ und $k \neq 0$ linear abhängig). Also gibt es maximal $(q^r - 1)/(q - 1)$ paarweise linear unabhängige Spalten. Für $q = 2$ erhalten wir $(2^r - 1)/(2 - 1) = 2^r - 1$, die Anzahl linear unabhängiger Spalten ungleich dem Nullvektor im binären Fall.

Definition 4.9
Sei $r \in \mathbb{N}$ mit $r \geq 2$. Ein *allgemeiner Hamming-Code* über einem Körper $\mathbb{K}$ mit q Elementen und dem Parameter r ist ein Linearcode, dessen r-zeilige Kontrollmatrix H als Spalten alle Vektoren der Länge r enthält, die paarweise linear unabhängig sind.

Symbolisch: $H_q(r)$.
Anmerkung:
Die Vektoren von H sind vom Nullvektor verschieden. Die Anzahl dieser Vektoren ist durch $(q^r - 1)/(q - 1)$ gegeben.
Es gilt wieder (Beweise jeweils analog zum binären Fall):

(1) $n :=$ Spaltenanzahl von H= Länge der Codewörter=$(q^r - 1)/(q - 1)$.
(2) $k := \dim(H_q(r)) = (q^r - 1)/(q - 1) - r$.
(3) $d := d_{min}(H_q(r)) = 3$.

Damit ist $H_q(r)$ ein $((q^r - 1)/(q - 1), (q^r - 1)/(q - 1) - r, 3)$-Linearcode.

Beispiel 4.28 Bestimme den Hamming-Code $H_3(2)$ durch Angabe einer Kontrollmatrix H.

Dann sind $\mathbb{K} = \mathbb{Z}_3 = \{0, 1, 2\}$ und $r = 2$. Für die Konstruktion der Kontrollmatrix H verwenden wir wieder die oben genannte Strategie: Wähle solche Spalten, deren erste von Null verschiedene Komponente gleich 1 ist. Oberhalb der 1 stehen nur Nullen, unterhalb dieser 1 variiere die Körperelemente. Beginne mit einer Spalte, deren letzte Komponente 1 ist. In der nächsten Spalte rücke mit der 1 um eine Position nach oben. Für die Parameter n, k gelten:

$$n = (3^2 - 1)/(3 - 1) = 4, k = n - r = 4 - 2 = 2,$$

$$H = \begin{pmatrix} 0 & 1 & 1 & 1 \\ 1 & 0 & 1 & 2 \end{pmatrix}.$$

$H_3(2)$ ist ein $(4,2,3)$-Linearcode.

Beispiel 4.29 Bestimme den Hamming-Code $H_3(3)$ durch Angabe einer Kontrollmatrix H. Hier ist $\mathbb{K} = \mathbb{Z}_3 = \{0,1,2\}$ und $r = 3$.

Parameter n, k:

$$n = (3^3 - 1)/(3 - 1) = 13, k = n - r = 13 - 3 = 10,$$

$$H = \begin{pmatrix} 0 & 0 & 0 & 0 & 1 & 1 & 1 & 1 & 1 & 1 & 1 & 1 & 1 \\ 0 & 1 & 1 & 1 & 0 & 0 & 0 & 1 & 1 & 1 & 2 & 2 & 2 \\ 1 & 0 & 1 & 2 & 0 & 1 & 2 & 0 & 1 & 2 & 0 & 1 & 2 \end{pmatrix}.$$

Damit ist $H_3(3)$ ein $(3,10,3)$-Linearcode.

Satz 4.12
Jeder Hamming-Code $H_q(r)$ ist perfekt, aber für $r \neq 2$ nicht optimal, also kein MDS-Code.

Beweis: Ein Code C perfekt genau dann, wenn $|C| = \frac{q^n}{\sum_{i=0}^{t^*} \binom{n}{i}(q-1)^i}$ gilt (siehe Satz 3.4).

Bei einem Hamming-Code $H_q(r)$ ist

$$n = (q^r - 1)/(q - 1), k := (q^r - 1)/(q - 1) - r = n - r, d_{min}(C) = 3 \Longrightarrow t^* = 1.$$

Damit ist $|C| = q^k = q^{n-r}$. Nun ist

$$\sum_{i=0}^{1} \binom{n}{i}(q-1)^i = \binom{n}{0}(q-1)^0 + \binom{n}{1}(q-1)^1 = 1 + n(q-1) = 1 + (q^r - 1) = q^r.$$

und damit

$$\frac{q^n}{\sum_{i=0}^{1} \binom{n}{i}(q-1)^i} = \frac{q^n}{q^r} = q^{n-r} = |C|.$$

Also ist die Bedingung für einen perfekten Code erfüllt.

Ein (n, k, d)-Code ist genau dann optimal, wenn $d = n - k + 1$ gilt. Bei jedem Hamming-Code ist $d = 3$. Wäre $H_q(r)$ optimal, müsste $3 = n - (n - r) + 1 = r + 1$ gelten, also muss $r = 2$ sein. Nur für $r = 2$ ist der Hamming-Code $H_q(2)$ optimal. Für $q = 2$ ist dies der Wiederholungscode der Länge 3.

∎

Syndromdecodierung bei Hamming-Codes

Für Hamming-Codes kann wie für jeden linearen Code die Syndromdecodierung verwendet werden.

Beispiel 4.30 Der anschauliche Code zum Mini-QR (vgl. Abschn. 2.4) ist der $H_2(3)$-Code, also ein (7,4,3)-Linearcode über dem Körper $\mathbb{K} = \mathbb{Z}_2$. Damit gibt es $2^{7-4} = 2^3 = 8$ Nebenklassenführer der Länge 7. Als Kontrollmatrix H verwenden wir jene in systematischer Form:

$$H := \begin{pmatrix} 1 & 0 & 0 & 1 & 1 & 1 & 0 \\ 0 & 1 & 0 & 0 & 1 & 1 & 1 \\ 0 & 0 & 1 & 1 & 1 & 0 & 1 \end{pmatrix}$$

(siehe Beispiel 4.12). Bestimme die Liste der Nebenklassenführer und ihrer Syndrome.

Nebenklassenführer	Syndrom
0000000	000
1000000	100
0100000	010
0010000	001
0001000	101
0000100	111
0000010	110
0000001	011

Man beachte, dass man wegen der 1-Perfektheit dieses Codes mit Nebenklassenführern des Gewichtes 1 auskommt, um den $\mathbb{K}^n$ vollständig zu überdecken. Es gibt keinen Decodierausfall.

Beispiel 4.31 Wir nehmen an, dass $\boldsymbol{u} = 1000001$ empfangen wird. Sein Syndrom ist $s(\boldsymbol{u}) = 111$. Ein Vergleich in der Syndromliste ergibt den Nebenklassenführer $\boldsymbol{f} = 0000100$ und damit die Decodierung $\boldsymbol{u} + \boldsymbol{f} = 1000001 + 0000100 = 1000101$. Der Fehler liegt also mit größter Wahrscheinlichkeit in der fünften Komponente.

Beobachtung: Das Syndrom $(111)^T$ ist die fünfte Spalte in der Kontrollmatrix H.

Nehmen wir an, dass ein weiteres Wort $\boldsymbol{v} = 0100010$ empfangen wurde. Sein Syndrom $s(\boldsymbol{v}) = 100$. Also sind Fehler aufgetreten. Der entsprechende Nebenklassenführer lautet $\boldsymbol{f} = 1000000$ und damit die Decodierung $\boldsymbol{v} + \boldsymbol{f} = 0100010 + 1000000 = 1100010$. Der Fehler liegt also mit größter Wahrscheinlichkeit in der ersten Komponente.

Beobachtung: Das Syndrom $(100)^T$ ist die erste Spalte in der Kontrollmatrix H.

Beispiel 4.32 Der $H_3(2)$-Code ist wegen $n = (3^2 - 1)/(3 - 1) = 4$, $k = 4 - 2 = 2$ und $d = 3$ ein $(4,2,3)$-Linearcode über dem Körper $\mathbb{K} = \mathbb{Z}_3$.

Bestimme die Liste der Nebenklassenführer und ihre Syndrome.

Es gibt $3^{4\ -\ 2} = 3^2 = 9$ Nebenklassenführer der Länge 4. Als Kontrollmatrix H verwenden wir

$$H = \begin{pmatrix} 1 & 0 & 1 & 1 \\ 0 & 1 & 1 & 2 \end{pmatrix}.$$

Die Codewörter dieses Codes berechnen wir durch Lösen des Gleichungssystems $H\boldsymbol{c}^T = \boldsymbol{0}$.

$$\begin{matrix} c_1 + c_3 + \ \ c_4 = 0 \\ c_2 + c_3 + 2c_4 = 0 \end{matrix} \Leftrightarrow \begin{matrix} c_1 = -c_3 - \ \ c_4 \\ c_2 = -c_3 - 2c_4 \end{matrix}.$$

Beachte, dass in $\mathbb{K} \neq \mathbb{Z}_2$ das Vorzeichen „–" zu berücksichtigen ist, weil in diesem Fall $-1 \neq 1$ gilt.

Der Code $H_3(2)$ ist die Lösungsmenge dieses Gleichungssystems, also

$$H_3(2) = \{\boldsymbol{c} = (c_1c_2c_3c_4) | \boldsymbol{c} = c_3(-1, -1, 1, 0) + c_4(-1, -2, 0, 1); c_3, c_4 \in \mathbb{Z}_3\}.$$

Bei Berücksichtigung der Modulorechnung in $\mathbb{Z}_3$ folgt wegen $-1 \equiv 2$ und $-2 \equiv 1$:

$$H_3(2) = \{\boldsymbol{c} = (c_1c_2c_3c_4) | \boldsymbol{c} = c_3(2, 2, 1, 0) + c_4(2, 1, 0, 1); c_3, c_4 \in \mathbb{Z}_3\}.$$

Alle möglichen Kombinationen von c_3 und c_4 aus $\mathbb{Z}_3$, also $3 \cdot 3 = 9$ Möglichkeiten, ergeben

$$H_3(2) = \{0000, 2210, 1120, 2101, 1202, 1011, 0112, 0221, 2022\}.$$

Es gibt $3^{4-2} = 9$ Nebenklassenführer. Beachte, dass 1000 und 2000 jeweils das Gewicht 1 besitzen. Damit ergibt sich folgende Liste von Nebenklassenführern und ihren Syndromen:

Nebenklassenführer	Syndrome
0000	00
1000	10
0100	01
0010	11
0001	12
2000	20
0200	02
0020	22
0002	21

Beispiel 4.33 Es werde $\boldsymbol{u} = 1211$ empfangen. Sein Syndrom ist $s(\boldsymbol{u}) = 02$. Der Vergleich in der Liste ergibt den entsprechenden Nebenklassenführer $\boldsymbol{f} = 0200$.

Wegen $\boldsymbol{f} = \boldsymbol{u} - \boldsymbol{c} \Leftrightarrow \boldsymbol{c} = \boldsymbol{u} - \boldsymbol{f}$ decodiert man $\boldsymbol{u}$ zu $\boldsymbol{u} - \boldsymbol{f} = 1211 - 0200 = 1011$. Mit größter Wahrscheinlichkeit wurde das Wort 1011 gesendet.
Zur Probe berechnet man alle Hamming-Distanzen $d(\boldsymbol{u}, \boldsymbol{c})$ mit $\boldsymbol{c} \in H_3(2)$:

$$d(1211, 0000) = 4, d(1211, 2210) = 2, d(1211, 1120) = 3, d(1211, 2101) = 3,$$

$$d(1211, 1202) = 2, d(1211, 1011) = 1, d(1211, 0112) = 3, d(1211, 0221) = 2,$$

$$d(1211, 2022) = 4.$$

Wir sehen, dass die kleinste Hamming-Distanz genau beim decodierten Wort liegt. Der Fehler liegt also mit größter Wahrscheinlichkeit in der zweiten Komponente.

Beobachtung: Das Syndrom $(0,2)^T$ tritt nicht als Spalte in der Kontrollmatrix H auf. Wegen $(0,2)^T = 2 \cdot (0,1)^T$ ist das Syndrom das Zweifache der zweiten Spalte von H. In obiger Rechnung $\boldsymbol{u} - \boldsymbol{f} = 1211 - 0200 = 1011$ haben wir von der zweiten Komponente von 1211 den Faktor 2 subtrahiert.

Es werde $\boldsymbol{v} = 1002$ empfangen. Sein Syndrom ist $s(\boldsymbol{v}) = 01$. Der Vergleich in der Liste ergibt den entsprechenden Nebenklassenführer $\boldsymbol{f}' = 0100$. Die Decodierung $\boldsymbol{v} - \boldsymbol{f}' = 1002 - 0100 = 1202$. Oder man rechnet $\boldsymbol{v} + 2\boldsymbol{f}' = 1002 + 0200 = 1202$. Mit größter Wahrscheinlichkeit wurde das Wort 1202 gesendet.

Diese Beispiele legen folgendes Verfahren zur Decodierung für Hamming-Codes nahe. Um einen Vergleich mit den Spalten durchführen zu können, verwenden wir für das Syndrom $s(\boldsymbol{x}) = H\boldsymbol{x}^T$.

Gegeben sei der Hamming-Code $H_q(r)$ der Länge n über einem beliebigen Körper $\mathbb{K}$ mit der Kontrollmatrix $H := (\boldsymbol{h}_1, \ldots, \boldsymbol{h}_i, \ldots, \boldsymbol{h}_n)$. Dabei bezeichne $\boldsymbol{h}_i$ die Spalten von H (für $i = 1, \ldots n$).

Es werde das Wort $\boldsymbol{u} := (u_1, \ldots, u_i, \ldots, u_n)$ empfangen.

(1) Berechne das Syndrom $s(\boldsymbol{u}) = H\boldsymbol{u}^T$.
(2) Suche die Spalte $\boldsymbol{h}_i$, zu der das Syndrom $s(\boldsymbol{u})$ mit dem Faktor $k \in \mathbb{K}$ proportional ist, also $s(\boldsymbol{u}) = k\,\boldsymbol{h}_i$.
(3) Decodiere zum Wort $\boldsymbol{c} := (u_1, \ldots, u_i - k, \ldots, u_n)$.

Begründung des Algorithmus:

Jede Kontrollmatrix H eines Hammings-Codes enthält als Spalten die maximale Anzahl paarweise linear unabhängiger Vektoren der Länge $n - r$. Da sie linear unabhängig sind, sind sie alle vom Nullvektor verschieden und bis auf Vielfache eindeutig bestimmt. Ist $\boldsymbol{u}$ mit Fehlern behaftet, so ist sein Syndrom $\boldsymbol{s} = H\boldsymbol{u}^T$vom Nullvektor verschieden und muss von einem Spaltenvektor $\boldsymbol{h}_i$ linear abhängig sein (sonst enthielte H nicht die maximale Anzahl paarweise linear unabhängiger Vektoren). Es gibt also ein $k \in \mathbb{K}$ mit $\boldsymbol{s} = k\,\boldsymbol{h}_i$. Das im dritten Schritt des Algorithmus gebildete Wort $\boldsymbol{c} = (u_1, \ldots, u_i - k, \ldots, u_n)$ ist ein Codewort. Es ist nämlich

$$\boldsymbol{s} = H\boldsymbol{u}^T = u_1\boldsymbol{h}_1 + \ldots + u_i\boldsymbol{h}_i + \ldots + u_n\boldsymbol{h}_n$$

und damit

$$H\boldsymbol{c}^T = u_1\boldsymbol{h}_1 + \ldots + (u_i - k)\boldsymbol{h}_i + \ldots + u_n\boldsymbol{h}_n = u_1\boldsymbol{h}_1 + \ldots + u_i\boldsymbol{h}_i - k\boldsymbol{h}_i + \ldots + u_n\boldsymbol{h}_n =$$

$$= (u_1\boldsymbol{h}_1 + \ldots + u_i\boldsymbol{h}_i + \ldots + u_n\boldsymbol{h}_n) - k\boldsymbol{h}_i = \boldsymbol{s} - \boldsymbol{s} = \boldsymbol{0}.$$

Beispiel 4.34 Gegeben sei der (7,4, 3)-Hamming-Code $H_2(3)$, der dem Mini-QR-Code zugrunde liegt (vgl. Abschn. 2.4). Als Generatormatrix G und als Kontrollmatrix H verwenden wir:

$$G = \begin{pmatrix} 1 & 0 & 1 & 1 & 0 & 0 & 0 \\ 1 & 1 & 1 & 0 & 1 & 0 & 0 \\ 1 & 1 & 0 & 0 & 0 & 1 & 0 \\ 0 & 1 & 1 & 0 & 0 & 0 & 1 \end{pmatrix}, \quad H = \begin{pmatrix} 1 & 0 & 0 & 1 & 1 & 1 & 0 \\ 0 & 1 & 0 & 0 & 1 & 1 & 1 \\ 0 & 0 & 1 & 1 & 1 & 0 & 1 \end{pmatrix}.$$

Wir demonstrieren die Syndromdecodierung für Hamming-Codes am Beispiel „LUX“ (vgl. Beispiel 2.20 bzw. 2.21).

Wie in diesem Beispiel codieren wir die Nachricht 1011:

$$\boldsymbol{c}=(1011)G=(1011)\begin{pmatrix}1&0&1&1&0&0&0\\1&1&1&0&1&0&0\\1&1&0&0&0&1&0\\0&1&1&0&0&0&1\end{pmatrix}=(0001011).$$

Dies entspricht der ersten und zweiten Zeile im Mini-QR-Code für „LUX".
Codiert man 1100, so erhält man

$$(1100)G=(1100)\begin{pmatrix}1&0&1&1&0&0&0\\1&1&1&0&1&0&0\\1&1&0&0&0&1&0\\0&1&1&0&0&0&1\end{pmatrix}=(0101100),$$

die letzte Zeile im Mini-QR-Code für „LUX".
Insgesamt erhalten wir:

$$\text{Der Nachrichtenmatrix } \boldsymbol{m} \text{ von „LUX"} \begin{pmatrix}1011\\1011\\1010\\0100\\1100\end{pmatrix} \text{entspricht } C=\begin{pmatrix}000\,1011\\000\,1011\\011\,1010\\111\,0100\\010\,1100\end{pmatrix}.$$

Dabei ist C die Codewortmatrix von „LUX".
Angenommen, die dritte Zeile wurde an der zweiten Position falsch eingelesen. $\boldsymbol{u}_3 = 0\mathbf{0}11010$. Wir berechnen das Syndrom:

$$H\boldsymbol{u}_3^T=\begin{pmatrix}1&0&0&1&1&1&0\\0&1&0&0&1&1&1\\0&0&1&1&1&0&1\end{pmatrix}\begin{pmatrix}0\\\mathbf{0}\\1\\1\\0\\1\\0\end{pmatrix}=\begin{pmatrix}0\\1\\0\end{pmatrix}\ \hat{=}\ \text{zweite Spalte von H.}$$

Daher liegt der Fehler im zweiten Bit. Das fehlerhafte Wort $\boldsymbol{u}_3$ wird zu 0111010 decodiert, und damit wird die ursprüngliche dritte Zeile wiederhergestellt.

Man vergleiche diese Vorgangsweise mit dem großen Aufwand bei der Decodierung durch Paritätsprüfung mit Kreisdiagrammen in Abschn. 2.4!

Beispiel 4.35 Richard Hamming verwendete um 1950 für Codierung und Decodierung Lochkarten. Die Prüfziffern wurden nach einem speziellen Muster verteilt (vgl. Abschn. 2.5). Codiere das Datenwort $\boldsymbol{m} = 0110$.

Für ein Codewort $\boldsymbol{c} := c_1 \ldots c_7$ galt für die Prüfziffern an den Positionen 1,2 und 4:

$$\begin{aligned} p_1 &= c_3 \bigoplus c_5 \bigoplus c_7, \\ p_2 &= c_3 \bigoplus c_6 \bigoplus c_7, \\ p_3 &= c_5 \bigoplus c_6 \bigoplus c_7. \end{aligned}$$

Damit werden die Einheitsnachrichten 1000 zu 1110000, 0100 zu 1001100, 0010 zu 0101010 und 0001 zu 1101001 codiert.

Man erhält die Generatormatrix

$$G = \begin{pmatrix} 1 & 1 & 1 & 0 & 0 & 0 & 0 \\ 1 & 0 & 0 & 1 & 1 & 0 & 0 \\ 0 & 1 & 0 & 1 & 0 & 1 & 0 \\ 1 & 1 & 0 & 1 & 0 & 0 & 1 \end{pmatrix}$$

und die Kontrollmatrix

$$H = \begin{pmatrix} 0 & 1 & 1 & 1 & 1 & 0 & 0 \\ 1 & 0 & 1 & 1 & 0 & 1 & 0 \\ 1 & 1 & 0 & 1 & 0 & 0 & 1 \end{pmatrix}.$$

Es ist z. B. $\boldsymbol{c} = 1100110$ das Codewort zur Nachrichtenwort $\boldsymbol{m} = 0110$.

Probe:

$$H\boldsymbol{c}^T = \begin{pmatrix} 0 & 1 & 1 & 1 & 1 & 0 & 0 \\ 1 & 0 & 1 & 1 & 0 & 1 & 0 \\ 1 & 1 & 0 & 1 & 0 & 0 & 1 \end{pmatrix} \begin{pmatrix} 1 \\ 1 \\ 0 \\ 0 \\ 1 \\ 1 \\ 0 \end{pmatrix} = \begin{pmatrix} 0 \\ 0 \\ 0 \end{pmatrix} = \boldsymbol{0}.$$

Beispiel 4.36 Angenommen, es wurde statt $\boldsymbol{c}$ das Wort $\boldsymbol{u} = 11\mathbf{1}0110$ empfangen (ausgelesen). Der Fehler liegt im dritten Bit. Zeige, dass $H\boldsymbol{u}^T$ die dritte Spalte der Kontrollmatrix ergibt.

$$H\boldsymbol{u}^T = \begin{pmatrix} 0 & 1 & 1 & 1 & 1 & 0 & 0 \\ 1 & 0 & 1 & 1 & 0 & 1 & 0 \\ 1 & 1 & 0 & 1 & 0 & 0 & 1 \end{pmatrix} \begin{pmatrix} 1 \\ 1 \\ \mathbf{1} \\ 0 \\ 1 \\ 1 \\ 0 \end{pmatrix} = \begin{pmatrix} 1 \\ 1 \\ 0 \end{pmatrix} \triangleq \text{dritte Spalte von } H.$$

Also ist das dritte Bit falsch. Die Matrizen G und H sind nur einmal zu berechnen. Wieder zeigt sich im Vergleich zur Decodierung in Abschn. 2.5 ein geringerer Decodieraufwand.

4.5 Erweitern und Kürzen von Linearcodes

Erweitern von Codes

In den folgenden Überlegungen präsentieren wir, wie aus gegebenen Codes „maßgeschneiderte" Codes konstruiert werden können. Die wesentlichen Codeparameter, wie Wortlänge, Dimension und Minimalabstand eines Codes, werden an Erfordernisse aus Anwendungen angepasst.

Die zuletzt präsentierten Beispiele zeigten deutlich, wie effizient Hamming-Codes als spezielle Linearcodes Wörter mit nur einem Fehler decodieren können. Ihre Informationsrate k/n ist bei größeren Wortlängen relativ gut. Beim $(15{,}11,3)$-$H_2(4)$-Code beträgt sie $11/15 \approx 0{,}73$ und beim $(31{,}26,3) - H_2(5)$-Code beträgt sie $26/31 \approx 0{,}84$. Daher werden sie in der Praxis gerne verwendet (z. B. bei ECC-Chips des Arbeitsspeichers eines Computers). Allerdings ist ihr Minimalabstand $d_{min}(C) = 3$ etwas klein. Selbst wenn man annimmt, dass bei der Übertragung (beim Speichern) höchstens zwei Fehler auftreten, kann nicht entschieden werden, ob genau ein oder zwei Fehler aufgetreten sind.

Hat ein empfangenes Wort $\boldsymbol{u}$ zwei Fehler ($d(\boldsymbol{u}, \boldsymbol{c}_1) = 2$), dann wird bei dieser speziellen Konstellation zum falschen $\boldsymbol{c}_2$ decodiert, weil $d(\boldsymbol{u}, \boldsymbol{c}_2) = 1$ gilt (vgl. Abb. 4.4).

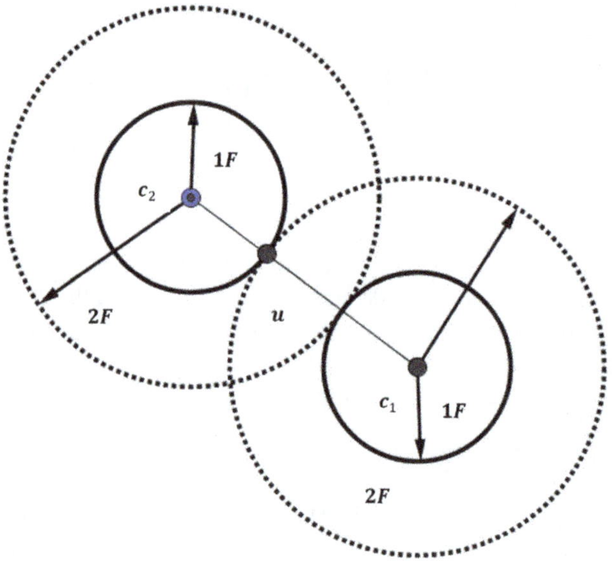

Abb. 4.4 Falsche Decodierung

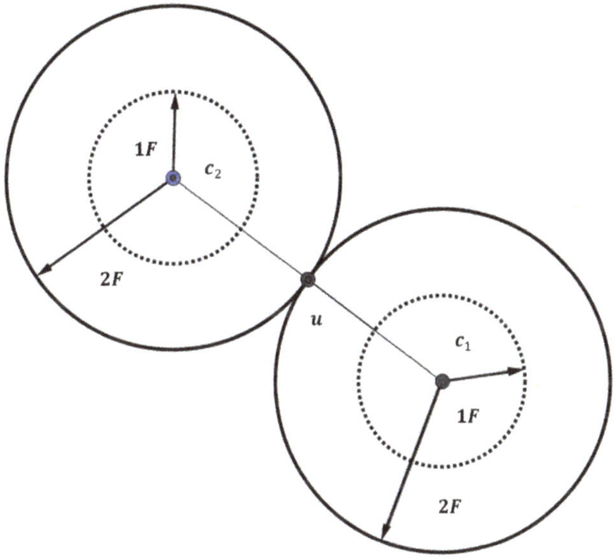

Abb. 4.5 Keine Decodierung

Hat ein empfangenes Wort $\boldsymbol{u}$ zwei Fehler, gelte also $d(\boldsymbol{u}, \boldsymbol{c_1}) = d(\boldsymbol{u}, \boldsymbol{c_2}) = 2$, dann werden diese beiden Fehler wegen $2 = d_{min} - 1$ erkannt, aber nicht korrigiert, weil diese Wörter weder in einer 1-Umgebung von $\boldsymbol{c_1}$ noch $\boldsymbol{c_2}$ liegen (vgl. Abb. 4.5). Ist $\boldsymbol{u}$ ein Wort mit einem Fehler, also z. B. $d(\boldsymbol{u}, \boldsymbol{c_1}) = 1 = (d_{min}(C) - 1)/2 = 1$, so wird es zu $\boldsymbol{c_1}$ decodiert.

Wäre $d_{min}(C) = 4$, so könnte man entscheiden, ob ein Fehler oder zwei Fehler aufgetreten sind.

Die Erhöhung der Minimaldistanz um nur 1 bewirkt eine Verbesserung der Effizienz.

Tritt ein Fehler auf, wird er korrigiert. Treten zwei Fehler auf, wird das Wort markiert, und eine nochmalige Übermittlung wird angefordert. Das Wort wird nicht falsch decodiert! Diese Erhöhung der Minimaldistanz um 1 leisten nun die *erweiterten* Codes.

Beim ISBN-Code, beim IBAN-Code oder beim Parity-Check-Code wurde an das Codewort nur eine Ziffer angehängt. Sie ermöglichte das Erkennen und das teilweise Korrigieren von fehlerhaften Eingaben. Analog verfährt man mit beliebigen Linearcodes.

Definition 4.10
Sei C ein (n, k, d)-Linearcode über dem Körper $\mathbb{K}$. Dann heißt

$$C^{\wedge} := \{(c_1, \ldots, c_n, c_{n+1}) | c_i \in \mathbb{K}, (c_1, \ldots, c_n) \in C \text{ und } c_1 + \ldots + c_n + c_{n+1} = 0\}$$

der *Erweiterungscode* von C (durch das Parity-Check-Symbol c_{n+1}).

Beispiel 4.37 Gegeben sei wieder der (7,4,3)-Linearcode $H_2(3)$ mit

$$H_2(3) = \{0000000, 1011000, 1110100, 1100010, 0110001, 0101100, 0111010,$$

$$1101001, 0010110, 1000101, 1010011, 1001110, 0001011, 0100111, 0011101, 1111111\}.$$

Als Generatormatrix und Kontrollmatrix verwenden wir:

$$G = \begin{pmatrix} 1 & 0 & 1 & 1 & 0 & 0 & 0 \\ 1 & 1 & 1 & 0 & 1 & 0 & 0 \\ 1 & 1 & 0 & 0 & 0 & 1 & 0 \\ 0 & 1 & 1 & 0 & 0 & 0 & 1 \end{pmatrix}, H = \begin{pmatrix} 1 & 0 & 0 & 1 & 1 & 1 & 0 \\ 0 & 1 & 0 & 0 & 1 & 1 & 1 \\ 0 & 0 & 1 & 1 & 1 & 0 & 1 \end{pmatrix}.$$

Wir wollen diesen Code erweitern.

$$H_2^\wedge(3) = \{0000000\,\mathbf{0}, 1011000\,\mathbf{1}, 1110100\,\mathbf{0}, 1100010\,\mathbf{1}, 0110001\,\mathbf{1}, 0101100\,\mathbf{1}, 0111010\,\mathbf{0},$$

$$1101001\,\mathbf{0}, 0010110\,\mathbf{1}, 1000101\,\mathbf{1}, 1010011\,\mathbf{0}, 1001110\,\mathbf{0}, 0001011\,\mathbf{1}, 0100111\,\mathbf{0},$$
$$0011101\,\mathbf{0}, 1111111\,\mathbf{1}\}.$$

Aus der Wortliste von $H_2^\wedge(3)$ erkennt man, dass das Minimalgewicht aller Wörter $\boldsymbol{c} \neq \mathbf{0}$ gleich 4 ist. Damit gilt: $d_{min}(H_2^\wedge(3)) = 4 = d_{min}(H_2(3)) + 1$.
Eine Kontrollmatrix $H^\wedge$ berechnet sich aus $H^\wedge \boldsymbol{c}^T = \mathbf{0}$ für alle $\boldsymbol{c}$ aus $H_2^\wedge(3)$ zu

$$H^\wedge = \begin{pmatrix} 1 & 1 & 1 & 1 & 1 & 1 & 1 & 1 \\ 1 & 0 & 0 & 1 & 1 & 1 & 0 & 0 \\ 0 & 1 & 0 & 0 & 1 & 1 & 1 & 0 \\ 0 & 0 & 1 & 1 & 1 & 0 & 1 & 0 \end{pmatrix}.$$

Wir prüfen mit dem Codewort $\boldsymbol{c} = 10011100$.

$$\begin{pmatrix} 1 & 1 & 1 & 1 & 1 & 1 & 1 & 1 \\ 1 & 0 & 0 & 1 & 1 & 1 & 0 & 0 \\ 0 & 1 & 0 & 0 & 1 & 1 & 1 & 0 \\ 0 & 0 & 1 & 1 & 1 & 0 & 1 & 0 \end{pmatrix} \begin{pmatrix} 1 \\ 0 \\ 0 \\ 1 \\ 1 \\ 1 \\ 0 \\ 0 \end{pmatrix} = \mathbf{0}.$$

Diese Kontrollmatrix $H^\wedge$ enthält als Spalten nicht alle Vektoren aus dem $\mathbb{K}^4$, die ungleich dem Nullvektor sind, z. B. ist $\boldsymbol{v} = 0100$ kein Spaltenvektor in $H^\wedge$. Darüber hinaus ist die Wortlänge im $H_2^\wedge(3)$ gleich $8 \neq 2^m - 1$ für ein m aus $\mathbb{N}$.

Die Dimension von $H_2^\wedge(3)$ erhalten wir aus der Lösungsmenge von $H^\wedge \boldsymbol{c}^T = \mathbf{0}$ mittels elementarer Zeilenumformungen, angewendet auf $H^\wedge$. Diese zeigen, dass $H^\wedge$ vier linear unabhängige Zeilen besitzt.

$$\begin{matrix} 11111111 \\ 10011100 \\ 01001110 \\ 00111010 \end{matrix} \rightarrow \begin{matrix} 10001011 \\ 01001110 \\ 00101101 \\ 00010111 \end{matrix}.$$

Aus dieser Zeilen-Stufenform lesen wir $\dim\left(H_2^\wedge(3)\right) = 4$ ab.

Der Code $H_2^\wedge(3)$ ist also ein (8,4,4)-Linearcode. Aus dem (7,4,3)-Linearcode wurde durch Erweiterung ein (8,4,4)-Linearcode.

Beispiel 4.38 Wir berechnen die Erweiterung des $H_3(2)$, der ein (4,2,3)-Linearcode über dem Körper $\mathbb{K} = \mathbb{Z}_3 = \{0, 1, 2\}$ ist (vgl. Beispiel 4.28).

Eine Kontrollmatrix wäre

$$H = \begin{pmatrix} 1 & 0 & 1 & 1 \\ 0 & 1 & 1 & 2 \end{pmatrix}.$$

$H_3(2)$ ist die Lösungsmenge L von $H\boldsymbol{c}^T = \mathbf{0}$, also von

$$H\begin{pmatrix} c_1 \\ c_2 \\ c_3 \\ c_4 \end{pmatrix} = \mathbf{0}.$$

$$L = \left\{(c_1, c_2, c_3, c_4) \in \mathbb{Z}_3^4 | c_1 = -c_3 - c_4, c_2 = -c_3 - 2c_4\right\} =$$

$$= \left\{(c_1, c_2, c_3, c_4) \in \mathbb{Z}_3^4 | c_1 = 2c_3 + 2c_4, c_2 = 2c_3 + c_4\right\} =$$

$$= \left\{(c_1, c_2, c_3, c_4) \in \mathbb{Z}_3^4 | (c_1, c_2, c_3, c_4) = c_3(2, 2, 1, 0) + c_4(2, 1, 0, 1)\right\}.$$

Wenn c_3 und c_4 alle Elemente von $\mathbb{Z}_3 = \{0,1,2\}$ durchlaufen, so erhält man aufzählend $H_3(2)$:

$$H_3(2) = \{0000, 2210, 2101, 1120, 1202, 1011, 0112, 0221, 2022\}.$$

Für die Erweiterung bestimmen wir zu allen Wörtern des $H_3(2)$ ein c_5 so, dass

$$c_1 + c_2 + c_3 + c_4 + c_5 \equiv 0 \; mod \; 3 \Leftrightarrow c_5 \equiv \; -c_1 - c_2 - c_3 - c_4 \; mod \; 3.$$

Zum Beispiel erhält man für $\boldsymbol{c} = 2210$: 2 + 2 + 1 + 0 + $c_5 \equiv 0 \; mod \; 3 \Leftrightarrow c_5 = 1$, oder $c_5 \equiv -2 - 2 - 1 - 0 \; mod \; 3 \equiv -5 \; mod \; 3 \equiv -5 + 6 \; mod \; 3 \equiv 1 \; mod \; 3$.

Die Erweiterungkomponente $\boldsymbol{c} = 2210$ ist also 1. Für $H_3^\wedge(2)$ erhalten wir damit folgende Darstellung:

$$H_3^\wedge(2) = \{00000, 22101, 21012, 11202, 12021, 10110, 01122, 02211, 20220\}.$$

Bildet man aus der Kontrollmatrix H die Matrix

$$H^\wedge = \begin{pmatrix} \mathbf{1} & \mathbf{1} & \mathbf{1} & \mathbf{1} & \mathbf{1} \\ 1 & 0 & 1 & 1 & \mathbf{0} \\ 0 & 1 & 1 & 2 & \mathbf{0} \end{pmatrix},$$

so erhält man als Lösungsmenge L des Gleichungssystems $H^\wedge \boldsymbol{c}^T = \mathbf{0}$ genau $L = H_3^\wedge(2)$:

Dazu formen wir $H^\wedge$ mittels elementarer Zeilenumformungen unter Beachtung der Rechenregeln in $\mathbb{Z}_3$ auf eine solche Stufenform um, aus der die Lösungsmenge direkt abgelesen werden kann.

$$\begin{matrix} 11111 & & 10021 \\ 10110 & \rightarrow & 01001 \\ 01120 & & 00122 \end{matrix} \Rightarrow \begin{aligned} c_1 &= -2c_4 - c_5 &&= 1c_4 + 2c_5, \\ c_2 &= -c_5 &&= 0c_4 + 2c_5, \\ c_3 &= -2c_4 - 2c_5 &&= 1c_4 + 1c_5, \\ c_4 &= &&= 1c_4 + 0c_5, \\ c_5 &= &&= 0c_4 + 1c_5. \end{aligned}$$

$$L = \{(c_1, c_2, c_3, c_4, c_5) \in \mathbb{Z}_3^5 | (c_1, c_2, c_3, c_4, c_5) = c_4(1, 0, 1, 1, 0) + c_5(2, 2, 1, 01)\}.$$

Wenn c_4 und c_5 alle Elemente von $\mathbb{Z}_3 = \{0,1,2\}$ durchlaufen, dann ist $L = H_3^\wedge(2)$. Damit ist $H^\wedge$ die Kontrollmatrix von $H_3^\wedge(2)$. Weiterhin bemerken wir, dass die Dimension der Lösungsmenge L gleich 2 ist. Beim Erweitern hat sich die Dimension des Codes $H_3(2)$ nicht verändert. Aus der Mengendarstellung des Codes $H_3^\wedge(2)$ lesen wir das Minimalgewicht 4 ab. Beim Erweitern erhöht sich also der Minimalabstand um 1. Dies gilt allgemein.

Eigenschaften von Erweiterungscodes

Lemma 4.12
Sei C ein (n, k, d)-Linearcode über dem endlichen Körper $\mathbb{K}$ mit q Elementen. Dann ist $C^\wedge$ ein $(n + 1, k)$-Linearcode über $\mathbb{K}$.

Beweis:
Sei $\boldsymbol{c} := (c_1, \ldots, c_n, c_{n+1})$ aus $C^\wedge$. Dann ist $(c_1, \ldots, c_n)$ aus C und $c_1 + \ldots + c_{n+1} = 0$.
Sei $\boldsymbol{c}' := \left(c'_1, \ldots, c'_n, c'_{n+1}\right)$ aus $C^\wedge$. Dann ist $\left(c'_1, \ldots, c'_n\right)$ aus C und $c'_1 + \ldots + c'_{n+1} = 0$.
Damit ist $\boldsymbol{c} - \boldsymbol{c}' = \left(c_1 - c'_1, \ldots, c_n - c'_n, c_{n+1} - c'_{n+1}\right)$ mit $\left(c_1 - c'_1, \ldots, c_n - c'_n\right)$ aus C, weil C linear ist. Weiterhin ist

$$\left(c_1 - c'_1\right) + \ldots + \left(c_n - c'_n\right) + \left(c_{n+1} - c'_{n+1}\right) =$$

$$= (c_1 + \ldots + c_{n+1}) - \left(c'_1 + \ldots + c'_{n+1}\right) = 0 - 0 = 0.$$

Damit ist $\boldsymbol{c} - \boldsymbol{c}' \in C^\wedge$. Analog zeigt man, dass auch $\lambda \boldsymbol{c} \in C^\wedge$ gilt. Insgesamt ist $C^\wedge$ ein Linearcode über $\mathbb{K}$, da auch $c_{n+1} = -(c_1 + \ldots + c_n) \in \mathbb{K}$ gilt.
Wegen $|C^\wedge| = |C| = q^k$ gilt: $\dim(C^\wedge) = k = \dim(C)$. Bei der Erweiterung eines Codes ändert sich die Dimension nicht.
∎

Lemma 4.13
Sei C ein (n, k)-Linearcode über $\mathbb{K}$. Es gilt:

$$d_{min}(C) \leq d_{min}(C^\wedge) \leq d_{min}(C) + 1.$$

Die Minimaldistanz eines Erweiterungscodes von C bleibt gleich oder wird um höchstens 1 größer.

Beweis: Für das Gewicht eines Wortes $\boldsymbol{c} := (c_1, \ldots, c_n, c_{n+1})$ aus $C^\wedge$ gilt:

$$w(\boldsymbol{c}) = w(c_1, \ldots, c_n, c_{n+1}) = \begin{cases} w(c_1, \ldots, c_n) + 1, \textit{falls } c_{n+1} \neq 0, \\ w(c_1, \ldots, c_n) + 0, \textit{falls } c_{n+1} = 0. \end{cases}$$

Da $d_{min}(C^\wedge)$ das Minimalgewicht seiner Codewörter ist, folgt die Behauptung.
∎

Satz 4.13
Ist C ein binärer Code, also $\mathbb{K} = \mathbb{Z}_2$, dann gilt:

$$d_{min}(C^\wedge) = d_{min}(C) + 1 \Leftrightarrow d_{min}(C) \text{ ist ungerade.}$$

Beweis: Aus Gründen der leichteren Lesbarkeit schreiben wir in den folgenden Überlegungen anstelle von $d_{min}(C)$ nur $d(C)$.

„$\Rightarrow$": Sei $d(C^\wedge) = d(C) + 1$. Weiterhin sei $\boldsymbol{c} \in C$ mit $\boldsymbol{c} := (c_1, \ldots, c_n)$ ein Codewort mit minimalem Gewicht in C, also $w(\boldsymbol{c}) = d(C)$.

Angenommen, $d(C)$ sei gerade. Dann ist das Wort $\boldsymbol{c}^\wedge := (c_1, \ldots, c_n, 0)$ ein Wort aus $C^\wedge$, weil in $\mathbb{Z}_2$ eine gerade Summe von 1 gleich 0 ist. Damit ist

$$d(C^\wedge) \leq w(\boldsymbol{c}^\wedge) = w(\boldsymbol{c}) = d(C).$$

Dabei gilt das „$\leq$"-Zeichen wegen der Minimalität aller Gewichte in $C^\wedge$. Das erste „="-Zeichen gilt wegen $c_{n+1} = 0$. Das zweite „="-Zeichen gilt wegen der Voraussetzung $w(\boldsymbol{c}) = d(C)$. Also gilt insgesamt $d(C^\wedge) \leq d(C)$. Nach Lemma 4.13. kann $d(C^\wedge)$ nicht kleiner als $d(C)$ werden. Also ist $d(C^\wedge) = d(C)$ im Widerspruch zu $d(C^\wedge) = d(C) + 1$. Also muss $d(C)$ ungerade sein.

„$\Leftarrow$": Sei $d(C)$ ungerade, und sei $\mathbf{0} \neq \boldsymbol{c}^\wedge := (c_1, \ldots, c_n, c_{n+1})$ ein Codewort aus $C^\wedge$ mit Minimalgewicht, also

$$w(\boldsymbol{c}^\wedge) = w((c_1, \ldots, c_n, c_{n+1})) = d(C^\wedge) \text{und } \boldsymbol{c} := (c_1, \ldots, c_n) \text{ aus } C. \tag{4.3}$$

Fall 1: Sei $c_{n+1} \neq 0$. Dann ist

$$w(\boldsymbol{c}) < w(\boldsymbol{c}^\wedge) = d(C^\wedge).$$

Also gilt:

$$d(C^\wedge) > w(c) \geq d(C).$$

Damit folgt:

$$d(C^\wedge) > d(C).$$

Da nach Lemma 4.13 der Minimalabstand höchstens um 1 steigen kann, gilt:

$$d(C^\wedge) = d(C) + 1.$$

Fall 2: Sei $c_{n+1} = 0$, dann ist $w(\boldsymbol{c}) = w(\boldsymbol{c}^\wedge)$. Nach Konstruktionsvorschrift des Erweiterungscodes ist

$$c_1 + \ldots + c_n + c_{n+1} = 0.$$

Wegen $c_{n+1} = 0$ ist auch

$$c_1 + \ldots + c_n = 0.$$

Dies bedeutet in $\mathbb{Z}_2$, dass in dieser Summe die Anzahl der Einer gerade ist. Also sind $w(\boldsymbol{c})$ und damit auch $w(\boldsymbol{c}^\wedge)$ gerade. Weil nach Voraussetzung $d(C)$ ungerade ist, gibt es in C ein Codewort $\boldsymbol{x} := (x_1, \ldots, x_n) \neq \boldsymbol{0}$ mit

$$d(C) = w(\boldsymbol{x}) < w(\boldsymbol{c}). \tag{4.4}$$

Wären nämlich für alle Codewörter $\boldsymbol{0} \neq \boldsymbol{x} \in C$ ihre Gewichte $w(\boldsymbol{x}) \geq w(\boldsymbol{c})$, dann wäre $d(C)$ wegen $d(C) = w(\boldsymbol{c})$ gerade im Widerspruch zur Voraussetzung, dass $d(C)$ ungerade ist. Mit diesem $\boldsymbol{x}$ bilden wir das Codewort

$$\boldsymbol{x}^\wedge := (x_1, \ldots, x_n, 1). \tag{4.5}$$

Weil $w(\boldsymbol{x}) = d(C)$ und $d(C)$ ungerade ist, tritt in $\boldsymbol{x}$ eine ungerade Anzahl von 1 auf. Dann liegt

$$x_1 + \ldots + x_n + 1 = 1 + 1 = 0 \text{ in } \mathbb{Z}_2.$$

Damit ist $\boldsymbol{x}^\wedge = (x_1, \ldots, x_n, 1)$ nach Definition von $C^\wedge$ ein Element von $C^\wedge$. Weil

$$w(\boldsymbol{x}) < w(\boldsymbol{c}) \text{ gilt } w(\boldsymbol{x}) + 1 \leq w(\boldsymbol{c})$$

und

$w(\boldsymbol{x}^\wedge) = w(\boldsymbol{x}) + 1 \leq w(\boldsymbol{c}) = w(\boldsymbol{c}^\wedge) = d(C^\wedge)$ wegen Gl. 4.3.

Insgesamt haben wir

$$w(\boldsymbol{x}^\wedge) \leq d(C^\wedge)$$

erhalten. Weil $d(C^\wedge)$ das Minimalgewicht aller Codewörter von $C^\wedge$ ist und $\boldsymbol{x}^\wedge$ ein solches ist, folgt $d(C^\wedge) \leq w(\boldsymbol{x}^\wedge)$. Damit ist $d(C^\wedge) = w(\boldsymbol{x}^\wedge)$. Es ergibt sich folgende Schlusskette:

$d(C^\wedge) = w(\boldsymbol{x}^\wedge) = w(\boldsymbol{x}) + 1 = d(C) + 1$ wegen Gl. 4.5 und Gl. 4.4

oder

$$d(C^{\wedge}) = d(C) + 1.$$

Dies ist die linke Seite der Behauptung.

■

Anmerkung: Da jeder Hamming-Code die Minimaldistanz 3 besitzt, hat jeder Erweiterungscode eines Hamming-Codes die Minimaldistanz 4. Dies erklärt die Erhöhung der Minimaldistanz in den Beispielen 4.37 und 4.38.

Satz 4.14

Ist H eine Kontrollmatrix eines linearen Codes C, dann ist

$$H^{\wedge} := \begin{pmatrix} 1 & \cdots & 1 & 1 \\ & & & 0 \\ & H & & \vdots \\ & & & 0 \end{pmatrix}$$

eine Kontrollmatrix von $C^{\wedge}$.

Beweis: Im Beweis verwenden wir
$H^{\wedge}$ ist eine Kontrollmatrix von $C^{\wedge} \Leftrightarrow H^{\wedge}(\boldsymbol{c}^{\wedge})^T = \mathbf{0}$ für alle $\boldsymbol{c}^{\wedge} \in C^{\wedge}$.
„⇒“: Seien $\boldsymbol{c} := (c_1, \ldots, c_n) \in C$ und $\boldsymbol{c}^{\wedge} := (c_1, \ldots, c_n, c_{n+1}) \in C^{\wedge}$. Dann ist $c_1 + \ldots + c_n + c_{n+1} = 0$ und $H\boldsymbol{c}^T = \mathbf{0}$. Damit erhalten wir unter Verwendung der Rechenregeln für Blockmatrizen (siehe Anhang A4, Beispiel A4.3):

$$H^{\wedge}(\boldsymbol{c}^{\wedge})^T = \begin{pmatrix} 1 & \cdots & 1 & 1 \\ & & & 0 \\ & H & & \vdots \\ & & & 0 \end{pmatrix} \begin{pmatrix} c_1 \\ \vdots \\ c_n \\ c_{n+1} \end{pmatrix} = \begin{pmatrix} c_1 + \ldots + c_n + c_{n+1} \\ H\begin{pmatrix} c_1 \\ \vdots \\ c_n \end{pmatrix} + \begin{pmatrix} 0 \\ \vdots \\ 0 \end{pmatrix} \end{pmatrix} = \mathbf{0}.$$

„⇐“: Sei $H^{\wedge}(\boldsymbol{c}^{\wedge})^T = \mathbf{0}$. Dann ist

$$\begin{pmatrix} 1 & \cdots & 1 & 1 \\ & & & 0 \\ & H & & \vdots \\ & & & 0 \end{pmatrix} \begin{pmatrix} c_1 \\ \vdots \\ c_n \\ c_{n+1} \end{pmatrix} = \begin{pmatrix} c_1 + \ldots + c_n + c_{n+1} \\ H\begin{pmatrix} c_1 \\ \vdots \\ c_n \end{pmatrix} + \begin{pmatrix} 0 \\ \vdots \\ 0 \end{pmatrix} \end{pmatrix} = \begin{pmatrix} 0 \\ 0 \\ \vdots \\ 0 \end{pmatrix}.$$

Es folgt $c_1 + \ldots + c_n + c_{n+1} = 0$ und $H\boldsymbol{c}^T + \mathbf{0} = \mathbf{0}$, also $H\boldsymbol{c}^T = \mathbf{0}$. Also ist

$c := (c_1, \ldots, c_n) \in C$ und damit $c^\wedge = (c_1, \ldots, c_n, c_{n+1}) \in C^\wedge$.
Darüber hinaus gilt wegen der speziellen Gestalt der ersten Zeile von $H^\wedge$:

$$rg\,(H^\wedge) = n + 1 - k.$$

∎

Verkürzen von Codes
Für eine Reihe von Anwendung benötigt man Codes, deren Wortlänge an die Problemstellung angepasst ist (z. B. bei GPS, ECC, Bildübertragung bei Voyager-Sonden). Durch die Verkleinerung von Wortlängen wird weniger Speicher benötigt, und der Rechenaufwand für Codierung und Decodierung vermindert sich. Allerdings soll trotz Verkürzung die Leistung nicht wesentlich vermindert werden. In den ersten Überlegungen kürzen wir den gegebenen Code durch Weglassen des letzten Bits des Codewortes.

Definition 4.11
Sei C ein (n, k, d)-Linearcode über dem Körper $\mathbb{K}$. Dann heißt

$$C^\circ := \{(c_1, \ldots, c_{n-1}) | (c_1, \ldots, c_{n-1}, 0) \in C\} \subseteq \mathbb{K}^{n-1}$$

der *Verkürzungscode* von C an der Position n.

Anmerkung: Bei Codewörtern aus C, die an der letzten Position eine Null besitzen, wird diese Position gestrichen. Besitzt ein Wort an der letzten Position einen von Null verschiedenen Eintrag, so wird es in C° *nicht* aufgenommen. Analog könnte man auch in den Codewörtern, die an der i-ten Position eine Null besitzen, diese Position streichen. In diesem Fall spricht man von einer Verkürzung an der Position i.
Symbolisch: $C_i^\circ = \{(c_1, \ldots, c_{i-1}, c_{i+1}, \ldots, c_n) | (c_1, \ldots, c_{i-1}, 0, c_{i+1}, \ldots, c_n) \in C\}$.

Beispiel 4.39 Verkürzung des (7,4, 3)-Hamming-Codes $H_2(3)$ an der letzten Stelle.

$$H_2(3) = \{0000000, 1011000, 1110100, 1100010, 0110001, 0101100, 0111010, 1101001,$$

$$0010110, 1000101, 1010011, 1001110, 0001011, 0100111, 0011101, 1111111\} \subseteq \mathbb{K}^7.$$

$$H_2^\circ(3) = \{000000, 101100, 111010, 110001, 010110, 011101, 001011, 100111\} \subseteq \mathbb{K}^6.$$

Beobachtungen:

(1) In $H_2(3)$ gibt es Wörter, die keine 0 an der letzten Position besitzen.
(2) $|H_2^\circ(3)| = 8 = 2^3$, also gilt $\dim(H_2^\circ(3)) = 3 = 4 - 1 = \dim(H_2(3)) - 1$.
Auch wenn man $H_2^\circ(3)$ nochmals verkürzt, sinkt die Dimension um 1. Das Absinken der Dimension um 1 kann wiederholt beobachtet werden.
(3) $H_2^\circ(3)$ ist linear: 101100 + 111010 = 010110 $\in H_2^\circ(3)$ usw.
(4) Durch Ablesen der acht Gewichte stellt man fest: $d(H_2^\circ(3)) = 3$.

Der verkürzte Code $H_2^\circ(3)$ ist ein (6,3, 3)-Linearcode mit der Informationsrate $3/6 = 0{,}5$ während der $H_2(3)$-Code eine Informationsrate von $4/7 \approx 0{,}57$ besitzt.
Das Verkürzungsverfahren kann iterativ angewendet werden.

Beispiel 4.40 Verkürze $H_2^\circ(3)$ an der letzten Stelle.

$$H_2^{\circ\circ}(3) = \{00000, 10110, 11101, 01011\} \subseteq \mathbb{K}^5.$$

Man macht ähnliche Beobachtungen. Also ist $H_2^{\circ\circ}(3)$ ein (5,2, 3)-Linearcode mit der Informationsrate $2/5 = 0{,}4$.
Verkürzt man den (31,26, 3) – $H_2(5)$-Code mit der Informationsrate $26/31 \approx 0{,}84$ zweimal, so erhält man einen (29,24, 3)-Code mit beinahe gleicher Informationsrate $24/29 \approx 0{,}83$ und gleicher Fehlerkorrekturkapazität, aber geringerer Wortlänge.

Eigenschaften von Verkürzungscodes C°

Lemma 4.14
Sei C ein (n, k, d)-Linearcode über dem Körper $\mathbb{K}$ mit q Elementen.
Dann ist C° linear.

Beweis: Seien $(c_1, \ldots, c_{n-1})$, $(d_1, \ldots, d_{n-1}) \in C^\circ$, also $(c_1, \ldots, c_{n-1}, 0)$, $(d_1, \ldots, d_{n-1}, 0) \in C$. Dann ist

$$(c_1, \ldots, c_{n-1}) + (d_1, \ldots, d_{n-1}) = (c_1 + d_1, \ldots, c_{n-1} + d_{n-1}) \in C^\circ,$$

weil

$$(c_1 + d_1, \ldots, c_{n-1} + d_{n-1}, 0) = (c_1, \ldots, c_{n-1}, 0) + (d_1, \ldots, d_{n-1}, 0) \in C.$$

Weiterhin gilt für $\lambda \in \mathbb{K}$:

$$\lambda(c_1, \ldots, c_{n-1}) = (\lambda c_1, \ldots, \lambda c_{n-1}) \in C^\circ,$$

weil

$$(\lambda c_1, \ldots, \lambda c_{n-1}, 0) = (\lambda c_1, \ldots, \lambda c_{n-1}, \lambda 0) =$$

$$= \lambda(c_1, \ldots, c_{n-1}, 0) \in C.$$

∎

Lemma 4.15
Sei C ein (n, k, d)-Linearcode über dem Körper $\mathbb{K}$. Beim Verkürzen kann die Dimension um 1 kleiner werden:

$$\dim\left(C^{\circ}\right) = k \text{ oder } \dim\left(C^{\circ}\right) = k - 1.$$

Beweis: Es ist $k = \dim(C)$. Sei $\{\boldsymbol{b}_1, \ldots, \boldsymbol{b}_k\}$ eine Basis von C mit

$$\boldsymbol{b}_i := (b_{i,1}, \ldots, b_{i,n-1}, b_{i,n}).$$

Fall 1: Alle $b_{i,n} = 0$. Wir verkürzen alle Basisvektoren, setzen

$$\boldsymbol{b}_i^{\circ} := (b_{i,1}, \ldots, b_{i,n-1})$$

und erhalten $\left\{\boldsymbol{b}_1^{\circ}, \ldots, \boldsymbol{b}_k^{\circ}\right\}$. Nach kurzer Rechnung stellt man fest, dass diese Menge verkürzter Vektoren eine Basis des C° bilden. Damit ist $\dim(C^{\circ}) = k$.

Fall 2: Nicht alle $b_{i,\,n} = 0$, z. B. sei $b_{1,n} \neq 0$. Dann findet man ein $(b_{1,n})^{-1} \in \mathbb{K}$.

Durch Addition von geeigneten Vielfachen von $\boldsymbol{b}_1$ zu den übrigen $\boldsymbol{b}_i$ erreicht man, dass in diesen Wörtern die letzte Komponente 0 wird:

$$\boldsymbol{b}_i' := \boldsymbol{b}_i - \frac{b_{i,n}}{b_{1,n}} \boldsymbol{b}_1 = (*, \ldots, *, 0) \in C, \quad \text{für } i := 2, \ldots, k \text{ und}$$

$$\boldsymbol{b}_1' = \boldsymbol{b}_1 - \frac{b_{1,n}}{b_{1,n}} \boldsymbol{b}_1 = \boldsymbol{b}_1 - \boldsymbol{b}_1 = \boldsymbol{0}.$$

Weil $\{\boldsymbol{b}_1, \ldots, \boldsymbol{b}_k\}$ eine Basis von C ist, sind auch die Vektoren $\left\{\boldsymbol{b}_2', \ldots, \boldsymbol{b}_k'\right\}$ linear unabhängig. Verkürzt man die Vektoren aus $\left\{\boldsymbol{b}_2', \ldots, \boldsymbol{b}_k'\right\}$, so bleiben sie linear unabhängig und sind Elemente von C°. Sie erzeugen auch alle Vektoren von C° und sind damit eine Basis von C°. Also gilt $\dim(C^{\circ}) = k - 1$.

∎

Lemma 4.16
Sei C ein (n, k, d)-Linearcode über dem Körper $\mathbb{K}$.
Für den verkürzten Code C° gilt:

$$\dim\left(C^{\circ}\right) = k - 1 \Leftrightarrow \text{es gibt ein Wort } (c_1, \ldots, c_n) \in C \text{ mit } c_n \neq 0.$$

Beweis:

$$\dim\left(C^{\circ}\right) = k - 1 \Leftrightarrow \left|C^{\circ}\right| < |C| \Leftrightarrow \text{es gibt ein Wort } (c_1, \ldots, c_n) \in C \text{ mit } c_n \neq 0.$$

∎

Lemma 4.17
Sei C ein (n, k, d)-Linearcode über dem Körper $\mathbb{K}$ und $k > 1$. Für den Minimalabstand von C° gilt: $d_{min}(C) \leq d_{min}(C^{\circ})$.
Der Minimalabstand des verkürzten Codes wird nicht kleiner.

Beweis: Wegen $k > 1$, ist $C^{\circ} \neq \{\mathbf{0}\}$. Sei $\boldsymbol{c}^{\circ} := (c_1, c_2, \ldots, c_{n-1}) \in C^{\circ}$ ein Codewort mit $w(\boldsymbol{c}^{\circ}) = d_{\min}(C^{\circ})$. Dann ist $\boldsymbol{c} := (c_1, c_2, \ldots, c_{n-1}, 0) \in C$ und $w(\boldsymbol{c}^{\circ}) = w(\boldsymbol{c})$. Damit gilt:

$$d_{\min}(C) \leq w(\boldsymbol{c}) = w\left(\boldsymbol{c}^{\circ}\right) = d_{\min}\left(C^{\circ}\right).$$

∎

Anwendungen von Erweiterungen verkürzter Hamming-Codes

In den folgenden Überlegungen beziehen wir uns auf Manz, 2017, S. 58 ff.

(1) **ECC (Error Checking and Correction)**

Wie schon angemerkt, sind Bitfehler im Arbeitsspeicher eines Computers sehr selten. Zur Fehlerkorrektur genügt daher ein Code mit Minimalabstand von 4. Diesen können wir z. B. durch Erweiterung des Hamming-Codes $H_2(r)$ erreichen. Um eine schnelle Verarbeitung zu ermöglichen, ist man an einer geringen Redundanz und damit an einer großen Informationsrate

$$\frac{k}{n} = \frac{k}{(k+p)}$$

mit k als Dimension (Nachrichtenbits) des Codes und p als Anzahl der Prüfbits interessiert.

Bei einem 64-Bit-Rechner muss $k = \dim\,(H_2(r)) = 64$ gelten. Daher wählt man als Ausgangscode einen $H_2(7)$. Denn $H_2(6)$ ist nur ein $(2^6 - 1 = 63{,}63 - 6 = 57{,}3)$-Linearcode mit $k = 57 < 64$. Dagegen ist $H_2(7)$ ein $(2^7 - 1 = 127{,}127 - 7 = 120{,}3)$-Linearcode mit $k = 120$. Dieser Code muss so oft verkürzt werden, dass man $k = 64$ erreicht. Der Minimalabstand von 3 kann durch anschließende Erweiterung auf 4 erhöht werden. Wie oft muss man verkürzen? Es ist $120 - i = 64 \Leftrightarrow i = 120 - 64 = 56$. Die Wortlänge wird also von 127 auf $127 - 56 = 71$ verkürzt. Wegen Lemma 4.16 sinkt bei jeder Verkürzung um 1 auch die Dimension um 1. Die Anwendbarkeit des Lemmas 4.16 kann bei jedem Verkürzungsschritt nachgeprüft werden. Siehe dazu auch die nachfolgende Bemerkung zur Absenkung der Dimensionszahl k auf $(k - 1)$. Durch abschließende Erweiterung erhalten wir einen $(72{,}64{,}4)$-Linearecode. Er besitzt die Informationsrate $\frac{64}{72} \approx 0{,}89$, die nicht wesentlich kleiner ist als die Informationsrate des Ausgangscode $H_2(7)$ mit $\frac{120}{127} \approx 0{,}94$.

Also: Ein 64-Bit-Rechner wird durch eine Erweiterung des 56-fach verkürzten Hamming-Codes $H_2(7)$ geschützt. Er entdeckt 3 Fehler und kann einen Fehler korrigieren.

Aufgabe 4.12 Erzeuge für einen 32—Bit-Rechner einen $(x, 32{,}4)$-Linearecode.

Anmerkung: Das Absenken der Dimensionszahl von k auf $k - 1$ kann man auch mittels der Hamming-Schranke (Kugelpackungsschranke) begründen.

$$|C| \cdot \sum_{i=0}^{t^*} \binom{n}{i} (q-1)^i \leq q^n \Leftrightarrow q^{n-k} \geq \sum_{i=0}^{t^*} \binom{n}{i} (q-1)^i \; mit \; t^* = \lfloor (d_{min} - 1)/2 \rfloor.$$

Für den Fall $H_2(7)^{\circ}$, also den $(126, k, d)$-Code gilt $q = 2$ und $t^* = 1$.
Dann lautet die Ungleichung:

$$2^{n-k} \geq \sum_{i=0}^{t^*=1} \binom{n}{i} = \binom{n}{0} + \binom{n}{1} = 1 + 126 = 127.$$

Nach erfolgter Verkürzung muss kein Hamming-Code mehr vorliegen. Bei der ersten Verkürzung gilt wegen Lemma 4.15:

$$119 \leq k \leq 120$$

und wegen Lemma 4.17:

$$d_{min} = 3 \text{ oder } d_{min} = 4.$$

Für $k = 119$ erhalten wir: $2^{126-119} = 2^7 = 128 > 127$.

Für $k = 120$ erhalten wir: $2^{126-120} = 2^6 = 64 < 126$. Diese Möglichkeit scheidet also aus.

Es ist also nur der Fall $k = 119 = 120 - 1$ möglich. Die Dimension sinkt um 1. Wir erhalten einen $(126,119, d_{min} = 3$ oder $d_{min} = 4)$-Code $H_2(7)^{\circ}$.

Bei der nächsten Verkürzung $H_2(7)^{\circ\circ}$ sind $n = 125$, $118 \leq k \leq 119$ und $d_{min} = 3$ oder $d_{min} = 4$.

Für $k = 118$ erhalten wir: $2^{125-118} = 2^7 = 128 > 1 + 125 = 126$.

Für $k = 119$ erhalten wir: $2^{125-119} = 2^6 = 64 < 126$. Diese Möglichkeit scheidet aus.

Wir erhalten einen $(125,118, d_{min} = 3$ oder $d_{min} = 4)$-Code $H_2(7)^{\circ\circ}$.

So fortfahrend konstruieren wir einen $(71,64, d_{min} = 3$ oder $d_{min} = 4)$-Code.

Nach Lemma 4.13 eines Erweiterungscodes $C^{\wedge}$, also

$$d_{min}(C) \leq d_{min}(C^{\wedge}) \leq d_{min}(C) + 1$$

und nach Satz 4.13 eines binären Erweiterungscodes $C^{\wedge}$, also

$$d_{min}(C^{\wedge}) = d_{min}(C) + 1 \Leftrightarrow d_{min}(C) \text{ ist ungerade,}$$

kommt für d_{min} nur 4 infrage. Wir erhalten einen (72,64, 4)-Code.

(2) **GPS (Global Positioning System)**

Satelliten senden mit Radiosignalen ständig ihre aktuelle Position, die genaue Uhrzeit sowie weitere technische Daten. Spezielle Empfänger, z. B. Navigationsgeräte in Fahrzeugen, können aus den Signallaufzeiten von vier Satelliten ihre eigene Position und Geschwindigkeit berechnen. GPS sendet auf fünf verschiedenen Frequenzbändern L1,...,L5. Jedes gesendete Codewort besteht aus 30 Bits. Davon sind 24 Informationsbits und 6 Prüfbits. Man benötigt also einen (30,24)-Code. Dafür eignet sich als Ausgangscode der binäre Hamming-Code $H_2(5)$. Dieser ist ein $(2^5 - 1 = 31, 31 - 5 = 26, 3)$-Linearcode. Um $k = 24$ zu erreichen, verkürzt man diesen Code um $26 - 24 = 2$ Bits. Dabei verkürzt sich die Wortlänge von 31 auf $31 - 2 = 29$. Man erhält einen(29,24, 3)-Linearcode C.

Die Erweiterung $C^{\wedge}$ besitzt die gewünschten Parameter (30,24, 4). Die Erweiterung des zweifach verkürzten $H_2(5)$, also der $(H_2(5)^{\circ\circ})^{\wedge}$,codiert die Daten des Frequenzbandes L1.

In der Praxis geschieht dies allerdings mit der Erweiterung von $H_2(5)$ direkt ohne jede Verkürzung. Der Code$H_2^{\wedge}(5)$ ist ein Code mit den Parametern (32,26, 4). Um diesen Code verwenden zu können, benötigt man zu den 24 Informationsbits noch zwei zusätzliche Informationsbits. Diese holt man sich vom vorhergehenden Wort. Dann kann man mit dem Code $H_2^{\wedge}(5)$ systematisch codieren, sodass die Nachrichtenbits am Ende des Codewortes zu liegen kommen. Bevor ein Codewort gesendet wird, lässt man die ersten beiden Bits weg. Sie sind wegen der systematischen Codierung nur Prüfbits. Somit erspart man sich die zweifache Verkürzung. Allerdings ist der gesamte Vorgang keine „reine“ Blockcodierung mehr (bei einer solchen wird jeder einzelne Block getrennt bearbeitet). Die Codierung eines Wortes ist von den letzten zwei Nachrichtenbits des vorhergehenden Wortes abhängig. Einen solchen Code nennt man einen „Faltungscode".

4.6 Golay-Codes

Unter den Codes mit relativ kleinen Wortlängen spielen neben der Familie der Hamming-Codes $H_q(r)$ zwei weitere Codes bei Anwendungen eine Rolle. Es sind dies die vom Schweizer Elektroingenieur M. Golay 1949 beschriebenen und nach ihm benannten Golay-Codes G_{11} und G_{23} (vgl. Manz, 2017, S. 34, S. 39). Einerseits sind diese beiden Codes von theoretischer Bedeutung, da sie neben den Hamming- und Wiederholungscodes ungerader Länge, die einzigen perfekten Codes sind (siehe dazu den Klassifikationssatz von van Lint (1971) und Tietäväinen (1973)). Andererseits wurde der Erweiterungscode $G_{24} := G_{23}{}^{\wedge}$ bei den Voyager-Missionen (1977–1981) angewandt. In seiner berühmten Originalpublikation (Golay, 1949), die nur eine (!) Seite umfasst, hat M. Golay G_{11}und G_{23} jeweils durch eine Generatormatrix definiert.

Der ternäre Golay-Code G_{11} über $K:=\mathbb{Z}_3 = \{0, 1, 2\}$
Eine (6 × 11)-Generatormatrix G von G_{11} lautet:

$$G := \begin{pmatrix} 100000\ 11111 \\ 010000\ 01221 \\ 001000\ 10122 \\ 000100\ 21012 \\ 000010\ 22101 \\ 000001\ 12210 \end{pmatrix}.$$

Nach dieser Matrix beträgt die Wortlänge $n = 11$. Wegen der Stufenform der Zeilen von G sind diese linear unabhängig, und es gilt $k = \dim(G_{11}) = 6$. Daher gibt es $|\mathbb{K}|^6 = 3^6 = 729$ Codewörter. Das Minimalgewicht dieses Codes ist nicht unmittelbar ablesbar. Durch Übergang zum Erweiterungscode $G_{12}:=G_{11}^{\wedge}$ kann man den Minimalabstand von G_{12} bestimmen. Daraus ist dann der Minimalabstand von G_{11} ersichtlich.

Wir berechnen daher den Minimalabstand von G_{12} (vgl. Manz, 2017, S. 64 ff.). Die zwölfte Spalte der Generatormatrix $G^{\wedge}$ von $G_{11}^{\wedge}$ erhalten wir nach Definition durch Ergänzung jeder Zeile von G durch eine solche Komponente, dass die Summe aller Komponenten je Zeile durch 3 teilbar ist. Also ist die Summe aller Komponenten in jeder Zeile kongruent zu 0 *mod* 3.

$$G^{\wedge} := \begin{pmatrix} 100000 \ 11111 \ 0 \\ 010000 \ 01221 \ 2 \\ 001000 \ 10122 \ 2 \\ 000100 \ 21012 \ 2 \\ 000010 \ 22101 \ 2 \\ 000001 \ 12210 \ 2 \end{pmatrix}.$$

In der ersten Zeile von $G^{\wedge}$ ist $1 + 0 + 0 + 0 + 0 + 0 + 1 + 1 + 1 + 1 + 1 = 6 \equiv 0 \; mod \; 3$, also genügt eine 0 als zwölfter Eintrag.

In der zweiten Zeile von $G^{\wedge}$ ist $0 + 1 + 0 + 0 + 0 + 0 + 0 + 1 + 2 + 2 + 1 = 7 \equiv 2 \; mod \; 3$, also ergibt sich 2 als zwölfter Eintrag. So fortfahrend bestimmt man $G^{\wedge}$.

Zur Bestimmung des Minimalgewichtes von G_{12} gehen wir folgendermaßen vor:

Durch Rechnung stellt man fest, dass $G^{\wedge}(G^{\wedge})^T = O$.

So ergibt das Produkt der dritten Zeile von $G^{\wedge}$ mit der vierten Spalte von $(G^{\wedge})^T$:

$$(001000 \ 10122 \ 2)(000100 \ 21012 \ 2)^T =$$

$$= 0 + 0 + 0 + 0 + 0 + 0 + 2 + 0 + 0 + 2 + 4 + 4 = 12 \equiv 0 \; mod \; 3$$

Damit gilt für ein Codewort $\boldsymbol{c} \in G_{12}$:

$$\boldsymbol{c}\boldsymbol{c}^T = 0 \in \mathbb{K}.$$

Denn:

$$\boldsymbol{c} = \boldsymbol{m}G^{\wedge} \Rightarrow \boldsymbol{c}^T = (\boldsymbol{m}G^{\wedge})^T = (G^{\wedge})^T \boldsymbol{m}^T \Rightarrow \boldsymbol{c}\boldsymbol{c}^T = \boldsymbol{m}G^{\wedge}(G^{\wedge})^T \boldsymbol{m}^T = \boldsymbol{m}O\boldsymbol{m}^T = \boldsymbol{m}\boldsymbol{0} = 0.$$

Sei $\boldsymbol{c} = (c_1, \ldots, c_{12})$, dann gilt nach den Regeln der Matrizenmultiplikation:

$$\boldsymbol{c}\boldsymbol{c}^T = (c_1, \ldots, c_{12})(c_1, \ldots, c_{12})^T = c_1^2 + \ldots + c_{12}^2.$$

Nun ist $c_i \in \mathbb{Z}_3 = \{0,1,2\}$. Also gilt für $c_i \neq 0 : c_i^2 = 1^2 = 1$ oder $c_i^2 = 2^2 = 4 = 1$ in $\mathbb{Z}_3$.

Daher ist das Gewicht $w(\boldsymbol{c}) =: g \in \{1,2,\ldots,12\}$, d. h., $\boldsymbol{c}$ enthält g Komponenten, die von 0 verschieden sind. Also $\boldsymbol{c} = (\ldots, c_{i_1}, \ldots, c_{i_2}, \ldots, \ldots, c_{i_g}, \ldots)$ und damit

$$\boldsymbol{c}\boldsymbol{c}^T = c_{i_1}^2 + \ldots + c_{i_g}^2 = 1 + 1 + \ldots + 1 = g \cdot 1 = g = w(\boldsymbol{c}).$$

Insgesamt erhalten wir: $w(\boldsymbol{c}) = \boldsymbol{c}\boldsymbol{c}^T = 0 \in \mathbb{Z}_3$. Dies bedeutet, dass das Gewicht eines Codewortes aus G_{12} ein *Vielfaches von 3* ist. Dabei ist 0 als Gewicht ausgeschlossen.

Nun zeigen wir, dass wegen der speziellen Gestalt von $G^\wedge$ ein Codewort $\boldsymbol{c}$ nicht das Gewicht 3 besitzen kann. Nach Definition der Generatormatrix ist jedes Codewort $\boldsymbol{c}$ eine Linearkombination der Zeilen von $G^\wedge = \begin{pmatrix} z_1 \\ \vdots \\ z_6 \end{pmatrix}$.

(1) Fall: Sei $\boldsymbol{c}$ Linearkombination eines Zeilenvektors z_i, also $\boldsymbol{c} = rz_i$ mit $r \neq 0$. Nun ist das Produkt zweier Elemente des Körpers $\mathbb{Z}_3$, welche von 0 verschieden sind, wieder von 0 verschieden. Damit ist das Gewicht von $\boldsymbol{c}$ gleich 6.

(2) Fall: Sei $\boldsymbol{c}$ Linearkombination von zwei Zeilenvektoren z_i und z_j mit $0 \leq i < j \leq 6$, also $\boldsymbol{c} = rz_i + sz_j$, wobei r und s von 0 verschieden sind.

Z. B.: $\boldsymbol{c} = rz_2 + sz_4 = (0, r, 0, s, 0,0 \mid 2s,\ r + s,\ 2r,\ 2r + s,\ r + 2s,\ 2r + 2s)$.

Im Allgemeinen ist $\boldsymbol{c} = (\ldots, r, \ldots, s, \ldots \mid \ldots\ldots\ldots)$, mit r an der i-ten und s an der j-ten Stelle. In den ersten sechs Positionen treten nur zwei Elemente ungleich 0 auf (Stufenform von $G^\wedge$!).

Die Eintragungen in den letzten sechs Positionen sind von der Form: $r + s$, $2r + 2s = 2(r + s)$, $2r + s$, $r + 2s$, $s + 2r$ (bei einigen Kombinationen auch $2r$, $2s$).

Wegen $r, s \neq 0 \Longrightarrow 2r, 2s \neq 0$.

Ist $r + s = 0 \Longrightarrow 2r + 2s = 0 = 2(r + s) = 0$ und

$2r + s = r + s + r = 0 + r = r \neq 0$ und

$$r + 2s = r + s + s = 0 + s = s \neq 0.$$

Damit: Die Eintragungen in den letzten sechs Positionen enthalten genau zwei Nullen, also genau vier Elemente ungleich Null. Mit den beiden Elementen ungleich Null in den ersten sechs Positionen erhält man genau sechs Eintragungen ungleich Null.

Also besitzt jede Linearkombination von zwei Zeilenvektoren das Gewicht 6.

Z. B.: Sei $\boldsymbol{c} = 2z_2 + 1z_4 = (0,2,0,1,0,0 \mid 2,0,\ 1,2,\ 1,0)$.

(3) Fall: Sei $\boldsymbol{c}$ Linearkombination von drei Zeilenvektoren z_i, z_j, z_k mit $0 \leq i < j < k \leq 6$. Also $\boldsymbol{c} = rz_i + sz_j + tz_k$.

Wir zeigen, dass das Gewicht von $\boldsymbol{c}$ größer als 3 ist.

Z. B.: $\boldsymbol{c} = 2z_2 + z_4 + 2z_5 = (2z_2 + z_4) + 2z_5 = (0,2,0,1,0,0 \mid 2,0,\ 1,2,\ 1,0) + 2z_5 =$

$$(0, 2, 0, 1, 0, 0 \mid 2,0, 1,2, 1,0) + (0, 0, 0, 0, 2, 0 \mid 1,1, 2,0, 2,1)$$
$$= (0, 2, 0, 1, 2, 0 \mid 0,1, 0,2, 0,1).$$

Es ist $w(\boldsymbol{c}) = 6 > 3$.

Im Allgemeinen ist $\boldsymbol{c} = (\ldots, r, \ldots, s, \ldots, t, \ldots \mid \ldots\ldots\ldots)$, mit r an der i-ten, s an der j-ten und t an der k-ten Stelle. In den ersten sechs Positionen treten drei Elemente ungleich 0 auf (Stufenform von $G^\wedge$!). Sollte $\boldsymbol{c}$ das Gewicht 3 besitzen, dann müssten an den letzten sechs Positionen nur Nullen auftreten. Was geschieht an diesen letzten sechs Positionen?

Betrachten wir $\boldsymbol{c} = rz_i + sz_j + tz_k = (rz_i + sz_j) + tz_k = \boldsymbol{d} + tz_k$ mit $\boldsymbol{d} := rz_i + sz_j$. Somit ist $\boldsymbol{d}$ eine Linearkombination von zwei Zeilenvektoren. Nach den Überlegungen im zweiten Fall ist $\boldsymbol{d} = (\ldots, r, \ldots, s, \ldots | \ldots, 0, \ldots, 0, \ldots)$ mit 0 an den Positionen $7 \leq l < m \leq 12$. Die letzten sechs Positionen von $\boldsymbol{c} = \boldsymbol{d} + tz_k$ haben die Form $(\ldots, r, \ldots, s, \ldots | \ldots, 0, \ldots, 0, \ldots) + tz_k$. In $G^\wedge$ sehen wir, dass jeder Zeilenvektor an seinen letzten sechs Positionen genau eine Eintragung 0 besitzt. Dies bedeutet, dass zu mindestens einer Null in $\boldsymbol{d}$ ein Körperelement ungleich Null addiert wird. Zu den drei Elementen ungleich Null in den ersten Positionen von $\boldsymbol{c}$ kommt mindestens eine Position mit Eintragung ungleich Null hinzu. Das Gewicht von $\boldsymbol{c}$ ist also größer als 3. Weil alle Gewichte der Codewörter durch 3 teilbar sind, muss das Gewicht von $\boldsymbol{c}$ mindestens 6 sein, kann aber auch 9 oder 12 sein.

(4) Fall: Sei $\boldsymbol{c}$ Linearkombination von vier oder mehr Zeilenvektoren. Wegen der Stufenform von $G^\wedge$ treten an den ersten sechs Positionen von $\boldsymbol{c}$ mindestens vier Elemente ungleich Null auf. Also besitzt $\boldsymbol{c}$ ein Gewicht größer als 3, also 6, 9 oder 12.

Insgesamt sehen wir, dass jedes Codewort aus G_{12} ein Gewicht von mindestens 6 besitzt. Zumindest im ersten und zweiten Fall haben wir bemerkt, dass es Wörter mit dem Gewicht 6 gibt. Damit ist $d_{min}(G_{12}) = 6$ und G_{12} ist ein (12,6, 6)-Code.

Mit dieser Kenntnis können wir auch $d_{min}(G_{11})$ bestimmen. Der Code G_{11} entsteht aus G_{12} durch Weglassen der letzten Komponente.

Es ist z. B. $\boldsymbol{c} := (0{,}0, 0{,}0, 0{,}1, 1{,}2, 2{,}1, 0{,}2) \in G_{12}$ (sechste Zeile von $G^\wedge$). Dann ist $\boldsymbol{c}' := (0{,}0, 0{,}0, 0{,}1, 1{,}2, 2{,}1, 0) \in G_{11}$ mit $w(\boldsymbol{c}') = 5$. Da in G_{12} jedes Wort mindestens das Gewicht 6 besitzt, kann durch Weglassen der letzten Stelle aus $\boldsymbol{c}$ nicht ein Wort mit dem Gewicht kleiner als 5 entstehen. Also: $d_{min}(G_{11}) = 5$, und G_{11} ist ein (11,6, 5)-Code.

Der binäre Golay-Code G_{23}über $K = \mathbb{Z}_2$
Die (12×23)-Generatormatrix G des G_{23} lautet

$$G := \begin{pmatrix} 100000000000 & 11011100010 \\ 010000000000 & 01101110001 \\ 001000000000 & 10110111000 \\ 000100000000 & 01011011100 \\ 000010000000 & 00101101110 \\ 000001000000 & 00010110111 \\ 000000100000 & 10001011011 \\ 000000010000 & 11000101101 \\ 000000001000 & 11100010110 \\ 000000000100 & 01110001011 \\ 000000000010 & 10111000101 \\ 000000000001 & 11111111111 \end{pmatrix} = (I_{12} \mid A).$$

Damit beträgt die Wortlänge $n = 23$, und wegen der Stufenform der Zeilen sind diese linear unabhängig, also ist $k = \dim(G_{23}) = 12$. Es gibt $|\mathbb{K}|^{12} = 2^{12} = 4096$ Codewörter.

Diese Anzahl ist zu groß, um das Minimalgewicht unmittelbar ablesen zu können. Es gibt mehrere Methoden, um G_{23} zu konstruieren. Eine davon ist die Konstruktion mittels der Erweiterung des Hamming-Codes $H_2(3)$. Daraus könnte man $d_{min}(G_{23}) = 7$ bestimmen (vgl. Manz, 2017, S. 62 f.).

Im Abschn. 6.2 werden wir im Beispiel 6.10 den Golay-Code G_{11} mit einem Polynom erzeugen, das $(x^{11} - 1)$ teilt. Ähnlich kann der Golay-Code G_{23} durch ein Polynom erzeugt werden. Dadurch werden sich Golay-Codes als zyklische Codes erweisen.

Mit diesen Parametern können wir zeigen, dass G_{11} bzw. G_{23} perfekte Codes sind. Dazu überprüfen wir, ob in der Kugelpackungsschranke bzw. Hamming-Schranke (vgl. Satz 3.4) die Gleichheit auftritt, also

$$q^{n-k} = \sum_{i=0}^{t^*} \binom{n}{i} (q-1)^i \ mit\ t^* = (d_{min} - 1)/2.$$

Für den(11,6, 5)-Code G_{11}: $t^* = \lfloor \frac{d_{min}-1}{2} \rfloor = \lfloor \frac{5-1}{2} \rfloor = 2$ und $|\mathbb{K}| = q = 3$.

$$3^{11-6} = 3^5 = 243 = 1 + 11 \cdot 2 + \binom{11}{2} \cdot 4 = 1 + 11 \cdot 2 + 11 \cdot 5 \cdot 4.$$

Für den(23,12, 7)-Code G_{23}: $t^* = \lfloor \frac{d_{min}-1}{2} \rfloor = \lfloor \frac{7-1}{2} \rfloor = 3$ und $|\mathbb{K}| = q = 2$.

$$2^{23-12} = 2^{11} = 2048 = 1 + 23 \cdot 1 + \binom{23}{2} \cdot 1^2 + \binom{23}{3} \cdot 1^3 = 1 + 23 + 23 \cdot 11 + 23 \cdot 11 \cdot 7.$$

Bisher haben wir gezeigt, dass folgende Codes perfekt sind:

(1) Hamming-Codes $H_q(r)$,
(2) binäre Wiederholungscodes $W_{bin}(n) = \{(0, \ldots, 0), (1, \ldots, 1)\}$ von ungerader Länge n,
(3) binärer Golay-Code G_{23} und der
(4) ternäre Golay-Code G_{11}.

Nach dem Klassifikationssatz von van Lint und Tietäväinen gibt es außer diesen perfekten Codes keine weiteren perfekten Codes (vgl. Manz, 2017, S. 64).

Anwendung des Codes G_{24} als Erweiterungscode des Golay-Codes G_{23}

Im Zeitraum 1979–1981 gab es die Voyager-1 und Voyager-2 Missionen zu den Planeten Jupiter und Saturn. Im Verlauf dieser Mission wurden Farbbilder dieser Planeten zur Erde gesandt. Wegen der großen Entfernung musste man von einer wesentlich größeren Fehlerwahrscheinlichkeit ausgehen, als jener im Speicher eines Computers (vgl. Manz, 2017, S. 69 f.). Zur Übertragung verwendete man wegen seiner Parameter (24,12, 8) den Erweiterungscode G_{24} des binären Golay-Codes G_{23}. Die Informationsrate $k/n = 12/24 = 1/2$ ist genügend groß und $d_{min} = 8$ gestattet eine Fehlerkorrektur von 3 Fehlern innerhalb einer

Bitkette von $24 = 3 \cdot 8 = 3$ Bytes. Bei der Bildübertragung werden jedem Pixel je ein Rot-, Grün-, und ein Blauwert zwischen 0 und $255 = 256 - 1 = 2^8 - 1$ für die Intensitätsstufe zugeordnet. Diese Werte wurden in eine binäre Darstellung der Länge 8 umgewandelt und in einer langen Kette von 0 und 1 aneinandergereiht (siehe Kap. 1, Beispiel 1.2). Für das Block-Codieren wurden zwölf Stellen zu einem Block zusammengefasst. Dieser Block wurde mittels $G^\wedge$ in ein 24-stelliges Codewort umgewandelt und zur Empfangsstation gesendet (vgl. Manz, 2017, S. 69). Die Matrix $G^\wedge$ entstand aus G durch Hinzufügung einer Paritätsspalte. Wegen der kleinen Parameter kann die Syndromcodierung verwendet werden (maximal $24 \cdot 2^{12}$ Vergleiche).

Anwendungen perfekter Codes bei der Konstruktion von Systemwetten

Bei Fußballspielen gibt es drei mögliche Ausgänge. Siegt die Heimmannschaft, so entspricht dies dem Tipp 1, siegt die Auswärtsmannschaft, so entspricht dies dem Tipp 2. Ein Unentschieden wird durch den Tipp X codiert. Daher benötigen wird Codes über einem Körper mit drei Elementen, wobei anstelle von X eine 0 verwendet wird. Damit ist $\mathbb{K} = \{0, 1, 2\} = \mathbb{Z}_3$ der zu verwendende Körper. In Österreich und Deutschland sind bei Totowetten Voraussagen für 13 Spiele notwendig, dafür gibt es $|\mathbb{K}_3|^{13} = 3^{13}$ Möglichkeiten. Für einen garantierten richtigen „Dreizehner“ sind derart viele Tipps abzugeben, dass sich der finanzielle Einsatz mit Blick auf einen möglichen Gewinn nicht lohnt. Man wird sich mit einem weniger garantierten Tipperfolg begnügen müssen. Zum Beispiel mit nur zwölf oder elf garantierten Ergebnissen. Der Ausgang einer Totowette entspricht einem Wort $\boldsymbol{c}$ der Länge 13 über dem Alphabet $\{0,1,2\}$. Ein Wort mit nur zwölf richtigen Tipps hat einen Abstand 1 von $\boldsymbol{c}$, liegt als in einer 1-Kugelumgebung von $\boldsymbol{c}$ (symbolisch in $K_1(\boldsymbol{c})$). Bei elf richtigen Tipps liegt das Wort in $K_2(\boldsymbol{c})$. Um jeden Ausgang in $\{0,1,2\}^{13}$ zu „erwischen“, benötigt man perfekte Codes, weil mit ihnen der gesamte Möglichkeitsraum überdeckt wird. Als solcher Code kommt nach den obigen Überlegungen nur der ternäre Hamming-Code $H_3(3)$ infrage. Dabei ist $H_3(3)$ ein $(13,10,3)$-Linearcode (vgl. Beispiel 4.29).

Wir formulieren allgemein. Sei n die Länge des Wortes $\boldsymbol{c}$, also die Anzahl der Tippreihe. Mit t bezeichnen wir die Anzahl der „fehlerhaften“ Tipps. Wir suchen ein Wettsystem, welches $(n - t)$ richtige Tipps garantiert. Die Lösung ist ein t-perfekter Linearcode über dem Körper $\mathbb{K}$. Als Tippreihen nimmt man die Codewörter. Es sind also so viele Tippreihen abzugeben, wie es Codewörter gibt.

Sind 13 Spielergebnisse vorherzusagen, so ist $n = 13$. Eine Garantie für zwölf richtige Tipps: $12 = 13 - 1 \Longrightarrow t = 1 \Longrightarrow t = 1 = \frac{d_{min} - 1}{2} \Longrightarrow d_{min} = 3$. Der Hamming-Code $H_3(3)$ besitzt die geeigneten Parameter $(13,10,3)$. Die Anzahl der Tippreihen ist gleich der Anzahl der Codewörter in $H_3(3)$, also 3^{10}. Damit umfasst ein „Zwölfer-Garantiesystem“ für 13 Spiele 3^{10} Tippreihen. Diese Zahl ist noch immer bei Weitem zu groß, um finanziell interessant zu sein.

Diese Art von Totosystemen ist finanziell nicht sinnvoll. Wir bemerken, dass bei perfekten Codes elementfremde Kugelüberdeckungen vorliegen. Für garantierte Totosysteme ist dies nicht unbedingt notwendig.

Aufgabe 4.13 Entwickle mit dem (4,2,3)-Code $H_3(2)$ und der Kontrollmatrix $H = \begin{pmatrix} 0 & 1 & 1 & 1 \\ 1 & 0 & 1 & 2 \end{pmatrix}$ ein Totowettsystem mit einer „Elfer-Garantie“. Kontrolliere einen möglichen Ausgang durch Bestimmung der vier Codewörter.

Polynomcodes

5

Im Kap. 4 wurden Codewörter der Länge n über einem Körper $\mathbb{K}$ als Vektoren des $\mathbb{K}^n$ aufgefasst. Besonders leistungsfähige Codes über $\mathbb{K}$ waren damit nicht nur Teilmengen des $\mathbb{K}^n$, sondern sogar Teilräume des $\mathbb{K}^n$. Ihre Effizienz beruhte auf der Möglichkeit, die Theorie der Vektorräume einfließen lassen zu können. Dazu war es notwendig, als Alphabete Körper vorauszusetzen. Nun gehen wir einen Schritt weiter und fassen Codewörter als Polynome über $\mathbb{K}$ auf. Beim Rechnen mit Polynomen gibt es im Gegensatz zum Rechnen mit Vektoren zusätzlich eine Multiplikation und damit eine Division (gegebenenfalls mit Rest), analog zur „Division mit Rest“ beim Rechnen mit ganzen Zahlen (vgl. Abschn. 10.8). Wir bemerken, dass die „Skalarmultiplikation“ zweier Vektoren als Ergebnis nur ein Element des Körpers $\mathbb{K}$ ergibt und damit keine „echte“ algebraische Operation ist (vgl. zu diesem Problemkreis die Überlegungen zum Begriff der algebraischen Operation in Abschn. 10.3).

Unter Verwendung dieser Division mit Rest wird nun in diesem Kapitel zunächst dargelegt, wie mit einem „Generatorpolynom“ systematisch codiert werden kann, sodass also die Prüfbits entweder nur am Anfang oder nur am Ende des Nachrichtenwortes aufscheinen. Es zeigt sich, dass die durch Polynomcodierung erzeugten Codewörter durch das Generatorpolynom teilbar sind. Das kann zur Fehlererkennung benutzt werden. Wörter, die nicht durch das Generatorpolynom teilbar sind, werden als fehlerhaft erkannt, und eine automatische Wiederholung der Sendung wird gestartet. Eine zeitaufwändige Decodierung ist in vielen Fällen nicht notwendig. In unseren Ausführungen wird dies exemplarisch an der Datenübertragung in lokalen Datennetzen, wie z. B. bei LAN und Ethernet, demonstriert. Weiterhin wird gezeigt, wie die Verwendung von irreduziblen Polynomen höheren Grades das Erkennen von längeren Bündelfehlern (Bursts) ermöglicht. In einem nächsten Schritt wird ausgeführt, wie lineare Blockcodes mittels Polynomcodie-

H. Kautschitsch, G. Kadunz, *Elemente der Codierungstheorie*, Mathematik Primarstufe und Sekundarstufe I + II, https://doi.org/10.1007/978-3-662-67520-5_5

rung erzeugt werden können und wie man zugehörige Generatormatrizen, auch in Standardform, konstruiert.

Die Ausführungen lassen erkennen, dass sich die Polynomcodes durch eine wesentliche Speicherplatzreduktion auszeichnen. Muss man bei einem allgemeinen (n, k)-Blockcode alle Codewörter speichern, so genügt bei einem Linearcode die Speicherung der $k \cdot n$ Einträge der $(k \times n)$-Generatormatrix. Bei einem Polynomcode genügt dagegen die Speicherung der $(n - k)$ Koeffizienten des Generatorpolynoms. Es ist noch erwähnenswert, dass alle Polynomberechnungen mittels Schieberegistern effizient durchgeführt werden können. Als Abschluss dieses Kapitels werden die Generatorpolynome zu Codes aus Kap. 3 vorgestellt.

Lernende erfahren die Fehlererkennung mittels Polynomdivision in $\mathbb{Z}_2[x]$, die Wirkungsweise der Fehlererkennung im LAN und die Bedeutung von irreduziblen Polynomen bei großen Bündelfehlern. Die Realisierung des Mini-QR-Codes mit dem Generatorpolynom $g(x) = 1 + x^2 + x^3$ zeigt den Lernenden im Vergleich zu den Algorithmen aus Kap. 2 (Kreisdiagrammdarstellung) und Kap. 3 (Matrixdarstellung) den Geschwindigkeitsvorteil bei der Konstruktion der Codewörter, der Fehlererkennung bei empfangenen Worten und die Speicherplatzersparnis.

Lehrende finden Anwendungen zum Satz von Division mit Rest bei Polynomen, sowie die Analogie zwischen Rechnen mit ganzen Zahlen und dem Rechnen mit Polynomen. Dies kann als Motivation für die Behandlung von Euklidischen Ringen sowie Hauptidealringen dienen. Darüber hinaus bietet dieses Kapitel Anwendungen von irreduziblen Polynomen und deren Analogie zu Primzahlen (vgl. dazu auch Kap. 6).

5.1 Codieren mit Polynomen

Wörter der Länge n können neben n-Tupeln auch durch Polynome dargestellt werden. Wir identifizieren das Wort $\boldsymbol{m} := 12012 = (1, 2, 0, 1, 2) \in \mathbb{Z}_3^5$ mit dem Polynom

$$1 + 2x + 0x^2 + 1x^3 + 2x^4 \in \mathbb{Z}_3[x].$$

Polynome werden mit aufsteigenden Potenzen angeschrieben. Symbolisch:

$$p(x) := c_0x^0 + c_1x^1 + \ldots + c_{n-1}x^{n-1} = c_0 + c_1x + \ldots + c_{n-1}x^{n-1}.$$

Wir bemerken, dass c_ix^i die Stelle des Koeffizienten $c_i \in \mathbb{Z}_3$ im Wort $\boldsymbol{m}$ angibt. Wegen dieser Schreibweise beginnen wir die Indizierung der Komponenten eines Wortes der Länge n mit 0 und beenden sie mit $n - 1$. Die Komponenten c_i stammen aus dem Alphabet $\mathbb{K}$, das in den folgenden Überlegungen ein endlicher Körper ist.

$$c_0c_1 \ldots c_{n-1} \Leftrightarrow (c_0, c_1, \ldots, c_{n-1}) \Leftrightarrow c_0 + c_1x + \ldots + c_{n-1}x^{n-1} \in \mathbb{K}[x].$$

Also: Ein Wort der Länge n wird durch ein Polynom aus $\mathbb{K}[x]$ vom Grad $(n-1)$ dargestellt.

Im nächsten Beispiel wollen wir demonstrieren, wie man mit einem Polynom eine Nachricht systematisch codieren kann.

Beispiel 5.1 Wir wollen die Nachricht $\boldsymbol{m} := 101011 \in \mathbb{Z}_2^6$ mit dem **Generatorpolynom** $g(x) := 1 + x^2 + x^7 \in \mathbb{Z}_2[x]$ codieren.

(1) Stelle $\boldsymbol{m}$ als Polynom dar: $m(x) = 1 + x^2 + x^4 + x^5$. Dieses Polynom nennen wir das *Nachrichtenpolynom.*

(2) Multipliziere das Nachrichtenpolynom mit x^7 (7 ist der Grad des Generatorpolynoms):

$$x^7\left(1 + x^2 + x^4 + x^5\right) = x^7 + x^9 + x^{11} + x^{12}.$$

Diesen Vorgang nennt man „Shiften" des Nachrichtenpolynoms mit dem Polynom x^7.

Durch das „Shiften" erzeugen wir Platz für die Prüfziffern.

(3) Berechne das eindeutig bestimmten Restpolynom $r(x)$ des geshifteten Polynoms bei Division durch das Generatorpolynom (vgl. Beispiel A6.3 und Satz A6.1). Um diese Division unbeschränkt durchführen zu können, benötigt man als Alphabet einen Körper.

Symbolisch: $r(x) := x^7 m(x) \bmod g(x)$.

Beim händischen Rechnen ist es praktischer, die Polynome mit fallenden Potenzen anzuschreiben. Außerdem gilt in $\mathbb{Z}_2 : -1 = 1$ bzw. in $\mathbb{Z}_2[x]$: Subtraktion = Addition.

$$\begin{array}{l}
x^{12} + x^{11} + x^9 + x^7 \;:\; x^7 + x^2 + 1 = x^5 + x^4 + x^2 \\
\underline{x^{12} + x^7 + x^5} \\
\quad x^{11} + x^9 + x^5 \\
\quad \underline{x^{11} + x^6 + x^4} \\
\qquad x^9 + x^6 + x^5 + x^4 \\
\qquad \underline{x^9 + \qquad\quad x^4 + x^2} \\
\qquad\quad x^6 + x^5 + x^2 = r(x)\,.
\end{array}$$

Probe: $x^{12} + x^{11} + x^9 + x^7 = (x^5 + x^4 + x^2)(x^7 + x^2 + 1) + (x^6 + x^5 + x^2)$,

$$r(x) = x^6 + x^5 + x^2 = x^7 m(x) \bmod g(x) \Leftrightarrow x^7 m(x) = q(x)g(x) + r(x)$$

mit $\mathit{grad}\; r(x) < \mathit{grad}\; g(x)$.

(4) Bilde das Codewortpolynom $c(x) :=$ geshiftetes Nachrichtenpolynom – Restpolynom:

$$c(x) = \left(x^{12} + x^{11} + x^9 + x^7\right) - \left(x^6 + x^5 + x^2\right).$$

(5) Ordne das Codewortpolynom nach aufsteigenden Potenzen unter Beachtung von $-1 = 1$:

$$c(x) = x^2 + x^5 + x^6 + x^7 + x^9 + x^{11} + x^{12}.$$

Als Wort geschrieben:

$$\boldsymbol{c} = 0010011 \mid 101011.$$

Das Wort $\boldsymbol{c}$ ist von der Form

$$\boldsymbol{c} = \text{Prüfbits} \mid \text{Nachrichtenbits}.$$

Die Nachricht kann unmittelbar aus $\boldsymbol{c}$ abgelesen werden. Dies entspricht dem systematischen Codieren. Das Shiften stellt den Rest vor die Nachricht. Wir halten fest:

$$\text{Prüfbits} \triangleq \text{Koeffizienten des Restpolynoms.}$$

Allgemeine Beschreibung der „Polynomcodierung"

Sei $g(x) := g_0 + \ldots + g_{p-1}x^{p-1} + x^p$ ein fest vorgegebenes Polynom über dem Körper $\mathbb{K}$ mit dem höchsten Koeffizienten $g_p = 1$. Man nennt es *Generatorpolynom.*

(1) Identifiziere eine Nachricht $\boldsymbol{m}$ der beliebigen Länge k über $\mathbb{K}$, also $\boldsymbol{m} = m_0m_1 \ldots m_{k-1}$, mit dem Polynom

$$m(x) := m_0 + m_1x + \ldots + m_{k-1}x^{k-1}.$$

(2) Multipliziere (shifte) $m(x)$ mit x^p (p ist der Grad des Generatorpolynoms):

$$x^p m(x) = m_0x^p + m_1x^{p+1} + \ldots + m_{k-1}x^{p+k-1},$$

$x^p m(x) \Leftrightarrow (0, \ldots, 0, m_0, m_1, \ldots, m_{k-1})$ mit genau p Nullen.

(3) Berechne das eindeutig bestimmte Restpolynom $r(x)$ des geshifteten Nachrichtenpolynoms $x^p m(x)$ bei Division durch $g(x)$.

$$r(x) = x^p m(x) \ mod \ g(x) \Leftrightarrow x^p m(x) = \mathrm{q(x)g(x)} + \mathrm{r(x)},$$

$$\text{mit } r(x) = r_0 + \ldots + r_{p-1}x^{p-1}.$$

(4) Codiere $m(x)$ in $c(x) := x^p m(x) - r(x)$.
(5) Ordne $c(x)$ nach aufsteigenden Potenzen.

$$c(x) = -r(x) + x^p m(x) = -(x^p m(x) \ mod \ g(x)) + x^p m(x),$$

$$c(x) = -r_0 - \ldots - r_{p-1}x^{p-1} + m_0 x^p + m_1 x^{p+1} + \ldots + m_{k-1}x^{p+k-1}, \tag{5.1}$$

$$c(x) \Leftrightarrow \left(-r_0, \ldots, -r_{p-1}, m_0, m_1, \ldots, m_{k-1}\right) = \boldsymbol{c}.$$

Die Nachricht $\boldsymbol{m}$ steht am Ende des Codewortes, und die Prüfbits befinden sich am Anfang.

Beachte: Die Polynomcodierung liefert keinen Blockcode. Es werden Wörter beliebiger Länge codiert. Dies ist nützlich, wenn Datenpakete verschiedener Länge codiert werden sollen, wobei es nur auf die Fehlererkennung ankommt.

Die Länge der Codewörter ist jeweils um p Stellen länger als die Nachrichtenwortlänge. Dabei ist p der Grad des Generatorpolynoms.

Definition 5.1
Seien $p \in \mathbb{N}$, $m(x)$, $g(x) \in \mathbb{K}[x]$ mit *grad* $g(x) = p$ und 1 als Leitkoeffizient von $g(x)$. Dann heißt das Polynom

$$c(x) := -(x^p m(x) \ mod \ g(x)) + x^p m(x)$$

die *Polynomcodierung* von $m(x)$ mit dem Generatorpolynom $g(x)$.

Satz 5.1
Alle Polynomcodierungen sind durch $g(x)$ teilbar.

Beweis: Es gilt nach dem Satz von der Division mit Rest (Satz A6.1): Ist $m(x) \in \mathbb{K}[x]$, dann gibt es eindeutig bestimmte Polynome $q(x), r(x) \in \mathbb{K}[x]$ mit *grad* $r(x) <$ *grad* $g(x)$, sodass

$$x^p m(x) = g(x)q(x) + r(x) \Leftrightarrow r(x) = x^p m(x) - g(x)q(x).$$

Damit gilt für ein von $g(x)$ erzeugtes Codewortpolynom $c(x)$ nach (3):

$$c(x) = x^p m(x) - r(x) = x^p m(x) - x^p m(x) + g(x)q(x) = g(x)q(x).$$

Also ist $c(x)$ durch $g(x)$ teilbar.

■

Anmerkung: Diese Eigenschaft kann zur Fehlererkennung benützt werden.

Für Codewortpolynome $c(x)$ gilt: $g(x) \mid c(x) \Leftrightarrow c(x)\ mod\ g(x) = 0$.

Angenommen, das Wort $c(x)$ wird gesendet und das Wort $u(x)$ wird empfangen. Der Empfänger dividiert $u(x)$ durch das Generatorpolynom $g(x)$. Ist der Rest dieser Division gleich Null, dann wird angenommen, dass bei der Übertragung kein Fehler aufgetreten ist. Wegen der systematischen Polynomcodierung kann die ursprüngliche Nachricht $m(x)$ unmittelbar am Ende des Codewortes abgelesen werden.

Ist der Rest dieser Division von Null verschieden, dann sind bei der Übertragung Fehler aufgetreten. Es kann z. B. die automatische Wiederholungsanfrage (ARQ) gestartet werden. Sowohl die Codierung als auch die Überprüfung sind mit derselben Schieberegisterschaltung implementierbar.

Allerdings kennt man bei erkannten Fehlern nicht deren Position im empfangenen Wort. Später werden wir mit speziellen Polynomcodes (Reed-Solomon-Codes) ein Fehlerortungspolynom bestimmen. Dieses Polynom wird die Positionen der Fehler angeben.

Damit ist die Polynomcodierung für jene Anwendungen sinnvoll, bei denen es nur auf die Fehlererkennung ankommt.

5.2 Anwendung der Polynomcodierung

Eine mögliche Verwendung der obigen Polynomcodierung findet man bei der Datenübertragung in lokalen Datennetzen, wie z. B. bei LAN und Ethernet. Die Prüfziffern werden in diesem Zusammenhang *Ethernet-Trailer* oder *Frame Checking Sequences* (FCS) genannt (vgl. Hauck, 2005, S. 76). Als Generatorpolynome werden international standardisierte irreduzible Polynome hohen Grades verwendet, z. B.

$$g(x) = x^{16} + x^{12} + x^5 + 1.$$

Dateien bei Druckausgaben enthalten in der Regel wesentlich mehr als 16 Bits. Trotzdem genügt zu ihrem Schutz ein Voranstellen von nur 16 Prüfbits.

Das Generatorpolynom $g(x)$ ist irreduzibel (vgl. Definition A6.5). Mit der Irreduzibilität von $g(x)$ können besondere Fehler, nämlich Bündelfehler, erkannt werden. Derartige Fehler treten bei Impulsstörungen in Kabelnetzwerken oder bei drahtloser Übertragungen in Funklöchern auf. Mit Bündelfehler bezeichnet man nicht nur eine größere Menge von Fehlern, sondern deren unmittelbares Aufeinanderfolgen. Je höher der Grad des Generatorpolynoms ist, desto „längere" Bündelfehler können erkannt werden.

Definition 5.2
Sei $b \in \mathbb{N}$. Treten in einem empfangenen Wort an höchstens b aufeinanderfolgenden Positionen Fehler auf, so nennt man dies einen *b-Bündelfehler* oder *Bündelfehler der Länge b* oder *Burst* der Länge b.

Satz 5.2
Polynomcodierungen mit einem irreduziblen Generatorpolynom vom Grad $t > 1$ erkennen Bündelfehler bis zu einer Länge $b \leq t$.

Beweis: Sei $u(x)$ ein mit einem b-Bündelfehler behaftetes Wort. Es kann in der Form

$$u(x) = c(x) + f(x)$$

geschrieben werden. Dabei bezeichnet $c(x)$ das Codewortpolynom und $f(x)$ das Fehlerpolynom. Wegen des b-Bündelfehlers ist $f(x)$ von der Form:

$$f(x) = f_i x^i + f_{i+1} x^{i+1} + \ldots + f_{i+b-2} x^{i+b-2} + f_{i+b-1} x^{i+b-1} =$$

$$= x^i \left(f_i + f_{i+1} x^1 + \ldots + f_{i+b-2} x^{b-2} + f_{i+b-1} x^{b-1}\right) \text{ für ein } i \in \mathbb{N}.$$

Angenommen, der b-Bündelfehler wird *nicht* erkannt. Dann ist $u(x)$ ein Codewort und nach Satz 5.1 durch $g(x)$ teilbar. Nun ist auch $c(x)$ ein Codewort und damit ebenfalls durch $g(x)$ teilbar. Daher muss auch $f(x)$ durch $g(x)$ teilbar sein, denn

$$f(x) = u(x) - c(x) = g(x)k(x) - g(x)l(x) = g(x)(k(x) - l(x)).$$

Wegen der Irreduzibilität von $g(x)$ kann $g(x)$ das Polynom x^i nicht teilen. Dieses besitzt als Teiler nur Potenzen von x.

Gleichzeitig kann $g(x)$ wegen der Gradformel (vgl. Definition A6.3) den Term

$$\left(f_i + f_{i+1} x^1 + \ldots + f_{i+b-2} x^{b-2} + f_{i+b-1} x^{b-1}\right)$$

nicht teilen, da $g(x)$ den Grad $t \geq b$ besitzt.

Also gilt für das irreduzible Polynom $g(x)$:

$$g(x) \nmid x^i \text{ und } g(x) \nmid \left(f_i + f_{i+1} x^1 + \ldots + f_{i+b-2} x^{b-2} + f_{i+b-1} x^{b-1}\right),$$

und zugleich teilt $g(x)$ das Produkt

$$g(x) \mid \left(x^i\left(f_i + f_{i+1}x^1 + \ldots + f_{i+b-2}x^{b-2} + f_{i+b-1}x^{b-1}\right)\right).$$

Dies ist ein Widerspruch zur Irreduzibilität von $g(x)$, weil ein irreduzibles $g(x)$, welches das Produkt teilt, entweder x^i oder $(f_i + f_{i+1}x^1 + \ldots + f_{i+b-2}x^{b-2} + f_{i+b-1}x^{b-1})$ teilen müsste (vgl. Satz A6.6).

∎

Anmerkung: Die international standardisierten Generatorpolynome zum Einsatz bei LAN und Ethernet besitzen jeweils den Grad 16. Daher können sie Bündelfehler bis zur Länge 16 entdecken. Die Konstruktion irreduzibler Polynome hohen Grades ist ähnlich aufwändig wie die Bestimmung großer Primzahlen (vgl. Wan, 2003, Kap. 10).

Beispiel 5.2 Wir wollen die Nachricht $m(x) := x^5 + 1 \triangleq 100001$ durch Voranstellung der vom Generatorpolynom $g(x) = x^{16} + x^{12} + x^5 + 1$ erzeugten 16 Prüfbits schützen (codieren). Nach Definition 5.1 sind diese Prüfbits durch $(x^{16}m(x))$ *mod* $g(x)$ bestimmt.

Es folgt: Das geshiftete Polynom $x^{16}m(x) = x^{21} + x^{16}$ ergibt bei Division durch $g(x)$ den Rest

$$\left(x^{16}m(x)\right) \, mod \, g(x) = 1 + x + x^6 + x^{10} + x^{12} + x^{13} + 0 \cdot x^{14} + 0 \cdot x^{15}.$$

Dann ist nach Definition 5.1 das Codewort $c(x)$ gegeben durch:

$$c(x) = 1 + x + x^6 + x^{10} + x^{12} + x^{13} + x^{16} + x^{21}$$

bzw.

$$\boldsymbol{c} = \underbrace{1100001000101100}_{\text{Ethernet – Trailer}} \mid \underbrace{100001}_{\text{Nachricht}}.$$

Die Nachricht $\boldsymbol{m}$ kann wegen des Shiftens an den 6 höchsten Potenzen abgelesen werden. Wegen *grad* $g(x) = 16$ können Bündelfehler bis zur Länge $b = 16$ entdeckt werden.

Empfangen werde z. B. das Wort

$$\boldsymbol{u} = 110\mathbf{110111010011} \mid \mathbf{0111}01.$$

Mit Satz 5.1 bestimmen wir den Rest

$$u(x)\ mod\ g(x) = x^{15} + x^{11} + x^4 + x \neq 0.$$

Da dieser Rest von Null verschieden ist, wird automatisch eine nochmalige Übertragung gestartet (ARQ).

Anmerkung: In der Praxis sind die Nachrichtenlängen wesentlich größer als *grad* $g(x)$ und können darüber hinaus variabel sein. Es liegt keine Blockcodierung vor.

5.3 Polynomcodierung zur Erzeugung von Blockcodes

Polynomcodierte Wörter besitzen unterschiedliche Länge. Bei einem (n, k)-Blockcode werden jedoch Nachrichten der konstanten Länge k zu Codewörtern der konstanten Länge n codiert. Wie kann man mit einer Polynomcodierung Codewörter gleicher Länge erzeugen? Dazu definieren wir

$$\mathbb{K}[x]_n := \{p(x) | p(x) = p_0 + \ldots + p_{n-1}x^{n-1}, p_i \in \mathbb{K}\}.$$

Damit umfasst $\mathbb{K}[x]_n$ Polynome bis zum Grad $(n - 1)$. Die Menge $\mathbb{K}[x]_n$ ist wie $\mathbb{K}[\mathrm{x}]$ bezüglich Addition und Vervielfachen ein Vektorraum über $\mathbb{K}$.

Bei einem (n, k)-Blockcode werden nur Wörter aus $\mathbb{K}^k$ codiert. Diese können nach obiger Identifizierung als Polynome aus $\mathbb{K}[x]_k$ geschrieben werden:

$$m(x) = m_0 + \ldots + m_{k-1}x^{k-1}.$$

Um Codewörter gleicher Länge n zu erhalten, gehen wir wie im obigen Algorithmus zur Polynomcodierung vor, wählen aber $(n - k)$ als Grad des Generatorpolynoms $g(x)$:

$$\text{grad } g(x) = n - k, \quad g(x) = g_0 + g_1x + \ldots + 1x^{n-k}.$$

Das Codewortpolynom $c(x)$ des Nachrichtenwortpolynoms $m(x)$ erhalten wir, wenn wir anstelle von p in Gl. 5.1 den Term $(n - k)$ einsetzen:

$$c(x) = -r_0 - \ldots - r_{n-k-1}x^{n-k-1} + m_0x^{n-k} + m_1x^{n-k+1} + \ldots + m_{k-1}x^{n-1},$$

$$c(x) \Leftrightarrow (-r_0, \ldots, -r_{n-k-1}, m_0, m_1, \ldots, m_{k-1}) = \boldsymbol{c}.$$

Dabei ist

$$r_0 + \ldots + r_{n-k-1}x^{n-k-1} = x^{n-k}m(x)\ mod\ g(x).$$

Dies ist der Rest des mit x^{n-k} geshifteten Nachrichtenpolynoms bei Division durch das Generatorpolynom. Also kann man das Codewort $c(x)$ von $m(x)$ auch folgendermaßen anschreiben:

$$c(x) = -\left(x^{n-k}m(x)\ mod\ g(x)\right) + x^{n-k}m(x).$$

Definition 5.3
Seien $k, n \in \mathbb{N}$, $m(x) \in \mathbb{K}[x]_k$, $g(x) \in \mathbb{K}[x]$ mit *grad* $g(x) = n - k$ und mit Leitkoeffizient 1. Dann heißt

$$C_{g(x)} := \left\{c(x) \in \mathbb{K}[x]_n \mid c(x) = -\left(x^{n-k}m(x)\ mod\ g(x)\right) + x^{n-k}m(x)\right\}$$

der vom Generatorpolynom $g(x)$ erzeugte *Polynomcode.*

$C_{g(x)}$ist die Menge aller durch $g(x)$ erzeugten Codewortpolynome aus $\mathbb{K}[x]_n$.
Nach der Gradformel gilt nämlich:

$$\text{grad}\ c(x) = \text{grad}\ x^{n-k} + \text{grad}\ m(x) = n - k + (k-1) = n - 1.$$

Satz 5.3
Voraussetzungen seien wie in Definition 5.3. Dann gilt:
$C_{g(x)} = g(x)\mathbb{K}[x]_k = \left\{c(x) \mid c(x) = g(x)q(x) \text{ mit } q(x) \in \mathbb{K}[x]_k\right\}$.

Beachte: Weder $C_{g(x)}$ noch $\mathbb{K}[x]_n$ sind Ringe, weil sie bezüglich der Multiplikation nicht abgeschlossen sind.
Beweis:

Wir zeigen zuerst
$C_{g(x)} \subseteq g(x)\mathbb{K}[x]_k = \left\{c(x) \mid c(x) = g(x)q(x) \text{ mit } q(x) \in \mathbb{K}[x]_k\right\}$.

Sei $c(x) \in C_{g(x)} \Longrightarrow c(x) = x^{n-k}m(x) - x^{n-k}m(x)\ mod\ g(x) = x^{n-k}m(x) - r(x)$,
wobei
$x^{n-k}m(x) = g(x)q(x) + r(x) \Leftrightarrow r(x) = x^{n-k}m(x) - g(x)q(x)$.
Einsetzen ergibt:
$c(x) = x^{n-k}m(x) - (x^{n-k}m(x) - g(x)q(x)) = g(x)q(x)$.

Nun überlegen wir, dass $q(x)$ einen Grad kleiner gleich $(k - 1)$ besitzt, also aus $\mathbb{K}[x]_k$ stammt. Es ist nämlich:

grad $(x^{n-k}m(x)) = (n-k) + (k-1) = n-1$,
grad $g(x) = (n-k)$, grad $r(x) < (n-k)$.
Weil
$x^{n-k}m(x) = g(x)q(x) + r(x)$ und grad$(x^{n-k}m(x)) = n-1$ ist, gilt
grad $(g(x)q(x)) \leq n-1$. Damit ist
grad $g(x)$ + grad $q(x) = (n-k)$ + grad $q(x) \leq n-1$ und daher
grad $q(x) \leq (n-1) - (n-k) = k-1$.

Nun zeigen wir:

$$g(x)\mathbb{K}[x]_k \subseteq C_{g(x)}.$$

Sei dazu $q(x) \in \mathbb{K}[x]_k$ mit *grad* $q(x) < k$ und damit *grad* $(g(x)q(x)) < n$.
Dann ist

$$g(x)q(x) = c_0 + \ldots + c_{n-k-1}x^{n-k-1} + m_0x^{n-k} + \ldots + m_{k-1}x^{n-1}.$$

Setzt man $m(x) := m_0 + \ldots + m_{k-1}x^{k-1}$, dann ist

$$g(x)q(x) = \left(c_0 + \ldots + c_{n-k-1}x^{n-k-1}\right) + x^{n-k}m(x). \tag{5.2}$$

Damit folgt:

$$x^{n-k}m(x) = g(x)q(x) - \left(c_0 + \ldots + c_{n-k-1}x^{n-k-1}\right).$$

Dividieren wir $x^{n-k}m(x)$ durch $g(x)$, dann gilt auch:

$$x^{n-k}m(x) = g(x)q'(x) + r(x) \text{ mit grad } r(x) < \text{grad } g(x) = n-k.$$

Nach dem Satz von der Division mit Rest (Satz A6.1) ist diese Darstellung von $x^{n-k}m(x)$ eindeutig. Also gilt insbesondere:

$$r(x) = -\left(c_0 + \ldots + c_{n-k-1}x^{n-k-1}\right) = x^{n-k}m(x) \; mod \; g(x).$$

Zusammenfassend ergibt sich für $g(x)q(x)$ aus Gl. 5.2:

$$g(x)q(x) = -\left(x^{n-k}m(x) \; mod \; g(x)\right) + x^{n-k}m(x).$$

Dies ist nach der Polynomcodierung genau das Codewort $c(x)$ des Nachrichtenpolynoms $m(x)$. Also gilt:

$$g(x)q(x) = c(x) \in C_{g(x)}.$$

Insgesamt folgt $C_{g(x)} = g(x)\mathbb{K}[x]_k$.

■

Mit diesem Satz kann man zeigen, dass jeder Polynomcode $C_{g(x)}$ ein linearer Blockcode ist.

Satz 5.4

Der von $g(x)$ erzeugte Code $C_{g(x)}$ mit *grad* $g(x) = n - k$ ist ein Linearcode mit den Parametern (n, k).

Beweis: Nach Satz 5.3 ist $C_{g(x)} = g(x)\mathbb{K}[x]_k$. Seien $c(x)$ und $c'(x)$ aus $C_{g(x)}$ und $\lambda \in \mathbb{K}$.

Dann gibt es Polynome $k(x)$ und $k'(x)$ aus $\mathbb{K}[x]_k$ mit $c(x) = g(x)k(x)$ und $c'(x) = g(x)k'(x)$. Es folgt:

$c(x) + c'(x) = g(x)k(x) + g(x)k'(x) = g(x)(k(x) + k'(x))$ mit $(k(x) + k'(x)) \in \mathbb{K}[x]_k$,

$$\lambda c(x) = \lambda g(x)k(x) = g(x)(\lambda k(x)) \text{ mit } \lambda k(x) \in \mathbb{K}[x]_k.$$

Nach dem Konstruktionsverfahren ist $c(x)$ ein Polynom vom Grad $(n - 1)$ und entspricht damit einem Wort der Länge n. Also ist $C_{g(x)}$ ein Teilraum des $\mathbb{K}[x]_n$.

Wir zeigen nun, dass die Dimension dieses Teilraumes $C_{g(x)}$ gleich k ist.

Es ist $\{1g(x), xg(x), \ldots, x^{k-1}g(x)\}$ eine Basis von $C_{g(x)}$.

(1) Jedes Codewort $c(x)$ ist eine Linearkombination der Polynome dieser Menge.
Nach Satz 5.3 gilt $c(x) = g(x)t(x)$ mit $t(x) \in \mathbb{K}[x]_k$, also

$$c(x) = g(x)\left(t_0 + t_1x + \ldots + t_{k-1}x^{k-1}\right) = t_0g(x) + t_1xg(x) + \ldots + t_{k-1}x^{k-1}g(x).$$

(2) Die Menge $\{1g(x), xg(x), \ldots, x^{k-1}g(x)\}$ ist linear unabhängig, weil nur die triviale Linearkombination das Nullpolynom ergibt. Sei

$$\lambda_0g(x) + \lambda_1xg(x) + \ldots + \lambda_{k-1}x^{k-1}g(x) = 0.$$

Division durch $g(x)$ ergibt

$$\lambda_0 + \lambda_1x + \ldots + \lambda_{k-1}x^{k-1} = 0 = 0 + 0x + \ldots + 0x^{k-1}.$$

Damit folgt $\lambda_i = 0$ für $i = 0, \ldots, k - 1$.

Also gilt $dim\ C_{g(x)} = k$, und $C_{g(x)}$ ist ein (n, k)-Linearcode.

■

Als Linearcode besitzt $C_{g(x)}$ eine Generatormatrix.

Satz 5.5

Sei $C_{g(x)}$ der Polynomcode mit dem Generatorpolynom

$$g(x) = g_0 + g_1 x + \ldots + g_{n-k-1} x^{n-k-1} + 1x^{n-k}.$$

Dann ist eine Generatormatrix G von $C_{g(x)}$ gegeben durch:

$$G = \begin{pmatrix} g(x) \\ xg(x) \\ \vdots \\ x^{k-1} g(x) \end{pmatrix}$$ bzw. nach Identifikation von Polynomen mit Wörtern

$$G = \begin{pmatrix} g_0 & g_1 & \cdots & \cdots & g_{n-k-1} & 1 & \cdots & \cdots & 0 \\ 0 & g_0 & g_1 & \cdots & \cdots & g_{n-k-1} & 1 & \cdots & \vdots \\ \vdots & \ddots & \ddots & \ddots & \ddots & \ddots & \ddots & \ddots & \vdots \\ 0 & \cdots & 0 & g_0 & g_1 & \cdots & \cdots & g_{n-k-1} & 1 \end{pmatrix}.$$

Beweis: Nach Definition bestehen die Zeilen einer Generatormatrix eines linearen Codes aus den Basisvektoren des Codes C. Nach Satz 5.4 ist $\{1g(x), xg(x), \ldots, x^{k-1}g(x)\}$ eine Basis.

■

Anmerkung: Der von $g(x)$ erzeugte Polynomecode $C_{g(x)}$ ist durch die $n - k$ Koeffizienten von $g(x)$ bestimmt. Im Vergleich dazu muss man bei einem (n, k)-Linearcode die $n \cdot k$ Einträge einer $(k \times n)$-Generatormatrix speichern. Bei einem allgemeinen (n, k)-Blockcode über einem Körper $\mathbb{K}$ in Mengendarstellung muss man sogar alle $|\mathbb{K}|^k$ Codewörter speichern. Bei einem binären Code wären dies $|2|^k$ Codewörter! Man erkennt, dass Polynomcodes sich vor allem durch eine große Speicherplatzreduktion auszeichnen.

Die Generatormatrix G in Satz 5.5 ist nicht in Standardform gegeben. Man kann also die Nachricht $\boldsymbol{m}$ nicht unmittelbar aus dem Codewort $\boldsymbol{c}$ ablesen. Um eine Generatormatrix in Standardform G_{St} zu erhalten, gehen wir wie folgt vor:

Für $i := (n - k), \ldots, (n - 1)$ dividiere die Potenz x^i durch das Generatorpolynom $g(x)$ und bestimme deren Rest $r_i(x) = x^i\ mod\ g(x)$, also

$$x^i = g(x) q_i(x) + r_i(x) \text{ mit } grad\ r_i(x) < grad\ g(x) = (n - k),$$

$$r_i(x) = r_0^i + r_1^i x + \ldots + r_{n-k-1}^i x^{n-k-1}.$$

Dann ist

$$G_{St} = \begin{pmatrix} -r_0^1 - r_1^1 x \dots - r_{n-k-1}^1 & 1 \dots 0 \\ \vdots & \\ -r_0^{n-1} - r_1^{n-1} x \dots - r_{n-k-1}^{n-1} & 0 \dots 1 \end{pmatrix}$$

eine Generatormatrix in Standardform. Wie oben sieht man, dass die Zeilen dieser Matrix eine Basis von $C_{g(x)}$ bilden. Die Nachricht kann am Ende des Codewortes abgelesen werden, weil die Generatormatrix die Form $G_{St} = (G' | I)$ besitzt.

Beispiel 5.3 Von der Nichtstandardform zu Standardform

(a) Codiere die Nachricht $\boldsymbol{m} = 101 \in \mathbb{Z}_2^3$ mittels des Generatorpolynoms

$$g(x) = 1 + x^2 + x^4 + x^5 \in \mathbb{Z}_2[x].$$

(1) Identifiziere $\boldsymbol{m}$ mit dem Polynom $m(x) := 1 + x^2$.
(2) Shifte $m(x)$ mit x^5: $x^5 m(x) = x^5(1 + x^2) = x^5 + x^7$.
(3) Bestimme den Rest $x^5 m(x)\ mod\ g(x) = x^4 + x^3 + x^2 + x$.
(4) Bilde das Codewort $c(x)$ und beachte in $\mathbb{Z}_2$, dass $-1 = 1$ gilt:

$$c(x) = -\left(x^5 m(x)\ mod\ g(x)\right) + x^5 m(x) = x + x^2 + x^3 + x^4 + x^5 + x^7.$$

(5) Identifiziere $c(x)$ mit $\boldsymbol{c} = 01111 \mid 101$.

Wir erhalten: **101 ⟶ 01111 | 101**.

(b) Bestimme die Generatormatrix G in Nichtstandardform nach Satz 5.5:

$$G = \begin{pmatrix} g(x) \\ xg(x) \\ x^2 g(x) \end{pmatrix} \triangleq \begin{pmatrix} 1 & 0 & 1 & 0 & 1 & 1 & 0 & 0 \\ 0 & 1 & 0 & 1 & 0 & 1 & 1 & 0 \\ 0 & 0 & 1 & 0 & 1 & 0 & 1 & 1 \end{pmatrix}.$$

Damit folgt $\boldsymbol{c}' = \boldsymbol{m}G = (101)G = 10000 \mid 111 \neq 01111 \mid 101$. Die Verschiedenheit der Codewörter entsteht aus der Nichtstandardform der Generatormatrix G.

(c) Bestimme die Generatormatrix G_{St} in Standardform:

Dazu müssen wir die Potenzen x^5, x^6 und x^7 durch das Generatorpolynom dividieren und den jeweiligen Rest bestimmen.

$$x^5 = 1 \cdot g(x) + x^4 + x^2 + 1, \text{also } r_1(x) = x^4 + x^2 + 1,$$

$$x^6 = (x+1) \cdot g(x) + x^4 + x^3 + x^2 + x + 1, \text{also } r_2(x) = x^4 + x^3 + x^2 + x + 1,$$

$$x^7 = \left(x^2 + x + 1\right) \cdot g(x) + x^3 + x + 1, \text{also } r_3(x) = x^3 + x + 1.$$

Damit ist G_{St} unter Beachtung von $-1 = 1$ in $\mathbb{Z}_2$ bestimmt durch

$$G_{St} = \begin{pmatrix} 1 & 0 & 1 & 0 & 1 & 1 & 0 & 0 \\ 1 & 1 & 1 & 1 & 1 & 0 & 1 & 0 \\ 1 & 1 & 0 & 1 & 0 & 0 & 0 & 1 \end{pmatrix}.$$

$$\boldsymbol{c}'' := \boldsymbol{m}G_{St} = (101)G_{St} = (01111101).$$

Nun gilt wegen der verwendeten Standardform $\boldsymbol{c}'' = \boldsymbol{c}$.
Wir halten fest: Die Codierung

$$(m_0 \ldots m_{k-1}) \longrightarrow (m_0 \ldots m_{k-1})G_{St}$$

entspricht der Polynomcodierung

$$m(x) \longrightarrow -\left(x^{n-k}m(x) mod\ g(x)\right) + x^{n-k}m(x).$$

Beispiel 5.4 Zeige, dass der (6,3)-binäre Linearcode C^* ein Polynomcode mit dem Generatorpolynom

$$g(x) := 1 + x + x^3$$

ist. Symbolisch:

$$C^* = C_{1+x+x^3} = \left\{\left(1 + x + x^3\right)\mathbb{K}[x]_3\right\}.$$

Beweis durch Rechnung:
Wir überprüfen die Behauptung mittels Tab. 5.1 exemplarisch an der fünften Zeile. Hier sind $\boldsymbol{m} = 110$ und $m(x) = 1 + x$. Shifte m(x) mit x^3 (3 ist die höchste Potenz von $g(x)$):

$$x^3 m(x) = x^3 + x^4.$$

Tab. 5.1 Prüfzeichen und Nachrichtenzeichen

Nachricht			Codewort					
			Prüfzeichen			Nachrichtenzeichen		
0	0	0	0	0	0	0	0	0
1	0	0	1	1	0	1	0	0
0	1	0	0	1	1	0	1	0
0	0	1	1	1	1	0	0	1
1	1	0	1	0	1	1	1	0
1	0	1	0	0	1	1	0	1
0	1	1	1	0	0	0	1	1
1	1	1	0	1	0	1	1	1
↑	↑	↑	↑	↑	↑	↑	↑	↑
1	x	x^2	1	x	x^2	x^3	x^4	x^5

Die Prüfzeichen sind die Koeffizienten des Restpolynoms $r(x)$ bei Division von $x^3m(x)$ durch $g(x)$. Die Division ergibt $r(x) = 1 + x^2$. Das Codepolynom $c(x)$ lautet dann

$$c(x) = r(x) + x^3m(x) = 1 + x^2 + x^3 + x^4 + 0x^5.$$

Damit ergibt sich das Codewort $\boldsymbol{c} = 101110$. Analog geht man mit allen verbleibenden Zeilen vor.

Auch die im ersten Kapitel vorgestellten Codes (Wiederholungs- und Quersummenprüfcode) sind Polynomcodes.

Beispiel 5.5 Das Polynom $g(x) = 1 + x$ erzeugt den $(k + 1, k)$-binären Quersummenprüfcode $Q_{bin}(k)$.

Die Codewörter $\boldsymbol{c}$ sind die Koeffizienten genau jener Polynome

$$c(x) = c_0 + c_1x + \ldots + c_kx^k,$$

die durch $g(x) = 1 + x$ teilbar sind, also $c(x) = (1 + x)q(x)$. Dann ist $x_0 = -1 = 1$ eine Nullstelle von $c(x)$, also $c(1) = c_0 + c_1 + \ldots + c_k = 0$. Wegen $1 + 1 = 0$ kann die Summe $c_0 + c_1 + \ldots + c_k$ nur dann 0 sein, falls die Anzahl der Koeffizienten im Codewort gerade ist.

Nun sind die Prüfzeichen für die Nachricht $\boldsymbol{m} = m_0\, m_1 \ldots m_{k-1}$ die Koeffizienten des Restes $r(x)$, wenn $x^1m(x)$ durch $g(x) = 1 + x$ dividiert wird. Nach dem Satz über die Division mit Rest (Satz A6.1) hat der Rest $r(x)$ einen Grad kleiner als 1, ist also eine Konstante $r_0 \in \{0,1\}$.

Damit ist das Codewort $\boldsymbol{c} = c_0c_1 \ldots c_k$ von der Form $\boldsymbol{c} = m_0m_1 \ldots m_{k-1}\, r_0$. Ist nun $r_0 = 0$, dann ist dies nur möglich, falls die Anzahl der Einsen in $m_0\, m_1 \ldots m_{k-1}$ gerade ist, weil die Anzahl der Einsen in $\boldsymbol{c}$ gerade sein muss. Ist $r_0 = 1$, dann ist die Anzahl der Einsen in $m_0\, m_1 \ldots m_{k-1}$ ungerade.

Zum Beispiel: $Q_{bin}(2) = \{000{,}011{,}101{,}110\} = C_{1+x} = \{(1+x)K[x]_2\}$.

$$\boldsymbol{c}_1 = (1+x)0 = 0 + 0x + 0x^2 \triangleq 000,$$

$$\boldsymbol{c}_2 = (1+x)1 = 1 + 1x + 0x^2 \triangleq 110,$$

$$\boldsymbol{c}_3 = (1+x)x = 0 + 1x + 1x^2 \triangleq 011,$$

$$\boldsymbol{c}_4 = (1+x)(1+x) = 1 + 0x + 1x^2 \triangleq 101.$$

Beispiel 5.6 Das Polynom $g(x) = 1 + x + x^2$ erzeugt den (3,1)-binären Wiederholungscode $W_{bin}(3) = \{000{,}111\}$ der Länge 3.

$\boldsymbol{m} = 1 \triangleq m(x) = 1$, damit $x^2 m(x) = x^2$ und x^2 *mod* $(1 + x + x^2) = (1 + x) \triangleq 11$.
$\boldsymbol{m} = 0 \triangleq m(x) = 0$, damit $x^2 m(x) = 0$ und 0 *mod* $(1 + x + x^2) = (0) \triangleq 00$.

Beispiel 5.7 Der Mini-QR-Code H_{bin} wird vom Polynom $g(x) = 1 + x^2 + x^3$ erzeugt.

Symbolisch: $H_{bin} = H_2(3) = C_{1+x^2+x^3} = \left\{(1+x^2+x^3)\mathbb{K}[x]_4\right\} = \{\boldsymbol{c}_1, \ldots, \boldsymbol{c}_{16}\}$. Zeige dies exemplarisch an der Nachricht $\boldsymbol{m} := 1101$.

Es gilt $m(x) = 1 + x + x^3$.

Shiften mit x^3 ergibt: $x^3(1 + x + x^3) = x^6 + x^4 + x^3$.

Division durch $x^3 + x^2 + 1$ ergibt das Restpolynom $r(x) = x^2$. Damit ist das Codewortpolynom $c(x) = x^2 + x^3 + x^4 + x^6 \triangleq 0011101 = \boldsymbol{c}_{15}$.

$$\text{Weiterhin gilt } \boldsymbol{c}_{15} = (1101)\begin{pmatrix} 1 & 0 & 1 & 1 & 0 & 0 & 0 \\ 1 & 1 & 1 & 0 & 1 & 0 & 0 \\ 1 & 1 & 0 & 0 & 0 & 1 & 0 \\ 0 & 1 & 1 & 0 & 0 & 0 & 1 \end{pmatrix} = (0011101).$$

Beispiel 5.7 und Aufgabe 5.2 zeigen:

Der Hamming-Code $H_{bin} = \{\boldsymbol{c}_1, \ldots, \boldsymbol{c}_{16}\} \subset \{0,1\}^7$ aus dem Mini-QR-Code kann wie folgt dargestellt werden:

(1) Angabe aller Codewörter durch Paritätsprüfung:

$$\boldsymbol{c}_1 = 000|0000, \boldsymbol{c}_2 = 101|1000, \boldsymbol{c}_3 = 111\,|\,0100, \boldsymbol{c}_4 = 110\,|\,0010,$$

$$c_5 = 011|0001, c_6 = 010|1100, c_7 = 011|1010, c_8 = 110|1001,$$

$$c_9 = 001|0110, c_{10} = 100|0101, c_{11} = 101|0011, c_{12} = 100|1110,$$

$$c_{13} = 000|1011, c_{14} = 010|0111, c_{15} = 001|1101, c_{16} = 111|1111.$$

(2) Angabe einer Generatormatrix $G = \begin{pmatrix} 1 & 0 & 1 & 1 & 0 & 0 & 0 \\ 1 & 1 & 1 & 0 & 1 & 0 & 0 \\ 1 & 1 & 0 & 0 & 0 & 1 & 0 \\ 0 & 1 & 1 & 0 & 0 & 0 & 1 \end{pmatrix}.$

(3) Angabe eines Generatorpolynoms: $g(x) = 1 + 0x + x^2 + x^3$,

$$H_{bin} = H_2(3) = \{c_1, \ldots, c_{16}\} = C_G = C_{1+x^2+x^3}.$$

Bei der Mengendarstellung müssen $16 \cdot 7 = 112$ Zeichen gespeichert werden.
Bei der Matrixdarstellung müssen $4 \cdot 7 = 28$ Zeichen gespeichert werden.
Bei Polynomdarstellung müssen 4 Zeichen gespeichert werden.

Aufgaben

5.1: Prüfe für den Code aus Beispiel 5.3 durch Polynomdivision, welche der folgenden empfangenen Wörter fehlerhaft sind.

(i) 100011 (ii) 100110 (iii) 101000.

5.2: (Fortsetzung von Beispiel 5.7). Wähle drei weitere Nachrichtenwörter des Mini-QR-Codes. Berechne deren Codewortpolynome mit Probe unter Verwendung der Generatormatrix.

Zyklische Codes

6

Die Leistungsfähigkeit von Codes, welche so bekannten alltäglichen Anwendungen wie USB, Bluetooth, WLAN, SD-Karten, CD, DVD … zugrunde liegen, beruht auf der Eigenschaft, dass sie mit jedem Codewort auch jenes mit „zyklisch" vertauschten Komponenten enthalten. Nachdem im Kap. 5 die große Effizienz von Polynomcodes herausgearbeitet wurde, wird zunächst versucht, die Zyklizität mittels Polynommultiplikation zu erzeugen. Dies gelingt durch Ersetzung des Resultates des Produktes der „gewöhnlichen" Polynommultiplikation durch den Rest bei Division durch $(x^n - 1)$. Dieses Produkt wird als „$*$-Produkt" bezeichnet. Zyklische Codes können dann als „Ideale" in dem „neuen" Polynomring $\left(\mathbb{K}[x]_n, +, *\right)$ charakterisiert werden. Zyklische Codes C erhalten damit eine reichhaltigere algebraische Struktur als lineare Codes. Sie besitzen zusätzlich zur Teilraumstruktur noch eine Idealstruktur. Mit Codewörtern kann man damit nicht nur Linearkombinationen bilden, sondern sie auch mit beliebigen Polynomen multiplizieren, ohne C zu verlassen. So gelingt dann der Nachweis, dass zyklische Codes Polynomcodes bezüglich eines eindeutig bestimmten normierten Generatorpolynoms sind. Dieser Nachweis wird elementar ohne Verwendung von Begriffen aus der höheren Algebra (Faktorring, Hauptidealring) geleistet. Analog zur Kontrollmatrix bei Linearcodes gibt es auch bei zyklischen Codes ein Kontrollpolynom, das sogar eindeutig bestimmt ist. Damit kann wie im linearen Fall eine Syndromdecodierung mittels Polynomen aufgebaut werden. Wegen der reichhaltigeren algebraischen Struktur der zyklischen Codes ist diese effizienter als die Decodierung mittels Syndromen der Nebenklassenführer bei linearen Codes.

Zuletzt wird auf die große Erkennungsleistung zyklischer Codes bei Fehlerbündeln eingegangen. Das Anhängen von redundanten Prüfbits erfolgt mit besonderen zyklischen Codes, den CRC-Codes. Dies sind binäre Codes, bei denen das Codieren, also das Erzeugen von Prüfbits durch Multiplikation und das Prüfen auf Fehler durch Division,

H. Kautschitsch, G. Kadunz, *Elemente der Codierungstheorie*, Mathematik Primarstufe und Sekundarstufe I + II, https://doi.org/10.1007/978-3-662-67520-5_6

mit demselben Polynom aus $\mathbb{Z}_2[x]$ erfolgt. Mit solchen CRC-Codes arbeiten die oben erwähnten Anwendungen USB, Bluetooth, WLAN und SD.

Bei CDs und DVDs werden CIRC-Codes verwendet. Diese wollen wir in Kap. 9 vorstellen.

Lernende üben das Rechnen mit Resten bei Polynomdivisionen und lernen die Bedeutung irreduzibler Polynome kennen. Unterschiedliche Decodieralgorithmen (z. B. Hamming-Decodierung, Syndromdecodierung mittels Kontrollmatrix bzw. Kontrollpolynom) sollen miteinander verglichen werden. Der anschauliche Mini-QR-Code wird als zyklischer Code vorgestellt.

Lehrende finden Motivationen für die Begriffe Ring, Unterring, Ideal sowie Faktorring. Eine Verallgemeinerung des Satzes von der Division mit Rest aus $\mathbb{Z}$ auf Polynomringe über einem Körper und deren Anwendung auf das Rechnen mit Resten in Polynomringen werden vorgestellt.

6.1 Grundlagen (Codieren mit Teilerpolynomen von x^n-1)

Betrachten wir den (7,4,3)-Linearcode $H_2(3) = H_{bin}$, der beim Mini-QR-Code verwendet wurde.

$$H_{bin} = \{\boldsymbol{c}_1, \boldsymbol{c}_2, \ldots, \boldsymbol{c}_{16}\} \subset \{0,1\}^7 \text{ mit}$$

$$\boldsymbol{c}_1 = 000|0000, \boldsymbol{c}_2 = 101|1000, \boldsymbol{c}_3 = 111|0100, \boldsymbol{c}_4 = 110|0010, \boldsymbol{c}_5 = 011|0001,$$
$$\boldsymbol{c}_6 = 010|1100, \boldsymbol{c}_7 = 011|1010, \boldsymbol{c}_8 = 110|1001, \boldsymbol{c}_9 = 001|0110,$$
$$\boldsymbol{c}_{10} = 100|0101, \boldsymbol{c}_{11} = 101|0011, \boldsymbol{c}_{12} = 100|1110, \boldsymbol{c}_{13} = 000|1011,$$
$$\boldsymbol{c}_{14} = 010|0111, \boldsymbol{c}_{15} = 001|1101, \boldsymbol{c}_{16} = 111|1111.$$

Man bemerkt: $\boldsymbol{c}_2 = 0101100 \in H_{bin}$ und $0010110 = \boldsymbol{c}_9 \in H_{bin}$. Das Codewort $\boldsymbol{c}_9$ entstand aus $\boldsymbol{c}_2$ durch folgenden Vorgang:

Verschiebe die letzte Komponente eines Codewortes an die erste Stelle und lasse die Reihenfolge der übrigen Komponenten gleich. Diesen Vorgang nennt man eine *zyklische Vertauschung*. Man beobachtet, dass in H_{bin} jede zyklische Vertauschung eines Codewortes wieder zu einem Codewort aus H_{bin} führt. Auch eine wiederholte zyklische Vertauschung (Iteration) führt nicht aus H_{bin} heraus. Zum Beispiel:

$$\boldsymbol{c}_3 = 1110100 \longrightarrow 0111010 \longrightarrow 0011101 \longrightarrow 1001110 = \boldsymbol{c}_{12}.$$

Beispiel 6.1 Für den dreifachen binären Wiederholungscode der Länge 2

$$(6,2)\text{-}W_{bin}(3) = \{000000, 010101, 101010, 111111\}$$

gilt dieselbe Beobachtung.

$010101 \longrightarrow 101010 \in W_{bin}$, $101010 \longrightarrow 010101 \in W_{bin}$. Für 000000 bzw. 111111 gilt dies offensichtlich.

Aufgabe 6.1 Zeige, dass der Quersummenprüfcode bezüglich der zyklischen Vertauschung ebenfalls abgeschlossen ist.

Beispiel 6.2 Sei C' der (4,2)-Code mit der Generatormatrix $G := \begin{pmatrix} 1 & 1 & 0 & 1 \\ 0 & 1 & 0 & 1 \end{pmatrix}$. Dann ist $C' = \{\boldsymbol{c}_1 = 0000, \boldsymbol{c}_2 = 1101, \boldsymbol{c}_3 = 0101, \boldsymbol{c}_4 = 1000\}$.

Das Wort $\boldsymbol{c}_2 = 1101 \in C'$, aber $\boldsymbol{c}_2' = 1110 \notin C'$.

Beispiel 6.3 Auch beim binären (6,3)-Linearcode C^* kann die zyklische Vertauschung zu Wörtern führen, die nicht in C^* liegen.

$$C^* = \{000000, 110100, 011010, 111001, 101110, 001101, 100011, 010111\},$$

$$011010 \in C^* \longrightarrow 001101 \in C^*, \text{aber } 111001 \in C^* \longrightarrow 111100 \notin C^*.$$

Definition 6.1
Sei C ein Code der Länge n über dem endlichen Körper $\mathbb{K}$. Der Code C heißt genau dann *zyklischer Code*, falls:

(1) C ein linearer Code über $\mathbb{K}$ ist und
(2) mit $c_0c_1c_2 \ldots c_{n-2}c_{n-1} \in C$ auch $c_{n-1}c_0c_1c_2 \ldots c_{n-2} \in C$ ist.

Durch zyklische Vertauschung der Eintragungen eines Codewortes erhält man wieder ein Codewort. Ein zyklischer Code ist bezüglich zyklischer Vertauschungen abgeschlossen.

Die Codes H_{bin}, $W_{bin}(3)$ und der Quersummencode sind zyklische Codes. Die Codes C' und C^* sind nicht zyklisch.

In Kap. 5 haben wir ein Wort der Länge n durch ein Polynom vom Grad $n-1$ dargestellt:

$$w = c_0c_1 \ldots c_{n-1} \Leftrightarrow (c_0, c_1, \ldots, c_{n-1}) \Leftrightarrow c_0 + c_1x + \ldots + c_{n-1}x^{n-1} = w(x).$$

Die Komponenten c_i mit $i := 0, \ldots, n-1$ stammen aus einem Körper $\mathbb{K}$. Die Menge $\mathbb{K}^n$ aller Wörter der Länge n entspricht dann der Menge $\mathbb{K}[x]_n$, der Menge aller Polynome vom Grad kleiner als n. Symbolisch: $\mathbb{K}^n \triangleq \mathbb{K}[x]_n$.

Wie erzeugt man die zyklische Vertauschung maschinell? Das Rechnen mit Polynomen kann durch Schieberegister effizient durchgeführt werden. Daher ist zu überlegen, wie die zyklische Vertauschung mittels Polynomrechnung realisiert werden kann.

Bei zyklischer Vertauschung gilt:

$$c_0c_1 \ldots c_{n-2}c_{n-1} \rightarrow c_{n-1}c_0c_1 \ldots c_{n-2}.$$

In Polynomschreibweise:

$$w(x) = c_0 + c_1\mathrm{x} + \ldots + c_{n-2}x^{n-2} + c_{n-1}x^{n-1} \rightarrow c_{n-1} + \boldsymbol{c_0}\mathbf{x} + \boldsymbol{c_1x^2} + \ldots + \boldsymbol{c_{n-2}x^{n-1}}.$$

Multipliziert man $w(x)$ mit x, so hätte man einen Großteil schon erreicht:

$$x \cdot w(x) = \boldsymbol{c_0}\mathbf{x} + \boldsymbol{c_1x^2} + \ldots + \boldsymbol{c_{n-2}x^{n-1}} + c_{n-1}x^n.$$

Es stört nur, dass x^n aufgetreten ist. Damit ist das Polynom $x \cdot w(x)$ kein Element von $\mathbb{K}[x]_n$ und stellt somit kein Wort der Länge n dar. Wäre anstelle des Summanden $c_{n-1}x^n$ der Term $c_{n-1} = c_{n-1} \cdot 1$ aufgetreten, so hätte man das entsprechende Wort der zyklischen Vertauschung erhalten.

Nach dem Satz von der Division mit Rest (Satz A6.1) erhält man $c_{n-1}x^n \leftrightarrow c_{n-1} \cdot 1$, wenn man den Rest von $c_{n-1}x^n$ bei Division durch (x^n-1) bestimmt:

$$c_{n-1}x^n = c_{n-1}(x^n - 1) + c_{n-1} \Leftrightarrow c_{n-1} = (c_{n-1}x^n) \; mod \; (x^n - 1).$$

Dieser Rest ist also genau das gewünschte $c_{n-1} = c_{n-1} \cdot 1$. Dividiert man die restlichen Terme $c_{i-1}x^i$ $(i = 1, \ldots, n-2)$ durch (x^n-1), so stimmen deren Reste mit den Termen $c_{i-1}x^i$ überein, weil ihre Grade kleiner als n sind:

$$c_{i-1}x^i = 0 \cdot (x^n - 1) + c_{i-1}x^i.$$

Wir stellen fest: Das Polynom, das der zyklischen Vertauschung entspricht, erhält man durch Multiplikation des ursprünglichen Polynoms mit x und anschließender Ersetzung der Terme durch ihre Reste bei Division durch (x^n-1).

Sei zum Beispiel $w = 1101$ ein Wort der Länge 4 über $\mathbb{K} = \mathbb{Z}_2$.

Zyklische Vertauschung ergibt $w' = 1110$.

In Polynomschreibweise: $w(x) = 1 + x + 0 \cdot x^2 + x^3 \rightarrow w'(x) = 1 + x + x^2 + 0 \cdot x^3$.

$$x \cdot w(x) = x \cdot (1 + x + 0 \cdot x^2 + x^3) = x + x^2 + x^4.$$

Ersetzungen:
$x^4 \; mod \; (x^4 - 1) = 1$, wegen $x^4 = 1 \cdot (x^4 - 1) + 1$ bzw. $x^4 : (x^4 - 1) = 1$ und Rest 1.
$x^2 \; mod \; (x^4 - 1) = x^2$, wegen $x^2 = 0 \cdot (x^4 - 1) + x^2$.
$x \; mod \; (x^4 - 1) = x$, wegen $x = 0 \cdot (x^4 - 1) + x$.
Insgesamt: $x \cdot (1 + x + 0 \cdot x^2 + x^3) \to x + x^2 + 1 = 1 + x + x^2 + 0 \cdot x^3 \triangleq 1110 = \boldsymbol{w}'$.
Anstelle der Ersetzung jedes einzelnen Terms, kann man das gesamte Produktpolynom durch den Rest bei Division durch $(x^4 - 1)$ ersetzen:

$$x \cdot (1 + x + x^3) = x + x^2 + x^4 = x^4 + x^2 + x = (x^4 - 1) \cdot 1 + 1 + x + x^2,$$

$$\text{Rest} = (x^4 + x^2 + x) \; mod \; (x^4 - 1) = 1 + x + x^2 = 1 + x + x^2 + 0 \cdot x^3.$$

Dieses Vorgehen gilt allgemein wegen des Satzes von der Division mit Rest (Annahme: $r(x) \neq 0$).
Erinnerung: Man bezeichnet den Rest $r(x)$ von $f(x)$ bei Division durch $m(x)$ mit
$r(x) = f(x) \; mod \; m(x) \Leftrightarrow f(x) = q(x)m(x) + r(x)$ und $grad \; r(x) < grad \; m(x)$.
Es gilt dann:

$$(f(x) + g(x)) mod \; m(x) = f(x) \; mod \; m(x) + g(x) \; mod \; m(x), \tag{6.1}$$

denn:
Sei $f(x) \; mod \; m(x) = r_1(x)$ und $g(x) \; mod \; m(x) = r_2(x)$, dann folgt:

$$f(x) = q_1(x)m(x) + r_1(x) \; mit \; grad \; r_1(x) < grad \; m(x),$$

$$g(x) = q_2(x)m(x) + r_2(x) \; mit \; grad \; r_2(x) < grad \; m(x),$$

$$f(x) + g(x) = (q_1(x) + q_2(x))m(x) + r_1(x) + r_2(x)$$

mit $grad \; (r_1(x) + r_2(x)) < grad \; m(x)$.
Also $(f(x) + g(x)) \; mod \; m(x) = r_1(x) + r_2(x) = f(x) \; mod \; m(x) + g(x) \; mod \; m(x)$.
Um die Abgeschlossenheit von $\mathbb{K}[x]_n$ auch bezüglich der Multiplikation zu erreichen, kann man folgendermaßen vorgehen: Multipliziere die Polynome „gewöhnlich" in $\mathbb{K}[x]$ und ersetze das Produkt durch den Rest bei Division durch $(x^n - 1)$. Diese Produkt nennen wir $*$-Produkt oder Produkt modulo $(x^n - 1)$.

Definition 6.2
Es seien $f(x)$ und $g(x)$ zwei beliebige Polynome aus $\mathbb{K}[x]_n$.

$$f(x) * g(x) := (f(x) \cdot g(x)) \; mod \; (x^n - 1).$$

Anmerkung: Dies bedeutet, dass $f(x) \cdot g(x) = (x^n - 1) \cdot q(x) + f(x) * g(x)$ gilt. Ist $grad\, f(x) \cdot g(x) < n$, dann ist $q(x) = 0$ und $f(x) \cdot g(x) = f(x) * g(x)$.

Beispiel 6.4 Wir betrachten Wörter der Länge $n = 3$ über $\mathbb{K} = \mathbb{Z}_3$ und identifizieren $\mathbb{Z}_3^3$ mit $\mathbb{Z}_3[x]_3$.

$$\begin{aligned} 120''\text{mal}''\ 102 \triangleq (1 + 2x) * \left(1 + 2x^2\right) &\overbrace{=}^{f(x)\dot{g}(x)} 1 + 2x + 2x^2 + 4x^3 \\ &\overbrace{=}^{\text{in } \mathbb{Z}_3} 1 + 2x + 2x^2 + \mathbf{x^3} \\ &\overbrace{=}^{mod\ \left(x^3 - 1\right)} 1 + 2x + 2x^2 + \mathbf{1} = 2 + 2x + \\ &\quad + 2x^2 \triangleq 222. \end{aligned}$$

Dabei verwendet man: $4 \equiv 1 \text{ mod } 3$ und $x^3\ mod\ (x^3 - 1) = 1$, weil $x^3 : (x^3 - 1) = 1$ und Rest 1.

Insgesamt schreiben wir in Kurzfassung: $120 * 102 = 222$.

Beispiel 6.5 Wir betrachten Wörter der Länge $n = 5$ über $\mathbb{K} = \mathbb{Z}_3$ und identifizieren $\mathbb{Z}_3^5$ mit $\mathbb{Z}_3[x]_5$.

$$\begin{aligned} 11201 * 22011 &= \left(1 + \text{x} + 2\text{x}^2 + x^4\right) * \left(2 + 2\text{x} + \text{x}^3 + x^4\right) = x^8 + x^7 + 2x^6 + 2x^5 + x^4 + \\ &\quad + 2x^3 + x + 2 \text{ (in } \mathbb{Z}_3). \end{aligned}$$

Division durch $(x^5 - 1)$ ergibt:

$$x^8 + x^7 + 2x^6 + 2x^5 + x^4 + 2x^3 + x + 2 = \left(x^5 - 1\right)\left(x^3 + x^2 + 2x + 2\right) + r(x) \text{ mit}$$

$$r(x) = x^4 + x^2 + 1 = \left(x^8 + x^7 + 2x^6 + 2x^5 + x^4 + 2x^3 + x + 2\right)\ mod\ \left(x^5 - 1\right).$$

Wir erhalten mittels $r(x)$ das gewünschte Produkt in Kurzfassung: $11201 * 22011 = 10101$.

Die Operation $*$ erfüllt die „üblichen" Rechenregeln, weil die Multiplikation „·" diese Regeln erfüllt.

Kommutativität: $f(x) * g(x) = g(x) * f(x)$, weil $f(x) * g(x) = (f(x) \cdot g(x))\ mod\ (x^n - 1) = (g(x) \cdot f(x))\ mod\ (x^n - 1) = g(x) * f(x)$.

Die folgenden Regeln begründet man wie in Anhang 10.7 und Beispiel A 7.1.

Assoziativität: $(f(x) * g(x)) * h(x) = f(x) * (g(x) * h(x))$.

Distributivität: $f(x) * (g(x) + h(x)) = f(x) * g(x) + f(x) * h(x)$.

Neutralität: $1 * f(x) = f(x) * 1 = f(x)$.

Insgesamt bildet $(\mathbb{K}[x]_n, +, *)$ einen kommutativen Ring mit Einselement.

Dagegen ist $(\mathbb{K}[x]_n, +, \cdot)$ kein Ring, weil die Multiplikation von Polynomen aus $\mathbb{K}[x]_n$ zu einem Polynom mit einem Grad größer als n führen kann.

Im Gegensatz zu $(\mathbb{K}[x], +, \cdot)$ kann in $(\mathbb{K}[x]_n, +, *)$ das „$*$"-Produkt zweier Polynome ungleich Null trotzdem Null sein.

Ist $f(x) \cdot g(x) = (x^n - 1)$, dann ist

$$f(x) * g(x) = (f(x) \cdot g(x))\ mod\ (x^n - 1) = (x^n - 1)\ mod\ (x^n - 1) = 0, \text{weil}$$

$$(x^n - 1) = (x^n - 1) \cdot 1 + 0.$$

Elemente ungleich Null, deren Produkt gleich Null ist, nennt man Nullteiler. Der Ring $(\mathbb{K}[x]_n, +, *)$ enthält Nullteiler, $(\mathbb{K}[x], +, \cdot)$ ist jedoch nullteilerfrei (vgl. Definition A3.11).

Beispiel 6.6 Wir wollen nun Unterschiede zwischen dem zyklischen Code (7,4)–H_{bin}, dem nichtzyklischen (6,3)-Code C^* und dem nicht zyklischen (4,2)-Code C' aus Beispiel 6.3 feststellen.

Multiplizieren wir zwei Codeworte in H_{bin}, z. B.:

$$\boldsymbol{c}_3 * \boldsymbol{c}_5 = 1110100 * 0110001 = \left(1 + x + x^2 + x^4\right) * \left(x + x^2 + x^6\right) =$$

$$= \left(x + x^4 + x^5 + x^7 + x^8 + x^{10}\right) mod\left(x^7 - 1\right) = x + x^4 + x^5 + 1 + x + x^3 =$$

$$= 1 + x^3 + x^4 + x^5\ (\text{in } \mathbb{Z}_2) \triangleq 1001110 = \boldsymbol{c}_{12} \in H_{bin}.$$

Betrachten wir das $*$-Produkt aus einem Codewort und einem Wort p aus $\mathbb{K}^7 = \mathbb{Z}_2^7$, das selbst kein Codewort ist, z. B. $p := 0000101$:

$$\boldsymbol{c}_5 * p = 0110001 * 0000101 = \left(x + x^2 + x^6\right) * \left(x^4 + x^6\right) =$$

$$= \left(x^5 + x^6 + x^7 + x^8 + x^{10} + x^{12}\right)\ mod\ \left(x^7 - 1\right) =$$

$$= x^5 + x^6 + 1 + x + x^3 + x^5 = 1 + x + x^3 + x^6 (\text{in } \mathbb{Z}_2) \triangleq 1101001 = \boldsymbol{c}_8 \in H_{bin}.$$

Dagegen gilt in

$$C^* = \{\boldsymbol{c}_1 = 000000, \boldsymbol{c}_2 = 110100, \boldsymbol{c}_3 = 011010, \boldsymbol{c}_4 = 111001,$$

$$\boldsymbol{c}_5 = 101110, \boldsymbol{c}_6 = 001101, \boldsymbol{c}_7 = 100011, \boldsymbol{c}_8 = 010111\}$$

für das Produkt

$$\boldsymbol{c}_2 * \boldsymbol{c}_7 = 110100 * 100011 = 001110 \notin C^*.$$

Betrachten wir wieder das $*$-Produkt aus einem Codewort und einem Wort q aus $\mathbb{Z}_2^6$, das selbst kein Codewort ist, z. B. $q := 000101$:

$$\boldsymbol{c}_2 * q = \left(1 + x + x^3\right) * \left(x^3 + x^5\right) = \left(x^3 + x^4 + x^5 + x^8\right)\ mod\ \left(x^6 - 1\right) =$$

$$= x^3 + x^4 + x^5 + x^2 = x^2 + x^3 + x^4 + x^5 \triangleq 001111 \notin C^*.$$

Im Code C' gilt, dass das $*$-Produkt von je zwei Codewörtern wieder in C' liegt:

$$\boldsymbol{c}_2 * \boldsymbol{c}_3 = \left(\left(1 + x + x^3\right) \cdot \left(\mathrm{x} + \mathrm{x}^3\right)\right)\ mod\ \left(x^4 - 1\right) =$$

$$= \left(x + x^2 + x^4 + \mathrm{x}^3 + x^4 + x^6\right)\ mod\ \left(x^4 - 1\right) = \left(\mathrm{x} + \mathrm{x}^2 + \mathrm{x}^3 + \mathrm{x}^6\right)\ mod\ \left(x^4 - 1\right) =$$

$$= x + x^3 \triangleq 0101 = \boldsymbol{c}_3 \in C'.$$

Weiterhin gilt: $\boldsymbol{c}_2 * \boldsymbol{c}_4 = \boldsymbol{c}_2$, $\boldsymbol{c}_3 * \boldsymbol{c}_4 = \boldsymbol{c}_3$.
Betrachten wir wieder das $*$-Produkt aus einem Codewort und einem Wort q aus $\mathbb{Z}_2^4$, das selbst kein Codewort ist, z. B. $q = 0100 \triangleq x$:

$$\boldsymbol{c}_2 * \mathrm{q} = \left(1 + x + x^3\right)x = \left(x + x^2 + x^4\right)\ mod\ \left(x^4 - 1\right) = x + x^2 + 1 =$$

$$= 1 + x + x^2 \triangleq 1110 \notin C'.$$

Beobachtungen:
H_{bin} ist Teilmenge von $\mathbb{K}[x]_7$, welche bezüglich + und $*$ abgeschlossen ist.
C' ist Teilmenge von $\mathbb{K}[x]_4$, welche bezüglich + und $*$ abgeschlossen ist.
C^* ist Teilmenge von $\mathbb{K}[x]_6$, welche bezüglich + abgeschlossen ist, aber nicht bezüglich $*$.

Man sagt, dass H_{bin} und C' Unterringe von $(\mathbb{K}[x]_7, +, *)$ bzw. $(\mathbb{K}[x]_4, +, *)$ sind (vgl. Anhang A3). C^* ist kein Unterring.

H_{bin} ist aber nicht nur bezüglich + und $*$ abgeschlossen, sondern auch abgeschlossen bezüglich der Multiplikation mit einem beliebigen Element aus $\mathbb{K}[x]_7$. Solche Unterringe heißen *Ideale* des Ringes $(\mathbb{K}[x]_7, +, *)$ (vgl. Definition A3.10).

C' ist kein Ideal in $(\mathbb{K}_4, +, *)$, aber ein Unterring.

Satz 6.1

Sei C ein (n, k)-Linearcode über dem endlichen Körper $\mathbb{K}$. Dann gilt: C ist genau dann ein zyklischer Code, wenn $C(x)$ ein Ideal in $(\mathbb{K}[x]_n, +, *)$ ist. Dabei ist

$$C(x) := \{c_0 + c_1 x + \ldots + c_{n-1}x^{n-1} | c_0 c_1 \ldots c_{n-1} \in C\} \subset \mathbb{K}[x]_n.$$

Beweis:

„$\Leftarrow$“: Seien $C(x)$ ein Ideal in $(\mathbb{K}[x]_n, +, *)$ und $c_0 c_1 \ldots c_{n-1} \in C$. Dann ist

$$c(x) = c_0 + c_1 x + \ldots + c_{n-1}x^{n-1} \in C(x).$$

Mit der Idealeigenschaft (2) aus Definition A 3.10 ist auch $x \cdot c(x) \in C(x)$. Nun ist

$$x \cdot c(x) = c_0 x + c_1 x^2 + \ldots + c_{n-1}x^n.$$

Wegen $x^n \; mod \; (x^n - 1) = 1$ erhalten wir

$$x * c(x) = c_{n-1} + c_0 x + c_1 x^2 + \ldots + c_{n-2}x^{n-2} \in C(x),$$

und damit ist $c_{n-1} c_0 c_1 \ldots c_{n-2} \in C$. Also ist C zyklisch.

„$\Rightarrow$“: Sei C ein zyklischer Code, und seien

$$\boldsymbol{c} := c_0 c_1 \ldots c_{n-1} \in C \Leftrightarrow c(x) = c_0 + c_1 x + \ldots + c_{n-1}x^{n-1}$$

und

$$p(x) = p_0 + p_1 x + \ldots + p_{n-1}x^{n-1} \in \mathbb{K}[x]_n.$$

Da der Code C linear ist, ist $C(x)$ ein Teilraum des Vektorraumes $(\mathbb{K}[x]_n, +, \lambda - fache)$. Wir müssen noch zeigen: $c(x) * p(x) \in C(x)$.

Es ist

$$x * c(x) = c_0 x + \ldots + c_{n-1} x^n = c_{n-1} + c_0 x + \ldots + c_{n-2} x^{n-2} \in C(x),$$

weil wegen der Zyklizität von C auch $c_{n-1} c_0 c_1 \ldots c_{n-2}$ in C liegt. Analog ist

$$x^2 * c(x) = x \cdot [x * c(x)] \in C(x),$$

weil nach dem eben verwendeten Schluss ja $x * c(x) \in C(x)$ gilt. Allgemein ist

$$x^i * c(x) \in C(x) \text{ für alle } i = 0, 1, \ldots, n-1.$$

Wegen der Teilraumstruktur von $C(x)$ liegt jede Linearkombination von Codewörtern wieder in $C(x)$, also gilt:

$$c(x) * p(x) = p(x) * c(x) = \left(p_0 + p_1 x + \ldots + p_{n-1} x^{n-1}\right) * c(x) =$$

$$p_0 * c(x) + p_1 * (x * c(x)) + \ldots + p_{n-1}\left(x^{n-1} * c(x)\right) \in C(x), \text{ weil}$$

$$x^i * c(x) \in C(x).$$

■

Für große Codes über großen Körpern ist es sehr aufwändig nachzuprüfen, ob

(1) mit $c_0 c_1 \ldots c_{n-1} \in C$ auch $c_{n-1} c_0 c_1 \ldots c_{n-2} \in C$ gilt, oder ob
(2) mit $c(x) \in C(x)$ auch $c(x) * p(x) \in C(x)$ für $p(x) \in \mathbb{K}[x]_n$ erfüllt ist.

Um den Rechenaufwand zu verkleinern, werden wir nun zeigen, dass jeder zyklische (n, k)-Code ein Polynomcode bezüglich eines geeigneten Generatorpolynoms $g(x)$ mit *grad* $g(x) = n - k$ ist, also dass $C = C_{g(x)} = g(x)\mathbb{K}[x]_k$ gilt (vgl. Satz 5.3).

Beispiel 6.7 Bevor wir den entsprechenden Satz formulieren und beweisen, wollen wir diese Eigenschaften am zyklischen (7,4)-Code H_{bin} demonstrieren.

(1) Es gibt in $H_{bin}(x)$ ein eindeutig bestimmtes Polynom $g(x)$ kleinsten Grades:

$$g(x) = c_2(x) = 1 + x^2 + x^3 \text{ mit } grad\ g(x) = 3 = 7 - 4.$$

(2) Das Polynom $g(x)$ teilt $(x^7 - 1)$, wenn wir beachten, dass in $\mathbb{Z}_2$ $-1 = 1$ gilt.

$$(x^7 - 1) = \left(1 + x^2 + x^3\right)\left(1 + x^2 + x^3 + x^4\right).$$

(3) Jedes Codewort in H_{bin} ist ein Vielfaches von $g(x)$, z. B.

$$c_5(x) = x + x^2 + x^6 = \left(1 + x^2 + x^3\right)\left(x + x^2 + x^3\right) \in g(x)\mathbb{K}[x]_4.$$

Also: $H_{bin} \subseteq g(x)\mathbb{K}[x]_4$.

(4) Jedes Vielfache $p(x) \cdot g(x)$ mit *grad* $p(x) < k = 4$ ist ein Codewort, z. B.

$$\left(1 + x^2 + x^3\right) \cdot \left(x + x^3\right) = x + x^4 + x^5 + x^6 \triangleq 0100111 = \boldsymbol{c}_{14} \in H_{bin}.$$

Also: $g(x)\mathbb{K}[x]_4 \subseteq H_{bin}$, und mit (3) gilt $g(x)\mathbb{K}[x]_4 = H_{bin}$.

(5) Jedes $*$-Vielfache von z. B. $\boldsymbol{c}_5$ mit $p(x) \in \mathbb{Z}_2[x]_7$ ist ein Codewort, z. B.

$$c_5(x) * x^6 = \left(x + x^2 + x^6\right) * x^6 = x^7 + x^8 + x^{12} = 1 + x + x^5 \triangleq 1100010 = \boldsymbol{c}_4.$$

Also: $g(x) * \mathbb{K}[x]_7 \subseteq H_{bin} = g(x)\mathbb{K}[x]_4 \subseteq g(x) * \mathbb{K}[x]_7$.
Damit ist $H_{bin} = g(x)\mathbb{K}[x]_4 = C_{1+x^2+x^3} = g(x) * \mathbb{K}[x]_7$.
Wir bemerken, dass wegen *grad* $p(x) < 4$ der Grad von $p(x) \cdot g(x)$ kleiner als 7 ist, und damit folgt mit der Anmerkung zu Definition 6.2:

$$\left(1 + x^2 + x^3\right) \cdot \left(x + x^3\right) = \left(1 + x^2 + x^3\right) * \left(x + x^3\right).$$

(6) Für

$$h(x) = \left(x^7 - 1\right) : g(x) = \left(x^7 - 1\right) : \left(1 + x^2 + x^3\right) = 1 + x^2 + x^3 + x^4$$

gilt: $h(x) * c(x) = 0$, z. B.

$$\left(1 + x^2 + x^3 + x^4\right) * \boldsymbol{c}_6(x) = \left(1 + x^2 + x^3 + x^4\right) * \left(x + x^3 + x^4\right) =$$

$$\left(1 + x^2 + x^3 + x^4\right) * \left(x + x^3 + x^4\right) \, mod \, \left(x^7 - 1\right) = \left(x + x^8\right) \, mod \, \left(x^7 - 1\right) = 0,$$

weil $(x + x^8)$ bei Division durch $(x^7 - 1)$ in $\mathbb{Z}_2$ den Rest Null ergibt:
$(x + x^8) = x \cdot (1 + x^7) = x \cdot (x^7 - 1) + 0$.
In diesem Zusammenhang nennt man $h(x)$ das *Kontrollpolynom* von H_{bin}.

Satz 6.2
Sei C ein zyklischer (n, k)-Code über einem endlichen Körper $\mathbb{K}$.

(1) Es existiert ein eindeutig bestimmtes normiertes Polynom $g(x)$ in $C(x)$ mit minimalem Grad $m < n$.
(2) Für dieses Polynom $g(x)$ gilt:

$$C(x) = \{c(x) := p(x)g(x) \mid p(x) \in \mathbb{K}[x]_{n-m}\} = g(x)\mathbb{K}[x]_{n-m}.$$

Man nennt $g(x)$ das *Generatorpolynom* von $C(x)$.

(3) Die Dimension des Codes C ist gleich $(n - grad\ g(x))$, also

$$\dim(C) = k = n - m \Leftrightarrow m = n - k.$$

Damit ist

$$C(x) = g(x)\mathbb{K}[x]_k = C_{g(x)}.$$

(4) Das Generatorpolynom ist ein Teiler von $(x^n - 1)$ in $\mathbb{K}[x]$, also bezüglich der Multiplikation „·".
(5) Es gibt ein eindeutig bestimmtes Polynom $h(x) \in K[x]$ mit $grad\ h(x) = k$, sodass gilt: Ist $c(x)$ ein Codewort, dann gilt $h(x) * c(x) = 0$.

Gilt umgekehrt $h(x) * c(x) = 0$ für ein Polynom $c(x) \in \mathbb{K}[x]_n$, dann ist $c(x)$ ein Codewort.

Also: Ein Polynom vom Grad kleiner als n ist also genau dann ein Codewort, falls die „Kontrollgleichung" $h(x) * c(x) = 0$ gültig ist.

Beweis: (in Anlehnung an Hauck, 2005, S. 86, aber unter Vermeidung der Begriffe „Faktorring" und „Hauptidealring", bzw. Schulz, 1991, S. 126).

(1) Die Menge aller Polynome aus $C(x)$ ist endlich. Dann existiert in $C(x)$ ein Polynom $g(x) \neq 0$ mit minimalem Grad m und höchstem Koeffizienten 1. Ist $g'(x)$ ein Polynom mit minimalem Grad m und höchstem Koeffizienten $g'_m \neq 1$, dann liegt das Polynom

$$\frac{1}{g'_m} g'(x)$$

wegen der Vektorraumstruktur von $C(x)$ wieder in $C(x)$, besitzt den höchsten Koeffizienten 1 und den Grad m.

Damit ist $g(x)$ eindeutig bestimmt: Wäre $f(x)$ ein weiteres Polynom mit diesen Eigenschaften, also

$$g(x) = g_0 + g_1x + \ldots + g_{m-1}x^{m-1} + x^m$$

und

$$f(x) = f_0 + f_1x + \ldots + f_{m-1}x^{m-1} + x^m.$$

Bei der Differenzbildung fällt x^m weg und man erhält

$$g(x) - f(x) = (g_0 - f_0) + (g_1 - f_1)x + \ldots + (g_{m-1} - f_{m-1})x^{m-1}.$$

Wegen der Vektorraumstruktur von $C(x)$ ist $g(x) - f(x)$ ein Element von $C(x)$ mit einem Grad kleiner als m. Dies widerspricht der Minimalität von m. Also muss $g(x) - f(x)$ das Nullpolynom sein und $f(x) = g(x)$.

(2) Nun wollen wir

$$C(x) = \{p(x) \cdot g(x) | p(x) \in \mathbb{K}[x], grad\ p(x) < (n-m)\} = g(x)\mathbb{K}[x]_{n-m}$$

beweisen. Wir zeigen zuerst $C(x) \subseteq g(x)\mathbb{K}[x]_{n-m}$ und dann $g(x)\mathbb{K}[x]_{n-m} \subseteq C(x)$.

(i) $C(x) \subseteq g(x)\mathbb{K}[x]_{n-m}$:

Nach dem Satz von der Division mit Rest gilt für ein Codewortpolynom $c(x) \in \mathbb{K}[x]_n$:

$$c(x) = g(x) \cdot p(x) + r(x) \text{ mit grad } r(x) < \text{grad } g(x) = m < n \text{ oder } r(x) = 0.$$

Wegen der Gradformel ist grad $p(x) < n - m$, also ist $p(x) \in \mathbb{K}[x]_{n-m}$.
Ist $r(x) = 0$, dann ist $c(x) = g(x) \cdot p(x) \in g(x)\mathbb{K}[x]_{n-m}$.
Sei $r(x) \neq 0$. Dann ist wegen $c(x) - r(x) = g(x) \cdot p(x)$ und der Gradformel

$$\text{grad } (c(x) - r(x)) < n.$$

Aus der Ungleichung grad $(g(x) \cdot p(x)) < n$ folgt:

$$g(x) \cdot p(x) = g(x) * p(x).$$

Eine Division durch $(x^n - 1)$ ist damit nicht notwendig (vgl. dazu (4) in Beispiel 6.7). Es ist also $c(x) = g(x) * p(x) + r(x)$. Wegen der Zyklizität von C ist der Code C nach Satz 6.1 ein Ideal in $(\mathbb{K}[x]_n, +, *)$. Mit $g(x) \in C(x)$ ist dann

$$g(x) * p(x) \in C(x).$$

Damit ist wegen der Vektorraumstruktur von $C(x)$

$$r(x) = c(x) - g(x) * p(x) \in C(x).$$

Also enthält $C(x)$ mit $r(x)$ ein Polynom vom Grad kleiner als m im Widerspruch zur Konstruktion von $g(x)$ als Polynom kleinsten Grades m in $C(x)$. Das Polynom $r(x)$ muss das Nullpolynom sein. Damit ist $c(x) = g(x) \cdot p(x)$ mit $p(x) \in \mathbb{K}[x]_{n-m}$ und daher

$$C(x) \subseteq \{p(x) \cdot g(x) | p(x) \in \mathbb{K}[x]_{n-m}\} = g(x)\mathbb{K}[x]_{n-m}.$$

(ii) $g(x)\mathbb{K}[x]_{n-m} \subseteq C(x)$: Sei $t(x) \in g(x)\mathbb{K}[x]_{n-m}$. Dann gibt es ein Polynom $p(x) \in \mathbb{K}[x]_{n-m}$ mit $t(x) = g(x) \cdot p(x)$.

Wegen der Gradbeschränkung grad $p(x) < n - m = (n -$ grad $g(x))$ ist

$$\text{grad } (p(x) \cdot g(x)) = \text{grad } p(x) + \text{grad } g(x) < n.$$

Also folgt analog zum obigen ersten Teil des Beweises, dass $p(x) \cdot g(x) = p(x) * g(x)$ gilt. Da $g(x) \in C(x)$ und der Code $C(x)$ zyklisch, also ein Ideal bezüglich $*$ist, muss auch

$$t(x) = p(x) \cdot g(x) = p(x) * g(x) \in C(x) \text{ sein.}$$

Anmerkung: Jedes Codewort $c(x)$ ist eindeutig als Produkt $p(x) \cdot g(x)$ darstellbar. Denn wäre $c(x) = p(x) \cdot g(x) = p_1(x) \cdot g(x)$, dann ist $g(x) \cdot (p(x) - p_1(x)) = 0$ mit $g(x) \neq 0$. Da in $\mathbb{K}[x]$ keine Nullteiler existieren, muss $p(x) - p_1(x) = 0$ gelten. Also folgt $p(x) = p_1(x)$.

(3) Wir konstruieren eine Basis von $C(x)$. Sei das Generatorpolynom

$$g(x) = g_0 + g_1 x + \ldots + x^m \in C(x) \text{ mit } m \text{ minimal.}$$

Dann ist

$$B{:=}\{g(x), x\cdot g(x), \ldots, x^{n-m-1}\cdot g(x)\}$$

eine Basis von $C(x)$. Wegen der Zyklizität von C und (2) ist $B \subset C(x)$.

(α) Die Menge B ist linear unabhängig. Sei

$$\lambda_1 g(x) + \lambda_2[x\cdot g(x)] + \ldots + \lambda_{n-m}[x^{n-m-1}\cdot g(x)] = 0(x). \tag{6.2}$$

Vergleichen wir die Koeffizienten nach abfallenden Potenzen. Die höchste Potenz ist $(n - 1)$ und tritt beim Polynom $\lambda_{n-m}[x^{n-m-1} \cdot g(x)]$ auf.

Der Koeffizientenvergleich mit dem Nullpolynom $0(x)$ ergibt $\lambda_{n-m} = 0$.

Berücksichtigt man $\lambda_{n-m} = 0$, dann verbleibt:

$$\lambda_1 g(x) + \lambda_2[x\cdot g(x)] + \ldots + \lambda_{n-m-1}[x^{n-m-2}\cdot g(x)] = 0(x). \tag{6.3}$$

Analog schließen wir, dass der Koeffizient λ_{n-m-1} nur beim Polynom $\lambda_{n-m-1}[x^{n-m-2} \cdot g(x)]$ auftritt. Die höchste Potenz in diesem Produkt ist $(n - 2)$ und tritt in Gl. 6.3 nur an dieser Stelle auf. Der Koeffizientenvergleich mit $0(x)$ ergibt $\lambda_{n-m-1} = 0$. So fortfahrend erhalten wir, dass alle Koeffizienten λ_i in Gl. 6.2 gleich Null sind. Also ist B linear unabhängig.

(β) Die Menge $C(x)$ ist nach (2) gegeben durch:

$$C(x) = \{p(x)\cdot g(x) | p(x) \in \mathbb{K}[x], grad\, p(x) < (n-m)\} = g(x)\mathbb{K}[x]_{n-m}.$$

Wir zeigen, dass B die Menge $C(x)$ erzeugt.

Sei $c(x) \in C(X)$ beliebig. Dann gibt es ein Polynom $p(x) \in \mathbb{K}[x]_{n-m}$ mit

$$grad\, p(x) \leq (n-m-1)\ und\ c(x) = p(x)\cdot g(x).$$

Sei

$$p(x){:=}p_0 + p_1 x + \ldots + p_l x^l\ mit\ l \leq (n-m-1).$$

Dann ist

$$c(x) = (p_0 + p_1 x + \ldots + p_l x^l)\cdot g(x) =$$

$$p_0 g(x) + p_1[x\cdot g(x)] + \ldots + p_l[x^l\cdot g(x)].$$

Das beliebig aus $C(x)$ gewählte Polynom $c(x)$ ist eine Linearkombination von Polynomen aus B.

Insgesamt ist B eine Basis von $C(x)$ und

$$k = \dim(C) = n - m \Leftrightarrow m = n - k.$$

Das Generatorpolynom $g(x)$ des zyklischen (n, k)-Codes C besitzt den Grad $n - k$. Damit ist $\mathbb{K}[x]_{n-m} = \mathbb{K}[x]_k$ und

$$C(x) = \{p(x) \cdot g(x) | p(x) \in \mathbb{K}[x]_{n-m}\} = g(x)\mathbb{K}[x]_k.$$

(4) Nun zeigen wir, dass $g(x) \neq 1$ ein Teiler von $x^n - 1$ ist. Wir dividieren $(x^n - 1)$ durch $g(x)$.

Ist der Rest gleich 0, dann gilt $(x^n - 1) = g(x) \cdot q(x) + 0$ und $g(x) \mid (x^n - 1)$.
Ist der Rest $r(x)$ ungleich 0 dann gilt mit dem Satz von der Division mit Rest:

$$(x^n - 1) = g(x) \cdot q(x) + r(x) \text{ mit grad } r(x) < \text{grad } g(x) = m = n - k.$$

Damit ergibt $g(x) \cdot q(x) + r(x)$ bei Division durch $(x^n - 1)$ den Rest 0, weil

$$(g(x) \cdot q(x) + r(x)) mod\ (x^n - 1) = (x^n - 1)\ mod\ (x^n - 1) = 0.$$

Mit Gl. 6.1 folgt:

$$(g(x) \cdot q(x))\ mod\ (x^n - 1) + r(x)\ mod\ (x^n - 1) = 0. \tag{6.4}$$

Wegen grad $r(x) < n$ gilt $r(x)\ mod\ (x^n - 1) = r(x)$. Nun ist nach Definition 6.2

$$(g(x) \cdot q(x))\ mod\ (x^n - 1) = g(x) * q(x).$$

Also folgt mit Gl. 6.4:

$$g(x) * q(x) + r(x) = 0$$

oder

$$g(x) * q(x) = -r(x).$$

Wegen der Zyklizität von $C \triangleq C(x)$ ist $g(x) * q(x)$ nach Satz 6.1 ein Element von C. Also ist $r(x)$ ein Polynom aus $C(x)$ mit einem Grad kleiner als m. Damit kann $r(x)$ wegen der Konstruktion von $g(x)$ als Polynom mit kleinstem Grad in $C(x)$ nur das Nullpolynom sein, und damit gilt:

$$(x^n - 1) = g(x) \cdot q(x).$$

(5) Nach (4) ist $h(x) := \frac{(x^n - 1)}{g(x)} \in \mathbb{K}[x]_n$ wegen der Eindeutigkeit von $g(x)$ auch eindeutig. Nach (3) gilt:

$$\text{grad } h(x) = n - \text{grad } g(x) = n - (n-k) = k.$$

Sei nun $c(x) \in C(x)$, also $c(x) = g(x) \cdot p(x)$.. Wir beachten, dass $h(x) \cdot g(x) = (x^n - 1)$ gilt. Dann ist

$$h(x) \cdot c(x) = h(x) \cdot [g(x) \cdot p(x)] = [h(x) \cdot g(x)] \cdot p(x) = (x^n - 1) \cdot p(x).$$

Dividiert man $h(x) \cdot c(x)$ durch $(x^n - 1)$, so erhält man der Rest 0. Also ist

$$h(x) * c(x) = 0$$

(Erinnerung an Definition 6.2: $h(x) * c(x) = (h(x) \cdot c(x))\ mod\ (x^n - 1)$).
Ist andererseits $c(x) \in K[x]_n$ mit $h(x) * c(x) = 0$. Dies bedeutet, dass

$$h(x) \cdot c(x) = (x^n - 1) \cdot q(x). \tag{6.5}$$

Wegen $(x^n - 1) = g(x) \cdot h(x)$ erhalten wir mit Gl. 6.5

$$h(x) \cdot c(x) = (x^n - 1) \cdot q(x) = g(x) \cdot h(x) \cdot q(x) \Leftrightarrow h(x) \cdot (c(x) - g(x) \cdot q(x)) = 0.$$

Wegen $h(x) \neq 0$ und der Nullteilerfreiheit von $(\mathbb{K}[x], +, \cdot)$ folgt:

$$c(x) - g(x) \cdot q(x) = 0$$

also

$$c(x) = g(x) \cdot q(x).$$

Nun ist grad $c(x) \leq (n - 1)$, also ist auch grad $(g(x) \cdot q(x)) \leq (n - 1)$. Damit muss $g(x) \cdot q(x)$ nicht reduziert werden, und es gilt:

$$c(x) = g(x) \cdot q(x) = g(x) * q(x).$$

Wegen der Zyklizität ist $C(x)$ ein Ideal bezüglich „$*$“ (siehe Satz 6.1) und damit

$$c(x) = g(x) * q(x) \in C(x).$$

■

Eigenschaft (5) kann auch folgendermaßen formuliert werden:

$$C(x) = \{p(x) \in \mathbb{K}[x]_n | h(x) * p(x) = 0\}.$$

Daher nennt man $h(x)$ *Kontrollpolynom* von $C(x)$.

Wir bemerken eine Analogie.

Jeder zyklische Code $C \triangleq C(x)$ der Länge n mit dem Generatorpolynom $g(x)$ vom Grad m ist von der Form

$$C(x) = \{p(x) \cdot g(x) | p(x) \in \mathbb{K}[x]_{n-m}\}.$$

Dabei ist $g(x)$ ein Teiler von $(x^n - 1)$, und es gibt ein eindeutig bestimmtes Kontrollpolynom $h(x)$ mit $h(x) * c(x) = 0 \Leftrightarrow c(x) \in C(x)$.

Beachte die Analogie zur Kontrollmatrix (vgl. Definition 4.4).

Jeder (n, k)-Linearcode C mit einer $(k \times n)$-Generatormatrix G ist von der Form

$$C = \{\boldsymbol{m}G | \boldsymbol{m} \in \mathbb{K}^k\}.$$

Dabei bilden die Zeilen von G eine Basis von C, und es gibt eine Kontrollmatrix H mit $H\boldsymbol{c}^T = \boldsymbol{0} \Leftrightarrow c \in C$. Die Matrizen G und H sind im Gegensatz zu $g(x)$ und $h(x)$ nicht eindeutig bestimmt.

Bisher haben wir gesehen, dass es zu jedem zyklischen (n, k)-Code C ein Polynom $g(x)$ gibt, das $(x^n - 1)$ teilt und mit dem $C(x)$ in der Form $C(x) = g(x) \cdot \mathbb{K}[x]_k$ dargestellt werden kann.

Nun wollen wir zeigen, dass es zu jedem Teiler von $(x^n - 1)$ einen zyklischen (n, k)-Code mit diesem Teiler als Generatorpolynom gibt. Es gibt also genauso viele zyklische Codes der Länge n wie es Teiler von $(x^n - 1)$ gibt.

Satz 6.3
Sei $g(x)$ ein normiertes Polynom aus $\mathbb{K}[x]$, das $(x^n - 1)$ teilt. Dann gibt es einen zyklischen Code $C(x)$ der Länge n, dessen Generatorpolynom $g(x)$ ist. Es ist

$$C(x) = g(x) * \mathbb{K}[x]_n.$$

Beweis: Sei $g(x)$ ein Teiler von $(x^n - 1)$, also $(x^n - 1) = g(x) \cdot f(x)$.
Die Menge $C(x)$ ist ein Ideal in $\left(\mathbb{K}[x]_n, +, *\right)$:
Seien $c(x) := g(x) * p(x)$ und $c'(x) := g(x) * p'(x)$ mit $p(x), p'(x) \in \mathbb{K}[x]_n$. Dann gilt

$$c(x) - c'(x) = g(x) * (p(x) - p'(x)) \text{ mit } (p(x) - p'(x)) \in \mathbb{K}[x]_n,$$

weil $\left(\mathbb{K}[x]_n, +, \lambda\right)$ ein Vektorraum ist. Also ist $c(x) - c'(x) \in C(x)$.
Seien $s(x) \in \mathbb{K}[x]_n$ und $c(x) \in C(x)$. Für das Produkt folgt:

$$c(x) * s(x) = g(x) * p(x) * s(x) = g(x) * (p(x) * s(x)) =$$

$$g(x) * ((p(x) \cdot s(x)) \; mod \; (x^n - 1)) = g(x) * h(x) \in C(x),$$

weil $h(x) \in \mathbb{K}[x]_n$ (Satz von der Division mit Rest bzw. Satz A6.1). Also ist $C(x)$ ein Ideal in $\left(\mathbb{K}[x]_n, +, *\right)$.

Wegen der Idealeigenschaft ist $C(x)$ nach Satz 6.1 ein zyklischer Code. Sein Generatorpolynom sei $g_1(x)$.Wir zeigen $g_1(x) = g(x)$:

Wegen $g(x) = g(x) \cdot 1$ ist $g(x) \in C(x)$, und das Generatorpolynom $g_1(x)$ teilt $g(x)$ (vgl. Satz 6.2 (2)).

Gleichzeitig ist $g_1(x)$ als Generatorpolynom von $C(x)$ auch Element von $C(x)$. Daher gibt es geeignete $q(x)$, $t(x)$ mit der Eigenschaft

$$\begin{aligned} g_1(x) &= g(x) * q(x) = (g(x) \cdot q(x)) \; mod \; (x^n - 1) = g(x) \cdot q(x) - t(x) \cdot (x^n - 1) \\ &= g(x) \cdot q(x) - t(x) \cdot g(x) \cdot f(x) = g(x) \cdot [q(x) - t(x) \cdot f(x)]. \end{aligned}$$

Also teilt $g(x)$ das Polynom $g_1(x)$. Wegen der Normiertheit sind die Polynome $g(x)$ und $g_1(x)$ identisch, und $C(x)$ ist ein zyklischer Code mit $g(x)$ als Generatorpolynom.

■

Anmerkungen:
(1) Ist $grad\; g(x) = m$, dann ist $C(x) = g(x) * \mathbb{K}[x]_n = g(x)\mathbb{K}[x]_{n-m}$ (vgl. Satz 6.2 (3)).
(2) Ist $g(x) = (x^n - 1)$, dann ist

$$g(x) * \mathbb{K}[x]_n = (x^n - 1) * \mathbb{K}[x]_n = 0.$$

Der Teiler $(x^n - 1)$ von $(x^n - 1)$ erzeugt den Code $C = \{0\}$.
Ist $g(x) = 1$,dann ist

$$g(x) * \mathbb{K}[x]_n = 1 * \mathbb{K}[x]_n = \mathbb{K}[x]_n.$$

Der Teiler 1 von $(x^n - 1)$ erzeugt den Code $C = K[x]_n$.
Die trivialen Teiler von $(x^n - 1)$ erzeugen nur die trivialen zyklischen Codes.

Beispiel 6.8 Wir bestimmen alle binären zyklischen Codes der Länge 4. Dazu zerlegen wir

$$\left(x^4 - 1\right) = \left(x^4 + 1\right) = (x + 1)^4 = 1 \cdot (x + 1) \cdot (x + 1) \cdot (x + 1) \cdot (x + 1).$$

Wegen der Definition des $*$-Produktes sind die Produkte $g(x) \cdot p(x)$ nur für jene $p(x)$ mit $grad\ p(x) < n - grad\ g(x)$ zu bilden.

- Der Teiler 1 erzeugt den trivialen Code $C_1 = \mathbb{K}[x]_4$.
- Der Teiler $(x + 1)^4$ erzeugt den trivialen Code $C_2 = \{0\}$.
- Der Teiler $(x + 1)^3$ erzeugt nach Satz 6.3 den Code $C_3 = (x + 1)^3 * \mathbb{K}[x]_4 = (x + 1)^3\mathbb{K}[x]_1$. Wegen $\mathbb{K}[x]_1 = \{0, 1\}$ erhält man

$$C_3 = \left\{(x + 1)^3 \cdot 0, (x + 1)^3 \cdot 1\right\} = \left\{0(x), 1 + x + x^2 + x^3\right\} \triangleq \{0000, 1111\} = W_{bin}(4).$$

Der Teiler $(x + 1)^3$ erzeugt den 4-fach Wiederholungscode $W_{bin}(4)$.

- Der Teiler $(x + 1)^2$ erzeugt den Code $C_4 = (x + 1)^2 * \mathbb{K}[x]_4 = (x + 1)^2\mathbb{K}[x]_2$. Wegen $\mathbb{K}[x]_2 = \{0, 1, x, 1 + x\}$ erhält man

$$C_4 = \left\{(x + 1)^2 \cdot 0, (x + 1)^2 \cdot 1, (x + 1)^2 \cdot x, (x + 1)^2 \cdot (1 + x)\right\}.$$

$$C_4 = \left\{0, 1 + x^2, x + x^3, 1 + x + x^2 + x^3\right\} \triangleq \{0000, 1010, 0101, 1111\} = \mathrm{W}_{bin}(2).$$

Der Teiler $(x + 1)^2$ erzeugt den 2-fach Wiederholungscode.

- Der Teiler $(x + 1)$ erzeugt den Code $C_5 = (x+1) * \mathbb{K}[x]_4 = (x+1)\mathbb{K}[x]_3$.

$$C_5 = (x+1)\cdot\mathbb{K}[x]_3 = \{(x+1)\cdot 0, (x+1)\cdot 1, (x+1)\cdot x, (x+1)\cdot(x+1),$$

$$(x+1)\cdot x^2, (x+1)\cdot\left(x^2+1\right), (x+1)\cdot\left(x^2+x\right), (x+1)\cdot\left(x^2+x+1\right)\}.$$

$$C_5 = \left\{0(x), 1+x, x+x^2, 1+x^2, x^2+x^3, 1+x+x^2+x^3, x+x^3, 1+x^3\right\} \triangleq$$

$$\{0000, 1100, 0110, 1010, 0011, 1111, 0101, 1001\} = Q_{bin}(4).$$

Die zyklischen Codes der Länge 4 sind die trivialen Codes, zwei Wiederholungscodes und ein Paritätsprüfungscode.

Beispiel 6.9 Der binäre (7,4)-Hamming-Code $H_{bin} = \{\boldsymbol{c}_1, \ldots, \boldsymbol{c}_{16}\}$ des Mini-QR-Codes ist ein zyklischer Code mit dem Generatorpolynom $g(x) := 1 + x^2 + x^3$.

Es ist

$$\left(x^7-1\right) = \left(x^7+1\right) = (1+x)\cdot\left(1+x^2+x^3\right)\cdot\left(1+x+x^3\right).$$

Der Teiler $(1 + x^2 + x^3)$ erzeugt den (7,4)-Code

$$C(x) = \left(1+x^2+x^3\right) * \mathbb{K}[x]_7 = \left(1+x^2+x^3\right)\cdot\mathbb{K}[x]_4 = H_{bin}.$$

Als Beispiel betrachten wir

$$\left(1+x^2+x^3\right)\cdot\left(1+x^2\right) = 1+x^3+x^4+x^5 \triangleq 1001110 = \boldsymbol{c}_{12}$$

oder

$$\left(1+x^2+x^3\right) * \left(x+x^6\right) = \left(1+x^2+x^3\right)\cdot\left(x+x^6\right)\ mod\ \left(x^7-1\right) =$$

$$= x+x^3+x^4+x^6+x^8+x^9\ mod\ \left(x^7-1\right) = x+x^3+x^4+x^6+x+x^2 =$$

$$= x^2+x^3+x^4+x^6 \triangleq 0011101 = \boldsymbol{c}_{15}.$$

6.2 Generator- und Kontrollmatrix eines zyklischen Codes

Zyklische Codes sind auch lineare Codes. Daher können sie durch eine Generatormatrix bzw. Kontrollmatrix beschrieben werden. Dies kann bei theoretischen Überlegungen genutzt werden.

Satz 6.4

Sei C ein zyklischer (n, k)-Code über einem endlichen Körper $\mathbb{K}$ mit dem Generatorpolynom

$$g(x) := g_0 + g_1 x + \ldots + g_{n-k-1} x^{n-k-1} + 1 x^{n-k}$$

und dem Kontrollpolynom

$$h(x) := h_0 + h_1 x + \ldots + h_{k-1} x^{k-1} + 1 x^k.$$

Dann gilt:

(1) Die $(k \times n)$-Matrix

$$G := \begin{pmatrix} g(x) \\ x \cdot g(x) \\ \vdots \\ x^{k-1} \cdot g(x) \end{pmatrix} \triangleq \begin{pmatrix} g_0 & g_1 & \cdots & g_{n-k-1} & 1 & 0 & \cdots & 0 \\ 0 & g_0 & g_1 & \cdots & g_{n-k-1} & 1 & \cdots & 0 \\ & & & & \vdots & & & \\ 0 & \cdots & 0 & g_0 & g_1 & \cdots & g_{n-k-1} & 1 \end{pmatrix}$$

ist eine Generatormatrix von C.

(2) Die $((n-k) \times n)$-Matrix

$$H := \begin{pmatrix} 1 & h_{k-1} & \cdots & h_0 & 0 & 0 & 0 \\ 0 & 1 & h_{k-1} & \cdots & h_0 & 0 & 0 \\ & & & \vdots & & & \\ 0 & \cdots & 0 & 1 & h_{k-1} & \cdots & h_0 \end{pmatrix}$$

ist eine Kontrollmatrix von C.

Beweis:

(1) Die Polynome

$$\left\{g(x), x \cdot g(x), \ldots, x^{n-(n-k)-1=k-1} \cdot g(x)\right\}$$

bilden nach dem Beweis von Satz 6.2 (3) eine Basis des $C(x)$. Nach Definition der Generatormatrix eines Codes bilden diese Basisvektoren die Zeilen von G.

(2) Wegen der Stufenform von H ist $(n - k)$ der Rang von H.

Die Matrix H ist die Kontrollmatrix von C mit der Generatormatrix G genau dann, wenn $HG^T = O$ (Nullmatrix) gilt (vgl. Satz 4.8). Nach Definition von $g(x)$ und $h(x)$ gilt:

$$g(x) \cdot h(x) = x^n - 1.$$

Dies führt zu:

$$g(x) \cdot h(x) = \left(g_0 + g_1 x + \ldots + 1x^{n-k}\right) \cdot \left(h_0 + h_1 x + \ldots + 1x^k\right) =$$

$$= g_0 h_0 + (g_1 h_0 + g_0 h_1)x + (g_2 h_0 + g_1 h_1 + g_0 h_2)x^2 + \ldots + x^n = x^n - 1 = -1 + x^n.$$

Koeffizientenvergleich für die Potenzen von x liefert:

$$x^0 : g_0 h_0 = -1 \Rightarrow h_0 \neq 0.$$

Damit sind die $(n - k)$ Zeilen von H linear unabhängig.

$$x^1 : g_1 h_0 + g_0 h_1 = 0,$$

$$x^2 : g_2 h_0 + g_1 h_1 + g_0 h_2 = 0.$$

Man erkennt durch Vergleich der Koeffizienten von x^i, dass die Summe aller Produkte $g_j h_k$ mit $j + k = i$ gleich Null ist. Dann folgt durch Rechnung, dass alle Eintragungen der Matrix HG^Tgleich Null sind, also dass $HG^T = O$ gilt. Diese Rechnung wird an einem Beispiel demonstriert.

$$g(x) := g_0 + g_1 x + g_2 x^2 + g_3 x^3, \text{also } n - k = 3 \text{ und } g_3 = 1,$$

$$h(x) := h_0 + h_1 x + h_2 x^2, \text{ also } k = 2 \text{ und damit } n = 5 \text{ und } h_2 = 1.$$

$$G = \begin{pmatrix} g_0 & g_1 & g_2 & g_3 & 0 \\ 0 & g_0 & g_1 & g_2 & g_3 \end{pmatrix}, H = \begin{pmatrix} h_2 & h_1 & h_0 & 0 & 0 \\ 0 & h_2 & h_1 & h_0 & 0 \\ 0 & 0 & h_2 & h_1 & h_0 \end{pmatrix},$$

$$HG^T = \begin{pmatrix} h_2 & h_1 & h_0 & 0 & 0 \\ 0 & h_2 & h_1 & h_0 & 0 \\ 0 & 0 & h_2 & h_1 & h_0 \end{pmatrix} \begin{pmatrix} g_0 & 0 \\ g_1 & g_0 \\ g_2 & g_1 \\ g_3 & g_2 \\ 0 & g_3 \end{pmatrix}$$

$$= \begin{pmatrix} h_2 g_0 + h_1 g_1 + h_0 g_2 & h_1 g_0 + h_0 g_1 \\ h_2 g_1 + h_1 g_2 + h_0 g_3 & h_2 g_0 + h_1 g_1 + h_0 g_2 \\ h_2 g_2 + h_1 g_3 & h_2 g_1 + h_1 g_2 + h_0 g_3 \end{pmatrix}$$

$$(h_0 + h_1 x + h_2 x^2) \cdot (g_0 + g_1 x + g_2 x^2 + g_3 x^3) = x^5 - 1,$$

$$h_0 g_0 + (h_1 g_0 + h_0 g_1)x + (h_2 g_0 + h_1 g_1 + h_0 g_2)x^2 + (h_2 g_1 + h_1 g_2 + h_0 g_3)x^3 +$$

$$+(h_2 g_2 + h_1 g_3)x^4 + g_3 h_2 x^5 = -1 + x^5.$$

$x^0 : h_0 g_0 = -1 \Rightarrow h_0, g_0 \neq 0 \Rightarrow G, H$ besitzen linear unabhängige Zeilen.

$$x^1 \colon h_1 g_0 + h_0 g_1 = 0,$$

$$x^2 \colon h_2 g_0 + h_1 g_1 + h_0 g_2 = 0,$$

$$x^3 \colon h_2 g_1 + h_1 g_2 + h_0 g_3 = 0,$$

$$x^4 \colon h_2 g_2 + h_1 g_3 = 0,$$

$$x^5 \colon g_3 h_2 = 1 \cdot 1 = 1.$$

Wir bemerken, dass alle Eintragungen in HG^T gleich Null sind.

■

Beispiel 6.10 Der (11,6)-Golay-Code $\boldsymbol{G}_{11}$ ist ein zyklischer Code. Wir betrachten die Zerlegung von

$$x^{11} - 1 = (x-1) \cdot \left(x^5 - x^3 + x^2 - x - 1\right) \cdot \left(x^5 + x^4 - x^3 + x^2 - 1\right) \textit{ in } \mathbb{Z}_3[x].$$

Der Code $\boldsymbol{G}_{11}$ ist genau dann zyklisch, wenn $\boldsymbol{G}_{11} = C_{g(x)}$ mit $g(x) \mid (x^{11} - 1)$. Wir wählen für

$$g(x) = x^5 - x^3 + x^2 - x - 1 = 2 + 2x + x^2 + 2x^3 + x^5 \text{ (in } \mathbb{Z}_3[x]).$$

Damit ist die (6×11)-Generatormatrix G gegeben durch:

$$G = \begin{pmatrix} 2\,2\,1\,2\,0\,1\,0\,0\,0\,0\,0 \\ 0\,2\,2\,1\,2\,0\,1\,0\,0\,0\,0 \\ 0\,0\,2\,2\,1\,2\,0\,1\,0\,0\,0 \\ 0\,0\,0\,2\,2\,1\,2\,0\,1\,0\,0 \\ 0\,0\,0\,0\,2\,2\,1\,2\,0\,1\,0 \\ 0\,0\,0\,0\,0\,2\,2\,1\,2\,0\,1 \end{pmatrix}.$$

Durch Anwendung elementarer Zeilenumformungen (Erzeugung von $1 = 2 \cdot 2$ in $\mathbb{Z}_3$) erhält man die Matrix G_{11}, mit welcher der Golay-Code definiert wurde (vgl. Abschn. 4.6).

$$G_{11} = \begin{pmatrix} 1\,0\,0\,0\,0\,0\,1\,1\,1\,1\,1 \\ 0\,1\,0\,0\,0\,0\,0\,1\,2\,2\,1 \\ 0\,0\,1\,0\,0\,0\,1\,0\,1\,2\,2 \\ 0\,0\,0\,1\,0\,0\,2\,1\,0\,1\,2 \\ 0\,0\,0\,0\,1\,0\,2\,2\,1\,0\,1 \\ 0\,0\,0\,0\,0\,1\,1\,2\,2\,1\,0 \end{pmatrix}.$$

Die durch G bzw. G_{11} erzeugten Codes sind damit identisch, G_{11} ist also ein zyklischer Code.

Zyklische Codes sind besonders geeignet, Bündelfehler zu entdecken und, wie in Abschn. 6.3 gezeigt wird, auch zu korrigieren. Wir haben das Wort Bündelfehler in einer allgemeinen Form bereits definiert (Definition 5.2).

Man beobachtet zwei Fehlerarten:

(1) Fehler können isoliert an zufälligen Stelle des empfangenen Wortes auftreten. Unmittelbar vor oder nach dem Fehler sind die empfangenen Komponenten korrekt.

Gesendetes Wort:

$$\boldsymbol{c} := c_0 c_1 c_2 c_3 c_4 c_5,$$

empfangenes Wort:

$$\boldsymbol{u} := u_0 \boldsymbol{u_1} u_2 u_3 u_4 \boldsymbol{u_5}$$

mit Fehlern an den Stellen 1 und 5, also

$$\boldsymbol{u_1} = c_1 + f_1 \text{ und } \boldsymbol{u_5} = c_5 + f_5, \text{ wobei}$$

f_1 und f_5 von Null verschieden sind. Damit können wir $\boldsymbol{u}$ folgendermaßen schreiben:

$$\boldsymbol{u} = (c_0, c_1, c_2, c_3, c_4, c_5) + (0, f_1, 0, 0, 0, f_5) = \boldsymbol{c} + \boldsymbol{f}.$$

Den Vektor $\boldsymbol{f}$ nennt man Fehlervektor. Ist dieser Vektor bekannt, so kann $\boldsymbol{c}$ durch $\boldsymbol{u} - \boldsymbol{f}$ rekonstruiert werden.

(2) Die Fehler können an b aufeinanderfolgenden Stellen des empfangenen Wortes auftreten. Man spricht, wie bereits definiert, von einem Bündelfehler der Länge b. Unmittelbar vor oder nach dem Bündelfehler sind die empfangenen Komponenten korrekt.

Gesendetes Wort:

$$\boldsymbol{c} := c_0 c_1 c_2 c_3 c_4 c_5,$$

empfangenes Wort:

$$\boldsymbol{u} := u_0 u_1 \boldsymbol{u_2 u_3 u_4} u_5$$

mit Fehlern an den Stellen 2, 3 und 4, also

$$\boldsymbol{u_2} = c_2 + f_2, \boldsymbol{u_3} = c_3 + f_3 \text{ und } \boldsymbol{u_4} = c_4 + f_4, \text{ wobei}$$

f_2, f_3 und f_4 von Null verschieden sind. Damit können wir $\boldsymbol{u}$ folgendermaßen schreiben:

$$\boldsymbol{u} = (c_0, c_1, c_2, c_3, c_4, c_5) + (0, 0, f_2, f_3, f_4, 0) = \boldsymbol{c} + \boldsymbol{f}.$$

Das gesendete Wort $\boldsymbol{c}$ kann bei Kenntnis von $\boldsymbol{f}$ durch $\boldsymbol{u} - \boldsymbol{f}$ rekonstruiert werden.

Man nennt Vektoren $\boldsymbol{v}$ *Bündel* der Länge b, falls $\boldsymbol{v}$ *nur* an b aufeinanderfolgenden Stellen Eintragungen ungleich Null besitzt.

Nun gilt speziell für zyklische Codes C: Falls C das Bündel

$$\boldsymbol{v} = (0, 0, f_2, f_3, f_4, 0)$$

enthält, so enthält dieser Code wegen der Vertauschungsmöglichkeit auch das Bündel

$$(f_2, f_3, f_4, 0, 0, 0).$$

Denn

$$(0, 0, f_2, f_3, f_4, 0) \in C \Rightarrow (0, 0, 0, f_2, f_3, f_4) \in C \Rightarrow (f_4, 0, 0, 0, f_2, f_3) \in C$$

$$\Rightarrow (f_3, f_4, 0, 0, 0, f_2) \in C \Rightarrow (f_2, f_3, f_4, 0, 0, 0) \in C.$$

Allgemein gilt: Enthält ein zyklischer Code C ein Bündel

$$\boldsymbol{v} = (0, 0, \ldots, 0, v_i, v_{i+1}, \ldots, v_{i+b-1}, 0, \ldots, 0),$$

so enthält C auch das Bündel

$$(v_i, v_{i+1}, \ldots, v_{i+b-1}, 0, \ldots, 0).$$

Bei einem einzigen Bündelfehler der Länge b ist der Fehlervektor $\boldsymbol{f}$ des empfangenen Wortes $\boldsymbol{u}$ gleich dem Bündel

$$\boldsymbol{f} = \left(0, 0, \ldots, 0, f_i, f_{i+1}, \ldots, f_{i+b-1}, 0, \ldots, 0\right).$$

Dabei sind keine isolierten Fehler und keine weiteren Bündelfehler aufgetreten.

Es gilt:

Satz 6.5
Ein zyklischer (n, k)-Code C entdeckt alle Bündelfehler der Länge $b \leq (n - k)$, unabhängig von der Größe $d_{min}(C)$.

Beweis:

(1) Der Code C enthält kein Bündel der Länge $b \leq (n - k)$. Angenommen, das Bündel

$$\boldsymbol{v} = (0, 0, \ldots, 0, v_i, v_{i+1}, \ldots, v_{i+b-1}, 0, \ldots, 0)$$

liegt in C. Dann ist auch das Bündel

$$w := (v_i, v_{i+1}, \ldots, v_{i+b-1}, 0, \ldots, 0)$$

in C. Nun ist nach Satz 6.4 die Kontrollmatrix H des Codes C gegeben durch

$$H := \begin{pmatrix} 1 & h_{k-1} & \cdots & h_0 & 0 & 0 & 0 \\ 0 & 1 & h_{k-1} & \cdots & h_0 & 0 & 0 \\ & & & \vdots & & & \\ 0 & \cdots & 0 & 1 & h_{k-1} & \cdots & h_0 \end{pmatrix}.$$

Die b-te Zeile von H hat die Form

$$(0, 0, \ldots, 0, 1, h_{k-1}, \ldots, h_0, \ldots, 0)$$

mit $(b - 1)$ führenden Nullen. Dann ist die i-te Komponente von

$$Hw^T = (0v_i + 0v_{i+1} + \ldots + 0v_{i+b-2} + 1v_{i+b-1} + h_{k-1}0 + \ldots + h_0 0 + 0 + \ldots + 0) =$$

$$= 1v_{i+b-1} = v_{i+b-1} \neq 0.$$

Also läge $\boldsymbol{w}$ nach Definition der Kontrollmatrix nicht in C.

(2) Bei der Übertragung eines Codewortes $\boldsymbol{c}$ sei ein Bündelfehler der Länge b aufgetreten. Also wird das Wort $\boldsymbol{u} = \boldsymbol{c} + \boldsymbol{f}$ empfangen, wobei $\boldsymbol{f}$ ein Bündel der Länge $1 \leq b \leq (n - k)$ ist. Dann gilt:
$\boldsymbol{H}\boldsymbol{u}^T = \boldsymbol{H}(\boldsymbol{c} + \boldsymbol{f})^T = \boldsymbol{H}\boldsymbol{c}^T + \boldsymbol{H}\boldsymbol{f}^T = \boldsymbol{0} + \boldsymbol{H}\boldsymbol{f}^T \neq 0$, weil der Code kein Bündel der Länge $b \leq (n - k)$ enthält.

Damit ist $\boldsymbol{u}$ kein Codewort, und der Bündelfehler wird entdeckt.

∎

Anmerkung:
Nach der Singleton-Schranke gilt für den Minimalabstand eines (n, k)-Codes C mit $d_{min}(C) = d$ die Ungleichung

$$d \leq n - k + 1 \Leftrightarrow d - 1 \leq n - k.$$

Also können (n, k)-Codes im besten Fall $(n - k)$ Fehler und damit auch Bündelfehler der Länge $(n - k)$ entdecken. Dieser optimale Fall $(d - 1 = n - k)$ tritt nur bei MDS-Codes ein, die deshalb auch optimale Codes genannt werden (vgl. Kap. 3).

Dagegen entdecken zyklische (n, k)-Codes C immer Bündelfehler der Länge $(n - k)$, unabhängig von der Größe $d_{min}(C)$.

Man kann zeigen (vgl. Hauck, 2005, S. 98 ff.): Zu jedem $l \in \mathbb{N}$ gibt es einen *zyklischen Hamming-Code* $H_2(l)$ mit den Parametern $(2^l - 1, 2^l - 1 - l, 3)$. Obwohl $d_{min} = 3$ gilt, können diese zyklischen Hamming-Codes wegen $n - k = 2^l - 1 - (2^l - 1 - l) = l$ *beliebig lange Bündelfehler* entdecken.

Beispiel 6.11

(1) Der zyklische (7,4, 3)-Hamming-Code H_{bin} entdeckt Bündelfehler der Länge $n - k = 7 - 4 = 3$, obwohl $d - 1 = 3 - 1 = 2$ gilt.

(2) Der zyklische (11,6, 5)-Golay-Code G_{11} entdeckt Bündelfehler der Länge $n - k = 11 - 6 = 5$, obwohl $d - 1 = 5 - 1 = 4$ gilt.

(3) Der zyklische (23,12, 7)-Golay-Code G_{23} entdeckt Bündelfehler der Länge $n - k = 23 - 12 = 11$, obwohl $d - 1 = 7 - 1 = 6$ gilt.

6.3 Syndromdecodierung bei zyklischen Codes

Bei linearen Codes haben wir die Decodierung unter Verwendung der Kontrollmatrix beschrieben. Dabei wurden fehlerbehaftete Wörter an ihrem Syndrom erkannt. Bei zyklischen Codes finden wir zum Begriff der Kontrollmatrix ein analoges Werkzeug, das Kontrollpolynom. Es entsteht durch die Division von $(x^n - 1)$ durch das Generatorpolynom. Den Syndromen der Nebenklassenführer bei linearen Codes werden bei zyklischen Codes die Syndrome der Fehlerpolynome entsprechen.

Beispiel 6.12 Bezeichne

$$g(x) := g_0 + g_1 x + \ldots + g_{n-k-1} x^{n-k-1} + x^{n-k}$$

das Generatorpolynom eines zyklischen (n, k)-Codes C und

$$h(x) := h_0 + h_1 x + \ldots + h_{k-1} x^{k-1} + x^k$$

das Kontrollpolynom. Die Nachricht

$$\boldsymbol{m} = m_0 m_1 \ldots m_{k-1} \in \mathbb{K}^k$$

identifizieren wir mit

$$m(x) := m_0 + m_1 x + \ldots + m_{k-1} x^{k-1} \in \mathbb{K}[x]_k.$$

Dem Codewort $\boldsymbol{c} = c_0 c_1 \ldots c_{n-2} c_{n-1}$ entspricht das Polynom

$$c(x) := c_0 + c_1x + \ldots + c_{n-2}x^{n-2} + c_{n-1}x^{n-1} \in \mathbb{K}[x]_n,$$

wobei $c(x)$ nach der Polynomcodierung von der Form

$$c(x) = x^{n-k}m(x) - \left(x^{n-k}m(x)\right) \; mod \; g(x)$$

ist (vgl. Definition 5.1).

Für Codewörter $c(x)$ und nur sie gilt:

$$h(x) * c(x) = 0 \text{ oder } g(x) \text{ teilt } c(x).$$

Dies ist äquivalent zu

$$c(x) \; mod \; g(x) = 0.$$

Sei $u(x)$ ein empfangenes Wort. Es gilt:

$$u(x) \text{ fehlerhaft} \Leftrightarrow h(x) * c(x) \neq 0 \Leftrightarrow u(x) \; mod \; g(x) \neq 0.$$

Definition 6.3

Sei $p(x)$ ein Polynom aus $\mathbb{K}[x]$. Das Polynom

$$s_g(p(x)) := p(x) \; mod \; g(x)$$

heißt das *Syndrompolynom* von $p(x)$ bezüglich des Generatorpolynoms $g(x)$.

Anmerkung: Das empfangene Wort $u(x)$ ist genau dann fehlerhaft, wenn sein Syndrompolynom ungleich Null ist.

Es gilt: Ist $u(x) = c(x) + f(x)$ mit $c(x) \in C(x)$, dann folgt nach Gl. 6.1:

$$s_g(u(x)) = u(x) \; mod \; g(x) = (c(x) + f(x)) \; mod \; g(x) =$$

$$= c(x) \; mod \; g(x) + f(x) \; mod \; g(x) = 0 + f(x) \; mod \; g(x) = s_g(f(x)),$$

also

$$s_g(u(x)) = s_g(f(x)).$$

Das Syndrompolynom des empfangenen Wortes hängt nur vom Fehlerpolynom ab.

Satz 6.6
Sei C ein zyklischer Code mit der Fehlerkorrekturkapazität t^*. Alle Fehlerpolynome $f(x)$ mit dem Gewicht $w(f(x)) \leq t^*$ sind durch ihre Syndrompolynome $s_g(f(x))$ eindeutig bestimmt.

Beweis:
Seien $f(x)$ und $f'(x)$ zwei verschiedene Fehlerpolynome mit gleichem Syndrompolynom, also

$$s_g(f(x)) = s_g(f'(x)).$$

Dann sind die Reste von $f(x)$ und $f'(x)$ bei jeweiliger Division durch $g(x)$ gleich. Bei ihrer Differenzenbildung $f(x) - f'(x)$ heben sich die Reste auf und diese Differenz ist durch $g(x)$ teilbar. Also liegt $f(x) - f'(x)$ im Code $C(x)$. Jedes Codewort $\boldsymbol{c} \neq 0$ besitzt ein Gewicht $w(\boldsymbol{c}) \geq d$: Es ist

$$w(\boldsymbol{c}) = d(\boldsymbol{c}, 0) \geq d_{min}(C) =: d.$$

Beachte, dass wir anstelle von d_{min} verkürzt d schreiben. Nun sind nach Annahme $f(x)$ und $f'(x)$ verschieden, also $f(x) - f'(x) \neq 0$ und daher folgt $w(f(x) - f'(x)) \geq d$.
Nach Voraussetzung gilt:

$$w(f(x)) \leq t^* \text{ und } w(f'(x)) \leq t^* = \max\{t|2t + 1 \leq d\}.$$

Daher gilt:

$$w(f(x) - f'(x)) \leq t^* + t^* = 2t^* < 2t^* + 1 \leq d.$$

Also ist:

$$w(f(x) - f'(x)) < d.$$

Das ist ein Widerspruch zu

$$w(f(x) - f'(x)) \geq d.$$

Also sind die beiden Fehlerpolynome gleich. Zu jedem Syndrompolynom gibt es ein eindeutig bestimmtes Fehlerpolynom.

∎

Aus diesem Satz leitet sich folgender Decodieralgorithmus für zyklische Codes ab (vgl. Manz, 2017, S. 131).

Schreibe in einer Liste alle Polynome mit einem Gewicht kleiner gleich t^*an. Beginne mit Polynomen vom Gewicht 1: $1, x, x^2, \ldots, x^i, \ldots$dann Polynome vom Gewicht 2: $1 + x$, $1 + x^2, \ldots, x^l + x^m, \ldots \ldots$ zuletzt Polynome vom Gewicht t^*, also Polynome mit t^*Summanden.

(1) Zu jedem dieser Polynome bestimme man sein Syndrompolynom mittels Division durch $g(x)$. Nach obigem Satz ist die damit entstehende Liste umkehrbar eindeutig (verschiedene haben verschiedene Syndrome). Im binären Fall ergibt sich Tab. 6.1.

Diese Liste kann zahlreiche Eintragungen umfassen, muss aber für einen einzelnen Code nur einmal berechnet und gespeichert werden.

(2) Berechne für ein empfangenes Wort $u(x) = c(x) + f(x)$ sein Syndrom. Es ist $s_g(u(x)) = s_g(f(x))$.
(3) Suche in der gespeicherten Tabelle zu diesem Syndrom das eindeutig bestimmte Fehlerpolynom $f(x)$.

Wird ein solches $f(x)$ gefunden, so berechne $u(x) - f(x)$. Diese Differenz stellt die Korrektur von $u(x)$ dar.

(4) Findet man kein Fehlerpolynom, so weiß man, dass mehr als t^* Fehler aufgetreten sind. Das empfangene Wort $u(x)$wird nicht korrigiert (Prinzip der BD-Decodierung, vgl. Beispiel 3.6).

Tab. 6.1 Bestimmung der Syndrompolynome

$f(x)$ mit $w(f(x)) \leq t^*$	$s_g(f(x)) = f(x)\ mod\ g(x)$
1	1
x	x
$\vdots$	$\vdots$
x^i	x^i mit $i < grad\ g(x) = (n - k)$
$1 + x$	$(1 + x)\ mod\ g(x)$
$1 + x^2$	$(1 + x^2)\ mod\ g(x)$
$\vdots$	$\vdots$
$x^l + x^m$	$(x^l + x^m)\ mod\ g(x)$
$\vdots$	$\vdots$

Anmerkung: Dieses unter Umständen aufwändige Verfahren kann durch den Meggitt-Algorithmus (vgl. Manz, 2017, S. 132 f.) wesentlich verkürzt werden.

Beispiel 6.13 Der Code H_{bin} ist ein zyklischer (7,4, 3)-Hamming-Code und besitzt das Generatorpolynom

$$g(x) = 1 + x^2 + x^3.$$

Codiere die Nachricht $\boldsymbol{m} := 1001$ systematisch.

$$m(x) = 1 + x^3; c(x) = x^3m(x) + x^3m(x)\ mod\ g(x),$$

$$x^3m(x) = x^3 + x^6,$$

$$x^6 + x^3 = (x^3 + x^2 + 1) \cdot (x^3 + x^2 + x + 1) + (1 + x),$$

$$(x^6 + x^3)\ mod\ g(x) = 1 + x,$$

$$c(x) = (1 + x) + x^3 + x^6.$$

Also: $\boldsymbol{c} = 1101001$.

Beispiel 6.14 Empfangen wird $\boldsymbol{u} = 1101101$. Ein Fehler ist an der fünften Position aufgetreten. Für H_{bin} gilt $t^* = (3 - 1)/2 = 1$. Die Syndromtabelle ist in Tab. 6.2 gezeigt.

Es ist $u(x) = 1 + x + x^3 + x^4 + x^6$ und

$$1 + x + x^3 + x^4 + x^6 = (1 + x^2 + x^3) \cdot (x^2 + x^3) + (1 + x + x^2).$$

Daher gilt für das Syndrom:

Tab. 6.2 Noch eine Syndromtabelle

$f(x)$	$f(x)\ mod\ g(x)$
1	1
x	x
x^2	x^2
x^3	$1 + x^2$
x^4	$1 + x + x^2$
x^5	$1 + x$
x^6	$x + x^2$

$$s_g(u(x)) = 1 + x + x^2 = u(x) \; mod \; \left(1 + x^2 + x^3\right).$$

Diesem entspricht das Fehlerpolynom $f(x) = x^4$.
Das empfangene Wort wird korrigiert zu:

$$u(x) - f(x) = 1 + x + x^3 + x^6.$$

Damit ist $\boldsymbol{c} = 1101001$.
Anmerkung: Mithilfe des Kontrollpolynoms $h(x)$ kann folgende alternative Definition des Syndrompolynoms gegeben werden.

Definition 6.4
Sei $p(x) \in \mathbb{K}[x]$. Dann sei $s_h(p(x)) := h(x) * p(x)$.

Damit gilt wieder: Eine Nachricht $p(x)$ ist genau fehlerhaft, wenn sein Syndrompolynom von Null verschieden ist. Dabei gelten alle im Kapitel zur „Syndromdecodierung mit Matrizen" hergeleiteten Sätze und deren Beweise. Man ersetze dort die Kontrollmatrix H durch das Kontrollpolynom $h(x)$ und das Matrizenprodukt durch das „$*$"-Produkt.

Die bessere Effizienz der Syndromdecodierung mittels Polynomen beruht auf der im Vergleich zur Matrizen- und Vektorrechnung zusätzlichen Möglichkeit der Division mit Rest von Polynomen. Man vergleiche dazu die Syndromdecodierung mit Nebenklassenführern mit der Verwendung einer Syndromtabelle bei der Decodierung mit Polynomen.

Aufgaben

6.1: Codiere die Nachricht $\boldsymbol{m} := 1101$ systematisch. Nimm an, dass bei der Übertragung ein Fehler an der vierten Position von $\boldsymbol{c}$ aufgetreten ist. Ist $\boldsymbol{u}$ das empfangene Wort, so korrigiere es mit obigem Algorithmus (Abschn. 6.3).

6.2: Es wird $\boldsymbol{c} = 1101001$ gesendet und das Wort $\boldsymbol{u} = 1001011$ empfangen. Zeige, dass kein Fehlerwort gefunden werden kann (Abschn. 6.3).

6.3: Codiere die Nachricht $\boldsymbol{m} := 1101$ unter Verwendung der systematischen

$$\text{Generatormatrix } G = \begin{pmatrix} 1011000 \\ 1110100 \\ 1100010 \\ 0110001 \end{pmatrix} = (P|I_4).$$

Nimm an, dass an einer Position des empfangenen Wortes $\boldsymbol{u}$ ein Fehler aufgetreten ist. Decodiere $\boldsymbol{u}$ mittels der Syndromdecodierung (Abschn. 4.3) mit der zu G gehörenden Kontrollmatrix $H = (I_3|(-P)^T)$.

6.4: Codiere die Nachricht $\boldsymbol{m} := 1101$ unter Verwendung der Mengendiagramme (Abschn. 2.4). Decodiere das mit einem Fehler behaftete Wort $\boldsymbol{u}$ mit dem entsprechenden Decodierungsalgorithmus.

6.5: Fasse $H_{bin}(3)$ als Menge der 16 Codewörter $\{\boldsymbol{c}_1, \boldsymbol{c}_2, \ldots, \boldsymbol{c}_{16}\}$ auf. Decodiere das in Beispiel 6.4 mit einem Fehler behaftete Wort $\boldsymbol{u}$ durch Bestimmung der kleinsten Hamming-Distanz zu den 16 Codewörtern.

6.6: Betrachte das in Aufgabe 6.2 mit zwei Fehlern behaftete Wort $\boldsymbol{u} = 1001011$. Versuche die Decodierung mittels

a) Mengendiagramm,
b) Hamming-Decodierung (Bestimmung der Minimaldistanz),
c) Syndromdecodierung mit der Kontrollmatrix H.

6.4 CRC-Codes

Eine spezielle Form von zyklischen Codes stellen CRC-Codes dar. Im Kap. 5 haben wir dargelegt, dass es bei manchen Anwendungen genügt, Codes zu verwenden, die Fehler nur erkennen. Eine Fehlerkorrektur wäre vor allem zu aufwändig. Durch eine automatisierte Wiederholung der Datensendung wird ebenfalls eine zuverlässige Datenübertragung erzielt (ARQ-Verfahren, vgl. Kap. 3). Die Übertragungskanäle im Funkverkehr oder bei zahlreichen elektronischen Geräten sind so effizient, dass nur eine geringe Anzahl von Wiederholungssendungen notwendig ist. Wie in den Einführungsbeispielen gezeigt, werden bei diesen Codes an die Daten redundante Prüfbits angehängt oder vorangestellt. Damit kann man die Nachricht sofort aus dem Codewort ablesen (systematische Codierung). Nach Satz 6.5 eignen sich zyklische Codes wegen ihrer großen Erkennungsleistung bei Fehlerbündeln gut zur Konstruktion solcher Prüfbits.

Besonders zweckmäßig ist es, wenn das Prüfen auf Fehler (also die Division) mit demselben Polynom erfolgen kann, mit dem die Prüfbits erzeugt wurden. Die Berechnungen können dann mit demselben Schieberegister erfolgen.

Solche Prüfverfahren nennt man *CRC-Prüfverfahren* (Cyclic Redundancy Check).

Weil in der Praxis mit 0 und 1 gerechnet wird, stammen die Generatorpolynome aus $\mathbb{Z}_2[x]$.

Definition 6.5
(1) Ein *CRC-Polynom* ist ein Polynom $g(x) \in \mathbb{Z}_2[x]$ der Form:

$$g(x) = m(x) \text{ mit irreduziblem } m(x) \in \mathbb{Z}_2[x] \text{ oder}$$
$$g(x) = (x+1) \cdot m(x).$$

(2) Ein *CRC-Code* ist ein

(Fortsetzung)

Definition 6.5 (Fortsetzung)

(a) binärer zyklischer Code mit einem CRC-Polynom $g(x)$ als Generatorpolynom.
(b) Mit $g(x)$ wird systematisch codiert.
(c) Die Fehlererkennung erfolgt ebenfalls durch Division mit $g(x)$. Ist der Rest bei Division von Null verschieden, so erfolgt eine automatische Wiederholung der Sendung.

Anmerkung: Es gibt eine international genormte Liste von CRC-Polynomen (vgl. Manz, 2017, S. 137).

Satz 6.7 (Leistungspotential eines CRC-Codes)

(1) CRC-Codes mit einem Generatorpolynom $g(x)$ erkennen Bündelfehler bis zu einer Länge von $b \leq grad\ g(x)$.
(2) CRC-Codes mit einem Generatorpolynom $g(x) = (x + 1) \cdot m(x)$ erkennen darüber hinaus eine ungerade Anzahl von Fehlern.

Beweis:

(1) Ist $g(x)$ irreduzibel, so folgt die Behauptung aus Satz 5.2.
Derselbe Schluss kann auch für Generatorpolynome der Form $g(x) = (x + 1) \cdot m(x)$ angewendet werden, weil auch $(x + 1)$ als lineares Polynom irreduzibel ist. Zweimalige Anwendung der Irreduzibilitätseigenschaft (Satz A6.5) liefert denselben Widerspruch für $g(x)$ wie im Beweis zu Satz 5.2.
(2) Für ein Codewort $c(x) = g(x) \cdot h(x)$ gilt $c(1) = (1 + 1) \cdot m(1) \cdot h(1) = 0$. Für ein empfangenes (gespeichertes) Wort $u(x) = c(x) + f(x)$ folgt dann: $u(1) = c(1) + f(1) = 0 + f(1) = f(1) = 1$ in $\mathbb{Z}_2$, weil eine ungerade Anzahl von Fehlern aufgetreten ist. Wäre $g(x)$ ein Teiler von $u(x)$, dann wäre $u(x) = g(x) \cdot l(x) = (x + 1) \cdot m(x) \cdot l(x)$ und damit $u(1) = g(1) \cdot l(1) = (1 + 1) \cdot m(1) \cdot l(1) = 0$ im Widerspruch zu $u(1) = 1$. Damit gilt $g(x) \nmid u(x)$, und $u(x)$ wird als fehlerbehaftet erkannt.

■

Einige Anwendungen des CRC-Codes im Alltag (vgl. Manz, 2017, S. 140 ff.)

(1) **Standardschnittstelle USB** (**U**niversal **S**erial **B**us): Dateien (z. B. für den Drucker) werden durch Hinzufügen von 16 Prüfbits mittels des Polynoms CRC-16-IBM der Form

$$g(x) = x^{16} + x^{15} + x^2 + 1 = (x + 1) \cdot \left(x^{15} + x + 1\right)$$

geschützt. Damit der Code dadurch zyklisch ist, muss $g(x)$ ein Teiler von $(x^n - 1)$ sein. Das ist der Fall für $n = 2^{15} - 1 = 32767$.

Adresspakete umfassen nur wenige Bits, die durch das CRC-Polynom

$$g(x) = x^5 + x^2 + 1$$

geschützt werden. Es teilt $(x^n - 1)$ für $n = 2^5 - 1 = 31$. Der dadurch erzeugte CRC-Code ist ein $(31, 31 - 5 = 26)$-Code, der identisch mit dem $H_2(5)$-Code ist. Dies kann aus der Kontrollmatrix abgelesen werden.

(2) **Funkschnittstelle Bluetooth**:

Hier wird eine Kabelverbindung zwischen Geräten ersetzt. Neben mehreren Codierungen verschiedener Bereiche (u. a. wird ein 3-facher Wiederholungscode verwendet) wird der Nutzdatenbereich zur besonderen Sicherheit automatisch korrigiert (FEC-Verfahren, vgl. Kap. 3). Dazu wird ein CRC-Code C mit den Parametern (15,10) erzeugt. Das Generatorpolynom CRC-5-Bluetooth hat die Form

$$g(x) = (x + 1) \cdot \left(x^4 + x + 1\right) = x^5 + x^4 + x^2 + 1$$

und ist wegen

$$\left(x^{15} - 1\right) = \left(x^5 + x^4 + x^2 + 1\right) \cdot \left(x^{10} + x^9 + x^8 + x^6 + x^5 + x^2 + 1\right)$$

ein zyklischer Code, der mit dem Hamming-Code $H_2(4)$ identisch ist.

(3) **Kabelloses Funknetzwerk WLAN** (**W**ireless **L**ocal **A**rea **N**etwork):

In einem solchen Netzwerk kann man sich kabellos mit einem Smartphone bzw. Laptop mit dem Internet verbinden. Zur besonderen Sicherheit werden 32 Prüfbits verwendet, die vom CRC-32-Polynom $g(x)$ der Form

$$g(x) = x^{32} + x^{26} + x^{23} + x^{22} + x^{16} + x^{12} + x^{11} + x^{10} + x^8 + x^7 + x^5 + x^4 + x^2 + x + 1$$

erzeugt werden. Dieses irreduzible Generatorpolynom ist ein Teiler von $(x^n - 1)$ für $n = 2^{32} - 1$. Damit kann der CRC-Code Bündelfehler bis zu einer Länge von 32 erkennen.

Es erfordert einige Kenntnisse der Algebra, um die Irreduzibilität solch hochgradiger Polynome feststellen zu können (vgl. Wan, 2003, Kapitel 10).

(4) **Speicherchips: SD-Karten** (**S**ecure **D**igital Memory Card):

Daten werden auf eine Chipkarte übertragen und dort gespeichert. Diese kommen beispielhaft in Digitalkameras, GPS-Navigationsgeräten oder Mobiltelefonen zum Einsatz. Zur Sicherung von Kommandos und Datenpaketen werden die vom CRC-Code erzeugten Prüfbits angehängt. Für Kommandos genügen sieben Prüfbits, die von

$$g(x) = x^7 + x^3 + 1$$

bestimmt werden. Es teilt $(x^n - 1)$ für $n = 2^3 - 1 = 127$.

Nutzdaten erhalten 16 Prüfbits, die vom CRC-16-CCITT Polynom

$$g(x) = x^{16} + x^{12} + x^5 + 1 = (x + 1) \cdot \left(x^{15} + x^{14} + x^{13} + x^{12} + x^4 + x^3 + x^2 + x + 1\right)$$

erzeugt werden. Es teilt $(x^n - 1)$ für $n = 2^{15} - 1 = 32767$.

Reed-Solomon-Codes 7

Wir wenden uns nun den derzeit in Anwendungen weitverbreiteten Reed-Solomon-Codes (RS-Codes) zu. Sie zählen ebenfalls zu den Blockcodes. Weitere Codeentwicklungen stellen die sogenannten Faltungscodes und Turbocodes dar, auf die wir aus Platzgründen nicht eingehen können.

In den bisherigen Überlegungen haben wir beim Rechnen mit Polynomen die Operation Addition, Vervielfachung, Multiplikation und Division mit Rest verwendet. Die RS-Codes verwenden zu ihrer Konstruktion zusätzlich das Einsetzen von Körperelementen in ein Polynom $f(x)$ in einer „Unbestimmten" x. Dieses Einsetzen ist ein komplexer algebraischer Sachverhalt (vgl. Schafmeister & Wiebe, 1978, Kap. 24). Wir verwenden es in „naiver" Weise. Anstelle der Unbestimmten x wird ein Element aus einem Körper $(\mathbb{K}, +, \cdot)$ geschrieben. Da Polynome zu ihrer Konstruktion nur die Operationen $(+, \cdot)$ benützen, entstehen durch das Einsetzen wieder Körperelemente. Codewörter sind dann nicht mehr Polynome selbst, sondern Auswertungen von Polynomen an bestimmten Stellen des Körpers. Man spricht von *Auswertungscodes.*

Für das maschinelle Rechnen werden binäre Codes benötigt, also Codes über dem Körper $\mathbb{K} = \mathbb{Z}_2 = \{0, 1\}$. Allerdings kann man dann Polynome höchstens an den Stellen 0 oder 1 auswerten. Die entsprechenden Auswertungscodes besitzen daher nur die Länge 2 und sind in der Praxis kaum einsetzbar. In Anwendungen benötigt man jedoch Codes großer Länge, die darüber hinaus optimal (MDS-Codes) sein sollen. Binäre MDS-Codes gibt es aber außer speziellen Wiederholungscodes und speziellen Paritätsprüfungscodes nicht (vgl. Abschn. 3.4). Um die bei Anwendungen häufig auftretenden Bündelfehler korrigieren zu können, benötigt man wiederum zyklische Codes. Fasst man zusammen, so sollen praxisorientierte Codes linear, optimal (MDS) und zyklisch sein, sowie eine gute

H. Kautschitsch, G. Kadunz, *Elemente der Codierungstheorie*, Mathematik Primarstufe und Sekundarstufe I + II, https://doi.org/10.1007/978-3-662-67520-5_7

Informationsrate besitzen. Diese Eigenschaften erfüllen die RS-Codes, auf die wir zu Beginn dieses Kapitels eingehen.

Da die Güte eines Codes durch seinen Minimalabstand d wesentlich bestimmt ist, wird ein Reed-Solomon-Code eingeführt, der als Auswertungsstellen *alle* Elemente des Körpers verwendet, die von Null verschieden sind. Je „länger" ein Code ist, desto mehr Information und Redundanz liegt in den Codewörtern vor. Dies erfordert die Verwendung zahlreicher Auswertungsstellen und damit einen entsprechend großen endlichen Körper $\mathbb{K}$. Wählt man einen Körper mit $q = 2^m$ Elementen, so kann wegen der Vektordarstellung der Körperelemente über $\mathbb{Z}_2$ trotz der Größe des Körpers weiterhin nur mit 0 und 1 gerechnet werden. Auf das Problem der Zyklizität dieser $RS_q(d)$-Codes wird in unseren Überlegungen zuerst anhand von Experimenten unter Verwendung eines Körpers mit $8 = 2^3$ Elementen eingegangen. Daraus erzielte Beobachtungen werden dann allgemein formuliert und bewiesen. Diese $RS_q(d)$-Codes und deren Verkürzungen erweisen sich bei Anwendungen als besonders erfolgreich. Wir werden dies an zahlreichen Beispielen demonstrieren. Im Speziellen werden für den Unterrichtsgebrauch ein Mini-QR-Code und der Code für eine Mini-CD vorgestellt.

Die mathematischen Werkzeuge zum Verständnis der Begriffe Generator- und Kontrollmatrix bzw. Generator- und Kontrollpolynom sind elementar. Mit diesen Begriffen werden wir den PGZ-Decodieralgorithmus kennenlernen, der über einem endlichen Körper mit acht Elementen auch im Unterricht per Handrechnung vermittelbar ist.

Entscheidend für das Verständnis dieses Kapitels ist die Kenntnis elementarer Eigenschaften endlicher Körper. Dazu zählt neben der Darstellung der Elemente endlicher Körper auch die Beherrschung der notwendigen Operationen. Einen Lehrgang dazu bietet der Anhang dieses Buches, der im Wesentlichen nur den Satz von der Division mit Rest und die Linearkombinationsdarstellung des größten gemeinsamen Teilers benötigt.

Lernende erfahren das Rechnen in endlichen Körpern, können selbständig einen Mini-QR-Code erzeugen und für Anwendungen „maßgeschneiderte" Codes aus RS-Codes konstruieren.

Lehrende erhalten unter anderem Motivationen zur Präsentation der Begriffe Nullstelle eines Polynoms, zyklische Gruppe, Satz von Lagrange und Satz von Fermat, so wie primitive Elemente eines endlichen Körpers bzw. dessen Konstruktion.

7.1 Grundlagen (Codieren mit Polynomauswertungen)

Beispiel 7.1 Sei $f(x) \in \mathbb{K}[x]$, wobei $\mathbb{K}$ ein endlicher Körper ist, z. B. $\mathbb{K} = \mathbb{Z}_5 = \{0, 1, 2, 3, 4\}$.

Ist $f(x) := 2 + 3x + 4x^2 + x^3$, dann ist $f(1) = 2 + 3 + 4 + 1 = 0$ oder $f(3) = 2 + 4 + 1 + 2 = 4$ oder $f(4) = 2 + 2 + 4 + 4 = 2$ (Modulrechnung in $\mathbb{Z}_5$).

Wir bemerken, dass wir bei $\mathbb{K} = \mathbb{Z}_5$ höchstens fünf Werte einsetzen können. Es gibt damit höchstens fünf *Polynomauswertungen* pro Polynom.

Codewörter eines Codes C der Länge n über $\mathbb{K}$ sind n-Tupel mit Eintragungen aus dem Körper. Ein Codewort $\boldsymbol{c} \in C$ könnte man durch Einsetzen von n Elementen aus $\mathbb{K}$ in ein festes Polynom $f(x) \in \mathbb{K}[x]$ erzeugen. Es hat dann die Form

$$\boldsymbol{c} = (f(s_1), f(s_2), \ldots, f(s_n)) \text{ mit } St := \{s_1, s_2, \ldots, s_n\} \subset \mathbb{K}.$$

Man nennt St *Stützstellenmenge* oder *Menge der Einsetzungsstellen.*

Nun wollen wir demonstrieren, wie man mit Polynomauswertungen eine Nachricht codieren kann. Seien $\mathbb{K} = \mathbb{Z}_5$ und $\boldsymbol{m} = (2,3)$ eine Nachricht aus $\mathbb{K}_5^2$.

(1) Fasse $\boldsymbol{m}$ als Polynom $m(x)$ auf, wobei die Koeffizienten des Polynoms die Komponenten der Nachricht sind, also: $m(x) := 2 + 3x$.
Wir wollen $\boldsymbol{m}$ durch ein 3-Tupel codieren.
(2) Dazu benötigen wir drei Einsetzungsstellen, z. B. $St := \{1,3,4\}$.
(3) Wir setzen die Stellen in der Reihenfolge $s_1 = 1$, $s_2 = 3$, $s_3 = 4$ in das Polynom $m(x)$ ein: $m(1) = 0$, $m(3) = 1$, $m(4) = 4$.
(4) Das Codewort $\boldsymbol{c} \in \mathbb{K}^3$ ist durch die Polynomauswertungen an den Einsetzungsstellen $St = \{1,3,4\}$ gegeben: $\boldsymbol{c} := (m(1), m(3), m(4)) = (0,1,4)$.

Anmerkung: Hätte man die Elemente 1,3 und 4 in der Reihenfolge $s_1 = 3$, $s_2 = 4$ und $s_3 = 1$ in das Polynom eingesetzt, dann hätte man als Codewort

$$\boldsymbol{c}' := (m(3), m(4), m(1)) = (1,4,0) \in \mathbb{K}^3$$

erhalten. Wir bemerken, dass $\boldsymbol{c}'$ dieselben Komponenten wie $\boldsymbol{c}$ nur in anderer Reihenfolge enthält.

Damit ergibt sich folgender Algorithmus der *Codierung mittels Polynomauswertungen*: Man will eine Nachricht $\boldsymbol{m}$ der Länge k durch ein Codewort der Länge $n > k$ codieren.

(1) Identifiziere die Nachricht $\boldsymbol{m} = (m_0, m_1, \ldots, m_{k-1}) \in \mathbb{K}^k$ mit dem *Nachrichtenpolynom*

$$m(x) = m_0 + m_1 x + \ldots + m_{k-1} x^{k-1} \in \mathbb{K}[x]_k.$$

(2) Wähle n Einsetzungsstellen (Stützstellen) aus $\mathbb{K}$: $St = \{s_1, s_2, \ldots, s_n)$.
(3) Berechne die Polynomauswertungen $m(s_1)$, $m(s_2)$, ..., $m(s_n)$ von $m(x)$ an den Einsetzungsstellen s_1, s_2, ..., s_n.
(4) Das Codewort $\boldsymbol{c} \in \mathbb{K}^n$ ist durch die Polynomauswertungen an den Einsetzungsstellen durch $\boldsymbol{c} = (m(s_1), m(s_2), \ldots, m(s_n))$ gegeben.

Anmerkung: Verschiedene Auswahlen der Einsetzungsstellen aus St erzeugen zwar verschiedene Codewörter, aber sie enthalten dieselben Komponenten, nur in anderer

Reihenfolge. Dadurch ändert sich das Gewicht der Codewörter nicht. Außerdem erhält man stets gleich viele Codewörter. Nach Definition 4.5 sind daher alle Codes, die man mittels *St* bilden kann, zueinander äquivalent. Bezüglich des Leistungspotentials sind sie gleichwertig. Die Reihenfolge des Einsetzens spielt daher für das Leistungspotential keine Rolle. Daher darf *St* als Menge geschrieben werden.

Alle Codewörter der Länge n erhält man, wenn dieses Verfahren auf *alle* Nachrichten aus $\mathbb{K}^k$, also auf alle Polynome aus $\mathbb{K}[x]_k$, anwendet.

Wir geben daher folgende Definition:

Definition 7.1
Sei $\mathbb{K}$ ein endlicher Körper mit $|\mathbb{K}| = q$ und $k, n \in \mathbb{N}$ mit $1 \leq k \leq n \leq q$. Weiterhin seien $\mathbb{K}[x]$ die Menge aller Polynome in x über $\mathbb{K}$ und $\mathbb{K}[x]_k$ die Menge aller Polynome aus $\mathbb{K}[x]$ vom Grad kleiner als k. Mit $St := \{s_1, s_2, \ldots, s_n\} \subseteq \mathbb{K}$ heißt

$$RS(k, St) = \{(f(s_1), f(s_2), \ldots, f(s_n)) | \text{für } \textit{alle } f(x) \in \mathbb{K}[x]_k\}$$

verallgemeinerter *Reed-Solomon-Code* bezüglich der *Stützstellenmenge St.*

Solche Codes wurden zu Beginn der 1960er-Jahre von Irving S. Reed und Gustave Solomon entwickelt (vgl. Reed & Solomon, 1960).

Beispiel 7.2 Es seien $\mathbb{K} = \mathbb{Z}_5 = \{0, 1, 2, 3, 4\}$, $St := \{1, 2, 3\}$, also $n = 3$, und sei $k = 2$. Wir konstruieren $RS(2, St) = \{(f(s_1), f(s_2), f(s_3))\}$, wobei f alle Polynome aus $\mathbb{Z}_5[x]_2$ durchläuft.

$$\mathbb{Z}_5[x]_2 = \{0, 1, 2, 3, 4, x, 2x, 3x, 4x, 1 + x, 1 + 2x, 1 + 3x, 1 + 4x, 2 + x, 2 + 2x, 2 + 3x,$$

$$2 + 4x, 3 + x, 3 + 2x, 3 + 3x, 3 + 4x, 4 + x, 4 + 2x, 4 + 3x, 4 + 4x\}.$$

Man beobachtet:

(1) Für $f(x) = 0(x)$, das Nullpolynom, erhalten wir $(f(s_1), f(s_2), f(s_3)) = (f(1), f(2), f(3))$ $= \{0, 0, 0\}$, weil $0(1) = 0$, $0(2) = 0$, $0(3) = 0$.
(2) Für $f(x) = 2 + x$ erhalten wir $(f(s_1), f(s_2), f(s_3)) = (f(1), f(2), f(3)) = (3, 4, 5) = (3, 4, 0)$ in $\mathbb{Z}_5$.

Wir gehen systematisch vor und erhalten die Codewörter.
Einsetzen der Stützstellen in die konstanten Polynome $f(x) = 0, 1, 2, 3, 4$:

$$\{000, 111, 222, 333, 444\}.$$

Einsetzen der Stützstellen in die Polynome $f(x) = x, 2x, 3x, 4x$:

$$\{123,241,314,432\}.$$

Einsetzen der Stützstellen in die Polynome $f(x) = 1 + x,\ 1 + 2x,\ 1 + 3x,\ 1 + 4x$:

$$\{234,302,420,043\}.$$

Einsetzen der Stützstellen in die Polynome $f(x) = 2 + x,\ 2 + 2x,\ 2 + 3x,\ 2 + 4x$:

$$\{340,413,031,104\}.$$

Einsetzen der Stützstellen in die Polynome $f(x) = 3 + x,\ 3 + 2x,\ 3 + 3x,\ 3 + 4x$:

$$\{401,024,142,210\}.$$

Einsetzen der Stützstellen in die Polynome $f(x) = 4 + x,\ 4 + 2x,\ 4 + 3x,\ 4 + 4x$:

$$\{012,130,203,321\}.$$

Damit ist $RS(2, \{1,2,3\}) = \{000,111,222,333,444,123,241,314,432,234,302,420,043, 340,413,031,104,401,024,142,210,012,130,203,321\}$.

Wir beobachten weiterhin:

(1) $|RS(2, \{1,2,3\})| = 25 = 5^2 = |\mathbb{Z}_5[x]_2|$. Daraus folgt $dimRS(2, \{1,2,3\}) = 2$.
(2) Linearkombinationen von Codewörtern sind wieder Codewörter:

$$2(340) + 4(012) = (130) + (043) = (123) \in RS(2, \{1,2,3\}).$$

(3) Das Minimalgewicht $d_{min}(RS(2, \{1,2,3\})) = 2$.
(4) Der Code $RS(2, \{1,2,3\})$ ist ein MDS-Code, weil $d_{min} = n - k + 1$, also $2 = 3 - 2 + 1$.
(5) Der Code $RS(2, \{1,2,3\})$ ist nicht zyklisch:

$$314 \in RS(2, \{1,2,3\}), \text{aber } 431 \notin RS(2, \{1,2,3\}).$$

(6) Wir werden sehen, dass es Stützstellenmengen gibt, die zyklische Codes erzeugen (vgl. Satz 7.2 (1)).

Anstelle dieses Aufzählverfahrens ist die Beschreibung des Codes durch eine Generator- bzw. Kontrollmatrix oder durch ein Generator- bzw. Kontrollpolynom nützlich. Die obigen Beobachtungen werden im folgenden Satz allgemein formuliert und begründet.

Satz 7.1
Es gelten die gleichen Voraussetzungen wie in Definition 7.1.

(1) Der Code $RS(k, St)$ ist ein Linearcode C der Länge n mit $\dim(C) = k$.
(2) Der Code $RS(k, St)$ ist ein MDS-Code mit $d_{min}(C) = d = n - k + 1$.
(3) Die $(k \times n)$-Matrix

$$G := \begin{pmatrix} 1 & 1 & \cdots & 1 \\ s_1 & s_2 & \cdots & s_n \\ s_1^2 & s_2^2 & \cdots & s_n^2 \\ & & \vdots & \\ s_1^{k-1} & s_2^{k-1} & \cdots & s_n^{k-1} \end{pmatrix} \text{ ist eine Generatormatrix von } RS(k, St).$$

Beweis:

(1) Es ist $(f(s_1), f(s_2), \ldots, f(s_n)) \in \mathbb{K}^n$ und damit ist $RS(k, St) \subseteq \mathbb{K}^n$ und hat die Länge n. Der Code $RS(k, St)$ ist bis auf die Reihenfolge der Komponenten und damit bis auf Äquivalenz eindeutig bestimmt.

Der Code $RS(k, St)$ ist linear:
Seien $\boldsymbol{c} = (f(s_1), f(s_2), \ldots, f(s_n))$ und $\boldsymbol{c}' = (f'(s_1), f'(s_2), \ldots, f'(s_n))$ mit $f(x), f'(x) \in \mathbb{K}[x]_k$ und $\lambda \in \mathbb{K}$.
Dann folgt unter Verwendung von : $(f + f')(s_i) = f(s_i) + f'(s_i)$:

$$\begin{aligned} \boldsymbol{c} + \boldsymbol{c}' &= (f(s_1), f(s_2), \ldots, f(s_n)) + (f'(s_1), f'(s_2), \ldots, f'(s_n)) = \\ &= (f(s_1) + f'(s_1), f(s_2) + f'(s_2), \ldots, f(s_n) + f'(s_n)) = \\ &= ((f + f')(s_1), (f + f')(s_2), \ldots, (f + f')(s_n)) \in RS(k, St), \end{aligned}$$

weil $(f + f')(x) \in \mathbb{K}[x]_k$, da grad $(f + f')(x) < k$ gilt.

$$\lambda \boldsymbol{c} = \lambda(f(s_1), f(s_2), \ldots, f(s_n)) = ((\lambda f)(s_1)), (\lambda f)(s_2)), \ldots, (\lambda f)(s_n)) \in RS(k, St),$$

weil $(\lambda f)(x) \in \mathbb{K}[x]_k$, da grad $(\lambda f)(x) < k$ ist.
Zuletzt zeigen wir, dass $\dim(RS(k, St)) = k$ gilt.
Dazu betrachten wir die Abbildung $\alpha : \mathbb{K}[x]_k \rightarrow RS(k, St)$ mit

$$\alpha(f(x)) := (f(s_1), f(s_2), \ldots, f(s_n)).$$

Die Abbildung α ist injektiv. Seien $f(x)$ und $g(x)$ zwei verschiedene Polynome aus $\mathbb{K}[x]_k$. Angenommen:

$$\alpha(f(x)) = \alpha(g(x)) \Rightarrow (f(s_1), f(s_2), \ldots, f(s_n)) = (g(s_1), g(s_2), \ldots, g(s_n))$$

$$\Rightarrow f(s_1) = g(s_1), f(s_2) = g(s_2), \ldots, f(s_n) = g(s_n)$$

$$\Rightarrow f(s_1) - g(s_1) = 0, f(s_2) - g(s_2) = 0, \ldots, f(s_n) - g(s_n) = 0$$

$$\Rightarrow (f - g)(s_1) = 0, (f - g)(s_2) = 0, \ldots, (f - g)(s_n) = 0.$$

Damit besitzt $(f - g)(x)$ genau n verschiedene Nullstellen $s_1, s_2, \ldots, s_n$. Nun ist aber wegen grad $f(x) < k$ und grad $g(x) < k$ auch grad $(f - g)(x) < k \leq n$.

Der Grad von $(f - g)(x)$ ist also kleiner als n, damit kann das Polynom $(f - g)(x)$ nicht n verschiedene Nullstellen besitzen (vgl. Satz A6.5). Also muss $\alpha(f(x)) \neq \alpha(g(x))$ sein. Damit ist α injektiv.

Die Abbildung α ist surjektiv. Sei $\boldsymbol{c} \in RS(k, St)$, dann gibt es ein Polynom $f(x) \in K[x]_k$ mit

$$\boldsymbol{c} = (f(s_1), f(s_2), \ldots, f(s_n)).$$

Damit gilt

$$\alpha(f(x)) = (f(s_1), f(s_2), \ldots, f(s_n)) = \boldsymbol{c}.$$

Insgesamt ist die Abbildung α bijektiv, und daher gilt $|\mathbb{K}[x]_k| = |RS(k, St)|$. Wegen $|\mathbb{K}[x]_k| = q^k$ ist auch $|RS(k, St)| = q^k$, und damit ist die Anzahl der Nachrichtenzeichen gleich k, und $\dim(RS(k, St))$ ist ebenfalls gleich k.

(2) Wir zeigen $d = n - k + 1 = n - (k - 1)$.

Sei $\boldsymbol{0} \neq \boldsymbol{c} \in RS(k, St)$. Dann gibt es ein Polynom $f(x) \in \mathbb{K}[x]_k$ mit

$$\boldsymbol{c} = (f(s_1), f(s_2), \ldots, f(s_n)).$$

Wegen grad $f(x) \leq (k - 1)$, besitzt $f(x)$ höchstens $k - 1$ Nullstellen (vgl. Satz A6.5). Dies bedeutet, dass unter den Komponenten von $\boldsymbol{c}$ höchstens $k - 1$ Nullen und damit mindestens

$n - (k - 1)$ Komponenten ungleich Null auftreten können. Also ist das Gewicht $w(\boldsymbol{c}) \geq n - k + 1$, und damit ist das Minimum aller Gewichte $d_{min}(RS(k, St)) \geq n - k + 1$.

Nun konstruieren wir ein Codewort mit dem Gewicht $n - k + 1$.

Sei

$$g(x) := (x - s_1)(x - s_2) \ldots (x - s_{k-1}) \in \mathbb{K}[x]_k$$

ein Polynom mit genau $k - 1$ Nullstellen. Es ist $g(s_1) = \ldots = g(s_{k-1}) = 0$. Sei

$$\boldsymbol{c}' := (g(s_1), g(s_2), \ldots, g(s_n)) \in RS(k, St).$$

Das Codewort enthält genau $k - 1$ Nullen, also ist $w(\boldsymbol{c}') = n - (k - 1)$. Es gibt also ein Codewort mit dem Gewicht $n - k + 1$. Da bei linearen Codes der Minimalabstand der Codewörter gleich dem minimalem Gewicht seiner Codewörter (vgl. Satz 4.4 (2)) ist, gilt:

$$d_{min}(C) = d = n - k + 1.$$

Damit ist $RS(k, St)$ ein MDS-Code bzw. ein optimaler Code.

(3) Seien

$$z_0 := (1, 1, \ldots, 1), \quad z_1 := (s_1^1, s_2^1, \ldots, s_n^1), \quad z_2 := ({s_1}^2, {s_2}^2, \ldots, {s_n}^2), \ldots$$

$$z_{k-1} := ({s_1}^{k-1}, {s_2}^{k-1}, \ldots, {s_n}^{k-1}).$$

Nach Satz 4.5 ist $G := \begin{pmatrix} z_0 \\ \vdots \\ z_{k-1} \end{pmatrix}$ Generatormatrix von $RS(k, St)$ genau dann, wenn $RS(k, St) = \{\boldsymbol{m}G | \boldsymbol{m} \in \mathbb{K}^k\}$.

Sei $C := \{\boldsymbol{m}G | \boldsymbol{m} \in \mathbb{K}^k\}$. Wegen der Linksmultiplikation der Matrix G mit $\boldsymbol{m}$ gilt, dass C die Menge der Linearkombinationen der Zeilen von G ist (vgl. Anhang 10.4). Also

$$C = \langle z_0, z_1, \ldots, z_{k-1} \rangle.$$

Wir zeigen, dass $C = RS(k, St)$ gilt. Sei

$$\boldsymbol{c} \in C \Longrightarrow \boldsymbol{c} = a_0 \boldsymbol{z}_0 + a_1 \boldsymbol{z}_1 + \ldots + a_{k-1} \boldsymbol{z}_{k-1} \; mit \; a_i \in \mathbb{K}.$$

Dann ist das Polynom

$$f(x) := a_0 + a_1 x + \ldots + a_{k-1} x^{k-1} \in \mathbb{K}[x]_k$$

und $\boldsymbol{c}$ kann mit diesem Polynom folgendermaßen dargestellt werden:

$$\boldsymbol{c}^T = a_0 \boldsymbol{z}_0^T + a_1 \boldsymbol{z}_1^T + \ldots + a_{k-1} \boldsymbol{z}_{k-1}^T = a_0 \begin{pmatrix} 1 \\ \vdots \\ 1 \end{pmatrix} + a_1 \begin{pmatrix} s_1 \\ \vdots \\ s_n \end{pmatrix} + \ldots + a_{k-1} \begin{pmatrix} {s_1}^{k-1} \\ \vdots \\ {s_n}^{k-1} \end{pmatrix} =$$

$$= \begin{pmatrix} a_0 + a_1 s_1 + \ldots + a_{k-1} {s_1}^{k-1} \\ \vdots \\ a_0 + a_1 s_n + \ldots + a_{k-1} {s_n}^{k-1} \end{pmatrix} = \begin{pmatrix} f(s_1) \\ \vdots \\ f(s_n) \end{pmatrix} \Longrightarrow \boldsymbol{c} \in RS(k, St).$$

Sei umgekehrt $\boldsymbol{d} \in RS(k, St)$. Nach Definition von $RS(k, St)$ existiert ein Polynom

$$g(x) := g_0 + g_1 x + \ldots + g_{k-1} x^{k-1}$$

mit $g(x) \in \mathbb{K}[x]_k$, und es gilt nach Definition:

$$\boldsymbol{d}^T = \begin{pmatrix} g(s_1) \\ \vdots \\ g(s_n) \end{pmatrix} = \begin{pmatrix} g_0 + g_1 s_1 + \ldots + g_{k-1} {s_1}^{k-1} \\ \vdots \\ g_0 + g_1 s_n + \ldots + g_{k-1} {s_n}^{k-1} \end{pmatrix} = g_0 \begin{pmatrix} 1 \\ \vdots \\ 1 \end{pmatrix} + g_1 \begin{pmatrix} s_1 \\ \vdots \\ s_n \end{pmatrix} + \ldots$$

$$+ g_{k-1} \begin{pmatrix} {s_1}^{k-1} \\ \vdots \\ {s_n}^{k-1} \end{pmatrix} =$$

$$= g_0 \boldsymbol{z}_0^T + g_1 \boldsymbol{z}_1^T + \ldots + g_{k-1} \boldsymbol{z}_{k-1}^T.$$

Damit ist

$$\boldsymbol{d} = \boldsymbol{d}^{TT} = g_0 \boldsymbol{z}_0^{TT} + g_1 \boldsymbol{z}_1^{TT} + \ldots + g_{k-1} \boldsymbol{z}_{k-1}^{TT} = g_0 \boldsymbol{z}_0 + g_1 \boldsymbol{z}_1 + \ldots + g_{k-1} \boldsymbol{z}_{k-1} \in C.$$

Insgesamt folgt $C = RS(k, St)$.

■

Anmerkung: Sei $\mathbb{K}$ ein Körper mit q Elementen, also $|\mathbb{K}| = q$. Die in der Praxis verwendeten *RS*-Codes benützen als Stützstellen *alle* Elemente des Körpers $\mathbb{K}$, die von Null verschieden sind, $St = \mathbb{K}^* := \mathbb{K} \setminus \{0\}$. Damit ist die Länge eines Codewortes $n = q - 1$, also $|\mathbb{K}| = q = n + 1$. Soll daher die Wortlänge n groß sein, muss bei *RS*-Codes die Anzahl q der Körperelemente groß sein.

Anstelle der Dimension k des Codes gibt man dessen Minimalabstand d vor, um eine günstige Fehlerkorrekturkapazität zu erreichen. Die $RS(k, St)$-Codes sind nach obigem Satz MDS-Codes. Also gilt:

$$d = n - k + 1 \Leftrightarrow k = (n+1) - d \Leftrightarrow k = q - d.$$

Insgesamt erhält man einen $(q - 1, q - d, d)$-Code. Man spricht von einem $RS_q(d)$-Code.

Definition 7.2
Der Reed-Solomon-Code $RS_q(d)$ über dem endlichen Körper $\mathbb{K}$ mit q Elementen, dem Minimalabstand d und $\{s_1, \ldots, s_{q-1}\} = \mathbb{K}^* = \mathbb{K}\backslash\{0\}$ ist der Code

$$RS_q(d) := RS(q-d, \mathbb{K}^*) = \left\{ \left(f(s_1), \ldots, f(s_{q-1})\right) | f(x) \in \mathbb{K}[x]_{q-d} \right\}.$$

Anmerkungen:
(1) Der $RS_q(d)$-Code ist ein MDS-Code mit den Parametern $(n, k, d) = (q - 1, q - d, d)$. Der $RS_q(d)$-Code ist jener verallgemeinerte *RS*-Code, der alle Elemente ungleich Null des Körpers $\mathbb{K}$ als Stützstellen enthält. Der Code $RS_q(d)$ heißt *spezieller Reed-Solomon-Code*.
(2) Ein endlicher Körper $\mathbb{K}$ mit q Elementen besitzt ein erzeugendes primitives Element α mit $\mathbb{K}^* = \mathbb{K}\backslash\{0\} = \{1, \alpha, \alpha^2, \ldots, \alpha^{q-2}\}$ und $\alpha^{q-1} = 1$ (vgl. Satz A7.2 (4)). Wenn man für die $(q - 1)$ Stützstellen die Elemente $\{1, \alpha, \alpha^2, \ldots, \alpha^{q-2}\}$ aus $\mathbb{K}^*$ verwendet, so entsteht eine Generatormatrix G des $RS_q(d)$-Codes der Form

$$G := \begin{pmatrix} 1 & 1 & \cdots & 1 \\ 1 & \alpha & \cdots & \alpha^{q-2} \\ 1 & \alpha^2 & \cdots & (\alpha^{q-2})^2 \\ & & \vdots & \\ 1 & \alpha^{k-1} & \cdots & (\alpha^{q-2})^{k-1} \end{pmatrix}. \tag{7.1}$$

Beispiel 7.3 Wir betrachten den $RS_5(2)$-Code. Im Gegensatz zum Einführungsbeispiel sei nun die Stützstellenmenge $St = \mathbb{Z}_5^* = \{1, 2, 3, 4\}$. Also ist die Wortlänge $n = 4 = 5 - 1$. Weiterhin gilt $d_{min} = d = 2$ und daher $k = n - d + 1 = 3$. Damit enthält der Code $5^3 = 125$ Worte. Anstelle der umfangreichen Aufzählung wird unter Verwendung des gezeigten Satzes 7.1 die Generatormatrix G angegeben:

$$G := \begin{pmatrix} 1 & 1 & 1 & 1 \\ 1 & 2 & 3 & 4 \\ 1 & 4 & 4 & 1 \end{pmatrix}.$$

Es folgt:

$$RS_5(2) = \{(f(1), f(2), f(3), f(4)) | f(x) \in \mathbb{Z}_5[x]_3\} = \{\boldsymbol{m}G | \boldsymbol{m} \in \mathbb{Z}_5^3\}.$$

Der Code $RS_5(2)$ ist nicht zyklisch: $1234 \in RS_5(2)$, da 1234 zweite Zeile von G ist, aber $4123 \notin RS_5(2)$, weil es kein $\boldsymbol{m} = m_1m_2m_3$ mit $\boldsymbol{m}G = (4,1,2,3)$ gibt. Wäre $(m_1, m_2, m_3) \begin{pmatrix} 1 & 1 & 1 & 1 \\ 1 & 2 & 3 & 4 \\ 1 & 4 & 4 & 1 \end{pmatrix} = (4, 1, 2, 3)$, dann ist nach den Rechenregeln in $\mathbb{Z}_5$:

$$\begin{aligned} m_1 + m_2 + m_3 &= 4 \\ m_1 + 2m_2 + 4m_3 &= 1 \\ m_1 + 3m_2 + 4m_3 &= 2 \\ m_1 + 4m_2 + m_3 &= 3 \end{aligned} \quad\Leftrightarrow\quad \begin{aligned} m_1 + m_2 + m_3 &= 4, \\ m_2 + 3m_3 &= 2, \\ m_3 &= 2, \\ 0 &= 1. \end{aligned}$$

Es ergibt sich ein Widerspruch. Also gilt $4123 \notin RS_5(2)$.

Verwenden wir zur Konstruktion des Codes $RS_5(2)$ die Stützstellen in einer anderen Reihenfolge, $s_1 := 1$, $s_2 := 2$, $s_3 := 4$ und $s_4 = 3$, dann entsteht eine neue Generatormatrix

$$G' := \begin{pmatrix} 1 & 1 & 1 & 1 \\ 1 & 2 & 4 & 3 \\ 1 & 4 & 1 & 4 \end{pmatrix}.$$

Die zweite Zeile von G' ist 1243, daher ist $\boldsymbol{c} := 1243$ ein Codewort. Wir vertauschen zyklisch und erhalten $\boldsymbol{c}' := 3124$. Ist $\boldsymbol{c}'$ wieder ein Codewort?

$$(m_1, m_2, m_3) \begin{pmatrix} 1 & 1 & 1 & 1 \\ 1 & 2 & 4 & 3 \\ 1 & 4 & 1 & 4 \end{pmatrix} = (3, 1, 2, 4).$$

$$\begin{aligned} m_1 + m_2 + m_3 &= 3 \\ m_1 + 2m_2 + 4m_3 &= 1 \\ m_1 + 4m_2 + m_3 &= 2 \\ m_1 + 3m_2 + 4m_3 &= 4 \end{aligned} \quad\Leftrightarrow\quad \begin{aligned} m_1 + m_2 + m_3 &= 3, \\ m_2 + 3m_3 &= 3, \\ m_3 &= 0, \\ 0 &= 0. \end{aligned}$$

Aus $m_3 = 0$ folgt $m_2 = 3$ und $m_1 = 0$. Das Wort 3124 ist Codewort von $RS_5(2)$.

Probieren wir es mit einer Linearkombination der Zeilen von G', z. B. $\boldsymbol{c} = 2z_1 + 3z_2 + z_3 = 1200$. Dann ist auch das aus $\boldsymbol{c}$ durch zyklische Vertauschung entstandene Wort $\boldsymbol{c}' := 0120$ ein Codewort von $RS_5(2)$. Man kann vermuten, dass die Zyklizität von der Reihenfolge der Stützstellen abhängt. Außerdem sind die Stützstellen von Null verschieden und Potenzen ein und desselben Elementes (vgl. Satz A7.2 (4)). Im Beispiel ist dies 2, und es entsteht die Menge $\{2^1 = 2, 2^2 = 4, 2^3 = 3, 2^4 = 1\}$. Das Element 2 ist eine primitive Einheitswurzel von $\mathbb{K} = \mathbb{Z}_5$ bzw. ein primitives Element von $\mathbb{K} = \mathbb{Z}_5$ (vgl. Bsp. A7.2).

Beobachtung: Im Fall $St_1 = \{1,2,3,4\} = \{1, \alpha, \alpha^3, \alpha^2\}$ entstand kein zyklischer Code. Im Fall $St_2 = \{1,2,4,3\} = \{1, \alpha, \alpha^2, \alpha^3\}$ entstand ein zyklischer Code. Bei St_2 sind die Stützstellen die Potenzen des erzeugenden bzw. primitiven Elementes α in *aufsteigender* Reihenfolge, in St_1 dagegen nicht in aufsteigender Reihenfolge.

Vermutung: Es entsteht ein zyklischer $RS_5(2)$-Code, falls man als Stützstellenmenge die Menge der Potenzen eines erzeugenden Elementes $\alpha \in \mathbb{K}$ in aufsteigender Reihenfolge wählt.

Beispiel 7.4 Wir betrachten den $RS_4(2)$-Code über $\mathbb{K}_4$. Für diesen Code gilt:

$$|\ \mathbb{K}_4\ | = q = 2^2 = 4, n = q - 1 = 3, k = n - d + 1 = 3 - 2 + 1 = 2.$$

Es gibt also $q^2 = 16$ Codewörter, und $RS_4(2)$ ist ein (3,2,2)-Code. Dafür werden wir wieder eine Generatormatrix bestimmen.

Wie in Beispiel A7.1 dargestellt, kann man den Körper $\mathbb{K}_4 := \{0, 1, \alpha, \alpha + 1\}$ mit den in Abbildung 7.1 gezeigten Verknüpfungstafeln angeben (α ist erzeugendes Element von $\mathbb{K}_4$ mit $\alpha^2 = \alpha + 1$ und $\alpha^3 = 1$).

Wegen $1 + 1 = 0$ ist wieder die „binäre" Rechnung möglich. Für ($\mathbb{K}_4$, +, ·) gelten die üblichen Regeln eines Körpers. Die Menge der Stützstellen sei $\mathbb{K}^* = \{1, \alpha, \alpha + 1\} = \{1, \alpha, \alpha^2\}$ und die Generatormatrix G ist nach Gl. 7.1

$$G = \begin{pmatrix} 1 & 1 & 1 \\ 1 & \alpha & \alpha^2 \end{pmatrix} = \begin{pmatrix} 1 & 1 & 1 \\ 1 & \alpha & \alpha + 1 \end{pmatrix}.$$

Wir codieren $\boldsymbol{m} = 11$ zu $\boldsymbol{c} = \boldsymbol{m}G = (1,1)G = (0,1 + \alpha, \alpha)$.

+	0	1	α	$\alpha+1$
0	0	1	α	$\alpha+1$
1	1	0	$\alpha+1$	α
α	α	$\alpha+1$	0	1
$\alpha+1$	$\alpha+1$	α	1	0

·	0	1	α	$\alpha+1$
0	0	0	0	0
1	0	1	α	$\alpha+1$
α	0	α	$\alpha+1$	1
$\alpha+1$	0	$\alpha+1$	1	α

Abb. 7.1 Körper mit vier Elementen

Ist der $RS_4(2)$-Code zyklisch? Falls ja, dann müsste z. B. $(\alpha, 0{,}1 + \alpha) \in RS_4(2)$ sein. Das ist tatsächlich der Fall, denn:

$$(m_1, m_2)G = (m_1 + m_2, m_1 + \alpha m_2, m_1 + (\alpha + 1)m_2) = (\alpha, 0, 1 + \alpha).$$

Dann folgt:

$$\begin{aligned} m_1 + m_2 &= \alpha, \\ m_1 + \alpha \cdot m_2 &= 0, \\ m_1 + (\alpha + 1) \cdot m_2 &= 1 + \alpha. \end{aligned}$$

Wir erhalten als Lösung $m_1 = 1$ und $m_2 = \alpha + 1$. Bei deren Bestimmung wurden die obigen Verknüpfungstafeln verwendet. Aus den ersten beiden Gleichungen können m_1 und m_2 berechnet werden: $m_1 = \alpha - m_2$. Einsetzen in die zweite Gleichung ergibt $\alpha - m_2 + \alpha m_2 = 0$, also $m_2(\alpha - 1) = -\alpha$. Damit folgt, wenn man $-1 = 1$ (wegen $1 + 1 = 0$) und $-\alpha = \alpha$ (wegen $\alpha + \alpha = \alpha \cdot (1 + 1) = \alpha \cdot 0 = 0$) berücksichtigt:

$$m_2 = -\alpha/(\alpha - 1) = \alpha/(\alpha + 1) = \alpha \cdot (\alpha + 1)^{-1} = \alpha \cdot \alpha = \alpha + 1 = 1 + \alpha.$$

Diese m_1, m_2 erfüllen auch die dritte Gleichung:

$$m_1 + (\alpha + 1) \cdot m_2 = 1 + (\alpha + 1)(\alpha + 1) = 1 + \alpha.$$

Beispiel 7.5 Wir betrachten den $C = RS_8(5)$-Code über $\mathbb{K}_8$. Siehe dazu Beispiel A7.3. Im Gegensatz zum vorigen Beispiel verwenden wir die Potenzdarstellung (vgl. Beispiel A7.4).

$$\mathbb{K}_8 := \{0, 1, \alpha, \alpha^2, \alpha^3, \alpha^4, \alpha^5, \alpha^6\} \text{ mit } \alpha^7 = 1 \text{ und } \alpha^i \neq 1 \text{ für } i < 7.$$

Zusätzlich gilt für dieses α die Relation: $\alpha^3 = \alpha + 1$. Damit ist die Angabe einer Verknüpfungstafel nicht notwendig.

Für diesen Code gilt:

$$|\mathbb{K}_8| = q = 2^3 = 8, n = q - 1 = 7, k = n - d + 1 = 7 - 5 + 1 = 3.$$

Es gibt also $q^3 = 512$ Codewörter, und $RS_8(5)$ ist ein $(7,3,5)$-Code.

Nach Satz 7.1 ist die Dimension des Codes C gleich $q - d = 8 - 5 = 3$. Eine Generatormatrix kann nach Gl. 7.1 wie folgt angegeben werden:

$$G := \begin{pmatrix} 1 & 1 & 1 & 1 & 1 & 1 & 1 \\ 1 & \alpha & \alpha^2 & \alpha^3 & \alpha^4 & \alpha^5 & \alpha^6 \\ 1 & \alpha^2 & \alpha^4 & \alpha^6 & \alpha & \alpha^3 & \alpha^5 \end{pmatrix}.$$

Im Satz 7.2 werden wir sehen, dass der Code C mit dieser Generatormatrix zyklisch ist. Überprüfe dies an einem Beispiel.

Für α gilt $\alpha^7 = 1$, $\alpha^i \neq 1$ für $i < 7$ und $\alpha^3 = \alpha + 1$.

Es ist $\boldsymbol{c} := 1\alpha\alpha^2\alpha^3\alpha^4\alpha^5\alpha^6$ ein Codewort, weil $\boldsymbol{c}$ gleich der zweiten Zeile von G ist. Im Falle der Zyklizität von C müsste $\boldsymbol{c}' := \alpha^6 1\alpha\alpha^2\alpha^3\alpha^4\alpha^5$ auch ein Codewort sein.

Falls dies gilt, so findet man ein $\boldsymbol{m} := m_1m_2m_3$ mit $\boldsymbol{m}G = \boldsymbol{c}'$. Dies ist der Fall, wie eine zum Beispiel 7.4 analoge Rechnung zeigt.

Insgesamt liegt $\boldsymbol{c}'$ in C, und $RS_8(5)$ scheint mit dieser Stützstellenverteilung zyklisch zu sein.

Beispiel 7.6 Mit einer anderen Stützstellenverteilung ist $RS_8(5)$ nicht mehr zyklisch. Sei die Generatormatrix G' von der Form:

$$G' := \begin{pmatrix} 1 & 1 & 1 & 1 & 1 & 1 & 1 \\ \alpha^5 & \alpha^4 & \alpha & \alpha^2 & \alpha^3 & \alpha^6 & 1 \\ \alpha^3 & \alpha & \alpha^2 & \alpha^4 & \alpha^6 & \alpha^5 & 1 \end{pmatrix}.$$

Die Stützstellenmenge enthält die Potenzen nicht mehr in aufsteigender Reihenfolge.

$\boldsymbol{c} := \alpha^5\alpha^4\alpha\alpha^2\alpha^3\alpha^6 1$ ist als zweite Zeile in G' ein Codewort, aber das Wort

$\boldsymbol{c}' := 1\alpha^5\alpha^4\ \alpha\alpha^2\alpha^3\alpha^6$ liegt nicht in C. Andernfalls gibt es ein $\boldsymbol{m} = m_1m_2m_3$ mit $\boldsymbol{m}G' = \boldsymbol{c}'$. Aus den ersten drei der sieben Gleichungen können m_1, m_2 und m_3 eindeutig berechnet werden. Setzt man dies in die vierte Gleichung ein, so entsteht ein Widerspruch. Der von G' erzeugte Code ist also nicht zyklisch.

Anmerkung: Die Rechnungen in diesen Beispielen verwenden alle Elemente des $\mathbb{K}_8$ bzw. des $\mathbb{K}_4$. Im allgemeinen Fall müsste man alle p^m Elemente eines Körpers $\mathbb{K}_{p^m}$ einsetzen. Ein Computer verwendet grundsätzlich nur zwei Elemente. Daher haben wir in vielen Überlegungen und Anwendungen nur Codes über $\mathbb{Z}_2 = \{0,1\}$ betrachtet. Allerdings kann damit nur ein unbrauchbarer RS-Code mit Wortlänge $|\mathbb{Z}_2 - 1| = 1$ konstruiert werden. Ein Körper $\mathbb{K}$ mit $|\mathbb{K}| = 2^m$ ermöglicht RS-Codes mit der Wortlänge $2^m - 1$. Ein Körper mit 2^m Elementen kann jedoch auch als m-dimensionaler Vektorraum über $\mathbb{Z}_2$ aufgefasst werden. Damit kann jedes Körperelement des $\mathbb{K}_{2^m}$ als m-Tupel mit Komponenten aus $\mathbb{Z}_2$ dargestellt werden (vgl. Satz A7.1). So kann man doch, wenn auch auf Umwegen, wieder mit $\{0,1\}$ rechnen.

Satz 7.2
Seien $\mathbb{K}$ ein endlicher Körper mit $q \geq 3$ Elementen und $n := q - 1$. Seien $d \in \mathbb{N}$ mit $2 \leq d \leq n - 1$, und α eine primitive n-te Einheitswurzel von $\mathbb{K}$.

Sei C der $(q - 1, q - d, d) - RS_q(d)$-Code zur Stützstellenmenge $St := \{1, \alpha, \alpha^2, \ldots, \alpha^{n-1}\}$ in der Reihenfolge der *aufsteigenden* Potenzen von α.
Dann gelten folgende Eigenschaften:

(1) Der Code $RS_q(d)$ mit der Stützstellenmenge $St := \{1, \alpha, \alpha^2, \ldots, \alpha^{n-1}\}$ in aufsteigender Reihenfolge der Potenzen von α ist zyklisch.

(2) Die Matrix $G := \begin{pmatrix} 1 & 1 & 1 & \cdots & 1 \\ 1 & \alpha & \alpha^2 & \cdots & \alpha^{(n-1)} \\ 1 & \alpha^2 & (\alpha^2)^2 & \cdots & (\alpha^{(n-1)})^2 \\ & & \vdots & & \\ 1 & \alpha^{(n-d)} & (\alpha^2)^{(n-d)} & \cdots & (\alpha^{(n-1)})^{(n-d)} \end{pmatrix}$

ist eine Generatormatrix von C.

(3) Die Matrix $H := \begin{pmatrix} 1 & \alpha & \alpha^2 & \cdots & \alpha^{(n-1)} \\ 1 & \alpha^2 & (\alpha^2)^2 & \cdots & (\alpha^{(n-1)})^2 \\ 1 & \alpha^3 & (\alpha^2)^3 & \cdots & (\alpha^{(n-1)})^3 \\ & & \vdots & & \\ 1 & \alpha^{(d-1)} & (\alpha^2)^{(d-1)} & \cdots & (\alpha^{(n-1)})^{(d-1)} \end{pmatrix}$

ist eine Kontrollmatrix von C.

(4) Das Polynom $g(x) := (x - \alpha)(x - \alpha^2)\ldots(x - \alpha^{d-1})$ ist das Generatorpolynom des Codes C.

(5) Das Polynom $h(x) := (x - \alpha^d)(x - \alpha^{d+1})\ldots(x - \alpha^n)$ ist das Kontrollpolynom von C.

Beweis:

(1) Nach Definition 7.2 ist

$$C = RS_q(d) = \left\{ \left(f(1), f(\alpha), f(\alpha^2), \ldots, f(\alpha^{q-2})\right) \mid f(x) \in \mathbb{K}[x]_{q-d} \right\}.$$

Seien $\boldsymbol{c} = (f(1), f(\alpha), f(\alpha^2), \ldots, f(\alpha^{q-2})) \in C$ und $\boldsymbol{c}'$ die zyklische Vertauschung von $\boldsymbol{c}$, also

$$\boldsymbol{c}' = \left(f(\alpha^{q-2}), f(1), f(\alpha), \ldots, f(\alpha^{q-3})\right).$$

Setze $f^*(x) := f(\alpha^{q-2}x)$. Da der Grad gleich bleibt, ist $f^*(x) \in \mathbb{K}[x]_{q-d}$.

Wegen $\alpha^{q-1} = 1$ gilt:

$$f^*(\alpha^i) = f(\alpha^{q-2} \cdot \alpha^i) = f(\alpha^{q-2+i}) = f(\alpha^{q-1+i-1}) = f(\alpha^{q-1} \cdot \alpha^{i-1}) = f(1 \cdot \alpha^{i-1}) = f(\alpha^{i-1}).$$

Oder $f(\alpha^{i-1}) = f^*(\alpha^i)$ für $i = 1, \ldots, (q-1)$. Insbesondere ist $f(1) = f(\alpha^{q-1}) = f^*(\alpha^q)$. Insgesamt erhalten wir

$$c' = (f(\alpha^{q-2}), f(1), f(\alpha), \ldots, f(\alpha^{q-3})) = (f^*(\alpha^{q-1}), f^*(\alpha^q), f^*(\alpha^2), \ldots, f^*(\alpha^{q-2})) =$$

$=(f^*(1), f^*(\alpha), f^*(\alpha^2), \ldots, f^*(\alpha^{q-2}))$ für ein Polynom $f^*(x) \in \mathbb{K}[x]_{q-d}$.
Also ist $\mathbf{c}' \in C$, und C ist ein zyklischer Code.
Zusammenfassend halten wir mit Satz 7.1 (2) fest:
C ist ein zyklischer *MDS*-Code mit den Parametern $(n, k, d) = (q-1, q-d, d)$.
Daher gilt $k - 1 = q - d - 1 = q - 1 - d = n - d$, also $k - 1 = n - d$ bzw. $d - 1 = n - k$.

(2) Nach Satz 7.1 (3) ist die angegebene Matrix G eine Generatormatrix von C für

$$s_1 = 1, s_2 = \alpha, \ldots, s_n = \alpha^{n-1} = \alpha^{q-2}.$$

Dabei verwenden wir nach Satz 7.1 (2), dass C ein *MDS*-Code ist. Also gilt $k - 1 = n - d$.

(3) H ist eine $((d-1) \times n) = ((n-k) \times n)$-Matrix. Damit ist der Rang von H höchstens gleich $(n-k)$, also $rg(H) \leq (n-k)$. Die Matrix U, bestehend aus den ersten $(n-k) = (d-1)$ Zeilen und Spalten von H, besitzt nur linear unabhängige Zeilen. Die Eintragungen $\alpha, \alpha^2, \ldots, \alpha^{d-1}$ sind wegen der Primitivität von α paarweise verschieden. Da die Transponierte U^T eine Vandermondesche Matrix ist, sind alle Zeilen von U^T linear unabhängig (vgl. Beispiel A5.8). Da Spaltenrang gleich Zeilenrang gilt, sind auch alle Spalten linear unabhängig (vgl. Satz A5.8). Damit sind auch alle Zeilen von U linear unabhängig, und der Rang von H ist mindestens $(n-k)$, also $rg(H) \geq (n-k)$. Insgesamt folgt $rg(H) = (n-k)$.

Nun zeigen wir: $GH^T = O$. Nach Satz 4.8 ist dann H eine Kontrollmatrix von C. Es ist

$$G := \begin{pmatrix} 1 & 1 & 1 & \cdots & 1 \\ 1 & \alpha & \alpha^2 & \cdots & \alpha^{(n-1)} \\ 1 & \alpha^2 & (\alpha^2)^2 & \cdots & (\alpha^{(n-1)})^2 \\ & & \vdots & & \\ 1 & \alpha^{(n-d)} & (\alpha^2)^{(n-d)} & \cdots & (\alpha^{(n-1)})^{(n-d)} \end{pmatrix} = \begin{pmatrix} 1 & 1 & 1 & \cdots & 1 \\ 1 & \alpha & \alpha^2 & \cdots & \alpha^{(n-1)} \\ 1 & \alpha^2 & (\alpha^2)^2 & \cdots & (\alpha^{(n-1)})^2 \\ & & \vdots & & \\ 1 & \alpha^{(k-1)} & (\alpha^2)^{(k-1)} & \cdots & (\alpha^{(n-1)})^{(k-1)} \end{pmatrix}$$

und wegen $d - 1 = n - k$

$$H^T = \begin{pmatrix} 1 & 1 & 1 & \cdots & 1 \\ \alpha & \alpha^2 & \alpha^3 & \cdots & \alpha^{(n-k)} \\ \alpha^2 & (\alpha^2)^2 & (\alpha^2)^3 & \cdots & (\alpha^2)^{(n-k)} \\ & & \vdots & & \\ \alpha^{(n-1)} & (\alpha^{(n-1)})^2 & (\alpha^{(n-1)})^3 & \cdots & (\alpha^{(n-1)})^{(n-k)} \end{pmatrix}.$$

Wir berechnen die $(i+1, j)$-Eintragung E von GH^T für $i = 0, \ldots, (k-1)$ und $j = 1, \ldots, (n-k)$. Dann gilt für $i + j$:

$$\left.\begin{matrix} 0 \le i \le k-1 \\ 1 \le j \le n-k \end{matrix}\right\} + \quad \Rightarrow 1 \le i + j \le n - 1.$$

Weil α eine primitive n-te Einheitswurzel ist, gilt: $\alpha^n = 1$ und $\alpha^{i+j} \neq 1 \Leftrightarrow \alpha^{i+j} - 1 \neq 0$.

$$E = (i+1) - \text{te Zeile von G mal } j - te \text{ Spalte von } H^T =$$

$$= \left(1, \alpha^i, (\alpha^2)^i, \ldots, (\alpha^{n-1})^i\right) \begin{pmatrix} 1 \\ \alpha^j \\ (\alpha^2)^j \\ \vdots \\ (\alpha^{n-1})^j \end{pmatrix} = 1 \cdot 1 + \alpha^i \alpha^j + (\alpha^2)^i (\alpha^2)^j + \ldots$$

$$+ (\alpha^{n-1})^i (\alpha^{n-1})^j =$$

$$= 1 + \alpha^i \alpha^j + (\alpha^i)^2 (\alpha^j)^2 + \ldots + (\alpha^i)^{(n-1)} (\alpha^j)^{(n-1)} = 1 + \alpha^i \alpha^j + (\alpha^i \alpha^j)^2 + \ldots$$

$$+ (\alpha^i \alpha^j)^{(n-1)} =$$

$$= 1 + \alpha^{i+j} + \left(\alpha^{i+j}\right)^2 + \ldots + \left(\alpha^{i+j}\right)^{(n-1)} = \frac{\left(\alpha^{i+j}\right)^n - 1}{\alpha^{i+j} - 1} = \frac{\left(\alpha^n\right)^{i+j} - 1}{\alpha^{i+j} - 1} = \frac{1-1}{\alpha^{i+j} - 1} = 0.$$

Dabei haben wir die Summenformel für geometrische Reihen verwendet: $1 + x + x^2 + \ldots + x^{n-1} = \frac{x^n - 1}{x-1}$ für $x \neq 1$.

(4) Wir beweisen nun, dass $g(x) := (x - \alpha)(x - \alpha^2)\ldots(x - \alpha^{d-1})$ ein Generatorpolynom von C ist. Zunächst zeigen wir, dass $\alpha, \alpha^2, \ldots, \alpha^{n-k} = \alpha^{d-1}$ gemeinsame Nullstellen aller Codewörter sind.

Sei $\boldsymbol{c} := (c_0, c_1, \ldots, c_{n-1}) \in C$. Wir identifizieren $\boldsymbol{c}$ mit dem Codewortpolynom $c(x) := c_0 + c_1 x + \ldots + c_{n-1} x^{n-1}$. Ist H eine Kontrollmatrix von C, dann ist $H\boldsymbol{c}^T = \boldsymbol{0}$.

$$H\boldsymbol{c}^T = \begin{pmatrix} 1 & \alpha & \alpha^2 & \cdots & \alpha^{(n-1)} \\ 1 & \alpha^2 & (\alpha^2)^2 & \cdots & \left(\alpha^{(n-1)}\right)^2 \\ 1 & \alpha^3 & (\alpha^2)^3 & \cdots & \left(\alpha^{(n-1)}\right)^3 \\ & & \vdots & & \\ 1 & \alpha^{(d-1)} & (\alpha^2)^{(d-1)} & \cdots & \left(\alpha^{(n-1)}\right)^{(d-1)} \end{pmatrix} \boldsymbol{c}^T =$$

$$= \begin{pmatrix} 1 & \alpha & \alpha^2 & \cdots & \alpha^{(n-1)} \\ 1 & \alpha^2 & (\alpha^2)^2 & \cdots & (\alpha^2)^{(n-1} \\ 1 & \alpha^3 & (\alpha^3)^2 & \cdots & (\alpha^3)^{(n-1)} \\ & & \vdots & & \\ 1 & \alpha^{(d-1)} & \left(\alpha^{(d-1)}\right)^2 & \cdots & \left(\alpha^{(d-1)}\right)^{(n-1)} \end{pmatrix} \begin{pmatrix} c_0 \\ c_1 \\ c_2 \\ \vdots \\ c_{n-1} \end{pmatrix} =$$

$$= \begin{pmatrix} c_0 + c_1\alpha + \ldots + c_{n-1}\alpha^{(n-1)} \\ c_0 + c_1\alpha^2 + \ldots + c_{n-1}(\alpha^2)^{(n-1)} \\ c_0 + c_1\alpha^3 + \ldots + c_{n-1}(\alpha^3)^{(n-1)} \\ \vdots \\ c_0 + c_1\alpha^{(d-1)} + \ldots + c_{n-1}\left(\alpha^{(d-1)}\right)^{(n-1)} \end{pmatrix} = \begin{pmatrix} c(\alpha) \\ c\left(\alpha^2\right) \\ c(\alpha^3) \\ \vdots \\ c\left(\alpha^{(d-1)}\right) \end{pmatrix} = \begin{pmatrix} 0 \\ 0 \\ 0 \\ \vdots \\ 0 \end{pmatrix}.$$

Also sind $\alpha, \alpha^2, \ldots, \alpha^{n-k} = \alpha^{d-1}$ gemeinsame Nullstellen aller Codewörter.

Nach Satz 6.2 ist das Generatorpolynom $g(x)$ von C das eindeutig bestimmte normierte Polynom mit minimalem Grad $m = n - k = d - 1$. Nun ist $g(x)$ auch ein Codewortpolynom und besitzt daher die Nullstellen $\alpha, \alpha^2, \ldots, \alpha^{n-k} = \alpha^{d-1}$. Nach Satz A6.3 ist $g(x)$ durch die Linearfaktoren $(x - \alpha), (x - \alpha^2), \ldots, (x - \alpha^{d-1})$ teilbar. Also gilt:

$$g(x) = (x - \alpha) \cdot \left(x - \alpha^2\right) \cdot \ldots \cdot \left(x - \alpha^{d-1}\right) \cdot t(x)$$

mit $t(x) \in \mathbb{K}[x]$. Da $grad\ g(x) = d - 1$, gilt:

$$g(x) = (x-\alpha)\cdot\left(x-\alpha^2\right)\cdot\ldots\cdot\left(x-\alpha^{d-1}\right)\cdot t_0 \quad \text{mit } t_0 \in \mathbb{K}.$$

Nun ist $g(x)$ normiert, daher muss $t_0 = 1$ gelten, und es folgt die Behauptung.

(5) Nun zeigen wir: Das Polynom $h(x) := (x - \alpha^d)(x - \alpha^{d+1})\ldots(x - \alpha^n)$ ist das Kontrollpolynom von C.

Nach Satz 6.2 (4) ist $g(x)$ ein Teiler von $(x^n - 1)$ in $\mathbb{K}[x]$ bezüglich der „gewöhnlichen" Multiplikation. Für primitive n-Einheitswurzeln α gilt nach Definitin A7.1 $\alpha^n - 1 = 0$ und $\alpha^i \neq 1$ für $0 < i < n$. Damit sind die Potenzen α^i Nullstellen von $x^n - 1$, denn

$$\alpha^n = 1, \left(\alpha^i\right)^n = (\alpha^n)^i = 1 \text{ für } i = 1, \ldots, n.$$

Darüber hinaus sind diese Nullstellen paarweise verschieden. Wäre für $i, j \in \{1, \ldots n\}$ und i > j auch $\alpha^i = \alpha^j$, dann wäre $\frac{\alpha^i}{\alpha^j} = 1 = \alpha^{i-j}$ und $0 < i - j < n$. Dies ist ein Widerspruch zur Primitivität (vgl. Definition A7.1).

Damit ist das Polynom $x^n - 1$ durch die n Linearfaktoren $(x - \alpha), \ldots, (x - \alpha^n)$ teilbar. Wegen der Normiertheit von $x^n - 1$ folgt (vgl. die Folgerung zu Satz A6.5):

$$x^n - 1 = (x-\alpha)\cdot\left(x-\alpha^2\right)\cdot\ldots\cdot\left(x-\alpha^{d-1}\right)\cdot\left(x-\alpha^d\right)\cdot\ldots\cdot(x-\alpha^n).$$

Nach Satz 6.2 (5) gilt für das Kontrollpolynom $h(x)$:

$$h(x) = \frac{x^n-1}{g(x)} = \frac{(x-\alpha)\cdot(x-\alpha^2)\cdot\ldots\cdot\left(x-\alpha^{d-1}\right)\cdot\left(x-\alpha^d\right)\cdot\ldots\cdot(x-\alpha^n)}{(x-\alpha)\cdot(x-\alpha^2)\cdot\ldots\cdot\left(x-\alpha^{d-1}\right)} =$$

$$= \left(x-\alpha^d\right)\cdot\ldots\cdot(x-\alpha^n).$$

■

Anmerkung: Mithilfe der Kontrollmatrix H kann ebenfalls die Zyklizität des Codes $C = RS_q(d)$ gezeigt werden.

Sei $\boldsymbol{c} = (c_0, c_1, \ldots, c_{n-2}, c_{n-1}) \in RS_q(d)$. Dann gilt:

$$\begin{pmatrix} 1 & \alpha & \cdots & \alpha^{(n-2)} & \alpha^{(n-1)} \\ 1 & \alpha^2 & \cdots & \left(\alpha^{(n-2)}\right)^2 & \left(\alpha^{(n-1)}\right)^2 \\ & & \vdots & & \\ 1 & \alpha^{(d-1)} & \cdots & \left(\alpha^{(n-2)}\right)^{(d-1)} & \left(\alpha^{(n-1)}\right)^{(d-1)} \end{pmatrix} \begin{pmatrix} c_0 \\ c_1 \\ \vdots \\ c_{n-2} \\ c_{n-1} \end{pmatrix} = \begin{pmatrix} 0 \\ 0 \\ \vdots \\ 0 \\ 0 \end{pmatrix}$$

$$\begin{aligned}
c_0 + c_1\alpha + \ldots + c_{n-2}\alpha^{(n-2)} + c_{n-1}\alpha^{n-1} &= 0 && \cdot\alpha \\
c_0 + c_1\alpha^2 + \ldots + c_{n-2}\left(\alpha^{(n-2)}\right)^2 + c_{n-1}\left(\alpha^{n-1}\right)^2 &= 0 && \cdot\alpha^2 \\
&\vdots \\
c_0 + c_1\alpha^{(d-1)} + \ldots + c_{n-2}\left(\alpha^{(n-2)}\right)^{(d-1)} + c_{n-1}\left(\alpha^{(n-1)}\right)^{(d-1)} &= 0 && \cdot\alpha^{(d-1)}
\end{aligned}$$

$$\begin{aligned}
c_0\alpha + c_1\alpha^2 + \ldots + c_{n-2}\alpha^{(n-1)} + c_{n-1}\alpha^n &= 0 \\
c_0\alpha^2 + c_1\alpha^{2+2} + \ldots + c_{n-2}\left(\alpha^{(n-2)}\right)^{2+2} + c_{n-1}\left(\alpha^{n-1}\right)^{2+2} &= 0 \\
&\vdots \\
c_0\alpha^{(d-1)} + c_1\alpha^{(d-1)+(d-1)} + \ldots + c_{n-2}\left(\alpha^{(n-2)}\right)^{(d-1)+(d-1)} &= 0 \\
+c_{n-1}\left(\alpha^{(n-1)}\right)^{(d-1)+(d-1)} &= 0
\end{aligned}$$

$$\begin{aligned}
c_0\alpha + c_1\alpha^2 + \ldots + c_{n-2}\alpha^{(n-1)} + c_{n-1}\alpha^n &= 0 \\
c_0\alpha^2 + c_1\left(\alpha^2\right)^2 + \ldots + c_{n-2}\left(\alpha^{(n-1)}\right)^2 + c_{n-1}\left(\alpha^n\right)^2 &= 0 \\
&\vdots \\
c_0\alpha^{(d-1)} + c_1\left(\alpha^2\right)^{(d-1)} + \ldots + c_{n-2}\left(\alpha^{(n-1)}\right)^{(d-1)} + c_{n-1}\left(\alpha^n\right)^{(d-1)} &= 0
\end{aligned}$$

Nun ist $\alpha^n = 1$. Wir stellen nach dem Kommutativgesetz der Addition den letzten Summanden, der keinen Faktor α enthält, an die erste Position.

$$\begin{aligned}
1c_{n-1} + c_0\alpha + c_1\alpha^2 + \ldots + c_{n-2}\alpha^{(n-1)} &= 0 \\
1c_{n-1} + c_0\alpha^2 + c_1\left(\alpha^2\right)^2 + \ldots + c_{n-2}\left(\alpha^{(n-1)}\right)^2 &= 0 \\
&\vdots \\
1c_{n-1} + c_0\alpha^{(d-1)} + c_1\left(\alpha^2\right)^{(d-1)} + \ldots + c_{n-2}\left(\alpha^{(n-1)}\right)^{(d-1)} &= 0
\end{aligned}$$

$$\begin{pmatrix}
1 & \alpha & \cdots & \alpha^{(n-2)} & \alpha^{(n-1)} \\
1 & \alpha^2 & \cdots & \left(\alpha^{(n-2)}\right)^2 & \left(\alpha^{(n-1)}\right)^2 \\
 & & \vdots & & \\
1 & \alpha^{(d-1)} & \cdots & \left(\alpha^{(n-2)}\right)^{(d-1)} & \left(\alpha^{(n-1)}\right)^{(d-1)}
\end{pmatrix}
\begin{pmatrix} c_{n-1} \\ c_0 \\ \vdots \\ c_{n-3} \\ c_{n-2} \end{pmatrix}
=
\begin{pmatrix} 0 \\ 0 \\ \vdots \\ 0 \\ 0 \end{pmatrix}.$$

Also gilt $\mathbf{c}' = (c_{n-1}, c_0, c_1, \ldots, c_{n-2}) \in RS_q(d)$, und $RS_q(d)$ ist zyklisch.

7.2 Decodieren bei zyklischen RS-Codes (PGZ-Decodierung)

Für kleine Wortlängen genügt die Syndromdecodierung. Für große Wortlängen gibt es Decodierverfahren, die besser sind, als die für jeden Polynomcode mögliche Syndromdecodierung. In den Jahren 1960 und 1961 entwickelten W. Peterson, D. Gorenstein und N. Zierler (vgl. Manz, 2017, S. 166) das nach ihnen benannte PGZ-Decodierverfahren. Vor allgemeinen Überlegungen zu diesen Verfahren orientieren wir uns an einem Beispiel.

Beispiel 7.7 Sei $C := RS_7(5)$ über dem Körper $\mathbb{K}:=\mathbb{Z}_7 = \{0, 1, 2, 3, 4, 5, 6\}$, der von $\alpha = 3$ erzeugt wird:

$$\alpha^1 = 3, \alpha^2 = 2, \alpha^3 = 6, \alpha^4 = 4, \alpha^5 = 5, \alpha^6 = 1.$$

Also ist α eine primitive 6-te Einheitswurzel. Damit sind $\mathbb{K}^* := \mathbb{Z}_7 \setminus \{0\} = \{3, 3^2, 3^3, 3^4, 3^5, 1\}$ und $|\mathbb{K}| = q = 7$. Weiterhin gilt $n = q - 1 = 6$. Der Minimalabstand $d = 5$ ist vorgegeben, und der Code C kann damit bis zu $t^* = \lfloor (d - 1)/2 \rfloor = 2$ Fehler korrigieren.

Die Dimension k von C ist durch $k = n - d + 1 = 2$ gegeben.

Damit C zyklisch wird, wählen wir für die $(q - 1) = 6$ Stützstellen die Potenzen von α in aufsteigender Reihenfolge: $St = \{1,3,2,6,4,5\} = \{1,3,3^2,3^3,3^4,3^5\}$.

Also erhalten wir für die Kontrollmatrix

$$H := \begin{pmatrix} 1 & 3 & 3^2 & 3^3 & 3^4 & 3^5 \\ 1 & 3^2 & (3^2)^2 & (3^2)^3 & (3^2)^4 & (3^2)^5 \\ 1 & 3^3 & (3^3)^2 & (3^3)^3 & (3^3)^4 & (3^3)^5 \\ 1 & 3^4 & (3^4)^2 & (3^4)^3 & (3^4)^4 & (3^4)^5 \end{pmatrix} = \begin{pmatrix} 1 & 3 & 2 & 6 & 4 & 5 \\ 1 & 2 & 4 & 1 & 2 & 4 \\ 1 & 6 & 1 & 6 & 1 & 6 \\ 1 & 4 & 2 & 1 & 4 & 2 \end{pmatrix}.$$

Wegen $k = 2$ ist die Generatormatrix G bestimmt durch

$$G := \begin{pmatrix} 1 & 1 & 1 & 1 & 1 & 1 \\ 1 & 3 & 2 & 6 & 4 & 5 \end{pmatrix}.$$

Sei $\boldsymbol{c} := (c_0, c_1, c_2, c_3, c_4, c_5) = (2,2,2,2,2,2) \in$ C ein gesendetes Codewort. Es gilt $Hc^T = \mathbf{0}$.

Wir nehmen allgemein an, dass höchstens $2 = t^*$ Fehler auftreten. Es werde z. B. $\boldsymbol{u} := (2,2,2,4,2,5)$ empfangen. Also sind zwei Fehler, nämlich an den Positionen $3 =: i_1$ und $5 =: i_2$, aufgetreten. Dabei beginnen wir die Zählung bei Null!

Der Fehlervektor $\boldsymbol{f}$ ist gegeben durch

$$\boldsymbol{f} := \boldsymbol{u} - \boldsymbol{c} = (f_0, f_1, f_2, f_3, f_4, f_5) = (0,0,0,2,0,3).$$

Also gilt $f_3 = 2$ und $f_5 = 3$.

Die Menge der Stellen, an denen Fehler aufgetreten sind, bezeichnet man als Träger *Tr(f)*. Im vorliegenden Fall ist $Tr(f) = \{3{,}5\}$.

Dass $\boldsymbol{u}$ fehlerbehaftet ist, bemerkt man an seinem Syndrom:

$$\boldsymbol{s}^T := (s_1, s_2, s_3, s_4) = H\boldsymbol{u}^T = \begin{pmatrix} 1 & 3 & 2 & 6 & 4 & 5 \\ 1 & 2 & 4 & 1 & 2 & 4 \\ 1 & 6 & 1 & 6 & 1 & 6 \\ 1 & 4 & 2 & 1 & 4 & 2 \end{pmatrix} \begin{pmatrix} 2 \\ 2 \\ 2 \\ 4 \\ 2 \\ 5 \end{pmatrix} = \begin{pmatrix} 6 \\ 0 \\ 2 \\ 1 \end{pmatrix} \neq \boldsymbol{0}.$$

Das empfangene Wort $\boldsymbol{u}$ könnte man decodieren, wenn man das Fehlerwort $\boldsymbol{f}$ kennen würde. Allerdings ist nur das Syndrom von $s(\boldsymbol{u})$ bekannt. Gleichzeitig wissen wir aber, dass $Hf^T = H\boldsymbol{u}^T = s(\boldsymbol{u})$ gilt. Das lineare Gleichungssystem vom Rang 4 in 6 Unbekannten kann nicht eindeutig gelöst werden (vgl. Abschn. 10.5.2). Für den Fall, dass die Positionen der Fehler im empfangenen Wort bekannt sind, müsste ein überbestimmtes System gelöst werden, weil an den korrekten Positionen der Wert im Syndrom gleich Null ist. Bei großen Wortlängen ist das Lösen dieses Gleichungssystems rechenaufwändig.

In den nächsten Überlegungen werden wir zeigen, dass bei Kenntnis der Fehlerpositionen aus dem Träger *Tr(f)* das Fehlerwort $\boldsymbol{f}$ eindeutig berechnet werden kann. Wir formulieren daher folgende

Strategie: Berechne *Tr(f)* und suche ein Verfahren $Tr(f) \longrightarrow f$.

Im Beispiel 7.7 gilt $Tr(f) = \{i_1, i_2\} = \{3{,}5\}$. Diese Positionen findet man unter Verwendung eines passenden Polynoms $q(x)$. Dabei muss aber bekannt sein, aus wie vielen Elementen *Tr(f)* besteht. In unserem Beispiel haben wir das empfangene Wort $\boldsymbol{u}$ mit zwei Fehlern angenommen.

Woraus kann diese Fehleranzahl bestimmt werden?

Beispiel 7.8 Unsere „gesuchten" Fehlerpositionen wollen wir auf dem Weg über die Nullstellen eines geeigneten Polynoms finden. Weil wir in unserem Beispiel die Fehlerpositionen kennen, ist auch $Tr(f) = \{i_1, i_2\} = \{\mathbf{3{,}5}\}$ bereits bekannt. Damit setzen wir an:

$$q(x) := (1 - \alpha^{i_1}\mathrm{x})(1 - \alpha^{i_2}\mathrm{x}) = (1 - \alpha^3\mathrm{x})(1 - \alpha^5\mathrm{x}) = (1 - 6\mathrm{x})(1 - 5\mathrm{x}) = 1 + 3\mathrm{x} + 2\mathrm{x}^2.$$

Die Nullstellen von $q(x)$ finden wir durch Einsetzen der Körperelemente von $\mathbb{Z}_7$.

$$q(0) = 1, q(1) = 6, q(2) = 15 = 1, q(3) = 28 = 0, \mathrm{q}(4) = 3, \mathrm{q}(5) = 3, \mathrm{q}(6) = 0.$$

Wir haben zwei Nullstellen $x_1 = 3$ und $x_2 = 6$ gefunden.

Andererseits erkennt man aus der Produktdarstellung von $q(x)$ folgende Nullstellen:

$(1-\alpha^3x)$ wird Null für $\alpha^3x=1$, also $x=\alpha^{-3}=1\alpha^{-3}=\alpha^6\alpha^{-3}=\alpha^{6-3}\Rightarrow i_1=3$,

$(1-\alpha^5x)$ wird Null für $\alpha^5x=1$, also $x=\alpha^{-5}=1\alpha^{-5}=\alpha^6\alpha^{-5}=\alpha^{6-5}\Rightarrow i_2=5$.

Man beobachtet: Diese Nullstellen geben noch *nicht* die Fehlerpositionen an. Man erkennt sie erst nach Umwandlung der Nullstellen in Potenzen von 3, dem erzeugenden Element von $\mathbb{Z}_7$.

Nullstelle $x_1=3=3^1=3^{6-5}=3^63^{-5}=3^{-5}$. Die Nullstelle 3 liefert die Fehlerposition 5.

Nullstelle $x_2=6=3^3=3^{6-3}=3^63^{-3}=3^{-3}$. Die Nullstelle 6 liefert die Fehlerposition 3.

Wir beobachten, dass aus den negativen Potenzen bzw. durch Ergänzung auf 6 die Fehlerpositionen abgelesen werden können. Also vermuten wir allgemein:

$i_k\in Tr(\boldsymbol{f})\Leftrightarrow q\left(3^{-i_k}\right)=0\Leftrightarrow 3^{-i_k}$ ist Nullstelle von $q(x)$.

Damit bestimmen die Nullstellen von $q(x)$, ausgedrückt in Potenzen mit *negativen* Hochzahlen von 3, den Träger von $\boldsymbol{f}$.

Blicken wir auf die Produktdarstellung des Polynoms $q(x)$, so beobachten wir, dass jedem Fehler ein Linearfaktor entspricht. Dies bedeutet aber, dass *je größer die Anzahl der Fehler* ist, desto größer ist auch die Anzahl der Linearfaktoren und *desto höher ist der Grad* von $q(x)$. Damit ist die gesuchte Fehleranzahl $|Tr(\boldsymbol{f})|=grad\ q(x)$. Also ist der höchstmögliche Grad des Polynoms $q(x)$ zu bestimmen.

Mit diesem Träger wissen wir, welche Komponenten des Fehlervektors von Null verschieden sind. In unserem Beispiel sind dies f_3 und f_5. Die einzige Information in Realsituationen ist das Syndrom $s(\boldsymbol{u})=\boldsymbol{u}H^T=(s_1,s_2,s_3,s_4)^T$ von $\boldsymbol{u}$. Wegen $H\boldsymbol{u}^T=H\boldsymbol{f}^T$ erhalten wir das überbestimmte lineare Gleichungssystem für den Fehlervektor $H\boldsymbol{f}^T=\boldsymbol{s}^T$. Es genügt, nur die ersten beiden Gleichungen dieses Systems zu betrachten. Im allgemeinen Fall wären dies die ersten t Gleichungen, falls $t=|\,Tr(\boldsymbol{f})\,|\le t^*$.

In unserem Beispiel bedeutet dies unter Berücksichtigung der Nulleintragungen in $\boldsymbol{f}$:

$$\begin{pmatrix}1&3&2&\underline{6}&4&\underline{5}\\1&2&4&\underline{1}&2&\underline{4}\\1&6&1&6&1&6\\1&4&2&1&4&2\end{pmatrix}\begin{pmatrix}0\\0\\0\\f_3\\0\\f_5\end{pmatrix}=\begin{pmatrix}6\\0\\2\\1\end{pmatrix},\text{ also }\begin{matrix}\underline{6}f_3+\underline{5}f_5=6\\\underline{1}f_3+\underline{4}f_5=0\end{matrix}\Rightarrow f_3=2;\ f_5=3.$$

Die Probe zeigt, dass diese Lösungen auch die restlichen Gleichungen erfüllen.

Die eindeutig bestimmten Werte für f_3 und f_5 wurden aus den Syndromwerten s_1,s_2,s_3,s_4 mittels einer Untermatrix von H gewonnen.

$$\begin{matrix}6f_3+5f_5=6\\f_3+4f_5=0\end{matrix}\Leftrightarrow\begin{pmatrix}6&5\\1&4\end{pmatrix}\begin{pmatrix}f_3\\f_5\end{pmatrix}=\begin{pmatrix}6\\0\end{pmatrix}\Leftrightarrow\begin{pmatrix}6&5\\6^2&5^2\end{pmatrix}\begin{pmatrix}f_3\\f_5\end{pmatrix}=\begin{pmatrix}6\\0\end{pmatrix}\text{ in }\mathbb{Z}_7.$$

Dieses lineare Gleichungssystem besitzt zwei linear unabhängige Zeilen und ist damit eindeutig lösbar (vgl. Satz A5.15).

Um die Koeffizienten q_1 und q_2 des Polynoms $q(x)$ bestimmen zu können, benötigen wir eine Beziehung zwischen s_1, s_2, s_3, s_4, die als einzige Größen bekannt sind, und den unbekannten Koeffizienten des Polynoms $q(x)$. Diese Beziehung erhalten wir aus einem weiteren linearen Gleichungssystem zwischen den Syndromwerten, die im nachfolgenden Beweis (vgl. Gl. 7.3) für den allgemeinen Fall hergeleitet werden:

$$-s_i = q_1 s_{i-1} + q_2 s_{i-2} + \ldots + q_t s_{i-t} \, \textit{für } i{:=}t+1, \ldots, d-1.$$

Im vorliegenden Beispiel $(s_1, s_2, s_3, s_4) = (6,0,2,1)$ liefert diese Gleichung:

$$\begin{array}{l} -s_3 = q_1 s_2 + q_2 s_1 \\ -s_4 = q_1 s_3 + q_2 s_2 \end{array} \Leftrightarrow \begin{pmatrix} s_1 & s_2 \\ s_2 & s_3 \end{pmatrix} \begin{pmatrix} q_2 \\ q_1 \end{pmatrix} = -\begin{pmatrix} s_3 \\ s_4 \end{pmatrix}.$$

Einsetzen ergibt:

$$\begin{pmatrix} 6 & 0 \\ 0 & 2 \end{pmatrix} \begin{pmatrix} q_2 \\ q_1 \end{pmatrix} = -\begin{pmatrix} 2 \\ 1 \end{pmatrix} = \begin{pmatrix} 5 \\ 6 \end{pmatrix} \Rightarrow q_1 = 3;\, q_2 = 2.$$

Damit folgt für das gesuchte Polynom $q(x) = 1 + 3x + 2x^2$. Wir halten fest, dass diese Bestimmung des Polynoms $q(x)$ ausschließlich aus den Syndromwerten erfolgte.

Dies geschah mit der Matrix $\begin{pmatrix} s_1 & s_2 \\ s_2 & s_3 \end{pmatrix}$, deren Eintragungen nur die Syndromwerte waren. Man nennt sie die *Syndrommatrix*.

Oben haben wir beobachtet, dass der höchstmögliche Grad t des Polynoms $q(x) = 1 + q_1 x + \ldots + q_t x^t$ mit der höchstmöglichen Fehleranzahl übereinstimmt. Um die Koeffizienten von $q(x)$ eindeutig bestimmen zu können, benötigen wir nach der Theorie der linearen Gleichungssysteme (vgl. Abschn. 10.5.2) die höchstmögliche Anzahl von linear unabhängigen Spalten in der Syndrommatrix. Diese Anzahl kann algorithmisch bestimmt werden.

Allgemein: Sei C der $RS_q(d)$-Code über einem endlichen Körper $\mathbb{K}$ mit $|\mathbb{K}| = q, n = q-1$ und $2 \le d \le (n-1)$. Weiterhin sei α eine primitive n – te Einheitswurzel von $\mathbb{K}$, also $\alpha^n = 1$ und $\alpha^i \neq 1$ für $i \neq n$. Eine Kontrollmatrix von C sei gegeben durch

$$H := \begin{pmatrix} 1 & \alpha & \alpha^2 & \alpha^{(n-1)} \\ 1 & \alpha^2 & (\alpha^2)^2 & (\alpha^{(n-1)})^2 \\ 1 & \alpha^3 & (\alpha^2)^3 & (\alpha^{(n-1)})^3 \\ & & \vdots & \\ 1 & \alpha^{(d-1)} & (\alpha^2)^{(d-1)} & (\alpha^{(n-1)})^{(d-1)} \end{pmatrix}.$$

Als Stützstellen haben wir also die Potenzen von α in aufsteigender Reihenfolge gewählt. Damit ist C nach Satz 7.2 zyklisch. Beachte: Bei MDS-Codes gilt $d - 1 = n - k$.

Es werde das Codewort $\boldsymbol{c} := c_0 \ldots c_{n-1} \in C$ gesendet und $\boldsymbol{u} := u_0 \ldots u_{n-1}$ empfangen.

Wir **nehmen** an, dass maximal $t \leq t^* = \lfloor (d-1)/2 \rfloor$ Fehler aufgetreten sind. Damit gibt es eine eindeutige Hamming-Decodierung. Treten mehr als t^* Fehler auf, so wird nach dem Prinzip der BD-Decodierung (vgl. Abschn. 3.1) die Decodierung abgebrochen, weil es zu einer Fehldecodierung kommen kann.

Sei der Fehlervektor

$$\boldsymbol{f} := (f_0, \ldots, f_{n-1}) := \boldsymbol{u} - \boldsymbol{c} = (u_0, \ldots, u_{n-1}) - (c_0, \ldots, c_{n-1}).$$

Sei $s(\boldsymbol{u}) := (s_1, \ldots, s_{d-1})^T = H\boldsymbol{u}^T$ das Syndrom von $\boldsymbol{u}$.

Erinnerung: $H\boldsymbol{f}^T = H\boldsymbol{u}^T - H\boldsymbol{c}^T = H\boldsymbol{u}^T - \boldsymbol{0} = H\boldsymbol{u}^T$.

Mit $Tr(\boldsymbol{f}) := \{i_1, \ldots, i_t\}$ bezeichnen wir die Menge der Fehlerpositionen. Dies bedeutet, dass im Fehlervektor $\boldsymbol{f}$ nur die Komponenten $f_{i_1}, \ldots, f_{i_t}$ von Null verschieden sind, also ist $t = w(\boldsymbol{f}) = |\, Tr(\boldsymbol{f}) \,| \leq t^*$. Motiviert durch das Beispiel 7.8 geben wir folgende

Definition 7.3
Sei $Tr(\boldsymbol{f}) := \{i_1, \ldots, i_t\}$ die Menge der Fehlerpositionen des Fehlervektors $\boldsymbol{f}$. Unter dem *Fehlerortungspolynom* versteht man das Polynom

$$q(x) := (1 - \alpha^{i_1}x)(1 - \alpha^{i_2}x)\ldots(1 - \alpha^{i_t}x) = 1 + q_1x + \ldots + q_tx^t \in \mathbb{K}[x].$$

Das Produkt ist über alle Fehlerpositionen zu bilden. Wie im Beispiel 7.8 schon beobachtet, stimmen maximale Fehleranzahl und höchstmöglicher Grad von $q(x)$ überein.

Satz 7.3
Ein $l \in \mathbb{N}$ liegt in $Tr(\boldsymbol{f})$ genau dann, wenn $q(\alpha^{-l}) = q(\alpha^{n-l}) = 0$.

Dies bedeutet, dass l genau dann Element der Trägermenge des Fehlervektors ist, falls $\alpha^{-l} = \alpha^{n-l}$ Nullstelle des Fehlerortungspolynoms ist.

Beweis:

„$\Rightarrow$": Sei $l \in Tr(\boldsymbol{f}) \Rightarrow q(\alpha^{-l}) = \ldots(1 - \alpha^l\alpha^{-l})\ldots = \ldots(1 - 1)\ldots = 0$.

„$\Leftarrow$": Sei $q(\alpha^{-l}) = 0$. Dann ist der Faktor $(1 - \alpha^l x)$ in $q(x)$ gleich Null, und wegen der Definition von $q(x)$ ist $l \in Tr(\boldsymbol{f})$.

∎

Definition 7.4
Sei $r \in \mathbb{N}$ mit $t \leq r \leq t^*$. Die Matrix S_r mit

$$S_r := \begin{pmatrix} s_1 & s_2 & \cdots & s_r \\ s_2 & s_3 & \cdots & s_{r+1} \\ \vdots & \vdots & & \vdots \\ s_r & s_{r+1} & \cdots & s_{2r-1} \end{pmatrix}$$

nennt man *Syndrommatrix.*

Wie im Beispiel 7.8 dargestellt, sind zwei Gleichungssysteme für die Syndromwerte von Bedeutung.

1. **Gleichungssystem für die Syndromwerte:**

$$\begin{aligned} s_1 &= \alpha^{i_1} f_{i_1} + \alpha^{i_2} f_{i_2} + \ldots + \alpha^{i_t} f_{i_t}, \\ s_2 &= (\alpha^{i_1})^2 f_{i_1} + (\alpha^{i_2})^2 f_{i_2} + \ldots + (\alpha^{i_t})^2 f_{i_t}, \\ &\vdots \\ s_i &= (\alpha^{i_1})^i f_{i_1} + (\alpha^{i_2})^i f_{i_2} + \ldots + (\alpha^{i_t})^i f_{i_t}, \\ &\vdots \\ s_{d-1} &= (\alpha^{i_1})^{(d-1)} f_{i_1} + (\alpha^{i_2})^{(d-1)} f_{i_2} + \ldots + (\alpha^{i_t})^{(d-1)} f_{i_t}. \end{aligned}$$

Beweis: Für das Syndrom $\boldsymbol{s}$ gilt:

$$s(\boldsymbol{u}) = Hf^T = \begin{pmatrix} 1 & \alpha & \alpha^2 & \cdots & \alpha^{(n-1)} \\ & & \vdots & & \\ 1 & \alpha^{\mathrm{i}} & (\alpha^2)^{\mathrm{i}} & \cdots & (\alpha^{(n-1)})^{\mathrm{i}} \\ & & \vdots & & \\ 1 & \alpha^{(d-1)} & (\alpha^2)^{(d-1)} & \cdots & (\alpha^{(n-1)})^{(d-1)} \end{pmatrix} \begin{pmatrix} f_0 \\ \vdots \\ f_i \\ \vdots \\ f_{n-1} \end{pmatrix} = \begin{pmatrix} s_1 \\ \vdots \\ s_i \\ \vdots \\ s_{d-1} \end{pmatrix}.$$

Für s_i mit $1 \leq i \leq d-1$ gilt wegen $(\alpha^{\mathrm{i}})^{\mathrm{l}} = (\alpha^{\mathrm{l}})^{\mathrm{i}}$ die Gleichung

$$s_i = 1 f_0 + \alpha^i f_1 + (\alpha^i)^2 f_2 + \ldots + (\alpha^i)^l f_l + \ldots + (\alpha^i)^{n-1} f_{n-1}.$$

Für diese Summenbildung sind nur die Eintragungen von $\boldsymbol{f}$ mit

$$f_{i_1} \neq 0, f_{i_2} \neq 0, \ldots, f_{i_t} \neq 0$$

von Bedeutung, weil die restlichen Eintragungen von $\boldsymbol{f}$ nach Definition von $Tr(f)$ Null sind.
Für s_i mit $1 \leq s_i \leq d-1$ verbleibt daher nur:

$$s_i = \left(\alpha^i\right)^{i_1} f_{i_1} + \left(\alpha^i\right)^{i_2} f_{i_2} + \ldots + \left(\alpha^i\right)^{i_t} f_{i_t} = \left(\alpha^{i_1}\right)^i f_{i_1} + \left(\alpha^{i_2}\right)^i f_{i_2} + \ldots + \left(\alpha^{i_t}\right)^i f_{i_t}. \quad (7.2)$$

Mit einem Summenzeichen geschrieben lautet Gl. 7.2:

$$s_i = \sum\nolimits_l \left(\alpha^i\right)^l f_l = \sum\nolimits_l \left(\alpha^l\right)^i f_l = \sum\nolimits_l \alpha^{li} f_l \text{ mit } l \in Tr(f).$$

2. **Gleichungssystem für die Syndromwerte:**

Sei $q(x) := q_0 + q_1x + \ldots + q_tx^t$. Dann gilt für $i := t + 1, \ldots, d - 1$:

$$-s_i = q_1 s_{i-1} + q_2 s_{i-2} + \ldots + q_t s_{i-t}. \quad (7.3)$$

Diese Gleichungen zeigen, dass ab der Spalte $(t + 1)$ alle Spalten in der Syndrommatrix von den ersten t-Spalten linear abhängig sind. Zur Erinnerung: $t = |Tr(f)|$ war die maximale Fehleranzahl.

Beweis: Unter Verwendung des ersten Gleichungssystems

$$s_i = \sum\nolimits_l \alpha^{li} f_l \text{ mit } l \in Tr(f) \text{ und damit } s_{i-j} = \sum\nolimits_l \alpha^{l(i-j)} f_l \text{ mit } l \in Tr(f)$$

sowie $l \in Tr(f) \Leftrightarrow q(\alpha^{-l}) = 0$ zeigen wir, dass die Summe aller q_js_{i-j} gleich Null ist, wobei $0 \le j \le t$ gilt. Zum leichteren Verständnis der folgenden Gleichungen sollte man die Summen ausschreiben.

$$\sum_{j=0}^{t} q_j s_{i-j} = \sum_{j=0}^{t} q_j \left(\sum\nolimits_l \alpha^{l(i-j)} f_l\right) = \sum_{j=0}^{t} q_j \left(\sum\nolimits_l \alpha^{li-lj} f_l\right) = \sum_{j=0}^{t} q_j \left(\sum\nolimits_l \alpha^{li} \alpha^{-lj} f_l\right) =$$

$$= \sum\nolimits_l \alpha^{li} f_l \left(\sum_{j=0}^{t} q_j \alpha^{-lj}\right) = \sum \alpha^{li} f_l \cdot q(\alpha^{-l}) = \sum \alpha^{li} f_l \cdot 0 = 0.$$

Weil $q_0 = 1$, gilt:

$$\sum_{j=0}^{t} q_j s_{i-j} = q_0 s_i + q_1 s_{i-1} + q_2 s_{i-2} + \ldots + q_t s_{i-t} =$$

$$= 1 s_i + q_1 s_{i-1} + q_2 s_{i-2} + \ldots + q_t s_{i-t} = 0.$$

Damit gilt:

$$-s_i = q_1 s_{i-1} + q_2 s_{i-2} + \ldots + q_t s_{i-t}.$$

■

Das zweite Gleichungssystem (vgl. Gl. 7.3) lautet ausführlich angeschrieben:

$$
\begin{aligned}
-s_{t+1} &= q_1 s_t + q_2 s_{t-1} + \ldots + q_t s_1 = q_t s_1 + q_{t-1} s_2 + \ldots + q_1 s_t,\\
&\vdots\\
-s_i &= q_1 s_{i-1} + q_2 s_{i-2} + \ldots + q_t s_{i-t} = q_t s_{i-t} + q_{t-1} s_{i-t+1} + \ldots + q_1 s_{i-1},\\
&\vdots\\
-s_{d-1} &= q_1 s_{d-2} + q_2 s_{d-3} + \ldots + q_t s_{d-1-t} = q_t s_{d-1-t} + q_{t-1} s_{d-t} + \ldots + q_1 s_{d-2},
\end{aligned}
$$

oder in Matrixdarstellung:

$$
\begin{pmatrix} s_1 & s_2 & \cdots & s_t \\ & \vdots & & \\ s_{i-t} & s_{i-t+1} & \cdots & s_{i-1} \\ & \vdots & & \\ s_{d-1-t} & s_{d-t} & \cdots & s_{d-2} \end{pmatrix}
\begin{pmatrix} q_t \\ q_{t-1} \\ \vdots \\ q_1 \end{pmatrix}
=
\begin{pmatrix} -s_{t+1} \\ \vdots \\ -s_i \\ \vdots \\ -s_{d-1} \end{pmatrix}.
$$

Nun zeigen wir: Kennt man die Positionen $i_1, \ldots, i_t$ der Fehler in einem Fehlervektor, dann kann man aus den *ersten t* Gleichungen des ersten Gleichungssystems (vgl. Gl. 7.2) die Fehlerkomponenten $f_{i_1}, \ldots, f_{i_t}$ **eindeutig** berechnen:

$$
\begin{aligned}
s_1 &= \alpha^{i_1} f_{i_1} + \alpha^{i_2} f_{i_2} + \ldots + \alpha^{i_t} f_{i_t},\\
s_2 &= \left(\alpha^{i_1}\right)^2 f_{i_1} + \left(\alpha^{i_2}\right)^2 f_{i_2} + \ldots + \left(\alpha^{i_t}\right)^2 f_{i_t},\\
&\vdots\\
s_t &= \left(\alpha^{i_1}\right)^t f_{i_1} + \left(\alpha^{i_2}\right)^t f_{i_2} + \ldots + \left(\alpha^{i_t}\right)^t f_{i_t}.
\end{aligned}
$$

In Matrixdarstellung lautet dieses Gleichungssystem:

$$
\begin{pmatrix} s_1 \\ s_2 \\ \vdots \\ s_t \end{pmatrix}
=
\begin{pmatrix} \alpha^{i_1} & \ldots & \alpha^{i_t} \\ \left(\alpha^{i_1}\right)^2 & \ldots & \left(\alpha^{i_t}\right)^2 \\ & \vdots & \\ \left(\alpha^{i_1}\right)^t & \ldots & \left(\alpha^{i_t}\right)^t \end{pmatrix}
\begin{pmatrix} f_{i_1} \\ f_{i_2} \\ \vdots \\ f_{i_t} \end{pmatrix}. \tag{7.4}
$$

Die Division der Spalten dieser Matrix durch $\alpha^{i_j} \neq 0$ für j:=1,...,t ergibt eine Vandermondesche Matrix *V*:

$$
V = \begin{pmatrix} 1 & \ldots & 1 \\ \alpha^{i_1} & \ldots & \alpha^{i_t} \\ & \vdots & \\ \left(\alpha^{i_1}\right)^{t-1} & \ldots & \left(\alpha^{i_t}\right)^{t-1} \end{pmatrix}.
$$

Diese elementaren Spaltenumformungen verändern den Rang der Matrix nicht (vgl. Definition A5.12, Anmerkung (3)). Da α eine primitive n-te Einheitswurzel ist, sind die

$\alpha^{i_1}, \ldots, \alpha^{i_t}$ paarweise verschieden (vgl. Beweis zu Satz 7.2 (5)), und die Matrix V ist eine Vandermondesche Matrix und nach Beispiel A5.8 invertierbar. Damit besitzt das Gleichungssystem Gl. 7.4 eine eindeutige Lösung für $f_{i_1}, \ldots, f_{i_t}$ (vgl. Satz A5.16).

■

Als Nächstes wollen wir die Koeffizienten des Polynom $q(x)$ bestimmen. Dazu verwenden wir die *ersten* t Gleichungen des zweiten Gleichungssystems (vgl. Gl. 7.3):

$$\begin{aligned} -s_{t+1} &= q_t s_1 + q_{t-1} s_2 + \ldots + q_1 s_t, \\ -s_{t+2} &= q_t s_2 + q_{t-1} s_3 + \ldots + q_1 s_{t+1}, \\ &\vdots \\ -s_{t+t} &= q_t s_t + q_{t-1} s_{t+1} + \ldots + q_1 s_{2t-1}. \end{aligned}$$

In Matrixdarstellung:

$$-\begin{pmatrix} s_{t+1} \\ s_{t+2} \\ \vdots \\ s_{2t} \end{pmatrix} = \begin{pmatrix} s_1 & s_2 & \ldots & s_t \\ s_2 & s_3 & \ldots & s_{t+1} \\ & & \vdots & \\ s_t & s_{t+1} & \ldots & s_{2t-1} \end{pmatrix} \begin{pmatrix} q_t \\ q_{t-1} \\ \vdots \\ q_1 \end{pmatrix} \Leftrightarrow S_t \begin{pmatrix} q_t \\ q_{t-1} \\ \vdots \\ q_1 \end{pmatrix} = -\begin{pmatrix} s_{t+1} \\ s_{t+2} \\ \vdots \\ s_{2t} \end{pmatrix} \ldots (*).$$

Die Matrix S_t besitzt den Rang $t = |\,Tr(f)|$, weil:

$$S_t = \begin{pmatrix} \alpha^{i_1} & \ldots & \alpha^{i_t} \\ (\alpha^{i_1})^2 & \ldots & (\alpha^{i_t})^2 \\ & \vdots & \\ (\alpha^{i_1})^t & \ldots & (\alpha^{i_t})^t \end{pmatrix} \begin{pmatrix} f_{i_1} & & & \\ & f_{i_2} & & \\ & & \ddots & \\ & & & f_{i_t} \end{pmatrix} \begin{pmatrix} 1 & \alpha^{i_1} & \ldots & (\alpha^{i_1})^{(t-1)} \\ 1 & \alpha^{i_2} & \ldots & (\alpha^{i_2})^{(t-1)} \\ & & \vdots & \\ 1 & \alpha^{i_t} & \ldots & (\alpha^{i_t})^{(t-1)} \end{pmatrix}. \tag{7.5}$$

Diese Produktdarstellung gilt wegen

$$S_t = \begin{pmatrix} s_1 & \ldots & s_t \\ \vdots & \ddots & \vdots \\ s_t & \ldots & s_{2t-1} \end{pmatrix} = \begin{pmatrix} \alpha^{i_1} f_{i_1} + \ldots + \alpha^{i_t} f_{i_t} & \ldots & (\alpha^{i_1})^t f_{i_1} + \ldots + (\alpha^{i_t})^t f_{i_t} \\ \vdots & \ddots & \vdots \\ (\alpha^{i_1})^t f_{i_1} + \ldots + (\alpha^{i_t})^t f_{i_t} & \ldots & (\alpha^{i_1})^{2t-1} f_{i_1} \ldots + (\alpha^{i_t})^{2t-1} f_{i_t} \end{pmatrix} =$$

$$= \begin{pmatrix} \alpha^{i_1} f_{i_1} & \ldots & \alpha^{i_t} f_{i_t} \\ \vdots & \ddots & \vdots \\ (\alpha^{i_1})^t f_{i_1} & \ldots & (\alpha^{i_t})^t f_{i_t} \end{pmatrix} \begin{pmatrix} 1 & \alpha^{i_1} & \ldots & (\alpha^{i_1})^{(t-1)} \\ \vdots & \vdots & \ddots & \vdots \\ 1 & \alpha^{i_t} & \ldots & (\alpha^{i_t})^{(t-1)} \end{pmatrix} =$$

$$= \begin{pmatrix} \alpha^{i_1} & \dots & \alpha^{i_t} \\ \vdots & \ddots & \vdots \\ (\alpha^{i_1})^t & \dots & (\alpha^{i_t})^t \end{pmatrix} \begin{pmatrix} f_{i_1} & & \\ & \ddots & \\ & & f_{i_t} \end{pmatrix} \begin{pmatrix} 1 & \alpha^{i_1} & \dots & (\alpha^{i_1})^{(t-1)} \\ \vdots & \vdots & \ddots & \vdots \\ 1 & \alpha^{i_t} & \dots & (\alpha^{i_t})^{(t-1)} \end{pmatrix}.$$

Die erste und dritte Matrix in Gl. 7.5 haben den Rang t, weil sie sich von Vandermondeschen Matrizen ableiten lassen. In der Diagonalmatrix sind alle Diagonalelemente nach Definition des Trägers von f ungleich Null. Daher besitzt auch die Diagonalmatrix den Rang t. Insgesamt hat die Matrix S_t in Gl. 7.5 den Rang t. Die Werte $q_1, \dots, q_t$ im LGS $(*)$ sind nach Satz A5.15 eindeutig bestimmt.

Wir haben gezeigt: Ist $t = |\ Tr(f)|$, dann besitzt die Matrix S_t maximal t linear unabhängige Zeilen.

Es gilt auch die Umkehrung: Sei t die maximale Anzahl linear unabhängiger Zeilen von S_t mit $t \leq t^*$ (also $rg(S_t) = t$). Dann ist $|Tr(f)| = t$, denn nach Gleichung Gl. 7.5 folgt, dass $f_{i_1}, \dots, f_{i_t}$ alle von Null verschieden sind. Wäre mindestens ein $f_{i_k} = 0$, dann wäre $rg(S_t) < t$. Das wäre ein Widerspruch.

Insgesamt haben wir gezeigt: $|Tr(f)|=$ maximale Anzahl linear unabhängiger Zeilen in S_t.

Also: Aus den Syndromen alleine (!) kann das Fehlerortungspolynom $q(x)$ mit maximal möglichem Grad berechnet werden.

Die bisher abgeleiteten Eigenschaften motivieren folgende Vorgehensweise bei der Decodierung zyklischer RS -Codes.

Der PGZ-Algorithmus

(1) Berechne für ein empfangenes Wort $\boldsymbol{u}$ sein Syndrom $s(\boldsymbol{u}) := (s_1, s_1, \dots, s_{d-1})^T$aus $s(\boldsymbol{u}) = H\boldsymbol{u}^T$. Gilt $s(\boldsymbol{u}) = \boldsymbol{0}$, dann ist kein Fehler aufgetreten, und $\boldsymbol{u}$ ist ein Codewort.

(2) Stelle die Syndrommatrix S_{t^*} mit $t^* = \lfloor \frac{d-1}{2} \rfloor$ auf.

$$S_{t^*} = \begin{pmatrix} s_1 & \dots & s_{t^*} \\ \vdots & \ddots & \vdots \\ s_{t^*} & \dots & s_{2t^*-1} \end{pmatrix}.$$

(3) Bestimme die maximale Spaltenanzahl=Zeilenanzahl t mit $t \leq t^*$, sodass S_t linear unabhängige Zeilen besitzt (z. B. durch elementare Umformungen der Matrix auf Stufenform).

 (a) Setze $t = t^*$. Bestimme in S_{t^*}, ob alle Zeilen linear unabhängig sind. Ist dies der Fall, dann gehe zu (4).

 (b) Andernfalls streiche in S_{t^*} die letzte Zeile und letzte Spalte, setze $t := t - 1$ und prüfe die lineare Unabhängigkeit der Zeilen bzw. Spalten der verkürzten Matrix S_t. Sind alle Zeilen linear unabhängig, so gehe zu (4). Andernfalls gehe zu (b).

Damit ist t die größte Zahl, sodass die $(t \times t)$-Syndrommatrix S_t **nur linear unabhängige Zeilen** besitzt. Dabei entsteht S_t aus S_{t^*} durch *schrittweises* Eliminieren der jeweils letzten Zeile und Spalte.

(4) Ermittle die Koeffizienten des Fehlerortungspolynoms $q(x) = 1 + q_1x + \ldots + q_tx^t$ aus

$$S_t \begin{pmatrix} q_t \\ q_{t-1} \\ \vdots \\ q_1 \end{pmatrix} = -\begin{pmatrix} s_{t+1} \\ s_{t+2} \\ \vdots \\ s_{2t} \end{pmatrix}.$$

Nach (3) besitzt S_t nur linear unabhängige Zeilen, S_t ist daher invertierbar. Also besitzt dieses System eine eindeutige Lösung.

(5) Berechne den Träger $Tr(f)$ des Fehlervektors f durch Bestimmung aller Nullstellen des Polynoms $q(x)$ durch Einsetzen von Körperelementen, bis t Nullstellen gefunden sind.

$$l \in Tr(f) \Leftrightarrow q\left(\alpha^{-l}\right) = q\left(\alpha^{n-l}\right) = 0.$$

Daraus resultiert folgende Methode zur Bestimmung der Positionen der Fehler:

(a) Stelle die Nullstelle x als Potenz der primitiven Einheitswurzel α dar: $x = \alpha^i$.

(b) Stelle i als Differenz $(n - l)$ dar: $i = n - l \Leftrightarrow l = n - i$. Dann gibt l die Position des Fehlers an.

(6) Berechne den Fehlervektor f aus dem Gleichungssystem

$$\begin{pmatrix} \alpha^{i_1} & \ldots & \alpha^{i_t} \\ \vdots & \ddots & \vdots \\ \left(\alpha^{i_1}\right)^t & \ldots & \left(\alpha^{i_t}\right)^t \end{pmatrix} \begin{pmatrix} f_{i_1} \\ \vdots \\ f_{i_t} \end{pmatrix} = \begin{pmatrix} s_1 \\ \vdots \\ s_t \end{pmatrix} \text{ mit } i_1, \ldots, i_t \in Tr(f).$$

Nach Gl. 7.4 ist dieses lineare Gleichungssystem in $f_{i_1}, \ldots, f_{i_t}$ eindeutig lösbar.

(7) Decodiere das empfangene Wort $\boldsymbol{u}$ zu $\boldsymbol{u} - f$.

In diesem Algorithmus sind die Schritte (3) „Unabhängigkeitstest“, (4) Bestimmung des Fehlerpolynoms und (6) „Bestimmung des Fehlervektors f“ besonders rechenaufwändig. Dafür gibt es spezielle Algorithmen, wie den Berlekamp-Massey-Algorithmus oder den Chien-Search-Algorithmus (vgl. Manz, 2017, S. 174 ff.).

Betrachten wir nochmals Beispiel 7.7 mit diesem Algorithmus.

(1) Wir bestimmen das Syndrom des empfangenen Wortes:

$$s(\boldsymbol{u}) := H\boldsymbol{u}^T = \begin{pmatrix} 1 & 3 & 2 & 6 & 4 & 5 \\ 1 & 2 & 4 & 1 & 2 & 4 \\ 1 & 6 & 1 & 6 & 1 & 6 \\ 1 & 4 & 2 & 1 & 4 & 2 \end{pmatrix} \begin{pmatrix} 2 \\ 2 \\ 2 \\ 4 \\ 2 \\ 5 \end{pmatrix} = \begin{pmatrix} 6 \\ 0 \\ 2 \\ 1 \end{pmatrix} \neq \mathbf{0}.$$

(2) Berechne die Syndrommatrix S_{t^*} mit $t^* = \lfloor \frac{d-1}{2} \rfloor = 2$.

$$S_2 = \begin{pmatrix} 6 & 0 \\ 0 & 2 \end{pmatrix}.$$

(3) Bestimme die Fehleranzahl t als die größte Zahl t mit $t \leq t^*$, sodass S_t nur linear unabhängige Zeilen besitzt.
Die beiden Zeilen von S_2 sind linear unabhängig, daher gilt $t = 2$. Damit besitzt das Fehlerortungspolynom $q(x)$ den Grad 2.

(4) Ermittle die Koeffizienten des Fehlerortungspolynom $q(x) = 1 + q_1x + q_2x^2$ aus

$$\begin{pmatrix} s_1 & s_2 \\ s_2 & s_3 \end{pmatrix} \begin{pmatrix} q_2 \\ q_1 \end{pmatrix} = - \begin{pmatrix} s_3 \\ s_4 \end{pmatrix}.$$

$$\begin{pmatrix} 6 & 0 \\ 0 & 2 \end{pmatrix} \begin{pmatrix} q_2 \\ q_1 \end{pmatrix} = - \begin{pmatrix} 2 \\ 1 \end{pmatrix} = \begin{pmatrix} 5 \\ 6 \end{pmatrix} \Rightarrow q_1 = 3;\, q_2 = 2 \Rightarrow q(x) = 1 + 3x + 2x^2.$$

(5) Berechnung des Trägers $Tr(f)$ durch Bestimmung der Nullstellen von $q(x)$:
Einsetzen der Elemente von $\mathbb{K} = \mathbb{Z}_7$:

$$\begin{aligned} 1: &\quad q(1) = 1 + 3 + 2 = 6, \\ 2: &\quad q(2) = 1 + 6 + 8 = 1, \\ 3: &\quad q(3) = 1 + 9 + 18 = \mathbf{0}, \\ 4: &\quad q(4) = 1 + 12 + 32 = 3, \\ 5: &\quad q(5) = 1 + 15 + 50 = 3, \\ 6: &\quad q(6) = 1 + 18 + 72 = \mathbf{0}. \end{aligned}$$

Dann lautet die Trägermenge: $l \in Tr(f) \Leftrightarrow q(3^{6-l}) = 0$.
Nullstelle $x_1 = 3$: $3 = 3^1 = 3^{6-5} \Rightarrow l_1 = 5$.
Nullstelle $x_2 = 6$: $6 = 3^3 = 3^{6-3} \Rightarrow l_2 = 3$.
Der Fehlervektor lautet: $\boldsymbol{f} = (0,0,0,f_3,0,f_5)$.

(6) Berechnung des Fehlervektors $\boldsymbol{f}$ aus $H\boldsymbol{f}^T = H\boldsymbol{u}^T$.

$$\begin{pmatrix} 1 & 3 & 2 & 6 & 4 & 5 \\ 1 & 2 & 4 & 1 & 2 & 4 \\ 1 & 6 & 1 & 6 & 1 & 6 \\ 1 & 4 & 2 & 1 & 4 & 2 \end{pmatrix} \begin{pmatrix} 0 \\ 0 \\ 0 \\ f_3 \\ 0 \\ f_5 \end{pmatrix} = \begin{pmatrix} 6 \\ 0 \\ 2 \\ 1 \end{pmatrix}, \text{ also } \begin{matrix} 6f_3 + 5f_5 = 6 \\ f_3 + 4f_5 = 0 \end{matrix} \Rightarrow f_3 = 2; f_5 = 3.$$

$$\boldsymbol{f} = (0, 0, 0, 2, 0, 3).$$

(7) Decodiere $\boldsymbol{u}$ zu $\boldsymbol{c} = \boldsymbol{u} - \boldsymbol{f} = (2,2,2,,4,2,5) - (0,0,0,2,0,3) = (2,2,2,2,2,2)$.

Anmerkung: Die beiden letzten Gleichungen im obigen LGS sind automatisch erfüllt:

$$\begin{aligned} 6f_3 + 6f_5 &= 12 + 18 = 30 = 2, \\ f_3 + 2f_5 &= 2 + 6 = 8 = 1. \end{aligned}$$

Beispiel 7.9 Wir wollen das Verfahren bei Auftreten eines einzigen Fehlers demonstrieren. Angenommen $\boldsymbol{u} := (2,2,2,4,2,2)$ wird empfangen.

(1) Wir bestimmen das Syndrom

$$s(\boldsymbol{u}) = H\boldsymbol{u}^T = \begin{pmatrix} 1 & 3 & 2 & 6 & 4 & 5 \\ 1 & 2 & 4 & 1 & 2 & 4 \\ 1 & 6 & 1 & 6 & 1 & 6 \\ 1 & 4 & 2 & 1 & 4 & 2 \end{pmatrix} \begin{pmatrix} 2 \\ 2 \\ 2 \\ 4 \\ 2 \\ 2 \end{pmatrix} = \begin{pmatrix} 5 = s_1 \\ 2 = s_2 \\ 5 = s_3 \\ 2 = s_4 \end{pmatrix} \neq \mathbf{0}.$$

(2) Für $t^* = 2 = \lfloor (d-1)/2 \rfloor$ lautet die Syndrommatrix $S_2 := \begin{pmatrix} 5 & 2 \\ 2 & 5 \end{pmatrix}$ in $\mathbb{Z}_7$!

(3) Zeilentest auf lineare Unabhängigkeit: $S_2 = \begin{pmatrix} z_1 \\ z_2 \end{pmatrix}$. Gilt $z_2 = xz_1$?

$(2, 5) = x(5, 2) \Leftrightarrow \begin{matrix} 2 = 5x \Rightarrow x = 6 \\ 5 = 2x \Rightarrow x = 6 \end{matrix}$ in $\mathbb{Z}_7$! Die Zeilen sind also linear abhängig, und wir müssen die zweite Zeile und die zweite Spalte streichen. Es entsteht die (1×1)-Matrix $S_t = (5)$. Diese Matrix besitzt eine linear unabhängige Zeile.

Daraus folgt: $t = |Tr(f)| = 1$ und *grad* $q(x) = 1$.

(4) Ermittlung des Koeffizienten des Fehlerortungspolynoms $q(x) = 1 + q_1 x$ aus

$$S_t \begin{pmatrix} q_t \\ q_{t-1} \\ \vdots \\ q_1 \end{pmatrix} = - \begin{pmatrix} s_{t+1} \\ s_{t+2} \\ \vdots \\ s_{2t} \end{pmatrix} \Leftrightarrow S_1(q_1) = -(s_2) \Leftrightarrow 5q_1 = -2 = 5 \Leftrightarrow q_1 = 1.$$

Also folgt $q(x) = 1 + x$.

(5) Berechnung von $Tr(f)$:

$$1 + x = 0 \Leftrightarrow x = -1 = 6 = 3^3 = 3^{6-3} \Rightarrow 3 \in Tr(f).$$

Das Polynom $q(x)$ besitzt nur eine Nullstelle, daher folgt $Tr(f) = \{i_1 = 3\}$.

(6) Berechne den Fehlervektor f aus dem Gleichungssystem

$$\alpha^{i_1} f_{i_1} = s_1 \Leftrightarrow 3^3 f_4 = 5 \Leftrightarrow 6 f_4 = 5 \Leftrightarrow f_4 = 2 \Rightarrow \boldsymbol{f} = (0,0,0,2,0,0).$$

(7) Decodiere $\boldsymbol{u}$ zu $\boldsymbol{u} - \boldsymbol{f} = (2,2,2,4,2,2) - (0,0,0,2,0,0) = (2,2,2,2,2,2) = \boldsymbol{c}$.

Etwas mehr Rechenaufwand benötigt Beispiel 7.10 im nächsten Abschn. 7.3.

7.3 Anwendungen von RS-Codes

Angepasst an die jeweiligen Anforderungen werden $RS_q(d)$-Codes oder deren Verkürzungen verwendet. Wir beziehen uns hier auf Ausführungen in Manz, 2017, S. 86 – S. 104.

NASA-Missionen

Im Jahre 1977 startete die NASA zwei Missionen zur Erkundung der Planeten Jupiter und Saturn (Voyager-1 und Voyage-2). Dabei wurde der erweiterte binäre (24,12,8)-Golay-Code G_{24} verwendet um z. B. Farbbilder der Saturnringe zu übermitteln (vgl. Abb. 7.2). Um auch Bilder von weiter entfernten Planeten (Uranus und Neptun) erfolgreich senden zu können, wurde dieser Golay-Code durch den $RS_{256}(33)$-Code über dem Körper $\mathbb{K}_{2^8=256}$ ersetzt. Dieser Code besitzt die Parameter $n = q - 1 = 256 - 1 = 255$ und die Dimension $k = q - d = 256 - 33 = 223$. Er besteht aus $(2^8)^{223} = 2^{1784}$ Codewörtern. Die Informationsrate $k/n = 223/255 \approx 0{,}87$ ist wesentlich besser als jene des Golay-Codes,

Abb. 7.2 https://de.wikipedia.org/wiki/Voyager_2: Bilder der Saturnringe

welche 0,5 beträgt. Wegen des Minimalabstandes $d = 33$, kann dieser $RS_q(d)$-Code bis zu $(33-1)/2 = 16$ Fehler selbständig korrigieren. Im Gegensatz dazu kann der Golay-Code maximal 3 Fehler ausbessern.

Den gleichen $RS_{256}(33)$-Code verwendeten auch die Galileo- und Cassini-Missionen zu den Planeten Jupiter und Saturn.

Um die Leistung des $RS_{256}(33)$-Codes noch zu steigern, wird dieser Code mit einem „Faltungscode" kombiniert. Darauf gehen wir in unseren Ausführungen nicht ein, sondern verweisen auf Manz, 2017, oder Hauck, 2005.

NATO-Militärfunk

Beim NATO-Militärfunk wird der $RS_{32}(17)$-Code verwendet. Er besitzt die Parameter (31,15,17) und kann daher bis zu acht Fehler korrigieren. Die Informationsrate beträgt $15/31 \approx 0{,}48$.

Weiterhin wird beim digitalen Fernsehen DVB und beim schnellen Internet DSL ein mit einem „Faltungscode" kombinierter $RS_q(d)$-Code eingesetzt.

Verkürzte *RS*-Codes für Audio-CD, DVD, DVB und QR -Codes

Bei zahlreichen aktuellen Anwendungen im Audio- und Videobereich werden nicht $RS_q(d)$-Codes mit den Parametern $(n, k, d) = (q-1, q-d, d)$ in voller Länge, sondern Verkürzungen von *RS*-Codes eingesetzt (vgl. Abschn. 4.5). Diese sind aber weiterhin MDS-Codes. Dabei besitzen diese verkürzten Codes mindestens die gleiche Korrekturkapazität wie der ursprüngliche $RS_q(d)$-Code, weil der Minimalabstand bei Verkürzung nicht kleiner wird.

Die Anwendungen erfordern nur die Codierung von k'-Tupeln mit $k' < k$.

Im Falle der Audio-CD benötigt man aus technischen Gründen einen MDS-Code mit den Parametern (32,28,5) über einem Körper mit 256 Elementen. Wegen der Forderung $d = 5$ startet man mit einem Code $C = RS_{256}(5)$. Dieser besitzt die Parameter (255,251,5). Wir verkürzen C auf C° mit den Parametern $(254, k', d')$. Nach Lemma 4.16 und 4.17 muss $k' = 251$ oder $k' = 250$ und $d' \geq 5$ gelten. Nach der Singleton-Schranke gilt für die neuen Parameter 254, k' und d' die Beziehung $5 \leq d' \leq 254 - k' + 1$.

Bei $k' = 251$ erhalten wir $5 \leq d' \leq 254 - 251 + 1 = 4 < 5$. Dies ist nicht möglich.

Bei $k' = 250$ erhalten wir $5 \leq d' \leq 254 - 250 + 1 = 5$. Also muss $d' = 5$ sein. Die Verkürzung C° ist ein Code mit den Parametern (254,250,5), der wegen $5 = 254 - 250 + 1$ auch ein MDS-Code ist.

Um die benötigte Wortlänge $n' = 32$ zu erhalten, müssen $255 - 32 = 223$ Verkürzungen durchgeführt werden. Die angestellten Überlegungen entsprechend oft angewandt, führen zu $k' = 251 - 223 = 28$ und $d' = 5$, also insgesamt zum gewünschten MDS-Code C_1 mit den Parametern (32,28,5).

Aufgaben

(7.1) Erzeuge aus dem $RS_{256}(5)$-Code einen (28,24,5)-Code C_2.

(7.2) Bei **DVDs** (**D**igital **V**ersatile **D**isk) werden MDS-Codes C_3 mit den Parametern (182,172,11) und C_4 mit den Parametern (208,192,17) über einem Körper mit 256 Elementen verwendet.

Der Startcode ist ein $RS_{256}(11)$-Code bzw. $RS_{256}(17)$-Code. Wie wird verkürzt?

(7.3) Bei **DVBs** (**D**igital **V**ideo **B**roadcasting) wird ein MDS-Code C_5 mit den Parametern (204,188,17) eingesetzt. Wie wird verkürzt? (Startcode: $RS_{256}(17)$).

(7.4) Bei ***QR***-Codes in der Version 5 (vgl. Manz, S. 168 f.) mit der geringsten Fehlerkorrekturstufe *L*(7 %) wird ein verkürzter $RS_{256}(d)$-Code mit den Parametern (134,108,27) verwendet. Man bestimme den $RS_{256}(d)$-Startcode und die Anzahl der durchzuführenden Verkürzungen.

QR-Code mit geringer Fehlerkorrekturstufe L

RS-Codes findet man in vier unterschiedlichen Qualitätsstufen (Tab. 7.1, vgl. Manz, 2017, S. 161 f.).

Dies bedeutet, dass ein QR-Code mit Fehlerkorrekturstufe *L* bis zu 7 % beschädigte Daten rekonstruieren kann.

Als Beispiel verwenden wir den QR-Code der Version 5 (vgl. Manz, 2017, S. 168 ff.). Dieser Code besteht aus 37 Zeilen und Spalten mit einem Nutzanteil von 134 Datenbytes für die Übermittlung von Informationen. Die verbleibenden Datenbytes werden für technische Angaben (Position, Format, Version, ...) benötigt. Als Code wird ein verkürzter RS-Code

mit den Parametern (134,108,27) eingesetzt. Weil diese Verkürzungen wieder MDS-Codes sind (vgl. obige Ausführungen „Verkürzte RS-Codes für Audio-CD, DVD, DVB und QR-Codes") gilt: $d = 134 - 108 + 1 = 27$. Damit kann der Code bis zu $\lfloor \frac{27-1}{2} \rfloor = 13$ Fehler in einem Wort der Länge 134 korrigieren. Das sind 9,7 % der Wortlänge, also etwas mehr als die bei Stufe *L* verlangten 7 %.

Die verbleibenden Qualitätsstufen erreicht man durch Spreizung (Block-Interleaving) von verkürzten RS-Codes zu immer größeren Tiefen (vgl. Abschn. 8.1).

In den nächsten Beispielen werden wir einen QR-Code über einem Körper mit nur acht Elementen konstruieren, um händisch rechnen zu können.

Tab. 7.1 *Qualitätsstufen von RS-Codes* umwandeln

L Fehlerkorrekturstufe 7 %	(„**L**ow")
M Fehlerkorrekturstufe 15 %	(„**M**edium")
Q Fehlerkorrekturstufe 25 %	(„**Q**uartile")
H Fehlerkorrekturstufe 30 %	(„**H**igh")

Beispiel 7.10 PGZ-Decodierung über einem Körper mit 8 Elementen

Wir verwenden einen RS-Code $RS_8(5)$, der ein (7,3,5)-zyklischer Code ist. Für ihn gilt die Fehlerkorrekturkapazität $t^* = \lfloor \frac{5-1}{2} \rfloor = 2$. Für das Rechnen im Körper $\mathbb{K}_8$ verwenden wir dessen Darstellung aus Beispiel A7.4. Als primitives Element α wählen wir jenes, das die Beziehungen $\alpha^7 = 1$ und $\alpha^3 = \alpha + 1$ erfüllt. Damit lauten die $(7 - 3 = 4 \times 7)$ Kontrollmatrix H und die (3×7)-Generatormatrix G (vgl. Satz 7.2):

$$G = \begin{pmatrix} 1 & 1 & 1 & 1 & 1 & 1 & 1 \\ 1 & \alpha & \alpha^2 & \alpha^3 & \alpha^4 & \alpha^5 & \alpha^6 \\ 1 & \alpha^2 & \alpha^4 & \alpha^6 & \alpha & \alpha^3 & \alpha^5 \end{pmatrix} \quad H = \begin{pmatrix} 1 & \alpha & \alpha^2 & \alpha^3 & \alpha^4 & \alpha^5 & \alpha^6 \\ 1 & \alpha^2 & \alpha^4 & \alpha^6 & \alpha & \alpha^3 & \alpha^5 \\ 1 & \alpha^3 & \alpha^6 & \alpha^2 & \alpha^5 & \alpha & \alpha^4 \\ 1 & \alpha^4 & \alpha & \alpha^5 & \alpha^2 & \alpha^6 & \alpha^3 \end{pmatrix}.$$

Es werde $\boldsymbol{u} = (\alpha^2, \alpha^3, \alpha, \alpha^5, \alpha^4, \alpha^2, 1)$ empfangen. Wir fragen, welches Nachrichtenwort $\boldsymbol{m}$ am wahrscheinlichsten gesendet wurde?

Wir bilden zunächst das Syndrom $\boldsymbol{Hu^T}$.

$$\begin{pmatrix} 1 & \alpha & \alpha^2 & \alpha^3 & \alpha^4 & \alpha^5 & \alpha^6 \\ 1 & \alpha^2 & \alpha^4 & \alpha^6 & \alpha & \alpha^3 & \alpha^5 \\ 1 & \alpha^3 & \alpha^6 & \alpha^2 & \alpha^5 & \alpha & \alpha^4 \\ 1 & \alpha^4 & \alpha & \alpha^5 & \alpha^2 & \alpha^6 & \alpha^3 \end{pmatrix} \begin{pmatrix} \alpha^2 \\ \alpha^3 \\ \alpha \\ \alpha^5 \\ \alpha^4 \\ \alpha^2 \\ 1 \end{pmatrix} = \begin{pmatrix} \alpha^2 + \alpha^4 + \alpha^3 + \alpha^8 + \alpha^8 + 1 + \alpha^6 \\ \alpha^2 + \alpha^5 + \alpha^5 + \alpha^4 + \alpha^5 + \alpha^5 + \alpha^5 \\ \alpha^2 + \alpha^6 + 1 + 1 + \alpha^2 + \alpha^3 + \alpha^4 \\ \alpha^2 + 1 + \alpha^2 + \alpha^3 + \alpha^6 + \alpha + \alpha^3 \end{pmatrix} =$$

$$= \begin{pmatrix} \alpha^6 \\ \alpha^6 \\ 0 \\ \alpha^4 \end{pmatrix} =: \begin{pmatrix} s_1 \\ s_2 \\ s_3 \\ s_4 \end{pmatrix}.$$

$\boldsymbol{Hu^T} = (\alpha^6, \alpha^6, 0, \alpha^4)^T \neq \boldsymbol{0}$, also ist das empfangene Wort mit Fehlern behaftet.

Die in der Praxis elektronisch unterstützt Syndromdecodierung ist für eine „händische" Decodierung selbst in diesem einfachen Beispiel kaum durchführbar. Es gibt nämlich $|\mathbb{K}_8|^{n-k} = 8^{7-3} = 8^4$ verschiedene Nebenklassen. Da der Code $RS_8(5)$ zyklisch ist, verwenden wir das PGZ-Verfahren. Das am wahrscheinlichsten gesendete Codewort **c** ergibt sich aus $\boldsymbol{c} = \boldsymbol{u} + \boldsymbol{f}$, wobei $\boldsymbol{f}$ der Fehlervektor ist. Er lässt sich aus dem Fehlerortungspolynom berechnen. Dazu gehen wir folgendermaßen vor:

(1) $(s_1, s_2, s_3, s_4) = (\alpha^6, \alpha^6, 0, \alpha^4)$.

(2) Die Syndrommatrix $S_2 = \begin{pmatrix} s_1 & s_2 \\ s_2 & s_3 \end{pmatrix} = \begin{pmatrix} \alpha^6 & \alpha^6 \\ \alpha^6 & 0 \end{pmatrix}$ besitzt $t := 2 \leq t^*$ linear unabhängige Zeilen (wegen 0 in der zweiten Zeile). Daher hat das Fehlerortungspolynom den Grad 2.

(3) Das Fehlerortungspolynom $q(x) = 1 + q_1x + q_2x^2$ berechnet sich aus

$S_2\begin{pmatrix} q_2 \\ q_1 \end{pmatrix} = -\begin{pmatrix} s_3 \\ s_4 \end{pmatrix}$:

$$\begin{pmatrix} \alpha^6 & \alpha^6 \\ \alpha^6 & 0 \end{pmatrix}\begin{pmatrix} q_2 \\ q_1 \end{pmatrix} = \begin{pmatrix} 0 \\ \alpha^4 \end{pmatrix} \Leftrightarrow \begin{array}{lcl} \alpha^6 q_2 + \alpha^6 q_1 & = & 0 \\ \alpha^6 q_2 & = & \alpha^4 = \alpha^{11} \end{array} \Rightarrow q_2 = \alpha^5 \Rightarrow q_1 = \alpha^5.$$

Es folgt: $q(x) = 1 + \alpha^5 x + \alpha^5 x^2$.

(4) Berechnung der Nullstellen durch Einsetzung der Elemente von $\{1, \alpha, \alpha^2, \ldots, \alpha^6\}$:

$$\begin{array}{rlcllll}
1: & 1+\alpha^5+\alpha^5 & = & 1 & & & \\
\alpha: & 1+\alpha^6+\alpha^7 & = & \alpha^6 & & & \\
\alpha^2: & 1+\alpha^7+\alpha^9 & = & \alpha^9 & & & \\
\alpha^3: & 1+\alpha^8+\alpha^{11} & = & \alpha^6 & & & \\
\alpha^4: & 1+\alpha^9+\alpha^{13} & = & 0 & = & q(\alpha^4)=q(\alpha^{7-3}) & \Rightarrow \text{3.Stelle falsch} \\
\alpha^5: & 1+\alpha^{10}+\alpha^{15} & = & 0 & = & q(\alpha^5)=q(\alpha^{7-2}) & \Rightarrow \text{2.Stelle falsch} \\
\alpha^6: & 1+\alpha^{11}+\alpha^{17} & = & \alpha^2 & & &
\end{array}$$

Beachte: Die Zählung der Indizes beginnt bei 0.
Damit folgt: $\mathbf{f} = (0,0,f_2,f_3,0,0,0)$.

(5) Fehlerberechnung aus $H\boldsymbol{f}^T = H\boldsymbol{u}^T = (\alpha^6, \alpha^6, 0, \alpha^4)^T$.

$$\begin{pmatrix} 1 & \alpha & \alpha^2 & \alpha^3 & \alpha^4 & \alpha^5 & \alpha^6 \\ 1 & \alpha^2 & \alpha^4 & \alpha^6 & \alpha & \alpha^3 & \alpha^5 \\ 1 & \alpha^3 & \alpha^6 & \alpha^2 & \alpha^5 & \alpha & \alpha^4 \\ 1 & \alpha^4 & \alpha & \alpha^5 & \alpha^2 & \alpha^6 & \alpha^3 \end{pmatrix}\begin{pmatrix} 0 \\ 0 \\ f_2 \\ f_3 \\ 0 \\ 0 \\ 0 \end{pmatrix} = \begin{pmatrix} \alpha^6 \\ \alpha^6 \\ 0 \\ \alpha^4 \end{pmatrix},$$

$$\begin{array}{lcll} \alpha^2 f_2 + \alpha^3 f_3 & = & \alpha^6 & \cdot\alpha^3 \\ \alpha^4 f_2 + \alpha^6 f_3 & = & \alpha^6 & \end{array} \Leftrightarrow \begin{array}{lcl} \alpha^5 f_2 + \alpha^6 f_3 & = & \alpha^9 = \alpha^2, \\ \alpha^4 f_2 + \alpha^6 f_3 & = & \alpha^6. \end{array}$$

Addition ergibt:

$$(\alpha^5+\alpha^4)\mathrm{f}_2+(\alpha^6+\alpha^6)\mathrm{f}_3=\alpha^2+\alpha^6 \Leftrightarrow 1\mathrm{f}_2+0\mathrm{f}_3=1 \Rightarrow \mathrm{f}_2=1.$$

Einsetzen in die erste Gleichung:

$$\alpha^2 1+\alpha^3\mathrm{f}_3=\alpha^6 \Leftrightarrow \alpha^3\mathrm{f}_3=\alpha^2+\alpha^6=1=\alpha^7 \Rightarrow \mathrm{f}_3=\alpha^4.$$

Damit ist $\mathbf{f} = (0{,}0,1,\alpha^4{,}0,0{,}0)$, und das am wahrscheinlichsten gesendete Codewort lautet

$$\boldsymbol{c}=\boldsymbol{u}+\boldsymbol{f}=(\alpha^2,\alpha^3,\alpha,\alpha^5,\alpha^4,\alpha^2,1)+(0,0,1,\alpha^4,0,0,0)=(\alpha^2,\alpha^3,\alpha^3,1,\alpha^4,\alpha^2,1).$$

Kontrolle $H\boldsymbol{c}^T=\mathbf{0}$.

Welches Nachrichtenwort $\boldsymbol{m}=(m_1,m_2,m_3)$ wurde am wahrscheinlichsten gesendet?

Da G keine systematische Generatormatrix ist, also $G \neq (I_3|\,P)$ gilt, kann die Nachricht nicht unmittelbar aus dem Codewort abgelesen werden. Also muss sie aus $\boldsymbol{m}G=\boldsymbol{c}$, wobei G die Generatormatrix des $RS_8(5)$ ist, berechnet werden:

$$(m_1,m_2,m_3)\begin{pmatrix}1&1&1&1&1&1&1\\1&\alpha&\alpha^2&\alpha^3&\alpha^4&\alpha^5&\alpha^6\\1&\alpha^2&\alpha^4&\alpha^6&\alpha&\alpha^3&\alpha^5\end{pmatrix}=(\alpha^2,\alpha^3,\alpha^3,1,\alpha^4,\alpha^2,1).$$

Das ist ein lineares Gleichungssystem mit sieben Gleichungen und drei Unbekannten. Weil G eine Vandermondesche Matrix ist, besitzt sie den Rang 3. Also ist das Gleichungssystem eindeutig lösbar.

Die Lösung lautet: $\boldsymbol{m}=(m_1,m_2,m_3)=(\alpha^4{,}1,\alpha^3)$.

Beispiel 7.11 Konstruktion eines **Mini-QR-Codes** mit dem unverkürzten $RS_8(5)$

Es soll die Nachricht $\boldsymbol{m}=395$ übermittelt und in einem QR-Code dargestellt werden.

(1) Stelle diese Nachricht $\boldsymbol{m}$ im Binärsystem dar.

$395:2=$	$197:2=$	$98:2=$	$49:2=$	$24:2=$	$12:2=$	$6:2=$	$3:2=$	$1:2=0$
1	1	0	1	0	0	0	1	1

Der Körper $\mathbb{K}_{8=2^3}$ kann als dreidimensionaler Vektorraum über $\mathbb{Z}_2$ aufgefasst werden (vgl. Beispiel A7.4).

(2) Ordne die Bitfolge in -Dreiergruppen und beachte die Reihenfolge von rechts nach links:

$$\boldsymbol{m} = 110 \mid 001 \mid 011.$$

(3) Lies diese Dreiergruppen als Vektordarstellung von Elementen des $\mathbb{K}_8$ und ersetze sie durch die Potenzdarstellung in α (vgl. Beispiel A7.4). Es entsteht

$$\boldsymbol{m} = \alpha^4 1 \alpha^3.$$

(4) Codiere die Nachricht $\boldsymbol{m}$ durch $\boldsymbol{c} = \boldsymbol{m}G$ mit G aus Beispiel 7.10.

$$\boldsymbol{c} = \boldsymbol{m}G = (\alpha^4, 1, \alpha^3) \begin{pmatrix} 1 & 1 & 1 & 1 & 1 & 1 & 1 \\ 1 & \alpha & \alpha^2 & \alpha^3 & \alpha^4 & \alpha^5 & \alpha^6 \\ 1 & \alpha^2 & \alpha^4 & \alpha^6 & \alpha & \alpha^3 & \alpha^5 \end{pmatrix} = (\alpha^2, \alpha^3, \alpha^3, 1, \alpha^4, \alpha^2, 1).$$

(5) Ersetze die Potenzdarstellung von $\boldsymbol{c}$ durch die Vektordarstellung.

$$\boldsymbol{c} = 100\ 011\ 011\ 001\ 110\ 100\ 001.$$

(6) Zerlege diese Darstellung z. B. in drei Siebenergruppen, um „Zerrissenheit" zu erzeugen und schreibe $\boldsymbol{c}$ als Matrix.

$$\boldsymbol{c} = \begin{matrix} 1 & 0 & 0 & 0 & 1 & 1 & 0 \\ 1 & 1 & 0 & 0 & 1 & 1 & 1 \\ 0 & 1 & 0 & 0 & 0 & 0 & 1 \end{matrix}.$$

(7) Lies diese Matrix spaltenweise aus und trage sie zeilenweise in ein QR-Schema ein (Abb. 7.3).

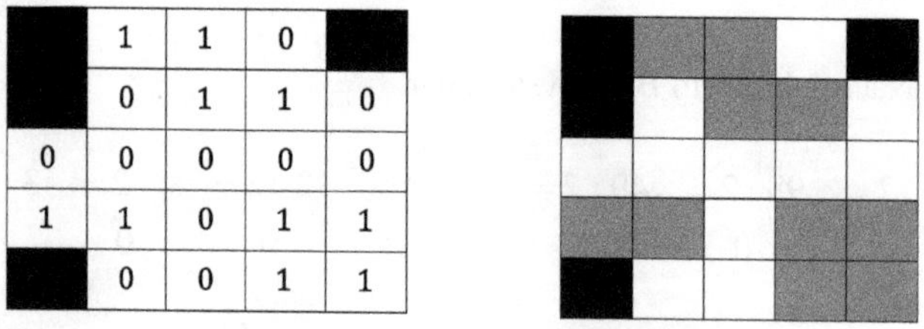

Abb. 7.3 Codewortmatrix und Übersetzung in Schwarz-Weiß-Felder

	1	1	0	
	0	**0**	1	0
1	0	0	**1**	0
1	1	0	1	1
	0	0	1	1

Abb. 7.4 Drei Fehler und deren Übersetzung in die Codewortmatrix

Beispiel 7.12 Fehlerkorrektur mit dem Mini-QR-Code aus Beispiel 7.11

Angenommen, es sind an drei Positionen des Mini-QR-Quadrates Fehler aufgetreten (Abb. 7.4).

(1) Lies aus den Datenfeldern die Pixelfolge zeilenweise ab. Es entsteht

$$\boldsymbol{u} = 110001010010110110011.$$

(2) Ordne $\boldsymbol{u}$ in Dreiergruppen und schreibe als Matrix an.

$$\boldsymbol{u} = 110\,001\,010\,010\,110\,110\,011,$$

$$\begin{array}{ccccccc} 1 & 0 & 0 & 0 & 1 & 1 & 0 \\ 1 & \mathbf{0} & \mathbf{1} & \mathbf{1} & 1 & 1 & 1. \\ 0 & 1 & 0 & 0 & 0 & 0 & 1 \end{array}$$

(3) Lies diese Matrix zeilenweise aus und ordne inDreiergruppen.

$$\boldsymbol{c}' = 100\;011\;01\mathbf{0}\;\mathbf{11}1\;110\;100\;001.$$

(4) Ersetze die Vektordarstellung von $\boldsymbol{c}'$durch die Potenzdarstellung.

$$\boldsymbol{c}' = \alpha^2\alpha^3\alpha\,\alpha^5\;\alpha^4\;\alpha^2 1.$$

(5) Überprüfe, ob $\boldsymbol{c}'$ ein Codewort ist mittels des Produkte $H(\boldsymbol{c}')^t$, wobei H die Kontrollmatrix des $RS_8(5)$-Codes ist. Mit Beispiel 7.10 erhalten wir:

$$\begin{pmatrix} 1 & \alpha & \alpha^2 & \alpha^3 & \alpha^4 & \alpha^5 & \alpha^6 \\ 1 & \alpha^2 & \alpha^4 & \alpha^6 & \alpha & \alpha^3 & \alpha^5 \\ 1 & \alpha^3 & \alpha^6 & \alpha^2 & \alpha^5 & \alpha & \alpha^4 \\ 1 & \alpha^4 & \alpha & \alpha^5 & \alpha^2 & \alpha^6 & \alpha^3 \end{pmatrix} \begin{pmatrix} \alpha^2 \\ \alpha^3 \\ \alpha \\ \alpha^5 \\ \alpha^4 \\ \alpha^2 \\ 1 \end{pmatrix} = \begin{pmatrix} \alpha^2+\alpha^4+\alpha^3+\alpha^8+\alpha^8+1+\alpha^6 \\ \alpha^2+\alpha^5+\alpha^5+\alpha^4+\alpha^5+\alpha^5+\alpha^5 \\ \alpha^2+\alpha^6+1+1+\alpha^2+\alpha^3+\alpha^4 \\ \alpha^2+1+\alpha^2+\alpha^3+\alpha^6+\alpha+\alpha^3 \end{pmatrix} =$$

$$= \begin{pmatrix} \alpha^6 \\ \alpha^6 \\ 0 \\ \alpha^4 \end{pmatrix} =: \begin{pmatrix} s_1 \\ s_2 \\ s_3 \\ s_4 \end{pmatrix}.$$

Es sind also Fehler aufgetreten.

(6) Korrigiere c'mit dem PGZ-Verfahren. Nach Beispiel 7.10 erhalten wir den Fehlervektor $\mathbf{f} = (0,0,1,\alpha^4,0,0,0)$, und das am wahrscheinlichsten gesendete Codewort lautet

$$c = c' + f = (\alpha^2, \alpha^3, \alpha, \alpha^5, \alpha^4, \alpha^2, 1) + (0,0,1,\alpha^4,0,0,0) = (\alpha^2, \alpha^3, \alpha^3, 1, \alpha^4, \alpha^2, 1).$$

(7) Diesem Codewort c entspricht die Nachricht m mit $mG = c$. Das entsprechende Gleichungssystem ist eindeutig lösbar und liefert $m = (\alpha^4, 1, \alpha^3)$.

(8) Schreibe m in binärer Darstellung und verwandle in eine Dezimalzahl.

$$m = 110\,001\,011 = 1 \cdot 2^8 + 1 \cdot 2^7 + 1 \cdot 2^3 + 1 \cdot 2^1 + 1 = 395.$$

Der QR-Code stellt am wahrscheinlichsten die Nachricht 395 dar. Obwohl drei Fehler aufgetreten sind, kann der zugrunde liegende $RS_8(5)$-Code die Nachricht rekonstruieren. Dies ist Folge der Zerrissenheit (Spreizung) des Codewortes.

Beispiel 7.13 Mini-QR aus Kap. 2 mit einem RS-Code

In Abschn. 2.4 haben wir mit dem (7,4, 3)-binären Hamming Code $H_2(3)$ einen Mini-QR-Code konstruiert, um das Datum „24.12.21" zu übermitteln. Dieser Code konnte selbständig einen Fehler korrigieren. Für diese Nachricht verwenden wir nun wieder den Mini-QR-Code aus Beispiel 7.11, dem der (7,3,5)-Code $RS_8(5)$ zugrunde liegt. Dieser Code kann zwei Fehler korrigieren, allerdings muss ein Körper mit acht Elementen verwendet werden.

Konstruktionsalgorithmus (vgl. dazu Beispiel 2.18):

(1) Stelle die Information als Zahl z durch das Aneinanderreihen der zweistelligen Datumsangaben dar: $\boldsymbol{m} = 24.12.21 \triangleq z = 241221$.

(2) Stelle z im $512 = 8^3$-System dar.

Weil der $RS_8(5)$ ein (7,3, 5)-Code ist, also die Dimension 3 besitzt und über dem $\mathbb{K}_8$ gebildet wird, ist die Nachricht ein 3-Tupel über $\mathbb{K}_8$. Daher wird z im $8^3 = 512$-System dargestellt. Im Abschn. 2.4 war die Nachricht ein 4-Tupel über $\mathbb{Z}_2$, daher haben wir sie im $2^4 = 16$-System dargestellt.

$$\begin{array}{ccc} 241221 : 512 = & 471 : 512 = & 0 \\ 69 & 471 & \end{array} \triangleq \quad \boldsymbol{m} = (m_1, m_2) = (471{,}69).$$

Anmerkung: Um unseren Mini-QR klein zu gestalten, beschränken wir uns auf Nachrichten mit zwei Komponenten. Daher ist die Zahl z durch $z' = 511 + 511 \cdot 512 = 262143$ beschränkt. Weil jedes Codewort aus $7 \cdot 3 = 21$ Bits besteht, finden zwei Codewörter in einem (7×7)-Quadrat Platz. Von den 49 Feldern im Quadrat werden fünf Felder als Positionsmarkierungen verwendet.

(3) Stelle die Komponenten von $\boldsymbol{m}$ im 8-System dar (vgl. Beispiel A2.5).

$$\begin{array}{ccccccc} 471 : 8 & = & 58 : 8 & = & 7 : 8 & = & 0 \\ 7 & & 2 & & 7 & & \end{array}, \quad \text{also} : 417 = (7, 2, 7)_8,$$

$$\begin{array}{ccccccc} 69 : 8 & = & 8 : 8 & = & 1 : 8 & = & 0 \\ 5 & & 0 & & 1 & & \end{array}, \quad \text{also} : 69 = (1, 0, 5)_8,$$

$$\boldsymbol{m} = (727{,}105).$$

(4) Stelle die Ziffern aus dem 8-System im Binärsystem dar.

$$(7, 2, 7)_8 \triangleq (111{,}010{,}111), \quad (1, 0, 5)_8 \triangleq (001{,}000{,}101).$$

(5) Fasse die binären Tripel als Elemente des $\mathbb{K}_8$ auf und verwende die Tab. 10.4 aus Anhang A7 (vgl. Beispiel A7.4) oder die Umrechnungstabelle Tab. 9.1.

$$(111{,}010{,}111) \triangleq \left(\alpha^5, \alpha, \alpha^5\right)_{\mathbb{K}_8}, \quad (001{,}000{,}101) \triangleq \left(1, 0, \alpha^6\right)_{\mathbb{K}_8},$$

$$\boldsymbol{m} \triangleq \left(\alpha^5, \alpha, \alpha^5, 1, 0, \alpha^6\right).$$

(6) Ordne diese Folge in einer (2×3)-Matrix an:

$$\boldsymbol{m} \triangleq \begin{pmatrix} \alpha^5 & \alpha & \alpha^5 \\ 1 & 0 & \alpha^6 \end{pmatrix}.$$

(7) Codiere mit der Generatormatrix G durch das Produkt $\boldsymbol{m}G$.

$$(\alpha^5, \alpha, \alpha^5) \begin{pmatrix} 1 & 1 & 1 & 1 & 1 & 1 & 1 \\ 1 & \alpha & \alpha^2 & \alpha^3 & \alpha^4 & \alpha^5 & \alpha^6 \\ 1 & \alpha^2 & \alpha^4 & \alpha^6 & \alpha & \alpha^3 & \alpha^5 \end{pmatrix} = (\alpha, \alpha, 0, \alpha^5, \alpha^6, 0, \alpha^6),$$

$$(1, 0, \alpha^6) \begin{pmatrix} 1 & 1 & 1 & 1 & 1 & 1 & 1 \\ 1 & \alpha & \alpha^2 & \alpha^3 & \alpha^4 & \alpha^5 & \alpha^6 \\ 1 & \alpha^2 & \alpha^4 & \alpha^6 & \alpha & \alpha^3 & \alpha^5 \end{pmatrix} = (\alpha^2, \alpha^3, \alpha, \alpha^4, 0, \alpha^6, \alpha^5).$$

Es entsteht die Codewortmatrix $\boldsymbol{c}$ über $\mathbb{K}_8$.

$$\boldsymbol{c} = \begin{pmatrix} \alpha & \alpha & 0 & \alpha^5 & \alpha^6 & 0 & \alpha^6 \\ \alpha^2 & \alpha^3 & \alpha & \alpha^4 & 0 & \alpha^6 & \alpha^5 \end{pmatrix}.$$

(8) Um die Ergebnisfolgen aus (7) elektronisch bearbeitbar zu machen, stelle die Körperelemente unter Verwendung der Tabelle aus Anhang A7 als binäre 3-Tupel dar. Es entsteht die binäre Codewortmatrix $\boldsymbol{c}$:

$$\boldsymbol{c} = \begin{pmatrix} 010 & 010 & 000 & 111 & 101 & 000 & 101 \\ 100 & 011 & 010 & 110 & 000 & 101 & 111 \end{pmatrix}.$$

(9) Lies die Codewortmatrix spaltenweise aus und trage sie zeilenweise in die Mini-QR-Matrix (Erzeugung der „Zerissenheit“, vgl. dazu „Block-Interleaving“ im Abschn. 8.1 sowie Abb. 7.5).

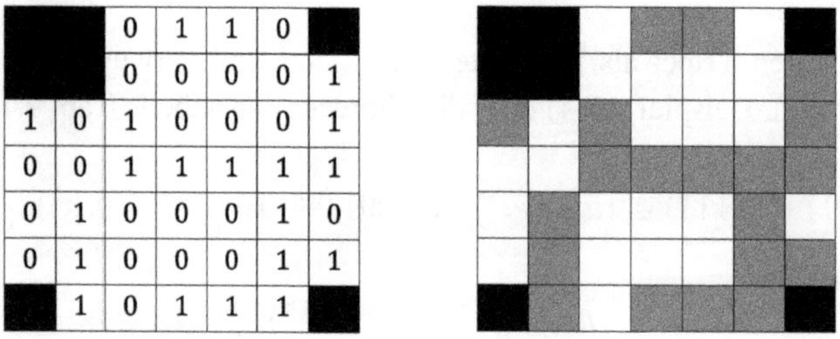

Abb. 7.5 Codewortmatrix und deren Übersetzung

Lesealgorithmus:
Wir gehen in Umkehrung zum Konstruktionsalgorithmus vor.
Gegeben sei obiger QR-Code.

(1) Lies aus dem Datenfeld die Schwarz-Weiß-Folge der Pixel zeilenweise ab.
Es entsteht: 011000001101000100111110100010010001110111.

(2) Unterteile diese Folge in Zweiergruppen und trage diese als Spalten in ein (2 × 21) Matrix ein (Aufhebung der „Zerissenheit").

01 10 00 00 11 01 00 01 00 11 11 10 10 00 10 01 00 01 11 01 11

$$\begin{pmatrix} 0 & 1 & 0 & 0 & 1 & 0 & 0 & 0 & 0 & 1 & 1 & 1 & 1 & 0 & 1 & 0 & 0 & 0 & 1 & 0 & 1 \\ 1 & 0 & 0 & 0 & 1 & 1 & 0 & 1 & 0 & 1 & 1 & 0 & 0 & 0 & 0 & 1 & 0 & 1 & 1 & 1 & 1 \end{pmatrix}.$$

(3) Teile die Zeilen dieser Matrix in Dreiergruppen und ersetze sie durch die entsprechenden Elemente aus $\mathbb{K}_8$. Verwende die Tabelle aus Anhang A7.

$$\begin{matrix} 010\ 010\ 000\ 111\ 101\ 000\ 101 \\ 100\ 011\ 010\ 110\ 000\ 101\ 111 \end{matrix} \triangleq \begin{matrix} \alpha\,\alpha\,0\,\alpha^5\,\alpha^6\,0\,\alpha^6 =: \boldsymbol{c}_1 \\ \alpha^2\,\alpha^3\alpha\,\alpha^4\,0\,\alpha^6\,\alpha^5 =: \boldsymbol{c}_2 \end{matrix}.$$

(4) Bestimme aus $\boldsymbol{m}G = \boldsymbol{c}_1$ und $\boldsymbol{m}G = \boldsymbol{c}_2$ die Komponenten der ursprünglichen Nachricht. Die dabei auftretenden überbestimmten Gleichungssysteme in drei Variablen sind wegen rg $(G) = 3$ (die Zeilen der Generatormatrix sind als Basisvektoren linear unabhängig) eindeutig lösbar (vgl. Satz A5.15).

$$(m_1, m_2, m_2) \begin{pmatrix} 1 & 1 & 1 & 1 & 1 & 1 & 1 \\ 1 & \alpha & \alpha^2 & \alpha^3 & \alpha^4 & \alpha^5 & \alpha^6 \\ 1 & \alpha^2 & \alpha^4 & \alpha^6 & \alpha & \alpha^3 & \alpha^5 \end{pmatrix} = \left(\alpha, \alpha, 0, \alpha^5, \alpha^6, 0, \alpha^6\right),$$

$$(m_1, m_2, m_2) = \left(1, 0, \alpha^6\right),$$

$$(m_1, m_2, m_2) \begin{pmatrix} 1 & 1 & 1 & 1 & 1 & 1 & 1 \\ 1 & \alpha & \alpha^2 & \alpha^3 & \alpha^4 & \alpha^5 & \alpha^6 \\ 1 & \alpha^2 & \alpha^4 & \alpha^6 & \alpha & \alpha^3 & \alpha^5 \end{pmatrix} = \left(\alpha^2, \alpha^3, \alpha, \alpha^4, 0, \alpha^6, \alpha^5\right),$$

$$(m_1, m_2, m_2) = \left(\alpha^5, \alpha, \alpha^5\right),$$

$$m = \begin{pmatrix} \alpha^5 & \alpha & \alpha^5 \\ 1 & 0 & \alpha^6 \end{pmatrix}.$$

(5) Ersetze die Körperelemente in $\boldsymbol{m}$ durch ihre Vektordarstellung.

$$m = \begin{pmatrix} 111 & 010 & 111 \\ 001 & 000 & 101 \end{pmatrix}.$$

(6) Stelle die Eintragungen in $\boldsymbol{m}$ als Ziffern im 8-System dar.
Zum Beispiel: $(111)_2 = 1 + 1 \cdot 2 + 1 \cdot 2^2 = (7)_8$ oder $(101)_2 = 1 + 0 \cdot 2 + 1 \cdot 2^2 = (5)_8$.
Es entsteht

$$m = \begin{pmatrix} 7 & 2 & 7 \\ 1 & 0 & 5 \end{pmatrix}.$$

(7) Ermittle die Ziffern im 512-System.

$$(727)_8 = 7 \cdot 8^2 + 2 \cdot 8 + 7 = (471)_{512}, \quad (105)_8 = 1 \cdot 8^2 + 0 \cdot 8 + 5 = (69)_{512}$$

$$m = (471{,}69)_{512}.$$

(8) Ermittle die Dezimalzahldarstellung von $\boldsymbol{m}$.

$$(471{,}69)_{512} = 471 \cdot 512 + 69 = 241221.$$

(9) Trenne diese Ziffernfolge in Zweiergruppen und lies das Ergebnis als Datum.

$$m = 24.12.21.$$

Anmerkung: Die Berechnungen sind langwieriger als jene in Abschn. 2.6. Allerdings können nun je Codewort zwei statt ein Fehler korrigiert werden.

Aufgaben

7.5: Es werde $\boldsymbol{u} = (\alpha^5, \alpha, 1, \alpha^3, 1, \alpha, \alpha)$ empfangen. Bestimme durch eine vollständige Rechnung, welches Nachrichtenwort $\boldsymbol{m}$ am wahrscheinlichsten gesendet wurde? Lösung: $\boldsymbol{m} = (\alpha^2, \alpha, 1)$.

7.6: Wir haben gesehen, dass der $RS_8(5)$-Code zwei Fehler korrigieren kann. Was geschieht, wenn drei Fehler auftreten? Es werde $\boldsymbol{u} = (\alpha^5, \alpha, 1, \alpha^3, 1, \alpha^2, \alpha)$ empfangen.

Zeige, dass das Fehlerortungspolynom eine Konstante ist. Was kann daraus geschlossen werden?

Abb. 7.6 Ein Bündelfehler

7.7: Nimm an, dass im QR-Code aus Beispiel 7.12 der in Abb. 7.6 dargestellte Bündelfehler aufgetreten ist.

Führe mit dem PGZ-Verfahren eine Fehlerkorrektur durch. Gehe wie im Beispiel 7.10 vor.

7.8: Entwickle einen QR-Code wie in Beispiel 7.12, der die Nachricht „OK" vermittelt. Führe auch die Probe durch (Lesealgorithmus).

7.9: Das PGZ-Verfahren kann über $\mathbb{K}_8$ höchstens zwei Fehler korrigieren. Nimm an, dass beim Lesen des QR -Codes aus Aufgabe 7.8 drei Fehler aufgetreten sind. Wann können diese Fehler trotzdem korrigiert werden?

Spreizen und Kreuzen von Linearcodes

8

Bereits beim QR-Code (vgl. Abschn. 2.4) hat es sich gezeigt, dass es aufgrund von mechanischen Belastungen zweckmäßig ist, die Komponenten eines Codewortes nicht hintereinander, sondern „zerrissen" in das Quadrat einzutragen. Dadurch konnten sogar fünf Fehler korrigiert werden, obwohl der dort verwendete Hamming-Code selbst nur einen Fehler korrigiert. Hätte man im angegebenen Beispiel die Komponenten eines Codewortes hintereinander eingetragen, wäre es zu einem totalen Datenverlust gekommen. Auch auf einer CD kann es durch Kratzer nicht nur zu verstreuten Fehlern, sondern zu mehreren Fehlern hintereinander kommen. Es entsteht ein Fehlerbündel (vgl. Abschn. 6.2). Ähnliche Verluste können beim Senden von Daten durch „Funklöcher" auftreten. Wie wir bereits gesehen haben, eignen sich zyklische Codes gut, um solche Fehlerbündel zu erkennen und zu korrigieren (Satz 6.5).

In diesem Kapitel soll dargelegt werden, wie man diese „Zerrissenheit" und damit eine geschickte Verteilung der Komponenten eines Codewortes beim Speichern auf einem Datenträger bzw. beim Senden automatisiert erzeugen kann. Dazu werden zwei Verfahren vorgestellt, nämlich das „Spreizen" (Block-Interleaving) und das „gekreuzte Spreizen" (Cross-Interleaving) von Linearcodes. Durch diese Methoden werden die Komponenten eines ursprünglichen Codewortes gleichmäßig über ein längeres (gespreiztes) Wort verteilt. Damit können wesentlich längere Bündelfehler korrigiert werden.

Beim Block-Interleaving werden die ursprünglichen Codewörter eines Codes C nicht hintereinander gesendet bzw. abgespeichert, sondern nur die Spaltenvektoren einer künstlich erzeugten „temporären" Matrix aus ursprünglichen Codewörtern. Die im Kap. 2 vorgestellte „merkwürdige" Eintragung der Codewörter im anschaulichen Mini-QR-Code kann als Block-Interleaving interpretiert werden.

H. Kautschitsch, G. Kadunz, *Elemente der Codierungstheorie*, Mathematik Primarstufe und Sekundarstufe I + II, https://doi.org/10.1007/978-3-662-67520-5_8

Die Spalten der „temporären“ Matrix sind von den ursprünglichen Codewörtern verschieden. Daher könnte man sie mit einem weiteren Code („innerer“ Code) vor einer Abspeicherung bzw. Sendung nochmals codieren. Damit wird die Fehlerkorrekturkapazität weiter erhöht. Der ursprüngliche „äußere“ Code wird mit dem „inneren“ Code verkettet (interleaved). Dieses Verfahren nennt man „Cross-Interleaving“ (gekreuztes Spreizen). Es wird auf zwei Arten vorgestellt. Dabei wird das direkte Produkt von Codes verwendet. Anwendungen des „Cross-Interleavings“ werden im Kap. 9 vorgestellt.

Als Anwendung des „Block-Interleavings“ werden die QR-Codes mit höheren Fehlerkorrekturstufen behandelt.

Lernende sollen in der Lage sein, Toleranzgrenzen der einzelnen Fehlerkorrekturstufen für im Handel erhältliche Versionen von QR-Codes zu überprüfen. Sie sollen eigenständig QR-Codes mit beliebigen Toleranzgrenzen konstruieren können.

Lehrende erhalten Motivationen zum Rechnen mit Matrizen, insbesondere das Rechnen mit Blockmatrizen.

8.1 Spreizen (Block-Interleaving)

Der beste Code nützt nichts, falls zu lange Fehlerbündel auftreten, weil dann Codewörter großteils oder sogar vollständig beschädigt wären. Eine Strategie bestünde im Aufbrechen der Aufeinanderfolge von Fehlern, also im „Zerreißen“ von Codewörtern (vgl. Abschn. 2.6). Das Aufbrechen kann maschinell realisiert werden.

Beispiel 8.1 Sei ein Code C mit Wortlänge sieben gegeben, der höchstens drei Fehler korrigieren kann. Es soll folgende Zeichenkette gesendet bzw. abgespeichert werden:

$$c_{11}c_{12}c_{13}c_{14}c_{15}c_{16}c_{17}|c_{21}c_{22}c_{23}c_{24}c_{25}c_{26}c_{27}|c_{31}c_{32}c_{33}c_{34}c_{35}c_{36}c_{37}\ |\ \ldots$$

Wir beschränken uns auf die Übertragung der ersten drei Gruppen. An folgenden hervorgehobenen Positionen sind Fehler aufgetreten:

$$c_{11}c_{12}c_{13}\boldsymbol{c_{14}c_{15}c_{16}c_{17}}|\boldsymbol{c_{21}c_{22}c_{23}}c_{24}c_{25}c_{26}c_{27}|c_{31}\boldsymbol{c_{32}}c_{33}c_{34}c_{35}c_{36}c_{37}\ |$$

Es sind also ein Siebenerfehlerbündel $c_{14}\ldots c_{23}$ und ein Einzelfehler c_{32} aufgetreten. Da der Code C nur 3-fehlerkorrigierend ist, ist keine Korrektur des Fehlerbündels möglich. Also müssen wir dieses Fehlerbündel so aufbrechen, dass höchsten drei aufeinanderfolgende Fehler verbleiben. Dies erfolgt durch folgende Methode:

Man lese die drei Siebenergruppen aus und trage sie zeilenweise in eine Matrix ein. Lies die so entstandene Matrix („temporäre“ Matrix) spaltenweise aus und schreibe die ausgelesenen Spalten in einer Zeichenkette an.

$$\begin{pmatrix} c_{11}c_{12}c_{13}c_{14}c_{15}c_{16}c_{17} \\ c_{21}c_{22}c_{23}c_{24}c_{25}c_{26}c_{27} \\ c_{31}c_{32}c_{33}c_{34}c_{35}c_{36}c_{37} \end{pmatrix} \text{„temporäre“ } (3 \times 7) - \text{Matrix.}$$

Das spaltenweise Auslesen ergibt folgende Zeichenkette:

$$\overset{\frown}{c_{11}}c_{21}c_{31}\overset{\frown}{c_{12}}c_{22}c_{32}\overset{\frown}{c_{13}}c_{23}c_{33}\overset{\frown}{c_{14}}c_{24}c_{34}\overset{\frown}{c_{15}}c_{25}c_{35}\overset{\frown}{c_{16}}c_{26}c_{36}\overset{\frown}{c_{17}}c_{27}c_{37}$$

Man sieht: Die Wörter wurden durch zwei Zwischenräume „zerrissen“. Der Abstand zwischen zwei ursprünglichen Komponenten ist drei. Damit wird das Fehlerbündel aufgebrochen. Aus dem ursprünglichen Wort ist ein „gespreiztes“ Wort entstanden.

$$c_{11}\mathbf{c_{21}}c_{31}c_{12}\mathbf{c_{22}}\mathbf{c_{32}}c_{13}\mathbf{c_{23}}c_{33}\mathbf{c_{14}}c_{24}c_{34}\mathbf{c_{15}}c_{25}c_{35}\mathbf{c_{16}}c_{26}c_{36}\mathbf{c_{17}}c_{27}c_{37}.$$

Einteilung in Siebenergruppen zeigt:

$$c_{11}\mathbf{c_{21}}c_{31}c_{12}\mathbf{c_{22}}\mathbf{c_{32}}c_{13} \mid \mathbf{c_{23}}c_{33}\mathbf{c_{14}}c_{24}c_{34}\mathbf{c_{15}}c_{25} \mid c_{35}\mathbf{c_{16}}c_{26}c_{36}\mathbf{c_{17}}c_{27}c_{37}.$$

Je Siebnergruppe treten höchsten drei Fehler auf, die durch den Code C korrigiert werden können.

Hätte man nur zwei Siebenergruppen in eine Matrix mit zwei Zeilen eingelesen, so wäre folgende temporäre Matrix entstanden:

$$\begin{pmatrix} c_{11}c_{12}c_{13}c_{14}c_{15}c_{16}c_{17} \\ c_{21}c_{22}c_{23}c_{24}c_{25}c_{26}c_{27} \end{pmatrix}.$$

Das spaltenweise Auslesen ergibt folgende Zeichenkette:

$$c_{11}\mathbf{c_{21}}c_{12}\mathbf{c_{22}}c_{13}\mathbf{c_{23}}\mathbf{c_{14}} \mid c_{24}\mathbf{c_{15}}c_{25}\mathbf{c_{16}}c_{26}\mathbf{c_{17}}c_{27}.$$

In der ersten Siebenergruppe treten vier Fehler auf, die der Code C nicht korrigieren kann.

Längere Fehlerbündel erfordern temporäre Matrizen mit einer größeren Zeilenanzahl. Diese Variabilität ist der Grund der Namensgebung „temporäre Matrix“.

Die Anzahl der Zeilen der temporären Matrix bestimmt die Abstände zwischen den ursprünglichen Komponenten und ist damit ein Maß für die Zerrissenheit. Diese Anzahl nennt man die Tiefe der Spreizung des Codes C. In der Literatur findet man für den Ausdruck Spreizung wegen der Verwendung einer temporären Matrix die Bezeichnung „Block-Interleaving“.

Dieses Beispiel führt uns zu folgender Definition.

Definition 8.1
Sei C ein Code der Länge n über dem endlichen Körper $\mathbb{K}$.
Den Code C *spreizen zur Tiefe s* bedeutet:

(1) Wähle s Codewörter aus C beliebig aus und bezeichne diese mit $\boldsymbol{c}_1, \boldsymbol{c}_2 \ldots, \boldsymbol{c}_s \in \mathbb{K}^n$.

$$\boldsymbol{c}_1 = (c_{11}, c_{12}, \ldots, c_{1n}), \boldsymbol{c}_2 = (c_{21}, c_{22}, \ldots, c_{2n}), \ldots, \boldsymbol{c}_s = (c_{s1}, c_{s2}, \ldots, c_{sn}).$$

(2) Schreibe diese Wörter in eine Matrix

$$M_s := \begin{pmatrix} c_{11} & c_{12} & \ldots & c_{1n} \\ \vdots & \vdots & \vdots & \vdots \\ c_{s1} & c_{s2} & \ldots & c_{sn} \end{pmatrix} = \begin{pmatrix} \boldsymbol{c}_1 \\ \vdots \\ \boldsymbol{c}_s \end{pmatrix}.$$

(3) Lies die Matrix M_s Spalte für Spalte aus und schreibe diese Spalten in einer Zeile an:

$$(c_{11}, \ldots, c_{s1} \mid c_{12}, \ldots, c_{s2} \mid \ldots \mid c_{1n}, \ldots, c_{sn}) \in \mathbb{K}^{s\,n}.$$

(4) Die Menge aller Wörter dieser Bauart bildet den Code $C(s)$.
(5) Symbolisch:

$$C(s) = \{c_{11}, \ldots, c_{s1}, \ldots, c_{1n}, \ldots, c_{sn} | (c_{11}, \ldots, c_{1n}) \in C, \ldots, (c_{s1}, \ldots, c_{sn}) \in C\} \in \mathbb{K}^{s\,n}.$$

Diese Codeerzeugung aus einem gegebenen Code C nennt man auch *Block-Interleaving* oder *Spreizung* des Codes C zur Tiefe s.

Der Code $C(s)$ heißt der zur Tiefe s gespreizte Code von C.

Anmerkung: Wörter der Länge n werden auf Wörter der Länge $s \cdot n$ vervielfacht und zerrissen, insgesamt gespreizt. Jedes gespreizte Wort kann mit der Matrix M_s identifiziert werden (vgl. Beispiel 8.5 im Abschn. 8.2).

$$(c_{11}, \ldots, c_{s1} \mid c_{12}, \ldots, c_{s2} \mid \ldots \mid c_{1n}, \ldots, c_{sn}) \Longleftrightarrow \begin{pmatrix} c_{11} & c_{12} & \ldots & c_{1n} \\ \vdots & \vdots & \vdots & \vdots \\ c_{s1} & c_{s2} & \ldots & c_{sn} \end{pmatrix}.$$

Um alle Codewörter des Codes $C(s)$ zu erhalten, muss man alle Wahlmöglichkeiten von s Wörtern aus C durchlaufen. Insbesondere sind Wiederholungen gleicher Codewörter notwendig. Im Sonderfall ist auch $\boldsymbol{c}_1 = \boldsymbol{c}_2 = \ldots = \boldsymbol{c}_s$ möglich. Daher gibt es $|C|^s$ Wahlmöglichkeiten und ebenso viele gespreizte Wörter. Also $|C(s)| = |C|^s$.

Beispiel 8.2 Sei der zyklische Code $C_2 = \{000,101,011,110\}$ gegeben. Wir wollen ihn exemplarisch zu verschiedenen Tiefen spreizen.

(1) Tiefe $s := 2$.
Dazu wählen wir zwei Codewörter $\boldsymbol{c}_1 = 101$, $\boldsymbol{c}_2 = 011$. Zeilenweises Eintragen und spaltenweises Auslesen ergibt:

$$M_2 = \begin{pmatrix} \bar{1} & \bar{0} & \bar{1} \\ 0 & 1 & 1 \end{pmatrix} \to \bar{1}\,0\,\bar{0}\,1\,\bar{1}\,1.$$

Beobachtung: Die Eintragungen der Codewörter (hier Querbalken als Kennzeichen) werden jeweils durch einen Zwischenraum auseinandergerissen. Der Abstand zwischen diesen Eintragungen ist 2 ($= s$).

(2) Tiefe $s = 3$.
Dazu wählen wir drei Codewörter $\boldsymbol{c}_1 = 101$, $\boldsymbol{c}_2 = 011$, $\boldsymbol{c}_3 = 110$.

$$M_3 = \begin{pmatrix} \boxed{1} & \boxed{0} & \boxed{1} \\ \underline{0} & \underline{1} & \underline{1} \\ 1 & 1 & 0 \end{pmatrix} \to \boxed{1}\,\underline{0}\,1\,\boxed{0}\,\underline{1}\,1\,\boxed{1}\,\underline{1}\,0.$$

Beobachtung: Die Eintragungen der Codewörter werden jeweils durch zwei Zwischenräume auseinandergerissen. Der Abstand zwischen diesen Eintragungen ist 3 ($= s$).

(3) Tiefe $s = 5$.
Dazu wählen wir fünf Codewörter $\boldsymbol{c}_1 = 101$, $\boldsymbol{c}_2 = 011$, $\boldsymbol{c}_3 = 011$, $\boldsymbol{c}_4 = 110$, $\boldsymbol{c}_5 = 011$.

$$M_5 = \begin{pmatrix} \boxed{1} & \boxed{0} & \boxed{1} \\ \underline{0} & \underline{1} & \underline{1} \\ \widehat{0} & \widehat{1} & \widehat{1} \\ \bar{1} & \bar{1} & \bar{0} \\ 0 & 1 & 1 \end{pmatrix} \to \boxed{1}\,\underline{0}\,\widehat{0}\,\bar{1}\,0\,\boxed{0}\,\underline{1}\,\widehat{1}\,\bar{1}\,1\,\boxed{1}\,\underline{1}\,\widehat{1}\,\bar{0}\,1.$$

Beobachtung: Die Eintragungen der Codewörter werden jeweils durch vier Zwischenräume auseinandergerissen. Der Abstand zwischen diesen Eintragungen ist 5 ($= s$).

Beispiel 8.3 Wir wollen den Wiederholungscode $W_{bin}(3) =: C_W$ der Länge 3 zur Tiefe 2 spreizen. Der Code C_W besitzt die Parameter $(3,1,3)$ und ist durch $C_W = \{000,111\}$ gegeben.

Erste Wahl von zwei Codewörtern:

$\begin{pmatrix} 000 \\ 111 \end{pmatrix} \rightarrow$ spaltenweise auslesen und zeilenweise anschreiben $(010101) \in C_W(2)$.

Zweite Wahl von zwei Codewörtern:

$$\begin{pmatrix} 111 \\ 000 \end{pmatrix} \rightarrow (101010) \in C_W(2).$$

Dritte Wahl von zwei Codewörtern:

$$\begin{pmatrix} 111 \\ 111 \end{pmatrix} \rightarrow (111111) \in C_W(2).$$

Vierte Wahl von zwei Codewörtern:

$$\begin{pmatrix} 000 \\ 000 \end{pmatrix} \rightarrow (000000) \in C_W(2).$$

$$C_W(2) = \{000000, 010101, 101010, 111111\}, \ | \ C_W(2) \ | \ = |C_W|^2.$$

Beobachtungen:

(1) Der gespreizte Code $C_W(2)$ ist wieder ein linearer Code.
(2) Es ist $d_{min}(C_W(2)) = 3 = d_{min}(C_W)$= Minimalgewicht der Codewörter.
(3) Der Code $C_W(2)$ ist damit ein $(3 \cdot 2, 1 \cdot 2, 3)$-Code.
(4) Der Code C_W und der gespreizte Code $C_W(2)$ sind zyklisch.
Denn: $(101010) \rightarrow (010101) \in C_W(2)$, $(010101) \rightarrow (101010) \in C_W(2)$.
(5) Als *zyklischer* Code erkennt und korrigiert C_W Bündelfehler der Länge $n - k = 3 - 1 = 2$.

Der gespreizte Code $C_W(2)$ erkennt und korrigiert Bündelfehler der Länge $n - k = 6 - 2 = 4$, also das Doppelte des ursprünglichen Codes. Hätte man zur Tiefe s gespreizt, so würde man Bündelfehler bis zur Länge $2s$ erkennen und korrigieren können.

Aufgabe 8.1 Spreize C_W zur Tiefe 3 und überprüfe diese Beobachtungen.

Die obigen Beobachtungen bestätigt folgender Satz.

Satz 8.1
Seien C ein linearer (n, k, d)-Code über dem endlichen Körper $\mathbb{K}$ und $s \in \mathbb{N}$.
Dann gelten folgende Eigenschaften:

(1) Der gespreizte Code $C(s)$ ist ein $(n \cdot s, k \cdot s, d)$-Linearcode.
Also $d_{min}(C(s)) = d_{min}(C) = d$ und $\dim(C(s)) = s \cdot \dim(C)$.
(2) Ist C zyklisch mit dem Generatorpolynom $g(x)$, dann ist $C(s)$ zyklisch mit dem Generatorpolynom $(g(x))^s$.
(3) Entdeckt und korrigiert Code C Bündelfehler der Länge b, dann entdeckt und korrigiert der Code $C(s)$ Bündelfehler der Länge $b \cdot s$

Beweis:

(1) Weil $C \subseteq \mathbb{K}^n$ ein linearer Code mit $dim(C) = k$ ist, findet man eine Basis aus k Elementen $\{\boldsymbol{c}_1 = (c_{11}, c_{12}, \ldots, c_{1n}), \ldots, \boldsymbol{c}_k = (c_{k1}, c_{k2}, \ldots, c_{kn})\}$. Die folgenden $k \cdot s$ gespreizten Wörter der Länge $n \cdot s$, dargestellt durch die $(s \times n)$-Matrizen M_{il} mit

$$M_{il} := \begin{pmatrix} 0 & \cdots & 0 & 0 & 0 & \cdots & 0 \\ \vdots & & \vdots & \vdots & \vdots & & \vdots \\ 0 & \cdots & 0 & 0 & 0 & \cdots & 0 \\ c_{i1} & \cdots & \cdots & \cdots & \cdots & \cdots & c_{in} \\ 0 & \cdots & 0 & 0 & 0 & \cdots & 0 \\ \vdots & & \vdots & \vdots & \vdots & & \vdots \\ 0 & \cdots & 0 & 0 & 0 & \cdots & 0 \end{pmatrix} \longleftarrow l-\text{te Zeile}, \quad \begin{matrix} i = 1, \ldots, k \\ l = 1, \ldots, s \end{matrix}$$

bilden eine Basis des Codes $C(s)$.

Jedes Wort (Matrix) aus $C(s)$ ist eine Linearkombination dieser Matrizen M_{il}. Also bilden diese Matrizen ein Erzeugendensystem für $C(s)$. Sie sind auch linear unabhängig, weil nur die triviale Linearkombination die Nullmatrix ergibt:

Wegen der Bauart der Matrizen („zahlreiche" Eintragungen sind Null) entspricht der Matrix M_{il} das gespreizte Codewort

$$(0, \ldots, 0, c_{i1}, 0, \ldots, 0 \mid 0, \ldots, 0, c_{i2}, 0, \ldots, 0 \mid \ldots \mid 0, \ldots, 0, c_{in}, 0, \ldots, 0).$$

Dabei befinden sich die Eintragungen c_{ij} an Positionen, die um s Stellen entfernt sind.

Ist λ_{il} der zu diesem Codewort bzw. zur Matrix M_{il} gehörende Skalar in der Linearkombination, welche den Nullvektor ergibt, so findet man ein $c_{ij} \neq 0$ mit $\lambda_{il} c_{ij} = 0$. Also muss $\lambda_{il} = 0$ gelten für $i = 1, \ldots, k$ und $l = 1, \ldots, s$.

Damit bilden diese Matrizen eine Basis des Codes $C(s)$ und

$$\dim(C(s)) = k \cdot s = s \cdot \dim(C).$$

Sei $\boldsymbol{c}$ ein Codewort ungleich dem Nullwort. Wir bilden die Matrix

$$M_s := \begin{pmatrix} \boldsymbol{c} \\ \boldsymbol{0} \\ \vdots \\ \boldsymbol{0} \end{pmatrix}.$$

Das gespreizte Wort besitzt genauso viele Eintragungen ungleich Null wie $\boldsymbol{c}$. Das Minimalgewicht der gespreizten Wörter ist gleich dem Minimalgewicht der ursprünglichen Codewörter.

(2) Sei $C \subseteq \mathbb{K}^n$ ein zyklischer Code mit dem Generatorpolynom $g(x)$. Weil wir nun mit Polynomen arbeiten, wollen wir die Indizierung der Komponenten von $\boldsymbol{c} \in C$ mit Null und nicht mit Eins beginnen (siehe dazu Kap. 5). Daher schreiben wir für $\boldsymbol{c} \in C$:

$$\boldsymbol{c} = (c_0, c_1, \ldots, c_{n-1}) \leftrightarrow c(x) := c_0 + c_1 x + \ldots + c_{n-1} x^{n-1}.$$

Wir wissen (vgl. Satz 5.3):

$$\boldsymbol{c} \in C \Leftrightarrow \mathrm{g(x)} \mid \mathrm{c(x)} \Leftrightarrow c(x) = g(x) h(x).$$

Beim Spreizen von C zur Tiefe s werden s Codewörter

$$\boldsymbol{c}_1 = \left(c_{10}, c_{11}, \ldots, c_{1(n-1)}\right), \ldots, \boldsymbol{c}_s = \left(c_{s0}, c_{s1}, \ldots, c_{s(n-1)}\right)$$

beliebig aus C ausgewählt und in eine Matrix

$$M_s := \begin{pmatrix} c_{10} & c_{11} & \ldots & c_{1(n-1)} \\ \vdots & \vdots & \vdots & \vdots \\ c_{s0} & c_{s1} & \ldots & c_{s(n-1)} \end{pmatrix}$$

eingetragen. Dabei beschreibt der erste Teil des Index die Wortnummer und der zweite Teil die Komponente im Wort. Das gespreizte Codewort $\boldsymbol{c}'$ ist von der Form

$$\boldsymbol{c}' := \left(c_{10}, c_{20}, \ldots, c_{s0} \mid c_{11}, c_{21} \ldots, c_{s1} \mid \ldots \mid c_{1(n-1)}, c_{2(n-1)} \ldots, c_{s(n-1)}\right) \in \mathbb{K}^{s \cdot n}.$$

Mit der Schreibweise

$$c_i(x) = c_{i0} + c_{i1} x + c_{i2} x^2 + \ldots + c_{i(n-1)} x^{n-1} \textit{ für } i := 1, \ldots, s$$

erhalten wir:

$$c'(x) = \left(c_{10} + c_{20}x + \ldots + c_{s0}x^{s-1}\right) + c_{11}x^s + c_{21}x^{s+1} + \ldots + c_{s1}x^{s+s-1}) + \ldots$$

$$+ \left(c_{1(n-1)}x^{(n-1)\cdot s} + c_{2(n-1)}x^{(n-1)\cdot s+1} + \ldots + c_{s(n-1)}x^{(n-1)\cdot s+s-1}\right).$$

Nach Umordnen der Summanden (von jeder Klammer zuerst den ersten Summanden, dann den zweiten Summanden usw.) erhalten wir:

$$c'(x) = \left(c_{10} + c_{11}x^s + \ldots + c_{1(n-1)}x^{(n-1)\cdot s}\right) +$$
$$+ \left(c_{20}x + c_{21}x^{s+1} + \ldots + c_{2(n-1)}x^{(n-1)\cdot s+1}\right) +$$
$$\ldots + \left(c_{s0}x^{s-1} + c_{s1}x^{s+s-1} + \ldots + c_{s(n-1)}x^{(n-1)\cdot s+s-1}\right).$$

Wir heben die niedrigste Potenz von x aus jeder Klammer heraus:

$$c'(x) = x^0\left(c_{10} + c_{11}x^s + \ldots + c_{1(n-1)}x^{(n-1)\cdot s}\right) +$$
$$+ x^1\left(c_{20} + c_{21}x^s + \ldots + c_{2(n-1)}x^{(n-1)\cdot s}\right) +$$
$$\ldots + x^{s-1}\left(c_{s0} + c_{s1}x^s + \ldots + c_{s(n-1)}x^{(n-1)\cdot s}\right) = x^0c_1(x^s) + x^1c_2(x^s) + \ldots + x^{s-1}c_s(x^s).$$

Da die $\boldsymbol{c}_i$ Codewörter sind, gilt:

$$g(x) \mid c_i(x) \Rightarrow c_i(x) = g(x)k_i(x) \Rightarrow c_i(x^s) = g(x^s)k_i(x^s) \Rightarrow g(x^s) \mid c_i(x^s)$$

$$\text{für } i = 1, \ldots, s \Rightarrow g(x^s) \mid c'(x).$$

Wegen

$$g(x) \mid (x^n - 1)$$

gilt:

$$(x^n - 1) = g(x)h(x)$$

und nach Ersetzung von x durch x^s folgt:

$$(x^{s \cdot n} - 1) = g(x^s)h(x^s)$$

und damit:

$$g(x^s) \mid (x^{s \cdot n} - 1).$$

Daher ist $g(x^s)$ ein Generatorpolynom eines zyklischen Codes C' der Länge $s \cdot n$. Also ist $C' = \{m(x)g(x^s) \mid m(x) \in \mathbb{K}[x]\}$. Nach Satz 6.2 gilt weiterhin:

$$\dim(C') = n \cdot s - \text{grad}(g(x^s)).$$

Nun ist

$$\text{grad}(g(x^s)) = s \cdot \text{grad}(g(x)).$$

Damit ist

$$\dim(C') = n \cdot s - s \cdot \text{grad}(g(x)) = s \cdot (n - \text{grad}(g(x)) = s \cdot k.$$

Nach (1) ist auch

$$\dim(C(s)) = s \cdot k.$$

Insgesamt ist $\dim(C') = \dim\ (C(s))$.

Da jedes Codewort aus dem gespreizten Code $C(s)$ durch $g(x^s)$ teilbar ist, gilt $C(s) \subseteq C'$. Wegen der Dimensionsgleichheit gilt $C(s) = C'$. Damit ist $C(s)$ ein zyklischer Code mit Generatorpolynom $g(x^s)$.

(3) Durch die Spreizung von C zur Tiefe s werden die Komponenten eines Codewortes von C soweit auseinandergerissen, dass aufeinanderfolgende Komponenten den Abstand s besitzen.

Zur Illustration des nächsten Argumentes rufen wir uns das Einführungsbeispiel zur Spreizung mit der Tiefe $s = 3$ in Erinnerung. Dort war ein gespreiztes Codewort von der Form

$$\mathbf{c_{11}}c_{21}c_{31}\mathbf{c_{12}}c_{22}c_{32}\mathbf{c_{13}}c_{23}c_{33}\mathbf{c_{14}}c_{24}c_{34}\mathbf{c_{15}}c_{25}c_{35}\mathbf{c_{16}}c_{26}c_{36}\mathbf{c_{17}}c_{27}c_{37} \in \mathbb{K}^{3 \cdot 7}.$$

Man sieht, dass die aufeinanderfolgenden Komponenten des Codewortes

$$\boldsymbol{c} = c_{11}c_{12}c_{13}c_{14}c_{15}c_{16}c_{17}$$

im gespreizten Wort den Abstand $s = 3$ besitzen.

Allgemein gilt also: Ein Fehlerbündel der Länge $b \cdot s$ in einem gespreizten Codewort betrifft damit höchstens b Stellen im ursprünglichen Codewort. Erkennt der Code C ein Fehlerbündel der Länge b, so erkennt der gespreizte Code ein Fehlerbündel der Länge $b \cdot s$. ■

Beispiel 8.4 Sei C ein Code der Länge 7 und 4-fehlerkorrigierend. Bei der Übertragung einer Zeichenkette S seien an folgenden hervorgehobenen Positionen Fehler aufgetreten:

$$S = c_{11}c_{12}c_{13}\mathbf{c_{14}c_{15}c_{16}c_{17}}\,|\,\mathbf{c_{21}c_{22}c_{23}c_{24}c_{25}c_{26}c_{27}}\,|\,\mathbf{c_{31}c_{32}c_{33}c_{34}c_{35}}c_{36}c_{37}\,|$$

$$c_{41}c_{42}c_{43}c_{44}c_{45}\mathbf{c_{46}}c_{47}\,|\,c_{51}\mathbf{c_{52}}c_{53}c_{54}c_{55}\mathbf{c_{56}}c_{57}\,|\,\ldots$$

Es liegt ein 16-Fehlerbündel vor. Das zweite Codewort ist davon vollständig betroffen und das dritte Codewort zum größten Teil. Darüber hinaus sind noch drei Einzelfehler, also insgesamt 19 Fehler aufgetreten.

Wegen der großen Länge des Fehlerbündels müssen die Codewörter entsprechend weit gespreizt werden, damit sie vom 4-fehlerkorrigierenden Code ausgebessert werden können. Wir versuchen es mit einer Spreizung zur Tiefe 5.

(1) Lies fünf Codewörter der Zeichenkette S in eine „temporäre" (5×7)-Matrix „waagrecht" ein:

$$\begin{pmatrix} c_{11}c_{12}c_{13}c_{14}c_{15}c_{16}c_{17} \\ c_{21}c_{22}c_{23}c_{24}c_{25}c_{26}c_{27} \\ c_{31}c_{32}c_{33}c_{34}c_{35}c_{36}c_{37} \\ c_{41}c_{42}c_{43}c_{44}c_{45}c_{46}c_{47} \\ c_{51}c_{52}c_{53}c_{54}c_{55}c_{56}c_{57} \end{pmatrix}.$$

(2) Lies die „temporäre" (5×7)-Matrix „spaltenweise" bzw. „senkrecht" aus und schreibe die ausgelesenen Komponenten in eine Zeichenkette ein:

$$S' := c_{11}c_{21}c_{31}c_{41}c_{51}c_{12}c_{22}c_{32}c_{42}c_{52}\;c_{13}c_{23}c_{33}c_{43}c_{53}\;c_{14}c_{24}c_{34}c_{44}c_{54}$$

$$c_{15}c_{25}c_{35}c_{45}c_{55}\;c_{16}c_{26}c_{36}c_{46}c_{56}c_{17}c_{27}c_{37}c_{47}c_{57}.$$

Dieser String S' wird übertragen (z. B. beim QR-Code als Pixelquadrat gedruckt).

(3) Teile den String S' in Siebenergruppen und markiere die fehlerhaften Komponenten.

$$S' = c_{11}\mathbf{c_{21}}\mathbf{c_{31}}c_{41}c_{51}c_{12}\mathbf{c_{22}} \quad \mathbf{c_{32}}c_{42}\mathbf{c_{52}}\, c_{13}\mathbf{c_{23}}\mathbf{c_{33}}c_{43} \quad c_{53}\,\mathbf{c_{14}}\mathbf{c_{24}}\mathbf{c_{34}}c_{44}c_{54}\mathbf{c_{15}}$$

$$\mathbf{c_{25}}\mathbf{c_{35}}c_{45}c_{55}\mathbf{c_{16}}\mathbf{c_{26}}c_{36} \quad \mathbf{c_{46}}\mathbf{c_{56}}\mathbf{c_{17}}\mathbf{c_{27}}c_{37}c_{47}c_{57}.$$

(4) Beobachtung: In jeder Siebenergruppe treten höchstens vier Fehler auf. Diese können vom Code C korrigiert werden.

Diese Vorgangsweise entspricht dem Vorgang im Beispiel 2.20. Dort lautete die Frage nach einer Begründung, warum Codewörter so aufwändig in die Datenfelder des QR-Codes eingetragen werden. Die Begründung lag in der „geschickten" Zerrissenheit der Codewörter. Der in Abschn. 2.6 im Anschluss an Beispiel 2.19 angegebene Lesealgorithmus entspricht der Spreizung zur Tiefe 5 des im Mini-QR-Quadrat verwendeten Codes.

Im Beispiel 2.20 wurde die Textnachricht LUX mit dem zugrunde liegenden Code $H_{bin} = H_2(3)$ codiert (Abb. 8.1).

Nachdem der Code H_{bin} 1-fehlerkorrigierend ist, kann der durch die Spreizung zur Tiefe 5 entstandene Code nach Satz 8.1 (3) Bündelfehler bis zu einer Länge von $1 \cdot 5 = 5$ korrigieren. Diese Korrekturfähigkeit wurde in den Abbildungen 2.20, 2.21 und 2.22 anschaulich demonstriert.

Bei Bündelfehlern ab der Länge 6 versagt das Verfahren. Angenommen, die letzte Zeile im Mini-QR-Code von LUX sei so beschädigt, dass ein Bündelfehler der Länge 6 entsteht (Abb. 8.2).

Nach dem Lesealgorithmus aus Abschn. 2.6 wird folgende Zeichenkette S eingelesen:

$$S := 00010\ 00111\ 00110\ 11101\ 00011\ 1110\mathbf{1}\ \mathbf{00111}.$$

$$LUX \triangleq M := \begin{pmatrix} 000\,1011 \\ 000\,1011 \\ 011\,1010 \\ 111\,0100 \\ 010\,1100 \end{pmatrix} \triangleq$$

Abb. 8.1 QR-Code zu LUX

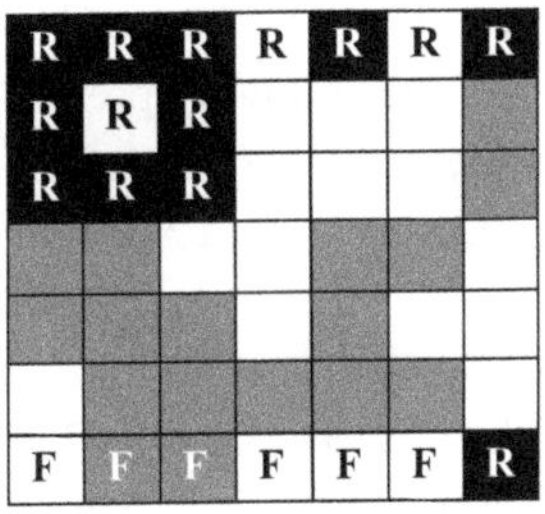

Abb. 8.2 LUX mit Bündelfehler

Spaltenweises Eintragen in eine (5×7)-Matrix M' ergibt:

$$M' = \begin{matrix} 0 & 0 & 0 & 1 & 0 & 1 & \mathbf{0} \\ 0 & 0 & 0 & 1 & 0 & 1 & \mathbf{0} \\ 0 & 1 & 1 & 1 & 0 & 1 & \mathbf{1} \\ 1 & 1 & 1 & 0 & 1 & 0 & \mathbf{1} \\ 0 & 1 & 0 & 1 & 1 & \mathbf{1} & \mathbf{1} \end{matrix}.$$

Die letzte Zeile der Matrix M' enthält zwei Fehler, kann also mit dem Code H_{bin} nicht korrigiert werden. Zur Decodierung verwenden wir die Syndromdecodierung für Hamming-Codes wie im Beispiel 4.34. Wir berechnen das Syndrom der fünften Zeile $\boldsymbol{u}_5 = 01011\mathbf{11}$:

$$H\boldsymbol{u}_5^T = \begin{pmatrix} 1 & 0 & 0 & 1 & 1 & 1 & 0 \\ 0 & 1 & 0 & 0 & 1 & 1 & 1 \\ 0 & 0 & 1 & 1 & 1 & 0 & 1 \end{pmatrix} \begin{pmatrix} 0 \\ 1 \\ 0 \\ 1 \\ 1 \\ \mathbf{1} \\ \mathbf{1} \end{pmatrix} = \begin{pmatrix} 1 & 0 & 1 \end{pmatrix} \triangleq \text{vierte Spalte von H.}$$

Daher liegt der Fehler im vierten Bit. Das fehlerhafte Wort $\boldsymbol{u}_5$ wird zu 01001**11** korrigiert. Dies entspricht nicht der letzten Zeile der Codewortmatrix M.

Anwendung: QR-Codes der Version 5 mit höheren Korrekturstufen M(15 %), Q(25 %), H(30 %) (vgl. Abschn. 7.3 und Manz, 2017, S. 164 und S. 168).

Im Gegensatz zur Stufe L, bei der nur ein verkürzter *RS*-Code verwendet wurde, werden bei den höheren Stufen mehrere verkürzte *RS*-Codes eingesetzt. Darüber hinaus werden diese Codes zur effizienteren Fehlerbündel-Bekämpfung noch gespreizt. Bei Version 5 stehen 134 Datenbytes zur Verfügung. Im Detail:

Stufe M: $2 \times (67, 43, 25)-$ verkürzte *RS*-Codes C_1 und Spreizung zur Tiefe 2.
Dies bedeutet, dass der Code C_1 zweimal verwendet wird.

Stufe Q: $2 \times (33,15,19)-$ verkürzte *RS*-Codes C_2 und $2 \times (34,16,19)-$ verkürzte *RS*-Codes C_3 und Spreizung zur Tiefe 4.

Stufe H: $2 \times (33,11,23)-$ verkürzte *RS*-Codes C_4 und $2 \times (34,12,23)-$ verkürzte *RS*-Codes C_5 und Spreizung zur Tiefe 4.

So wie in Abschn. 7.3 in den Anmerkungen „Verkürzte *RS* -Codes für Audio-CD, DVD, DVB und QR-Codes“ ausgeführt, kann man zeigen, dass der Code C_1 durch 188 Verkürzungen aus dem $RS_{256}(25)$ entsteht. Damit ist C_1 insgesamt $\lfloor \frac{25-1}{2} \rfloor = 12$-fehlerkorrigierend. Der Code C_1 allein würde nur $\frac{12}{134} \approx 8{,}9\,\%$ korrigieren. Um zumindest eine Fehlerkorrekturkapazität von 15 % zu erreichen, werden zwei Codes C_1 verwendet und diese zur Tiefe 2 gespreizt. Dadurch kann eine symmetrische Fehlerverteilung auf die „beiden“ Codes C_1 erreicht werden. Folgendes Beispiel soll dies erläutern.

Seien C und $\tilde{C}$ zwei Codes der Länge 7. Eine Spreizung zur Tiefel 2 bedeutet, dass die jeweiligen Codewörter jeweils in eine temporäre Matrix mit zwei Zeilen geschrieben und spaltenweise ausgelesen werden. Es entsteht

$$c_{11}c_{12}c_{13}c_{14}c_{15}\boldsymbol{c_{16}c_{17}} \mid \boldsymbol{c_{21}c_{22}}c_{23}c_{24}c_{25}c_{26}c_{27},$$

$$\begin{matrix} c_{11}c_{12}c_{13}c_{14}c_{15}\boldsymbol{c_{16}c_{17}} \\ \boldsymbol{c_{21}c_{22}}c_{23}c_{24}c_{25}c_{26}c_{27} \end{matrix}.$$

Auslesen ergibt:

$$c_{11}\boldsymbol{c_{21}}c_{12}\boldsymbol{c_{22}}c_{13}c_{23}c_{14} \mid c_{24}c_{15}c_{25}\boldsymbol{c_{16}}c_{26}\boldsymbol{c_{17}}c_{27}.$$

Man beobachtet: Die vier Fehler haben sich gleichmäßig auf die beiden Codes aufgeteilt. Man kann annehmen, dass sich im Mittel die Fehler eines Bündels gleichmäßig auf die verwendeten Codes aufteilen. In der Stufe M werden dann wegen der Spreizung bis zu $2 \cdot 12 = 24$ Fehler korrigiert. Das sind $\frac{24}{134} \approx 17{,}9\,\%$, also etwas mehr also die geforderten 15 %. Das ist aber auch notwendig, weil bei einer nicht symmetrischen Aufteilung der Fehler weniger als 24 Fehler korrigiert werden.

Bei den Stufen Q und H erfolgt eine Spreizung zur Tiefe 4, d. h., in die vier Zeilen einer temporären Matrix werden die vier Codes zeilenweise eingelesen und spaltenweise ausgelesen. Analog zu obigen Überlegungen kann man annehmen, dass sich die Fehler gleichmäßig auf die vier Codes $2 \times C_2$ und $2 \times C_3$ aufteilen. Jeder dieser Codes kann bis zu $\frac{19-1}{2} = 9$ Fehler korrigieren. Damit können insgesamt bis zu $4 \cdot 9 = 36$ Fehler, das sind $\frac{36}{134} \approx 26{,}8\,\%$, also mehr als die bei Stufe Q geforderten 25 % Fehler korrigiert werden.

Bei Stufe H werden die Fehler gleichmäßig auf vier 11-fehlerkorrigierende Codes aufgeteilt. Damit können bis zu $4 \cdot 11 = 44$ von 134 Fehlern korrigiert werden. Das sind rund 32,8 % und damit etwas mehr als die geforderten 33 %.

Aufgaben

8.2: Kontrolliere die Toleranzgrenzen 7 %, 15 %, 25 %, 30 % für einen QR-Code der Version 1:

Sichtbares Quadrat mit Zeilenanzahl=Spaltenanzahl=21, freie Datenkapazität 26 Datenbytes. In den Stufen von L bis H werden folgende *RS*-Codes verwendet:

Stufe L: (26,19),
Stufe M: (26,16),
Stufe Q: (26,13),
Stufe H: (26,9).

8.3: Bestimme für den QR-Code in Aufgabe 8.2 den Ausgangs-*RS*-Code $RS_{256}(d)$ und die Anzahl der notwendigen Verkürzungen, um die angegebenen Verkürzungscodes der Stufen L bis H zu erreichen. Man kontrolliere die angegebenen k-Werte.

8.4: Welcher verkürzte *RS*-Code garantiert für ein sichtbares Quadrat mit Zeilenanzahl=Spaltenanzahl=21 und der freien Datenkapazität 26 eine Toleranzgrenze von 20 %?

8.5: Wie in Aufgabe 8.2 kontrolliere man die Toleranzgrenzen für einen QR-Code der Version 4. Sichtbares Quadrat mit Zeilenanzahl=Spaltenanzahl=33, freie Datenkapazität 100 Datenbytes:

Stufe L: (100,8),
Stufe M: 2 × (50,32) und Interleaving zur Stufe 2,
Stufe Q: 2 × (50,24) und Interleaving zur Stufe 2,
Stufe H: 4 × (43,15) und Interleaving zur Stufe 4.

8.6: Bestimme für den QR-Code in Aufgabe 8.5 den Ausgangs-*RS*-Code $RS_{256}(d)$ und die Anzahl der notwendigen Verkürzungen, um die angegebenen Verkürzungscodes der Stufen L bis H zu erreichen. Man kontrolliere die angegebenen k-Werte.

8.2 Gekreuztes Spreizen (Cross-Interleaving)

Beim bisherigen (gewöhnlichen) Spreizen hat man willkürlich erzeugte Spalten ausgelesen und diese dann gesendet oder gespeichert. Die „Zerrissenheit" der ursprünglichen Codewörter war umso größer, je größer die Tiefe der Spreizung war. Man könnte nun vor der Sendung bzw. Speicherung dieser willkürlich erzeugten Spalten diese nochmals codieren.

Dies geschieht beim *gekreuzten* Spreizen (Abb. 8.3). Die beiden Codes müssen über demselben Körper $\mathbb{K}$ definiert sein.

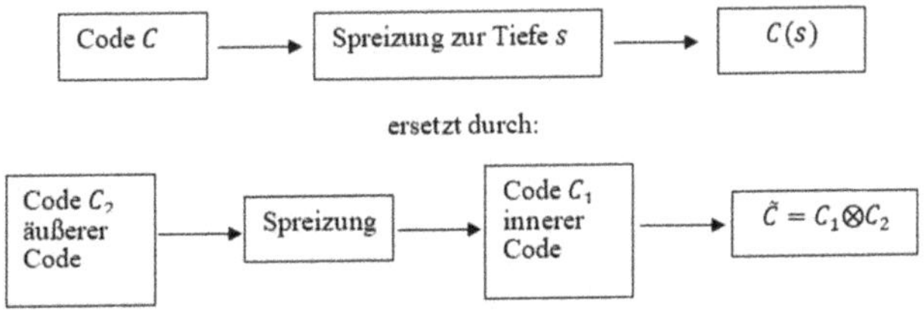

Abb. 8.3 Gekreuztes Spreizen

Es hat sich als nützlich erwiesen, Codewörter nicht nur als n-Tupel, sondern auch als Matrizen und auch umgekehrt Matrizen als n-Tupel aufzufassen.

Beispiel 8.5 Sei $\boldsymbol{c}$ ein Codewort der Länge $15 = 5 \cdot 3$ über $\mathbb{K} = \mathbb{Z}_2$.

$$\boldsymbol{c} = 101001100011011.$$

Unterteile die Zeichenfolge in Dreiergruppen zu je fünf Zeichen (also zuerst 3, dann 5). Trage anschließend diese Gruppen als Zeilen in eine (3×5)-Matrix ein.

$$\boldsymbol{c} = 101001100011011 = 10100 \mid 11000 \mid 11011 \triangleq \begin{pmatrix} 1 & 0 & 1 & 0 & 0 \\ 1 & 1 & 0 & 0 & 0 \\ 1 & 1 & 0 & 1 & 1 \end{pmatrix} =: M \in \mathbb{K}^{3 \cdot 5}.$$

Man hätte $\boldsymbol{c}$ auch in Fünfergruppen zu je drei Zeichen einteilen können.

$$\boldsymbol{c} = 101001100011011 = 101 \mid 001 \mid 100 \mid 011 \mid 011 \triangleq \begin{pmatrix} 1 & 0 & 1 \\ 0 & 0 & 1 \\ 1 & 0 & 0 \\ 0 & 1 & 1 \\ 0 & 1 & 1 \end{pmatrix} =: M' \in \mathbb{K}^{5 \cdot 3}.$$

Sei umgekehrt M eine (3×4)-Matrix über $K = \mathbb{Z}_5$.

Lies die Matrix zeilenweise aus und schreibe in einer Zeichenkette der Länge $4 \cdot 3 = 12$ an.

$$M := \begin{pmatrix} 1 & 2 & 0 & 3 \\ 3 & 0 & 1 & 4 \\ 2 & 1 & 0 & 1 \end{pmatrix} \triangleq 1203 \mid 3014 \mid 2101 = 120330142101.$$

Verschiedenen Codewörtern entsprechen durch diese Vorgangsweise verschiedene Matrizen und umgekehrt.

Damit kann man Wörter der Länge $n = n_1 \cdot n_2$ mit $(n_2 \times n_1)$-Matrizen „identifizieren", indem man sie als n_2-Gruppen zu je n_1 Elementen auffasst.

Umgekehrt kann man $(n_2 \times n_1)$-Matrizen als Wörter der Länge $n = n_1 \cdot n_2$ auffassen, indem man die n_2 Zeilen der Matrix zeilenweise ausliest und die Elemente in einer Zeichenkette anordnet.

Konstruktionsalgorithmus KA_1

Sei C_1 ein linearer Code der Länge n_1 über dem Körper $\mathbb{K}$ mit der Dimension k_1. Wir setzen voraus, dass C_1 ein systematischer Code ist. Die $(k_1 \times n_1)$-Generatormatrix sei $G_1 := (I_{k_1} | A)$, wobei I_{k_1} die identische Matrix mit der Dimension $(k_1 \times k_1)$ und A eine $(k_1 \times (n_1 - k_1))$ Matrix ist. Damit befinden sich die Nachrichtenzeichen am Beginn eines Codewortes und die Prüfzeichen am Ende dieses Codewortes.

Der Code C_2 sei ein linearer Code der Länge n_2 über dem Körper $\mathbb{K}$ mit der Dimension k_2. Aus den Codes C_1 und C_2 konstruieren wir einen Code $\tilde{C}$ der Länge $n_1 \cdot n_2$. Die Codewörter $\tilde{\boldsymbol{c}} \in \tilde{C}$ entstehen durch folgenden Algorithmus:

(1) Wähle $k_1 = \dim(C_1)$ beliebige Codewörter $\boldsymbol{c}_1, \ldots, \boldsymbol{c}_{k_1} \in C_2 \subseteq \mathbb{K}^{n_2}$.
(2) Bilde die $(n_2 \times n_1)$-Matrix $\tilde{M} := (\boldsymbol{c}_1{}^T, \ldots, \boldsymbol{c}_{k_1}{}^T)(I_{k_1}|A)$.
(3) Aus diesem Produkt lesen wir alle Zeilen, von der ersten Zeile beginnend, aus und tragen sie in einen Zeilenvektor $\tilde{\boldsymbol{c}}$ der Länge $n_1 \cdot n_2$ ein.
(4) Um alle Codewörter von $\tilde{C}$ zu erhalten, müssen alle Kombinationen (auch Wiederholungen) von Codewörtern die Schritte 1) bis 3) durchlaufen.

Mit obiger Identifikation ist folgende Definition möglich.

Definition 8.2
Seien C_1 ein (n_1, k_1, d_1)-Linearecode mit der $(k_1 \times d_1)$-Generatormatrix $G_1 := (I_{k_1}|A)$ über dem endlichen Körper $\mathbb{K}$ und C_2 ein (n_2, k_2, d_2)-Linearecode über dem *gleichen* Körper.

Dann nennt man den Code
$\tilde{C} := \{\tilde{M} \in \mathbb{K}^{n_2 \times n_1} | \tilde{M} := (\boldsymbol{c}_1{}^T, \ldots, \boldsymbol{c}_{k_1}{}^T)(I_{k_1}|A), \text{mit } \boldsymbol{c}_1, \ldots, \boldsymbol{c}_{k_1} \in C_2 \text{ und } k_1 = \dim(C_1)\}$
das *Cross-Interleaving* des inneren Codes C_1 mit dem äußeren Code C_2.

Anmerkung: Der Code $\tilde{C}$ heißt auch die *gekreuzte Spreizung* der Codes C_1 und C_2. Es ist $\tilde{C} \subset \mathbb{K}^{n_1 \cdot n_2}$.

Beispiel 8.6 Sei C_1 der (5,3)-Linearcode über $\mathbb{K} = \mathbb{Z}_2$ mit der Generatormatrix

$$G_1 := (I_3|\text{A}) = \left(\begin{array}{ccc|cc} 1 & 0 & 0 & 1 & 1 \\ 0 & 1 & 0 & 1 & 0 \\ 0 & 0 & 1 & 1 & 1 \end{array}\right).$$

Dann ist

$$C_1 = \{\boldsymbol{m}G_1 | \boldsymbol{m} \in \mathbb{K}^3\} = \{00000, 10011, 01010, 00111, 11001, 10100, 01101, 11110\}.$$

Der Code C_2 sei ein (3,2)-Linearcode über $\mathbb{K} = \mathbb{Z}_2$ mit der Generatormatrix

$$G_2 := (I_2|\mathrm{B}) = \left(\begin{array}{cc|c} 1 & 0 & 1 \\ 0 & 1 & 1 \end{array}\right).$$

Damit ist $C_2 = \{\boldsymbol{m}G_2 | \boldsymbol{m} \in \mathbb{K}^2\} = \{000, 101, 011, 110\}$.

Wir wählen $3 = \dim(C_1)$ Codewörter $\boldsymbol{c}_1, \boldsymbol{c}_2, \boldsymbol{c}_3$ aus C_2: $\boldsymbol{c}_1 = 110$, $\boldsymbol{c}_2 = 011$, $\boldsymbol{c}_3 = 101$. Sind wegen geringer Dimension zu wenige Codewörter vorhanden, so müssen Codewörter mehrfach ausgewählt werden.

$$\tilde{M} := \left(\boldsymbol{c}_1{}^T, \boldsymbol{c}_2{}^T, \boldsymbol{c}_3{}^T\right)(I_3|A) =$$

$$= \begin{pmatrix} 1 & 0 & 1 \\ 1 & 1 & 0 \\ 0 & 1 & 1 \end{pmatrix} \left(\begin{array}{ccc|cc} 1 & 0 & 0 & 1 & 1 \\ 0 & 1 & 0 & 1 & 0 \\ 0 & 0 & 1 & 1 & 1 \end{array}\right) = \left(\begin{array}{ccc|cc} 1 & 0 & 1 & 0 & 0 \\ 1 & 1 & 0 & 0 & 1 \\ 0 & 1 & 1 & 0 & 1 \end{array}\right).$$

Lies aus $\tilde{M}$ alle Zeilen, beginnend mit der ersten Zeile, aus und schreibe diese in einen Zeilenvektor. Es entsteht $\tilde{\boldsymbol{c}} = (10100 \mid 11001 \mid 01101) = 101001100101101$.

Wir identifizieren $\tilde{\boldsymbol{c}}$ mit der Matrix $\tilde{M} = \left(\begin{array}{ccc|cc} 1 & 0 & 1 & 0 & 0 \\ 1 & 1 & 0 & 0 & 1 \\ 0 & 1 & 1 & 0 & 1 \end{array}\right)$.

Beobachtungen:

(1) Jede Zeile in $\tilde{M}$ ist ein Codewort aus C_1.

(2) Jede Spalte in $\tilde{M}$ ist ein Codewort aus C_2.

(3) Der Code C_2 wird zur Tiefe $s = 3 = \dim(C_1)$ gespreizt, denn:

(**1**0**1**00|**1**1**0**01|**0**1**1**01) → (**101**|**110**|**011**) → (**1**..|**1**..|**0**..).

Das heißt, dass **101** auf (**1**. . | **1**. . |**0**. .) zur Tiefe $s = 3$ gespreizt wurde. Analoges gilt für die die verbleibenden Tripel **110** und **011.**

(4) Die Matrix $\tilde{M}$ entsteht aus der „Nachrichtenmatrix" $M_0 = \begin{pmatrix} 1 & 0 & 1 \\ 1 & 1 & 0 \end{pmatrix}$, indem man die Spalten von M_0 zu Codewörtern aus C_2 und ansschließend die entstehenden Zeilen zu Codewörtern aus C_1 ergänzt. Wegen der systematischen Generatormatrizen besteht die Teilmatrix $M_0 = \begin{pmatrix} 1 & 0 & 1 \\ 1 & 1 & 0 \end{pmatrix}$ aus den führenden ersten zwei Zeilen und den führenden ersten drei Spalten von $\tilde{M}$ aus Nachrichtenwörtern.

Die Beobachtungen gelten allgemein.

Satz 8.2
Für die Codewortmatrix $\tilde{M}$ aus Definition 8.2 gilt: Die Zeilen von $\tilde{M}$ sind Codewörter aus dem (n_1, k_1)-Code C_1 und die Spalten sind Codewörter aus dem (n_2, k_2)-Code C_2.

Beweis:
Dazu schreiben wir die Matrix $\tilde{M} = (c_1{}^T, \ldots, c_{k_1}{}^T)(I_{k_1}|A)$ ausführlich an.
Sei $\boldsymbol{c}_i := (c_{i1}, \ldots, c_{in_2}) \in C_2$ für $i := 1, \ldots, k_1$. Dann gilt für $\tilde{M}$:

$$\tilde{M} = \begin{pmatrix} c_{11} & \ldots & c_{k_1 1} \\ \vdots & \ddots & \vdots \\ c_{1n_2} & \ldots & c_{k_1 n_2} \end{pmatrix} \begin{pmatrix} 1 & \ldots & 0 & a_{11} & \ldots & a_{1(n_1-k_1)} \\ \vdots & \ddots & \vdots & \vdots & \ddots & \vdots \\ 0 & \ldots & 1 & a_{k_1 1} & \ldots & a_{k_1(n_1-k_1)} \end{pmatrix} =$$

$$= \begin{pmatrix} c_{11} & \ldots & c_{k_1 1} & c_{11}a_{11} + \ldots + c_{k_1 1}a_{k_1 1} & \ldots & c_{11}a_{1(n_1-k_1)} + \ldots + c_{k_1 1}a_{k_1(n_1-k_1)} \\ \vdots & \ddots & \vdots & \vdots & \ddots & \vdots \\ c_{1n_2} & \ldots & c_{k_1 n_2} & c_{1n_2}a_{11} + \ldots + c_{k_1 n_2}a_{k_1 1} & \ldots & c_{1n_2}a_{1(n_1-k_1)} + \ldots + c_{k_1 n_2}a_{k_1(n_1-k_1)} \end{pmatrix} =$$

$$= \left(\boldsymbol{c_1}^T \quad \ldots \quad \boldsymbol{c_{k_1}}^T \mid a_{11}\boldsymbol{c_1}^T + \ldots + a_{k_1 1}\boldsymbol{c_{k_1}}^T \quad \ldots \quad a_{1(n_1-k_1)}\boldsymbol{c_1}^T + \ldots + a_{k_1(n_1-k_1)}\boldsymbol{c_{k_1}}^T \right).$$

Die Spaltenvektoren nach Spalte k_1 von $\tilde{M}$ sind Linearkombinationen der ersten k_1 Spalten von $\tilde{M}$. Diese sind nach Voraussetzung aus C_2. Weil C_2 ein linearer Code ist, sind daher die Spalten nach der Spalte k_1 ebenfalls aus C_2.
Die n_2 Zeilen von $\tilde{M}$ sind Codewörter aus C_1, denn für die i-te Zeile von $\tilde{M}$ gilt:

$$(c_{1i}, \ldots, c_{k_1 i})(I_{k_1}|A_1) = (c_{1i}, \ldots, c_{k_1 i})G_1 \in C_1,$$

weil G_1 nach Voraussetzung Generatormatrix von C_1 ist.
∎

Satz 8.3
Es gelten die Voraussetzungen aus Definition 8.2. Nach dem Algorithmus des Cross-Interleaving-Codes $\tilde{C}$ folgt, dass der Code C_2 zur Tiefe $k_1 = \dim(C_1)$ gespreizt wird.

Beweis:
Für die i-te Zeile von $\tilde{M}$ mit $i = 1,2, \ldots, n_2$ gilt:

$$(c_{1i}, \ldots, c_{k_1 i})(I_{k_1}|A) = (c_{1i}, \ldots, c_{k_1 i}|(c_{1i}, \ldots, c_{k_1 i})A) =: (◎◎◎|⁎⁎).$$

Dabei ist ◎ ◎ ◎ ein Vektor der Länge k_1, und ⁎⁎ ist ein Vektor der Länge $(n_1 - k_1)$.

Diese n_2 Zeilen werden ausgelesen und aneinandergefügt.

$$(\circledcirc\circledcirc\circledcirc\ast\ast|\circledcirc\circledcirc\circledcirc\ast\ast|\ldots|\circledcirc\circledcirc\circledcirc\ast\ast)$$

Betrachtet man nur die n_2 Stücke $\circledcirc$ $\circledcirc$ $\circledcirc$ der Länge k_1 hintereinander, so ergibt sich

$$(c_{11}\ldots c_{k_11}\,|c_{12}\ldots c_{k_12}\,|\ldots|c_{1n_2}\ldots c_{k_1n_2}). \qquad (*)$$

Dies entspricht einer Spreizung von C_2 zur Tiefe $k_1 = \dim\,(C_1)$: Wähle dazu k_1 Codewörter

$$\boldsymbol{c}_i := (c_{i1}, \ldots, c_{in_2}) \in C_2\, \textit{für}\ i := 1, \ldots, k_1.$$

Schreibt man diese $\boldsymbol{c}_i$ als Zeilen in die Matrix

$$M_{k_1} := \begin{pmatrix} \boxed{c_{11}} & \boxed{c_{12}} & \ldots & \boxed{c_{1n_2}} \\ c_{21} & c_{22} & \ldots & c_{2n_2} \\ \vdots & \vdots & \ldots & \vdots \\ c_{k_11} & c_{k_12} & \ldots & c_{k_1n_2} \end{pmatrix}$$

und liest sie spaltenweise aus, so erhält man

$$\left(\boxed{c_{11}}\ c_{21}\ldots c_{k_11}\ \middle|\ \boxed{c_{12}}\, c_{22}\ldots c_{k_12}\ \middle|\ldots\middle|\ \boxed{c_{1n_2}}\ c_{2n_2}\ldots c_{k_1n_2}\right).$$

Dies stimmt mit $(*)$ überein.

Insgesamt ist $\tilde{M}$ eine Matrix, deren Zeilen aus C_1 und deren Spalten aus C_2 stammen. Dabei wurde der Code C_2 zur Tiefe $k_1 = \dim\,(C_1)$ gespreizt.

■

Satz 8.4

Die gekreuzte Spreizung $\tilde{C}$ der Linearcodes C_1 und C_2 ist ein Linearcode.

Beweis:

Wir identifizieren die Codewörter von $\tilde{C}$ mit den Codewortmatrizen $\tilde{M}$. Seien $\tilde{M}_1$ und $\tilde{M}_2$ aus $\tilde{C}$ und sei $G_1 := (I_{k_1}|A_1)$ die Generatormatrix von C_1.Wir zeigen, dass $(\tilde{M}_1 + \tilde{M}_2) \in \tilde{C}$ gilt.

Es sind

$$\tilde{M}_1 = \left(\boldsymbol{c}_{1,1}{}^T, \ldots, \boldsymbol{c}_{k_1,1}{}^T\right)(I_{k_1}|A_1) = \left(\boldsymbol{c}_{1,1}{}^T, \ldots, \boldsymbol{c}_{k_1,1}{}^T\right)G_1$$

und

$$\tilde{M}_2 = \left(\boldsymbol{c}_{1,2}{}^T, \ldots, \boldsymbol{c}_{k_1,2}{}^T\right)(I_{k_1}|A_1) = \left(\boldsymbol{c}_{1,2}{}^T, \ldots, \boldsymbol{c}_{k_1,2}{}^T\right)G_1.$$

Dann folgt nach den Rechenregeln für Matrizen:

$$\tilde{M}_1 + \tilde{M}_2 = \left(\boldsymbol{c}_{1,1}{}^T, \ldots, \boldsymbol{c}_{k_1,1}{}^T\right)G_1 + \left(\boldsymbol{c}_{1,2}{}^T, \ldots, \boldsymbol{c}_{k_1,2}{}^T\right)G_1 =$$

$$= \left(\left(\boldsymbol{c}_{1,1}{}^T, \ldots, \boldsymbol{c}_{k_1,1}{}^T\right) + \left(\boldsymbol{c}_{1,2}{}^T, \ldots, \boldsymbol{c}_{k_1,2}{}^T\right)\right)G_1 =$$

$$= \left(\left(\boldsymbol{c}_{1,1}{}^T + \boldsymbol{c}_{1,2}{}^T\right), \ldots, \left(\boldsymbol{c}_{k_1,1}{}^T + \boldsymbol{c}_{k_1,2}{}^T\right)\right)G_1 = \left(\boldsymbol{c}_1^T, \ldots, \boldsymbol{c}_{k_1}^T\right)G_1$$

mit

$$\boldsymbol{c}_1 = \boldsymbol{c}_{1,1} + \boldsymbol{c}_{1,2}, \ldots, \boldsymbol{c}_{k_1} = \boldsymbol{c}_{k_1,1} + \boldsymbol{c}_{k_1,2}.$$

Weil C_2 linear ist, sind $\boldsymbol{c}_1, \ldots, \boldsymbol{c}_{k_1}$ Codewörter aus C_2. Damit ist $\left(\tilde{M}_1 + \tilde{M}_2\right) \in \tilde{C}$.

Analog folgt mit den Rechenregeln für Matrizen, dass für ein beliebiges $\lambda \in \mathbb{K}$ auch $\lambda\tilde{M} \in \tilde{C}$. Es gilt nämlich für $\tilde{M} = \left(\boldsymbol{c}_1^T, \ldots, \boldsymbol{c}_{k_1}^T\right)G_1$:

$$\lambda\tilde{M} = \lambda\left(\boldsymbol{c}_1^T, \ldots, \boldsymbol{c}_{k_1}^T\right)G_1 = \left(\lambda\boldsymbol{c}_1^T, \ldots, \lambda\boldsymbol{c}_{k_1}^T\right)G_1 = \left((\lambda\boldsymbol{c}_1)^T, \ldots, (\lambda\boldsymbol{c}_{k_1})^T\right)G_1 \text{mit } \lambda\boldsymbol{c}_i \in C_2$$

$$\Rightarrow \lambda\tilde{M} \in \tilde{C}.$$

∎

Zusammenfassung:

Die Codewortmatrizen $\tilde{M}$ der gekreuzten Spreizung $\tilde{C}$ der Codes C_1 und C_2 besitzen nach Satz 8.2 folgende Eigenschaften:

(1) Jede Zeile von $\tilde{M}$ ist ein Codewort in C_1.
(2) Jede Spalte von $\tilde{M}$ ist ein Codewort in C_2.
(3) Die Matrix $\tilde{M}$ entsteht aus einer $(k_2 \times k_1)$-Nachrichtenmatrix M_0 durch Ergänzen der Spalten von M_0 zu Codewörtern von C_2 und anschließender Ergänzung der Zeilen zu Codewörtern von C_1.

Konstruktionsalgorithmus KA_2.
Wegen der Gestalt der Generatormatrizen $(I_{k_1}|A)$ bzw. $(I_{k_2}|B)$ stehen die Nachrichtensymbole stets zu Beginn eines Codewortes.

Die Matrix $\tilde{M}$ wird folgendermaßen konstruiert:

(1) Wähle ein beliebiges Nachrichtenwort $\boldsymbol{m}$ über $\mathbb{K}$ der Länge $(k_1 \cdot k_2)$. Deute die Zeichenkette $\boldsymbol{m}$ als k_2 Gruppen mit jeweils k_1 Zeichen.

$$\begin{array}{lllll} \circ\circ\ldots\circ\circ & \circ\circ\ldots\circ\circ & \ldots & \circ\circ\ldots\circ\circ & k_1 \cdot k_2 \text{ Nachrichtenzeichen} \\ \underbrace{\circledcirc\circledcirc\circledcirc}_{k_1} & \underbrace{\circledcirc\circledcirc\circledcirc}_{k_1} & \ldots & \underbrace{\circledcirc\circledcirc\circledcirc}_{k_1} & k_2 \text{ Gruppen zu je } k_1 \text{ Zeichen}\,. \end{array}$$

(2) Bilde daraus eine $(k_2 \times k_1)$-Nachrichtenmatrix M_0.

$$M_0 := \begin{pmatrix} \circledcirc\circledcirc\circledcirc \\ \vdots \\ \circledcirc\circledcirc\circledcirc \end{pmatrix} = \begin{pmatrix} m_{11} & \cdots & m_{1k_1} \\ \vdots & \ddots & \vdots \\ m_{k_2 1} & \cdots & m_{k_2 k_1} \end{pmatrix} \text{ mit } k_1 \text{ Spalten der Dimension } k_2.$$

(3) Ergänze jede Spalte von M_0 durch Hinzufügen von $(n_2 - k_2)$ Prüfzeichen p_{ij} zu einem Codewort der Länge n_2 aus C_2. Dies ist wegen der systematischen Codierung von C_2 durch Multiplikation mit $G_2 = (I_{k_2}|B)$ möglich. Dadurch entsteht eine $(n_2 \times k_1)$-Matrix M_1.

$$M_1 := \begin{pmatrix} \overbrace{\circledcirc\circledcirc\circledcirc}^{k_1} \\ \vdots \\ \circledcirc\circledcirc\circledcirc \\ \hline \blacksquare\blacksquare\blacksquare \\ \vdots \\ \blacksquare\blacksquare\blacksquare \end{pmatrix}_{\uparrow\uparrow\uparrow \in C_2} = \left(\begin{array}{ccc} m_{11} & \cdots & m_{1k_1} \\ \vdots & \ddots & \vdots \\ m_{k_2 1} & \cdots & m_{k_2 k_1} \\ \hline p_{11} & \cdots & p_{1k_1} \\ \vdots & \ddots & \vdots \\ p_{(n_2-k_2)1} & \cdots & p_{(n_2-k_2)k_1} \end{array}\right) = \begin{pmatrix} M_0 \\ \bar{P} \end{pmatrix}.$$

n_2 Zeilen der Länge k_1

(4) Ergänze jede Zeile von M_1 durch Hinzufügen von $(n_1 - k_1)$ Prüfzeichen q_{ij} zu einem Codewort der Länge n_1 aus C_1. Dies ist wegen der systematischen Codierung von C_1 durch Multiplikation mit $G_1 = (I_{k_1}|A)$ möglich. Dadurch entsteht eine $(n_2 \times n_1)$-Matrix M.

$$M = \begin{pmatrix} \begin{array}{ccc|ccc} \odot \odot \odot & & \boxtimes \boxtimes \boxtimes & & \\ \vdots & & \vdots & & \\ \odot \odot \odot & & \boxtimes \boxtimes \boxtimes & & \\ \hline \blacksquare\blacksquare\blacksquare & & \boxtimes \boxtimes \boxtimes & & \\ \vdots & & \vdots & & \\ \blacksquare\blacksquare\blacksquare & & \boxtimes \boxtimes \boxtimes & & \\ \underbrace{}_{k_1} & & \underbrace{}_{n_1 - k_1} & & \end{array} \end{pmatrix} \begin{array}{l} \rightarrow \in C_1 \\ \vdots \\ \rightarrow \in C_1 \\ \vdots \\ \rightarrow \in C_1 \\ \vdots \\ \rightarrow \in C_1 \end{array}$$

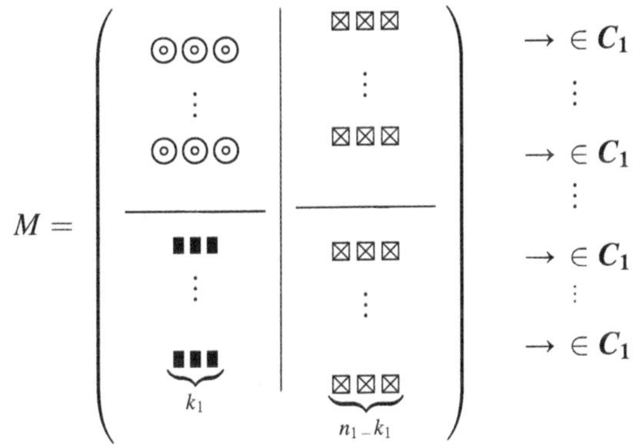

$$M = \begin{pmatrix} m_{11} & \cdots & m_{1k_1} & q_{1(k_1+1)} & \cdots & q_{1(n_1 - k_1)} \\ \vdots & \ddots & \vdots & \vdots & & \vdots \\ m_{k_2 1} & \cdots & m_{k_2 k_1} & \vdots & & \vdots \\ p_{11} & \cdots & p_{1k_1} & \vdots & \ddots & \vdots \\ \vdots & \ddots & \vdots & \vdots & & \vdots \\ p_{\left(n_2 - k_2\right)1} & \cdots & m_{\left(n_2 - k_2\right)k_1} & q_{n_2(k_1+1)} & \cdots & q_{n_2(n_1 - k_1)} \end{pmatrix}.$$

(5) Lies die Matrix M zeilenweise in einen Zeilenvektor aus. Ein Codewort c ist von der Form:

$$c = (1.\ \text{Zeile von } M | 2.\ \text{Zeile von } M | \ldots | n_2 - \text{te Zeile von } M) \in K^{n_2 \times n_1}.$$

(6) Um alle Codewörter zu erhalten, muss das Verfahren auf alle beliebigen Nachrichten-wörter m über $\mathbb{K}$ der Länge $(k_1 \cdot k_2)$ angewandt werden.

Solche Codes nennt man auch *direktes Produkt* (Cross-Product) oder Verkettung der Codes C_1 und C_2 (vgl. Dorfer, 2016, S. 36).

Definition 8.3

Sei C_1 ein systematischer (n_1, k_1, d_1)-Linearcode über dem endlichen Körper $\mathbb{K}$ mit der Generatormatrix $G_1 := (I_{k_1} | A)$, und sei C_2 ein systematischer (n_2, k_2, d_2)-Linearcode über dem gleichen Körper $\mathbb{K}$ mit der Generatormatrix $G_2 := (I_{k_2} | B)$. Dann nennt man die Menge aller $(n_2 \times n_1)$-Matrizen über $\mathbb{K}$, die aus einer beliebigen $(k_2 \times k_1)$-Matrix über $\mathbb{K}$ durch Ergänzen der Spalten zu Codewörtern aus C_2 und anschließendem Ergänzen der Zeilen zu Codewörtern aus C_1, das *direkte Produkt* $C_1 \otimes C_2$ der Codes C_1 und C_2.

$$C_1 \otimes C_2 := \{ M \in \mathbb{K}^{n_2 \times n_1} | M \text{ entsteht aus einer } (k_2 \times k_1) - \text{Matrix über } \mathbb{K} \text{ durch } KA2 \}.$$

Anmerkung:

Diesen Algorithmus könnte man auch mit dem Punkt (2) beginnen. Dazu wären alle beliebigen $(k_2 \times k_1)$ Nachrichtenmatrizen zu bestimmen. Es ist gleichwertig, mit beliebigen $(k_2 \cdot k_1)$-Tupeln oder mit beliebigen $(k_2 \times k_1)$-Matrizen zu beginnen. Beachte, dass bei diesen Matrizen auch gleiche Spalten möglich sind.

Die Tätigkeit der Ergänzungen können wir visuell unterstützen:

$$\boldsymbol{c} \mathrel{\hat{=}} M = \left(\begin{array}{c|c} M_0 & \to \in C_1 \\ \hline \downarrow \; \vdots \; \downarrow & \dots \\ \in C_2 & \to \in C_1 \end{array} \right).$$

Im folgenden Lemma 8.1 wird gezeigt, dass die beiden Konstruktionsalgorithmen dieselben Codewortmatrizen erzeugen.

Lemma 8.1

Es gelten die Voraussetzungen aus Definition 8.3.

Die gekreuzte Spreizung (Cross-Interleaving) der Codes C_1 und C_2 ist identisch mit dem direkten Produkt von C_1 mit C_2.

Beweis:

(1) Seien $\tilde{M} \in \tilde{C}$ und $\boldsymbol{c}_i := (c_{i1}, \dots, c_{in_2}) \in C_2$ für $i := 1, \dots, k_1$.

Damit bildet man nach KA_1 die Matrix $M_1 := \left(\boldsymbol{c}_1^T, \dots, \boldsymbol{c}_{k_1}^T\right) = \begin{pmatrix} c_{11} & \dots & c_{k_1 1} \\ \vdots & \ddots & \vdots \\ c_{1n_2} & \dots & c_{k_1 n_2} \end{pmatrix}$.

Weil C_2 eine systematische Generatormatrix $(I_{k_2}|B)$ besitzt, sind die ersten k_2 Zeichen in einem Codewort $\boldsymbol{c}_i \in C_2$ Nachrichtenzeichen (für $i := 1, \dots, k_1$). Die Matrix M_1 ist also von der Form $M_1 = \begin{pmatrix} M_0 \\ \tilde{P} \end{pmatrix}$, wobei M_0 eine $(k_2 \times k_1)$-Matrix aus Nachrichtenzeichen ist.

Die Matrix $\tilde{M}$ entsteht aus dem Konstruktionsalgorithmus KA_1 durch Multiplikation von M_1 mit der Generatormatrix $(I_{k_1}|A)$ des Codes C_1. Es entstehen daher Codewörter aus C_1. Insgesamt ist $\tilde{M}$ eine Matrix der Form M aus dem Konstruktionsalgorithmus KA_2. Daher sind $\tilde{M} \in C_1 \otimes C_2$ und $\tilde{C} \subseteq C_1 \otimes C_2$.

Anmerkung: Nach Satz 8.2 sind sogar alle Spalten von $\tilde{M}$ Codewörter aus C_2.

(2) Seien $M \in C_1 \otimes C_2$ eine $(n_2 \times n_1)$-Matrix mit Zeilen aus C_1 und Spalten aus C_2 und M_0 eine $(k_2 \times k_1)$-Matrix über $\mathbb{K}$. Nach dem Konstruktionsalgorithmus KA_2 ist M von der Form

$$M=\left(\begin{array}{ccc|ccc} m_{11} & \cdots & m_{1k_1} & & & \\ \vdots & \ddots & \vdots & q_{1(k_1+1)} & \cdots & q_{1(n_1-k_1)} \\ & & & \vdots & \ddots & \vdots \\ m_{k_2 1} & \cdots & m_{k_2 k_1} & \vdots & & \vdots \\ p_{11} & \cdots & p_{1k_1} & \vdots & & \vdots \\ \vdots & \ddots & \vdots & \vdots & \ddots & \vdots \\ & & & q_{n_2(k_1+1)} & \cdots & q_{n_2(n_1-k_1)} \\ p_{(n_2-k_2)1} & \cdots & m_{(n_2-k_2)k_1} & & & \end{array}\right) = \left(\begin{smallmatrix} M_0 \\ \bar{P} \end{smallmatrix} \middle| Q\right) \text{ mit } M_0 \in \mathbb{K}^{(k_2 \cdot k_1)}.$$

Die ersten k_1 Spalten sind nach KA_2 Codewörter $\boldsymbol{c}_1^T, \ldots, \boldsymbol{c}_{k_1}^T$ aus $C_2 \in \mathbb{K}^{n_2}$ mit $\boldsymbol{c}_i := (c_{i1}, \ldots, c_{in_2})$ für $i := 1, \ldots, k_1$. Damit ist die i-te Zeile $\boldsymbol{m}_i$ von M von der Form $\boldsymbol{m}_i = (c_{1i}, \ldots, c_{k_1 i} | * \ldots *) \in \mathbb{K}^{n_1}$.

Weil $\boldsymbol{m}_i \in C_1$ ist und $G_1 = (I_{k_1}|A)$ eine Generatormatrix von C_1 ist, gilt nach Satz 4.5:

$$\boldsymbol{m}_i = (c_{1i}, \ldots, c_{k_1 i})(I_{k_1}|A) \text{ für } i := 1, \ldots, n_2.$$

Daher ist $M = \left(\boldsymbol{c}_1^T, \ldots, \boldsymbol{c}_{k_1}^T\right)(I_{k_1}|A)$. Nach dem Konstruktionsalgorithmus KA_1 ist daher $M \in \tilde{C}$ und damit $C_1 \otimes C_2 \subseteq \tilde{C}$. Insgesamt folgt die Gleichheit. Der Produktcode stimmt mit dem gekreuzten Code (Cross-Interleaving Code) überein.

■

Anmerkung: Der Code C_2 wird mittels der Kreuzung (Verkettung) mit C_1 zur Tiefe $s = \dim(C_1)$ gespreizt!

Beispiel 8.7 Sei C_1 der (5,3)-Linearcode über $\mathbb{K} = \mathbb{Z}_2$ mit der Generatormatrix

$$G_1 := (I_3|A_1) = \left(\begin{array}{ccc|cc} 1 & 0 & 0 & 1 & 1 \\ 0 & 1 & 0 & 1 & 0 \\ 0 & 0 & 1 & 1 & 1 \end{array}\right).$$

Damit ist

$$C_1 = \left\{\boldsymbol{m}G_1 | \boldsymbol{m} \in \mathbb{K}^3\right\} = \{00000, 10011, 01010, 00111, 11001, 10100, 01101, 11110\}.$$

Der Code C_2 sei ein (3,2)-Linearcode über $\mathbb{K} = \mathbb{Z}_2$ mit der Generatormatrix

$$G_2 := (I_2|A_2) = \left(\begin{array}{cc|c} 1 & 0 & 1 \\ 0 & 1 & 1 \end{array}\right).$$

Damit ist $C_2 = \left\{\boldsymbol{m}G_2 | \boldsymbol{m} \in \mathbb{K}^2\right\} = \{000, 101, 011, 110\}$.

(1) Wähle ein beliebiges Nachrichtenwort der Länge $3 \cdot 2 = 6$: $\boldsymbol{m} = 101110$.
(2) Interpretiere $\boldsymbol{m}$ als eine $(k_2 \times k_1) = (2 \times 3)$-Nachrichtenmatrix

$$M_0 := \begin{pmatrix} 1 & 0 & 1 \\ 1 & 1 & 0 \end{pmatrix}.$$

(3) Ergänze jede Spalte von M_0 durch Hinzufügen von einem Prüfzeichen zu einem Codewort der Länge $n_2 = 3$ aus C_2. Dadurch entsteht eine (3×3)-Matrix

$$M_1 = \begin{pmatrix} 1 & 0 & 1 \\ 1 & 1 & 0 \\ 0 & 1 & 1 \end{pmatrix}.$$

(4) Ergänze jede Zeile von M_1 durch Hinzufügen von zwei Prüfzeichen zu einem Codewort der Länge $n_1 = 5$ aus C_1. Dadurch entsteht eine (3×5)-Matrix

$$M = \begin{pmatrix} 1 & 0 & 1 & 0 & 0 \\ 1 & 1 & 0 & 0 & 1 \\ 0 & 1 & 1 & 0 & 1 \end{pmatrix}.$$

Damit ist $\boldsymbol{c} = (10100 \mid 11001 \mid 01101)$. Wir identifizieren das Wort $\boldsymbol{c}$ mit der Matrix M. Dieses Codewort stimmt mit dem Codewort aus Beispiel 8.5 überein, weil $M = \tilde{M}$ gilt.

Beispiel 8.8 Wir wollen nun an den zwei folgenden Codes C_1 und C_2 beide Konstruktionsalgorithmen demonstrieren und $C_1 \otimes C_2 = \tilde{C}$ zeigen.

Sei der Code C_1 wieder der $(5,3,2)$-Linearcode über $\mathbb{K} = \mathbb{Z}_2$ mit der Generatormatrix

$$G_1 := (I_3|A) = \left(\begin{array}{ccc|cc} 1 & 0 & 0 & 1 & 1 \\ 0 & 1 & 0 & 1 & 0 \\ 0 & 0 & 1 & 1 & 1 \end{array}\right).$$

Alle Codewörter von C_1 sind dann gegeben durch $C_1 = \{\boldsymbol{m}G_1 | \boldsymbol{m} \in \mathbb{K}^3\}$. Also ist

$$C_1 = \{00000, 10011, 01010, 00111, 11001, 10100, 01101, 11110\}.$$

Als Code C_2 wählen wir den $(3,1,2)$-Linearcode über $\mathbb{K} = \mathbb{Z}_2$ mit der Generatormatrix

$$G_2 := (I_1|B) = \left(\begin{array}{c|cc} 1 & 1 & 0 \end{array}\right).$$

Also ist $C_2 = \{000, 110\}$.

Erster Konstruktionsalgorithmus *KA1*: Cross-Interleaving $\tilde{C}$.
Es gibt $8 = 2^3$ Wahlmöglichkeiten von $3 = k_1$ Codewörtern $\boldsymbol{c}_1, \boldsymbol{c}_2, \boldsymbol{c}_3$ aus C_2. Da C_2 nur aus zwei Codewörtern besteht, sind Wiederholungen notwendig. Jedes Codewort von $\tilde{C}$ ist von der Form $\tilde{\boldsymbol{c}} = (\boldsymbol{c}_1^T, \boldsymbol{c}_2^T, \boldsymbol{c}_3^T)(I_3|A) = (\boldsymbol{c}_1^T, \boldsymbol{c}_2^T, \boldsymbol{c}_3^T)G_1$.

1. $$\begin{pmatrix} 0 & 0 & 0 \\ 0 & 0 & 0 \\ 0 & 0 & 0 \end{pmatrix} G_1 = \left(\begin{array}{ccc|cc} 0 & 0 & 0 & 0 & 0 \\ 0 & 0 & 0 & 0 & 0 \\ 0 & 0 & 0 & 0 & 0 \end{array}\right) \to 000000000000000 =: \tilde{\boldsymbol{c}}_1,$$

2. $$\begin{pmatrix} 1 & 0 & 0 \\ 1 & 0 & 0 \\ 0 & 0 & 0 \end{pmatrix} G_1 = \left(\begin{array}{ccc|cc} 1 & 0 & 0 & 1 & 1 \\ 1 & 0 & 0 & 1 & 1 \\ 0 & 0 & 0 & 0 & 0 \end{array}\right) \to 100111001100000 =: \tilde{\boldsymbol{c}}_2,$$

3. $$\begin{pmatrix} 0 & 1 & 0 \\ 0 & 1 & 0 \\ 0 & 0 & 0 \end{pmatrix} G_1 = \left(\begin{array}{ccc|cc} 0 & 1 & 0 & 1 & 0 \\ 0 & 1 & 0 & 1 & 0 \\ 0 & 0 & 0 & 0 & 0 \end{array}\right) \to 010100101000000 =: \tilde{\boldsymbol{c}}_3,$$

4. $$\begin{pmatrix} 0 & 0 & 1 \\ 0 & 0 & 1 \\ 0 & 0 & 0 \end{pmatrix} G_1 = \left(\begin{array}{ccc|cc} 0 & 0 & 1 & 1 & 1 \\ 0 & 0 & 1 & 1 & 1 \\ 0 & 0 & 0 & 0 & 0 \end{array}\right) \to 001110011100000 =: \tilde{\boldsymbol{c}}_4,$$

5. $$\begin{pmatrix} 1 & 1 & 0 \\ 1 & 1 & 0 \\ 0 & 0 & 0 \end{pmatrix} G_1 = \left(\begin{array}{ccc|cc} 1 & 1 & 0 & 0 & 1 \\ 1 & 1 & 0 & 0 & 1 \\ 0 & 0 & 0 & 0 & 0 \end{array}\right) \to 110011100100000 =: \tilde{\boldsymbol{c}}_5,$$

6. $$\begin{pmatrix} 1 & 0 & 1 \\ 1 & 0 & 1 \\ 0 & 0 & 0 \end{pmatrix} G_1 = \left(\begin{array}{ccc|cc} 1 & 0 & 1 & 0 & 0 \\ 1 & 0 & 1 & 0 & 0 \\ 0 & 0 & 0 & 0 & 0 \end{array}\right) \to 101001010000000 =: \tilde{\boldsymbol{c}}_6,$$

7. $$\begin{pmatrix} 0 & 1 & 1 \\ 0 & 1 & 1 \\ 0 & 0 & 0 \end{pmatrix} G_1 = \left(\begin{array}{ccc|cc} 0 & 1 & 1 & 0 & 1 \\ 0 & 1 & 1 & 0 & 1 \\ 0 & 0 & 0 & 0 & 0 \end{array}\right) \to 011010110100000 =: \tilde{\boldsymbol{c}}_7,$$

8. $$\begin{pmatrix} 1 & 1 & 1 \\ 1 & 1 & 1 \\ 0 & 0 & 0 \end{pmatrix} G_1 = \left(\begin{array}{ccc|cc} 1 & 1 & 1 & 1 & 0 \\ 1 & 1 & 1 & 1 & 0 \\ 0 & 0 & 0 & 0 & 0 \end{array}\right) \to 111101111000000 =: \tilde{\boldsymbol{c}}_8.$$

Wir beobachten, dass $\tilde{C}$ ein $(15,3,4)$-Linearcode ist. Das Codewort $\tilde{\boldsymbol{c}}_3$ hat das Gewicht 4.

Zweiter Konstruktionsalgorithmus *KA2*: Produktcode

Wir wählen eine $(k_2 \times k_1) = (1 \times 3)$-Matrix über $\mathbb{Z}_2$. Dafür gibt es $2^3 = 8$ Wahlmöglichkeiten. Die Spalten dieser Matrix ergänzen wir zu Codewörtern aus C_2. Dies ergibt die Matrix M_1. Die Zeilen der Matrix M_1 ergänzen wir zu Codewörtern aus C_1.

$$C_1 = \{00000, 10011, 01010, 00111, 11001, 10100, 01101, 11110\}.$$

$$\text{1.Wahl}: \ 000 \to \begin{pmatrix} 0 & 0 & 0 \\ \mathbf{0} & \mathbf{0} & \mathbf{0} \\ \mathbf{0} & \mathbf{0} & \mathbf{0} \end{pmatrix} \to \begin{pmatrix} 0 & 0 & 0 & \mathbf{0} & \mathbf{0} \\ \mathbf{0} & \mathbf{0} & \mathbf{0} & \mathbf{0} & \mathbf{0} \\ \mathbf{0} & \mathbf{0} & \mathbf{0} & \mathbf{0} & \mathbf{0} \end{pmatrix} \to 000000000000000 =: \boldsymbol{c}_1 = \widetilde{\boldsymbol{c}}_1,$$

$$\text{2.Wahl}: \ 100 \to \begin{pmatrix} 1 & 0 & 0 \\ \mathbf{1} & \mathbf{0} & \mathbf{0} \\ \mathbf{0} & \mathbf{0} & \mathbf{0} \end{pmatrix} \to \begin{pmatrix} 1 & 0 & 0 & \mathbf{1} & \mathbf{1} \\ \mathbf{1} & \mathbf{0} & \mathbf{0} & \mathbf{1} & \mathbf{1} \\ \mathbf{0} & \mathbf{0} & \mathbf{0} & \mathbf{0} & \mathbf{0} \end{pmatrix} \to 100111001100000 =: \boldsymbol{c}_2 = \widetilde{\boldsymbol{c}}_2,$$

$$\text{3.Wahl}: \ 010 \to \begin{pmatrix} 0 & 1 & 0 \\ \mathbf{0} & \mathbf{1} & \mathbf{0} \\ \mathbf{0} & \mathbf{0} & \mathbf{0} \end{pmatrix} \to \begin{pmatrix} 0 & 1 & 0 & \mathbf{1} & \mathbf{0} \\ \mathbf{0} & \mathbf{1} & \mathbf{0} & \mathbf{1} & \mathbf{0} \\ \mathbf{0} & \mathbf{0} & \mathbf{0} & \mathbf{0} & \mathbf{0} \end{pmatrix} \to 010100101000000 =: \boldsymbol{c}_3 = \widetilde{\boldsymbol{c}}_3,$$

$$\text{4.Wahl}: \ 001 \to \begin{pmatrix} 0 & 0 & 1 \\ \mathbf{0} & \mathbf{0} & \mathbf{1} \\ \mathbf{0} & \mathbf{0} & \mathbf{0} \end{pmatrix} \to \begin{pmatrix} 0 & 0 & 1 & \mathbf{1} & \mathbf{1} \\ \mathbf{0} & \mathbf{0} & \mathbf{1} & \mathbf{1} & \mathbf{1} \\ \mathbf{0} & \mathbf{0} & \mathbf{0} & \mathbf{0} & \mathbf{0} \end{pmatrix} \to 001110011100000 =: \boldsymbol{c}_4 = \widetilde{\boldsymbol{c}}_4,$$

$$\text{5.Wahl}: \ 110 \to \begin{pmatrix} 1 & 1 & 0 \\ \mathbf{1} & \mathbf{1} & \mathbf{0} \\ \mathbf{0} & \mathbf{0} & \mathbf{0} \end{pmatrix} \to \begin{pmatrix} 1 & 1 & 0 & \mathbf{0} & \mathbf{1} \\ \mathbf{1} & \mathbf{1} & \mathbf{0} & \mathbf{0} & \mathbf{1} \\ \mathbf{0} & \mathbf{0} & \mathbf{0} & \mathbf{0} & \mathbf{0} \end{pmatrix} \to 110011100100000 =: \boldsymbol{c}_5 = \widetilde{\boldsymbol{c}}_5,$$

$$\text{6.Wahl}: \ 101 \to \begin{pmatrix} 1 & 0 & 1 \\ \mathbf{1} & \mathbf{0} & \mathbf{1} \\ \mathbf{0} & \mathbf{0} & \mathbf{0} \end{pmatrix} \to \begin{pmatrix} 1 & 0 & 1 & \mathbf{0} & \mathbf{0} \\ \mathbf{1} & \mathbf{0} & \mathbf{1} & \mathbf{0} & \mathbf{0} \\ \mathbf{0} & \mathbf{0} & \mathbf{0} & \mathbf{0} & \mathbf{0} \end{pmatrix} \to 101001010000000 =: \boldsymbol{c}_6 = \widetilde{\boldsymbol{c}}_6,$$

$$\text{7.Wahl}: \ 011 \to \begin{pmatrix} 0 & 1 & 1 \\ \mathbf{0} & \mathbf{1} & \mathbf{1} \\ \mathbf{0} & \mathbf{0} & \mathbf{0} \end{pmatrix} \to \begin{pmatrix} 0 & 1 & 1 & \mathbf{0} & \mathbf{1} \\ \mathbf{0} & \mathbf{1} & \mathbf{1} & \mathbf{0} & \mathbf{1} \\ \mathbf{0} & \mathbf{0} & \mathbf{0} & \mathbf{0} & \mathbf{0} \end{pmatrix} \to 011010110100000 =: \boldsymbol{c}_7 = \widetilde{\boldsymbol{c}}_7,$$

$$\text{8.Wahl}: \ 111 \to \begin{pmatrix} 1 & 1 & 1 \\ \mathbf{1} & \mathbf{1} & \mathbf{1} \\ \mathbf{0} & \mathbf{0} & \mathbf{0} \end{pmatrix} \to \begin{pmatrix} 1 & 1 & 1 & \mathbf{1} & \mathbf{0} \\ \mathbf{1} & \mathbf{1} & \mathbf{1} & \mathbf{1} & \mathbf{0} \\ \mathbf{0} & \mathbf{0} & \mathbf{0} & \mathbf{0} & \mathbf{0} \end{pmatrix} \to 111101111000000 =: \boldsymbol{c}_8 = \widetilde{\boldsymbol{c}}_8.$$

Wieder beobachten wir, dass $C_1 \otimes C_2$ ein (15,3,4)-Linearcode ist. Das Codewort $\boldsymbol{c}_3$ hat das Gewicht 4.

Eine andere Auswahl der Codewörter ergibt zwar eine andere Reihenfolge der Codewörter aus $\tilde{C}$, die Mengen der Codewörter sind aber gleich: $C_1 \otimes C_2 = \tilde{C}$.

Satz 8.5

Sei C_1 ein (n_1, k_1, d_1)-Linearcode über dem endlichen Körper $\mathbb{K}$, und sei C_2 ein (n_2, k_2, d_2)-Linearcode über dem gleichen Körper $\mathbb{K}$.

Der Produktcode $C_1 \otimes C_2$ ist ein Linearcode der Länge $n_1 \cdot n_2$, der Dimension $k_1 \cdot k_2$ und mit der Minimaldistanz $d_{min}(C_1 \otimes C_2) = d_{min}(C_1) \cdot d_{min}(C_2)$.

Beweis:

Linearität: Seien $\boldsymbol{c}_1$ und $\boldsymbol{c}_2$ zwei beliebige Codewörter des Produktcodes $C_1 \otimes C_2$. Ihnen entsprechen nach obigem Algorithmus umkehrbar eindeutig zwei $(n_2 \times n_1)$-Matrizen M^1 und M^2. Dabei sind die ersten k_1 Spalten aus C_2, alle Zeilen aus C_1 und die Nachrichtenmatrizen $M_0^1, M_0^2 \in \mathbb{K}^{k_1 \cdot k_2}$:

$$\boldsymbol{c}_1 \mathrel{\hat{=}} M^1 = \left(\begin{array}{c|c} M_0^1 & \rightarrow \in C_1 \\ \hline \downarrow \vdots \downarrow & \cdots \\ \in C_2 & \rightarrow \in C_1 \end{array} \right), \quad \boldsymbol{c}_2 \mathrel{\hat{=}} M^2 = \left(\begin{array}{c|c} M_0^2 & \rightarrow \in C_1 \\ \hline \downarrow \vdots \downarrow & \cdots \\ \in C_2 & \rightarrow \in C_1 \end{array} \right).$$

Bildet man die Summe $\boldsymbol{c}_1 + \boldsymbol{c}_2$, so erhält man die Summenmatrix

$$M^1 + M^2 = \left(\begin{array}{c|c} M_0^1 + M_0^2 & \rightarrow \in C_1 \\ \hline \downarrow \vdots \downarrow & \cdots \\ \in C_2 & \rightarrow \in C_1 \end{array} \right).$$

Wegen der Vektorraumstruktur von $\mathbb{K}^{k_1 \cdot k_2}$ ist die Summe $M_0^1 + M_0^2$ wieder eine Nachrichtenmatrix $M_0 \in \mathbb{K}^{k_1 \cdot k_2}$. Wegen der Linearität von C_1 bzw. C_2 sind die Spalten und Zeilen von $M^1 + M^2$ wieder Codewörter von C_1 bzw. C_2.

Analog ist für jedes beliebige Codewort $\boldsymbol{c} \in C_1 \otimes C_2$ und $\lambda \in \mathbb{K}$ auch $\lambda \boldsymbol{c} \in C_1 \otimes C_2$.

Dimension: Weil M eine $(n_2 \times n_1)$-Matrix ist, besitzen die Codewörter nach Konstruktion (n_2 Zeilen mit n_1 Zeichen) die Wortlänge $n_1 \cdot n_2$.

Da die Nachrichtenmatrix M_0 eine $(k_2 \times k_1)$-Matrix ist, gilt:

$$\dim(C_1 \otimes C_2) = k_1 \cdot k_2 = \dim(C_1) \cdot \dim(C_2).$$

Minimaldistanz: Für $C_1 \otimes C_2$ gilt:

$$d_{min}(C_1 \otimes C_2) = d_{min}(C_1) \cdot d_{min}(C_2).$$

Wegen der Linearität des Produktcodes $C_1 \otimes C_2$ ist die Minimaldistanz gleich dem Minimalgewicht seiner Codewörter. Es seien $d_1 := d_{min}(C_1)$ und $d_2 := d_{min}(C_2)$. Weil jede Zeile von M ein Codewort von C_1 ist, enthält sie mindestens d_1 Elemente, die von Null verschieden sind. In jeder Spalte zu einem dieser Elemente ungleich Null finden wir mindestens d_2 Eintragungen, die von Null verschieden sind (weil die Spalten von M Elemente aus C_2 sind). In M findet man also mindestens $d_1 \cdot d_2$ Eintragungen, die ebenfalls von Null verschieden sind. Damit enthält jedes Codewort des Produktcodes mindestens $d_1 \cdot d_2$ Eintragungen ungleich Null. Das Gewicht jedes Codewortes ist also größer oder gleich $d_1 \cdot d_2$.

Sei M' eine Matrix mit folgenden Eigenschaften: Eine Zeile von M' enthält genau d_1 Eintragungen ungleich Null. In jeder Spalte zu diesen Elementen ungleich Null gibt es genau d_2 Eintragungen ungleich Null. Alle anderen Eintragungen seien Null. Dann gibt es in M'genau $d_1 \cdot d_2$ Eintragungen ungleich Null und damit ein Codewort mit dem Gewicht $d_1 \cdot d_2$.

Insgesamt erhalten wir: Ist C_1 ein systematischer linearer (n_1, k_1, d_1)-Code, und ist C_2 ein systematischer linearer (n_2, k_2, d_2)-Code, dann ist $C_1 \otimes C_2$ ein linearer $(n_1 \cdot n_2, k_1 \cdot k_2, d_1 \cdot d_2)$-Code.

∎

Anmerkung: Ist der Produktcode $C_1 \otimes C_2$ zweier Codes gegeben, so kann er wegen $d := d_{min}(C_1 \otimes C_2) = d_1 \cdot d_2$ bis zu $(d - 1)$ Fehler erkennen und bis zu $\lfloor \frac{d-1}{2} \rfloor$ Fehler korrigieren. Wegen der Spreizung von C_2 kann der Produktcode durch ein geschicktes Zusammenspiel von Zeilen aus C_1 und Spalten aus C_2 wesentlich mehr.

Beispiel 8.9 Sei C_1 ein $(n_1, k_1, 5)$-Linearcode, und sei C_2 ein $(n_2, k_2, 5)$-Linearcode. Dann können die Codes C_1 bzw. C_2 jeweils bis zu maximal zwei Fehler korrigieren. Wegen $d(C_1 \otimes C_2) = 5 \cdot 5 = 25$ kann der Produktcode bis $\lfloor \frac{25-1}{2} \rfloor = 12$ Fehler korrigieren.

Ein Codewort $\boldsymbol{c} \in C_1 \otimes C_2$ entsteht durch zeilenweises Auslesen der Matrix M. Wir nehmen an, dass bei der Übertragung (Speicherung) von $\tilde{\boldsymbol{c}}$ folgende Fehler aufgetreten sind:

Zwölf Zeilen mit jeweils einem Fehler, zwei Zeilen mit jeweils zwei Fehler, eine Zeile mit drei Fehlern und eine Zeile mit vier Fehlern. Insgesamt sind also 23 Fehler aufgetreten:

$$
\begin{pmatrix}
\cdots\cdots\cdots & 0\,F \\
\vdots & \\
\cdots\cdots * \cdots\cdots & 1F \\
\vdots & \\
\cdots * * \cdots\cdots * & 3\,F \\
\vdots & \\
* * \cdots * \cdots * & 4F \\
\cdots * \cdots * \cdots & 2\,F \\
\cdots\cdots\cdots & 0\,F \\
\vdots &
\end{pmatrix}
\overset{C_1}{\longrightarrow}
\begin{pmatrix}
\cdots\cdots\cdots & 0\,F \\
\vdots & \\
\cdots\cdots\cdots & 0\,F \\
\vdots & \\
\cdots * * \cdots\cdots * & 3\,F \\
\vdots & \\
* * \cdots * \cdots * & 4F \\
\cdots\cdots\cdots & 0\,F \\
\cdots\cdots\cdots & 0\,F \\
\vdots &
\end{pmatrix}
\overset{C_1}{\longrightarrow}
\begin{pmatrix}
\cdots\cdots\cdots & 0\,F \\
\vdots & \\
\cdots\cdots\cdots & 0\,F \\
\vdots & \\
* * * * * * * * * * * * & \text{markiert} \\
\vdots & \\
* * * * * * * * * * * * & \text{markiert} \\
\cdots\cdots\cdots & 0\,F \\
\cdots\cdots\cdots & 0\,F \\
\vdots &
\end{pmatrix}
$$

$$
\begin{pmatrix}
\cdots\cdots\cdots & 0\,F \\
\vdots & \\
\cdots\cdots\cdots & 0\,F \\
\vdots & \\
* * * * * * * * * * * * & \\
\vdots & \\
* * * * * * * * * * * * & \\
\cdots\cdots\cdots & 0\,F \\
\cdots\cdots\cdots & 0\,F \\
\vdots &
\end{pmatrix}
\downarrow C_2
\begin{pmatrix}
\cdots\cdots\cdots & 0\,F \\
\vdots & \\
\cdots\cdots\cdots & 0\,F \\
\vdots & \\
\cdots\cdots\cdots & 0F \\
\vdots & \\
\cdots\cdots\cdots & 0\,F \\
\cdots\cdots\cdots & 0\,F \\
\cdots\cdots\cdots & 0\,F \\
\vdots &
\end{pmatrix}.
$$

Wir wenden den Code C_1 auf die Zeilen von M an, der die Zeilen mit einem oder zwei Fehlern korrigiert. Die Zeilen mit drei Fehlern und jene mit vier Fehlern werden als fehlerhaft erkannt, aber nicht korrigiert. Sie werden markiert.

Im nächsten Schritt wenden wir den Code C_2 auf die Spalten von M an. Fehler in Spalten können nur an den in M markierten Positionen aufgetreten sein. Alle anderen Positionen waren ursprünglich korrekt oder wurden durch C_1 korrigiert. Jede Spalte enthält also maximal zwei markierte Positionen. Dies sind Auslöschungen, also Fehler mit bekannter

Position (vgl. Definition 3.1). Der Code C_2 kann diese Fehler mit i.a. geringem Rechenaufwand korrigieren. Insgesamt werden also alle 23 Fehler korrigiert. Dies sind wesentlich mehr Korrekturen als der Minimalabstand von $C_1 \otimes C_2$ prognostiziert. Ermöglicht wurde dies durch die gekreuzte Spreizung von C_2.

9 CIRC-Codes

In diesem Kapitel wollen wir eine Reihe der bisher vorgestellten Codierungstechniken (Verkürzung, Spreizung, Kreuzung) bei ihrer Verwendung zur Aufzeichnung und Wiedergabe von Audio- und Videosignalen betrachten. Dazu werden wegen der großen Fehlerkorrekturkapazität und der schnellen Speicher- und Lesefähigkeit verkürzte RS-Codes verwendet (vgl. Kap. 7).

Um diese RS-Codes einsetzen zu können, benötigen wir einen endlichen Körper mit „großer" Elementanzahl. Zum maschinellen Rechnen mit den Zeichen $\{0,1\}$ verwenden wir einen Körper $\mathbb{K}$ mit $256 = 2^8$ Elementen. Wie im Abschn. 10.7 und ausführlich im Beispiel A7.4 dargelegt, können solche Körper als 8-dimensionale Vektorräume über $\mathbb{Z}_2$ aufgefasst werden. Je 8 Bits (= 1 Byte) stellen ein Körperelement dar. Die Codierung einer Audio-CD erfolgt mit einem Code C, der durch Cross-Interleaving (gekreuztes Spreizen) mit den mehrfach verkürzten Reed-Solomon-Codes aus Abschn. 7.3 erzeugt wird. Diesen Code nennt man CIRC-Code.

CIRC-Code $\triangleq$ gekreuztes Spreizen mit passenden verkürzten RS-Codes
oder
CIRC-Code $\triangleq$ **C**ross**I**nterleaved **R**eed-Solomon-**C**ode.

Nach Besprechung des Codier- und Decodiervorganges wird zunächst ein Produktcode für eine Mini-CD über dem Körper $\mathbb{Z}_2$ hergestellt und anschließend an Bündelfehlern getestet. Das Rechnen im Körper $\mathbb{Z}_2$ ist so elementar, dass das CrossCross-Interleaving sowie die Codier- und Decodiervorgänge auch in der Sekundarstufe vorgestellt und geübt

H. Kautschitsch, G. Kadunz, *Elemente der Codierungstheorie*, Mathematik Primarstufe und Sekundarstufe I + II, https://doi.org/10.1007/978-3-662-67520-5_9

werden können. Als Codes kommen der anschauliche Hamming-Code und der Wiederholungscode über $\mathbb{Z}_2$ zum Einsatz.

In der Realität werden verkürzte RS-Codes verwendet. Um „händisch" rechnen und Realvorgänge (Verkürzen, Kreuzen, Spreizen) simulieren zu können, wird ein Mini-CIRC-Code über einem Körper $\mathbb{K}$ mit acht Elementen für eine Mini-CD erzeugt. Als Ausgangscode dient der $RS_8(3)$, dessen Verkürzungen und Spreizungen an Einzel- und Bündelfehlern getestet werden. Ein Ausblick auf analoge Vorgänge bei einer DVD beendet dieses Kapitel.

Lernende erfahren Grundlagen von Codierung und Decodierung bei Audio-CDs. Dazu lernen sie die Konstruktion kleiner endlicher Körper kennen und können sich per „Handrechnung" von elementaren Eigenschaften eines endlichen Körpers (Charakteristik, primitives bzw. erzeugendes Element, unterschiedliche Darstellungen der Körperelemente) überzeugen.

Lehrende erfahren Alltagsanwendungen von Verkürzen und Spreizen von Codes. Darüber hinaus enthalten die Ausführungen Vorschläge zur experimentellen Einführung endlicher Körper und deren elementaren Eigenschaften bzw. die Bedeutung irreduzibler Polynome hohen Grades. Damit liegt eine Motivation für viele Themen der höheren Algebra vor.

Der auf einer Audio-CD verwendete Code C ist ein CIRC-Code mit den verkürzten RS-Codes C_1 bzw. C_2. Beide Codes entstehen aus dem RS-Codes $RS_{256}(5)$.

Der innere Code C_1 (vgl. Definition 8.2) ist der um die letzten 223 Stellen verkürzte $RS_{256}(5)$-Code. Dieser Code ist ein MDS-Code (optimaler Code) mit den Parametern (32,28,5) (vgl. Abschn. 7.3). Durch Übergang zu einem äquivalenten Code erreicht man, dass C_1 ein systematischer Code mit Generatormatrix $G_1 = (I_{28}|A)$ ist. Dabei ist A eine (28×4)-Matrix.

Der äußere Code C_2 (vgl. Definition 8.2) ist der um die letzten 227 Stellen verkürzte $RS_{256}(5)$-Code. Man erhält einen (28,24,5)-MDS-Code. Beachte, dass die Länge des Codes C_2 mit der Dimension des Codes C_1 übereinstimmt.

Nach Definition 8.2 ist der Code $\widetilde{C}$ gegeben durch:

$$\widetilde{C} = \left\{\widetilde{M} \in \mathbb{K}^{28\times 32} \mid \widetilde{M} := \left(\boldsymbol{c}_1{}^T, \ldots, \boldsymbol{c}_{28}{}^T\right)(I_{28}|A)\right\} \text{ mit } \boldsymbol{c}_1, \ldots, \boldsymbol{c}_{28} \in C_2 \subseteq \mathbb{K}^{28}.$$

Äquivalent dazu (vgl. Lemma 8.1 und Definition 8.3):

$$C = C_1 \otimes C_2 = \left\{\mathrm{M} \in \mathbb{K}^{28\times 32} \mid \mathrm{M} \text{ entsteht aus einer } (\mathrm{k}_2 \times \mathrm{k}_1) - \text{Matrix über } \mathbb{K} \text{ durch } KA2\right\}.$$

In beiden Fällen erhält man Codewörter der Länge $n = 32 \cdot 28$. Dabei wird nach Satz 8.3 der Code C_2 zur Tiefe $s = 28 = \dim(C_1)$ gespreizt.

Codiervorgang beim CIRC

(1) Das analoge Tonsignal wird 44100-mal pro Sekunde abgetastet und eine 0,1-Folge erzeugt (vgl. Kap. 1).

Es entsteht: 10011110 101001001101......... über $\mathbb{Z}_2 = \mathbb{K}_2$.

(2) Einteilung der 0,1-Folge in Gruppen zu je 8 Bits (=1 Byte), weil $\mathbb{K}_{256}$ als 8-dimensionaler Vektorraum über $\mathbb{Z}_2$ aufgefasst werden kann.

Es entsteht: 10011110 | 10100100 | 1101......... über $\mathbb{K}_2^8$.

(3) Umwandlung der Bytes in Körperelemente des $\mathbb{K}_{256}$ mit α als erzeugendem Element.
Es entsteht eine Folge von Körperelementen:

$\alpha 1 \alpha^2 0 \alpha^{57} \alpha^{17} 1 \alpha^{212}$......... über $\mathbb{K}_{256}$.

(4) Einteilung der Körperelementfolge in Gruppen zu je 24 = dim (C_2).
Es entsteht ein Folge von Datenwörtern $\boldsymbol{m}_i$ der Länge 24:

$\boldsymbol{m}_1, \boldsymbol{m}_2, \boldsymbol{m}_3, \boldsymbol{m}_4, \ldots\ldots\ldots$ über $\mathbb{K}_{256}^{24}$.

(5) Diese Folge von Datenwörtern wird durch C_2 in eine Folge von Codewörtern $\boldsymbol{c}_i$ der Länge 28 codiert.
Es entsteht:

$\boldsymbol{c}_1, \boldsymbol{c}_2, \boldsymbol{c}_3, \boldsymbol{c}_4, \ldots\ldots\ldots$ über $\mathbb{K}_{256}^{28}$.

(6) Diese Folge der Codewörter wird in Gruppen zu je 28 = dim (C_1) dem Cross-Interleaving-Prozess unterworfen. Dies bedeutet eine Spreizung von C_2 zur Tiefe s = dim (C_1) und anschließender Codierung mit C_1.
Es entsteht ein Block von 28 Codewörtern $\widetilde{\boldsymbol{c}_i}$ der Länge 32. Danach erfolgt die Verarbeitung der nächsten 28 Codewörter aus dem äußeren Code und so weiter.

$\widetilde{\boldsymbol{c}_1}, \widetilde{\boldsymbol{c}_2}, \widetilde{\boldsymbol{c}_3}, \widetilde{\boldsymbol{c}_4}, \ldots\ldots\ldots$ über $\mathbb{K}_{256}^{32}$.

(7) Aus technischen Gründen werden weitere Bits hinzugefügt (siehe Manz, 2017, S. 108 f.). Darauf werden wir in diesem Buch nicht eingehen. Auch in unseren Beispielen werden zur Vereinfachung keine „technischen" Bits hinzugefügt.

Dieser Codiervorgang entspricht in etwa dem Brennen einer CD.

$m_1 \in \mathbb{K}^{24}$	$m_2 \in \mathbb{K}^{24}$	$\dots$ $m{:=}(m_1 m_2 \dots m_{28} \mid \dots)$	$m_{28} \in \mathbb{K}^{24}$	$\dots \quad \hat{=} m$
$\downarrow$ $c_1 \in \mathbb{K}^{28}$	$\downarrow$ $c_2 \in \mathbb{K}^{28}$	***Code*** $\boldsymbol{C_2}$ **(28, 24, 5)** *zeilenweises Einlesen* ***Interleaver*** : *Spreizung* *zur Tiefe* 28	$\downarrow$ $c_{28} \in \mathbb{K}^{28}$	
$\downarrow$ $c_1' \in \mathbb{K}^{28}$	$\downarrow$ $c_2' \in \mathbb{K}^{28}$	*zeilenweises Auslesen* $\dots$	$\downarrow$ $c_{28}' \in \mathbb{K}^{28}$	
$\downarrow$ $\tilde{c_1} \in \mathbb{K}^{32}$	$\downarrow$ $\tilde{c_2} \in \mathbb{K}^{32}$	***Code*** $\boldsymbol{C_1}$ **(32, 28, 5)** $\dots$	$\downarrow$ $\tilde{c}_{28} \in \mathbb{K}^{32}$	$\dots \quad \hat{=} c$

$$c{:=}\left(\tilde{c_1}\,\tilde{c_2} \dots \tilde{c}_{28} \mid \dots\right)$$

$$c \in \tilde{C} = C_1 \otimes C_2$$

Decodiervorgang beim CIRC

(1) Entfernung der technischen Bits.

Es entsteht ein Datenstrom, der in Blöcke der Länge $28 \cdot 32 = 896$ Zeichen eingeteilt wird. Jeder dieser Datenblöcke kann als (28×32)-Empfangswortmatrix U interpretiert werden.

(2) Als erstes kommt der innere Code C_1 zur Anwendung. Man überprüft durch Abstandsvergleiche die Zeilen von U, ob sie zu einem Codewort aus C_1 einen Maximalabstand von 1 besitzen. Findet man eine solche Zeile, so wird dieser Einzelfehler durch den Code C_1 korrigiert. Es entsteht die Matrix U'.

(3) Alle verbleibenden Zeilen besitzen zu jedem Codewort aus C_1 einen Abstand, der größer als 1 ist. Es werden in diesen Zeilen alle Positionen als unleserlich eingestuft und die entsprechenden Zeilen z. B. durch „*“ als Auslöschung markiert. Es entsteht die Matrix U''.

(4) Nun wird das Interleaving rückgängig gemacht, indem man die Matrix U'' spaltenweise ausliest. Auf die Spalten von U'' wird der äußere Code C_2 angewendet. Wegen $d_{min}(C_2) - 1 = 5 - 1 = 4$ kann der Code C_2 bis zu vier Auslöschungen korrigieren. Es entsteht die Matrix U'''. Das der Matrix U''' entsprechende Codewort ist das am wahrscheinlichsten gesendete Codewort.

Je nach Wahl des Einsatzes des Codes C_1 (0–, 1– oder 2–fehlerkorrigierende Verwendung) und je nach Konstruktion des Interleavers (z. B. zeitverzögertes Einlesen der Datenstroms oder gesamtes Einlesen der Matrix U) unterscheidet sich das Leistungspotential des CIRC-Codes. In unseren Beispielen verwenden wir bei der Konstruktion des Interleavers das gesamte Einlesen der Matrix U.

Dieser Decodiervorgang entspricht dem Abspielen einer CD.

Anmerkung: Obwohl der Minimalabstand des Codes $C_1 \otimes C_2$ gleich 25 ist, können wesentlich mehr Fehler korrigiert werden (vgl. Beispiel 8.9). Nach der Folgerung zur Definition 3.11 wissen wir, dass ein (n, k, d)-Code bis zu $a \leq d - 1$ Auslöschungen, also Fehler mit bekannter Position, und nach Satz 3.3 aber nur $\lfloor \frac{d-1}{2} \rfloor$ Fehler mit unbekannter Position korrigieren kann.

Nun kann C_2 höchsten vier Auslöschungen korrigieren. Trotzdem können Fehlerbündel wesentlich länger sein. Dabei ist die Länge des Fehlerbündels mit $97 = 3 \cdot 32 + 1$ beschränkt. Hätte das Fehlerbündel z. B. schon die Länge $98 = 3 \cdot 32 + 2$, dann könnte sich im ungünstigsten Fall dieses Bündel über fünf aufeinanderfolgende Zeilen der (28×32)-Codewortmatrix erstrecken, nämlich: In der ersten betrachteten Zeile ist das letzte Zeichen falsch, die nächsten drei Zeilen umfassen $3 \cdot 32 = 96$ falsche Zeichen. Dann muss in der fünften Zeile das erste Zeichen falsch sein, um insgesamt 98 aufeinanderfolgende falsche Zeichen zu erhalten. Also könnten fünf Zeilen der Codewortmatrix an einem Bündel der Länge 98 beteiligt sein, und damit wären fünf Auslöschungen vorhanden. Diese können von C_2 nicht mehr korrigiert werden.

Dagegen sind bei Fehlerbündeln der maximalen Länge 97 höchstens vier Zeilen betroffen und jede Spalte enthält höchstens vier Auslöschungen. Diese können von C_2 korrigiert werden.

Trotz des geringen Minimalabstandes von C_2 können also Fehlerbündel bis zu einer Länge von 97 korrigiert werden. Diese 97 Zeichen stammen aus dem Körper $\mathbb{K}_{256} = \mathbb{K}_{2^8}$ und entsprechen daher $97 \cdot 8 = 776$ Bits.

Ein Nachteil des bisherigen Verfahrens liegt in der Notwendigkeit, die gesamte Codewortmatrix zu speichern. Dies kostet Zeit und Speicherplatz. Es wurden daher Verfahren entwickelt, bei denen nicht die gesamte Codewortmatrix empfangen sein muss, um Fehler korrigieren zu können. Man spricht von einer CIRC-Codierung mit n-stufiger Verzögerung (siehe Hauck, 2005, S. 102 f.). Bei einer CIRC-Codierung mit 4-stufiger Verzögerung können sogar Fehlerbündel der Länge $l \leq 15 \cdot 32 + 1 = 481$ korrigiert werden. Dies sind $15 \cdot 481 = 3848$ Bits! Zur physikalischen Speicherung vgl. Hauck, 2005, S. 105 f.

Beispiel 9.1 Mini-CD über $\mathbb{Z}_2$.

Wir wollen die Konstruktion eines Produktcodes für eine Mini-CD mit elementaren Mitteln vorstellen. Als Code C_1 wählen wir daher den binären Hamming-Code $H_2(3)$ mit den Parametern $(7, 4, 3)$. Dieser Code kann $t^* = \lfloor \frac{d-1}{2} \rfloor = \lfloor \frac{3-1}{2} \rfloor = 1$ Fehler korrigieren. Dafür haben wir im Beispiel 4.31einen einfachen Decodieralgorithmus vorgestellt. Die Fehlerposition ergibt sich aus der Nummer jener Spalte der Kontrollmatrix, welche mit dem Syndrom des empfangenen Wortes übereinstimmt. Damit die Nachrichtenzeichen zu

Beginn des Codewortes stehen, verwenden wir eine systematische (4 × 7)-Generatormatrix $G_1 = (I_4|A)$ des Codes C_1. Nach Beispiel 4.34 gilt (nach Vertauschung von I_4 mit A):

$$G_1 = \left(\begin{array}{cccc|ccc} 1 & 0 & 0 & 0 & 1 & 0 & 1 \\ 0 & 1 & 0 & 0 & 1 & 1 & 1 \\ 0 & 0 & 1 & 0 & 1 & 1 & 0 \\ 0 & 0 & 0 & 1 & 0 & 1 & 1 \end{array}\right).$$

Also lautet die (3 × 7)-Kontrollmatrix

$$H_1 = \begin{pmatrix} 1 & 1 & 1 & 0 & 1 & 0 & 0 \\ 0 & 1 & 1 & 1 & 0 & 1 & 0 \\ 1 & 1 & 0 & 1 & 0 & 0 & 1 \end{pmatrix}.$$

Wegen $\left(\boldsymbol{x} \in \mathbb{K}^7\right) \in C_1 \Leftrightarrow H_1\boldsymbol{x}^T = \mathbf{0}$ ergibt sich C_1 als Lösungsmenge des Systems $H_1\boldsymbol{x}^T = \mathbf{0}$.

$$C_1 = \{0000000, 1000101, 0100111, 0010110, 0001011, 1100010, 1010011, 1001110, 0110001, 0101100, 0011101, 1110100, \mathbf{1011000}, 0111010, 1101001, 1111111\}.$$

Der Code C_1 ordnet jedem 4-Tupel ein 7-Tupel über $\mathbb{K} = \mathbb{Z}_2$ zu.

Der Code C_2 sei ein binärer (4,1,4)-Code. Dieser Code kann ebenfalls einen Fehler korrigieren, weil $t^* = \left\lfloor \frac{d-1}{2} \right\rfloor = \left\lfloor \frac{4-1}{2} \right\rfloor = 1$. Er enthält nur $2^1 = 2$ Codewörter. Das Nullwort 0000 muss im Code liegen. Weil das Minimalgewicht 4 ist, kann das zweite Codewort nur 1111 sein. Wegen der Einfachheit des Codes verzichten wir auf die Angabe der Generatormatrix bzw. Kontrollmatrix.

$$C_2 = \{0000, 1111\} = W_{bin}(4) \text{ der Länge 4.}$$

Wir halten fest, dass C_2 jedem 1-Tupel ein 4-Tupel über $\mathbb{K} = \mathbb{Z}_2$ zuordnet.

Als Code C, den wir der Mini-CD zugrunde legen, verwenden wir $C := C_1 \otimes C_2 = H_2(3) \otimes W_{bin}(4)$. Das ist ein binärer (28,4, 12)-Code, der jedem 4-Tupel ein 28-Tupel zuordnet. Er kann bis
$t^* = \left\lfloor \frac{d-1}{2} \right\rfloor = \left\lfloor \frac{12-1}{2} \right\rfloor = 5$ Fehler korrigieren und bis zu 11 Fehler erkennen.

(1) Codieren mittels Produktcode $C_1 \otimes C_2$ (entspricht dem Brennen einer CD):

Diese Methode entspricht dem Ergänzungsalgorithmus auf Codewörter aus C_1 bzw. C_2. Bei diesem Verfahren starten wir mit einer $(k_2 \times k_1) = (1 \times 4)$-Matrix, die einem 4-Tupel entspricht.

Gegeben sei nun eine Nachricht als (0,1)-Folge: 10110100101110000100... Diese Folge unterteilen wir in Vierergruppen und beginnen mit $\boldsymbol{m} = 1011$.

$$1011 \overset{C_2}{\longrightarrow} \begin{pmatrix} 1 & 0 & 1 & 1 \\ \mathbf{1} & \mathbf{0} & \mathbf{1} & \mathbf{1} \\ \mathbf{1} & \mathbf{0} & \mathbf{1} & \mathbf{1} \\ \mathbf{1} & \mathbf{0} & \mathbf{1} & \mathbf{1} \end{pmatrix} \overset{C_1}{\longrightarrow} \begin{pmatrix} 1 & 0 & 1 & 1 & \mathbf{0} & \mathbf{0} & \mathbf{0} \\ \mathbf{1} & \mathbf{0} & \mathbf{1} & \mathbf{1} & \mathbf{0} & \mathbf{0} & \mathbf{0} \\ \mathbf{1} & \mathbf{0} & \mathbf{1} & \mathbf{1} & \mathbf{0} & \mathbf{0} & \mathbf{0} \\ \mathbf{1} & \mathbf{0} & \mathbf{1} & \mathbf{1} & \mathbf{0} & \mathbf{0} & \mathbf{0} \end{pmatrix} = \mathrm{M}.$$

Das Codewort **c** entsteht durch zeilenweises Auslesen von M.

$$\mathbf{c} = 1011000|1011000|1011000 \mid 1011000.$$

Die Codierung der Spalten mit C_2 erfolgte durch Ergänzung mit 1 bzw. 0, weil C_2 nur aus zwei Codewörtern besteht. Im allgemeinen Fall wird das eindeutig bestimmte Codewort durch Multiplikation mit einer Generatormatrix von C_2 berechnet.

Die Codierung der Zeilen mit C_1 kann auch auf zwei Arten erfolgen: Entweder durch Multiplikation mir der Generatormatrix, oder man sucht in der Liste der Codewörter das wegen der Injektivität der Codierfunktion eindeutig bestimmte Codewort.

(2) Codieren mittels CIRC:

Gegeben sei wieder die Nachricht als (0,1)-Folge: 101101001011110000100...

Wir gruppieren die (0,1)-Folge in Blöcke der Länge 4 = dim (C_2).

Sei $\boldsymbol{m}$ = 1011 der erste Block. Weil C_2 ein (4,1,4)-Code ist, unterteilen wir $\boldsymbol{m}$ Einerblöcke:

$$\begin{array}{cccc} 1 & 0 & 1 & 1 \\ \downarrow & \downarrow & \downarrow & \downarrow \\ c_1 = 1111 & c_2 = 0000 & c_3 = 1111 & c_4 = 1111 \end{array} \quad C_2 \text{ anwenden}$$

$$\begin{array}{cccc} 1 & 1 & 1 & 1 \\ 0 & 0 & 0 & 0 \\ 1 & 1 & 1 & 1 \\ 1 & 1 & 1 & 1 \end{array} \quad \begin{array}{c} \text{zeilenweises Einlesen} \\ \textbf{Interleaver,} \\ \textbf{Spreizung} \\ \text{spaltenweises Auslesen} \end{array}$$

$$\begin{array}{cccc} c'_1 = 1011 & c'_2 = 1011 & c'_3 = 1011 & c'_4 = 1011 \\ \downarrow & \downarrow & \downarrow & \downarrow \\ \widetilde{c_1} = 1011000 & \widetilde{c_2} = 1011000 & \widetilde{c_3} = 1011000 & \widetilde{c_4} = 1011000 \end{array} \quad C_1 \text{ anwenden}$$

$$\tilde{M} = \begin{pmatrix} 1 & 0 & 1 & 1 & 0 & 0 & 0 \\ 1 & 0 & 1 & 1 & 0 & 0 & 0 \\ 1 & 0 & 1 & 1 & 0 & 0 & 0 \\ 1 & 0 & 1 & 1 & 0 & 0 & 0 \end{pmatrix} = M$$

$$\widetilde{c} = 1011000|1011000|1011000 \mid 1011000$$

wird gespeichert.

(3) Decodierung (entspricht der Wiedergabe einer CD):

Angenommen, es wird das Wort $\boldsymbol{u}$ = 101101110100001110000101100 empfangen. Fehler sind an den Positionen 6,7, 11,16 und 18 aufgetreten. Diese Positionen sind dem Decodierer im Abspielgerät nicht bekannt. Nach obiger Decodiervorschrift beginnen wir mit dem (7,4)-Code C_1. Daher müssen wir die (0,1)-Folge von $\boldsymbol{u}$ in Siebenergruppen einteilen.

$\boldsymbol{u}$ = 1011011|1010000|1110000|1011000.

Wir interpretieren $\boldsymbol{u}$ als (4 × 7)-Matrix U:

$$U := \begin{pmatrix} 1 & 0 & 1 & 1 & 0 & \mathbf{1} & \mathbf{1} \\ 1 & 0 & 1 & \mathbf{0} & 0 & 0 & 0 \\ 1 & \mathbf{1} & 1 & \mathbf{0} & 0 & 0 & 0 \\ 1 & 0 & 1 & 1 & 0 & 0 & 0 \end{pmatrix} = \begin{pmatrix} \boldsymbol{u}_1 \\ \boldsymbol{u}_2 \\ \boldsymbol{u}_3 \\ \boldsymbol{u}_4 \end{pmatrix}.$$

Für dieses Beispiel wählen wir einen Decodieralgorithmus, bei dem vom Code C_1 ein Einzelfehler je Zeile korrigiert wird. Dabei verwenden wir nicht die Multiplikation mit der Kontrollmatrix, da diese nur entscheiden kann, ob eine Zeile fehlerbehaftet ist oder nicht. Die Anzahl der Fehler bleibt unbekannt. Im ungünstigen Fall könnte C_1 falsch korrigieren. Daher wählen wir als Methode die Hamming-Decodierung, welche auf Abstandsvergleichen von Codewörtern zu empfangenen Wörtern beruht. Die Entfernung der technischen Bits entfällt, da in unseren Beispielen bei der Codierung keine hinzugefügt werden.

Erster Schritt:

Wir überprüfen durch Abstandsvergleiche die Zeilen von U, ob sie zu einem Codewort aus C_1 einen Abstand von höchstens 1 besitzen. Es werden also Einzelfehler gesucht. Wir finden in der Empfangsmatrix U die Zeilen $\boldsymbol{u}_2$ und $\boldsymbol{u}_4$. Wegen $d(\boldsymbol{u}_2, 1011000) = 1$ wird $\boldsymbol{u}_2$ zu 1011000 korrigiert.

Wegen $d(\boldsymbol{u}_4, 1011000) = 0$ ist $\boldsymbol{u}_4$ selbst ein Codewort aus C_1 und muss nicht korrigiert werden. Hingegen besitzen die Zeilen $\boldsymbol{u}_1$ und $\boldsymbol{u}_3$ zu jedem Codewort aus C_1 einen Abstand größer als 1.

Es entsteht die Matrix U':

$$U' := \begin{pmatrix} 1 & 0 & 1 & 1 & 0 & \mathbf{1} & \mathbf{1} \\ 1 & 0 & 1 & 1 & 0 & 0 & 0 \\ 1 & \mathbf{1} & 1 & \mathbf{0} & 0 & 0 & 0 \\ 1 & 0 & 1 & 1 & 0 & 0 & 0 \end{pmatrix}.$$

Zweiter Schritt:

Die verbliebenen Zeilen $\boldsymbol{u}_1$ und $\boldsymbol{u}_3$ enthalten mindesten zwei Fehler und werden durch C_1 *nicht* decodiert. Es werden in diesen Zeilen alle Eintragungen als unleserlich eingestuft und die entsprechende Zeile markiert.

Begründung: Der Code C_1 kann höchstens einen Fehler korrigieren. Daher darf C_1 nicht zur Korrektur von Zeilen mit mehr als einem Fehler verwendet werden. Also ist C_1 auf die Zeilen $\boldsymbol{u}_1$ und $\boldsymbol{u}_3$ nicht anwendbar.

Es entsteht die Matrix U'' mit

$$U'' := \begin{pmatrix} * & * & * & * & * & * & * \\ 1 & 0 & 1 & 1 & 0 & 0 & 0 \\ * & * & * & * & * & * & * \\ 1 & 0 & 1 & 1 & 0 & 0 & 0 \end{pmatrix}.$$

Dritter Schritt:

Die Spalten von U'' werden nun mit C_2 decodiert. Wegen $d_{min}(C_2) = 4$ kann C_2 bis zu $(4 - 1) = 3$ Auslöschungen korrigieren. In U'' treten in jeder Spalte höchsten zwei Auslöschungen auf, daher kann C_2 alle Spalten korrigieren. Wir erhalten

$$U''' = \begin{pmatrix} 1 & 0 & 1 & 1 & 0 & 0 & 0 \\ 1 & 0 & 1 & 1 & 0 & 0 & 0 \\ 1 & 0 & 1 & 1 & 0 & 0 & 0 \\ 1 & 0 & 1 & 1 & 0 & 0 & 0 \end{pmatrix} = M.$$

Alle fünf Fehler wurden durch CIRC korrigiert. Aber CIRC kann noch wesentlich mehr!

Beispiel 9.2 Wir betrachten nun einen Bündelfehler der Länge $a = 5$ und $t = 3$ Einzelfehler mit unbekannter Position. Wegen $a + 2t = 5 + 2 \cdot 3 = 11$ können diese Fehler durch unseren Mini-CD-Code korrigiert werden. Diese Anzahl übertrifft die Fehlerkorrekturkapazität unseres CIRC-Codes $C_1 \otimes C_2$ deutlich, da diese durch $\left\lfloor \frac{d_{min}(C_1 \otimes C_2) - 1}{2} \right\rfloor = \left\lfloor \frac{12-1}{2} \right\rfloor = 5$ gegeben ist.

Sei

$$\tilde{\boldsymbol{c}} = 1011000|1011000|1011000 \mid 1011000$$

das gesendete Wort, und empfangen werde

$$\boldsymbol{u} = 10110\mathbf{11}|\mathbf{010}1000|10\mathbf{0}1010|10\mathbf{0}1000.$$

Wir interpretieren $\boldsymbol{u}$ als (4×7)-Matrix U:

$$U := \begin{pmatrix} 1 & 0 & 1 & 1 & 0 & \mathbf{1} & \mathbf{1} \\ \mathbf{0} & \mathbf{1} & \mathbf{0} & 1 & 0 & 0 & 0 \\ 1 & 0 & \mathbf{0} & 1 & 0 & \mathbf{1} & 0 \\ 1 & 0 & \mathbf{0} & 1 & 0 & 0 & 0 \end{pmatrix} = \begin{pmatrix} \boldsymbol{u}_1 \\ \boldsymbol{u}_2 \\ \boldsymbol{u}_3 \\ \boldsymbol{u}_4 \end{pmatrix}.$$

Erster Schritt:
Wir überprüfen durch Abstandsvergleiche die Zeilen von U, ob sie zu einem Codewort aus C_1 einen Maximalabstand von 1 besitzen. Wir finden die Zeile $\boldsymbol{u}_4$ mit $d(\boldsymbol{u}_4, 1011000) = 1$. Diese Zeile wird daher zu 1011000 korrigiert.
Es entsteht die Matrix U':

$$U' := \begin{pmatrix} 1 & 0 & 1 & 1 & 0 & \mathbf{1} & \mathbf{1} \\ \mathbf{0} & \mathbf{1} & \mathbf{0} & 1 & 0 & 0 & 0 \\ 1 & 0 & \mathbf{0} & 1 & 0 & \mathbf{1} & 0 \\ 1 & 0 & 1 & 1 & 0 & 0 & 0 \end{pmatrix}.$$

Zweiter Schritt:
Alle verbleibenden Zeilen besitzen zu jedem Codewort aus C_1 einen Abstand, der größer als 1 ist. Es werden in diesen Zeilen alle Positionen als unleserlich eingestuft und die entsprechende Zeile markiert.
Es entsteht die Matrix U'' mit

$$U'' := \begin{pmatrix} * & * & * & * & * & * & * \\ * & * & * & * & * & * & * \\ * & * & * & * & * & * & * \\ 1 & 0 & 1 & 1 & 0 & 0 & 0 \end{pmatrix}.$$

Dritter Schritt:
Mit dem Code C_2 können drei Auslöschungen korrigiert werden, da $d_{min}(C_2) - 1 = = 4 - 1 = 3$ gilt. Da die Spalten von U'' in C_2 sein müssen, und weil C_2 nur aus den Codeworten $\{0000, 1111\}$ besteht, werden Spalten mit einer 1 zu Spalten mit nur 1-en und Spalten mit einer 0 zu Spalten mit nur 0-en korrigiert. Es entsteht U''' mit

$$U''' = \begin{pmatrix} 1 & 0 & 1 & 1 & 0 & 0 & 0 \\ 1 & 0 & 1 & 1 & 0 & 0 & 0 \\ 1 & 0 & 1 & 1 & 0 & 0 & 0 \\ 1 & 0 & 1 & 1 & 0 & 0 & 0 \end{pmatrix} = M.$$

Es wurden sogar alle elf Fehler durch CIRC korrigiert. Allerdings können noch mehr Fehler korrigiert werden.

Beispiel 9.3 Es sei ein Bündelfehler der Länge 15 aufgetreten.

Wegen $15 = 2 \cdot 7 + 1$ erstreckt sich der Bündelfehler über drei aufeinanderfolgende Zeilen von U.

$$\overbrace{\underset{\circ\circ\circ\circ\circ\circ *}{Siebenergruppe}}\;\overbrace{\underset{*******}{Siebenergruppe}}\;\overbrace{\underset{*******}{Siebenergruppe}}\;\overbrace{\underset{\circ\circ\circ\circ\circ\circ\circ}{Siebenergruppe}}.$$

Sei

$$\widetilde{c} = 1011000|1011000|1011000 \mid 1011000$$

das gesendete Wort, und empfangen werde

$$u = 101100\mathbf{1}|\mathbf{0100111}|\mathbf{0100111}|1011000.$$

Wir interpretieren $\boldsymbol{u}$ als (4×7)-Matrix U:

$$U := \begin{pmatrix} 1 & 0 & 1 & 1 & 0 & 0 & \mathbf{1} \\ \mathbf{0} & \mathbf{1} & \mathbf{0} & \mathbf{0} & \mathbf{1} & \mathbf{1} & \mathbf{1} \\ \mathbf{0} & \mathbf{1} & \mathbf{0} & \mathbf{0} & \mathbf{1} & \mathbf{1} & \mathbf{1} \\ 1 & 0 & 1 & 1 & 0 & 0 & 0 \end{pmatrix} = \begin{pmatrix} \boldsymbol{u}_1 \\ u_2 \\ u_3 \\ \boldsymbol{u}_4 \end{pmatrix}.$$

Erster Schritt:

Wir überprüfen wieder durch Abstandsvergleiche die Zeilen von U, ob sie zu einem Codewort aus C_1 einen Maximalabstand von 1 besitzen. Wir finden die Zeile $\boldsymbol{u}_1$. Mit $d(\boldsymbol{u}_1,1011000) = 1$, wird diese Zeile wird zu 1011000 korrigiert.

Wegen $d(\boldsymbol{u}_4,1011000) = 0$ ist $\boldsymbol{u}_4$ selbst ein Codewort aus C_1 und muss nicht korrigiert werden. Es entsteht die Matrix U':

$$U' := \begin{pmatrix} 1 & 0 & 1 & 1 & 0 & 0 & 0 \\ \mathbf{0} & \mathbf{1} & \mathbf{0} & \mathbf{0} & \mathbf{1} & \mathbf{1} & \mathbf{1} \\ \mathbf{0} & \mathbf{1} & \mathbf{0} & \mathbf{0} & \mathbf{1} & \mathbf{1} & \mathbf{1} \\ 1 & 0 & 1 & 1 & 0 & 0 & 0 \end{pmatrix}.$$

Zweiter Schritt:

Alle verbleibenden Zeilen besitzen zu jedem Codewort aus C_1 einen Abstand, der größer als 1 ist. Es werden in diesen Zeilen alle Positionen als unleserlich eingestuft und die entsprechende Zeile markiert. Es entsteht die Matrix U'' mit

$$U'' := \begin{pmatrix} 1 & 0 & 1 & 1 & 0 & 0 & 0 \\ * & * & * & * & * & * & * \\ * & * & * & * & * & * & * \\ 1 & 0 & 1 & 1 & 0 & 0 & 0 \end{pmatrix}.$$

Dritter Schritt: Mit dem Code C_2 können drei Auslöschungen wegen $d_{min}(C_2) - 1 = = 4 - 1 = 3$ korrigiert werden. Da die Spalten von U'' in C_2 sein müssen, werden wegen $C_2 = \{0000, 1111\}$ Spalten mit einer 1 zu Spalten mit nur Einsen und die Spalten mit einer 0 zu Spalten mit nur Nullen korrigiert. Es entsteht U''' mit

$$U''' = \begin{pmatrix} 1 & 0 & 1 & 1 & 0 & 0 & 0 \\ 1 & 0 & 1 & 1 & 0 & 0 & 0 \\ 1 & 0 & 1 & 1 & 0 & 0 & 0 \\ 1 & 0 & 1 & 1 & 0 & 0 & 0 \end{pmatrix} = M.$$

Es wurden alle 15 Fehler durch CIRC korrigiert, es ist auch $15 < 22 = 3 \cdot 7 + 1$.

In der Praxis wird ein Alphabet mit 256 Elementen verwendet. Eine „händische“ Verarbeitung ist nicht möglich. Im folgenden Beispiel erzeugen wir eine „Mini-CD“ über einem Körper mit 8 Elementen.

Beispiel 9.4 Mini-CD über $\mathbb{K}_8$

In den Beispielen A7.3 und A7.4 haben wir die Konstruktion eines Körpers mit acht Elementen und die Darstellung seiner Elemente präsentiert.

Es sei α ein primitives Element des $\mathbb{K}_8$. Damit lässt sich $\mathbb{K}_8$ als $\{0, 1, \alpha^2, \alpha^3, \alpha^4, \alpha^5, \alpha^6\}$ mit Umrechnungstabelle Tab. 9.1 darstellen.

In der Praxis wird als Ausgangscode der $RS_{256}(5)$ verwendet. Um das CIRC-Verfahren für unsere Mini-CD im Rahmen dieses Buches darstellen zu können, wählen wir als Ausgangscode den $RS_8(3)$, der ein $(7,5,3)$-Code ist. Durch Verkürzung von einer Position entsteht daraus der Code C_1 mit den Parametern $(6,4,3)$ und durch Verkürzung des $RS_8(3)$ um drei Positionen entsteht der Code C_2 mit den Parametern $(4,2,3)$. Es ist $\dim(C_1) = k_1 = 4 = n_2 = \text{Codelänge}(C_2)$. Beide Codes sind 1-Fehler korrigierend und 2-Fehler erkennend. Der resultierende CIRC-Code $C_1 \otimes C_2$ ist ein $(24,8,9)$-Code. Er kann daher vier Fehler korrigieren und acht Fehler erkennen. Für das CIRC-Verfahren benötigen wir Generatormatrizen in Standardform.

Tab. 9.1 Umrechnungstabelle

Potenzen	Polynome	Vektoren
0	0	000
$\alpha^7 = 1$	1	001
α^6	$\alpha^2 + 1$	101
α^5	$\alpha^2 + \alpha + 1$	111
α^4	$\alpha^2 + \alpha$	110
α^3	$\alpha + 1$	011
α^2	α^2	100
α	α	010

Eine (5×7)-Generatormatrix G von $RS_8(3)$ ist gegeben durch (vgl. Gl. 7.1 für $q = 8$):

$$G = \begin{pmatrix} 1 & 1 & 1 & 1 & 1 & 1 & 1 \\ 1 & \alpha & \alpha^2 & \alpha^3 & \alpha^4 & \alpha^5 & \alpha^6 \\ 1 & \alpha^2 & \alpha^4 & \alpha^6 & \alpha^8 & \alpha^{10} & \alpha^{12} \\ 1 & \alpha^3 & \alpha^6 & \alpha^9 & \alpha^{12} & \alpha^{15} & \alpha^{18} \\ 1 & \alpha^4 & \alpha^8 & \alpha^{12} & \alpha^{16} & \alpha^{20} & \alpha^{24} \end{pmatrix} = \begin{pmatrix} 1 & 1 & 1 & 1 & 1 & 1 & 1 \\ 1 & \alpha & \alpha^2 & \alpha^3 & \alpha^4 & \alpha^5 & \alpha^6 \\ 1 & \alpha^2 & \alpha^4 & \alpha^6 & \alpha & \alpha^3 & \alpha^5 \\ 1 & \alpha^3 & \alpha^6 & \alpha^2 & \alpha^5 & \alpha & \alpha^4 \\ 1 & \alpha^4 & \alpha & \alpha^5 & \alpha^2 & \alpha^6 & \alpha^3 \end{pmatrix}.$$

Durch elementare Zeilenumformungen und Berücksichtigung von Relationen aus obiger Tabelle entsteht:

$$G \sim \begin{pmatrix} 1 & 0 & 0 & 0 & 0 & \alpha^3 & \alpha^6 \\ 0 & 1 & 0 & 0 & 0 & 1 & 1 \\ 0 & 0 & 1 & 0 & 0 & \alpha^3 & \alpha^5 \\ 0 & 0 & 0 & 1 & 0 & \alpha & \alpha^5 \\ 0 & 0 & 0 & 0 & 1 & \alpha & \alpha^4 \end{pmatrix} = (I_5|A).$$

Durch Streichung der ersten Zeile und der ersten Spalte entsteht die Generatormatrix G_1 von C_1 in Standardform $(I_4|A_1)$ und daraus die Kontrollmatrix $H_1 = ({A_1}^T|I_2)$:

$$G_1 := \begin{pmatrix} 1 & 0 & 0 & 0 & 1 & 1 \\ 0 & 1 & 0 & 0 & \alpha^3 & \alpha^5 \\ 0 & 0 & 1 & 0 & \alpha & \alpha^5 \\ 0 & 0 & 0 & 1 & \alpha & \alpha^4 \end{pmatrix} \text{ und } H_1 := \begin{pmatrix} 1 & \alpha^3 & \alpha & \alpha & 1 & 0 \\ 1 & \alpha^5 & \alpha^5 & \alpha^4 & 0 & 1 \end{pmatrix}.$$

Durch Streichung der ersten drei Zeilen und der ersten drei Spalten entsteht die Generatormatrix G_2 von C_2 in Standardform $(I_2|A_2)$ und daraus die Kontrollmatrix

$$H_1 = \left({A_2}^T|I_2\right):$$

$$G_2 := \begin{pmatrix} 1 & 0 & \alpha & \alpha^5 \\ 0 & 1 & \alpha & \alpha^4 \end{pmatrix} \text{ und } H_2 := \begin{pmatrix} \alpha & \alpha & 1 & 0 \\ \alpha^5 & \alpha^4 & 0 & 1 \end{pmatrix}.$$

Wir codieren mittels $C_1 \otimes C_2$ eine beliebige Nachricht $\boldsymbol{m}$ der Länge 8:

$$\boldsymbol{m} := \alpha^2\alpha \mid 1\alpha^3 \mid \alpha^5\alpha^2 \mid \alpha^4\alpha \triangleq \begin{pmatrix} \alpha^2 & 1 & \alpha^5 & \alpha^4 \\ \alpha & \alpha^3 & \alpha^2 & \alpha \end{pmatrix} =: M_0.$$

Wir ergänzen die Spalten von M_0 zu Codewörtern aus C_2:

Die erste Spalte s_1 von M_0 ist $\begin{pmatrix} \alpha^2 \\ \alpha \end{pmatrix}$. Das zugehörige Codewort c_1 aus C_2 erhalten wir durch Multiplikation mit der Generatormatrix G_2 von C_2, also

$$c_1 = s_1{}^T G_2 = \begin{pmatrix} \alpha^2 & \alpha \end{pmatrix} \begin{pmatrix} 1 & 0 & \alpha & \alpha^5 \\ 0 & 1 & \alpha & \alpha^4 \end{pmatrix} = \begin{pmatrix} \alpha^2 & \alpha & \alpha^3 + \alpha^2 & \alpha^7 + \alpha^5 \end{pmatrix} =$$

$$= \begin{pmatrix} \alpha^2 & \alpha & \alpha + 1 + \alpha^2 & 1 + \alpha^5 \end{pmatrix} = \begin{pmatrix} \alpha^2 & \alpha & \alpha^5 & \alpha^4 \end{pmatrix}.$$

Damit wird die erste Spalte von M_0 durch α^5 und α^4 ergänzt. Analog geht man bei den Spalten s_2, s_3 und s_4 vor. Es entsteht die Matrix M_1.

$$M_1 := \begin{pmatrix} \alpha^2 & 1 & \alpha^5 & \alpha^4 \\ \alpha & \alpha^3 & \alpha^2 & \alpha \\ \alpha^5 & \alpha^2 & \alpha^4 & \alpha^3 \\ \alpha^4 & \alpha^4 & \alpha^4 & \alpha^3 \end{pmatrix}.$$

Wir ergänzen die Zeilen von M_1 zu Codewörtern aus C_1:
Es gilt z. B. für die zweite Zeile von M_1:

$$\begin{pmatrix} \alpha & \alpha^3 & \alpha^2 & \alpha \end{pmatrix} \begin{pmatrix} 1 & 0 & 0 & 0 & 1 & 1 \\ 0 & 1 & 0 & 0 & \alpha^3 & \alpha^5 \\ 0 & 0 & 1 & 0 & \alpha & \alpha^5 \\ 0 & 0 & 0 & 1 & \alpha & \alpha^4 \end{pmatrix} =$$

$$= \begin{pmatrix} \alpha & \alpha^3 & \alpha^2 & \alpha & \alpha + \alpha^6 + \alpha^3 + \alpha^2 & \alpha + \alpha^8 + \alpha^7 + \alpha^5 \end{pmatrix} =$$

$$= \begin{pmatrix} \alpha & \alpha^3 & \alpha^2 & \alpha & \alpha^5 + \alpha^5 & 0 + \alpha^4 \end{pmatrix} = \begin{pmatrix} \alpha & \alpha^3 & \alpha^2 & \alpha & 0 & \alpha^4 \end{pmatrix}$$

Wir ergänzen die zweite Zeile von M_1 durch 0 und α^4. Analog verfährt man mit den restlichen Zeilen und erhält die Matrix M:

$$M := \begin{pmatrix} \alpha^2 & 1 & \alpha^5 & \alpha^4 & \alpha^6 & \alpha \\ \alpha & \alpha^3 & \alpha^2 & \alpha & 0 & \alpha^4 \\ \alpha^5 & \alpha^2 & \alpha^4 & \alpha^3 & 1 & \alpha^3 \\ \alpha^4 & \alpha^4 & \alpha^4 & \alpha^3 & \alpha^4 & \alpha^5 \end{pmatrix} \triangleq c$$

Das Codewort c von m lautet:

$$c = \alpha^2 1 \alpha^5 \alpha^4 \alpha^6 \alpha \,|\, \alpha \alpha^3 \alpha^2 \alpha 0 \alpha^4 \,|\, \alpha^5 \alpha^2 \alpha^4 \alpha^3 1 \alpha^3 \,|\, \alpha^4 \alpha^4 \alpha^4 \alpha^3 \alpha^4 \alpha^5 =$$

$$= 100\,001\,111\,110\,101\,010 \,|\, 010\,011\,100\,010\,000\,110 \,|\ldots|\, 110\,110\,110\,011\,110\,111$$

Ein gleiches Ergebnis hätten wir durch Cross-Interleaving der Codes C_2 und C_1 erhalten.

Wir halten fest, dass der Code C_1 auf zwei Arten verwendet werden kann. Entweder der Code C_1 wird nur zur Fehlererkennung verwendet (Verwendung 1. Art), oder er wird zur Korrektur von Einzelfehlern eingesetzt (Verwendung 2. Art). Wegen $d_{min}(C_1) = 3$ ist die Korrektur von Einzelfehlern durch C_1 möglich. Allerdings ist dies mit einem erhöhten Rechen- und Zeitaufwand verbunden.

Beispiel 9.5 Wir untersuchen das Leistungspotential unserer Mini-CD beim Auftreten von Bündelfehlern und nehmen zuerst an, dass C_1 nach 1. Art verwendet wird, also nur zur Fehlererkennung. Wir werden zeigen, dass dann der Code Bündelfehler bis zur maximalen Länge $7 = 1 \cdot 6 + 1$ korrigiert, weil jeder Bündelfehler der Länge 7 sich über höchstens zwei aufeinanderfolgende Zeilen der 4×6-Empfangswortmatrix U erstreckt.

$$\overbrace{Sechsergruppe}^{} \quad \overbrace{Sechsergruppe}^{} \quad \overbrace{Sechsergruppe}^{} \quad \overbrace{Sechsergruppe}^{}$$
$$\circ\circ\circ\circ\circ\circ \qquad \circ\circ\circ\circ\circ * \qquad ****** \qquad \circ\circ\circ\circ\circ\circ$$

Es werde das Wort $\boldsymbol{c}$ gesendet und $\boldsymbol{u}$ empfangen.

$$\boldsymbol{u} = \alpha^2 1 \alpha^5 \alpha^4 \alpha^6 \alpha \,|\, \alpha\alpha^3\alpha^2\alpha 0 \boldsymbol{\alpha} \,|\, \boldsymbol{\alpha^2 \alpha \alpha^3 \alpha^5 0 \alpha^4} \,|\, \alpha^4\alpha^4\alpha^4\alpha^3\alpha^4\alpha^5 = z_1 | z_2 | z_3 | z_4.$$

Interpretiert man $\boldsymbol{u}$ als 4×6-Empfangswortmatrix U, so erhält man

$$U = \begin{pmatrix} \alpha^2 & 1 & \alpha^5 & \alpha^4 & \alpha^6 & \alpha \\ \alpha & \alpha^3 & \alpha^2 & \alpha & 0 & \boldsymbol{\alpha} \\ \boldsymbol{\alpha^2} & \boldsymbol{\alpha} & \boldsymbol{\alpha^3} & \boldsymbol{\alpha^5} & \boldsymbol{0} & \boldsymbol{\alpha^4} \\ \alpha^4 & \alpha^4 & \alpha^4 & \alpha^3 & \alpha^4 & \alpha^5 \end{pmatrix}.$$

Nun zum Decodiervorgang:

(1) Mit der Kontrollmatrix H_1 bestimmen wir die fehlerhaften Zeilen. Dabei verwenden wir die Umrechnungstabelle, $1 + 1 = 0$, also auch z. B. $\alpha^5 + \alpha^5 = 0$ und $\alpha^7 = 1$, $\alpha^8 = \alpha \ldots$

$$H_1 z_1^T = \begin{pmatrix} 1 & \alpha^3 & \alpha & \alpha & 1 & 0 \\ 1 & \alpha^5 & \alpha^5 & \alpha^4 & 0 & 1 \end{pmatrix} \begin{pmatrix} \alpha^2 \\ 1 \\ \alpha^5 \\ \alpha^4 \\ \alpha^6 \\ \alpha \end{pmatrix} = \begin{pmatrix} \alpha^2 + \alpha^3 + \alpha^6 + \alpha^5 + \alpha^6 + 0 \\ \alpha^2 + \alpha^5 + \alpha^{10} + \alpha^8 + 0 + \alpha \end{pmatrix} = \begin{pmatrix} 0 \\ 0 \end{pmatrix}.$$

Also $z_1 \in C_1$.

$$H_1 z_2^T = \begin{pmatrix} 1 & \alpha^3 & \alpha & \alpha & 1 & 0 \\ 1 & \alpha^5 & \alpha^5 & \alpha^4 & 0 & 1 \end{pmatrix} \begin{pmatrix} \alpha \\ \alpha^3 \\ \alpha^2 \\ \alpha \\ 0 \\ \alpha \end{pmatrix} = \begin{pmatrix} 0 \\ \alpha^2 \end{pmatrix} \Rightarrow z_2 \notin C_1.$$

$$H_1 z_3^T = \begin{pmatrix} 1 & \alpha^3 & \alpha & \alpha & 1 & 0 \\ 1 & \alpha^5 & \alpha^5 & \alpha^4 & 0 & 1 \end{pmatrix} \begin{pmatrix} \alpha^2 \\ \alpha \\ \alpha^3 \\ \alpha^5 \\ 0 \\ \alpha^4 \end{pmatrix} = \begin{pmatrix} 1 \\ 1 \end{pmatrix} \Rightarrow z_3 \notin C_1.$$

$$H_1 z_4^T = \begin{pmatrix} 1 & \alpha^3 & \alpha & \alpha & 1 & 0 \\ 1 & \alpha^5 & \alpha^5 & \alpha^4 & 0 & 1 \end{pmatrix} \begin{pmatrix} \alpha^4 \\ \alpha^4 \\ \alpha^4 \\ \alpha^3 \\ \alpha^4 \\ \alpha^5 \end{pmatrix} = \begin{pmatrix} 0 \\ 0 \end{pmatrix} \Rightarrow z_4 \in C_1.$$

(2) Da C_1 nach 1. Art verwendet wird, werden die Zeilen z_2 und z_3 markiert. Man erhält:

$$U_1 = \begin{pmatrix} \alpha^2 & 1 & \alpha^5 & \alpha^4 & \alpha^6 & \alpha \\ * & * & * & * & * & * \\ * & * & * & * & * & * \\ \alpha^4 & \alpha^4 & \alpha^4 & \alpha^3 & \alpha^4 & \alpha^5 \end{pmatrix} = (s_1 \quad s_2 \quad s_3 \quad s_4 \quad s_5 \quad s_6).$$

(3) Wegen $d_{min}(C_2) = 3$, kann dieser Code zwei Auslöschungen korrigieren. Nach Konstruktion müssen die Spalten von U_1 Codewörter aus C_2 sein. Durch Multiplikation mit der Kontrollmatrix H_2 von C_2 muss sich der Nullvektor ergeben.

Die unbekannten zweiten und dritten Komponenten der Spalten wollen wir x bzw. y nennen.

$$H_2 s_1^T = \begin{pmatrix} \alpha & \alpha & 1 & 0 \\ \alpha^5 & \alpha^4 & 0 & 1 \end{pmatrix} \begin{pmatrix} \alpha^2 \\ x \\ y \\ \alpha^4 \end{pmatrix} = \begin{pmatrix} 0 \\ 0 \end{pmatrix}.$$

$$\alpha^3 + \alpha x + y = 0,$$
$$\underline{\alpha^7 + \alpha^4 x + \alpha^4 = 0.}$$

Unter Berücksichtigung von $\alpha^7 = 1$ und $1 + \alpha^4 = \alpha^5$ und $\alpha^5 = -\,\alpha^5$ erhalten wir

$$\alpha x + y = \alpha^3,$$
$$\underline{\alpha^4 x = \alpha^5}.$$

Damit folgt: $x = \alpha$, $y = \alpha^5$, und die erste Spalte lautet $\boldsymbol{s}_1^T = \begin{pmatrix} \alpha^2 & \alpha & \alpha^5 & \alpha^4 \end{pmatrix}$. Analoge Rechnungen führen auf:

$$\boldsymbol{s}_2^T = \begin{pmatrix} 1 & \alpha^3 & \alpha^2 & \alpha^4 \end{pmatrix},$$

$$\boldsymbol{s}_3^T = \begin{pmatrix} \alpha^5 & \alpha^2 & \alpha^4 & \alpha^4 \end{pmatrix},$$

$$\boldsymbol{s}_4^T = \begin{pmatrix} \alpha^4 & \alpha & \alpha^3 & \alpha^3 \end{pmatrix},$$

$$\boldsymbol{s}_5^T = \begin{pmatrix} \alpha^6 & 0 & 1 & \alpha^4 \end{pmatrix},$$

$$\boldsymbol{s}_6^T = \begin{pmatrix} \alpha & \alpha^4 & \alpha^3 & \alpha^5 \end{pmatrix}.$$

(4) Einsetzen in U_1 ergibt die 4×6-Matrix U_2 mit:

$$U_2 = \begin{pmatrix} \alpha^2 & 1 & \alpha^5 & \alpha^4 & \alpha^6 & \alpha \\ \alpha & \alpha^3 & \alpha^2 & \alpha & 0 & \alpha^4 \\ \alpha^5 & \alpha^2 & \alpha^4 & \alpha^3 & 1 & \alpha^3 \\ \alpha^4 & \alpha^4 & \alpha^4 & \alpha^3 & \alpha^4 & \alpha^5 \end{pmatrix} = M = \text{Codewortmatrix}.$$

Also wurde richtig decodiert.

Anmerkung: Es gibt Bündelfehler der Länge 8, die nach der Methode 1. Art nicht decodiert werden können. Dies tritt ein, wenn sich der Bündelfehler über drei aufeinanderfolgende Zeilen von U erstreckt. In diesem Fall würden drei Zeilen von U markiert werden.

Beispiel 9.6 Verwendet man hingegen den Code C_1 als 1-Fehler korrigierend, also nach der Methode 2. Art, so können alle Bündelfehler der Länge 8 korrigiert werden. Im ungünstigsten Fall kann sich ein solcher Bündelfehler über drei aufeinanderfolgende Gruppen von U erstrecken.

$$\overbrace{\textit{Sechsergruppe}}^{}\quad \overbrace{\textit{Sechsergruppe}}^{}\quad \overbrace{\textit{Sechsergruppe}}^{}\quad \overbrace{\textit{Sechsergruppe}}^{}$$
$$\circ\circ\circ\circ\circ\circ \qquad \circ\circ\circ\circ\circ * \qquad ****** \qquad *\circ\circ\circ\circ\circ$$

Da der Code C_1 1-Fehler korrigierend ist, kann er z. B. die zweite Sechsergruppe korrigieren. Es verbleibt ein Bündelfehler der Länge 7, der korrigiert werden kann. Der zweite noch verbleibende Einzelfehler in der letzten Sechsergruppe muss nicht korrigiert werden (Zeitersparnis). Es werde das Wort $\boldsymbol{u}$ mit einem Bündelfehler der Länge 8 empfangen.

$$\boldsymbol{u}=\alpha^2 1\alpha^5\alpha^4\alpha^6\alpha|\alpha\alpha^3\alpha^2\alpha 0\boldsymbol{\alpha}|\boldsymbol{\alpha}^2\boldsymbol{\alpha\alpha}^3\boldsymbol{\alpha}^5\mathbf{0}\boldsymbol{\alpha}^4|\alpha^4\alpha^4\alpha^4\alpha^3\alpha^4\alpha^5=z_1|z_2|z_3|z_4.$$

Mit der Kontrollmatrix H_1 bestimmen wir die fehlerhaften Zeilen.

$$H_1 z_1^T=\mathbf{0}.$$

$$H_1 z_2^T=\begin{pmatrix}1 & \alpha^3 & \alpha & \alpha & 1 & 0\\ 1 & \alpha^5 & \alpha^5 & \alpha^4 & 0 & 1\end{pmatrix}\begin{pmatrix}\alpha\\ \alpha^3\\ \alpha^2\\ \alpha\\ 0\\ \mathbf{1}\end{pmatrix}=\begin{pmatrix}0\\ \alpha^5\end{pmatrix}\Rightarrow z_2\notin C_1.$$

$$H_1 z_3^T\neq\mathbf{0}\Rightarrow z_3\notin C_1.$$

$$H_1 z_4^T\neq\mathbf{0}\Rightarrow z_4\notin C_1.$$

Da C_1 als 1-Fehler korrigierend eingesetzt wird, korrigiert er den Fehler an der sechsten Position in z_2. Weil in diesem Fall die Position des Fehlers bekannt ist, handelt es sich um eine Auslöschung. Als einfachsten Decodierungsalgorithmus für das händische Rechnen können wir daher die Multiplikation von z_2^T mit der Kontrollmatrix H_1 heranziehen. Die sechste Position von z_2 soll so bestimmt werden, dass $H_1 z_2^T=\mathbf{0}$ gilt.

$$H_1 z_2^T=\begin{pmatrix}1 & \alpha^3 & \alpha & \alpha & 1 & 0\\ 1 & \alpha^5 & \alpha^5 & \alpha^4 & 0 & 1\end{pmatrix}\begin{pmatrix}\alpha\\ \alpha^3\\ \alpha^2\\ \alpha\\ 0\\ x\end{pmatrix}=\ldots=\begin{pmatrix}0\\ x+\alpha^4\end{pmatrix}=\begin{pmatrix}0\\ 0\end{pmatrix}\Rightarrow x=\alpha^4.$$

Analog kann z_4 an der ersten Position korrigiert werden.

$$H_1 z_4^T=\begin{pmatrix}1 & \alpha^3 & \alpha & \alpha & 1 & 0\\ 1 & \alpha^5 & \alpha^5 & \alpha^4 & 0 & 1\end{pmatrix}\begin{pmatrix}x\\ \alpha^4\\ \alpha^4\\ \alpha^3\\ \alpha^4\\ \alpha^5\end{pmatrix}=\ldots=\begin{pmatrix}x+\alpha^4\\ x+\alpha^4\end{pmatrix}=\begin{pmatrix}0\\ 0\end{pmatrix}\Rightarrow x=\alpha^4.$$

In der Empfangsmatrix U wird nur z_3 markiert. Es entsteht die Matrix U_1 mit

$$U_1 = \begin{pmatrix} \alpha^2 & 1 & \alpha^5 & \alpha^4 & \alpha^6 & \alpha \\ \alpha & \alpha^3 & \alpha^2 & \alpha & 0 & \alpha^4 \\ * & * & * & * & * & * \\ \alpha^4 & \alpha^4 & \alpha^4 & \alpha^3 & \alpha^4 & \alpha^5 \end{pmatrix} = \begin{pmatrix} s_1 & s_2 & s_3 & s_4 & s_5 & s_6 \end{pmatrix}.$$

Im nächsten Schritt werden die Spalten von U_1 wieder mittels Multiplikation mit H_2 decodiert, da die Position des Fehlers in jeder Spalte bekannt ist. Ermöglicht wird dies durch die beim CIRC-Verfahren verwendete Spreizung von C_2 zur Tiefe $\dim(C_1) = 4$.

$$H_2 s_1 = \begin{pmatrix} \alpha & \alpha & 1 & 0 \\ \alpha^5 & \alpha^4 & 0 & 1 \end{pmatrix} \begin{pmatrix} \alpha^2 \\ \alpha \\ x \\ \alpha^4 \end{pmatrix} = \begin{pmatrix} \alpha^5 + x \\ 0 \end{pmatrix} = \begin{pmatrix} 0 \\ 0 \end{pmatrix} \Rightarrow x = \alpha^5.$$

Dies führt man für alle Spalten durch. Für die letzte Spalte s_6 erhalten wir:

$$H_2 s_6 = \begin{pmatrix} \alpha & \alpha & 1 & 0 \\ \alpha^5 & \alpha^4 & 0 & 1 \end{pmatrix} \begin{pmatrix} \alpha \\ \alpha^4 \\ x \\ \alpha^5 \end{pmatrix} = \begin{pmatrix} \alpha^3 + x \\ 0 \end{pmatrix} = \begin{pmatrix} 0 \\ 0 \end{pmatrix} \Rightarrow x = \alpha^3.$$

Es entsteht die Matrix U_2 mit

$$U_2 = \begin{pmatrix} \alpha^2 & 1 & \alpha^5 & \alpha^4 & \alpha^6 & \alpha \\ \alpha & \alpha^3 & \alpha^2 & \alpha & 0 & \alpha^4 \\ \alpha^5 & \alpha^2 & \alpha^4 & \alpha^3 & 1 & \alpha^3 \\ \alpha^4 & \alpha^4 & \alpha^4 & \alpha^3 & \alpha^4 & \alpha^5 \end{pmatrix} = M = \text{Codewortmatrix}.$$

Beispiel 9.7 In diesem Beispiel nehmen wir an, dass das empfangene Wort $\boldsymbol{u}$ vier Einzelfehler an unbekannten Positionen besitzt.

Wir codieren mittels $C_1 \otimes C_2$ eine beliebige Nachricht $\boldsymbol{m}$ der Länge 8:

$$\boldsymbol{m} := 0\alpha \mid 1\alpha^3 \mid 0\alpha^2 \mid 0\alpha \triangleq \begin{pmatrix} 0 & 1 & 0 & 0 \\ \alpha & \alpha^3 & \alpha^2 & \alpha \end{pmatrix} =: M_0.$$

Wir ergänzen die Spalten von M_0 wie oben zu Codewörtern aus C_2:

$$M_1 := \begin{pmatrix} 0 & 1 & 0 & 0 \\ \alpha & \alpha^3 & \alpha^2 & \alpha \\ \alpha^2 & \alpha^2 & \alpha^3 & \alpha^2 \\ \alpha^5 & \alpha^4 & \alpha^6 & \alpha^5 \end{pmatrix}.$$

Wir ergänzen die Zeilen von M_1 wie oben zu Codewörtern aus C_1 und erhalten die Matrix M:

$$M := \begin{pmatrix} 0 & 1 & 0 & 0 & \alpha^3 & \alpha^5 \\ \alpha & \alpha^3 & \alpha^2 & \alpha & 0 & \alpha^4 \\ \alpha^2 & \alpha^2 & \alpha^3 & \alpha^2 & \alpha^4 & \alpha \\ \alpha^5 & \alpha^4 & \alpha^6 & \alpha^5 & \alpha & 1 \end{pmatrix} \triangleq \boldsymbol{c}.$$

Das Codewort $\boldsymbol{c}$ von $\boldsymbol{m}$ lautet

$$\boldsymbol{c} = 0100\alpha^3\alpha^5 \,|\, \alpha\alpha^3\alpha^2\alpha 0\alpha^4 \,|\, \alpha^2\alpha^2\alpha^3\alpha^2\alpha^4\alpha \mid \alpha^5\alpha^4\alpha^6\alpha^5\alpha 1.$$

Empfangen werde das Wort $\boldsymbol{u}$ mit vier Einzelfehlern.

$$\boldsymbol{u} = 01\boldsymbol{\alpha^4}0\alpha^3\alpha^5 \,|\, \alpha\alpha^3\mathbf{1}\boldsymbol{\alpha\alpha^2}\alpha^4 \,|\, \alpha^2\boldsymbol{\alpha^5}\alpha^3\alpha^2\alpha^4\alpha \,|\, \alpha^5\alpha^4\alpha^6\alpha^5\alpha 1 = z_1|z_2|z_3|z_4.$$

Als erstes wird der Code C_1 eingesetzt. Mithilfe der Kontrollmatrix H_1 stellen wir fest: z_1, z_2 und z_3 sind mit Fehlern behaftet. Allerdings kennen wir die Anzahlen und deren Positionen in den jeweiligen Zeilen nicht. Wir verwenden den Decodiervorgang beim CIRC.

(1) Welches Codewort von C_1 besitzt von den Zeilen der Empfangsmatrix U den maximalen Abstand 1? Durch Absuchen der Codewörter von C_1 finden wir:
$\widetilde{c_1}$:=$0100\alpha^3\alpha^5$ mit $d(\widetilde{c_1}, z_1) = 1 \Rightarrow z_1$ wird zu $\widetilde{c_1}$ decodiert.
Hinweis: Der Vektor z_1 besitzt „beinahe" die gleichen Komponenten, wie die zweite Zeile der Generatormatrix G_1 von C_1.

(2) Es sind nun nur mehr die Zeilen z_2 und z_3 mit Fehlern behaftet. Sie werden markiert, und es entsteht die Matrix U_1 mit

$$U_1 = \begin{pmatrix} 0 & 1 & 0 & 0 & \alpha^3 & \alpha^5 \\ * & * & * & * & * & * \\ * & * & * & * & * & * \\ \alpha^5 & \alpha^4 & \alpha^6 & \alpha^5 & \alpha & 1 \end{pmatrix} = (\boldsymbol{s}_1 \quad \boldsymbol{s}_2 \quad \boldsymbol{s}_3 \quad \boldsymbol{s}_4 \quad \boldsymbol{s}_5 \quad \boldsymbol{s}_6).$$

(3) Jetzt wird der Code C_2 eingesetzt. Die Spalten von U_1 müssen Codewörter aus C_2 sein. Wegen $d_{min}(C_2) = 3$ kann der Code zwei Auslöschungen decodieren. Wie oben erfolgt dies durch Multiplikation der Spalten mit der Kontrollmatrix H_2 von C_2.

$$H_2 s_1^T = \begin{pmatrix} \alpha & \alpha & 1 & 0 \\ \alpha^5 & \alpha^4 & 0 & 1 \end{pmatrix} \begin{pmatrix} 0 \\ x \\ y \\ \alpha^5 \end{pmatrix} = \begin{pmatrix} \alpha x + y \\ \alpha^4 x + \alpha^5 \end{pmatrix} = \begin{pmatrix} 0 \\ 0 \end{pmatrix} \Rightarrow x = \alpha; \, y = \alpha^2,$$

$$s_1^T = \begin{pmatrix} 0 & \alpha & \alpha^2 & \alpha^5 \end{pmatrix}.$$

Analog erhalten wir:

$$\begin{aligned} s_2^T &= \begin{pmatrix} 1 & \alpha^3 & \alpha^2 & \alpha^4 \end{pmatrix}, \\ s_3^T &= \begin{pmatrix} 0 & \alpha^2 & \alpha^3 & \alpha^6 \end{pmatrix}, \\ s_4^T &= \begin{pmatrix} 0 & \alpha & \alpha^2 & \alpha^5 \end{pmatrix}, \\ s_5^T &= \begin{pmatrix} \alpha^3 & 0 & \alpha^4 & \alpha \end{pmatrix}, \\ s_6^T &= \begin{pmatrix} \alpha^5 & \alpha^4 & \alpha & 1 \end{pmatrix}. \end{aligned}$$

(4) Einsetzen in U_1 ergibt die Matrix U_2 mit

$$U_2 := \begin{pmatrix} 0 & 1 & 0 & 0 & \alpha^3 & \alpha^5 \\ \alpha & \alpha^3 & \alpha^2 & \alpha & 0 & \alpha^4 \\ \alpha^2 & \alpha^2 & \alpha^3 & \alpha^2 & \alpha^4 & \alpha \\ \alpha^5 & \alpha^4 & \alpha^6 & \alpha^5 & \alpha & 1 \end{pmatrix} = M = \text{Codewortmatrix}.$$

Mit unseren Beispielen zum CIRC-Code weisen wir auf die unterschiedlichen Verwendungen der Codes C_1 und C_2 hin. So haben wir zum Beispiel C_1 als 0– oder 1–fehlerkorrigierend eingesetzt. Da aber $d_{min}(C_1) = 5$ gilt, kann C_1 auch zur Korrektur von zwei Fehlern verwendet werden. So erhält man verschieden leistungsfähige und gleichzeitig verschieden rechenaufwändige Decodierungsverfahren.

Bei unserem Beispiel hatten wir beim Decodieren Zugriff auf die gesamte Empfangswortmatrix. Bei technischen Anwendungen ist dies zu zeitaufwändig, und man verwendet daher ein *verzögertes Interleaving*. Beim Decodieren muss man dann nicht abwarten, bis alle Spalten der Empfangswortmatrix vorliegen. Damit können Bündelfehler bis zu einer Länge von 4096 Bits rekonstruiert werden. Dies entspricht einer Spurlänge von ca. 3 mm. Durch das Mittel der Interpolation lassen sich bei der Audio-CD Daten ersetzen, die vollständig verloren gegangen sind. Damit verlängert sich die rekonstruierbare Spurlänge auf ca. 7,5 mm.

Bei der Datencodierung einer DVD wird ähnlich vorgegangen (vgl. Manz, 2017, S. 110 f.). Dabei wird der Interleaver unverzögert eingesetzt. Da bei der Entwicklung der

DVD (ca. 1997) fortschrittlichere Technologien zur Verfügung standen, wurden im Vergleich zur CD leistungsfähigere RS-Codes verwendet, nämlich der $RS_{256}(11)$ bzw. der $RS_{256}(17)$ anstelle des des $RS_{256}(5)$. Durch wiederholtes Kürzen entsteht aus dem $RS_{256}(11)$-Code der Code C_2 mit den Parametern $(182,172,11)$. Aus dem $RS_{256}(17)$-Code wird der Code C_1 mit den Parametern $(208,192,17)$ konstruiert (vgl. Aufgabe 7.2). Zu den Verkürzungen siehe Abschn. 4.2.

Anhänge 10

10.1 A1 Mengen und Abbildungen

Mengen und Abbildungen sind zentrale Begriffe in der Mathematik. Für die Ziele dieses Buches genügen intuitive „Definitionen".

Definition A1.1
Eine Menge M ist eine Zusammenfassung von bestimmten und wohlunterschiedenen Objekten – welche Elemente der Menge genannt werden – zu einem Ganzen.

Wir wollen Mengen mit Großbuchstaben und Elemente dieser Mengen mit Kleinbuchstaben bezeichnen. Die Zusammenfassung wird durch geschwungene Klammern dargestellt.

Beispiel A1.1 $M := \{a, b, c, d\}$

Schreibweisen:
Ein Element m gehört zur Menge M, m liegt in M: $m \in M$.
Ein Element m gehört nicht zur Menge M, m liegt nicht in M: $m \notin M$.
Das Zeichen „:=" bedeutet, dass die linke Seite durch die rechte Seite definiert wird.

Beispiel A1.2 Ist $M := \{a, b, c, d\}$, dann ist $c \in M$ und $x \notin M$.

Nützlich für das Formulieren von Behauptungen ist der Begriff der leeren Menge, die wir mit { } bezeichnen. Sie ist jene „Menge", die kein Element enthält.

Eine Menge kann auf zwei Arten festgelegt werden.

H. Kautschitsch, G. Kadunz, *Elemente der Codierungstheorie*, Mathematik Primarstufe und Sekundarstufe I + II, https://doi.org/10.1007/978-3-662-67520-5_10

1. Aufzählendes Verfahren: $M := \{1,4,2,5\}$.
   Die Reihenfolge der Elemente ist nicht von Bedeutung.
   $M := \{1,4,2,5\} = \{1,2,4,5\}$.
   $\{a,b\} = \{b,a\}$.
2. Beschreibendes Verfahren: Angabe einer charakterisierenden Eigenschaft E, welche die Elemente der Menge und nur diese besitzen.
   $M := \{m | m$ erfüllt die Eigenschaft $E\}$,
   gelesen: „M ist die Menge aller m, für die gilt: m erfüllt die Eigenschaft E“

$$M := \{m | m \text{ ist eine gerade natürliche Zahl}\} = \{2, 4, 6, \ldots\}.$$

Häufig auftretende Zahlenmengen erhalten bestimmte Bezeichnungen und Namen.

Definition A1.2
$\mathbb{N} := \{1,2,3,\ldots\}$ heißt die Menge der *natürlichen Zahlen.*

$\mathbb{N}_n := \{1,2,3,\ldots,n\} = \{x \in \mathbb{N} | 1 \leq x \leq n, \text{ mit } n \in \mathbb{N}\}$ heißt *Anfangsabschnitt der Länge n* der natürlichen Zahlen.

$\mathbb{P} := \{2,3,5,7,11,\ldots\}$ heißt Menge der *Primzahlen*:

$$\mathbb{P} = \{x \in \mathbb{N} | (x > 1) \text{ und } (x \neq x_1 \cdot x_2 \text{ mit } 1 < x_1, x_2 < x)\}.$$

$\mathbb{G} := \{2,4,6,\ldots\} = \{x | x = 2 \cdot n \text{ mit } n \in \mathbb{N}\}$ heißt Menge der *geraden natürlichen Zahlen.*

$\mathbb{U} := \{1,3,5,\ldots\} = \{x | x = 2 \cdot n + 1 \text{ mit } n \in \mathbb{N}\}$ heißt Menge der *ungeraden natürlichen Zahlen.*

$\mathbb{Z} := \{0,1,-1,2,-2,3,-3,\ldots\} = \{0, \pm n | n \in \mathbb{N}\}$ heißt Menge der *ganzen Zahlen.*

$\mathbb{Q} := \left\{x | x = \frac{a}{b} \text{ mit a, b} \in \mathbb{Z} \text{ und b} \neq 0\right\}$ heißt Menge der *rationalen Zahlen.*

Anmerkung: Für die Menge der natürlichen Zahlen setzen wir ihre Ordnung „$\leq$“ voraus. Insbesondere werden wir die Eigenschaft der „Wohlordnung“ verwenden: Jede nicht-leere Teilmenge der natürlichen Zahlen besitzt ein kleinstes Element bezüglich „$\leq$“.

Für $\mathbb{P} \subset \mathbb{N}$ ist 2 kleinstes Element. Hingegen sind die Mengen $\mathbb{Z}$ oder $\mathbb{Q}$ nicht „wohlgeordnet“: Die Menge der positiven rationalen Zahlen enthält kein kleinstes Element. Wäre $r > 0$ ein kleinstes Element, dann ist auch $r/2 > 0$ und gleichzeitig ist $r/2 < r$ im Widerspruch zur Annahme.

Im Folgenden bezeichnen M und N zwei Mengen.

Definition A1.3
Zwei Mengen M und N sind genau dann gleich, wenn jedes Element von M auch Element von N ist und umgekehrt. Symbolisch: $M = N$.

Definition A1.4
Die Menge N heißt *Teilmenge* von M genau dann, wenn jedes Element von N auch Element von M ist. Symbolisch: $N \subseteq M$. Die Gleichheit der Mengen ist möglich. Ist N von M verschieden ($N \neq M$), und ist N eine Teilmenge von M, so schreibt man $N \subset M$ und nennt N eine *echte* Teilmenge von M.

Entsprechend heißt M eine echte *Obermenge* von N ($M \supset N$).

Beispiel A1.3 $\{a,b\} \subset \{a,c,b\}$, $\{a,c,b\} \supset \{a,b\}$.

$\mathbb{N} \subset \mathbb{Z} \subset \mathbb{Q}$.
Folgerung: $M = N$ genau dann, wenn $N \subseteq M$ und $M \subseteq N$.

Definition A1.5
Sei $N \subseteq M$. Die *Differenzmenge* $M \setminus N$ ist die Menge jener Elemente aus M, die nicht Element von N sind. Symbolisch: $M \setminus N := \{m \in M | m \notin N\}$.

Beispiel A1.4 $M := \{1,2,3,4,5\}$, $N := \{3,4,5,6,7\}$, dann ist $M \setminus N = \{1,2\}$. Die Menge N muss bei der Differenzbildung keine Teilmenge von M sein.

Es gilt: $M \setminus M = \{\ \}$.

Definition A1.6
Der *Durchschnitt* der Mengen M und N ist die Menge aller Elemente, die in M und in N liegen. Symbolisch: $M \cap N = \{x | x \in M \text{ und } x \in N\}$.

Beispiel A1.5 $M := \{1,2,3,4,5\}$, $N := \{3,4,5,6,7\}$, dann ist $M \cap N = \{3,4,5\}$. $\mathbb{P} \cap \mathbb{N} = \mathbb{P}$.

Es gelten: $M \cap N \subseteq M$. Dabei gilt $M \cap N = M$ genau dann, wenn $M \subset N$.
$M \cap N \subseteq N$, $M \cap M = M$.
Bei der Durchschnittsbildung kann das Ergebnis auch die leere Menge sein:

$$\{1,2,3\} \cap \{4,5\} = \{\ \}.$$

Definition A1.7
Zwei Mengen heißen *elementfremd* (*disjunkt*) genau dann, wenn ihr Durchschnitt die leere Menge ist.

Definition A1.8
Die *Vereinigung* der Mengen M und N ist die Menge aller Elemente, die in mindestens einer der Mengen M oder N liegen.

Symbolisch: $M \cup N = \{x | x$ liegt in M, oder x liegt in N, oder x liegt in beiden Mengen$\}$.

Man beachte, dass das Wort „oder" nicht im Sinne eines ausschließenden „Entweder-oder" sondern im Sinne eines „sowohl als auch" verwendet wird.

Beispiel A1.6 $M := \{1,2,3,4,5\}$, $N := \{3,4,5,6,7\}$, dann ist $M \cup N = \{1,2,3,4,5,6,7\}$.

$\mathbb{P} \cup \mathbb{N} = \mathbb{N}$.
Es gelten: $M \subseteq M \cup N$. Dabei gilt $M = M \cup N$ genau dann, wenn $N \subset M$.
$N \subseteq M \cup N$ und $M \cup M = M$.
Die Durchschnitts- und die Vereinigungsbildung kann auf mehrere Mengen verallgemeinert werden. In unserem Buch beschränken wir uns auf endlich viele Mengen.

Seien M_1, M_2 und M_3 drei Mengen. Dann kann $M_1 \cap M_2 \cap M_3$ folgendermaßen berechnet werden:

Bilde zuerst $M_1 \cap M_2$ und dann den Durschnitt dieser Menge mit M_3.
Also: $M_1 \cap M_2 \cap M_3 = (M_1 \cap M_2) \cap M_3$.
Oder auch so: Bilde zuerst $M_2 \cap M_3$ und schneide dann diese Menge mit M_1.
Also: $M_1 \cap M_2 \cap M_3 = (M_2 \cap M_3) \cap M_1 = M_1 \cap (M_2 \cap M_3)$.
Es entsteht aufgrund logischer Regeln das gleiche Ergebnis.
Allgemein gilt: $M_1 \cap M_2 \cap M_3 = (M_1 \cap M_2) \cap M_3 = M_1 \cap (M_2 \cap M_3)$.
Analoges gilt für die Vereinigung.

Disjunkte Vereinigung
Seien M, N_1 und N_2 drei Mengen, gegeben durch

$M := \{1,2,3,4,5\}$, $N_1 := \{1,2\}$, $N_2 := \{3,4,5\}$. Es gilt $M = N_1 \cup N_2$ und $N_1 \cap N_2 = \{\ \}$.
Man sagt, dass M eine *disjunkte Vereinigung* von N_1 und N_2 ist.
Sind dagegen $M := \{1,2,3,4,5\}$, $N_1 := \{1,2,3\}$, $N_2 := \{3,4,5\}$, dann gilt $M = N_1 \cup N_2$ und $N_1 \cap N_2 = \{3\} \neq \{\ \}$.
Man sagt, dass M keine *disjunkte Vereinigung* von N_1 und N_2 ist.

Definition A1.9
Man nennt M *disjunkte Vereinigung* der Teilmengen $M_i \neq \{\ \}$ oder Zerlegung der Menge M in die Teilmengen $M_i \neq \{\ \}$ mit $i := 1, \ldots, n$ genau dann, wenn $M = M_1 \cup M_2 \cup \ldots \cup M_n$ und die Mengen M_i paarweise disjunkt sind, d. h., $M_i \cap M_j = \{\ \}$ für $i, j \in \{1, \ldots, n\}$ und $i \neq j$.

Für $M_1 \cup M_2 \cup \ldots \cup M_n$ schreibt man auch $\bigcup_{i=1}^{n} M_i$.

Beispiel A1.7 $M := \{ 1,2,3,4,5\} = \{1,2\} \cup \{ 3,4\} \cup \{5\}$; die Menge M ist eine disjunkte Vereinigung der Teilmengen $\{1,2\}$, $\{ 3,4\}$, $\{5\}$.

Dagegen ist $M := \{ 1,2,3,4,5\} = \{1,2,3\} \cup \{ 3,4\} \cup \{5\}$ und $\{1,2,3\} \cap \{ 3,4\} \cap \{5\} = \{ \}$, aber wegen $\{1,2,3\} \cap \{ 3,4\} = \{3\}$ sind $\{1,2,3\}$ und $\{ 3,4\}$ nicht disjunkt. Daher ist M keine disjunkte Vereinigung dieser drei Mengen.

Beispiel A1.8 $\mathbb{Z} = \{0\} \cup \{1,2,3,\ldots\} \cup \{-1,-2,-3,\ldots\} = \{0\} \cup \mathbb{Z}^+ \cup \mathbb{Z}^-$, wobei

(1) $\mathbb{Z}^+ := \{1,2,3,\ldots\} = \mathbb{N}$ die Menge der positiven ganzen Zahlen und
(2) $\mathbb{Z}^- := \{-1,-2,-3,\ldots\}$ die Menge der negativen ganzen Zahlen bezeichnet.

Die Menge der ganzen Zahlen ist die disjunkte Vereinigung der positiven ganzen Zahlen mit der Menge der negativen ganzen Zahlen und der Menge mit dem Element Null.

Solche disjunkte Vereinigungen können z. B. durch Äquivalenzrelationen erzeugt werden. Bei diesen sieht man von bestimmten Eigenschaften der Elemente einer Menge ab.

Beispiel A1.9 Auf Fahrplänen von Verkehrsmitteln sind Abfahrtszeiten folgendermaßen dargestellt: Abfahrt 12 Minuten nach jeder vollen Stunde: 0 : 12,1 : 12, …, 23 : 12. Es steht nicht:

12 min nach Mitternacht, 72 Minuten nach Mitternacht,…, 672 nach Mitternacht, … 1392 Minuten nach Mitternacht. All diesen Zahlen ist gemeinsam, dass sie bei Division durch 60 denselben Rest 12 besitzen, z. B. $1392 : 60 = 23$ mit Rest $12 \Leftrightarrow 1392 = 60 \cdot 23 + 12$. Bei den Zahlen 12,72, …, 672, …, 1392 ist in Bezug auf die Abfahrt nur von Bedeutung, dass sie bei Division durch 60 den Rest 12 besitzen. Von anderen Eigenschaften sieht man ab. Man sagt, dass diese Zahlen *äquivalent* (symbolisch $\sim$) sind. Damit gilt $12 \sim 72 \sim \ldots \sim 672 \sim \ldots \sim 1392$.

Wir beobachten: $12 \sim 72, 72 \sim 672 \Rightarrow 12 \sim 672$. „Das Äquivalentsein vererbt sich".

Dieses Absehen von Eigenschaften, also der Übergang von der Gleichheitsbeziehung zu einer Äquivalenzbeziehung, tritt sehr oft bei der Untersuchung und Anwendung großer Zahlen auf. Dies beobachtet man bei der Kalenderrechnung oder aktuell bei Fragen der ISBN bzw. IBAN (vgl. Prüfzifferverfahren in Kap. 2). Bezüglich der Gültigkeit einer ISBN ist nur der Rest bei Division durch 11 von Bedeutung.

Insgesamt verhält sich die Beziehung $\sim$ wie das Gleichheitszeichen $=$ (Tab. 10.1).

Tab. 10.1 Äquivalenzrelation

$a = a$	Beziehung ist reflexiv	$a \sim a$
Ist $a = b$, dann ist $b = a$	Beziehung ist symmetrisch	Ist $a \sim b$, dann ist $b \sim a$
Ist $a = b$ und $b = c$, dann ist $a = c$	Beziehung ist transitiv	Ist $a \sim b$ und $b \sim c$, dann ist $a \sim c$

Definition A1.10
Seien a, b und c Elemente einer Menge M. Eine „Beziehung ~" auf M nennt man genau dann *Äquivalenzrelation*, wenn folgende Regeln gelten:

(1) $a \sim a$ für alle $a \in M$ (~ ist *reflexiv*).
(2) falls $a \sim b$ dann ist auch $b \sim a$ für $a, b \in M$ (~ ist *symmetrisch*).
(3) falls $a \sim b$ und $b \sim c$ dann ist auch $a \sim c$ für $a, b, c \in M$ (~ ist *transitiv*).

Daraus sieht man, dass die Äquivalenzrelation eine verallgemeinerte Gleichheit ist. Sie entsteht durch geeignete Vernachlässigung von Eigenschaften. Diese Vernachlässigung muss so bestimmt sein, dass alle drei Eigenschaften einer Äquivalenzrelation erfüllt werden. In diesem Buch sind es drei Anwendungssituationen, welche wesentlich durch die Verwendung dieses Begriffes bestimmt sind, nämlich das Rechnen mit Restklassen bzw. Resten, die Syndromdecodierung und die Konstruktion endlicher Körper.

Äquivalenzrelationen auf einer Menge M erzeugen eine disjunkte Vereinigung von bestimmten Teilmengen von M: Wir fassen äquivalente Elemente von M in einer Teilmenge zusammen.

Definition A.1.11
Sei $a \in M$, und sei ~ eine Äquivalenzrelation auf M. Unter der *Äquivalenzklasse* $\overline{a}$ versteht man die Menge aller Elemente aus M, welche zu a äquivalent sind.

Symbolisch $\overline{a} = \{x \in M | x \sim a\} \subseteq M$. Man nennt dieses Element a einen Repräsentanten der Äquivalenzklasse.

Für Äquivalenzklassen auf einer Menge M gelten folgende Eigenschaften:

(1) Je zwei Äquivalenzklassen sind entweder identisch oder disjunkt.
(2) Die Vereinigung aller Äquivalenzklassen ergibt die Menge M.

Es gilt nämlich folgender Satz:

Satz A1.1
Sei ~ eine Äquivalenzrelation auf der Menge M. Die mit ~ gebildeten Äquivalenzklassen $\overline{a}$ bilden eine disjunkte Vereinigung der Menge M oder eine Zerlegung von M.

Beweis:

(1) $\overline{a} \neq \{\ \}$, denn wegen $a \sim a$ ist $a \in \overline{a}$.
(2) Ist $\overline{a} \neq \overline{b}$, dann folgt: $\overline{a} \cap \overline{b} = \{\}$.

Gibt es ein $x \in M$ mit $x \in \overline{a} \cap \overline{b}$, dann ist $x \sim a$ und $x \sim b$. Wegen der Symmetrie von $\sim$ gilt $a \sim x$ und mit der Transitivität folgt $a \sim b$.

Für jedes $y \in \overline{a}$ gilt $y \sim a$, zusammen mit $a \sim b$ folgt $y \sim b$, also $y \in \overline{b}$ und damit $\overline{a} \subset \overline{b}$.

Nun zeigen wir noch $\overline{b} \subset \overline{a}$: Sei dazu $z \in \overline{b}$, also $z \sim b$. Mit $a \sim b$ ist auch $b \sim a$ und damit $z \sim a$ oder $z \in \overline{a}$. Insgesamt $\overline{a} = \overline{b}$.

(3) $M = \bigcup_{a \in M} \overline{a}$,

denn $\overline{a} \subset M$ und daher $\bigcup \overline{a} \subseteq M$.

Sei $a \in M$ beliebig. Wegen $a \sim a$ ist $a \in \overline{a}$ und $a \in \bigcup \overline{a}$, also $M \subseteq \bigcup \overline{a}$.

■

In zahlreichen Fragestellungen ist die Reihenfolge von Zeichen von Bedeutung. So ist zum Beispiel bei der Angabe der Koordinaten eines Punktes im kartesischen Koordinatensystem die Reihenfolge von Bedeutung: $P(3/4) \neq Q(4/3)$.

In der Codierungstheorie sind die Buchstabenfolgen „mit" und „tim" verschieden.

Definition A1.12

Man nennt (x, y) mit x, y aus einer Menge M ein *geordnetes Paar* genau dann, wenn $(x, y) \neq (y, x)$ mit $x \neq y$.

Die runden Klammern werden verwendet, falls es auf die Reihenfolge der Symbole ankommt. Die Verwendung der geschwungenen Klammern soll andeuten, dass es auf die Reihenfolge nicht ankommt, dass also Mengen vorliegen. Es ist $\{x, y\} = \{y, x\}$.

Zwei geordnete Paare (x_1, x_2) und (y_1, y_2) sind genau dann gleich, wenn $x_1 = y_1$ und $x_2 = y_2$ gilt.

Definition A1.13

Seien M und N zwei nicht-leere Mengen. Das *direkte (kartesische) Produkt* $M \times N$ der Mengen M und N ist die Menge aller geordneten Paare (m, n) mit $m \in M$ und $n \in N$.

Symbolisch: $M \times N = \{(m, n) | m \in M \text{ und } n \in N\}$.

Allgemein definiert man für $r \in \mathbb{N}$ das *direkte (kartesische) Produkt* der Mengen $M_1, \ldots, M_r$ durch

$$M_1 \times M_2 \times \ldots \times M_r := \{(m_1, m_2, \ldots, m_r) | m_i \in M_i \text{ mit } i := 1, \ldots, r\}.$$

Die Elemente dieser Menge heißen *r-Tupel*, und man definiert:

Zwei r-Tupel $(x_1, x_2, \ldots, x_r)$ und $(y_1, y_2, \ldots, y_r)$ sind genau dann gleich, falls $x_i = y_i$ für $i := 1, \ldots, r$.

Sonderfall: Sind $M_1 = M_2 = \ldots = M_r = M$, dann schreibt man für

$$M \times M \times \ldots \times M := \{(m_1, m_2, \ldots, m_r) | m_i \in M \text{ mit } i := 1, \ldots, r\} =: M^r.$$

Beispiel A1.10 Sei $M := \{2{,}3\}$, dann ist $M^2 = M \times M = \{2{,}3\} \times \{2{,}3\} = \{(2{,}2), (2{,}3), (3{,}2), (3{,}3)\}$.

Beispiel A1.11 In der Codierungstheorie werden Worte mit Zeichen aus einem Zeichenvorrat, genannt „Alphabet" A, geschrieben. Sei $A := \{a, b, c, \ldots, z\}$, dann ist $A^3 = \{(a_1, a_2, a_3) | a_i \in A \text{ mit } i := 1{,}2{,}3\}$. Es sind z. B. $(m, i, t) \in A^3$ und $(t, i, m) \in A^3$. Lässt man die Kommata weg, so entspricht (m, i, t) dem Wort „mit" und (t, i, m) entspricht „tim". Das sind Wörter mit drei Zeichen aus A. Wörter der Länge drei können als Elemente von A^3 aufgefasst werden. Damit ist (m, i, t) verschieden von (t, i, m), also sind die Wörter „mit" und „tim" verschieden. Man sieht, dass die natürliche Sprache durch das direkte Produkt von bestimmten Alphabeten modelliert werden kann.

Analog ist z. B. „dass" ein Element von A^4 und entspricht so dem 4-Tupel (d, a, s, s) und nicht der Menge $\{d, a, s\}$.

Eine „Beziehung ~" auf M kann als Teilmenge von $M \times M$ aufgefasst werden.

So kann man die Beziehung < auf $M = \{1{,}2, 3\}$, also $1 < 2, 1 < 3, 2 < 3$ als Teilmenge von $M \times M$ auffassen: (Beziehung <) $= \{(1{,}2), (1{,}3), (2{,}3)\} \subset M \times M$.

Abbildungen

Im Rahmen der Codierung wird einem Wort $\boldsymbol{m} \in A^k$ genau ein „Codewort" $\boldsymbol{c} \in A^n$ zugeordnet. Um diesem Sachverhalt modellieren zu können, benötigt man das Konzept einer Abbildung (Funktion) zwischen Mengen, welches wir wieder „intuitiv" definieren.

Definition A1.14

Seien M und N zwei nicht-leere Mengen. Eine *Abbildung* f von M in N ist eine „Vorschrift", die jedem $m \in M$ genau ein $n \in N$ zuordnet.

Symbolisch: $f: M \longrightarrow N$ mit $m \longmapsto n$.

Für $m \in M$ heißt das eindeutig bestimmte $n \in N$ das Bild von m unter $f: n = f(m)$.

Die Menge M nennt man *Definitionsmenge* von f.

Das Bild $f(M)$ von M unter der Abbildung f ist die Menge aller Bilder.

Symbolisch: $f(M) = \{n \in N | n = f(m) \text{ mit } m \in M\} \subseteq N$.

Anmerkung: Die Abbildung $f: M \longrightarrow M$ nennt man eine Abbildung von M in M.

Ordnet f jedem Element $m \in M$ genau dieses m zu, so nennt man f die identische Abbildung von M auf sich selbst. Sie wird mit *id* bezeichnet.

Beispiel A1.11 Seien $M := \{1{,}2, 3{,}4\}$ und $N := \{a, b, c\}$.

Die Vorschrift g, gegeben durch $g(1) = b$, $g(2) = a$, $g(3) = c$, ist keine Abbildung von M in N, da dem Element 4 aus M nichts zugeordnet wird.

Die Vorschrift h, gegeben durch $h(1) = b$, $h(1) = c$, $h(2) = a$, $h(3) = c$, $h(4) = a$, ist keine Abbildung von M in N, da dem Element 1 aus M zwei Elemente aus N zugeordnet werden.

Die Vorschrift f, gegeben durch $f(1) = a, f(2) = b, f(3) = b, f(4) = a$, ist eine Abbildung von M in N.

Im obigen Beispiel A1.11 gilt: $f(M) = \{a, b\} \subset N$.

Definition A1.15
Die Abbildung $f : M \to N$ heißt *surjektiv* genau dann, wenn $f(M) = N$ ist. Jedes Element von N tritt als Bild unter f auf. Man spricht auch, dass f eine Abbildung von M *auf* N ist.

Die Abbildung $f : M \to N$ heißt *injektiv* genau dann, wenn verschiedene Elemente von M verschiedene Bilder in N besitzen.

Symbolisch: f ist injektiv genau dann, wenn aus $m_i \neq m_j$ stets $f(m_i) \neq f(m_j)$ folgt.

Im obigen Beispiel A1.11 ist f nicht surjektiv, weil $c \in N$ nicht als Bild unter f auftritt.

Anmerkung: Injektivität kann auch folgendermaßen definiert werden: Aus der Gleichheit der Bilder folgt die Gleichheit der Urbilder.

Symbolisch: f ist injektiv genau dann, wenn aus $f(m_i) = f(m_j)$ folgt, dass $m_i = m_j$ gilt.

Im obigen Beispiel A1.11 ist f nicht injektiv, weil $f(1) = f(4) = a$ ist.

Definition A1.16
Die Abbildung $f : M \to N$ heißt *bijektiv* genau dann, wenn sie injektiv und surjektiv ist.

Zwei Mengen M und N nennt man *gleichmächtig* genau dann, wenn es eine bijektive Abbildung von M auf N gibt.

Beispiel A1.12 Die identische Abbildung $id : M \to M$ ist eine bijektive Abbildung.

Beispiel A1.13 Sei $M := \{1, 2, 3, 4, 5\}$, und sei $N := \{a, b, c, d, e\}$. Die Abbildung $f : M \to N$ mit $f(1) = b, f(2) = e, f(3) = a, f(4) = d, f(5) = c$ ist eine bijektive Abbildung. Die Menge N ist eine endliche Menge, ihre Elementanzahl, symbolisch $|N| = 5$. Die Menge N ist gleichmächtig zur Menge M.

Definition A1.17
Eine Menge M heißt genau dann *endlich*, wenn M leer ist, oder wenn es eine bijektive Abbildung eines Anfangsabschnittes der natürlichen Zahlen mit der Länge n auf M gibt.

Anmerkung: Eine endliche Menge $M \neq \{\ \}$ ist gleichmächtig zu einem Anfangsabschnitt der natürlichen Zahlen.

Diese Länge n ist eindeutig bestimmt. Sonst gäbe es auch eine bijektive Abbildung auf einen Anfangsabschnitt der natürlichen Zahlen mit der Länge $m \neq n$ (siehe dazu Schafmeister, 1978, S. 16 f.). Wegen dieser Eindeutigkeit geben wir folgende Definition:

Definition A1.18
Sei M eine nicht-leere, endliche Menge. Die nach Definition A1.17 eindeutig bestimmte Zahl n nennt man *Elementanzahl* (*Mächtigkeit*) von M.
Symbolisch: $|M| = n \Leftrightarrow$ es gibt eine bijektive Abbildung von $\{1, \ldots, n\}$ auf M.
Die Mächtigkeit der leeren Menge definieren wir mit $|\{\ \}| := 0$.

Anmerkungen:
(1) Eine Menge M, die nicht endlich ist, nennt man auch eine *unendliche Menge*. In diesem Fall existiert keine bijektive Abbildung auf einen Anfangsabschnitt der natürlichen Zahlen. Als Beispiele erwähnen wir $\mathbb{N}$, $\mathbb{Z}$ und $\mathbb{Q}$.
(2) Bei unendlichen Mengen findet man bijektive Abbildungen auf echte Teilmengen:
Die Abbildung $f : \mathbb{N} \rightarrow \mathbb{G}$ mit $f(n) := 2 \cdot n$ ist eine bijektive Abbildung und $\mathbb{G} \subset \mathbb{N}$.
Es gibt auch bijektive Abbildungen von $\mathbb{Z}$ bzw. $\mathbb{Q}$ auf $\mathbb{N}$. Diese Mengen sind also gleichmächtig.
(3) Bei Abbildungen von endlichen Mengen in sich selbst folgt aus der Injektivität der Abbildung auch ihre Surjektivität und umgekehrt.

Satz A1.2
(1) Seien $M_1, \ldots, M_r$ beliebige nicht-leere Mengen. Dann gilt:

$$|M_1 \times M_2 \times \ldots \times M_r| = |M_1| \cdot \ldots \cdot |M_r|.$$

(2) Sind $M_1, \ldots, M_r$ disjunkte Mengen, dann gilt für die disjunkte Vereinigungsmenge:

$$\left| \bigcup_{i=1}^{r} M_i \right| = |M_1| + |M_2| + \ldots + |M_r|.$$

Anmerkung: Die Eigenschaft (1) erklärt die Namensgebung *Produktmenge*. Insbesondere gilt für $M = M_1 = \ldots = M_r$: $|M \times M \times \ldots \times M| = |M^r| = |M|^r$.

Inverse Zuordnung

Definition A1.19
Sei f eine Abbildung von M in N mit $f(m) = n$ und $m \in M$, $n \in N$. Unter der *inversen Zuordnung* f^{-1} von N in M versteht man die „Vorschrift", welche einem $n \in N$ jenes $m \in M$ zuordnet, dessen Bild gerade n ist.
Symbolisch: $f^{-1} : N \rightarrow M$ mit $f^{-1}(n) = m$ wobei $f(m) = n$.

Diese inverse Zuordnung ist nicht immer eine Abbildung. Im Beispiel A1.11 ist f^{-1} keine Abbildung, weil nicht jedem Element aus N ein Element aus M zugeordnet werden kann, da f nicht surjektiv ist. Dem Element $a \in N$ können durch f^{-1} zwei Elemente, nämlich 1 und 4 zugeordnet werden, weil f nicht injektiv ist.

Es gilt: Die inverse Zuordnung $f^{-1} : N \to M$ ist genau dann eine Abbildung, falls $f : M \to N$ bijektiv ist.

10.2 A2 Sätze und Definition aus der elementaren Zahlentheorie

In der Menge $\mathbb{Z}$ kann man unbeschränkt addieren, subtrahieren und multiplizieren, d. h., dass das Ergebnis dieser Operationen wieder in $\mathbb{Z}$ liegt.

$5 + (-7) = -2 \in \mathbb{Z}$; $3 \cdot (-5) = -15 \in \mathbb{Z}$; $(-2) - (-7) = 5 \in \mathbb{Z}$. Für eine genaue Definition dieser Operationen verweisen wir beispielhaft auf Schafmeister & Wiebe, 1978, S. 55 ff.

Die Division ganzer Zahlen führt nicht immer zu einer ganzen Zahl.

$10 : 5 = 2 \in \mathbb{Z}$ weil $5 \cdot 2 = 10$; $10 : (-5) = -2 \in \mathbb{Z}$ weil $(-5) \cdot (-2) = 10$.

Dagegen $5 : 2 = x \notin \mathbb{Z}$, weil es kein x in $\mathbb{Z}$ mit $2 \cdot x = 5$ gibt (x wäre $\frac{5}{2} \in \mathbb{Q}$).

Weil die Division 5 : 2 nicht „aufgeht", schreibt man wegen $5 = 2 \cdot 2 + 1$ auch

$5 : 2 = 2$ mit Rest 1. Dann ist es auch möglich, $5 : 2 = 1$ mit Rest 3 zu rechnen, weil $5 = 2 \cdot 1 + 3$. In diesem Fall ist der Rest 3 aber größer als der Divisor 2. In der Regel wird man die „Division" mit kleinstem Rest suchen.

Dabei verwenden wir die „intuitive" Vorstellung, dass die ganzen Zahlen geordnet werden können, also wir von $z_1 \leq z_2$ mit $z_1, z_2 \in \mathbb{Z}$ sprechen zu können (vgl. auch Schafmeister & Wiebe, 1978, S. 11 oder S. 56):

$$z_1 \leq z_2 \Leftrightarrow \exists n \in \mathbb{N}_0 : z_2 = z_1 + \text{n}.$$

Was ergibt $(-5) : 2$?

Im Schulunterricht würde man $(-5) : 2 = -2$ mit Rest (-1) rechnen, weil $(-5) = 2 \cdot (-2) + (-1)$. Dann ist der Rest negativ. Man könnte aber auch $(-5) : 2 = (-3)$ mit Rest 1 rechnen, weil $(-5) = 2 \cdot (-3) + 1$. In beiden Fällen ist der Rest kleiner als der Divisor 2.

Ebenfalls gilt $(-5) : 2 = -4$ mit Rest 3, weil $(-5) = 2 \cdot (-4) + 3$. Nun ist der Rest 3 nicht kleiner als der Divisor 2.

Um die Vieldeutigkeit der Reste zu vermeiden, einigt man sich, bei der Division so vorzugehen, dass der entstehende Rest die kleinste ganze Zahl größer oder gleich Null ist. Man spricht von der „Division mit kleinstem Rest größer gleich Null" oder der „Division mit kleinstem nicht-negativem Rest".

Was ergibt nach dieser Methode $(-5) : (-2)$?

Weil $(-5) = (-2) \cdot (3) + 1$ ist, rechnet man $(-5) : (-2) = 3$ mit Rest 1. In diesem Fall ist der Rest nicht kleiner als der Divisor (-2). Das gibt Anlass, den Betrag einer ganzen Zahl zu definieren:

Definition A2.1
Sei $z \in \mathbb{Z}$. Unter dem *Betrag von z*, symbolisch $|z|$, versteht man

$$|z| := \begin{cases} z, \text{ falls } & z \geq 0, \\ -z, \text{ falls } & z < 0. \end{cases}$$

Beispiel A2.1 $|-1| = -(-1) = 1$; $|1| = 1$.

Mit dem Betrag einer ganzen Zahl gilt: $(-5) : (-2) = 3$ mit Rest 1 *und* $1 \leq |-2|$.
Daraus ergibt sich folgender *Divisionsalgorithmus*:
Dividiere so, dass sich als Rest eine kleinste nicht-negative Zahl so ergibt, dass „Rest ≤ Betrag des Divisors“ gilt.
Als eine Eigenschaft des Betrages erhalten wir für $a, b \in \mathbb{Z}$ die „Dreiecksungleichung“: $|a + b| \leq |a| + |b|$.

Satz A2.1
(Satz von der Division mit kleinstem nicht-negativem Rest): Zu je zwei ganzen Zahlen a und b mit $b \neq 0$ existieren eindeutig bestimmte ganze Zahlen q und r mit

$$a = q \cdot b + r \text{ mit } 0 \leq r < |b|.$$

Man nennt q den Quotienten von a durch b und r den Rest und schreibt auch

$$a \bmod b := r \Leftrightarrow a = q \cdot b + r, 0 \leq r < |b|.$$

Für einen Beweis siehe etwa Padberg & Büchter, 2018, S. 28. In unseren Ausführungen meinen wir mit dem Ausdruck „Division mit Rest“ stets die hier formulierte „Division mit kleinstem
nicht-negativem Rest“.

Beispiel A2.2 $(-12) : 7 = (-2)$ mit Rest 2, also (-12) *mod* $7 = 2$. Es ist $2 < |7| = 7$.

$(-12) : (-7) = 2$ mit Rest 2, also (-12) *mod* $(-7) = 2$. Es ist $2 \not< -7$, aber $2 < |-7| = 7$.
$12 : 6 = 2$ mit Rest 0, also 12 *mod* $6 = 0$.

Definition A2.2
Seien $a, b \in \mathbb{Z}$. Die Zahl b ist ein *Teiler* von a bzw. a ist ein *Vielfaches* von b genau dann, wenn es ein $k \in \mathbb{Z}$ gibt mit $a = k \cdot b$.
Symbolisch: $b \mid a \Leftrightarrow a = k \cdot b$.

Es gilt: $b \mid a \Leftrightarrow a \bmod b = 0$.
Jede ganze Zahl z besitzt als Teiler $\{1, (-1), z, (-z)\}$, weil $z = 1 \cdot z = (-1) \cdot (-z)$.
Diese Teiler nennt man die *trivialen* Teiler von z.
Es gilt: Falls $b \mid a$, dann folgt $|b| \leq |a|$.

Beispiel A2.3 Sei $a = 12$, und sei $b = 16$. Die gemeinsamen Teiler von a und b sind $\{1, (-1), 2, (-2), 4, (-4)\}$. In dieser Menge ist 4 das größte Element bezüglich „$\leq$". Man sagt, dass 4 der größte gemeinsame Teiler ist und schreibt $4 = ggT(12{,}16)$. Für die restlichen gemeinsamen Teiler gilt, dass sie diesen größten gemeinsamen Teiler selbst teilen. Diese Eigenschaft benutzt man, um den größten gemeinsamen Teiler auch in jenen Bereichen definieren zu können, in denen man keine „übliche" Anordnung angeben kann, wie z. B. bei Polynomen (vgl. Satz A6.2).

Definition A2.3
Seien $a, b, c \in \mathbb{Z}$, und sei $c \neq 0$. Man nennt c genau dann *gemeinsamer Teiler* von a und b, wenn $c \mid a$ und $c \mid b$ gilt.

Eine ganze Zahl d heißt *größter gemeinsamer Teiler* von a und b, symbolisch $ggT(a, b)$, genau dann, wenn d ein gemeinsamer Teiler von a und b ist und wenn jeder weitere gemeinsame Teiler t von a und b auch ein Teiler von d ist.

Symbolisch: $d = ggt(a, b) \Leftrightarrow (d|a \wedge d|b)$ und $(t|a \wedge t|b \Rightarrow t|d)$.

Anmerkung: Der so definierte größte gemeinsame Teiler ist wegen $|t| \leq |d|$ auch größtes Element aller gemeinsamen Teiler bezüglich „$\leq$".

Beispiel A2.4 $ggT(5{,}3) = 1$, weil nur 1 und (-1) gemeinsame Teiler sind.

Das Rechenverfahren in Abb. 10.1 nennt man fortgesetzte Division mit Rest, bis der Rest Null wird. Wegen $3 > 2 > 1 > 0$ bricht dieses Verfahren ab.

Beobachtung (1): Der $ggT(5{,}3) = 1$ ist der letzte von Null verschiedene Rest bei fortgesetzter Division. Dieses Verfahren nennt man den *euklidischen Algorithmus*. Er ist auch für „große" Zahlen zur Bestimmung des größten gemeinsamen Teilers geeignet.

Aus den Darstellungen der Reste (dritte Spalte in Abb. 10.1) erhalten wir:

$5:3 = 1$ $2R$	$5 = 1 \cdot 3 + \mathbf{2}$	$\mathbf{2} = 5 - 1 \cdot 3$
$3:2 = 1$ $1R$	$3 = 1 \cdot 2 + \mathbf{1}$	$\mathbf{1} = 3 - 1 \cdot 2$
$2:1 = 2$ $0R$	$2 = 2 \cdot 1 + 0$	

Abb. 10.1 Fortgesetzte Division

$$\mathbf{1} = 3 - 1 \cdot 2 = 3 - 1 \cdot (5 - 1 \cdot 3) = 3 - 1 \cdot 5 + 1 \cdot 3 = 2 \cdot \mathbf{3} + (-1) \cdot \mathbf{5} = (-1) \cdot \mathbf{5} + 2 \cdot \mathbf{3}.$$

Beobachtung (2): Der größte gemeinsame Teiler von 5 und 3 besitzt eine Summendarstellung von Vielfachen der Zahlen 5 und 3. Diese Darstellung ist nicht eindeutig:
$1 = (-1) \cdot \mathbf{5} + 2 \cdot \mathbf{3} = 2 \cdot \mathbf{5} + (-3) \cdot 3 = \ldots$

Satz A2.2 (Euklidischer Algorithmus)
Seien a und b zwei ganze Zahlen, die nicht gleichzeitig Null sind. Seien $|a| > |b|$ und b kein Teiler von a. Eine fortgesetzte Division mit Rest liefert eine Folge natürlicher Zahlen $r_1, r_2, \ldots, r_n$ mit

$$a = q_1 \cdot b + r_1 \text{ und } 0 < r_1 < |b|,$$

$$b = q_2 \cdot r_1 + r_2 \text{ und } 0 < r_2 < r_1,$$

$$r_1 = q_3 \cdot r_2 + r_3 \text{ und } 0 < r_3 < r_2,$$

$$\vdots$$

$$r_{n-2} = q_n \cdot r_{n-1} + r_n \text{ und } 0 < r_n < r_{n-1},$$

$$r_{n-1} = q_{n+1} \cdot r_n.$$

Dann gilt: $ggT(a, b) = r_n$.

Anmerkung: Wegen $|b| > r_1 > r_2 > \ldots > r_n > 0$ muss dieses Verfahren nach endlich vielen Schritten abbrechen.

Damit gilt: Der größte gemeinsame Teiler zweier ganzer Zahlen ist der letzte von Null verschiedene Rest im Euklidischen Algorithmus. Zum Beweis siehe Padberg & Büchter, 2018, S. 89.

Satz A2.3
Seien a und b zwei ganze Zahlen, die nicht gleichzeitig Null sind. Dann existieren ganze Zahlen x und y mit

$$ggT(a, b) = x \cdot a + y \cdot b.$$

Anmerkungen:
(1) Ein Beweis kann durch wiederholtes Einsetzen der Reste im Euklidischen Algorithmus „von unten nach oben“ geführt werden.
(2) Man sagt auch: Der $ggT(a, b)$ ist eine „Linearkombination“ von a und b. Die Faktoren x und y sind nicht eindeutig bestimmt.

Manche ganzen Zahlen besitzen nur die trivialen Teiler: $\pm 1 \mid 7$, $\pm 7 \mid 7$, weil $7 = (\pm 1) \cdot (\pm 7)$. Für jeden nicht trivialen Teiler („echten Teiler") b von 7 gilt nach dem Satz von der Division mit Rest, dass $|b| \leq |7| = 7$ ist. Testet man alle Zahlen $\pm 2, \ldots, \pm 6$, so erkennt man, dass ± 7 nur die angegebenen Teiler besitzt.

Definition A2.4
Eine *Primzahl p* ist eine natürliche Zahl größer als 1, welche als positive Teiler nur 1 und p besitzt. Man spricht auch „p ist *prim*". Natürliche Zahlen größer als 1, die nicht prim sind, nennt man *zusammengesetzte Zahlen*.

Anmerkungen:
(1) Die natürliche Zahl 1, die auch nur die trivialen positiven Teiler besitzt, wird ausdrücklich nicht zu den Primzahlen gezählt, weil sonst in zahlreichen Eigenschaften der Zahlentheorie die Eindeutigkeit der Darstellung verlorenginge und die Formulierung dieser Eigenschaften aufwändiger werden würde und Fallunterscheidungen notwendig wären.
(2) Die Menge der Primzahlen $\mathbb{P}$ ist nicht endlich, $\mathbb{P} = \{2,3,5,7,\ldots\}$. Ist eine endliche Menge von Primzahlen gegeben, so kann man stets die Existenz einer weiteren Primzahl beweisen (siehe Reiss, 2007, S. 105 f.).
(3) Die Primzahlen sind die Bausteine der natürlichen Zahlen.

Jede natürliche Zahl n größer als 1 kann eindeutig, bis auf die Reihenfolge der Faktoren, als Produkt von Primzahlen geschrieben werden kann (Hauptsatz der elementaren Zahlentheorie; für einen Beweis siehe z. B. Reiss, 2007, S. 109 f.). Symbolisch: $n = p_1 p_2 \ldots p_m$ mit $p_i \in \mathbb{P}$.

In unserem Buch wird folgende Eigenschaft der Primzahlen entscheidend verwendet:

Satz A2.4
Seien $a, b \in \mathbb{N}$ und p eine Primzahl. Teilt p das Produkt $a \cdot b$, dann teilt p mindestens einen der Faktoren. Symbolisch: $p \mid (a \cdot b) \Rightarrow p \mid a \vee p \mid b$.

Beweis: Teilt p die Zahl a, dann gilt die Aussage.

Ist p kein Teiler von a, dann ist $ggT(p,a) = 1$, da die Primzahl p nach Definition nur 1 und sich selbst als Teiler besitzt. Da nach Annahme p kein Teiler von a sein soll, verbleibt nur 1 als gemeinsamer Teiler. Nach Satz A2.3 gibt es ganze Zahlen x, y mit

$$1 = x \cdot p + y \cdot a.$$

Multipliziert man diese Gleichung mit b, so entsteht

$$b = x \cdot p \cdot \mathrm{b} + y \cdot a \cdot \mathrm{b}. \tag{10.1}$$

Nach Voraussetzung teilt p das Produkt $a \cdot b$, also findet man eine ganze Zahl z mit $a \cdot b = p \cdot z$. Einsetzen in Gl. 10.1 und nachfolgende Umformung ergibt:

$$b = x \cdot p \cdot b + y \cdot p \cdot z = p \cdot (x \cdot b + y \cdot z) = p \cdot t \text{ mit } t = (x \cdot b + y \cdot z) \in \mathbb{Z}.$$

Also ist p ein Teiler von b.

■

Beispiel A2.5 Sei $a \cdot b = 12 = 3 \cdot 4$. Die Primzahl $p = 2$ teilt 12 und 2 teilt 4. Die zusammengesetzte Zahl 6 teilt auch 12, aber weder 3 noch 4.

Als eine weitere Anwendung des Satzes von der Division mit Rest betrachten wir die Zahldarstellung in einem „g-adischen System".

Die natürliche Zahl 14403 ist eine abgekürzte Schreibweise für

$$14403 = 1 \cdot 10^4 + 4 \cdot 10^3 + 4 \cdot 10^2 + 0 \cdot 10^1 + 3 \cdot 10^0 = (14403)_{10}.$$

Dabei verwenden wir $n^0 = 1$.

Je nach Position einer Ziffer in der Darstellung hat sie einen bestimmten Wert. Daher spricht man von einem „Stellenwertsystem". Da wir Potenzen von 10 verwendet haben, spricht man von einer Zahldarstellung im Zehnersystem (Dezimalsystem).

Wichtig dabei ist die Null. Das Auftreten von Null an der Position i einer Zahldarstellung bedeutet, dass die entsprechende Potenz 10^i nicht vorkommt.

Anstelle von 10 kann jede andere Zahl $g > 1$ zur Zahldarstellung verwendet werden.

Zum Beispiel kann $g = 5$ gewählt werden. In diesem Fall spricht von einem Fünfersystem. Die obige „Ziffernfolge" bedeutet dann:

$$(14403)_5 = 1 \cdot 5^4 + 4 \cdot 5^3 \quad + 4 \cdot 5^2 + 0 \cdot 5^1 + 3 \cdot 5^0 = (1228)_{10} = 1228.$$

Im Falle von $g = 10$ wird der Index weggelassen.

Wir fragen umgekehrt, wie kann die Zahl 1228 (im Zehnersystem) im Fünfersystem dargestellt werden? Es bietet sich folgender Algorithmus an:

(1) Bestimme die größte Potenz n von 5 mit $5^n \leq 1228 < 5^{n+1}$. Für die Potenz 5^4 gilt:

$$5^4 = 625 < 1228 < 5^5 = 3125.$$

(2) Dividiere 1228 durch 5^4:

$$1228 : 625 = 1 \text{ mit Rest } 603 \Leftrightarrow 1228 = 1 \cdot 625 + 603.$$

Nach dem Satz von der Division mit Rest sind der Quotient 1 und der Rest 603 eindeutig bestimmt.

(3) Vermindere $n = 4$ um 1 und prüfe, ob $5^{n-1} = 5^3 = 125 < 603$ ist.

Weil dies der Fall ist, dividiere 603 durch 5^3:

$$603 : 125 = 4 \text{ mit Rest } 103 \Leftrightarrow 603 = 4 \cdot 125 + 103.$$

(4) Vermindere $n = 3$ um 1 und prüfe, ob $5^{n-1} = 5^2 = 25 < 103$ ist.

Weil dies der Fall ist, dividiere 103 durch 5^2:

$$103 : 25 = 4 \text{ mit Rest } 3 \Leftrightarrow 103 = 4 \cdot 25 + 3.$$

(5) Vermindere $n = 2$ um 1 und prüfe, ob $5^{n-1} = 5^1 < 3$ ist.

Weil dies nicht der Fall ist, steht an der Position 1 in der gesuchten Zahldarstellung eine 0.

(6) Vermindere $n = 1$ um 1 und prüfe, ob $5^{n-1} = 5^0 < 3$ ist.

Weil dies der Falls ist, dividiere 3 durch $5^0 = 1$:

$$3 : 1 = 3 \text{ mit Rest } 0 \Leftrightarrow 3 = 3 \cdot 1 + 0.$$

Da in der Zahldarstellung nur Potenzen $n \geq 0$ auftreten, endet hier der Algorithmus. Für die gesuchte Zifferndarstellung verwenden wir die eindeutigen Quotienten:

$$1228 = 1 \cdot 5^4 + 4 \cdot 5^3 + 4 \cdot 5^2 + 0 \cdot 5^1 + 3 \cdot 5^0 = (14403)_5.$$

Dieser Algorithmus kann allgemein angewendet werden. Es gilt:

Satz A2.5
Zu jeder natürlichen Zahl a und jeder natürlichen Zahl $g \geq 2$ gibt es ein eindeutig bestimmtes $n \in \mathbb{N}$ und eindeutig bestimmte a_i mit $a_i \in \{0,1,\ldots,g-1\}$ und $a_n \neq 0$, sodass

$$a = a_n \cdot g^n + a_{n-1} \cdot g^{n-1} + \ldots + a_1 \cdot g^1 + a_0 \cdot g^0.$$

Man spricht von einer *g-adischen Darstellung* von a. Sie benötigt g Zeichen, die man als Ziffern der Zahl a bezeichnet.

Das eindeutig bestimmte $n \in \mathbb{N}$ ergibt sich aus der Bedingung

$$g^n \leq a \leq g^{n+1}.$$

Die eindeutig bestimmten Ziffern a_i aus den fortlaufenden Divisionen mit Rest:

$$a = a_n \cdot g^n + r_{n-1},$$

$$r_{n-1} = a_{n-1} \cdot g^{n-1} + r_{n-2},$$

$$\vdots$$

$$r_1 = a_1 \cdot g^1 + r_0$$

$$r_0 = a_0 \cdot g^0 + 0.$$

Schwierigkeit: Ist g $\geq$ 11, reichen die Symbole 0, 1, ..., 9 nicht aus: z. B. gilt für die Darstellung von 2831 im 16-System:

$$(2831)_{10} = 11 \cdot 16^2 + 0 \cdot 16 + 15 \cdot 16^0.$$

Man braucht Symbole für „11" und „15". Dies können aber keine Ziffern im Zehnersystem sein, da sonst eine Vermischung zweier Zahlsysteme entstehen würde. So gilt im 16-System:

$$(11)_{16} = 1 \cdot 16^1 + 1 \cdot 16^0 = 16 + 1 = 17.$$

Also ist es notwendig, 11 mit einem neuen Symbol zu bezeichnen, z. B. mit B, und 15 mit F.

Dann ist $(2831)_{10} = (B0F)_{16}$ mit Symbolen aus $\{0,1,\ldots,9,A,B,\ldots,E,F\}$.

Im Zusammenhang mit Computern ist eine Darstellung zur Basis 2 (Dualsystem) wegen der zwei Zustände (Strom fließt, Strom fließt nicht) notwendig. Die Darstellung zur Basis 16 (Hexadezimalsystem) ist bei der Notation von Maschinenbefehlen von Bedeutung.

Der oben vorgestellte Algorithmus benötigt die Bestimmung der höchsten Potenz einer natürlichen Zahl, die in einer zweiten Zahl enthalten ist ($g^n \leq a$). Diese Bestimmung ist aufwändig. Als Alternative bietet sich die fortgesetzte Division durch die Basis g an. Man dividiert solange, bis der Quotient 0 auftritt.

Beispiel A2.6 Stelle 1228 im 5-System (5-adische Darstellung) dar (Abb. 10.2).

Die Reste, welche bei dieser fortgesetzten Division auftreten, ergeben in umgekehrter Reihenfolge angeschrieben, die gesuchte 5-adische Darstellung: $1228 = (14403)_5$.

Beispiel A2.7 Stelle 250348 im 16-System dar (Abb. 10.3)

$$\begin{aligned} 250348 &= 3 \cdot 16^4 + 13 \cdot 16^3 + 1 \cdot 16^2 + 14 \cdot 16^1 + 12 \cdot 16^0 = (3{,}13{,}1{,}14{,}12)_{16} \\ &= (3, \mathrm{D}, 1, \mathrm{E}, \mathrm{C})_{16}. \end{aligned}$$

Kongruenz-Rechnen mit Restklassen

Wie einleitend in Beispiel A1.9 dargestellt, ist es vor allem bei großen Zahlen zweckmäßiger, nicht mit ihnen selbst, sondern mit ihren Resten, die sich bei Division durch eine natürliche Zahl *m* ergeben, zu rechnen.

Definition A2.5

Seien a, b $\in \mathbb{Z}$ und m $\in \mathbb{N}$. Dann nennt man a *kongruent* zu b *modulo* m genau dann, falls a und b bei Division durch m denselben kleinsten nicht-negativen Rest ergeben. Symbolisch: $a \equiv b \; mod \; m :\Leftrightarrow a \; mod \; m = b \; mod \; m$.

Anmerkungen:

(1) Man beachte die doppelte Verwendung von *mod* m:

$$r = a \; mod \; m \text{ und } r \equiv a \; mod \; m.$$

1228: 5 =	245: 5 =	49: 5 =	9: 5 =	1: 5 = 0
22	45	**4**	**4**	**1**
28	**0**			
3				

Abb. 10.2 Darstellung im 5-System

250348:16 =	15646:16 =	977:16 =	61:16 =	3:16=0
90	124	17	**13**	**3**
103	126	**1**		
74	**14**			
108				
12				

Abb. 10.3 Darstellung im 16-System

(2) $b \mid a \Leftrightarrow a \equiv 0\ mod\ b$: $a \equiv 0\ mod\ b \Leftrightarrow a\ mod\ b = 0\ mod\ b \Leftrightarrow a\ mod\ b = 0 \Leftrightarrow b \mid a$.

Im ersten Fall wird ein Rest bei Division durch m angegeben (gekennzeichnet durch das „=" Zeichen).

Im zweiten Fall wird eine Beziehung zwischen den Zahlen r, a ausgedrückt (gekennzeichnet durch das „≡"-Zeichen).

Beispiel A2.8 $19 \equiv 5\ mod\ 7$ gilt, weil $19\ mod\ 7 = 5$ und $5\ mod\ 7 = 5$, d. h., dass 19 und 5 bei Division durch 7 beide den Rest 5 ergeben.

$19 \equiv 26\ mod\ 7$, weil $19\ mod\ 7 = 5$ und $26\ mod\ 7 = 5$.

$(-19) \equiv 2\ mod\ 7$, weil $(-19)\ mod\ 7 = 2$, da $(-19) = (-3) \cdot 7 + 2$ und $2\ mod\ 7 = 2$, weil $2 = 0 \cdot 7 + 2$.

$15 \equiv 0\ mod\ 5 \Leftrightarrow 5 \mid 15$.

Wir formulieren zwei Charakterisierungen.

Satz A2.6

(Erste Charakterisierung von kongruenten Zahlen): Seien $a, b \in \mathbb{Z}$ und $m \in \mathbb{N}$. Dann gilt:

$a \equiv b\ mod\ m \Leftrightarrow m \mid (a - b)$.

Beweis:

„⇒": Sei $a \equiv b\ mod\ m \Rightarrow a\ mod\ m = b\ mod\ m \Rightarrow$ es gibt ganze Zahlen q_1, q_2, r mit $a = q_1 \cdot m + r$ und $b = q_2 \cdot m + r$. Dann gilt $a - b = (q_1 - q_2) \cdot m$. Weil $q_1, q_2 \in \mathbb{Z}$, ist auch $(q_1 - q_2) \in \mathbb{Z}$ und damit $m \mid (a - b)$.

„⇐": Sei m ein Teiler von $a - b$. Dann gibt es ein $q \in \mathbb{Z}$ mit $a - b = q \cdot m$ oder $a = q \cdot m + b$. Ist nun $b = q_1 \cdot m + r_1$ mit $0 \leq r_1 < m$ dann ist $a = q \cdot m + q_1 \cdot m + r_1 = (q + q_1) \cdot m + r_1$. Also besitzen a und b bei Division durch m den gleichen Rest.

∎

Beispiel A2.9 $(-19) \equiv 9\ mod\ 7$, weil $7 \mid ((-19 - 9) = (-28))$.

Probe: $(-19)\ mod\ 7 = 2$, weil $(-19) = (-3) \cdot 7 + 2$ und $9\ mod\ 7 = 2$.

Satz A2.7

(Zweite Charakterisierung von kongruenten Zahlen): Seien $a, b \in \mathbb{Z}$ und $m \in \mathbb{N}$. Dann gilt:

$$a \equiv b\ mod\ m \Leftrightarrow a = q \cdot m + b \text{ mit } q \in \mathbb{Z}.$$

Beweis:
„$\Rightarrow$": Siehe zweiten Teil im Beweis zu Satz A2.6.
„$\Leftarrow$": Sei $a = q \cdot m + b$ mit $q \in \mathbb{Z}$. Dann ist $a - b = q \cdot m$ und $m \mid (a - b)$.
∎
Folgerungen aus Satz A2.6:

(1) Mit der ersten Charakterisierung können leicht Eigenschaften bzw. Rechengesetze der Kongruenz zweier ganzer Zahlen bewiesen werden.

Rechengesetze für Kongruenzen
$a, b, c, d \in \mathbb{Z}$ und $k, m, n \in \mathbb{N}$:

$$\begin{array}{ccc} a \equiv b \bmod m & & a + c \equiv b + d \bmod m, \\ & \Rightarrow & a \cdot c \equiv b \cdot d \bmod m, \\ c \equiv d \bmod m & & a^n \equiv b^n \bmod m. \end{array} \tag{10.2}$$

Spezialfall:

$$\begin{array}{ccc} a \equiv b \bmod m & \Rightarrow & a + k \equiv b + k \bmod m, \\ k \equiv k \bmod m & & k \cdot a \equiv k \cdot b \bmod m. \end{array} \tag{10.3}$$

Beweis:

$$a \equiv b \bmod m \Rightarrow m \mid (a - b) \Rightarrow (a - b) = k \cdot m,$$

$$c \equiv d \bmod m \Rightarrow m \mid (c - d) \Rightarrow (c - d) = l \cdot m.$$

Damit gilt: $(a - b) + (c - d) = (k + l) \cdot m$ und $(a + c) - (b + d) = (k + l) \cdot m$, also $m \mid ((a + c) - (b + d))$, und nach der ersten Charakterisierung ist $(a + c) \equiv (b + d) \bmod m$. Analog zeigt man die verbleibenden Rechenregeln in Gl. 10.2.
∎

(2) Damit gelten für Kongruenzgleichungen dieselben Regeln wir für „gewöhnliche" Gleichungen. Seien A, B zwei „Terme". Dann gilt:

$$A + B \equiv 0 \bmod m \Rightarrow A \equiv -B \bmod m. \tag{10.4}$$

Auch in Kongruenzgleichungen kann ein Term B auf die andere Seite des „$\equiv$" Zeichens verschoben werden. Denn:

$$\left.\begin{array}{r} A+B \equiv 0 \; mod \; m \\ \underline{-B \equiv \; -B \; mod \; m} \end{array}\right\} +$$

$$A+B+(-B) \equiv 0+(-B) \; mod \; m$$

$$A \equiv \; -B \; mod \; m.$$

■

(3) Sei $z = z_n 10^n + \ldots + z_1 10^1 + z_0$, und sei $Q(z)$ die *Quersumme* (*Ziffernsumme*) $Q(z) := z_n + \ldots + z_1 + z_0$. Dann gilt:

$$z \equiv Q(z) \; mod \; 9.$$

Beweis: Mit den Kongruenzregeln Gl. 10.2 gilt:

$$\begin{array}{rr} & z_0 \equiv z_0 \; mod \; 9, \\ 10 \equiv 1 \; mod \; 9 \Rightarrow & z_1 \cdot 10 \equiv z_1 \cdot 1 \equiv z_1 \; mod \; 9, \\ 10^2 \equiv 1 \; mod \; 9 \Rightarrow & z_2 \cdot 10^2 \equiv z_2 \cdot 1^2 \equiv z_2 \; mod \; 9, \\ \vdots & \vdots \\ 10^n \equiv 1 \; mod \; 9 \Rightarrow & z_n \cdot 10^n \equiv z_n \cdot 1^n \equiv z_n \; mod \; 9. \end{array}$$

Nach den Rechenregeln für Kongruenzen Gl. 10.2 gilt für die Summe:

$$z = z_n 10^n + \ldots + z_1 10^1 + z_0 \equiv z_n + \ldots + z_1 + z_0 = Q(z) \; mod \; 9.$$

■

Aus (3) können Teilbarkeitsregeln hergeleitet werden:

Eine Zahl ist genau dann durch 9 teilbar, wenn ihre Ziffernsumme durch 9 teilbar ist, denn:

$$9|z \Leftrightarrow z \equiv 0 \; mod \; 9 \Leftrightarrow Q(z) \equiv z \equiv 0 \; mod \; 9 \Leftrightarrow 9|Q(z).$$

Es gilt auch die „Resteregel“: Eine Zahl z hat genau dann den Neunerrest 7, wenn ihre Ziffernsumme den Neunerrest 7 hat. Denn (beachte 7 mod 9 = 7):

$$z \text{ mod } 9 = 7 \Leftrightarrow z \equiv 7 \text{ mod } 9 \Leftrightarrow Q(z) \equiv \text{z} \equiv 7 \text{ mod } 9 \Leftrightarrow Q(z) \; mod \; 9 = 7.$$

Dies kann wiederholt angewendet werden.

$$z \equiv \text{Q(z)} \equiv \text{Q(Q(z))} \equiv \ldots \equiv 7 \text{ mod } 9.$$

Anstelle der aufwändigen Division durch 9 genügt die wiederholte Quersummenbildung.

Satz A2.8
Die Kongruenz modulo m ist eine Äquivalenzrelation auf $\mathbb{Z}$.

Beweis: Seien $a, b, c \in \mathbb{Z}$ und $m \in \mathbb{N}$.

(1) Reflexivität: $m \mid 0 \Rightarrow m \mid (a - a) \Rightarrow a \equiv a \; mod \; m$.
(2) Symmetrie: Sei $a \equiv b \; mod \; m \Rightarrow m \mid (a - b) \Rightarrow m \mid (b - a) \Rightarrow b \equiv a \; mod \; m$.
(3) Transitivität: Sei $a \equiv b \; mod \; m$, und sei $b \equiv c \; mod \; m \Rightarrow m|(a - b)$ und $m|(b - c)$.

Dann gibt es ganze Zahlen k, l mit $(a - b) = k \cdot m$ und $(b - c) = l \cdot m$. Daraus folgt $(a - b) + (b - c) = a - c = k \cdot m + l \cdot m = (k + l) \cdot m$ mit $(k + l) \in \mathbb{Z}$. Also teilt m die ganze Zahl $a - c$, und es ist $a \equiv c \; mod \; m$.

■

Nach diesem Satz erhält man eine Zerlegung der ganzen Zahlen in elementfremde Teilmengen, nämlich den Äquivalenzklassen bezüglich der Kongruenzrelation. Diese Äquivalenzklassen nennt man die Restklassen modulo m .

Definition A2.6
Seien $a \in \mathbb{Z}$ und $m \in \mathbb{N}$. Die *Restklasse* $\overline{a}$ *mod m* ist die Menge jener ganzen Zahlen, die zu a kongruent modulo m sind. Symbolisch:

$$\overline{a} := \{x \in \mathbb{Z} | x \equiv a \; mod \; m\} \subset \mathbb{Z}.$$

Man spricht für $\overline{a}$: „a quer“.

Wegen der angeführten Charakterisierungen können die Restklassen modulo m folgendermaßen beschrieben werden:

$$\begin{aligned}\overline{a} &:= \{x \in \mathbb{Z} | x \text{ und } a \text{ ergeben bei Division durch m den gleichen Rest}\} \\ &= \{x \in \mathbb{Z} | \; x \; mod \; m = a \; mod \; m\}.\end{aligned}$$

$$\overline{a} := \{x \in \mathbb{Z} | \text{ die Differenz von } a \text{ und } x \text{ ist durch } m \text{ teilbar}\} = \{x \in \mathbb{Z} | \; m \mid (x - a)\}.$$

$$\begin{aligned}\overline{a} &:= \{x \in \mathbb{Z} | x \text{ entsteht aus } a \text{ durch Addition von Vielfachen von } m\} \\ &= \{x \in \mathbb{Z} | x = a \pm k \cdot m\}.\end{aligned}$$

Die dritte Charakterisierung eignet sich besonders gut zur Angabe einer Restklasse $\overline{a}$ modulo m:

(1) Wähle ein $0 \leq a < m$.
(2) Addiere m zu a, zur erhaltenen Summe addiere wieder m usw.
(3) Subtrahiere m von a, von der erhaltenen Differenz subtrahiere wieder m usw.

Beispiel A2.10 Sei $m = 5$, und sei $a = 3$.

Dann ist

$$\overline{3} = \{3 \pm k \cdot 5\} = \{3, 8, 13, 18, \ldots, -2. -7, -12, -17, \ldots\} = \overline{8} = \overline{13} = \overline{(-2)} = \overline{(-7)} = \ldots.$$

Die Restklasse modulo m kann durch verschiedene Vertreter angegeben werden. Nach Satz A1.1 (2) sind zwei Äquivalenzklassen entweder identisch oder elementfremd. Man bevorzugt jenen Vertreter, der durch den kleinsten nicht-negativen Rest bestimmt ist.

Ist $m = 5$, dann findet man folgende verschiedene Restklassen:

$$\overline{0} = \{0, \pm 5, \pm 10, \pm 15, \ldots\},$$
$$\overline{1} = \{\ldots -9, -4, 1, 6, 11, \ldots\},$$
$$\overline{2} = \{\ldots -8, -3, 2, 7, 12, \ldots\},$$
$$\overline{3} = \{\ldots -7, -2, 3, 8, 13, \ldots\},$$
$$\overline{4} = \{\ldots -6, -1, 4, 9, \ldots\}.$$

Damit erhalten wir folgende Zerlegung von $\mathbb{Z}$:

$$\mathbb{Z} = \overline{0} \cup \overline{1} \cup \overline{2} \cup \overline{3} \cup \overline{4}.$$

Da bei einer Division durch $m \in \mathbb{N}$ nur die m verschiedenen Reste $0,1,2,\ldots,(m-1)$ auftreten können, gibt es genau m verschiedene Restklassen modulo m. Diese werden zur Menge $\mathbb{Z}_m$ zusammengefasst.

Definition A2.7
Die Restklassenmenge $\mathbb{Z}_m$ ist die Menge aller verschiedenen Restklassen modulo m.

$$\mathbb{Z}_m = \left\{\overline{0}, \overline{1}, \ldots, \overline{(m-1)}\right\}.$$

Mit den Restklassen kann man wie folgt „rechnen“:

Definition A2.8
Seien $\overline{a}$ und $\overline{b}$ aus $\mathbb{Z}_m$.

$$\text{Restklassenaddition}: \quad \overline{a} \oplus \overline{b} := \overline{a+b}.$$

$$\text{Restklassenmultiplikation}: \quad \overline{a} \odot \overline{b} := \overline{a \cdot b}.$$

Anmerkung: Zwei Restklassen werden addiert bzw. multipliziert, indem man zwei Vertreter „wie in $\mathbb{Z}$" addiert bzw. multipliziert. Man beachte, dass „$\oplus$" bei $\overline{a} \oplus \overline{b}$ eine Operation auf zwei Mengen bedeutet, hingegen das „+" bei $\overline{a+b}$ die Addition zweier ganzer Zahlen.

Beispiel A2.11 Sei $m = 5$.

$\overline{2} \oplus \overline{3} = \overline{2+3} = \overline{5} = \overline{0}$ und $\overline{2} \odot \overline{3} = \overline{2 \cdot 3} = \overline{6} = \overline{1}$. Hier wurde mit Mengen gerechnet!

$$\overline{2} \oplus \overline{3} = \{\ldots -8, -3, 2, 7, 12, \ldots\} + \{\ldots -7, -2, 3, 8, 13, \ldots\} =$$
$$= \{0, \pm 5, \pm 10, \pm 15, \ldots\} = \overline{0}.$$

$$\overline{2} \odot \overline{3} = \{\ldots -8, -3, 2, 7, 12, \ldots\} \cdot \{\ldots -7, -2, 3, 8, 13, \ldots\} =$$
$$= \{\ldots -9, -4, 1, 6, 11, \ldots\} = \overline{1}.$$

Ändert sich das Ergebnis, wenn andere Vertreter als 2 und 3 gewählt werden?
Z. B.: $7 \in \overline{2}$ und $13 \in \overline{3}$. Daraus folgt: $\overline{2} = \overline{7}$ und $\overline{3} = \overline{13}$.
Also $\overline{2} \oplus \overline{3} = \overline{7} \oplus \overline{13} = \overline{7+13} = \overline{20} = \overline{0}$.
Ebenso: $\overline{2} \odot \overline{3} = \overline{7} \odot \overline{13} = \overline{91} = \overline{1}$.
Es scheint, dass die obigen Definitionen unabhängig von der Wahl der Vertreter sind. Man sagt, dass die Operationen *wohldefiniert* sind.

Satz A2.9
Seien a_1 und a_2 zwei Vertreter der Restklasse $\overline{a}$ modulo m und b_1 und b_2 zwei Vertreter der Restklasse $\overline{b}$ modulo m. Dann gelten:

$$\overline{a_1} \oplus \overline{b_1} = \overline{a_2} \oplus \overline{b_2}$$

sowie

$$\overline{a_1} \odot \overline{b_1} = \overline{a_2} \odot \overline{b_2}.$$

Beweis: Nach der zweiten Charakterisierung (Satz A2.7) gilt:

$$a_1 = a_2 + q_1 \cdot m \text{ und } b_1 = b_2 + q_2 \cdot m.$$

Damit erhalten wir:

$$\overline{a_1} \oplus \overline{b_1} = \overline{a_1 + b_1} = \overline{a_2 + q_1 \cdot m + b_2 + q_2 \cdot m} =$$

$$= \overline{a_2 + b_2 + (q_1 + q_2) \cdot m} = \overline{a_2 + b_2} = \overline{a_2} \oplus \overline{b_2}$$

sowie

$$\overline{a_1} \odot \overline{b_1} = \overline{a_1 \cdot b_1} = \overline{(a_2 + q_1 \cdot m) \cdot (b_2 + q_2 \cdot m)} = \overline{a_2 \cdot b_2 + (\ldots) \cdot m} = \overline{a_2 \cdot b_2}$$

$$= \overline{a_2} \odot \overline{b_2}.$$

■

Anmerkung: Bei Operationen auf Äquivalenzklassen ist stets die Wohldefiniertheit zu überprüfen. Außerdem muss man sich bewusst sein, dass man mit Teilmengen von $\mathbb{Z}$ rechnet.

In den folgenden Überlegungen beschreiben wir einen Zugang zum Rechnen mit Resten, also nur mit Zahlen.

Sei $\mathbb{Z}'_m := \{0, 1, \ldots, m-1\} = \{z \; mod \; m | z \in \mathbb{Z}\}$.

Es ist $\mathbb{Z}'_m$ die Menge der nicht-negativen Reste, die nach dem Satz von der Division mit Rest bei Division durch m auftreten können. Auf $\mathbb{Z}'_m$ definieren wir zwei Operationen, die wir ebenfalls mit $\oplus$ und $\odot$ notieren.

Definition A2.9

Seien a und b aus $\mathbb{Z}'_m$.

$$\text{Restaddition modulo } m : a \oplus b := (a + b) \; mod \; m,$$

$$\text{Restmultiplikation modulo } m : a \odot b := (a \cdot b) \; mod \; m.$$

Nach dem Satz von der Division mit Rest sind $a \bigoplus b$ und $a \bigodot b$ als Reste eindeutig bestimmt und kleiner als m. Also gilt, dass $a \bigoplus b$ und $a \bigodot b$ jeweils in $\mathbb{Z}'_m$ liegen.

Es können $a + b$ bzw. $a \cdot b$ größer als m sein. Seien z. B. $m = 5$, $a = 2$ und $b = 4$. Dann ist $a + b = 6$ und $(2 + 4)$ *mod* $5 = 1$, also ist $\mathbb{Z}'_m$.

Bestimmt man die Reste einzeln, also $a \text{ mod } m + b \text{ mod } m$, dann erhält man verschiedene Zahlen, die aber *mod m* gleich sind:

$$2 \text{ mod } 5 + 4 \text{ mod } 5 = 2 + 4 = 6 \equiv 1 \text{ mod } 5.$$

Analog: $a \cdot b = 2 \cdot 4 = 8$ und damit $(2 \cdot 4) \text{ mod } 5 = 3 \in \mathbb{Z}'_m$.

$$2 \text{ mod } 5 \cdot 4 \text{ mod } 5 = 2 \cdot 4 = 8 \equiv 3 \text{ mod } 5.$$

Allgemein gilt

Satz A2.10

Seien a und b aus $\mathbb{Z}'_m$.

$$(a + b) \text{ mod } m \equiv (a \text{ mod } m + b \text{ mod } m) \text{ mod } m,$$

$$(a \cdot b) \text{ mod } m \equiv (a \text{ mod } m \cdot b \text{ mod } m) \text{ mod } m.$$

Beweis:
Mit dem Satz von der Division mit Rest erhalten wir:
Sei $r_1 := a \text{ mod } m \Leftrightarrow a = q_1 \cdot m + r_1$ mit $0 \leq r_1 < m$ und $q_1 \in \mathbb{Z}$.
Sei $r_2 := b \text{ mod } m \Leftrightarrow b = q_2 \cdot m + r_2$ mit $0 \leq r_2 < m$ und $q_2 \in \mathbb{Z}$.
Dann ist

$$a + b = (q_1 + q_2) \cdot m + r_1 + r_2.$$

Sei $r = (r_1 + r_2) \text{ mod } m \Leftrightarrow r_1 + r_2 = q_3 \cdot m + r$ mit $0 \leq r < m$ und $q_3 \in \mathbb{Z}$.
Damit ist
$a + b = (q_1 + q_2 + q_3) \cdot m + r$ und $(a + b) \text{ mod } m = r$
$a \text{ mod } m + b \text{ mod } m = r_1 + r_2 = q_3 \cdot m + \text{r}$, also
$m \mid ((r_1 + r_2) - r) \Leftrightarrow r_1 + r_2 \equiv r \text{ mod } m.$
Insgesamt $(a + b) \text{ mod } m \equiv (a \text{ mod } m + b \text{ mod } m) \text{ mod } m$.
Analog folgt die zweite Gleichung.
■

10.3 A3 Gruppe – Ring – Körper

Sei M eine nicht-leere Menge. Wenn wir mit den Elementen der Menge M rechnen, so wird jedem geordneten Paar $(a, b) \in M \times M$ genau ein Element aus M zugeordnet.

Beispiel A3.1 $M = \mathbb{Z}$ und $2 + 3 = 5 \Leftrightarrow (2{,}3) \rightarrow 5, \ldots$ also ist $+\colon \mathbb{Z} \times \mathbb{Z} \rightarrow \mathbb{Z}$ eine Abbildung.

Ebenso: $M = \mathbb{Z}$ und $(-6) \cdot 12 = (-72) \Leftrightarrow ((-6), 12) \rightarrow (-72), \ldots$ also ist $\cdot\colon \mathbb{Z} \times \mathbb{Z} \rightarrow \mathbb{Z}$ eine Abbildung.

Oder: $M = \mathbb{Z}$ und $2 - 3 = (-1) \Leftrightarrow (2{,}3) \rightarrow (-1), \ldots$ also ist $-\colon \mathbb{Z} \times \mathbb{Z} \rightarrow \mathbb{Z}$ eine Abbildung.

Ist jedoch $M = \mathbb{N}$, dann ist $2 - 3 = (-1)$, aber $-1 \notin \mathbb{N}$, also ist $-\colon \mathbb{N} \times \mathbb{N} \rightarrow \mathbb{N}$ keine Abbildung.

Definition A3.1
Sei M eine Menge, und seien $a, b \in M$. Eine *algebraische Operation* $\circ$ auf M ist eine Abbildung von $M \times M$ in M. Symbolisch:

$$\circ : M \times M \rightarrow M \text{ mit } \circ(a, b) := a \circ b.$$

Ist auf M eine algebraische Operation $\circ$ definiert, so schreibt man dafür $(M, \circ)$.

Beispiel A3.2

(1) Seien $m \in \mathbb{N}$, $\mathbb{Z}_m = \{\overline{0}, \overline{1}, \ldots, \overline{m-1}\}$. Wegen der Wohldefiniertheit der Restklassenaddition und Restklassenmultiplikation wird jedem geordneten Paar aus $\mathbb{Z}_m$ genau ein Element wieder aus $\mathbb{Z}_m$ zugeordnet. Diese sind also algebraische Operationen auf $\mathbb{Z}_m$.

(2) In der Menge $\mathbb{Z}'_m = \{0, 1, \ldots, m-1\}$ sei die Addition und die Multiplikation gemäß Definition A2.9 definiert durch $a \oplus b := (a + b)\, mod\, m$ und $a \odot b := (a \cdot b)\, mod\, m$ mit a und b aus $\mathbb{Z}'_m$. Nach dem Satz von der Division mit Rest sind $a \oplus b$ und $a \odot b$ als Reste eindeutig bestimmt und wieder in $\mathbb{Z}'_m$, weil jeder Rest kleiner als m und größer oder gleich Null ist.

Auf $\mathbb{Z}'_4 = \{0, 1, 2, 3\} = \{z\, mod\, 4 | z \in \mathbb{Z}\}$ erhält man die in Abb. 10.4 dargestellten „Verknüpfungstafeln", wobei $+$, $\cdot$ für die „gewöhnliche" Addition bzw. Multiplikation stehen und $\oplus$, $\odot$ die Restaddition bzw. Restmultiplikation *mod* 4 bezeichnen.

+	0	1	2	3
0	0	1	2	3
1	1	2	3	4
2	2	3	4	5
3	3	4	5	6

·	0	1	2	3
0	0	0	0	0
1	0	1	2	3
2	0	2	4	6
3	0	3	6	9

Diese Tabellen werden modulo 5 gerechnet, d. h., rechne zuerst „gewöhnlich", dann dividiere die Elemente durch 5 und bestimme die Reste:

⊕	0	1	2	3
0	0	1	2	3
1	1	2	3	0
2	2	3	0	1
3	3	0	1	2

⊙	0	1	2	3
0	0	0	0	0
1	0	1	2	3
2	0	2	0	2
3	0	3	2	1

Abb. 10.4 Restaddition und Restmultiplikation

Anmerkungen:

(1) Eine algebraische Operation $\circ$ auf M ordnet jedem geordneten Paar aus $M \times M$ genau ein Element aus M zu. Dieses Element bezeichnen wir mit $a \circ b$, und es gilt $a \circ b \in M$. Man spricht auch: „M ist bezüglich $\circ$ abgeschlossen."

Im Gegensatz zu $\mathbb{Z}$ sind die natürlichen Zahlen bezüglich der Subtraktion nicht abgeschlossen. Die Zuordnung $(a, b) \to a : b$ ist keine algebraische Operation auf $\mathbb{Z}$, weil nicht jedem geordneten Paar eine ganze Zahl zugeordnet werden kann. Die ganzen Zahlen sind bezüglich der Division nicht abgeschlossen.

(2) Sind auf M mehrere algebraische Operationen $\circ_1, \circ_2, \ldots, \circ_n$ definiert, so schreibt man dafür $(M, \circ_1, \circ_2, \ldots, \circ_n)$ und spricht: „M ist abgeschlossen bezüglich den Operationen $\circ_1, \circ_2, \ldots, \circ_n$".

So sind die Mengen $\mathbb{Z}$ bzw. $\mathbb{Z}_m$ bezüglich Addition und Multiplikation abgeschlossen.

Definition A3.2

Seien $a, b, c \in M$ beliebig, und seien $\circ$, $+$ zwei algebraische Operationen auf M.

(1) Die algebraische Operation $\circ$ heißt *kommutativ*: $a \circ b = b \circ a$ („Reihenfolge beliebig").
(2) Die algebraische Operation $\circ$ heißt *assoziativ*: $(a \circ b) \circ c = a \circ (b \circ c) = a \circ b \circ c$ („Klammersetzung beliebig").
(3) Die algebraische Operation $\circ$ heißt *distributiv* bezüglich $+$: $a \circ (b + c) = a \circ b + a \circ c$.

(Von links nach rechts gelesen: Klammern auszumultiplizieren ist erlaubt, von rechts nach links gelesen: Herausheben ist erlaubt).

Über weite Strecken verhalten sich die Menge der Restklassen $\mathbb{Z}_m$ und $\mathbb{Z}$ bezüglich der Restklassenaddition und Restklassenmultiplikation gleich.

Satz A3.1
Seien $m \in \mathbb{N}$, $\mathbb{Z}_m = \{\overline{0}, \overline{1}, \ldots, \overline{m-1}\}$, sowie $\overline{a}, \overline{b}, \overline{c}$ aus $\mathbb{Z}_m$ beliebig.

(1) Die Restklassenaddition $\bigoplus$ und die Restklassenmultiplikation $\bigodot$ sind kommutativ und assoziativ auf $\mathbb{Z}_m$.
(2) Die Restklassenmultiplikation ist distributiv bezüglich der Restklassenaddition, aber nicht umgekehrt.
(3) Für die Restklassen $\overline{0}$ bzw. $\overline{1}$ gelten: $\overline{a} \bigoplus \overline{0} = \overline{a}$ sowie $\overline{a} \bigodot \overline{1} = \overline{a}$.
(4) Für jedes $\overline{a}$ aus $\mathbb{Z}_m$ existiert ein $\overline{x}$ aus $\mathbb{Z}_m$, mit $\overline{a} \bigoplus \overline{x} = \overline{0}$. Es ist $\overline{x} = \overline{-a} = \overline{m-a}$.

Beweis:
Beispielhaft zeigen wir (2) und (4).

(2): $\overline{a} \bigodot (\overline{b} \bigoplus \overline{c}) = \overline{a} \bigodot (\overline{b+c}) = \overline{a \cdot (b+c)} = \overline{a \cdot b + a \cdot c} = \overline{a \cdot b} \bigoplus \overline{a \cdot c} = \overline{a} \bigodot \overline{b} \bigoplus \overline{a} \cdot \overline{c}$.
(4): Es sei $\overline{a} \bigoplus \overline{x} = \overline{0} \Leftrightarrow \overline{a+x} = \overline{0} \Leftrightarrow a + x = 0 + k \cdot m$ mit $k \in \mathbb{Z} \Leftrightarrow x = -a + k \cdot m \Leftrightarrow \overline{x} = \overline{-a} = \overline{-a + 1 \cdot m} = \overline{m-a}$.

∎

Anmerkungen:
Analog verhält sich die Menge der Reste $\mathbb{Z}'_m = \{0, 1, \ldots, m-1\}$ bezüglich der Restaddition $\bigoplus$ und Restmultiplikation $\bigodot$. Es seien $a, b, c \in \mathbb{Z}'_m$.

(1) Die Restaddition $\bigoplus$ und die Restmultiplikation $\bigodot$, definiert durch a $\bigoplus$ $b := (a + b)$ $mod\ m$ und $a \bigodot b := (a \cdot b)\ mod\ m$, sind kommutativ und assoziativ auf $\mathbb{Z}'_m$.
(2) Die Restmultiplikation ist distributiv bezüglich der Restaddition, aber nicht umgekehrt.
(3) Für 0 bzw. 1 gelten: $a \bigoplus 0 = a$ sowie $a \bigodot 1 = a$.
(4) Für jedes a aus $\mathbb{Z}'_m$ existiert ein x aus $\mathbb{Z}'_m$ mit $a \bigoplus x = 0$. Es ist $x = m - a$.

Beweis: (nur beispielhaft)

(1) $a \bigodot b := (a \cdot b)\ mod\ m = (b \cdot a)\ mod\ m = b \bigodot a$.

Die Restmultiplikation $\bigodot$ ist kommutativ, weil die Multiplikation in $\mathbb{Z}$ kommutativ ist.

(2) $a \odot (\mathrm{b} \oplus c) = a \odot \mathrm{b} \oplus a \odot \mathrm{c}$.

In der folgenden Schlusskette sind die Kongruenzzeichen $\equiv$ stets *mod m* zu verstehen. Wegen $a, b, c \in \{0,1,\ldots,m-1\}$ gilt $a \bmod m = a$, $b \bmod m = b$, $c \bmod m = c$. Mit Satz A2.10 gilt z. B.: $(b + c) \bmod m \equiv (b \bmod m + c \bmod m) \bmod m$.
Linke Seite (LS $\in \mathbb{Z}'_m$) der Behauptung:

$$\boldsymbol{a} \odot (\mathbf{b} \oplus \boldsymbol{c}) = a \odot (b+c) \bmod m \equiv a \odot (b \bmod m + c \bmod m) =$$

$$= a \odot (b+c) = [a \cdot (b+c)] \bmod m =: z_1 \in \mathbb{Z}'_m.$$

Rechte Seite (RS $\in \mathbb{Z}'_m$) der Behauptung:

$$\boldsymbol{a} \odot \mathbf{b} \oplus \boldsymbol{a} \odot \mathbf{c} = (\mathrm{a} \cdot b) \bmod m \oplus (\mathrm{a} \cdot c) \bmod m \equiv$$

$$\equiv (\mathrm{a} \bmod m \cdot \mathrm{b} \bmod m) \oplus (\mathrm{a} \bmod m \cdot \mathrm{c} \bmod m) =$$

$$= (a \cdot b + a \cdot c) \bmod m =: z_2 \in \mathbb{Z}'_m.$$

Weil in $\mathbb{Z}$ die Multiplikation bezüglich der Addition distributiv ist, folgt $z_1 = z_2$.
Es ist also LS $\equiv$ RS *mod m* und damit gilt nach Definition A2.5 LS *mod m* = RS *mod m*.
Nun sind LS, RS $\in \{0,1,\ldots,m-1\}$. Damit gilt LS *mod m* = LS und RS *mod m* = RS, und wir erhalten die Behauptung LS = RS.

∎

(5) Die Verknüpfungen $\oplus$ bzw. $\odot$ sind kommutativ, assoziativ bzw. distributiv, weil es die entsprechenden Verknüpfungen + bzw. · in $\mathbb{Z}$ sind.
(6) Weil in $\mathbb{Z}_m$ und $\mathbb{Z}'_m$ dieselben Gesetze gelten, können wir durch die Festsetzung $\bar{a} \triangleq a$ $\mathbb{Z}_m$ mit $\mathbb{Z}'_m$ „identifizieren". Diese Festsetzung ist bijektiv und „verträglich" mit den Rechenoperationen, d. h. zum Beispiel für den Modul $m = 4$:

$$\bar{2} \oplus \bar{3} = \bar{1} \triangleq 2 + 3 = 1, \quad \bar{2} \odot \bar{3} = \bar{2} \triangleq 2 \cdot 3 = 2, \quad \ldots$$

Durch diese Festsetzung gehen die Verknüpfungstafeln ineinander über (vgl. Abb. 10.4). Die beiden Strukturen sind bis auf die Bezeichnung der Elemente gleich. Exakter formuliert man: $(\mathbb{Z}_m, \oplus, \odot)$ ist „isomorph (vgl. Schafmeister & Wiebe, 1978, S. 45)" zu $(\mathbb{Z}'_m, \oplus, \odot)$. Im Folgenden schreiben wir daher

$$(\mathbb{Z}_m, \oplus, \odot) = (\mathbb{Z}'_m, \oplus, \odot) = \mathbb{Z}_m.$$

Mengen, auf denen eine oder mehrere algebraische Operationen mit gleichem Verhalten definiert sind, werden zu speziellen algebraischen Strukturen zusammengefasst. Als Vorteil ergibt sich die Einmaligkeit der Ableitung eines Gesetzes in einer Struktur, das dann in allen Strukturen gilt.

Definition A3.3

Eine *Gruppe* $(G, \circ)$ ist eine nicht-leere Menge G, auf der eine algebraische Operation $\circ$ definiert ist, sodass für alle $a, b, c \in G$ gilt:

$G1$: $(a \circ b) \circ c = a \circ (b \circ c)$, d. h., $\circ$ ist assoziativ.

$G2$: Es gibt ein $e \in G$, genannt *neutrales Element*, mit $a \circ e = e \circ a = a$.

$G3$: Zu jedem $a \in G$ gibt es ein Element $a^* \in G$, genannt *inverses Element* zu a, mit

$a \circ a^* = a^* \circ a = e.$

Gilt darüber hinaus:

$G4$: $a \circ b = b \circ a$, d. h., $\circ$ ist kommutativ. Dann heißt $(G, \circ)$ abelsche[1] bzw. kommutative Gruppe.

Anmerkung: Bei abelschen Gruppen verwendet man anstelle des Symbols $\circ$ meist das Zeichen $+$.

Satz A3.1

Das neutrale bzw. inverse Element ist eindeutig bestimmt.

Beweis: Angenommen e und e' erfüllen die Neutralen-Eigenschaft $G2$. Dann folgt:

$e' \circ e = e \circ e' = e'$ bzw. $e \circ e' = e' \circ e = e$, also $e' \circ e = e'$ und $e' \circ e = e$, damit $e' = e$.

Angenommen, zu $a \in G$ gibt es zwei Elemente a_1^*, a_2^* mit $a \circ a_1^* = a_1^* \circ a = e$ und $a \circ a_2^* = a_2^* \circ a = e$.

Dann folgt: $a_1^* = a_1^* \circ e = a_1^* \circ (a \circ a_2^*) = (a_1^* \circ a) \circ a_2^* = e \circ a_2^* = a_2^*$.

∎

Anmerkung: Bei additiv geschriebenen Gruppen $(G, +)$ schreibt man für a^* auch $-a$. Bei beliebigen Gruppen $(G, \circ)$ schreibt man für a^* in der Regel a^{-1}.

Beispiel A3.3 $(\mathbb{Z}, +)$, $(\mathbb{Z}_m, +)$, $(\mathbb{Q}, +)$ sind abelsche Gruppen.

$(\mathbb{N}, +)$ ist keine Gruppe, weil es kein neutrales Element gibt (dieses wäre die Null).

$(\mathbb{N}, -)$ ist keine Gruppe, weil $\mathbb{N}$ bezüglich – nicht abgeschlossen ist.

[1] Benannt nach dem norwegischen Mathematiker N.H. Abel (1802–1829).

$(\mathbb{Z}_6 \setminus \{\overline{0}\}, \odot)$ ist keine Gruppe, weil z. B. das Element $\overline{2}$ kein Inverses besitzt: Gäbe es ein $\overline{x}$ mit $\overline{2} \odot \overline{x} = \overline{1} \Rightarrow \overline{2 \cdot x} = \overline{1} \Rightarrow 6 \mid (2 \cdot x - 1)$, dann wäre $(2 \cdot x - 1)$ eine gerade Zahl. Widerspruch!

Darüber hinaus ist diese Menge bezüglich $\odot$ nicht abgeschlossen, weil $\overline{2} \odot \overline{3} = \overline{0}$ gilt.

Ist der Modul eine Primzahl p, dann gilt für $\mathbb{Z}_p^* := \mathbb{Z}_p \setminus \{\overline{0}\}$ und $\left(\mathbb{Z}_p'\right)^* := \mathbb{Z}_p' \setminus \{0\}$:

Satz A3.2

$\left(\mathbb{Z}_p^*, \odot\right)$ und $\left(\left(\mathbb{Z}_p'\right)^*, \odot\right)$ sind abelsche Gruppen für p prim.

Die Menge der Restklassen $\neq \overline{0}$ und die Menge der Reste $\neq 0$ sind bezüglich der Rest(klassen)multiplikation modulo einer Primzahl abelsche Gruppen.

Beweis: Zuerst muss man zeigen, dass $\mathbb{Z}_p^* = \mathbb{Z}_p \setminus \{\overline{0}\}$ trotz des Ausschlusses von $\overline{0}$ abgeschlossen bezüglich der Restklassenmultiplikation ist. Seien dazu $\overline{a} \neq \overline{0}$ und $\overline{b} \neq \overline{0}$.

Wäre $\overline{a} \odot \overline{b} = \overline{0} \Rightarrow \overline{a \cdot b} = \overline{0} \Rightarrow p \mid (a \cdot b) \Rightarrow p \mid a$ oder p | b (Satz A2.4) $\Rightarrow \overline{a} = \overline{0}$ oder $\overline{b} = \overline{0}$. Das ist ein Widerspruch zur Annahme!

Ebenso ist $\left(\mathbb{Z}_p'\right)^* := \mathbb{Z}_p' \setminus \{0\}$ trotz des Ausschlusses von 0 abgeschlossen bezüglich der Restmultiplikation. Seien dazu $a \neq 0$ und $b \neq 0$.

Wäre $a \odot b = 0 \Rightarrow (a \cdot b) \bmod p = 0 \Rightarrow a \cdot b = p \cdot q + 0 \Rightarrow p \mid (a \cdot b) \Rightarrow p \mid a$ oder $p \mid b \Rightarrow a \bmod p = 0$ oder $b \bmod p = 0 \Rightarrow a = 0$ oder $b = 0$. Das ist ein Widerspruch zur Annahme!

(G1) Die Restklassen- und die Restmultiplikation *mod m* sind assoziativ und kommutativ für alle Module *m*.

(G2) Die Restklasse $\overline{1}$ ist neutral, denn $\overline{1} \odot \overline{a} = \overline{1 \cdot a} = \overline{a}$.

Der Rest 1 ist neutral, denn $1 \odot a = (1 \cdot a) \bmod p = a \bmod p = a$, weil $a < p$ ist.

(G3) Sei $\overline{a} \in \mathbb{Z}_p^* \Rightarrow \overline{a} \neq \overline{0} \Rightarrow p \nmid a$ (sonst wäre $\overline{a} = \overline{0}$) $\Rightarrow$

$ggT(a, p) = 1$ (weil p als Primzahl nur die Teiler 1 und p besitzt) $\Rightarrow$ es gibt x, y $\in \mathbb{Z}$ mit $1 = x \cdot a + y \cdot p \Rightarrow \overline{1} = \overline{x \cdot a + y \cdot p} = \overline{x \cdot a} \oplus \overline{y \cdot p} = \overline{x} \odot \overline{a} + \overline{0} = \overline{x} \odot \overline{a} = \overline{1} \Rightarrow \overline{a}^{-1} = \overline{x}$.

Wir halten fest, dass $\overline{a}^{-1}$ jene Restklasse $\overline{x}$ ist, für dessen Repräsentanten x die Gleichung $1 = x \cdot a + y \cdot p$ gilt.

Für $a \in \left(\mathbb{Z}_p'\right)^*$ ist $a \neq 0 \Rightarrow p \nmid a$, weil $a < p \Rightarrow ggT(a, p) = 1 \Rightarrow$ es gibt ganze Zahlen x und y mit $1 \bmod p = (x \cdot a + y \cdot p) \bmod p = x \cdot a \bmod p = x \odot a$.

Wir halten fest, dass a^{-1} jener Rest x ist, für den die Gleichung $1 = x \cdot a + y \cdot p$ gilt.

■

Einfache Folgerungen aus der Definition einer Gruppe:

Satz A3.4

Sei $(G, \circ)$ eine Gruppe mit dem neutralen Element e, und seien a, b, x, y aus G beliebig. Dann gelten:

(1) $(a \circ b)^{-1} = b^{-1} \circ a^{-1}$. In abelschen Gruppen gilt $(a \circ b)^{-1} = b^{-1} \circ a^{-1} = a^{-1} \circ b^{-1}$.
(2) $(a^{-1})^{-1} = a$. In additiv geschriebenen Gruppen: $-(-a) = a$.
(3) $e^{-1} = e$.
(4) In Gruppen sind „lineare" Gleichungen eindeutig lösbar: $a \circ x = b \Leftrightarrow x = a^{-1} \circ b$ bzw. $a + x = b \Leftrightarrow x = (-a) + b$. Analog ist auch $y \circ a = b$ eindeutig durch $y = b \circ a^{-1}$ lösbar.
(5) In Gruppen gilt die Kürzungsregel: $a \circ x = a \circ y \Rightarrow x = y$.
(6) In Gruppen gibt es eine Potenzrechnung: $a^m \circ a^n = a^{m+n}$ mit $m, n \in \mathbb{Z}$. $(a^m)^n = a^{m \cdot n}$.

Nur in abelschen Gruppen gilt: $(a \circ b)^n = a^n \circ b^n$.

Anmerkung zu (4): Es gilt auch die Umkehrung: Sind „lineare" Gleichungen $a \circ x = b$ und $y \circ a = b$ stets eindeutig lösbar, und ist $\circ$ assoziativ, dann ist $(G, \circ)$ eine Gruppe.

Beweis: Zu ausgewählten Eigenschaften.

(1) Beweisstrategie für inverse Elemente: Zeige zuerst, dass das betrachtete Elemente die Eigenschaft des Inversen besitzt. Weil das Inverse eindeutig bestimmt ist, ist es *das* Inverse.

Wir zeigen: $b^{-1} \circ a^{-1}$ hat Inverseneigenschaft zu $a \circ b$:

$$(a \circ b) \circ (b^{-1} \circ a^{-1}) = a \circ (b \circ b^{-1}) \circ a^{-1} = a \circ e \circ a^{-1} = (a \circ e) \circ a^{-1} = a \circ a^{-1} = e.$$

$$(b^{-1} \circ a^{-1}) \circ (a \circ b) = b^{-1} \circ (a^{-1} \circ a) \circ b = b^{-1} \circ e \circ b = (b^{-1} \circ e) \circ b = b^{-1} \circ b = e.$$

Daher: Das (Inverse zu $a \circ b$) ist $(b^{-1} \circ a^{-1})$. Symbolisch: $(a \circ b)^{-1} = (b^{-1} \circ a^{-1})$.

(2) $a^{-1} \circ a = e = a \circ a^{-1}$ d. h., das Element a besitzt die Inverseneigenschaft zu a^{-1}.
(3) $e \circ e = e$, d. h., das neutrale Element e besitzt die Inverseneigenschaft zu e.
(4) $a \circ x = b \Leftrightarrow a^{-1} \circ (a \circ x) = a^{-1} \circ b \Leftrightarrow (a^{-1} \circ a) \circ x = a^{-1} \circ b \Leftrightarrow e \circ x = a^{-1} \circ b \Leftrightarrow x = a^{-1} \circ b$. Dabei wurde die Eindeutigkeit der Zuordnung $\circ$ benützt.
(5) $a \circ x = a \circ y \Rightarrow a^{-1} \circ (a \circ x) = a^{-1} \circ (a \circ y) \Rightarrow (a^{-1} \circ a) \circ x = (a^{-1} \circ a) \circ y \Rightarrow e \circ x = e \circ y \Rightarrow x = y$.

(6) Wegen der Assoziativität von $\circ$ sind „mehrfache Verknüpfungen" überhaupt erst möglich:

$a \circ b \circ c := (a \circ b) \circ c$, aber auch die Klammersetzung $a \circ (b \circ c)$ liefert das gleiche Ergebnis, weil wegen des Assoziativgesetzes gilt: $a \circ (b \circ c) = (a \circ b) \circ c = a \circ b \circ c$.

Allgemein: $a_1 \circ a_2 \circ a_3 \circ \ldots \circ a_n := (\ldots(((a_1 \circ a_2) \circ a_3) \circ a_4) \circ \ldots \circ a_n)$. Jede andere Klammersetzung liefert das gleiche Ergebnis. Damit definiert man:

$$a^0 := e, \quad a^m := \begin{cases} a \circ a \circ a \circ \ldots \circ a & (m \text{ mal}), \text{für } m \in \mathbb{Z}^+ \\ e & m = 0 \\ a^{-1} \circ a^{-1} \circ \ldots \circ a^{-1} & (|m| \text{ mal}) \text{ für } m \in \mathbb{Z}^- \end{cases}.$$

Den Beweis zu (6) führt man mittels Fallunterscheidungen und beginnt mit $m \in \mathbb{Z}^+ = \mathbb{N}$.

■

Um den Begriff Code definieren zu können, aber auch zur Beschreibung des Verfahrens der Syndromdecodierung, benötigen wir den Begriff der Untergruppe einer Gruppe.

Beispiel A3.4 Wir betrachten die abelsche Gruppe $(\mathbb{Z}_6, \oplus)$ mit $\mathbb{Z}_6 = \{\overline{0}, \overline{1}, \overline{2}, \overline{3}, \overline{4}, \overline{5}\}$.

Wir beobachten:

(1) Die Teilmenge $U_1 := \{\overline{0}, \overline{3}\}$ ist abgeschlossen bezüglich $\oplus$, weil $\overline{3} \oplus \overline{3} = \overline{0}$ gilt. $(U_1, \oplus)$ ist wieder eine Gruppe.
(2) Die Teilmenge $U_2 := \{\overline{0}, \overline{2}\}$ ist *nicht* abgeschlossen bezüglich $\oplus$, $\overline{2} \oplus \overline{2} = \overline{4} \notin U_2$. $(U_2, \oplus)$ ist keine Gruppe.
(3) Die Teilmenge $U_3 := \{\overline{1}, \overline{5}\}$ ist abgeschlossen bezüglich $\odot$, weil $\overline{5} \odot \overline{5} = \overline{1} \in U_3$. $(U_3, \odot)$ ist zwar eine Gruppe, aber bezüglich einer anderen algebraischen Operation als $\oplus$.

Definition A3.4
Sei $(G, \circ)$ eine Gruppe, und sei U eine nicht-leere Teilmenge von G. Man nennt $(U, \circ)$ *Untergruppe* von $(G, \circ)$ genau dann, wenn U bezüglich der gleichen Operation $\circ$ wieder eine Gruppe ist.
Symbolisch: $(U, \circ)$ Untergruppe von $(G, \circ) \Leftrightarrow U \trianglelefteq G$ und $U \lhd G \Leftrightarrow U \subset G$.

Beispiele: $(U_1, \oplus) \lhd (\mathbb{Z}_6, \oplus)$, $(U_2, \oplus) \ntriangleleft (\mathbb{Z}_6, \oplus)$, $(U_3, \odot) \ntriangleleft (\mathbb{Z}_6, \oplus)$, obwohl $(U_3, \odot)$ eine Gruppe ist.

Um nicht alle definierenden Eigenschaften einer Gruppe testen zu müssen, genügt die Prüfung zweier Regeln.

Satz A3.5
Sei $(G, \circ)$ eine Gruppe mit neutralem Element e. Eine nicht-leere Teilmenge U von G ist eine Untergruppe von $(G, \circ)$ genau dann, wenn

(1) für beliebige $a, b \in U \Rightarrow a \circ b^{-1} \in U$.
(2) $e \in U$.

Beweis:
Seien Eigenschaften (1) und (2) erfüllt.

(a) Sei $b \in U \Rightarrow e \circ b^{-1} = b^{-1} \in U$.
(b) Ist $a, b \in U$, dann sind $a, b^{-1} \in U$ und damit $a \circ (b^{-1})^{-1} = a \circ b \in U$. Also ist U bezüglich $\circ$ abgeschlossen.
(c) Das Assoziativgesetz für $\circ$ gilt auf ganz G, also auch auf der Teilmenge U.

Insgesamt ist $(U, \circ)$ eine Gruppe bezüglich $\circ$ und damit eine Untergruppe von $(G, \circ)$.
Sei umgekehrt $(U, \circ)$ eine Untergruppe von $(G, \circ)$.
Eigenschaft (1) gilt wegen $a \in U$ und $b^{-1} \in U$, also $a \circ b^{-1} \in U$.
Eigenschaft (2): Angenommen e' wäre das neutrale Element von $(U, \circ)$. Dann gilt für jedes $u \in U$: $u \circ e' = u = u \circ e$. Mit der Kürzungsregel folgt $e = e' \in U$.

∎

Anmerkung: Bei einer additiv geschriebenen Gruppe $(G, +)$ lauten die Kriterien (1) und (2) mit der Festsetzung $a - b := a + (-b)$:

(1) Für beliebige $a, b \in U \Rightarrow a + (-b) = a - b \in U$.
(2) $0 \in U$.

Für endliche Mengen, und nur mit solchen Mengen haben wir es in der Codierungstheorie zu tun, erfolgt die Untergruppenüberprüfung noch einfacher.

Satz A3.6
Sei $(G, \circ)$ eine Gruppe. Eine nicht-leere und endliche Teilmenge U von G ist bereits dann eine Untergruppe von $(G, \circ)$, wenn mit $a, b \in U$ auch $a \circ b \in U$ gilt.

Das bedeutet, dass die Abgeschlossenheit von U die Gültigkeit der Gruppeneigenschaften zur Folge hat.

Beweisidee: Seien $U = \{u_1, \ldots, u_r\}$ und $a \in U$ beliebig. Dann sind in der Menge $U' = \{a \circ u_1, \ldots, a \circ u_r\}$ wegen der Kürzungsregel alle Elemente verschieden (aus $a \circ u_i = a \circ u_j \Rightarrow u_i = u_j$). Also ist $U' = U$. Die Elemente sind nur in einer anderen

Reihenfolge angeschrieben. Damit ist jede Gleichung der Form $a \circ x = b$ mit $b \in U$ eindeutig lösbar.

Analog erhält man aus $U'' = \{u_1 \circ a, \ldots, u_r \circ a\} = U$ die eindeutige Lösbarkeit jeder Gleichung der Form $y \circ a = b$.

Nach der Umkehrung von (4) in Satz A3.4 ist $(U, \circ)$ eine Gruppe.

∎

Nebenklassen nach einer Untergruppe

Seien $(G, \circ)$ eine Gruppe mit neutralem Element e und $(U, \circ)$ eine Untergruppe. Wir definieren für beliebige $a, b, c \in G$:

$$a \sim b :\Leftrightarrow b^{-1} \circ a \in U.$$

Es gelten:

$$\sim \text{ist reflexiv}: \quad a^{-1} \circ a = e \in U \Rightarrow a \sim a.$$

~ist symmetrisch: Sei $a \sim b \Rightarrow b^{-1} \circ a \in U \Rightarrow a^{-1} \circ b = (b^{-1} \circ a)^{-1} \in U \Rightarrow b \sim a$.
~ist transitiv: Sei $a \sim b$ und $b \sim c \Rightarrow b^{-1} \circ a \in U$ und $c^{-1} \circ b \in U \Rightarrow$
$\Rightarrow c^{-1} \circ a = c^{-1} \circ e \circ a = c^{-1} \circ (b \circ b^{-1}) \circ a = (c^{-1} \circ b) \circ (b^{-1} \circ a) \in U \Rightarrow a \sim c$.
Insgesamt ist ~ eine Äquivalenzrelation auf G. Die zugehörigen Äquivalenzklassen $\overline{a}$ mit $a \in G$ können folgendermaßen beschrieben werden:

$$\overline{a} = \{x \in G | x \sim a\} = \left\{x \in G | a^{-1} \circ x \in U\right\} = \{x \in G | x = a \circ u, u \in U\} =: a \circ U.$$

Definition A3.5
Seien $(G, \circ)$ eine Gruppe, $(U, \circ)$ eine Untergruppe und $a \in G$. Die Menge
$a \circ U := \{x \in G | x = a \circ u, u \in U\}$ heißt *Linksnebenklasse* von a bezüglich U.
$U \circ a := \{x \in G | x = u \circ a, u \in U\}$ heißt *Rechtsnebenklasse* von a bezüglich U.

Anmerkungen: In abelschen Gruppen $(G, +)$ stimmt die Linksnebenklasse mit der Rechtsnebenklasse überein. Man spricht von der Nebenklasse von a bezüglich U und schreibt

$$a + U := \{x \in G | x = a + u, u \in U\}.$$

Aus den obigen Überlegungen und mit Satz A1.1 formulieren wir:

Satz A3.7
Eine Gruppe G ist die disjunkte Vereinigung ihrer Nebenklassen bezüglich einer Untergruppe U.

Um einen Zusammenhang zwischen Untergruppen und Gruppen angeben zu können, benötigen wir den folgenden Satz.

Satz A3.8
Seien $(G, \circ)$ eine endliche Gruppe und $(U, \circ)$ eine Untergruppe. Alle Linksnebenklassen bezüglich U enthalten jeweils gleich viele Elemente, nämlich genauso viele wie die Untergruppe U: $|a \circ U| = |U|$ für alle $a \in G$.

Beweis: Sei $f: U \longrightarrow a \circ U$ mit $f(u) := a \circ u$, $u \in U$.

(1) Die Abbildung f ist surjektiv: Sei $x \in a \circ U \Rightarrow$ Es gibt $u \in U$ mit $x = a \circ u$. Dann ist $f(u) = a \circ u = x$.
(2) Die Abbildung f ist injektiv: Sei $f(u_1) = f(u_2) \Rightarrow a \circ u_1 = a \circ u_2 \Rightarrow u_1 = u_2$ (Kürzungsregel).

Insgesamt ist f bijektiv, und es gilt $|a \circ U| = |U|$.
■

Alle Nebenklassen sind als Äquivalenzklassen entweder identisch oder disjunkt. Damit kann man folgenden Zerlegungsalgorithmus formulieren:

(1) Schreibe alle Elemente von U an.
(2) Wähle ein Element a_2, das nicht in U liegt und bilde $(a_2 \circ U) \neq U$.
(3) Wähle ein Element a_3, das nicht in $(a_2 \circ U) \cup U$ liegt und bilde $a_3 \circ U$ usw.
(4) Wegen der Endlichkeit von G werden alle Elemente von G erfasst.
Damit existiert ein $r \in \mathbb{N}$ mit

$$G = U \cup (a_2 \circ U) \cup (a_2 \circ U) \cup \ldots \cup (a_r \circ U).$$

Wegen der Disjunktheit der Nebenklassen gilt dann:

$$|G| = |U| + |(a_2 \circ U)| + |(a_2 \circ U)| + \ldots + |(a_r \circ U)| = |U| + \ldots + |U| = r \cdot |U|.$$

Insgesamt erhalten wir den Satz von J.L. Lagrange (1736–1813).

Satz A3.9
Seien $(G, \circ)$ eine endliche Gruppe und $(U, \circ)$ eine Untergruppe. Dann gilt:

$$|G| = \textit{Anzahl der Nebenklassen} \cdot |U|.$$

Insbesondere ist die Elementanzahl einer Untergruppe U stets ein Teiler der Elementanzahl der Gruppe G.

Anmerkung: Anstelle der Elementanzahl einer Gruppe spricht man meist von der *Ordnung* einer Gruppe. Also ist die Ordnung einer Untergruppe stets ein Teiler der *Gruppenordnung*.

Besonders einfach gestaltet sich das Rechnen in Gruppen $(G, \circ)$, wenn jedes $x \in G$ eine Potenz eines einzigen Elementes $a \in G$ ist, also $x = a^n$ mit $n \in \mathbb{N}$. Solche Elemente a werden zur Konstruktion besonders leistungsfähiger Codes verwendet (vgl. Kap. 7).

Zyklische Gruppen

Sei $(G, \circ)$ eine endliche Gruppe mit dem neutralen Element e, und sei $a \in G$. Wegen der Abgeschlossenheit von G bezüglich $\circ$ sind $a^2 = a \circ a \in G$, $a^3 = a \circ a \circ a \in G, \ldots$

Diese Elemente können wegen der Endlichkeit von G nicht alle verschieden sein.

Seien $a^{n_1} = a^{n_2}$ mit $n_1 > n_2$ und $n_1, n_2 \in \mathbb{N}$. Nach den Potenzregeln gilt: $a^{n_1 - n_2} = e$ mit $n := n_1 - n_2$ und $n > 0$. Dann ist auch $a^{2 \cdot n} = (a^n)^2 = e^2 = e$, $a^{3 \cdot n} = e$ usw.

Nach der Wohlordnungseigenschaft von $\mathbb{N}$ (vgl. Anmerkung nach Definition A1.2) besitzt jede nicht-leere Teilmenge von $\mathbb{N}$ ein kleinstes Element. Damit ist folgende Definition möglich.

Definition A3.6
Seien $(G, \circ)$ eine Gruppe mit dem neutralen Element e und $a \in G$.

Die *Ordnung von a* ist die kleinste natürliche Zahl n mit $a^n = e$. Symbolisch:

$$ord(a) = n \Leftrightarrow a^n = e \text{ und } a^i \neq e \text{ für } 0 < i < n.$$

Anmerkung: Bei additiv geschriebenen Gruppen passt man die Definition an und schreibt:

$$ord(a) = n \Leftrightarrow n \cdot a = e \text{ und } i \cdot a \neq 0 \text{ für } 0 < i < n.$$

Beispiel A3.5 In $(\mathbb{Z}_5, \odot)$ hat $\overline{3}$ die Ordnung 4, weil $\overline{3}^1 = \overline{3}$, $\overline{3}^2 = \overline{9} = \overline{4}$, $\overline{3}^3 = \overline{27} = \overline{2}$, $\overline{3}^4 = \overline{81} = \overline{1}$.

In $(\mathbb{Z}_6, \bigodot)$ hat $\overline{5}$ die Ordnung 2, weil $\overline{5}^1 = \overline{5}, \overline{5}^2 = \overline{25} = \overline{1}$.
In $(\mathbb{Z}_6, \bigoplus)$ hat $\overline{5}$ die Ordnung 6, weil

$$\overline{5} = \overline{5}, \overline{5} \bigoplus \overline{5} = \overline{4}, \overline{5} \bigoplus \overline{5} \bigoplus \overline{5} = \overline{3}, \ldots, \overline{5} \bigoplus \overline{5} \bigoplus \overline{5} \bigoplus \overline{5} \bigoplus \overline{5} \bigoplus \overline{5} = \overline{0}.$$

Anmerkung: Um diese Schreibweise abzukürzen, definiert man in additiv geschriebenen Gruppen $(G, +)$

$$za := z \cdot a := \begin{cases} a + a + \ldots + a & z - \text{mal für } z \in \mathbb{N} = \mathbb{Z}^+, \\ 0 & z = 0, \\ (-a) + \ldots + (-a) & |z| - \text{mal für } z \in \mathbb{Z}^-. \end{cases}$$

Damit kann man anstelle von $\overline{5} \bigoplus \overline{5} \bigoplus \overline{5} \bigoplus \overline{5} \bigoplus \overline{5} \bigoplus \overline{5}$ auch $6 \cdot \overline{5} = \overline{0}$ schreiben.

Satz A3.10
Seien $(G, \circ)$ eine Gruppe mit dem neutralen Element e sowie $a \in G$ und $z \in \mathbb{Z}$.
Dann gilt: $a^z = e \Leftrightarrow ord(a) \mid z$.

Beweis:
„⇒“ Seien $a^z = e$ und $ord(a) = n \in \mathbb{N}$. Nach Satz A2.1 von der Division mit Rest gibt es $q, r \in \mathbb{Z}$ mit $0 \leq r < n$ und $z = q \cdot n + r$. Dann gilt nach den Potenzregeln in einer Gruppe (vgl. Satz A3.4 (6)):

$$e = a^z = a^{q \cdot n + r} = (a^n)^q a^r = (e)^q a^r = a^r.$$

Nun ist n die kleinste natürliche Zahl mit $a^n = e$, daher ist nur $r = 0$ möglich. Dann gilt aber $z = q \cdot n$ und $n = ord(a)$ teilt z.
„⇐“ Sei $n = ord(a) \mid z$. Dann gibt es ein $q \in \mathbb{Z}$ mit $z = n \cdot q$, und es gilt:

$$a^z = a^{n \cdot q} = (a^n)^q = (e)^q = e.$$

■

Anmerkung: In additiv geschriebenen Gruppen $(G, +)$ lautet Satz A3.10:

$$za = 0 \Leftrightarrow ord(a) \mid z.$$

Definition A3.7
(1) Seien $(G, \circ)$ eine Gruppe mit dem neutralen Element e und $a \in G$.
$\langle a \rangle := \{a^z | z \in \mathbb{Z}\}$ nennt man die von a erzeugte Teilmenge.

(Fortsetzung)

Definition A3.7 (Fortsetzung)

(2) Eine Gruppe $(G, \circ)$ heißt *zyklisch* genau dann, wenn es ein $a \in G$ gibt mit $G = \langle a \rangle$.

(3) Das Element $a \in G$ nennt man *erzeugendes* oder *primitives Element* von G genau dann, wenn $G = \langle a \rangle$.

Anmerkungen:

(1) Ist $(G, \circ)$ zyklisch, dann lassen sich alle Gruppenelemente als Potenzen des primitiven Elementes darstellen. Im Allgemeinen gibt es mehrere primitive Elemente (vgl. Beispiel A3.6).

(2) Zyklische Gruppen spielen bei der Konstruktion leistungsfähiger Codes eine bedeutende Rolle (vgl. Kap. 7).

Für die von a erzeugte Teilmenge $\langle a \rangle$ gilt:

Satz A3.11

Seien $(G, \circ)$ eine Gruppe mit dem neutralen Element e und $a \in G$.

(1) Die von a erzeugte Menge ist eine Untergruppe von $(G, \circ)$ mit $|\langle a \rangle| = ord(a)$.

(2) Die Ordnung eines Gruppenelementes a ist Teiler der Gruppenordnung.

(3) Kleiner Fermatscher Satz: $a^{|G|} = e$.

Beweis:

(1) Durch Überprüfung der Untergruppenkriterien zeigt man, dass $\langle a \rangle$ eine Untergruppe von $(G, \circ)$ ist.

Die Behauptung $|\langle a \rangle| = ord(a)$ gilt, weil:
Ist $ord(a) = n$, dann besteht $\langle a \rangle$ aus den paarweise verschiedenen Elementen

$$\{a^0 = e, a^1 = a, a^2, \ldots, a^{n-1}\}.$$

Wären zwei Elemente dieser Menge gleich, also

$$a^r = a^{r'} \text{ für } r' < r \text{ und } 0 \leq r, r' < n,$$

dann folgt:

$$a^{r-r'} = e \text{ mit } 0 < r - r' < n.$$

Dies ist ein Widerspruch zur Minimalität von n als kleinster natürlicher Zahl mit $a^n = e$.

Sei a^z mit $z \in \mathbb{Z}$ beliebig. Division von z durch n ergibt: $z = q \cdot n + r$ mit $0 \leq r < n$. Damit ist

$$a^z = a^{q \cdot n + r} = (a^n)^q \circ a^r = e \circ a^r = a^r \in \{a^0 = e, a^1 = a, a^2, \ldots, a^{n-1}\}.$$

Dies heißt:

$$\langle a \rangle \subseteq \{a^0 = e, a^1 = a, a^2, \ldots, a^{n-1}\} \subseteq \langle a \rangle \Leftrightarrow \langle a \rangle = \{a^0 = e, a^1 = a, a^2, \ldots, a^{n-1}\}.$$

(2) Nach (1) gilt: $ord(a) = |\langle a \rangle|$, und nach dem Satz von Lagrange gilt: $|\langle a \rangle|$ teilt $|G|$.
(3) Nach (2) gilt: $|G| = ord(a) \cdot k$ mit $k \in \mathbb{N}$ und damit $a^{|G|} = (a^{ord(a)})^k = e^k = e$.

∎

Beispiel A3.6 Es ist
$(\mathbb{Z}_5^* = \mathbb{Z}_5 \backslash \{0\}, \odot) = (\{\overline{1}, \overline{2}, \overline{3}, \overline{4}\}, \odot) = \left(\left\{\overline{3}, \overline{3}^2, \overline{3}^3, \overline{3}^4 = \overline{1}\right\}, \odot\right) = (\langle \overline{3} \rangle, \odot) = (\langle \overline{2} \rangle, \odot) = (\langle \overline{4} \rangle, \odot)$.

Es ist

$$(\mathbb{Z}_6, \oplus) = (\{\overline{0}, \overline{1}, \overline{2}, \overline{3}, \overline{4}, \overline{5}\}, \oplus) = (\{0 \cdot \overline{5}, 1 \cdot \overline{5}, 2 \cdot \overline{5}, 3 \cdot \overline{5}, 4 \cdot \overline{5}, 5 \cdot \overline{5}\}, \oplus)$$
$$= (\langle \overline{5} \rangle, \oplus) = (\langle \overline{1} \rangle, \oplus).$$

Satz A3.12
Jede Gruppe G von Primzahlordnung ist zyklisch.

Beweis: Sei $|G| = ord(G) = p$, p prim, und sei e neutrales Element von G. Da $p \geq 2$ ist, gibt es ein $a \in G$ mit $a \neq e$. Weil $e = a^0 \in \langle a \rangle$ und $a = a^1 \in \langle a \rangle$ gilt: $ord(a) = |\langle a \rangle| \neq 1$.
Nach dem Satz von Lagrange ist $ord(a)$ ein Teiler der Gruppenordnung $|G| = p$. Also ist $ord(a) = p \Rightarrow \langle a \rangle = \{e, a, a^2, \ldots, a^{p-1}\} \subseteq G$. Da $|G| = p$, folgt $\langle a \rangle = G$.

∎

Abelsche Gruppen sind die Ausgangsstrukturen für zahlreiche weitere Strukturen, die in der Codierungstheorie benötigt werden.

Definition A3.8
Ein *kommutativer Ring* $(R, +, \cdot)$ mit Einselement 1 ist eine nicht-leere Menge R, auf der zwei algebraische Operationen $+$ und $\cdot$, genannt Addition und Multiplikation, definiert sind, sodass für alle a, b, c aus R gilt:

(Fortsetzung)

Definition A3.8 (Fortsetzung)

(1) $(R, +)$ ist eine abelsche Gruppe mit neutralem Element 0, das Nullelement des Ringes genannt wird.

(2) $(a \cdot b) \cdot c = a \cdot (b \cdot c)$, die Multiplikation ist assoziativ.

(3) $a \cdot (b + c) = a \cdot b + a \cdot c$, die Multiplikation ist distributiv bezüglich der Addition.

(4) Es gibt ein Element $1 \neq 0$ in R, mit $1 \cdot a = a \cdot 1 = a$, das Einselement des Ringes genannt wird.

(5) $a \cdot b = b \cdot a$, die Multiplikation ist kommutativ.

Anmerkung:

Wegen der Kommutativität der Multiplikation gilt auch: $(a + b) \cdot c = a \cdot c + b \cdot c$.

Die Multiplikation bindet nach Vereinbarung stärker als die Addition. Somit werden Klammern eingespart. Sonst müsste man $a \cdot (b + c) = (a \cdot b) + (a \cdot c)$ schreiben.

Gelten die Bedingungen (4) und (5) nicht, so spricht man nur von einem Ring.

Beispiel A3.7

(1) $(\mathbb{Z}, +, \cdot), (\mathbb{Z}_m, \oplus, \odot), (\mathbb{Z}'_m, \oplus, \odot), (\mathbb{Q}, +, \cdot)$ sind kommutative Ringe mit Einselement.

Dabei sind in $(\mathbb{Z}_m, \oplus, \odot)$ die Restklasse $\overline{0}$ das Nullelement und die Restklasse $\overline{1}$ das Einselement.

In $(\mathbb{Z}'_m, \oplus, \odot)$ ist der Rest 0 das Nullelement und der Rest 1 das Einselement.

In $(\mathbb{Z}, +, \cdot)$ ist das Nullelement die ganze Zahl 0 und das Einselement die ganze Zahl +1.

(2) $(\mathbb{N}, +, \cdot)$ ist kein kommutativer Ring mit Einselement, weil $(\mathbb{N}, +)$ keine Gruppe ist.

Einfache Folgerungen für einen kommutativen Ring mit Einselement:

Satz A3.13

Seien R ein kommutativer Ring mit Einselement und a, b, c aus R beliebig.

Dann gelten folgende Eigenschaften:

(1) $a \cdot 0 = 0$.

(2) $a \cdot (-b) = -(a \cdot b) = (-a) \cdot b$ „Vorzeichenregel“.

(3) $(-a) \cdot (-b) = a \cdot b$.

(4) $a \cdot (b - c) = a \cdot b - a \cdot c$.

Beweis:

(1): $a \cdot 0 = a \cdot (0 + 0) = a \cdot 0 + a \cdot 0$. Mit Addition des inversen Element $-(a \cdot 0)$ zu $a \cdot 0 = a \cdot 0 + a \cdot 0$ folgt:

$$0 = a \cdot 0 + a \cdot 0 + (-(a \cdot 0)) = a \cdot 0 + (a \cdot 0 + (-(a \cdot 0))) = a \cdot 0 + 0 = a \cdot 0.$$

(2): $a \cdot (-b)$ besitzt die Inverseneigenschaft zu $a \cdot b$:

$$a \cdot b + a \cdot (-b) = a \cdot (b + (-b)) = a \cdot 0 = 0.$$

Wegen der Eindeutigkeit des inversen Elementes *ist* $a \cdot (-b)$ das zu $a \cdot b$ inverse Element.

Symbolisch: $a \cdot (-b) = -(a \cdot b)$.

(3): $(-a) \cdot (-b) = -((-a) \cdot b) = -((-a \cdot b)) = a \cdot b$ (vgl. Satz A3.4 (2)).
(4): $a \cdot (b - c) = a \cdot (b + (-c)) = a \cdot b + a \cdot (-c) = a \cdot b + (-a \cdot c) = a \cdot b - a \cdot c$.
∎

Anmerkung: Ist in einem Ring R das multiplikative neutrale Element 1 gleich dem additiv neutralen Element 0, dann sind alle Ringelemente a gleich 0, denn: $a = a \cdot 1 = a \cdot 0 = 0$. Damit gilt $R = \{0\}$. Fordert man also $1 \neq 0$, dann ist dies gleichbedeutend mit $R \neq \{0\}$.

Wie bei Gruppen betrachtet man auch Teilmengen eines Ringes $(R, +, \cdot)$, die bezüglich der Operationen + und · abgeschlossen sind.

Definition A3.9

Sei $(R, +, \cdot)$ ein kommutativer Ring mit Einselement, und sei U eine nicht-leere Teilmenge von R. Man nennt $(U, +, \cdot)$ einen *Unterring* von $(R, +, \cdot)$ genau dann, wenn U bezüglich der gleichen Operation + und · wieder ein Ring ist.

Symbolisch: $(U, +, \cdot)$ Unterring von $(R, +, \cdot) \Leftrightarrow U \trianglelefteq R$ bzw. $U \triangleleft R \Leftrightarrow U \neq R$.

Um nicht alle definierenden Eigenschaften eines Ringes testen zu müssen, genügt die Prüfung zweier Regeln:

Satz A3.14

Sei $(R, +, \cdot)$ ein Ring mit Einselement 1. Eine nicht-leere Teilmenge U von R ist ein Unterring von $(R, +, \cdot)$ genau dann, wenn

(1) für beliebige $a, b \in U \Rightarrow a - b \in U$ und $a \cdot b \in U$.
(2) $1 \in U$.

Beispiel A3.8 Sei $n \in \mathbb{N}$. Die Menge $(n) := \{z \in \mathbb{Z} | z = k \cdot n, k \in \mathbb{Z}\}$ aller Vielfachen von n ist ein Unterring von $(\mathbb{Z}, +, \cdot)$. Symbolisch: $(n) \lhd (\mathbb{Z}, +, \cdot)$.

Für diesen Unterring gilt darüber hinaus, dass nicht nur das Produkt zweier Unterringelemente wieder in (n) liegt, sondern sogar das Produkt eines Elementes von (n) mit einem beliebigen Element z aus $(\mathbb{Z}, +, \cdot)$:

Ist $u \in (n) \Rightarrow u = k \cdot n$ mit $k \in \mathbb{Z} \Rightarrow z \cdot u = z \cdot (k \cdot n) = (z \cdot k) \cdot n \in (n)$,weil $z \cdot k \in \mathbb{Z}$.

Beispiel A3.9 Sei $n = 5$. Dann ist $15 \in (5)$ und $10 \in (5)$ und auch $15 \cdot 10 = 150 \in (5)$. Aber auch für $15 \in (5)$ und $7 \notin (5)$ gilt trotzdem $15 \cdot 7 = 105 \in (5)$.

Definition A3.10

Sei $(R, +, \cdot)$ ein kommutativer Ring mit Einselement. Eine nicht-leere Teilmenge I von R heißt *Ideal* in R genau dann, wenn gilt:

(1) $a, b \in I \Rightarrow a - b \in I$.

(2) $a \in I$ und $r \in R \Rightarrow a \cdot r \in I$.

Anmerkung: Jedes Ideal ist ein Unterring. Die Umkehrung gilt nicht (vgl. Beobachtung zu Beispiel 6.6).

Die Ringe $(\mathbb{Z}, +, \cdot)$ und $(\mathbb{Z}'_m, \oplus, \odot)$ unterscheiden sich z. B. in folgender Eigenschaft:

In $(\mathbb{Z}, +, \cdot)$ gilt: Sind $a \neq 0$ und $b \neq 0$, dann ist auch $a \cdot b \neq 0$.

In $(\mathbb{Z}'_m, \oplus, \odot)$ für $m = 6$ gilt dagegen: $2 \cdot 3 = 6 \textit{ mod } 6 = 0$, obwohl $2 \neq 0$ und $3 \neq 0$ sind.

Definition A3.11

Seien $R \neq \{0\}$ ein Ring und $a \in R$ mit $a \neq 0$. Das Element a nennt man genau dann *Nullteiler* in R, wenn es ein Element $b \in R$ mit $b \neq 0$ gibt mit $a \cdot b = b \cdot a = 0$.

Definition A3.12

Ein *Integritätsring* (*Integritätsbereich*) $(R, +, \cdot)$ ist ein kommutativer Ring mit Einselement 1 ohne Nullteiler.

Anmerkung: In Integritätsringen ist die Menge $R^* = R \backslash \{0\}$ bezüglich der Multiplikation abgeschlossen.

Beispiel A3.10 Die Ringe $(\mathbb{Z}, +, \cdot)$ und $(\mathbb{Q}, +, \cdot)$ sind Integritätsbereiche.

$(\mathbb{Z}_6, \oplus, \odot)$ ist kein Integritätsbereich.

Allgemein gilt, dass $(\mathbb{Z}_m, \oplus, \odot)$ kein Integritätsbereich für nicht primes m ist:

Ist nämlich $m = m_1 \cdot m_2$ mit $1 < m_1, m_2 < m$, dann wäre $\overline{m_1} \odot \overline{m_2} = \overline{m} = \overline{0}$, obwohl $\overline{m_1} \neq \overline{0}$ und $\overline{m_2} \neq \overline{0}$. Also sind $\overline{m_1}$ und $\overline{m_2}$ Nullteiler.

Ebenso ist $(\mathbb{Z}'_m, \oplus, \odot)$ kein Integritätsbereich für nicht primes m.

Hingegen besitzen $(\mathbb{Z}_p, \oplus, \odot)$ und $(\mathbb{Z}'_p, \oplus, \odot)$ mit p prim, keine Nullteiler und sind daher Integritätsbereiche:

Sind $\overline{a}$ und $\overline{b}$ gleichzeitig ungleich $\overline{0}$, also $p \nmid a$ und $p \nmid b$, dann ist auch $\overline{a} \odot \overline{b} \neq \overline{0}$. Wäre nämlich

$$\overline{a} \odot \overline{b} = \overline{0} \Rightarrow \overline{a \cdot b} = \overline{0} \Rightarrow p|a \cdot b \Rightarrow p|a \text{ oder p } | \text{ b} \qquad \text{Widerspruch!}$$

Alternativ begründet man in der „*mod*"-Schreibweise: Seien $a, b \in \mathbb{Z}_p$ beide ungleich 0. Wäre $a \odot b = 0 \Rightarrow (a \cdot b)\ mod\ p = 0 \Rightarrow a \cdot b = q \cdot p + 0 \Rightarrow p|(a \cdot b) \Rightarrow p|a$ oder p | b. Das ist ein Widerspruch zu $0 < a, b < p$, da $\mathbb{Z}_p = \{0, 1, \ldots, p - 1\}$.

Die Integritätsbereiche $(\mathbb{Z}, +, \cdot)$, $(\mathbb{Z}_p, \oplus, \odot)$ und $(\mathbb{Z}'_p, \oplus, \odot)$ unterscheiden sich aber in folgender Eigenschaft:

In $\mathbb{Z}_p$ gibt es zu jeder Restklasse $\overline{a} \neq \overline{0}$ eine Restklasse $\overline{x}$ mit $\overline{a} \odot \overline{x} = \overline{1}$ (vgl. Satz A3.2).

In $\mathbb{Z}'_p$ gibt es zu jedem Rest $a \neq 0$ einen Rest x mit $a \odot x = 1$ (vgl. Satz A3.2).

In $\mathbb{Z}$ gibt es z. B. zum Element $3 \neq 0$ kein $x \in \mathbb{Z}$ mit $3 \cdot x = 1$, da $x = 1/3$ nicht in $\mathbb{Z}$ liegt.

Definition A3.13

Sei $(R, +, \cdot)$ ein kommutativer Ring mit Einselement $1 \neq 0$. Ein Element $a \in R$ nennt man genau dann *invertierbar bzw. eine Einheit*, wenn es ein $b \in R$ gibt mit $a \cdot b = 1$.

Anmerkung: Das Element 0 kann nie eine Einheit sein, denn $0 \cdot x = 0 \neq 1$.

Beispiel A3.11 In $\mathbb{Z}'_m$ sind alle Elemente a mit $ggT(a, m) = 1$ invertierbar.

Denn: $ggT(a, m) = 1 \Rightarrow$ es gibt $x, y \in \mathbb{Z}$ mit $1 = a \cdot x + m \cdot y \Rightarrow$

$$1 = 1\ mod\ m = (a \cdot x + m \cdot y)\ mod\ m \equiv (a \cdot x)\ mod\ m + (m \cdot y)\ mod\ m =$$

$$= (a \cdot x)\ mod\ m + 0 = (a \cdot x)\ mod\ m = a \odot x. \text{ Insgesamt : } 1 = a \odot x.$$

Ist m nicht prim, so findet man in $(\mathbb{Z}'_m, \oplus, \odot)$ einige Elemente, die invertierbar sind, aber nicht alle sind invertierbar.

Analoges gilt in der Menge der Restklassen $\mathbb{Z}_m$, denn

$$\overline{1} = \overline{a \cdot x + m \cdot y} = \overline{a \cdot x} + \overline{m \cdot y} = \overline{a} \odot \overline{x} + \overline{m} \odot \overline{y} = \overline{a} \odot \overline{x}.$$

Definition A3.14
Ein *Körper* $(\mathbb{K}, +, \cdot)$ ist ein kommutativer Ring mit Einselement $1 \neq 0$, in dem alle Elemente ungleich Null invertierbar sind.

Oder:

Ein *Körper* $(\mathbb{K}, +, \cdot)$ ist ein kommutativer Ring mit Einselement $1 \neq 0$ mit:

(1) $(\mathbb{K}, +)$ ist eine abelsche Gruppe.
(2) $(\mathbb{K}^* := \mathbb{K} \setminus \{0\}, \cdot)$ ist eine abelsche Gruppe.
(3) Die Multiplikation $\cdot$ ist distributiv bezüglich der Addition +.

Eine Teilmenge $U \subseteq \mathbb{K}$ ist *Unterkörper* von $(\mathbb{K}, +, \cdot)$ genau dann, wenn

(1) mit $a, b \in U$ sind $a - b \in U$ und falls $b \neq 0$ auch $a \cdot b^{-1} \in U$.
(2) $1 \in U$.

Eine einfache Folgerung aus den Körpereigenschaften ist:

Satz A3.15
Ein Körper $\mathbb{K}$ besitzt keine Nullteiler.

Beweis: Sei $a \in \mathbb{K}$ mit $a \neq 0$ (wegen $1 \neq 0$ existiert dieses a). Weil $\mathbb{K}^*$ eine Gruppe ist, findet man ein zu a inverses Element $a^{-1} \in \mathbb{K}^*$. Gibt es ein $b \in \mathbb{K}$ und $a \cdot b = 0$, dann wäre $a^{-1} \cdot (a \cdot b) = a^{-1} \cdot 0 = 0$ und $(a^{-1} \cdot a) \cdot b = 0$. Daraus folgt $b = 0$. Also gibt es keine Nullteiler.

∎

Beispiel A3.12 $(\mathbb{Q}, +, \cdot)$ ist ein nicht-endlicher Körper.

Die Menge der Restklassen und die Menge der Reste modulo einer Primzahl p sind bezüglich $\oplus$ und $\odot$ endliche Körper mit p Elementen.

$(\mathbb{Z}, +, \cdot)$ ist kein Körper, weil nur +1 und −1 invertierbar sind: $1 = 1 \cdot 1$ und $1 = (-1) \cdot (-1)$.

$(\mathbb{Z}_m, \oplus, \odot)$ ist kein Körper, falls m keine Primzahl ist, weil nur Elemente $\overline{a}$ mit $ggT(a, m) = 1$ invertierbar sind. Außerdem findet man Nullteiler (vgl. Beispiel A3.10).

$(\mathbb{Z}_4, \oplus, \odot)$ ist kein Körper, weil nur $\overline{1}$ und $\overline{3}$ invertierbar sind. Ebenso ist $(\mathbb{Z}'_4, \oplus, \odot) = (\{0, 1, 2, 3\}, \oplus, \odot)$ kein Körper, weil nur die Reste 1 und 3 invertierbar sind. Außerdem ist der Rest 2 wegen $2 \odot 2 = 0$ ein Nullteiler.

Trotzdem gibt es einen Körper mit vier Elementen, siehe dazu Abschn. 10.7.

$(\mathbb{Z}_6, \oplus, \odot)$ ist kein Körper, weil nur $\overline{1}$ und $\overline{5}$ invertierbar sind oder weil $\overline{2}$ und $\overline{3}$ Nullteiler sind. Allerdings kann es keinen Körper mit sechs Elementen geben (vgl. Satz A7.1).

Weiterhin gilt in einem Körper $\mathbb{K}$, dass jede lineare Gleichung der Form $a \cdot x + b = 0$ eindeutig lösbar ist, nämlich durch $x = -a^{-1} \cdot b$.

Setzt man $\frac{b}{a} := -a^{-1} \cdot b$ für $a \neq 0$, dann kann die Lösung in der Form $x = -\frac{b}{a}$ geschrieben werden.

In einem Körper $(\mathbb{K}, +, \cdot)$ gibt es neben Addition und Multiplikation noch die Operationen Subtraktion und Division definiert durch

$a - b := a + (-b)$ und $a : b := a^{-1} \cdot b$ für $b \neq 0$.

Vereinfacht gesprochen ist ein Körper eine algebraische Struktur, in der die vier Grundrechenarten mit den üblichen Rechenregeln möglich sind.

Anmerkung: Anstelle von $(\mathbb{K}, +, \cdot)$ schreiben wir oft nur $\mathbb{K}$.

Charakteristik eines Körpers K

Für die nachfolgenden Überlegungen werden wir das Einselement des Körpers mit $1_{\mathbb{K}}$ und das Nullelement mit $0_{\mathbb{K}}$ bezeichnen. Damit ist eine Verwechslung mit 1 und 0 aus $\mathbb{Z}$ nicht möglich. Ist $\mathbb{K}$ endlich, wie in der Codierungstheorie üblich, dann können die Elemente $1_{\mathbb{K}}, 1_{\mathbb{K}} + 1_{\mathbb{K}}, 1_{\mathbb{K}} + 1_{\mathbb{K}} + 1_{\mathbb{K}}$ nicht alle verschieden sein. Als Schreibkürzel für die m-fache Summe des Einselementes $1_{\mathbb{K}}$ setzen wir (vgl. Anmerkung nach Beispiel A.3.5):

$$m \cdot 1_{\mathbb{K}} := 1_{\mathbb{K}} + 1_{\mathbb{K}} + \ldots + 1_{\mathbb{K}} \in \mathbb{K}, \quad m \in \mathbb{N}.$$

Also gibt es natürliche Zahlen $m, m' \in \mathbb{N}$ mit $m > m'$ für die gilt:

$$m \cdot 1_{\mathbb{K}} = m' \cdot 1_{\mathbb{K}}$$

$$(m - m') \cdot 1_{\mathbb{K}} = 0_{\mathbb{K}}.$$

Setzt man $n := m - m' > 0$, dann folgt:

$$n \cdot 1_{\mathbb{K}} = 0_{\mathbb{K}}.$$

Definition A3.15

Sei $\mathbb{K}$ ein Körper mit dem Einselement $1_{\mathbb{K}}$. Die *Charakteristik von* $\mathbb{K}$, symbolisch $char(\mathbb{K})$, ist die kleinste natürliche Zahl $n \in \mathbb{N}$ mit $n \cdot 1_{\mathbb{K}} = 0_{\mathbb{K}}$.

Gibt es kein solches $n \in \mathbb{N}$, dann setzt man $char(\mathbb{K}) := 0$.

Anmerkungen:

(1) Nur Körper mit unendlich vielen Elementen, wie zum Beispiel $\mathbb{Q}$, können die Charakteristik 0 besitzen.

(2) Da $(\mathbb{K}, +)$ eine abelsche Gruppe ist, stimmt der Begriff der *Charakteristik von* $\mathbb{K}$ mit dem Begriff der *Ordnung* von $1_{\mathbb{K}}$ überein: $char(\mathbb{K}) = ord(1_{\mathbb{K}})$. Damit gilt mit Satz A3.10 ($ord(a) \mid z$) nach Ersetzung von a^n durch $n \cdot a$:

Satz A3.16
Seien $a \in \mathbb{K}$ mit $a \neq 0_{\mathbb{K}}$ und $m \in \mathbb{Z}$. Dann gilt:

$$m \cdot a = 0_{\mathbb{K}} \Leftrightarrow char(\mathbb{K}) \mid m \Leftrightarrow m \text{ ist ein Vielfaches der Charakteristik von } \mathbb{K}.$$

Für das Produkt $n_1 \cdot a = a + \ldots + a$ (n_1- mal) gilt auch: $n_1 \cdot a = (n_1 \cdot 1_{\mathbb{K}}) \cdot \mathrm{a}$, denn:

$$n_1 \cdot a = a + \ldots + a = 1_{\mathbb{K}} \cdot a + \ldots + 1_{\mathbb{K}} \cdot a = (1_{\mathbb{K}} + \ldots + 1_{\mathbb{K}}) \cdot a = (n_1 \cdot 1_{\mathbb{K}}) \cdot \mathrm{a} \quad (*).$$

Satz A3.17
Die Charakteristik eines endlichen Körpers $\mathbb{K}$ ist stets eine Primzahl.

Beweis: Sei $n := char(\mathbb{K}) \neq 0$. Wäre n keine Primzahl, dann gibt es natürliche Zahlen n_1, n_2 mit

$$1 < n_1, n_2 < n \text{ und } n = n_1 \cdot n_2.$$

Damit ist

$$0_{\mathbb{K}} = n \cdot 1_{\mathbb{K}} = (n_1 \cdot n_2) \cdot 1_{\mathbb{K}} = \underbrace{(1_{\mathbb{K}} + \ldots + 1_{\mathbb{K}})}_{n_2} + \underbrace{(1_{\mathbb{K}} + \ldots + 1_{\mathbb{K}})}_{n_2} + \ldots + \underbrace{(1_{\mathbb{K}} + \ldots + 1_{\mathbb{K}})}_{n_2} =$$

(n_1 Gruppen zu je n_2):

$$= (n_2 \cdot 1_{\mathbb{K}}) + (n_2 \cdot 1_{\mathbb{K}}) + \ldots + (n_2 \cdot 1_{\mathbb{K}}) = n_1 \cdot (n_2 \cdot 1_{\mathbb{K}}) = (\text{nach } (*) \text{ für } \mathrm{a} = (\mathrm{n}_2 \cdot 1_{\mathbb{K}}))$$

$$= (n_1 \cdot 1_{\mathbb{K}}) \cdot (n_2 \cdot 1_{\mathbb{K}}).$$

Insgesamt folgt $0_{\mathbb{K}} = (n_1 \cdot 1_{\mathbb{K}}) \cdot (n_2 \cdot 1_{\mathbb{K}})$. Weil $\mathbb{K}$ als Körper keine Nullteiler besitzt, gilt:

$$(n_1 \cdot 1_{\mathbb{K}}) = 0_{\mathbb{K}} \text{ oder } (n_2 \cdot 1_{\mathbb{K}}) = 0_{\mathbb{K}}.$$

Dies widerspricht der Minimalität von n. Also ist n prim.

∎

Ist $\mathbb{K}$ ein endlicher Körper, dann gibt es eine Primzahl p mit $p \cdot 1_{\mathbb{K}} = 0_{\mathbb{K}}$. Betrachten wir die Menge $\mathbb{K}' := \{0_{\mathbb{K}}, 1_{\mathbb{K}}, 2 \cdot 1_{\mathbb{K}}, \ldots, (p-1) \cdot 1_{\mathbb{K}}\}$.

Für diese Menge gelten:

(1) $\mathbb{K}' \subset \mathbb{K}$, denn: mit $1_{\mathbb{K}} \in \mathbb{K}$ *müssen* $1_{\mathbb{K}} + 1_{\mathbb{K}} = 2 \cdot 1_{\mathbb{K}}, \ldots, (p-1) \cdot 1_{\mathbb{K}}$ in $\mathbb{K}$ liegen.
(2) $\mathbb{K}'$ ist bezüglich + und · wegen der „modulo p-Rechnung" abgeschlossen ($p \cdot 1_{\mathbb{K}} = 0_{\mathbb{K}}$).

Damit ist $\mathbb{K}'$ ein Unterkörper von $\mathbb{K}$ und zwar der kleinste mögliche Unterkörper. Wegen der „modulo p-Rechnung" ersetzen wir:

$$0_{\mathbb{K}} \leftrightarrow 0,\ 1_{\mathbb{K}} \leftrightarrow 1,\ 1_{\mathbb{K}} + 1_{\mathbb{K}} = 2 \cdot 1_{\mathbb{K}} \leftrightarrow 2, \ldots$$

Diese Ersetzung ist mit + und · „verträglich". Damit kann $\mathbb{K}'$ mit $\mathbb{Z}_p' = \{0, 1, \ldots, p-1\}$ „identifiziert" werden. Sie sind bis auf die Bezeichnung der Elemente gleich („isomorph"). Es gilt:

Satz A3.18
Ist $\mathbb{K}$ ein endlicher Körper mit $char(\mathbb{K}) = p$, dann ist $\mathbb{Z}_p$ der kleinste Unterkörper von $\mathbb{K}$ bezüglich der Relation „enthalten sein".

10.4 A4 Rechnen mit Matrizen

Matrizen sind in diesem Buch rechteckige Zahlenschemata, welche in beinahe allen Bereichen der Mathematik Anwendung finden. Eine Aufzählung der entsprechenden Einsatzgebiete wäre zu lang. Wir begnügen uns mit wenigen Beispielen und geben dann die Definition einer Matrix über einem Körper.

$$A = \begin{pmatrix} 3 & 0 \\ -1 & 2 \end{pmatrix}; E = \begin{pmatrix} 1 & 0 & 0 \\ 0 & 1 & 0 \\ 0 & 0 & 1 \end{pmatrix}; B = \begin{pmatrix} a & n & l & u \\ b & g & k & j \end{pmatrix}; C = \begin{pmatrix} 3 & \sqrt{2} & \frac{1}{5} & -\pi \end{pmatrix}; D = \begin{pmatrix} \alpha \\ \beta \\ \gamma \end{pmatrix}.$$

Aus diesen Beispielen lesen wir die ersten Eigenschaften von Matrizen ab: Matrizen besitzen Zeilen und Spalten: A ist eine Matrix mit 2 Zeilen und 2 Spalten, C ist eine Matrix mit einer Zeile und 4 Spalten. Besitzt eine Matrix gleich viele Zeilen wie Spalten, so nennen wir sie quadratisch. Quadratische Matrizen, welche in der Diagonalen Einsen und sonst nur Nullen als Einträge besitzen, nennt man *Einheitsmatrizen. E* ist eine Einheitsmatrix.

Die Matrix C nennen wir auch Zeilenvektor, die Matrix D ist ein Spaltenvektor.

Definition A4.1
Sei ein Körper $\mathbb{K}$ gegeben. Unter einer $(m \times n)$-Matrix A über $\mathbb{K}$ versteht man eine Anordnung von $m \cdot n$ Elementen aus $\mathbb{K}$ in m Zeilen und n Spalten der Form

$$A = \begin{pmatrix} a_{11} & a_{12} & \cdots & a_{1n} \\ a_{21} & a_{22} & \cdots & a_{2n} \\ \vdots & \vdots & \cdots & \vdots \\ a_{m1} & a_{m2} & \cdots & a_{mn} \end{pmatrix}.$$

Dabei ist $a_{\mathrm{ij}} \in \mathbb{K}$ mit $1 \leq i \leq m$ und $1 \leq j \leq n$ ein beliebiger Eintrag an der Stelle (i, j).

Man schreibt $A = (a_{\mathrm{ij}})$. Das Zahlenpaar (m, n) nennt man die *Dimension* der Matrix A.

Ist B eine weitere Matrix mit m Zeilen und n Spalten, so definiert man die *Gleichheit* von Matrizen: A und B sind genau dann gleich (symbolisch $A = B$), wenn alle Eintragungen gleich sind, also $a_{\mathrm{ij}} = b_{\mathrm{ij}}$ für alle (i, j) gilt.

Symbolisch: $A = B \Leftrightarrow a_{\mathrm{ij}} = b_{\mathrm{ij}}$ für alle (i, j).

Das Symbol $\mathbb{K}^{m \times n}$ bezeichnet die Menge aller $(m \times n)$-Matrizen über $\mathbb{K}$. Man spricht von „m kreuz n"-Matrizen.

Anmerkung: Gelegentlich schreibt man für den Eintrag an der Stelle (i, j) in die Matrix A auch $[A]_{ij}$

Rechnen mit Matrizen

Es seien mit $A = (a_{\mathrm{ij}})$ und $B = (b_{\mathrm{ij}})$ zwei Matrizen über einem Körper $\mathbb{K}$ gegeben (jeweils gleiche Anzahl von Zeilen bzw. Spalten). Wir definieren für $A, B \in \mathbb{K}^{m \times n}$:

$$A + B = (a_{\mathrm{ij}}) + (b_{\mathrm{ij}}) := \begin{pmatrix} a_{11} + b_{11} & a_{12} + b_{12} & \cdots & a_{1n} + b_{1n} \\ a_{21} + a_{21} & a_{22} + b_{22} & \cdots & a_{2n} + b_{2n} \\ \vdots & \vdots & \cdots & \vdots \\ a_{m1} + b_{m1} & a_{m2} + b_{m2} & \cdots & a_{mn} + b_{mn} \end{pmatrix} \in \mathbb{K}^{m \times n}.$$

Leicht prüft man nach, dass Matrizen gleicher Dimension bezüglich der Addition eine kommutative Gruppe bilden. Das neutrale Element bezüglich + ist die Nullmatrix O, deren Eintragungen alle gleich $0 \in \mathbb{K}$ sind. Wir können mit Matrizen bezüglich + so rechnen wie mit den Elementen einer additiven Gruppe.

Die Multiplikation einer Matrix $A = (a_{\mathrm{ij}})$ über einem Körper $\mathbb{K}$ mit einem Skalar $\lambda \in \mathbb{K}$ definiert man folgendermaßen:

$$\lambda A := \begin{pmatrix} \lambda \cdot a_{11} & \lambda \cdot a_{12} & \cdots & \lambda \cdot a_{1n} \\ \lambda \cdot a_{21} & \lambda \cdot a_{22} & \cdots & \lambda \cdot a_{2n} \\ \vdots & \vdots & \cdots & \vdots \\ \lambda \cdot a_{m1} & \lambda \cdot a_{m2} & \cdots & \lambda \cdot a_{mn} \end{pmatrix} \in \mathbb{K}^{m \times n}.$$

Es gilt für $\lambda, \mu \in \mathbb{K}$ und $A, B \in \mathbb{K}^{m \times n}$ wegen des Distributivgesetzes in $\mathbb{K}$:

$$(1)(\lambda + \mu)A = \lambda A + \mu A \text{ und } (2)\ \lambda(A + B) = \lambda A + \lambda B. \tag{10.5}$$

Wegen des Assoziativgesetzes in $\mathbb{K}$ gilt:

$$(3)\ (\lambda \cdot \mu)A = \lambda(\mu A). \tag{10.6}$$

Etwas aufwändiger gestaltet sich die Multiplikation zweier Matrizen. Wir wollen sie zuerst an Beispielen demonstrieren und dann eine Definition geben.

Beispiel A4.1

(1) Ein n-Tupel $\boldsymbol{a} := (a_1, a_2, \ldots, a_n)$ ist eine $(1 \times n)$-Matrix (vgl. Definition A1.13), genannt *Zeilenvektor*. Eine $(n \times 1)$-Matrix $\boldsymbol{b} := \begin{pmatrix} b_1 \\ b_2 \\ \vdots \\ b_n \end{pmatrix}$ über dem Körper $\mathbb{K}$ nennt man Spaltenvektor. Wir definieren für diese besonderen Matrizen:

$$\boldsymbol{a} \cdot \boldsymbol{b} := (a_1, a_2, \ldots, a_n) \cdot \begin{pmatrix} b_1 \\ b_2 \\ \vdots \\ b_n \end{pmatrix} := a_1 \cdot b_1 + a_2 \cdot b_2 + \ldots + a_n \cdot b_n = \sum_{i=1}^{n} a_i \cdot b_i \in \mathbb{K}.$$

Einer $(1 \times n)$-Matrix und einer $(n \times 1)$-Matrix wird mit diesem Produkt ein Element aus $\mathbb{K}$ zugeordnet. Die Spaltenanzahl der ersten Matrix stimmt mit der Zeilenanzahl der zweiten Matrix überein. Dieses Produkt $\boldsymbol{a} \cdot \boldsymbol{b}$ nennt man *Skalarprodukt* von $\boldsymbol{a}$ mit $\boldsymbol{b}$ auf dem $\mathbb{K}^n$.

(2) $\boldsymbol{a} = (2, -5, 4)$; $\boldsymbol{b} = \begin{pmatrix} 3 \\ -1 \\ 4 \end{pmatrix}$; $\mathbb{K} = \mathbb{Z}_7$. Dann ist

$$\boldsymbol{a} \cdot \boldsymbol{b} = (2, -5, 4) \begin{pmatrix} 3 \\ -1 \\ 4 \end{pmatrix} = 2 \cdot 3 + (-5) \cdot (-1) + 4 \cdot 4 = 6 + 5 + 2 = 6.$$

Für $\mathbb{K} = \mathbb{Q}$ folgt:

$$\boldsymbol{a} \cdot \boldsymbol{b} = 2 \cdot 3 + (-5) \cdot (-1) + 4 \cdot 4 = 27.$$

Für dieses Produkt einzeiliger bzw. einspaltiger Matrizen $\boldsymbol{a}$, $\boldsymbol{b}$ und $\boldsymbol{c}$ gilt mit passenden Dimensionen:

$$\boldsymbol{a} \cdot (\boldsymbol{b} + \boldsymbol{c}) = \boldsymbol{a} \cdot \boldsymbol{b} + \boldsymbol{a} \cdot \boldsymbol{c}.$$

Mit dem Skalarprodukt können wir die Multiplikation zweier Matrizen definieren, die nicht nur eine Zeile bzw. eine Spalte besitzen.

Beispiel A4.2 Seien folgende Matrizen über dem Körper $\mathbb{K} = \mathbb{Q}$ gegeben.

$$A = \begin{pmatrix} 3 & 0 \\ -1 & 2 \end{pmatrix}; B = \begin{pmatrix} 2 & 0 & -4 \\ 3 & -2 & 6 \end{pmatrix}.$$

Wir deuten die erste Zeile der Matrix A als Zeilenvektor. Dieser Zeilenvektor besitzt gleich viele Komponenten wie eine Spalte der Matrix B. Wir wollen das Produkt der Matrizen A und B bestimmen und nennen die Produktmatrix C. Wir berechnen die erste Zeile von C mithilfe des skalaren Produktes, d. h., die Eintragungen sind jeweils das Skalarprodukt der ersten Zeile von A mit den jeweiligen Spalten von B:

$$C := AB = \begin{pmatrix} 3 & 0 \\ -1 & 2 \end{pmatrix} \begin{pmatrix} 2 & 0 & -4 \\ 3 & -2 & 6 \end{pmatrix} = \begin{pmatrix} 3 \cdot 2 + 0 \cdot 3 & 3 \cdot 0 + 0 \cdot (-2) & 3 \cdot (-4) + 0 \cdot 6) \\ \cdots & \cdots & \cdots \end{pmatrix}.$$

Nun die zweite Zeile von C. Man bildet wieder das skalare Produkt der zweiten Zeile von A mit den jeweiligen Spalten von B.

$$C := AB = \begin{pmatrix} 3 & 0 \\ -1 & 2 \end{pmatrix} \begin{pmatrix} 2 & 0 & -4 \\ 3 & -2 & 6 \end{pmatrix} =$$

$$= \begin{pmatrix} 6 & 0 & -12) \\ (-1) \cdot 2 + 2 \cdot 3 & (-1) \cdot 0 + 2 \cdot (-2) & (-1) \cdot (-4) + 2 \cdot 6 \end{pmatrix} = \begin{pmatrix} 6 & 0 & -12 \\ 4 & -4 & 16 \end{pmatrix}.$$

Beachte, dass die Matrix C zwei Zeilen und drei Spalten besitzt. Das Produkt einer (2×2)-Matrix mit einer (2×3)-Matrix ergibt eine (2×3)-Matrix.

Die Anzahl der Spalten von A entspricht der Anzahl der Zeilen von B. Dies nennt man auch die *Verträglichkeitsbedingung* für die Multiplikation von A mit B.

Definition A4.2
Seien A eine $(m \times p)$-Matrix und B eine $(p \times n)$-Matrix jeweils über demselben Körper $\mathbb{K}$. Es bezeichne $\boldsymbol{a}_i$ die i-te Zeile von A und $\boldsymbol{b}_j$ die j-te Spalte von B.

Die *Produktmatrix* C ist eine $(m \times n)$-Matrix über $\mathbb{K}$ der Form

$$C = AB = \begin{pmatrix} a_{11} & \cdots & a_{1p} \\ \vdots & \cdots & \vdots \\ a_{m1} & \cdots & a_{mp} \end{pmatrix} \begin{pmatrix} b_{11} & \cdots & b_{1n} \\ \vdots & \cdots & \vdots \\ b_{p1} & \cdots & a_{pn} \end{pmatrix} := \begin{pmatrix} c_{11} & \cdots & c_{1n} \\ \vdots & \cdots & \vdots \\ c_{m1} & \cdots & c_{mn} \end{pmatrix}.$$

mit

$$c_{ij} := a_{\mathrm{i}1}b_{1\mathrm{j}} + a_{\mathrm{i}2}b_{2\mathrm{j}} + \ldots + a_{\mathrm{ip}}b_{\mathrm{pj}} = \sum_{k=1}^{p} a_{\mathrm{ik}}b_{\mathrm{kj}} = \boldsymbol{a}_i \cdot \boldsymbol{b}_j.$$

Anmerkungen:

(1) Man schreibt auch $c_{ij} = [AB]_{ij} = \boldsymbol{a}_i \cdot \boldsymbol{b}_j$ und spricht von der „ij"-ten Eintragung von AB. Definition A4.2 ist nur möglich, falls die Verträglichkeitsbedingung erfüllt ist.

(2) Die $(m \times n)$-Matrix $A = (a_{\mathrm{ij}})$ kann auch in der Form $A = \begin{pmatrix} z_1 \\ z_2 \\ \vdots \\ z_m \end{pmatrix}$ mit den Zeilen $z_i = (a_{i1}, a_{i2}, \ldots, a_{in}) \in \mathbb{K}^n$ bzw. in der Form $A = (\boldsymbol{s}_1, \boldsymbol{s}_2, \ldots, \boldsymbol{s}_n)$ mit den Spalten $\boldsymbol{s}_i = \begin{pmatrix} a_{1i} \\ a_{2i} \\ \vdots \\ a_{mi} \end{pmatrix} \in \mathbb{K}^m$ geschrieben werden.

Beispiel A4.3

(1) Prüfe zuerst, ob folgendes Matrizenprodukt richtig ist. Sei $\mathbb{K} = \mathbb{Q}$.

$$AB = \begin{pmatrix} 2 & 3 & -1 \\ 4 & -2 & 5 \end{pmatrix} \begin{pmatrix} 2 & -1 & 0 & 6 \\ 1 & 3 & -5 & 1 \\ 4 & 1 & -2 & 2 \end{pmatrix} = \begin{pmatrix} 3 & 6 & -13 & 13 \\ 26 & -5 & 0 & 32 \end{pmatrix}.$$

Berechne AB auch über $\mathbb{K} = \mathbb{Z}_5$.

(2) Berechne folgende Produkte, sofern sie definiert sind.

$$\begin{pmatrix} 1 & 6 \\ -3 & 5 \end{pmatrix} \begin{pmatrix} 2 \\ -7 \end{pmatrix}; \begin{pmatrix} 2 \\ -7 \end{pmatrix} \begin{pmatrix} 1 & 6 \\ -3 & 5 \end{pmatrix}; (2 \quad -7) \begin{pmatrix} 1 & 6 \\ -3 & 5 \end{pmatrix}.$$

Ein Sonderfall Wir multiplizieren die Matrix A mit einem Spaltenvektor, der nur eine einzige 1 an der i-ten Stelle, sonst nur 0 als Eintragungen besitzt. Man nennt ihn den *i-ten Einheitsvektor.*

$$A=\begin{pmatrix} a & d & g \\ b & e & h \\ c & f & i \end{pmatrix};\boldsymbol{b}=\begin{pmatrix} 1 \\ 0 \\ 0 \end{pmatrix};\boldsymbol{c}=\begin{pmatrix} 0 \\ 0 \\ 1 \end{pmatrix}.$$

$$A\boldsymbol{b}=\begin{pmatrix} a & d & g \\ b & e & h \\ c & f & i \end{pmatrix}\begin{pmatrix} 1 \\ 0 \\ 0 \end{pmatrix}=\begin{pmatrix} a \\ b \\ c \end{pmatrix}=\text{erste Spalte von } A,$$

$$A\boldsymbol{c}=\begin{pmatrix} a & d & g \\ b & e & h \\ c & f & i \end{pmatrix}\begin{pmatrix} 0 \\ 0 \\ 1 \end{pmatrix}=\begin{pmatrix} g \\ h \\ i \end{pmatrix}=\text{dritte Spalte von } A.$$

Allgemein: Sei $\boldsymbol{e}_i$ der i-te Einheitsvektor aus $\mathbb{K}^{n\times 1}$. Die Multiplikation mit der $(m \times n)$-Matrix A ist nach der Verträglichkeitsbedingung möglich.

$$A\boldsymbol{e}_i=\begin{pmatrix} a_{11} & \cdots & a_{1\mathrm{i}} & \cdots & a_{1n} \\ a_{21} & \cdots & a_{2\mathrm{i}} & \cdots & a_{2n} \\ \vdots & \cdots & \vdots & \cdots & \vdots \\ a_{m1} & \cdots & a_{mi} & \cdots & a_{mn} \end{pmatrix}\begin{pmatrix} 0 \\ \vdots \\ 0 \\ 1 \\ 0 \\ \vdots \\ 0 \end{pmatrix}=\begin{pmatrix} a_{1\mathrm{i}} \\ a_{2\mathrm{i}} \\ \vdots \\ a_{mi} \end{pmatrix}=\boldsymbol{s}_i. \tag{10.7}$$

Die Produktmatrix von A mit dem i-ten Einheitsvektor in Spaltenform ist die i-te Spalte der Matrix A.

Oder: „Matrix A mal i-ter Einheitsspaltenvektor = i-te Spalte von A“.

Analog:

$$\boldsymbol{e}_i A=(0,0,\ldots,1,\ldots,0)\begin{pmatrix} a_{11} & \cdots & a_{1\mathrm{i}} & \cdots & a_{1n} \\ a_{21} & \cdots & a_{2\mathrm{i}} & \cdots & a_{2n} \\ \vdots & \cdots & \vdots & \cdots & \vdots \\ a_{m1} & \cdots & a_{mi} & \cdots & a_{mn} \end{pmatrix}=(a_{\mathrm{i}1},a_{\mathrm{i}2},\ldots,a_{\mathrm{im}})=\boldsymbol{z}_i.$$

Wobei hier $\boldsymbol{e}_i$ ein Einheitszeilenvektor aus $\mathbb{K}^{1\times m}$ mit einer einzigen 1 an der i-ten Stelle und sonst nur 0 ist. Also: „i-ter Einheitszeilenvektor mal Matrix A ist gleich i-te Zeile von A“.

Als Nächstes wollen wir eine $(m \times n)$-Matrix $A = (\boldsymbol{s}_1,\ldots,\boldsymbol{s}_n)$ mit einer $(n \times 1)$-Matrix $\boldsymbol{b}$, also einem beliebigen Spaltenvektor, multiplizieren.

$$Ab = \begin{pmatrix} a_{11} & \cdots & a_{1n} \\ \vdots & \cdots & \vdots \\ a_{m1} & \cdots & a_{mn} \end{pmatrix} \begin{pmatrix} b_1 \\ \vdots \\ b_n \end{pmatrix} = \begin{pmatrix} a_{11}b_1 + \ldots + a_{1n}b_n \\ \vdots \\ a_{m1}b_1 + \ldots + a_{mn}b_n \end{pmatrix} =$$
$$= \begin{pmatrix} a_{11}b_1 \\ \vdots \\ a_{m1}b_1 \end{pmatrix} + \ldots + \begin{pmatrix} a_{1n}b_n \\ \vdots \\ a_{mn}b_n \end{pmatrix} =. \tag{10.8}$$

$$= b_1 \begin{pmatrix} a_{11} \\ \vdots \\ a_{m1} \end{pmatrix} + \ldots + b_n \begin{pmatrix} a_{1n} \\ \vdots \\ a_{mn} \end{pmatrix} = b_1 \boldsymbol{s}_1 + \ldots + b_n \boldsymbol{s}_n.$$

Beobachtung: Das Produkt „Matrix A mal Spaltenvektor $\boldsymbol{b}$" ist ein Spaltenvektor, der als Summe der Vielfachen der Spalten der Matrix A geschrieben werden kann. Man spricht: „Summe der Vielfachen der Spalten von A = Linearkombination der Spalten von A."

Die Faktoren für diese Vielfachen sind die Komponenten des Spaltenvektors.

Oder: „Matrix A mal Spaltenvektor $\boldsymbol{b}$ ist Linearkombination der Spalten von A."

Dies verwenden wir für das Produkt einer Matrix mit der Summe zweier Vektoren bzw. für das Produkt einer Matrix und dem Vielfachen eines Vektors.

Satz A4.1

Sei A eine $(m \times n)$-Matrix über $\mathbb{K}$, und seien $\boldsymbol{b}$ und $\boldsymbol{c}$ Spaltenvektoren über $\mathbb{K}$, also $(n \times 1)$-Matrizen. Dann gelten folgende Eigenschaften:

(1) $A(\boldsymbol{b} + \boldsymbol{c}) = A\boldsymbol{b} + A\boldsymbol{c}$.

(2) $A(\lambda \boldsymbol{b}) = \lambda A\boldsymbol{b}$ für beliebiges λ aus $\mathbb{K}$.

Beweis:

$$A(\boldsymbol{b}+\boldsymbol{c}) = \begin{pmatrix} a_{11} & \cdots & a_{1n} \\ \vdots & \cdots & \vdots \\ a_{m1} & \cdots & a_{mn} \end{pmatrix} \left(\begin{pmatrix} b_1 \\ \vdots \\ b_n \end{pmatrix} + \begin{pmatrix} c_1 \\ \vdots \\ c_n \end{pmatrix} \right) = \begin{pmatrix} a_{11} & \cdots & a_{1n} \\ \vdots & \cdots & \vdots \\ a_{m1} & \cdots & a_{mn} \end{pmatrix} \begin{pmatrix} b_1 + c_1 \\ \vdots \\ b_n + c_n \end{pmatrix} =$$

$$= \begin{pmatrix} a_{11}(b_1 + c_1) \\ \vdots \\ a_{m1}(b_1 + c_1) \end{pmatrix} + \ldots + \begin{pmatrix} a_{1n}(b_n + c_n) \\ \vdots \\ a_{mn}(b_n + c_n) \end{pmatrix} =$$

$$= \begin{pmatrix} a_{11}b_1 \\ \vdots \\ a_{m1}b_1 \end{pmatrix} + \begin{pmatrix} a_{11}c_1 \\ \vdots \\ a_{m1}c_1 \end{pmatrix} + \ldots + \begin{pmatrix} a_{1n}b_n \\ \vdots \\ a_{mn}b_n \end{pmatrix} + \begin{pmatrix} a_{1n}c_n \\ \vdots \\ a_{mn}c_n \end{pmatrix} =$$

$$= \begin{pmatrix} a_{11}b_1 \\ \vdots \\ a_{m1}b_1 \end{pmatrix} + \ldots + \begin{pmatrix} a_{1n}b_n \\ \vdots \\ a_{mn}b_n \end{pmatrix} + \begin{pmatrix} a_{11}c_1 \\ \vdots \\ a_{m1}c_1 \end{pmatrix} + \ldots + \begin{pmatrix} a_{1n}c_n \\ \vdots \\ a_{mn}c_n \end{pmatrix} =$$

$$= \begin{pmatrix} a_{11} & \cdots & a_{1n} \\ \vdots & \cdots & \vdots \\ a_{m1} & \cdots & a_{mn} \end{pmatrix} \begin{pmatrix} b_1 \\ \vdots \\ b_n \end{pmatrix} + \begin{pmatrix} a_{11} & \cdots & a_{1n} \\ \vdots & \cdots & \vdots \\ a_{m1} & \cdots & a_{mn} \end{pmatrix} \begin{pmatrix} c_1 \\ \vdots \\ c_n \end{pmatrix} = A\boldsymbol{b} + A\boldsymbol{c}.$$

Oder mit Gl. 10.8: $A(\boldsymbol{b} + \boldsymbol{c}) = (b_1 + c_1)\boldsymbol{s}_1 + \ldots + (b_n + c_n)\boldsymbol{s}_n =$

$$(b_1\boldsymbol{s}_1 + \ldots + b_n\boldsymbol{s}_n) + (c_1\boldsymbol{s}_1 + \ldots + c_n\boldsymbol{s}_n) = A\boldsymbol{b} + A\boldsymbol{c}.$$

Analog rechnet man nach, dass $A(\lambda\boldsymbol{b}) = \lambda(A\boldsymbol{b})$ gilt.

■

Das Produkt „Matrix mal Vektor" ergab einen Vektor, der als Linearkombination der Spalten der gegebenen Matrix gelesen werden kann. Was erhalten wir, wenn wir das Produkt „Vektor mal Matrix" betrachten?

Wegen der Verträglichkeitsbedingung können wir nur eine $(1 \times m)$-Matrix $\boldsymbol{b}$, also einen Zeilenvektor, mit einer $(m \times n)$-Matrix A multiplizieren. Das Ergebnis ist eine $(1 \times n)$-Matrix.

$$\boldsymbol{b}A = (b_1, \quad \cdots \quad , b_m) \begin{pmatrix} a_{11} & \cdots & a_{1n} \\ \vdots & \cdots & \vdots \\ a_{m1} & \cdots & a_{mn} \end{pmatrix} = (b_1a_{11} + \ldots + b_m a_{m1} \quad \cdots \quad b_1a_{1n} + \ldots + b_m a_{mn}) =$$

$$= (b_1a_{11} \quad \ldots \quad b_1a_{1n}) + \ldots + (b_n a_{m1} \quad \ldots \quad b_n a_{mn}) =$$

$$= b_1(a_{11} \quad \ldots \quad a_{1n}) + \ldots + b_n(a_{m1} \quad \ldots \quad a_{mn}) = b_1\boldsymbol{z}_1 + \ldots + b_n\boldsymbol{z}_m.$$

Die Rechnung zeigt, dass das Produkt „Vektor $\boldsymbol{b}$ mal Matrix A" ein Zeilenvektor ist, der als Summe von Vielfachen der Zeilen der Matrix A, also als Linearkombination der Zeilen von A geschrieben werden kann. Die Faktoren für diese Vielfachen sind die Komponenten von $\boldsymbol{b}$.

Es gilt wieder: $(\boldsymbol{b} + \boldsymbol{c})A = \boldsymbol{b}A + \boldsymbol{c}A$ und $(\lambda\boldsymbol{b})A = \lambda(\boldsymbol{b}A)$.

Ein spezieller Ring

Betrachten wir nur die quadratischen $(n \times n)$-Matrizen über einem Körper $\mathbb{K}$. Damit sind wegen der Verträglichkeitsbedingung Summen und Produkte beliebiger Matrizen aus $\mathbb{K}^{n \times n}$ möglich. Für die Menge $\mathbb{K}^{n \times n}$ dieser Matrizen folgt mit der Definition der Matrizenaddition, dass $(\mathbb{K}^{n \times n}, +)$ eine abelsche Gruppe ist, weil $(\mathbb{K}, +)$ selbst eine abelsche Gruppe ist. Das neutrale Element ist die Nullmatrix $O := \begin{pmatrix} 0 & \cdots & 0 \\ \vdots & & \vdots \\ 0 & \cdots & 0 \end{pmatrix}$.

Seien A, B und C drei $(n \times n)$-Matrizen. Es gilt:

(1) $(AB)C = A(BC)$, die Matrizenmultiplikation ist assoziativ.

Beweisskizze:
Wir betrachten die (i,j)-te Eintragung von $(AB)C$.
Sei dazu $D = AB$ die Produktmatrix von A und B, und sei $E = DC$.
Dann gilt nach Definition der Matrizenmultiplikation:

$$e_{ij} = d_{\mathrm{i}1}c_{1\mathrm{j}} + \ldots + d_{\mathrm{in}}c_{\mathrm{nj}}.$$

Welche Form besitzen die Elemente d_{ik}? Sie sind bei der Multiplikation AB entstanden. Wieder gilt wegen der Definition der Matrizenmultiplikation: $d_{ik} = (a_{\mathrm{i}1}b_{1\mathrm{k}} + \ldots + a_{\mathrm{in}}b_{\mathrm{nk}})$.
Setzt man d_{ik} ein, so erhält man:

$$e_{ij} = (a_{\mathrm{i}1}b_{11} + \ldots + a_{\mathrm{in}}b_{\mathrm{n}1})c_{1\mathrm{j}} + \ldots + (a_{\mathrm{i}1}b_{1\mathrm{n}} + \ldots + a_{\mathrm{in}}b_{\mathrm{nn}})c_{\mathrm{nj}} \in \mathbb{K}.$$

Nun könnte man diesen umfänglichen Ausdruck ausmultiplizieren. Dies ist möglich und führt zu einem eindeutigen Resultat, da die betrachteten Matrizen nur Eintragungen aus dem Körper $\mathbb{K}$ besitzen.

Betrachtet man in analoger Weise die (i,j)-te Eintragung von $A(BC)$, so erhält man das gleiche Körperelement. Da die Indizes (i,j) beliebig gewählt waren, folgt die Gleichheit $(AB)C = A(BC)$. Die Matrizenmultiplikation ist assoziativ.

(2) Diese Multiplikation ist allerdings nicht kommutativ.

Seien $A = \begin{pmatrix} 1 & 0 \\ 1 & 0 \end{pmatrix}$ und $B = \begin{pmatrix} a & b \\ c & d \end{pmatrix}$ zwei quadratische Matrizen mit $b \neq 0$.
Dann ist $AB = \begin{pmatrix} a & b \\ a & b \end{pmatrix}$ und $BA = \begin{pmatrix} a+b & 0 \\ c+d & 0 \end{pmatrix}$, also $AB \neq BA$.

(3) Die $(n \times n)$-Matrix $I_n := \begin{pmatrix} 1 & 0 & \ldots & 0 \\ 0 & 1 & & 0 \\ \vdots & & \ddots & \vdots \\ 0 & 0 & \ldots & 1 \end{pmatrix}$, bei der die Eintragungen in der „Hauptdiagonalen“ (i, i) stets 1 sind und die sonst nur 0 als Eintragungen besitzt, nennt man *Einheitsmatrix*. Sofort prüft man nach, dass für jede $(n \times n)$-Matrix A die Gleichungen $AI_n = A$ und $I_nA = A$ gültig sind. Die Einheitsmatrix ist also das neutrale Element bzw. Einselement der Matrizenmultiplikation.

(4) Die Einheitsmatrix führt zur Frage, ob zu jeder $(n \times n)$-Matrix A eine Matrix B gefunden werden kann, so dass $AB = BA = I_n$. Findet man eine solche $(n \times n)$-Matrix B, dann nennt man sie *Inverse* zu A und nennt A invertierbar. Wegen der Assoziativität der Matrizenmultiplikation (vgl. Satz A3.1) ist sie eindeutig bestimmt. Daher schreibt man: $B = A^{-1}$. Es ist $I_n^{-1} = I_n$.

Allerdings findet man nicht zu jeder Matrix A eine Inverse. Ein Kriterium dazu findet sich im Abschnitt zur Vektorraumtheorie (vgl. Satz A5.10).

Das Produkt invertierbarer Matrizen ist wieder invertierbar, denn

$$(AB)\left(B^{-1}A^{-1}\right)=A\left(BB^{-1}\right)A^{-1}=(AI_{\mathrm{n}})A^{-1}=AA^{-1}=I_{\mathrm{n}}.$$

Also gilt $(AB)^{-1}=B^{-1}A^{-1}$.

Damit bilden die invertierbaren Matrizen bezüglich der Multiplikation eine nicht abelsche Gruppe.

Dass nicht jede Matrix eine Inverse besitzt, zeigen folgende Beispiele.

Beispiel A4.4 Seien $A=\begin{pmatrix}2 & 5\\ 1 & 3\end{pmatrix}$ und $B=\begin{pmatrix}3 & -5\\ -1 & 2\end{pmatrix}$ zwei Matrizen über $\mathbb{K}=\mathbb{Q}$. Dann gilt $AB=I_2=BA$. Die Matrix B ist die Inverse zu A und umgekehrt.

Hingegen besitzt die Matrix $A=\begin{pmatrix}1 & 2\\ 2 & 4\end{pmatrix}$ keine Inverse A^{-1}. Für diese müsste z. B. gelten:

$AA^{-1}=I_2$. Setzt man $A^{-1}=\begin{pmatrix}x & y\\ z & u\end{pmatrix}$ und bildet das Produkt $AA^{-1}=\begin{pmatrix}1 & 2\\ 2 & 4\end{pmatrix}\begin{pmatrix}x & y\\ z & u\end{pmatrix}$, so entsteht die Matrix $C=\begin{pmatrix}x+2z & y+2u\\ 2x+4z & 2z+4u\end{pmatrix}$. Wir prüfen, ob $C=I_2$ möglich ist?

Wegen der Definition der Gleichheit von Matrizen folgt:

$$\begin{aligned}
x &+ 2z = 1\\
y &+ 2u = 0\\
2x &+ 4z = 0 \Rightarrow 2(x+2z)=0\\
2z &+ 4u = 1
\end{aligned}$$

Wegen der Nullteilerfreiheit von $\mathbb{K}$ folgt x + 2z = 0. Aus der ersten und der dritten Gleichung lesen wir ab: $1=x+2z=0$. Das ist ein Widerspruch, da in einem Körper $1\neq 0$ gilt. Also ist die Matrix A nicht invertierbar.

(5) Bezüglich der Matrizenmultiplikation gibt es in $\mathbb{K}^{n\times n}$ Nullteiler.

Seien $A=\begin{pmatrix}1 & 2\\ 2 & 4\end{pmatrix}$ und $B=\begin{pmatrix}2 & -2\\ -1 & 1\end{pmatrix}$ zwei Matrizen ungleich der Nullmatrix. Es gilt $\begin{pmatrix}1 & 2\\ 2 & 4\end{pmatrix}\begin{pmatrix}2 & -2\\ -1 & 1\end{pmatrix}=\begin{pmatrix}2-2 & -2+2\\ 4-4 & -4+4\end{pmatrix}=\begin{pmatrix}0 & 0\\ 0 & 0\end{pmatrix}$. Es liegen also Nullteiler vor.

(6) Es gilt auch $A(B + C) = AB + AC$ sowie $(A + B)C = AC + BC$. Die Matrizenmultiplikation ist distributiv bezüglich der Matrizenaddition. Wir zeigen den ersten Teil:

Seien $A = \begin{pmatrix} \boldsymbol{a}_1 \\ \boldsymbol{a}_2 \\ \vdots \\ \boldsymbol{a}_n \end{pmatrix}$, $B = (\boldsymbol{b}_1, \boldsymbol{b}_2, \ldots, \boldsymbol{b}_n)$, und $C = (\boldsymbol{c}_1, \boldsymbol{c}_2, \ldots, \boldsymbol{c}_n)$ drei Matrizen aus $\mathbb{K}^{n \times n}$.

Dann ist $B + C = (\boldsymbol{b}_1 + \boldsymbol{c}_1, \boldsymbol{b}_2 + \boldsymbol{c}_2, \ldots, \boldsymbol{b}_n + \boldsymbol{c}_n)$. Für die ij-te Eintragung in $A(B + C)$ gilt:

$$\boldsymbol{a}_\mathrm{i} \cdot \left(\boldsymbol{b}_j + \mathbf{c}_\mathrm{j}\right) = \boldsymbol{a}_\mathrm{i} \cdot \boldsymbol{b}_j + \boldsymbol{a}_\mathrm{i} \cdot \boldsymbol{c}_\mathrm{j}.$$

Dies ist auch die ij-te Eintragung von $AB + AC$.

Die Überlegungen in (1)–(6) fassen wir zusammen:

Die $(n \times n)$-Matrizen über einem Körper $\mathbb{K}$ bilden einen nicht kommutativen Ring mit Einselement, der Nullteiler enthält.

Die Transponierte einer Matrix

In der Codierungstheorie werden Worte in der Regel als Zeilenvektoren geschrieben. Um die Rechenregeln für Matrizen flexibel verwenden zu können, erweist sich die Vertauschung von Zeilen und Spalten einer Matrix als hilfreich.

Wir bezeichnen die ij-te Eintragung einer Matrix M mit $[M]_{ij}$.

Definition A4.3

Sei $A = (a_{ij})$ eine $(m \times n)$-Matrix über einem Körper $\mathbb{K}$.

Die $(n \times m)$-Matrix A^T mit $[A^T]_{ij} = a_{ji}$ nennt man die zu A *transponierte Matrix*.

Beispiel A4.5

(1) Sei $A = \begin{pmatrix} a & b & c \\ d & e & f \end{pmatrix}$, dann ist $A^T = \begin{pmatrix} a & d \\ b & e \\ c & f \end{pmatrix}$.

(2) Sei $B = \begin{pmatrix} 1 & 2 & 3 \\ 4 & 5 & 6 \end{pmatrix}$, dann ist $A^T + B^T = \begin{pmatrix} a & d \\ b & e \\ c & f \end{pmatrix} + \begin{pmatrix} 1 & 4 \\ 2 & 5 \\ 3 & 6 \end{pmatrix} = \begin{pmatrix} a+1 & d+4 \\ b+2 & e+4 \\ c+3 & f+6 \end{pmatrix}$.

Gleichzeitig ist aber $(A + B)^T = \begin{pmatrix} a+1 & b+2 & c+3 \\ d+4 & e+5 & f+6 \end{pmatrix}^T = \begin{pmatrix} a+1 & d+4 \\ b+2 & e+4 \\ c+3 & f+6 \end{pmatrix}$, also

$$(A+B)^T = A^T + B^T.$$

Dies gilt für beliebige $(m \times n)$-Matrizen über einem Körper $\mathbb{K}$.
Wird eine Matrix A zweimal transponiert, so gilt $(A^T)^T = A$.
Welche Regel gilt für die Transponierung des Produktes zweier Matrizen?

Beispiel A4.6 Seien A eine $(m \times p)$-Matrix und B eine $(p \times n)$-Matrix. Die $(m \times \mathrm{n})$-Produktmatrix $C = AB$ kann wegen der passenden Dimensionen bestimmt werden.

Werden A und B transponiert, so ist A^T eine $(p \times m)$-Matrix und B^T ist eine $(\mathrm{n} \times \mathrm{p})$-Matrix.
Daher ist A^TB^T für $m \neq n$ nicht möglich. Hingegen kann B^TA^T bestimmt werden, da hier die Dimensionen der Matrizen (Verträglichkeitsbedingung) die Multiplikation erlauben.

Satz A4.2
Sind A und B zwei Matrizen mit passender Dimension über einem Körper $\mathbb{K}$. Dann gilt:

$$(AB)^T = B^T A^T.$$

Beweis:
Seien $A = (a_{\mathrm{ij}})$ und $B = (b_{\mathrm{jk}})$.
Nach Definition A4.3 gilt mit vertauschtem $i \leftrightarrow j$:

$$[\mathrm{AB}]_{ij} = a_{\mathrm{i}1}b_{1\mathrm{j}} + a_{\mathrm{i}2}b_{2\mathrm{j}} + \ldots + a_{\mathrm{ip}}b_{\mathrm{pj}} = \left[(\mathrm{AB})^T\right]_{ji}.$$

Nun gilt: (j-te Zeile von B^T)$= (b_{1\mathrm{j}}, \ldots, b_{\mathrm{pj}})^T =$ und

$$(i\text{-te Spalte von } A^T) = (i - \text{te Zeile von } A)^T = \begin{pmatrix} a_{\mathrm{i}1} \\ \vdots \\ a_{\mathrm{ip}} \end{pmatrix}.$$

Damit gilt:

$$\left[B^TA^T\right]_{ji} = (b_{1\mathrm{j}}, \ldots, b_{\mathrm{pj}}) \begin{pmatrix} a_{\mathrm{i}1} \\ \vdots \\ a_{\mathrm{ip}} \end{pmatrix} = b_{1\mathrm{j}}a_{\mathrm{i}1} + \ldots + b_{\mathrm{pj}}a_{\mathrm{ip}} = a_{\mathrm{i}1}b_{1\mathrm{j}} + \ldots + a_{\mathrm{ip}}b_{\mathrm{pj}} = \left[(\mathrm{AB})^T\right]_{ji}.$$

Also sind $(AB)^T$ und B^TA^T gleich.
∎
Für die Multiplikation eines Skalars $\lambda \in \mathbb{K}$ mit einer Matrix A folgt:

$$(\lambda A)^T = A^T\lambda^T = A^T\lambda = \lambda A^T.$$

Multiplikation von Blockmatrizen

$$A=\left(\begin{array}{c|c} A_{11} & A_{12} \\ \hline A_{21} & A_{22} \end{array}\right);B=\left(\begin{array}{c|c} B_{11} & B_{12} \\ \hline B_{21} & B_{22} \end{array}\right).$$

A und B seien in „Untermatrizen" zerlegt. Dabei setzen wir voraus, dass die entsprechenden Matrizenprodukte definiert sind. Dann folgt aus den Rechenregeln für das Matrizenprodukt:

$$AB=\left(\begin{array}{c|c} A_{11} & A_{12} \\ \hline A_{21} & A_{22} \end{array}\right)\left(\begin{array}{c|c} B_{11} & B_{12} \\ \hline B_{21} & B_{22} \end{array}\right)=\left(\begin{array}{c|c} A_{11}B_{11}+A_{12}B_{21} & A_{11}B_{12}+A_{12}B_{22} \\ \hline A_{21}B_{11}+A_{22}B_{21} & A_{21}B_{12}+A_{22}B_{22} \end{array}\right).$$

Beispiel A4.3 Berechne das Produkt folgender Blockmatrizen.

$$A=\left(\begin{array}{cc|cc} -1 & 2 & 1 & 5 \\ 0 & -3 & 4 & 2 \\ \hline 1 & 5 & 6 & 1 \end{array}\right);B=\left(\begin{array}{cc|c} -1 & 2 & 4 \\ 0 & -3 & 2 \\ \hline 7 & -1 & 5 \\ 0 & 3 & -3 \end{array}\right).$$

$$AB=\left(\begin{array}{c|} \begin{pmatrix} -1 & 2 \\ 0 & -3 \end{pmatrix}\begin{pmatrix} -1 & 2 \\ 0 & -3 \end{pmatrix}+\begin{pmatrix} 1 & 5 \\ 4 & 2 \end{pmatrix}\begin{pmatrix} 7 & -1 \\ 0 & 3 \end{pmatrix} \\ \hline (1\ \ 5)\begin{pmatrix} -1 & 2 \\ 0 & -3 \end{pmatrix}+(6\ \ 1)\begin{pmatrix} 7 & -1 \\ 0 & 3 \end{pmatrix} \end{array}\right.$$

$$\left.\begin{array}{c} \begin{pmatrix} -1 & 2 \\ 0 & -3 \end{pmatrix}\begin{pmatrix} 4 \\ 2 \end{pmatrix}+\begin{pmatrix} 1 & 5 \\ 4 & 2 \end{pmatrix}\begin{pmatrix} 5 \\ -3 \end{pmatrix} \\ \hline (1\ \ 5)\begin{pmatrix} 4 \\ 2 \end{pmatrix}+(6\ \ 1)\begin{pmatrix} 5 \\ -3 \end{pmatrix} \end{array}\right)=$$

$$= \left(\begin{array}{cc|c} 8 & 6 & -10 \\ 28 & 11 & 8 \\ \hline 41 & -16 & 41 \end{array}\right) = \begin{pmatrix} 8 & 6 & -10 \\ 28 & 11 & 8 \\ 41 & -16 & 41 \end{pmatrix}.$$

10.5 A5 Lineare Algebra

10.5.1 Vektorraum

In der Codierungstheorie sind n-Tupel über einem Körper $\mathbb{K}$ die am häufigsten verwendeten Objekte.

Definition A5.1
Sei $(\mathbb{K}, +, \cdot)$ ein Körper mit $1 \neq 0$, und sei $n \in \mathbb{N}$.

(1) $\mathbb{K}^n := \{\boldsymbol{x} = (x_1, \ldots, x_n) | x_i \in \mathbb{K} \text{ für } i := 1, \ldots, n\}$ nennt man die Menge der n-Tupel *über* $\mathbb{K}$.
(2) Seien $\boldsymbol{x} = (x_1, \ldots, x_n), \boldsymbol{y} = (y_1, \ldots, y_n) \in \mathbb{K}^n$. Die *Addition* $\boldsymbol{x} + \boldsymbol{y}$ wird komponentenweise definiert:

$$\boldsymbol{x} + \boldsymbol{y} = (x_1, \ldots, x_n) + (y_1, \ldots, y_n) := (x_1 + y_1, \ldots, x_n + y_n) \in \mathbb{K}^n.$$

(3) Sei $\lambda \in \mathbb{K}$. Das Vervielfachen von $\boldsymbol{x}$ mit λ wird komponentenweise definiert:

$$\lambda\boldsymbol{x} = \lambda(x_1, \ldots, x_n) := (\lambda \cdot x_1, \ldots, \lambda \cdot x_n) \in \mathbb{K}^n.$$

Anmerkungen: Für die Vervielfachung verwenden wir kein Zeichen. Das Zeichen „·" ist für die Multiplikation in einem Körper vorbehalten. Das Operationszeichen + wird sowohl für die Addition im Körper als auch für Addition von n-Tupeln verwendet.

Beispiel A5.1 Sei $\mathbb{K} = \mathbb{Z}_5 = \{0, 1, 2, 3, 4\}$.

Wir rechnen im $\mathbb{K}^3$: $\boldsymbol{x} := (2, 4, 3)$, $\boldsymbol{y} := (1, 3, 2)$, $\lambda := 4$.

$$\boldsymbol{x} + \boldsymbol{y} = (2, 4, 3) + (1, 3, 2) = (3, 7, 5) = (3, 2, 0) \text{ in } \mathbb{Z}_5 \text{ bzw. modulo } 5,$$

$$4\boldsymbol{x} = 4(2, 4, 3) = (8, 16, 12) = (3, 1, 2) \text{ in } \mathbb{Z}_5 \text{ bzw. modulo } 5.$$

Aus der Definition lesen wir ab:

(1) Die Verknüpfung + ist eine algebraische Operation auf $\mathbb{K}^n$, bzw. $\mathbb{K}^n$ ist abgeschlossen bezüglich der Addition +, d. h., + ist eine Abbildung $\mathbb{K}^n \times \mathbb{K}^n \to \mathbb{K}^n$. Man sagt, dass + eine *innere* Verknüpfung auf $\mathbb{K}^n$ ist (vgl. Definition A3.1).
(2) Das Vervielfachen mit λ ist keine algebraische Operation auf $\mathbb{K}^n$, sondern eine Abbildung von $\mathbb{K} \times \mathbb{K}^n \to \mathbb{K}^n$. Man sagt, dass das Vervielfachen eine *äußere* Verknüpfung auf $\mathbb{K}^n$ ist.
(3) $(\mathbb{K}^n, +)$ ist eine abelsche Gruppe mit $\mathbf{0} := (0, \ldots, 0) \in \mathbb{K}^n$ als neutralem Element und $-\boldsymbol{x} := (-x_1, \ldots, -x_n)$ als additiv Inversem zu $\boldsymbol{x}$. Es gilt wegen der Rechenregeln in einem Körper:

Die Addition von n-Tupeln ist assoziativ, denn:

$$(\boldsymbol{x} + \boldsymbol{y}) + \boldsymbol{z} = ((x_1 + y_1) + z_1, \ldots, (x_n + y_n) + z_n) =$$
$$= (x_1 + (y_1 + z_1), \ldots, x_n + (y_n + z_n)) = \boldsymbol{x} + (\boldsymbol{y} + \boldsymbol{z}).$$

Die Addition von n-Tupeln ist also assoziativ, weil die Addition in einem Körper assoziativ ist. Analoges gilt für die Kommutativität der Addition von n-Tupeln.

Weiterhin gilt:

$$\boldsymbol{x} + \mathbf{0} = (x_1 + 0, \ldots, x_n + 0) = (x_1, \ldots, x_n) = \boldsymbol{x} = \mathbf{0} + \boldsymbol{x}.$$

$$\boldsymbol{x} + (-\boldsymbol{x}) = (x_1, \ldots, x_n) + (-x_1, \ldots, -x_n) = (x_1 - x_1, \ldots, x_n - x_n) = (0, \ldots, 0) = \mathbf{0}.$$

Ebenso gilt: $(-\boldsymbol{x}) + \boldsymbol{x} = \mathbf{0}$

Beispiel A5.2 In $\mathbb{K} = \mathbb{Z}_5$ gilt: $-(2,4,3) = (-2,-4,-3) = (-2+5, -4+5, -3+5) = (3,1,2)$.

Probe: $(2,4,3) + (3,1,2) = (5,5,5) = (0,0,0)$.

Wegen der Rechenregeln in einem Körper gelten für das Vervielfachen ähnliche Gesetze wie für die Körpermultiplikation:

(1) $1\boldsymbol{x} = \boldsymbol{x}$.
(2) $(\lambda \cdot \mu)\boldsymbol{x} = \lambda(\mu\boldsymbol{x})$.
(3) $(\lambda + \mu)\boldsymbol{x} = \lambda\boldsymbol{x} + \mu\boldsymbol{x}$.
(4) $\lambda(\boldsymbol{x} + \boldsymbol{y}) = \lambda\boldsymbol{x} + \lambda\boldsymbol{y}$.

Beispielhaft begründen wir mit dem in einem Körper gültigen Distributivgesetz die Regel (4):

$$\lambda(\boldsymbol{x} + \boldsymbol{y}) = \lambda(x_1 + y_1, \ldots, x_n + y_n) = (\lambda \cdot (x_1 + y_1), \ldots, \lambda \cdot (x_n + y_n)) =$$

$$= (\lambda \cdot x_1 + \lambda \cdot y_1, \ldots, \lambda \cdot x_n + \lambda \cdot y_n) = (\lambda \cdot x_1, \ldots, \lambda \cdot x_n) + (\lambda \cdot y_1, \ldots, \lambda \cdot y_n) = \lambda\boldsymbol{x} + \lambda\boldsymbol{y}.$$

Beispiel A5.3 In $\mathbb{K} = \mathbb{Z}_5$ gilt für $\lambda = 2$, $\mu = 1$ und $\boldsymbol{x} = (1,2,3)$:

$$(\lambda + \mu)\boldsymbol{x} = (2+1)(1,2,3) = 3(1,2,3) = (3,6,9) = (3,1,4).$$

$$\lambda\boldsymbol{x} + \mu\boldsymbol{x} = 2(1,2,3) + 1(1,2,3) = (2,4,6) + (1,2,3) = (2,4,1) + (1,2,3) = (3,1,4).$$

Definition A5.2
Ein *Vektorraum* $(V, +, \lambda)$ über dem Körper $\mathbb{K}$ ist eine nicht-leere Menge V, auf der eine innere Verknüpfung $+ : V \times V \to V$, genannt Addition, und eine äußere Verknüpfung $\lambda : \mathbb{K} \times V \to V$, genannt das *Vervielfachen*, definiert sind.

Für beliebige $\boldsymbol{x}, \boldsymbol{y}, \boldsymbol{z} \in V$ und beliebige $\lambda, \mu \in \mathbb{K}$ gelten:

(V1): $\boldsymbol{x} + \boldsymbol{y} = \boldsymbol{y} + \boldsymbol{x}$.
(V2): $(\boldsymbol{x} + \boldsymbol{y}) + \boldsymbol{z} = \boldsymbol{x} + (\boldsymbol{y} + \boldsymbol{z})$.
(V3): Es gibt ein neutrales Element $\boldsymbol{0} \in V$, genannt *Nullvektor*, mit $\boldsymbol{x} + \boldsymbol{0} = \boldsymbol{x}$.
(V4): Zu jedem $\boldsymbol{x} \in V$ gibt es ein $-\boldsymbol{x} \in V$ mit $\boldsymbol{x} + (-\boldsymbol{x}) = \boldsymbol{0}$.
(V5): $1\boldsymbol{x} = \boldsymbol{x}$.
(V6): $(\lambda \cdot \mu)\boldsymbol{x} = \lambda(\mu\boldsymbol{x})$.
(V7): $(\lambda + \mu)\boldsymbol{x} = \lambda\boldsymbol{x} + \mu\boldsymbol{x}$.
(V8): $\lambda(\boldsymbol{x} + \boldsymbol{y}) = \lambda\boldsymbol{x} + \lambda\boldsymbol{y}$.

$(V, +, \lambda)$ ist genau dann ein Vektorraum, wenn $(V, +)$ eine abelsche Gruppe ist und das Vervielfachen mit λ die Axiome (V5)–(V8) erfüllt.

Anmerkungen:
(1) Die Elemente aus V nennt man Vektoren. Die Elemente aus $\mathbb{K}$ nennt man Skalare, die mit Buchstaben aus dem griechischen Alphabet bezeichnet werden. Wegen der Gruppeneigenschaft von $(V, +)$ sind $\boldsymbol{0}$ und $(-\boldsymbol{x})$ eindeutig bestimmt.
(2) Wegen (V2) kann man endliche Summen von Vektoren bilden:

$$\boldsymbol{x}_1 + \boldsymbol{x}_2 + \boldsymbol{x}_3 + \ldots + \boldsymbol{x}_k := (\ldots((\boldsymbol{x}_1 + \boldsymbol{x}_2) + \boldsymbol{x}_3) + \ldots + \boldsymbol{x}_k)$$

Einfache Folgerungen:

(1) $\lambda\boldsymbol{0} = \boldsymbol{0}$: Denn $\lambda\boldsymbol{0} = \lambda(\boldsymbol{0} + \boldsymbol{0}) \Rightarrow \lambda\boldsymbol{0} = \lambda\boldsymbol{0} + \lambda\boldsymbol{0} \Rightarrow$ (Kürzungsregel)$\lambda\boldsymbol{0} = \boldsymbol{0}$.
(2) $0\boldsymbol{x} = \boldsymbol{0}$: Denn $0\boldsymbol{x} = (0+0)\boldsymbol{x} = 0\boldsymbol{x} + 0\boldsymbol{x} \Rightarrow$ (Kürzungsregel) $0\boldsymbol{x} = \boldsymbol{0}$.

(3) $\lambda \boldsymbol{x} = \mathbf{0} \Rightarrow \lambda = 0$ oder $\boldsymbol{x} = \mathbf{0}$: Ist $\lambda \neq 0 \Rightarrow$ es gibt ein $\lambda^{-1} \in \mathbb{K}$ und $\lambda^{-1}(\lambda \boldsymbol{x}) = \lambda^{-1}\mathbf{0} \Rightarrow$ (nach (1)) $(\lambda^{-1} \cdot \lambda)\boldsymbol{x} = \mathbf{0} \Rightarrow 1\boldsymbol{x} = \mathbf{0} \Rightarrow \boldsymbol{x} = \mathbf{0}$.

(4) $\lambda(-\boldsymbol{x}) = -(\lambda \boldsymbol{x})$: Denn $\lambda(-\boldsymbol{x}) + \lambda \boldsymbol{x} = \lambda((-\boldsymbol{x}) + \boldsymbol{x}) = \lambda \mathbf{0} = \mathbf{0}$. Der Vektor $\lambda(-\boldsymbol{x})$ hat die Inverseneigenschaft zu $\lambda \boldsymbol{x}$. Wegen der Eindeutigkeit des Inversen ist $\lambda(-\boldsymbol{x})$ *das* Inverse zu $\lambda \boldsymbol{x}$.

(5) $\lambda(\boldsymbol{x} - \boldsymbol{y}) = \lambda \boldsymbol{x} - \lambda \boldsymbol{y}$: Denn $\lambda(\boldsymbol{x} - \boldsymbol{y}) = \lambda \boldsymbol{x} + \lambda(-\boldsymbol{y}) = \lambda \boldsymbol{x} + (-\lambda \boldsymbol{y}) = \lambda \boldsymbol{x} - \lambda \boldsymbol{y}$.

Teilräume

Die Menge der Codewörter eines Codes ist eine echte Teilmenge des $\mathbb{K}^n$. Andernfalls wäre die Codierung nicht sinnvoll, weil sie nur eine Permutation der Elemente aus $\mathbb{K}^n$ darstellt. Auch in dieser Teilmenge möchte man nach den Regeln eines Vektorraumes rechnen, um die Theorie der Vektorräume anwenden zu können.

Definition A5.3

Seien $(V, +, \lambda)$ ein Vektorraum über dem Körper $\mathbb{K}$ und U eine Teilmenge von V. Ein *Teilraum U* des Vektorraumes V ist eine nicht-leere Teilmenge von V, die bezüglich + und λ abgeschlossen ist und die Vektorraumregeln (V1)–(V8) erfüllt sind.

Symbolisch: $U \trianglelefteq V \Leftrightarrow U \subseteq V$ und $(U, +, \lambda)$ ist ein Vektorraum.

Beispiel A5.4 Sei $V = \mathbb{K}^n$, $U := \{\boldsymbol{u} = (u_1, \ldots, u_n) | u_1 + \ldots + u_n = 0\} \subset \mathbb{K}^n$.

Dann gilt $U \triangleleft \mathbb{K}^n$.

Denn: Sind $\boldsymbol{u} = (u_1, \ldots, u_n)$ und $\boldsymbol{v} = (v_1, \ldots, v_n)$ aus U, dann folgt:

$\boldsymbol{u} + \boldsymbol{v} = (u_1, \ldots, u_n) + (v_1, \ldots, v_n) = (u_1 + v_1, \ldots, u_n + v_n)$ mit

$(u_1 + v_1) + \ldots + (u_n + v_n) = (u_1 + \ldots + u_n) + (v_1 + \ldots + v_n) = 0 + 0 = 0.$

$\lambda \boldsymbol{u} = \lambda(u_1, \ldots, u_n) = (\lambda \cdot u_1, \ldots, \lambda \cdot u_n)$ mit $\lambda \cdot u_1 + \ldots + \lambda \cdot u_n = \lambda \cdot (u_1 + \ldots + u_n) =$

$= \lambda \cdot 0 = 0.$

Damit ist U abgeschlossen bezüglich **denselben** Verknüpfungen + und λ wie in V. Die Vektorraumregeln (V1)–(V8) gelten für alle Elemente von V, also auch für U.

Satz A5.1

Sei $(V, +, \lambda)$ ein Vektorraum über dem Körper $\mathbb{K}$. Eine Teilmenge U von V ist genau dann ein Teilraum von V wenn gilt:

(1) Mit $\boldsymbol{u}, \boldsymbol{v}$ aus U ist auch $\boldsymbol{u} - \boldsymbol{v}$ aus U.
(2) Mit $\lambda \in \mathbb{K}$ und $\boldsymbol{u}$ aus U ist auch $\lambda \boldsymbol{u}$ aus U.

Anmerkung: Für $\mathbb{K} = \mathbb{Z}_2$ oder allgemein für Körper mit der Charakteristik 2 ist $-\boldsymbol{v} = \boldsymbol{v}$, weil $\boldsymbol{v} + \boldsymbol{v} = (1 + 1)\boldsymbol{v} = 0\boldsymbol{v} = \mathbf{0}$.

Daher ist $\boldsymbol{u} - \boldsymbol{v} = \boldsymbol{u} + (-\boldsymbol{v}) = \boldsymbol{u} + \boldsymbol{v}$.

Für $\mathbb{K} = \mathbb{Z}_2$ ist (2) immer erfüllt, da nur $\lambda = 0$ oder $\lambda = 1$ möglich sind und $0\boldsymbol{u} = \mathbf{0} \in U$ und $1\boldsymbol{u} = \boldsymbol{u} \in U$.

Die Speicherung aller Codewörter eines Codes verursacht einen erheblichen Aufwand. Es ist daher Ziel, durch Angabe von wenigen Codewörtern alle Codewörter des Teilraumes zu erfassen.

Definition A5.4

Sei $(V, +, \lambda)$ ein Vektorraum über dem Körper $\mathbb{K}$. Seien $n \in \mathbb{N}$, $\boldsymbol{v}_1, \ldots, \boldsymbol{v}_n \in V$ und $\lambda_1, \ldots, \lambda_n \in \mathbb{K}$.

(1) Der Vektor $\lambda_1\boldsymbol{v}_1 + \ldots + \lambda_n\boldsymbol{v}_n$ heißt *Linearkombination* der Vektoren $\boldsymbol{v}_1, \ldots, \boldsymbol{v}_n$.

(2) Die *lineare Hülle* $\langle \boldsymbol{v}_1, \ldots, \boldsymbol{v}_n \rangle$ ist die Menge *aller* Linearkombinationen von $\boldsymbol{v}_1, \ldots, \boldsymbol{v}_n$.

Symbolisch: $\langle \boldsymbol{v}_1, \ldots, \boldsymbol{v}_n \rangle = \{\boldsymbol{x} \in V \mid \boldsymbol{x} = \lambda_1\boldsymbol{v}_1 + \ldots + \lambda_n\boldsymbol{v}_n\}$.

Anmerkungen:

(1) Die lineare Hülle ist stets ein Teilraum von V: $\langle \boldsymbol{v}_1, \ldots, \boldsymbol{v}_n \rangle \trianglelefteq V$.

(2) Ist $V = \langle \boldsymbol{v}_1, \ldots, \boldsymbol{v}_n \rangle$, dann nennt man V einen *endlich erzeugten* Vektorraum und $\{\boldsymbol{v}_1, \ldots, \boldsymbol{v}_n\}$ ein *Erzeugendensystem* von V.

(3) Die Linearkombination $0\boldsymbol{v}_1 + \ldots + 0\boldsymbol{v}_n$ heißt triviale Linearkombination von $\boldsymbol{v}_1, \ldots, \boldsymbol{v}_n$.

Definition A5.5

Sei $(V, +, \lambda)$ ein Vektorraum über dem Körper $\mathbb{K}$. Seien $n \in \mathbb{N}$, $\boldsymbol{v}_1, \ldots, \boldsymbol{v}_n \in V$ und $\lambda_1, \ldots, \lambda_n \in \mathbb{K}$.

(1) Die Vektoren $\{\boldsymbol{v}_1, \ldots, \boldsymbol{v}_n\}$ heißen *linear unabhängig* (l. u.) genau dann, wenn nur die triviale Linearkombination der gegebenen Vektoren den Nullvektor ergibt. Symbolisch:

$$\{\boldsymbol{v}_1, \ldots, \boldsymbol{v}_n\} \text{ l.u.} \Leftrightarrow (\lambda_1\boldsymbol{v}_1 + \ldots + \lambda_n\boldsymbol{v}_n = \mathbf{0} \Rightarrow \lambda_1 = \ldots = \lambda_n = 0).$$

(2) Die Vektoren $\{\boldsymbol{v}_1, \ldots, \boldsymbol{v}_n\}$ heißen *linear abhängig* (l. a.) genau dann, wenn sie nicht linear unabhängig sind.

Symbolisch:

$$\{\boldsymbol{v}_1, \ldots, \boldsymbol{v}_n\} \text{ l.a.} \Leftrightarrow \text{es gibt } \lambda_1, \ldots, \lambda_n \in \mathbb{K}, \text{nicht alle gleichzeitig } 0, \text{mit } \lambda_1\boldsymbol{v}_1 + \ldots + \lambda_n\boldsymbol{v}_n = \mathbf{0}.$$

Anmerkungen:

(1) Die Menge der Vektoren $\{\boldsymbol{v}_1, \ldots, \boldsymbol{v}_n\}$ ist linear abhängig genau dann, wenn sich mindestens einer der Vektoren als Linearkombination der restlichen Vektoren darstellen lässt.

(2) Die Menge der Vektoren $\{\boldsymbol{v}_1, \ldots, \boldsymbol{v}_n\}$ ist linear unabhängig genau dann, wenn sich kein Vektor als Linearkombination der restlichen Vektoren darstellen lässt.

Beispiel A5.5

(1) Die Menge $\{\boldsymbol{0}\}$ ist linear abhängig, weil mit $\lambda = 1 \neq 0$ gilt: $\lambda\boldsymbol{0} = \boldsymbol{0}$.

(2) Ist $\boldsymbol{v} \neq \boldsymbol{0}$, dann ist $\{\boldsymbol{v}\}$ linear unabhängig, weil aus $\lambda\boldsymbol{v} = \boldsymbol{0} \Rightarrow \lambda = 0$ (vgl. Folgerung (3)).

(3) Seien $\boldsymbol{v}_1 = (2{,}1)$ und $\boldsymbol{v}_2 = (1{,}2)$. Über $\mathbb{K} = \mathbb{Z}_3$ oder über Körper $\mathbb{K}$ mit $char(\mathbb{K}) = 3$ ist die Menge $\{\boldsymbol{v}_1, \boldsymbol{v}_2\}$ linear abhängig, da der Nullvektor als nicht triviale Linearkombination geschrieben werden kann: $1\boldsymbol{v}_1 + 1\boldsymbol{v}_2 = (3{,}3) = (0{,}0) = \boldsymbol{0}$.

(4) Ist $\mathbb{K}$ ein Körper mit $char(\mathbb{K}) \neq 3$, z. B. $\mathbb{K} = \mathbb{Z}_5$ oder $\mathbb{K} = \mathbb{Q}$, dann ist $\{\boldsymbol{v}_1, \boldsymbol{v}_2\}$ linear unabhängig.

Sei $\lambda_1(2{,}1) + \lambda_2(1{,}2) = (0{,}0)$. Dann folgt:

$$\begin{array}{rcrcl} 2\lambda_1 & + & \lambda_2 & = & 0 \\ \lambda_1 & + & 2\lambda_2 & = & 0 \end{array} \Rightarrow \lambda_2 = -2\lambda_1 \Rightarrow \lambda_1 - 4\lambda_1 = 0 \Rightarrow -3\lambda_1 = 0.$$

Wegen $-3 \neq 0$ und der Nullteilerfreiheit von $\mathbb{K}$ folgt $\lambda_1 = 0$ und damit $\lambda_2 = 0$. Das heißt, dass nur die triviale Linearkombination von $\boldsymbol{v}_1$ und $\boldsymbol{v}_2$ den Nullvektor ergibt.

(5) Seien $\boldsymbol{u}, \boldsymbol{v} \in V$, beide ungleich dem Nullvektor, dann gilt:

$$\{\boldsymbol{u}, \boldsymbol{v}\} \text{ l.a.} \Leftrightarrow \boldsymbol{u} = \lambda\boldsymbol{v} \text{ für ein } \lambda \neq 0 \text{ aus } \mathbb{K}.$$

Sei $\{\boldsymbol{u}, \boldsymbol{v}\}$ l. a. Nach Definition gibt es λ_1 und λ_2 aus $\mathbb{K}$, die nicht gleichzeitig Null sind, mit

$\lambda_1\boldsymbol{u} + \lambda_2\boldsymbol{v} = \boldsymbol{0}$. Sei z. B. $\lambda_1 \neq 0$, dann muss auch $\lambda_2 \neq 0$ gelten. Sonst wäre $\lambda_1\boldsymbol{u} = \boldsymbol{0}$ und damit $\lambda_1 = 0$ im Widerspruch zu $\lambda_1 \neq 0$.

Aus $\lambda_1\boldsymbol{u} + \lambda_2\boldsymbol{v} = \boldsymbol{0}$ folgt $\boldsymbol{u} = \frac{-\lambda_2}{\lambda_1}\boldsymbol{v}$. Also $\boldsymbol{u} = \lambda\boldsymbol{v}$ mit $\lambda = \frac{-\lambda_2}{\lambda_1} \neq 0$, weil $\lambda_2 \neq 0$.

Ist umgekehrt $\boldsymbol{u} = \lambda\boldsymbol{v}$ und $\lambda \neq 0$, dann ist $1\boldsymbol{u} - \lambda\boldsymbol{v} = \boldsymbol{0}$. Damit ergibt eine nicht-triviale Linearkombination den Nullvektor.

Beachte: In Beispiel A5.5 (3) gilt für $\mathbb{K} = \mathbb{Z}_3$, dass $\boldsymbol{v}_1 = 2\boldsymbol{v}_2$, obwohl die Komponenten auf „den ersten Blick“ anscheinend nicht proportional wirken.

Definition A5.6
Sei $(V, +, \lambda)$ ein Vektorraum über dem Körper $\mathbb{K}$. Seien
$n \in \mathbb{N}, \boldsymbol{b}_1, \ldots, \boldsymbol{b}_n \in V$ und $\lambda_1, \ldots, \lambda_n \in \mathbb{K}$.
Die Menge $\{\boldsymbol{b}_1, \ldots, \boldsymbol{b}_n\}$ nennt man *Basis* von V genau dann, wenn

(1) $V = \langle \boldsymbol{b}_1, \ldots, \boldsymbol{b}_n \rangle$, d. h., $\{\boldsymbol{b}_1, \ldots, \boldsymbol{b}_n\}$ ist ein Erzeugendensystem von V.
(2) Die Menge $\{\boldsymbol{b}_1, \ldots, \boldsymbol{b}_n\}$ ist linear unabhängig.

Mit dieser Definition gelingt die oben formulierte gewünschte Reduzierung des Speicheraufwandes. Für die Beweise der folgenden Sätze vgl. z. B. Anton (1998).

Satz A5.2
Sei $(V, +, \lambda)$ ein endlich erzeugter Vektorraum über dem Körper $\mathbb{K}$, und sei $B := \{\boldsymbol{b}_1, \ldots, \boldsymbol{b}_n\}$ eine Basis von V. Dann kann jeder Vektor $\boldsymbol{v} \in V$ eindeutig bis auf die Reihenfolge der Summanden als Linearkombination der Basisvektoren dargestellt werden:

$$\boldsymbol{v} = \lambda_1 \boldsymbol{b}_1 + \ldots + \lambda_n \boldsymbol{b}_n.$$

Die Skalare $(\lambda_1, \ldots, \lambda_n) \in \mathbb{K}^n$ heißen Koordinaten von $\boldsymbol{v}$ bezüglich der Basis B.

Es gilt der für die nachfolgenden Überlegungen bedeutende Satz:

Satz A5.3
(1) Jeder endlich erzeugte Vektorraum besitzt eine Basis.
(2) Je zwei Basen eines endlich erzeugten Vektorraumes besitzen gleich viele Elemente.

Dieser Satz ermöglicht folgende Definition:

Definition A5.7
Seien $(V, +, \lambda)$ ein endlich erzeugter Vektorraum über dem Körper $\mathbb{K}$ und B eine Basis. Die *Dimension* von V ist die Anzahl der Basisvektoren.
Symbolisch $\dim(V) = |B|$.
Ist $V = \{\boldsymbol{0}\}$, dann sei $\dim(V) = 0$.

Anmerkung: $\dim(V) = n \Leftrightarrow$ alle Basen von V besitzen n Elemente.
So gilt für den Vektorraum $\mathbb{K}^n$: $\dim(\mathbb{K}^n) = n$, weil
$\mathbb{K}^n = \langle \boldsymbol{e}_1, \boldsymbol{e}_2, \ldots, \boldsymbol{e}_n \rangle = \langle (1,0,0,\ldots,0), (0,1,0\ldots0), \ldots, (0,0,\ldots,1) \rangle$
und die Menge $\{\boldsymbol{e}_1, \boldsymbol{e}_2, \ldots, \boldsymbol{e}_n\}$ linear unabhängig ist.

Definition A5.8
Sei $(\mathbb{K}^n, +, \lambda)$ der Vektorraum der n-Tupel über dem Körper $\mathbb{K}$.
Die Vektoren $\boldsymbol{e}_1, \boldsymbol{e}_2, \ldots, \boldsymbol{e}_n$ nennt man Einheitsvektoren, und die Menge $B := \{\boldsymbol{e}_1, \boldsymbol{e}_2, \ldots, \boldsymbol{e}_n\}$ heißt *Standardbasis* des $\mathbb{K}^n$.

Satz A5.4
Sei $(V, +, \lambda)$ ein Vektorraum der Dimension n. Es gelten:

(1) Jede Teilmenge von V mit mehr als n Elementen ist linear abhängig.
(2) Je n linear unabhängige Vektoren bilden eine Basis von V.

Für Teilräume, also insbesondere für Codes, gilt:

Satz A5.5
Sei U ein Teilraum eines Vektorraumes V mit $\dim(V) = n$, dann gelten:

(1) $\dim(U) \leq n$.
(2) $\dim(U) = \dim(V) \Leftrightarrow U = V$.

Anmerkung: Würde man n-Tupel nur über Ringe statt über Körper betrachten, so gelten die Sätze über Basen und Dimension nicht. Zu deren Beweisen benötigt man das multiplikative Inverse der Skalare. Daher betrachtet man Codes mit Körpern als Alphabete, um die Theorie der Vektorräume benützen zu können.

Lineare Abbildungen zwischen Vektorräumen
In der Vektorraumtheorie spricht man anstelle von „Funktionen“ meist von „Abbildungen“. Für die Codierfunktion und die damit verbundene Konstruktion von „guten“ Codes sind solche Abbildungen von wesentlicher Bedeutung, die mit Addition und Vervielfachen „verträglich“ sind. Das heißt, dass bei diesen Abbildungen das „Bild einer Summe“ gleich der „Summe der Bilder“ und das „Bild eines Vielfachen“ gleich dem „Vielfachen eines Bildes“ ist.

Beispiel A5.6 Seien $A = \begin{pmatrix} a_{11} & \cdots & a_{1n} \\ \vdots & \ddots & \vdots \\ a_{m1} & \cdots & a_{mn} \end{pmatrix} \in \mathbb{K}^{m \times n}$ und $\boldsymbol{x} = (x_1, \ldots, x_n) \in \mathbb{K}^n$.

$$f : \mathbb{K}^n \to \mathbb{K}^m \text{ mit } f(\boldsymbol{x}) := A\boldsymbol{x}^T \in \mathbb{K}^m.$$

Nach den Rechenregeln für Matrizen (vgl. Satz A4.1) gilt:

$$f(\boldsymbol{x}+\boldsymbol{y}) = A(\boldsymbol{x}+\boldsymbol{y})^T = A\left(\boldsymbol{x}^T + \boldsymbol{y}^T\right) = A\boldsymbol{x}^T + A\boldsymbol{y}^T = f(\boldsymbol{x}) + f(\boldsymbol{y}).$$

$$f(\lambda\boldsymbol{x}) = A(\lambda\boldsymbol{x})^T = A\left(\lambda^T\boldsymbol{x}^T\right) = \lambda\left(A\boldsymbol{x}^T\right) = \lambda f(\boldsymbol{x}).$$

Diese Eigenschaften wollen wir in der nächsten Definition formal darstellen.

Definition A5.9

Seien V und W zwei Vektorräume über demselben (!) Körper $\mathbb{K}$ und $\boldsymbol{x}, \boldsymbol{y}$ aus V beliebig, sowie λ aus $\mathbb{K}$. Eine *lineare Abbildung* $f: V \to W$ ist eine Abbildung mit:

$$(1)\quad f(\boldsymbol{x}+\boldsymbol{y}) = f(\boldsymbol{x}) + f(\boldsymbol{y}).$$

$$(2)\quad f(\lambda\boldsymbol{x}) = \lambda f(\boldsymbol{x}).$$

Anmerkung: Anstelle von f ist linear, sagt man auch, f ist ein *Homomorphismus* (weil in beiden Vektorräumen wegen der Verträglichkeitsbedingung ähnliche Gesetze bezüglich + und Vervielfachung mit λ gelten).

Beispiel A5.7 Die „Rechtsmultiplikation" eines Spaltenvektors mit einer Matrix ist eine lineare Abbildung.

Die „Linksmultiplikation" eines Zeilenvektors mit einer Matrix, also $f : \mathbb{K}^m \to \mathbb{K}^n$ mit $f(\boldsymbol{x}) = \boldsymbol{x}A$ ist eine lineare Abbildung.

Definition A5.10

Seien V und W zwei Vektorräume über demselben Körper $\mathbb{K}$ und $f: V \to W$ linear.

$f(V) := \{\boldsymbol{w} \in W \mid \boldsymbol{w} = f(\boldsymbol{v}) \text{ für ein } \boldsymbol{v} \in V\}$ heißt *Bild von V unter f* oder auch *Image* von f, kurz $\mathit{Im}\, f$.

$\mathit{ker}\, f := \{\boldsymbol{v} \in V \mid f(\boldsymbol{v}) = \boldsymbol{0}\}$ heißt *Kern von f*. Er ist die Menge aller Vektoren, die auf $\boldsymbol{0}$ abgebildet werden.

Elementare Eigenschaften von linearen Abbildungen:

Satz A5.6
Sei f eine lineare Abbildung von V in W. Dann gelten:

(1) $f(\mathbf{0}_V) = \mathbf{0}_W$, weil $f(\mathbf{0}_V) = f(0_{\mathbb{K}}\mathbf{0}_V) = 0_{\mathbb{K}}f(\mathbf{0}_V) = \mathbf{0}_W$.
(2) $\ker f \trianglelefteq V$. Die Dimension von ker f nennt man *Defekt* von f.

Symbolisch $\operatorname{def} f := \dim(\ker f)$.

(3) $\operatorname{Im} f \trianglelefteq W$. Die Dimension von $\operatorname{Im} f$ nennt man *Rang* von f.

Symbolisch $\operatorname{rg}(f) := \dim(\operatorname{Im} f)$.

(4) f ist injektiv $\Leftrightarrow \ker f = \{\mathbf{0}\} \Leftrightarrow \operatorname{def}(f) = 0$.
(5) f ist surjektiv $\Leftrightarrow \operatorname{Im} f = W \Leftrightarrow rg(f) = \dim(W)$.

Weiterführende Eigenschaften:

Satz A5.7
Seien V und W zwei Vektorräume.

(1) Fortsetzungssatz:

Eine lineare Abbildung ist durch die Angabe der Bilder der Basisvektoren eindeutig bestimmt:

Sei $B := \{\boldsymbol{b}_1, \ldots, \boldsymbol{b}_n\}$ eine Basis von V, und seien $\{\boldsymbol{g}_1, \ldots, \boldsymbol{g}_n\}$ aus W, wobei $\boldsymbol{g}_i$ das Bild von $\boldsymbol{b}_i$ für $i = 1, \ldots, n$ sei. Weiterhin sei $\boldsymbol{v} \in V$. Dann ist die Abbildung $f: V \longrightarrow W$ mit

$f(\boldsymbol{v}) = f(\lambda_1\boldsymbol{b}_1 + \ldots + \lambda_n\boldsymbol{b}_n) := \lambda_1 f(\boldsymbol{b}_1) + \ldots + \lambda_n f(\boldsymbol{b}_n)$ linear.

Ist $h: V \longrightarrow W$ eine lineare Abbildung mit $h(\boldsymbol{b}_i) = \boldsymbol{g}_i$ für $i = 1, \ldots, n$, dann gilt $h = f$.

(2) Abbildungssatz:

$$\dim(V) = \dim(\ker f) + \dim(Im\, f) = \operatorname{def}(f) + rg(f).$$

Zeilen-, Spalten- und Nullraum einer Matrix

Die in dieser Überschrift genannten Vektorräume sind für den weiteren Ausbau der Matrizentheorie von Bedeutung. Insbesondere bestimmen sie das Lösungsverhalten von linearen Gleichungssystemen.

Sei $A = \begin{pmatrix} a_{11} & \cdots & a_{1n} \\ \vdots & \ddots & \vdots \\ a_{m1} & \cdots & a_{mn} \end{pmatrix} \in \mathbb{K}^{m \times n}$.

Die Vektoren $z_i := (a_{\mathrm{i}1}, \ldots, a_{\mathrm{in}}) \in \mathbb{K}^n$ mit $\mathrm{i} := 1, \ldots, m$ nennt man *Zeilenvektoren* von A.

Die Vektoren $\boldsymbol{s}_j := \begin{pmatrix} a_{1\mathrm{j}} \\ \vdots \\ a_{\mathrm{mj}} \end{pmatrix} \in \mathbb{K}^m$ mit $\mathrm{j} := 1, \ldots, n$ nennt man *Spaltenvektoren* von A.

Dann gilt: $A = \begin{pmatrix} z_1 \\ \vdots \\ z_m \end{pmatrix} = (\boldsymbol{s}_1, \quad \cdots \quad, \boldsymbol{s}_n)$

Definition A5.11

Sei A eine $(m \times n)$-Matrix über dem Körper $\mathbb{K}$.

(1) Der *Zeilenraum* $Z(A)$ von A ist die lineare Hülle der Zeilenvektoren von A.

Symbolisch: $Z(A) := \langle z_1, \ldots, z_n \rangle \trianglelefteq \mathbb{K}^{\mathrm{n}}$.
Der *Zeilenrang* von A ist die Dimension des Zeilenraumes.

(2) Der *Spaltenraum* $S(A)$ von A ist die lineare Hülle der Spaltenvektoren von A.

Symbolisch: $S(A) := \langle \boldsymbol{s}_1, \ldots, \boldsymbol{s}_m \rangle \trianglelefteq \mathbb{K}^{\mathrm{m}}$.
Der *Spaltenrang* von A ist die Dimension des Spaltenraumes.

(3) Der *Nullraum* $N(A)$ von A ist die Menge der Vektoren $\boldsymbol{x} \in \mathbb{K}^n$ mit $A\boldsymbol{x}^T = \boldsymbol{0}$.

Symbolisch: $N(A) := \{\boldsymbol{x} \in \mathbb{K}^n | A\boldsymbol{x}^T = \boldsymbol{0}\} \trianglelefteq \mathbb{K}^{\mathrm{n}}$.
Der *Defekt* von A ist die Dimension des Nullraumes.

(4) Der Rang von A ist die Dimension des Zeilenraumes.

Symbolisch: $\mathrm{rg}(A) = \dim(Z(A))$.

Satz A5.8

Sei A eine $(m \times n)$-Matrix über dem Körper $\mathbb{K}$. Dann gilt: Der Zeilenraum und der Spaltenraum von A haben die gleiche Dimension.

Anmerkungen:

(1) Eine Matrix besitzt genauso viele l.u. Zeilenvektoren wie l. u. Spaltenvektoren. Damit gilt Zeilenrang= Spaltenrang.

(2) Fassen wir Definition A5.10 (4) und Satz A5.8 zusammen, so folgt:

$$\mathrm{rg}(A) = \dim(Z(A)) = \dim(S(A)).$$

Elementare Eigenschaften des Ranges einer Matrix:

(1) rg(A) ist die Maximalanzahl linear unabhängiger Zeilen bzw. Spalten.
(2) rg(A) = $rg(A^T)$.
(3) rg(A) $\leq$ min (m, n).

Satz A5.9
Eine Matrix A habe n Spalten. Dann gilt der Abbildungssatz für Matrizen:

$$\mathrm{rg}(A) + \mathrm{def}(A) = n$$

Bedeutung des Ranges einer Matrix für die Invertierbarkeit:

Definition A5.12
Sei A eine $(n \times n)$-Matrix über dem Körper $\mathbb{K}$.

Die Matrix A heißt genau dann *invertierbar*, wenn es eine $(n \times n)$-Matrix B gibt mit

$$AB = BA = I_n.$$

Die Matrix B heißt die zu A inverse Matrix, sie ist eindeutig bestimmt und wird mit A^{-1} bezeichnet.

Anmerkung: Um die Multiplikationen AB und BA durchführen zu können, müssen A und B quadratisch sein.

Satz A5.10
Sei A eine $(n \times n)$-Matrix über dem Körper $\mathbb{K}$.

Die Matrix A ist genau dann invertierbar, wenn rg(A) = n gilt, d. h., wenn alle Zeilen- bzw. alle Spaltenvektoren linear unabhängig sind.

Um die Maximalanzahl linear unabhängiger Zeilenvektoren bestimmen zu können, verwendet man die sogenannten elementaren Zeilen- bzw. Spaltenumformungen.

Definition A5.13
Sei A eine Matrix über dem Körper $\mathbb{K}$. *Elementare Zeilen-* bzw. *Spaltenumformungen* von A sind:

(1) Multiplikation einer Zeile (Spalte) mit einem Element $a \neq 0$ aus $\mathbb{K}$.
(2) Vertauschen zweier Zeilen (Spalten).
(3) Addition eines Vielfachen einer Zeile (Spalte) zu einer *anderen* Zeile (Spalte).

Anmerkungen:
(1) Elementare Zeilenumformungen ändern den Zeilenraum und Nullraum einer Matrix *nicht.*
(2) Dagegen kann sich der Spaltenraum einer Matrix bei elementaren Spaltenumformungen ändern, aber die linearen Abhängigkeitsbeziehungen der Spalten bleiben erhalten.
(3) Elementare Zeilen- bzw. Spaltenumformungen ändern den Rang einer Matrix *nicht.*

Beispiel A5.7 Sei $A = \begin{pmatrix} 1 & 2 \\ 3 & 6 \end{pmatrix} \in \mathbb{Q}^{2\times 2}$.

(1) Wir multiplizieren die erste Zeile mit (-3) und addieren sie zur zweiten Zeile. Es entsteht die Matrix $A' = \begin{pmatrix} 1 & 2 \\ 0 & 0 \end{pmatrix}$.

$Z(A) = \langle(1,2),(3,6)\rangle = \langle(1,2)\rangle$, weil $(3,6) = 3(1,2)$ gilt. Damit ist $(3,6)$ von $(1,2)$ linear abhängig und kann daher bei der Hüllenbildung vernachlässigt werden.

$Z(A') = \langle(1,2),(0,0)\rangle = \langle(1,2)\rangle = Z(A)$.

$S(A) = \left\langle \begin{pmatrix} 1 \\ 3 \end{pmatrix}, \begin{pmatrix} 2 \\ 6 \end{pmatrix} \right\rangle = \left\langle \begin{pmatrix} 1 \\ 3 \end{pmatrix} \right\rangle$ und $S(A') = \left\langle \begin{pmatrix} 1 \\ 0 \end{pmatrix}, \begin{pmatrix} 2 \\ 0 \end{pmatrix} \right\rangle = \left\langle \begin{pmatrix} 1 \\ 0 \end{pmatrix} \right\rangle \neq \left\langle \begin{pmatrix} 1 \\ 3 \end{pmatrix} \right\rangle = S(A)$.

Die Abhängigkeitsrelation „Zweite Spalte ist von der ersten Spalte linear abhängig" bleibt erhalten: $\begin{pmatrix} 2 \\ 6 \end{pmatrix} = 2\begin{pmatrix} 1 \\ 3 \end{pmatrix}$ und $\begin{pmatrix} 2 \\ 0 \end{pmatrix} = 2\begin{pmatrix} 1 \\ 0 \end{pmatrix}$.

(2) Nullraum von A:

$$\begin{pmatrix} 1 & 2 \\ 3 & 6 \end{pmatrix}\begin{pmatrix} x_1 \\ x_2 \end{pmatrix} = \begin{pmatrix} 0 \\ 0 \end{pmatrix} \Leftrightarrow \begin{array}{rcrcl} x_1 & + & 2x_2 & = & 0 \\ 3x_1 & + & 6x_2 & = & 0 \end{array} \Leftrightarrow x_1 + 2x_2 = 0.$$

Wählt man z. B. $x_2 = 1$, dann ist $x_1 = -2$ und $N(A) = \left\langle \begin{pmatrix} -2 \\ 1 \end{pmatrix} \right\rangle = N(A')$.

Insgesamt erkennt man:

$rg(A) = 1, \operatorname{def}(A) = 1$ und $rg(A) + \operatorname{def}(A) = 1 + 1 = 2 =$ *Anzahl der Spalten von A.*

Weiterhin ist die Matrix A nicht invertierbar, weil $rg(A) = 1 \neq 2$.

Beispiel A5.8 Eine Matrix der Form $V := \begin{pmatrix} 1 & 1 & 1 & \cdots & 1 \\ x_1 & x_2 & x_3 & \cdots & x_n \\ x_1^2 & x_2^2 & x_3^2 & \cdots & x_n^2 \\ \vdots & \vdots & \vdots & \cdots & \vdots \\ x_1^{n-1} & x_2^{n-1} & x_3^{n-1} & \cdots & x_n^{n-1} \end{pmatrix}$ nennt man *Vandermondesche* Matrix. Sind die Komponenten des n-Tupels $(x_1, x_2, \ldots, x_n)$ ungleich Null und paarweise verschieden, d. h. aus $i \neq j \Rightarrow x_i \neq x_j$, dann ist $rg(V) = n$, und V_n ist invertierbar.

Beweis: Wir verwenden Anmerkung (3) zu Definition A5.13.

(1) Multipliziere die j-te Zeile mit $(-x_1) \neq 0$ und addiere sie zur $(j + 1)$-ten Zeile für $j := 1,2, \ldots, n - 1$. Dies ergibt nach Herausheben von $(x_j - x_1) \neq 0$ in den einzelnen Eintragungen die Matrix V_1, die gleichem Rang wie V besitzt.

$$V_1 := \begin{pmatrix} 1 & 1 & \cdots & 1 \\ 0 & x_2 - x_1 & \cdots & x_n - x_1 \\ 0 & x_2(x_2 - x_1) & \cdots & x_n(x_n - x_1) \\ \vdots & \vdots & \cdots & \vdots \\ 0 & x_2^{n-2}(x_2 - x_1) & \cdots & x_n^{n-2}(x_n - x_1) \end{pmatrix}.$$

(2) Dividiere die Spalten $2, \ldots, n$ durch $(x_2 - x_1) \neq 0, \ldots, (x_n - x_1) \neq 0$. Dies ergibt die Matrix V_2, die den gleichen Rang wie V_1 und damit wie V besitzt. Die Matrix V_2 besitzt eine $((n - 1) \times (n - 1))$-Vandermondesche Untermatrix.

$$V_2 := \begin{pmatrix} 1 & 1 & \cdots & 1 \\ 0 & 1 & \cdots & 1 \\ 0 & x_2 & \cdots & x_n \\ \vdots & \vdots & \cdots & \vdots \\ 0 & x_2^{n-2} & \cdots & x_n^{n-2} \end{pmatrix}.$$

Unter fortfahrender Verwendung von (1) und (2) gelangt man nach $(n - 1)$ Schritten zu einer Matrix $\tilde{V}$ der Form

$$\tilde{V} := \begin{pmatrix} 1 & 1 & 1 & 1 & 1 & 1 \\ 0 & 1 & 1 & 1 & 1 & 1 \\ 0 & 0 & 1 & 1 & 1 & 1 \\ \vdots & \vdots & \vdots & 1 & \vdots & \vdots \\ 0 & 0 & 0 & 0 & 1 & 1 \\ 0 & 0 & 0 & 0 & 0 & x_n - x_{n-1} \end{pmatrix}.$$

Da x_i und x_j paarweise verschieden sind, sind alle Divisionen durch $(x_i - x_j) \neq 0$ möglich. Weil $(x_n - x_{n-1}) \neq 0$ ist, besitzt $\tilde{V}$ und damit auch V den Rang n, zumal alle Elemente in der Hauptdiagonalen von Null verschieden sind.

Definition A5.14
Sei A eine Matrix über dem Körper $\mathbb{K}$.

(1) Eine Matrix A ist eine Matrix in *Staffelform* (*Stufenform*), wenn jede nachfolgende Zeile mehr Nullen vor dem ersten Element ungleich Null enthält als die vorhergehende Zeile. Zeilen, die nur Nullen enthalten, befinden sich am unteren Ende der Matrix.
(2) Eine Matrix A heißt *zeilenäquivalent* zu einer Matrix B, wenn B durch endlich viele elementare Zeilenoperationen aus A entstanden ist.

Beispiel A5.9 Die Matrizen A und B sind in Staffelform.

$$A = \begin{pmatrix} 1 & 2 & 3 \\ 0 & 0 & 1 \\ 0 & 0 & 0 \\ 0 & 0 & 0 \end{pmatrix}, B = \begin{pmatrix} 0 & 1 & 2 & 3 & 4 & 5 \\ 0 & 0 & 0 & 1 & 2 & 3 \\ 0 & 0 & 0 & 0 & 0 & 1 \end{pmatrix}.$$

Die Matrix C befindet sich nicht in Staffelform:

$$C = \begin{pmatrix} 0 & 1 & 2 & 3 & 4 & 5 \\ 0 & 0 & 0 & 1 & 2 & 3 \\ 0 & 0 & 0 & 1 & 0 & 1 \end{pmatrix}.$$

Satz A5.11
Seien A und B beliebige $(m \times n)$-Matrizen über dem Körper $\mathbb{K}$.

(1) Die von der Nullzeile verschiedenen Zeilen einer Matrix in Stufenform sind linear unabhängig.
(2) Zwei Matrizen besitzen den gleichen Zeilenraum, falls sie zeilenäquivalent sind.

10.5.2 Lineare Systeme von *m* Gleichungen und *n* Unbekannten

Mit den Begriffen Rang und Defekt kann das Lösungsverhalten eines linearen Gleichungssystems (LGS) beschrieben werden. Dazu versucht man, ein LGS in die Sprache der

Vektoren zu übersetzen. Der Vektor $\boldsymbol{x} \in \mathbb{K}^n$ ist für die nachfolgenden Überlegungen stets ein Spaltenvektor. Es ist dann

$$\mathbb{K}^n = \left\{ \boldsymbol{x} = \begin{pmatrix} x_1 \\ \vdots \\ x_n \end{pmatrix} \middle| x_1, \ldots x_n \in \mathbb{K} \right\}. \text{ Analog ist } \boldsymbol{b} = \begin{pmatrix} b_1 \\ \vdots \\ b_m \end{pmatrix} \in \mathbb{K}^m.$$

$$\begin{matrix} a_{11}\boldsymbol{x}_1 & + & \ldots & + & a_{1n}\boldsymbol{x}_n & = & b_1 \\ \vdots & & & & \vdots & & \vdots \\ a_{m1}\boldsymbol{x}_1 & + & \cdots & + & a_{mn}\boldsymbol{x}_n & = & b_m \end{matrix} \Leftrightarrow \underbrace{\begin{pmatrix} a_{11} & \ldots & a_{1n} \\ \vdots & & \vdots \\ a_{m1} & \ldots & a_{mn} \end{pmatrix}}_{A} \underbrace{\begin{pmatrix} x_1 \\ \vdots \\ x_n \end{pmatrix}}_{\boldsymbol{x}} = \underbrace{\begin{pmatrix} b_1 \\ \vdots \\ b_m \end{pmatrix}}_{\boldsymbol{b}} \Leftrightarrow A\boldsymbol{x} = \boldsymbol{b}$$

Nach den Regeln der Matrizenrechnung (vgl. Gl. 10.8) folgt:

$$A\boldsymbol{x} = \boldsymbol{b} \Leftrightarrow x_1 \underbrace{\begin{pmatrix} a_{11} \\ \vdots \\ a_{m1} \end{pmatrix}}_{\boldsymbol{s}_1} + \ldots + x_{\mathrm{n}} \underbrace{\begin{pmatrix} a_{1\mathrm{n}} \\ \vdots \\ a_{m\mathrm{n}} \end{pmatrix}}_{\boldsymbol{s}_n} = x_1\boldsymbol{s}_1 + \ldots + x_{\mathrm{n}}\boldsymbol{s}_n = \boldsymbol{b}.$$

Damit ist $A\boldsymbol{x}$ eine Linearkombination der Spaltenvektoren von A, die Unbekannten $x_1, \ldots, x_{\mathrm{n}}$ sind deren Koeffizienten:

$$\boldsymbol{b} = A\boldsymbol{x} \Leftrightarrow \boldsymbol{b} = x_1\boldsymbol{s}_1 + \ldots + x_{\mathrm{n}}\boldsymbol{s}_n \Leftrightarrow \boldsymbol{b} \in \langle \boldsymbol{s}_1, \ldots, \boldsymbol{s}_n \rangle \Leftrightarrow \boldsymbol{b} \in S(A).$$

Satz A5.12
Ein lineares Gleichungssystem $A\boldsymbol{x} = \boldsymbol{b}$ ist genau dann lösbar, wenn $\boldsymbol{b}$ im Spaltenraum von $\boldsymbol{A}$ liegt.

Wir erweitern die Koeffizientenmatrix A um die Spalte $\boldsymbol{b}$: $A_e := (A|\boldsymbol{b})$ und nennen A_e die *erweiterte* Koeffizientenmatrix von A.

$$Ax = b \text{ ist lösbar} \Leftrightarrow b \in S(A) \Leftrightarrow \operatorname{rg}(A_e) = \operatorname{rg}(A).$$

Damit kann Satz A5.12 folgendermaßen formuliert werden:

Ein lineares Gleichungssystem $Ax = b$ ist genau dann lösbar, wenn der Rang der erweiterten Koeffizientenmatrix gleich dem Rang der Koeffizientenmatrix ist.

Das LGS $Ax = b$ ist für alle $b \in \mathbb{K}^m$ lösbar (universell lösbar) $\Leftrightarrow$ $S(A) = \mathbb{K}^m \Leftrightarrow$ $\operatorname{rg}(A) = \dim(S(A)) = \dim(\mathbb{K}^m) = m$.

Satz A5.13
Ein lineares Gleichungssystem $Ax = b$ mit m Gleichungen ist genau dann universell lösbar, wenn der Rang von A gleich m ist.

Das LGS $Ax = b$ heißt *inhomogenes* LGS genau dann, wenn $b \neq 0$ ist. Das LGS $Ax = 0$ nennt man das zugehörige *homogene* LGS.

Ist $Ax_0 = b$ für einen Vektor $x_0 \in \mathbb{K}^n$, dann heißt x_0 eine spezielle Lösung des LGS.

Der folgende Satz stellt eine Beziehung zwischen der Lösungsmenge L_I des inhomogenen LGS $Ax = b$ und der Lösungsmenge L_H des zugehörigen homogenen LGS $Ax = 0$ her. Dabei kann L_H als Nullraum $N(A)$ aufgefasst werden.

Satz A5.14
Sei x_0 eine spezielle Lösung des LGS $Ax = b$. Der Nullraum von A habe die Basis $\{b_1, \ldots, b_k\}$. Dann gilt: Ein Vektor $x \in \mathbb{K}^n$ ist genau dann eine Lösung des LGS $Ax = b$, wenn es Skalare $\lambda_1, \ldots, \lambda_k \in \mathbb{K}$ gibt mit

$$x = x_0 + \lambda_1 b_1 + \ldots + \lambda_k b_k.$$

Man nennt x allgemeine Lösung des LGS.

Beweis:
$(Ax = b \text{ und } Ax_0 = b) \Leftrightarrow Ax - Ax_0 = 0 \Leftrightarrow A(x - x_0) = 0 \Leftrightarrow (x - x_0) \in N(A) \Leftrightarrow$

$$\Leftrightarrow x - x_0 = \lambda_1 b_1 + \ldots + \lambda_k b_k \Leftrightarrow x = x_0 + \lambda_1 b_1 + \ldots + \lambda_k b_k.$$

∎

Im Folgenden sei ein lösbares LGS mit m Gleichungen in n Unbekannten $Ax = b$ gegeben. Sei $r := \operatorname{rg}(A_e) = \operatorname{rg}(A)$ mit $1 \leq r \leq m$. Wegen des Dimensionssatzes für Matzrizen gilt

$\operatorname{rg}(A) + \operatorname{def}(A) = n$. Damit folgt für die Dimension des Nullraumes:

$$\dim(N(A)) = \operatorname{def}(A) = n - r.$$

Die allgemeine Lösung des LGS hat dann die Form

$$\boldsymbol{x} = \boldsymbol{x}_0 + \lambda_1 \boldsymbol{b}_1 + \ldots + \lambda_{n-r} \boldsymbol{b}_{n-r}.$$

Man sagt: Die Lösungsmenge besitzt $(n - r)$ Parameter. Damit kann die Frage nach der Eindeutigkeit der Lösung eines LGS beantwortet werden.

Satz A5.15
Ein lösbares LGS $A\boldsymbol{x} = \boldsymbol{b}$ ist genau dann eindeutig lösbar, falls $rg(A) = n =$ „Anzahl der Unbekannten" gilt.

Beweis:

$$L_I = \{\boldsymbol{x}_0\} \Leftrightarrow L_H = \mathrm{N(A)} = \{\boldsymbol{0}\} \Leftrightarrow def(A) = 0 \Leftrightarrow r = n.$$

∎

Insbesondere gilt für „quadratische" LGS (Anzahl der Gleichungen = Anzahl der Unbekannten):

Satz A5.16
Sei A eine $(n \times n)$-Matrix, und sei das LGS $A\boldsymbol{x} = \boldsymbol{b}$ lösbar. Das LGS ist genau dann eindeutig und damit universell lösbar, wenn A invertierbar ist.

Beweis: $A\boldsymbol{x} = \boldsymbol{b}$ genau dann eindeutig lösbar $\Leftrightarrow$ rg$(A) = n \Leftrightarrow A$ ist invertierbar (Satz A5.10).

Das LGS $A\boldsymbol{x} = \boldsymbol{b}$ ist genau dann universell lösbar, falls rg$(A) = m =$ "Anzahl der Gleichungen". Weil A quadratisch ist, folgt $m = n$.

∎

Quadratische homogene LGSe sind stets lösbar, weil $\boldsymbol{x} = \boldsymbol{0}$ eine Lösung ist.

Satz A5.17
(Fredholmsche Alternative) Ein quadratisches, homogenes LGS mit n Unbekannten ist entweder eindeutig und damit nur trivial lösbar, oder die Lösungsmenge besitzt $n - r$ Parameter, wobei r der Rang der Koeffizientenmatrix ist.

Beweis: Satz A5.14 und A5.16.

∎

10.6 A6 Polynome über einem Körper $\mathbb{K}$

Polynome benötigt man in der Codierungstheorie zur Konstruktion besonders „guter" Codes (zyklische Codes) oder auch zur Konstruktion „großer" Körper. Wir geben eine für den praktischen Gebrauch angemessene Definition. Für eine exaktere Definition verweisen wir z. B. auf Schafmeister & Wiebe, 1978, S. 136 f.

Definition A6.1
Ein *Polynom* $f(x)$ in einer „Unbestimmten" x über einem Körper $\mathbb{K}$ ist ein „formaler" Ausdruck der Form $f(x) = a_0 + a_1x + \ldots + a_nx^n$ mit „*Koeffizienten*" $a_i \in \mathbb{K}$.

Anmerkungen:
(1) Eine exaktere Definition müsste die nicht näher definierten Produkte „a_ix^i" und deren Additionen festlegen.
(2) Die Potenz x^i dient vor allem der Angabe der Position des entsprechenden Koeffizienten.
(3) Potenzen x^i mit dem Koeffizienten 0 werden bei der Darstellung vernachlässigt. Der Koeffizient 1 wird nicht angeschrieben.

So schreibt man anstelle von $f(x) = 2 + 0x + 1x^2 + 0x^3 + 0x^4 + 3x^5$ kurz $f(x) = 2 + x^2 + 3x^5$.

Definition A6.2
(*Gleichheit von Polynomen*) Seien $f(x) = a_0 + a_1x + \ldots + a_nx^n$ und $g(x) = b_0 + b_1x + \ldots + a_mx^m$ zwei Polynome über $\mathbb{K}$.

$$f(x) = g(x) \Leftrightarrow (m = n) \text{ und } a_i = b_i \text{ für } i = 1, \ldots, n.$$

Mit $\mathbb{K}[x]$ bezeichnen wir die Menge aller Polynome in x über $\mathbb{K}$.

$$\mathbb{K}[x] := \{f(x) | f(x) = a_0 + a_1x + \ldots + a_nx^n \textit{ mit } a_i \in \mathbb{K} \textit{ und } n \in \mathbb{N}\}.$$

Rechenoperationen in $K[x]$
Sollen die üblichen Rechenregeln (Kommutativ-, Assoziativ-, Distributivgesetze) gelten, muss man die Rechenoperationen für Polynome folgendermaßen festlegen:

Seien $f(x) = a_0 + a_1x + \ldots + a_nx^n$ und $g(x) = b_0 + b_1x + \ldots + a_mx^m$ zwei Polynome über $\mathbb{K}$ und $\lambda \in \mathbb{K}$. Multipliziere diese formalen Summen nach dem Distributivgesetz aus und ordne nach Umstellungen und Herausheben die Potenzen von x^i. Damit ergibt sich:

(1) Addition: $f(x) + g(x) := (a_0 + b_0) + (a_1 + b_1)x + (a_2 + b_2)x^2 + \ldots + (a_i + b_i)x^i + \ldots$

(2) Multiplikation: $f(x) \cdot g(x) := (a_0b_0) + (a_0b_1 + a_1b_0)x + (a_0b_2 + a_1b_1 + a_2b_0)x^2 + \ldots + c_ix^i + \ldots$ mit $c_i = a_0b_i + a_1b_{i-1} + a_2b_{i-2} + \ldots + a_jb_{i-j} + a_{i-1}b_1 + a_ib_0$ (beachte: die Summe der Indizes in einem Produkt ergibt stets i).

(3) Multiplikation mit $\lambda \in \mathbb{K}$: $\lambda f(x) = (\lambda a_0) + (\lambda a_1)x + \ldots + (\lambda a_i)x^i + \ldots$

Dabei wird $a_j = 0$ und $b_j = 0$ für $j > n$ gesetzt.

Beispiel A6.1 Sei $\mathbb{K} = \mathbb{Z}_2$, und seien $f(x) = x + x^3$, $g(x) = 1 + x^2$.

(1) Addition mittels Anwendung „üblicher" Rechenregeln und anschließendem Ordnen nach Potenzen:

$$f(x) + g(x) = (x + x^3) + (1 + x^2) = x + x^3 + 1 + x^2 = 1 + x + x^2 + x^3.$$

Addition mittels obiger Festlegung:

$$f(x) + g(x) = (0 + 1x + 0x^2 + 1x^3) + (1 + 0x + 1x^2) =$$

$$= (0 + 1) + (1 + 0)x + (0 + 1)x^2 + (0 + 1)x^3 =$$

$$= 1 + 1x + 1x^2 + 1x^3 = 1 + x + x^2 + x^3.$$

(2) Multiplikation mittels Anwendung „üblicher" Rechenregeln, sowie $x^i \cdot x^j = x^{i+j}$ und anschließendem Ordnen nach steigenden Potenzen:

$$f(x) \cdot g(x) = (x + x^3) \cdot (1 + x^2) = x \cdot 1 + x^3 \cdot 1 + x^2 \cdot x + x^2 \cdot x^3 = x + x^3 + x^3 + x^5 =$$

$$= x + (1 + 1) \cdot x^3 + x^5 = x + x^5 \text{ in } \mathbb{Z}_2.$$

Multiplikation mittels obiger Festlegung (ab der 6. Potenz x^6 treten nach (2) nur Nullen auf).

$$f(x) \cdot g(x) = (0 + 1x + 0x^2 + 1x^3) \cdot (1 + 0x + 1x^2) =$$

$$= (0 + 1x + 0x^2 + 1x^3 + 0x^4 + 0x^5 + \ldots) \cdot (1 + 0x + 1x^2 + 0x^3 + 0x^4 + 0x^5 + \ldots) =$$

$$= (0 \cdot 1) + (0 \cdot 0 + 1 \cdot 1)x + (0 \cdot 1 + 1 \cdot 0 + 0 \cdot 1)x^2 + (0 \cdot 0 + 1 \cdot 1 + 0 \cdot 0 + 1 \cdot 1)x^3 +$$

$$+ (0 \cdot 0 + 1 \cdot 0 + 0 \cdot 1 + 1 \cdot 0 + 0 \cdot 1)x^4 + (0 \cdot 1 + 1 \cdot 0 + 0 \cdot 0 + 1 \cdot 1 + 0 \cdot 0 + 0 \cdot 1)x^5 =$$

$$= 0 + 1x + 0x^2 + 0x^3 + 0x^4 + 1x^5 = x + x^5.$$

Mit diesen Festlegungen gelten:

(i) $(\mathbb{K}[x], +, \lambda)$ ist ein Vektorraum über $\mathbb{K}$.
(ii) $(\mathbb{K}[x], +, \cdot)$ ist ein kommutativer Ring mit Einselement.

Das Polynom $0 := 0 + 0x + 0x^3 + \ldots + 0x^n$ ist das Nullelement (Nullvektor) des Ringes (des Vektorraumes). Man nennt es das Nullpolynom.

Das Polynom $1 := 1 + 0x + 0x^2 + \ldots$ ist das Einselement des Ringes.

Die Identifizierung $a = a + 0x + 0x^2 + \ldots$ist mit + und · verträglich, denn

$$(a + 0x + 0x^2 + \ldots) + (b + 0x + 0x^2 + \ldots) = a + b + 0x + 0x^2 + \ldots$$

$$(a + 0x + 0x^2 + \ldots) \cdot (b + 0x + 0x^2 + \ldots) = ab + 0x + 0x^2 + \ldots$$

Damit ist $\mathbb{K} \subset \mathbb{K}[x]$, das Polynom $f(x) = a$ heißt konstantes Polynom.

Definition A6.3

Sei $f(x) = a_0 + a_1x + \ldots + a_nx^n$ ein Polynom ungleich dem Nullpolynom.

(1) Der *Grad* von $f(x)$, bezeichnet mit grad f, ist die größte Zahl $n \in \mathbb{N}$ mit $a_n \neq 0$.

Ist $a_n = 1$, dann heißt $f(x)$ *normiert*. Dem Nullpolynom wird kein Grad zugeordnet.

(2) Sei $n \in \mathbb{N}$ fest. Die Menge $\mathbb{K}[x]_n$ bezeichne alle Polynome in x mit einem Grad $<n$.

$$\mathbb{K}[x]_n = \{f(x) | f(x) = a_0 + a_1x + \ldots + a_ix^i + \ldots + a_mx^m, \text{mit } a_i \in \mathbb{K} \text{ und } m < n\}.$$

Beispiel A6.2 $f(x) = 1 + 2x + x^3$ über $\mathbb{Q}$ ist ein normiertes Polynom mit grad $f = 3$.

Anmerkung 1: Die Struktur $(\mathbb{K}[x]_n, +, \lambda)$ ist ein Vektorraum, aber kein Ring, weil z. B. das Produkt zweier Polynome einen größeren Grad als n besitzen kann.

*Anmerkung 2:*Für Polynome über einem Körper $\mathbb{K}$ gilt die Gradformel

$$\text{grad}\,(f \cdot g) = \text{grad}\,f + \text{grad}\,g.$$

Damit gilt:

$\operatorname{grad} f = 0 \Leftrightarrow f(x) = a_0 \neq 0$ aus $\mathbb{K} \Leftrightarrow f(x)$ ist ein konstantes Polynom ungleich 0.

Wegen der Gradformel gilt:

(1) Sind $f(x) \neq 0$ und $g(x) \neq 0$, dann ist auch $f(x) \cdot g(x) \neq 0$, also ist $(\mathbb{K}[x], +, \cdot)$ ein Integritätsring.
(2) Ist $f(x)$ eine Einheit (invertierbar), dann ist wieder wegen der Gradformel $f(x) = a_0 \neq 0$ aus $\mathbb{K}$. Das bedeutet, dass die einzigen Einheiten im Polynomring $(\mathbb{K}[x], +, \cdot)$ die konstanten Polynome ungleich Null sind. Damit ist $(\mathbb{K}[x], +, \cdot)$ kein Körper.

Wie in $(\mathbb{Z}, +, \cdot)$ gibt es im Polynomring über einem Körper eine Division mit Rest. Der Grad des Polynoms spielt die Rolle des Betrages einer ganzen Zahl.

Satz A6.1
(Division mit Rest): Seien $f(x)$ und $g(x) \neq 0$ aus $\mathbb{K}[x]$. Dann gibt es eindeutig bestimmte Polynome $q(x)$ und $r(x)$ aus $\mathbb{K}[x]$ mit:

$$f(x) = q(x) \cdot g(x) + r(x) \text{ mit } 0 \leq \operatorname{grad} r(x) < \operatorname{grad} g(x) \text{ oder } (x) = 0.$$

Anmerkung: Man nennt $q(x)$ den Quotienten und $r(x)$ das Restpolynom des Polynoms $f(x)$ bei Division durch den Divisor $g(x)$.
Analog zu $\mathbb{Z}$ schreibt man $f(x)$ *mod* $g(x) := r(x)$, wenn
$f(x) = q(x) \cdot g(x) + r(x)$ mit $0 \leq \operatorname{grad} r(x) < \operatorname{grad} g(x)$ oder $r(x) = 0$.

Beispiel A6.3
(1) Gegeben sind $f(x) = x + x^3$ und $g(x) = 1 + x^2$ aus $\mathbb{Z}_2[x]$.

Der Divisionalgorithmus (Abb. 10.5), welcher wie in $\mathbb{Z}$ abläuft, ist nur möglich, falls die Polynomkoeffizienten aus einem Körper stammen. Vor Beginn des Algorithmus ist die Sortierung der gegebenen Polynome nach fallenden Potenzen zweckmäßig.
Sortierung: $f(x) = x^3 + x$ und $g(x) = x^2 + 1$.

$x^3 + x$	:	$x^2 + 1$	=	x	„Wie oft ist die höchste Potenz des Divisors im Dividenden enthalten?" $x^3 : x^2 = x$
$x^3 + x$					„Multipliziere den Divisor mit dem Ergebnis x"
0					„Subtrahiere das Ergebnis dieser Multiplikation vom Dividenden"

Abb. 10.5 Eine Division

In diesem Falle „geht die Division auf“, also ist das Restpolynom $r(x) = 0$ bzw. $(x^3 + x)\ mod\ (x^2 + 1) = 0$.

Probe: $x^3 + x = x \cdot (x^2 + 1) + 0$.

Anmerkung: In $\mathbb{Z}_2[x]$ wird anstelle der Subtraktion die Addition durchgeführt, weil $-f(x) = +f(x)$, da

$f(x) + f(x) = f(x) \cdot (1 + 1) = f(x) \cdot 0 = 0$.

(2) Seien nun $f(x) = x + x^3 + x^5$ und $g(x) = x + x^2$ zwei Polynome aus $\mathbb{Z}_2[x]$ (Abb. 10.6).

Probe: $x^5 + x^3 + x = (x^3 + x^2) \cdot (x^2 + x) + x \Leftrightarrow x = (x^5 + x^3 + x)\ mod\ (x^2 + x)$.

Betrachtet man diese Polynome aus $\mathbb{Z}_3[x]$, so folgt Abb. 10.7.

Probe:

$(x^3 + 2x^2 + 2x + 1) \cdot (x^2 + x) = x^5 + 2x^4 + 2x^3 + x^2 + x^4 + + 2x^3 + 2x^2 + x = = x^5 + x^3 + x$.

Benutzt wurde: $2x^4 + x^4 = 3x^4 = 0$, $2x^3 + 2x^3 = 4x^3 = 1x^3 = x^3$, $x^2 + 2x^2 = 3x^2 = 0$.

Das Ergebnis kann auch so geschrieben werden: $(x^5 + x^3 + x)\ mod\ (x^2 + x) = 0$.

Dieses Beispiel zeigt: $(x^2 + x)$ „teilt“ $(x^5 + x^3 + x)$ in $\mathbb{Z}_3[x]$, weil $r(x) = 0$, aber $(x^2 + x)$ „teilt nicht“ $(x^5 + x^3 + x)$ in $\mathbb{Z}_2[x]$, weil $r(x) = x$.

$\boldsymbol{x^5} + x^3 + x$	:	$\boldsymbol{x^2} + x$	=	$x^3 + x^2$
$x^5 + x^4$				
$\boldsymbol{x^4} + x^3 + x$				
$x^4 + x^3$				
x				grad (x) < grad (x^2+x): Stop.

Abb. 10.6 Division in $\mathbb{Z}_2[x]$

$x^5 + x^3 + x$	:	$x^2 + x$	$= x^3 - x^2 + 2x - 2 =$ $= x^3 + 2x^2 + 2x + 1$	
$-x^5 \pm x^4$				Vorzeichenwechsel entspricht der Subtraktion
$-x^4 + x^3 + x$				
$\mp x^4 \mp x^3$				
$2x^3 + x$				
$\pm 2x^3 \pm 2x^2$				
$-2x^2 + x$				
$\mp 2x^2 \mp 2x$				
$3x = 0$				In $\mathbb{Z}_3[x]$: $3x = 0x = 0$.

Abb. 10.7 Division in $\mathbb{Z}_3[x]$

Da sowohl ($\mathbb{Z}$, + , ·) als auch ($\mathbb{K}[x]$, + , ·) Integritätsbereiche sind, in denen man mit Rest dividieren kann, ist der gleiche Aufbau einer Teilbarkeitstheorie wie in $\mathbb{Z}$ möglich.

Definition A6.4

Seien $f(x)$ und $g(x)$ aus $\mathbb{K}[x]$. Das Polynom $g(x)$ *teilt* $f(x)$ genau dann, wenn es ein Polynom $h(x)$ aus $\mathbb{K}[x]$ gibt mit:

$$f(x) = g(x) \cdot h(x) \Leftrightarrow f(x)\ mod\ g(x) = 0.$$

Man nennt $g(x)$ einen Teiler von $f(x)$, symbolisch $g(x) \mid f(x)$.
Teilt $g(x)$ das $f(x)$ nicht, so schreibt man $g(x) \nmid f(x)$.
Aus obigen Beispielen sehen wir:
$(x^2 + 1) \mid (x^3 + x)$ in $\mathbb{Z}_2[x]$, sogar in jedem $\mathbb{K}[x]$, weil $(x^3 + x) = x \cdot (x^2 + 1)$.
$(x^2 + 1) \mid (x^5 + x^3 + x)$ in $\mathbb{Z}_3[x]$, aber $(x^2 + 1) \nmid (x^5 + x^3 + x)$ in $\mathbb{Z}_2[x]$.

Satz A6.2

(Satz vom größten gemeinsamen Teiler): Seien $f(x)$ und $g(x)$ aus $\mathbb{K}[x]$ beide ungleich dem Nullpolynom. Dann existiert genau ein normiertes Polynom $d(x)$ mit folgenden Eigenschaften:

(1) $d(x) \mid g(x)$ und $d(x) \mid f(x)$.
(2) Jeder gemeinsame Teiler $t(x)$ von $f(x)$ und $g(x)$ ist auch ein Teiler von $d(x)$.
Symbolisch: $(t(x) \mid g(x)$ und $t(x) \mid f(x) \Rightarrow t(x) \mid d(x)$.
(3) Das Polynom $d(x)$ kann als Linearkombination von $f(x)$ und $g(x)$ dargestellt werden, d. h., es gibt Polynome $k(x)$ und $l(x)$ mit

$$d(x) = k(x) \cdot f(x) + l(x) \cdot g(x).$$

Man nennt $d(x)$ den *größten gemeinsamen Teiler* von $f(x)$ und $g(x)$.

Anmerkungen:
(1) Sowohl $d(x)$ also auch seine Darstellung als Linearkombination erhält man mittels des Euklidischen Algorithmus. Dieser ist wegen des Satzes von der Division mit Rest möglich. Sätze und Algorithmen können wortwörtlich aus ($\mathbb{Z}$,+, ·) übertragen werden.
(2) Die Faktoren $k(x)$ und $l(x)$ in Satz A6.2 (3) sind nicht eindeutig bestimmt.
(3) Zur Analogie zwischen $\mathbb{Z}$ und $\mathbb{K}[x]$ siehe auch die Darstellung in 10.8.

Definition A6.5
Ein Polynom $p(x)$ aus $\mathbb{K}[x]$ mit grad $p(x) \geq 1$ heißt *irreduzibel* (unzerlegbar) genau dann, falls $p(x)$ nicht das Produkt zweier Polynome mit Grad ≥ 1 ist.

Anmerkungen:
(1) In der oben angesprochenen Analogie zwischen $\mathbb{Z}$ und $\mathbb{K}[x]$ entsprechen die irreduziblen Polynome den Primzahlen.
(2) Polynome vom Grad 1 sind nach Definition A6.5 und der Gradformel irreduzibel.
(3) Man nennt Polynome vom Grad 1 lineare Polynome, Polynome vom Grad 2 nennt man quadratische und Polynome vom Grad 3 kubische Polynome.

Beispiel A6.4 Das quadratische Polynom $p(x) = x^2 + x + 1$ ist irreduzibel in $\mathbb{Z}_2[x]$.

Wäre $x^2 + x + 1 = (x + a) \cdot (x + b) = x^2 + (a + b)x + a \cdot b$, dann erhält man aus dem „Koeffizientenvergleich" der entsprechenden Potenzen:

$$a \cdot b = 1.$$

$$a + b = 1 \Leftrightarrow a = b + 1 \Rightarrow$$

$$a \cdot b = (b + 1) \cdot b = b^2 + b.$$

$$\text{Ist } b = 0 \Rightarrow b^2 + b = 0^2 + 0 = 0 \Rightarrow a \cdot b = 0 \neq 1.$$

$$\text{Ist } b = 1 \Rightarrow b^2 + b = 1^2 + 1 = 0 \Rightarrow a \cdot b = 0 \neq 1.$$

Also gibt es keine linearen Polynome $(x + a)$ und $(x + b)$, deren Produkt $p(x)$ ist. Das Polynom $p(x)$ ist unzerlegbar (irreduzibel).

In Analogie zur Bestimmung großer Primzahlen ist es im Allgemeinen schwierig, irreduzible Polynome höheren Grades zu ermitteln (vgl. Wan, 2003, Kap. 10).

Für quadratische und kubische Polynome gibt es dagegen ein einfaches Kriterium. Dazu benötigt man den Begriff der Nullstelle eines Polynoms und damit verbunden die Möglichkeit, für die Unbestimmte x in Polynomen aus $\mathbb{K}[x]$ Elemente aus $\mathbb{K}$ „einzusetzen". Solche Einsetzungsmöglichkeiten sind auch notwendig, um Reed-Solomon-Codes mittels Polynomauswertungen zu definieren (vgl. Kap. 7).

Beispiel A6.5 Sei $f(x) = x^2 + x$ aus $\mathbb{Z}_3[x]$.

$$f(1) = 1^2 + 1 = 2.$$

$$f(0) = 0^2 + 0 = 0.$$

$$f(2) = 2^2 + 2 = 6 = 0.$$

Definition A6.6
Ein Element $a \in \mathbb{K}$ heißt *Nullstelle* von $f(x) \in \mathbb{K}[x]$ genau dann, wenn $f(a) = 0$ ist.

Beispiel A6.6 In $\mathbb{Z}_3[x]$ besitzt $f(x) = x^2 + x$ die Nullstellen 0 und 2.

$$f(x) = x^2 + x = x \cdot (x + 1) = (x - 0) \cdot (x - (-1)) = (x - 0) \cdot (x - 2).$$

Also ist $f(x)$ durch $(x - 0)$ und $(x - 2)$ teilbar.

Satz A6.3
Sei $f(x)$ aus $\mathbb{K}[x]$. Ein Element $a \in \mathbb{K}$ ist Nullstelle von $f(x)$ genau dann, wenn $(x - a)$ ein Teiler von $f(x)$ ist.

Beweis:
„$\Leftarrow$“: Sei $f(x) = (x - a) \cdot q(x) \Rightarrow f(a) = (a - a) \cdot q(a) = 0 \cdot q(a) = 0$.
„$\Rightarrow$“: Nach dem Satz von der Division mit Rest gilt:
$f(x) = (x - a) \cdot q(x) + r(x)$ mit $r(x) = 0$ oder $grad\ r(x) < grad\ (x - a) = 1 \Rightarrow grad\ r(x) = 0 \Rightarrow r(x) = r \in \mathbb{K}$.
Ist nun $f(a) = 0 \Rightarrow 0 = (a - a) \cdot q(a) + r \Rightarrow r = 0 \Rightarrow f(x) = (x - a) \cdot q(x)$.
Ist $r(x) = 0 \Rightarrow f(x) = (x - a) \cdot q(x) \Rightarrow (x - a) \mid f(x)$.
∎
Damit gilt:

Satz A6.4
Ein normiertes quadratisches oder kubisches Polynom $f(x)$ aus $\mathbb{K}[x]$, das in $\mathbb{K}$ keine Nullstellen besitzt, ist irreduzibel.

Beispiel A6.7 Das Polynom $f(x) = x^2 + x + 1$ aus $\mathbb{Z}_2[x]$ ist irreduzibel, weil $f(0) = 1$, $f(1) = 1$ gilt und damit $f(x)$ in $\mathbb{Z}_2$ keine Nullstellen besitzt.

In $\mathbb{Z}_3[x]$ besitzt $f(x) = x^2 + x$ die Nullstellen 0 und 2, ist also durch $x = (x - 0)$ und $(x - 2)$ teilbar. Damit ist $f(x)$ das Produkt der linearen Polynome x und $(x - 2)$:

$f(x) = x \cdot (x - 2) = x^2 + x$ in $\mathbb{Z}_3[x]$.

Ebenso sieht man, dass $f(x) = x^3 + x + 1$ in $\mathbb{Z}_2[x]$ irreduzibel ist.

Satz A6.5

Ein Polynom $f(x)$ aus $\mathbb{K}[x]$ mit grad $f(x) = n$ besitzt in $\mathbb{K}$ höchstens n Nullstellen.

Beweis: Ist $f(x)$ ein lineares Polynom, also $f(x) = a_0 + a_1x$ mit $a_1 \neq 0$, dann hat $f(x)$ die Nullstelle $a = \frac{-a_0}{a_1} \in \mathbb{K}$. Sie ist die einzige Nullstelle. Angenommen $f(x) = a_0 + a_1x$ hätte zwei Nullstellen a' und a'' aus $\mathbb{K}$. Dann gilt: $0 = a_0 + a_1a' = a_0 + a_1a'' \Rightarrow a_1a' = a_1a'' \Rightarrow \left(a_1^{-1} \text{ existiert}\right)\, a' = a''$.

Wir nehmen an, dass ein Polynom vom Grad $(n - 1)$ höchstens $(n - 1)$ Nullstellen besitzt. Ist $f(x)$ vom Grad n und habe $f(x)$ eine Nullstelle a, dann ist $f(x)$ durch $(x - a)$ teilbar. Es gibt also ein Polynom $f_1(x)$ aus $\mathbb{K}[x]$ mit $f(x) = (x - a) \cdot f_1(x)$. Nach der Gradformel ist $\cdot$ grad $f_1(x) = (n - 1)$ und besitzt nach Annahme höchstens $(n - 1)$ Nullstellen.

Ist $f(x) = 0$, dann ist $(x - a) \cdot f_1(x) = 0$. Wegen der Nullteilerfreiheit von $\mathbb{K}[x]$ ist $(x - a) = 0$ oder $f_1(x) = 0$. Nun hat $f_1(x)$ höchstens $(n - 1)$ Nullstellen, also besitzt $f(x)$ höchstens n Nullstellen.

∎

Folgerung: Besitzt ein Polynom $f(x)$ aus $\mathbb{K}[x]$ mit *grad* $f(x) = n$ genau n Nullstellen $a_1, \ldots, a_n$, dann gilt nach wiederholter Anwendung des Satzes A6.3, dass $f(x)$ als Produkt von n linearen Polynomen geschrieben werden kann:

$$f(x) = a \cdot (x - a_1) \cdot (x - a_2) \cdot \ldots \cdot (x - a_n) \quad \text{mit } a \neq 0 \text{ aus } \mathbb{K}.$$

Die Analogie zwischen Primzahlen und irreduziblen Polynomen zeigt sich auch in den folgenden Sätzen:

Satz A6.6

Sei $p(x)$ aus $\mathbb{K}[x]$ irreduzibel, und seien $f(x)$ und $g(x)$ aus $\mathbb{K}[x]$.

Teilt $p(x)$ das Produkt $f(x) \cdot g(x)$, so teilt $p(x)$ mindestens eines dieser Polynome.

Beweis: Siehe entsprechenden Satz A2.4 für Primzahlen.

Allgemein: Gilt $p(x) \mid (f_1(x) \cdot f_2(x) \cdot \ldots \cdot f_n(x)) \Rightarrow p(x) \mid f_i(x)$ für mindesten ein $i \in \{1, \ldots, n\}$.

Satz A6.7 (Eindeutige Faktorzerlegung)
Jedes vom Nullpolynom verschiedene Polynom $f(x)$ aus $\mathbb{K}[x]$ kann eindeutig bis auf die Reihenfolge der Faktoren als Produkt der Form

$$f(x) = a \cdot p_1(x) \cdot p_2(x) \cdot \ldots \cdot p_n(x)$$

dargestellt werden, wobei $a \in \mathbb{K}$ und die Polynome $p_i(x)$ für $i = 1, \ldots, n$ irreduzible Polynome aus $\mathbb{K}[x]$ sind.

Dies ist die Analogie zum Hauptsatz der Zahlentheorie (vgl. Anmerkung (3) zu Definition A2.4).

10.7 A7 Endliche Körper – Erweiterungskörper

Körper mit „endlich" vielen Elementen werden als „Endliche Körper" bezeichnet. Einige kennen wir schon (vgl. die Gleichsetzung in Anmerkung (6) zu Satz A3.1):

$\mathbb{Z}_2 := \{0,1\}$: Körper der Reste modulo 2 bzw. Körper der „binären Zahlen",
$\mathbb{Z}_3 := \{0,1,2\}$: Körper der Reste modulo 3 bzw. Körper der „ternären Zahlen",
$\mathbb{Z}_p := \{0,1,\ldots,p-1\}$: Körper der Reste modulo p, p prim.

Weil p eine Primzahl ist, findet man stets zu allen Elementen ungleich Null ein multiplikatives Inverses (Satz A3.2).

Motivation: Für „gute" Codes, wie den *RS*-Code, benötigt man „große" Körper ($|\mathbb{K}| = \text{Wortlänge} + 1$). Da man beliebig große Primzahlen finden kann, existieren große Körper $\mathbb{Z}_p$.

Verwendet man $\mathbb{Z}_p$ als Alphabet, so muss man mit p Symbolen rechnen. Für das maschinelle Rechnen verwendet man in der Regel die Symbole 0 und 1. Allerdings ist der Körper $\mathbb{Z}_2$ für viele Anwendungen zu klein, weil *RS*-Codes dann nur die Länge 1 besitzen. Daher stellt sich die Frage, ob man den kleinen Körper $\mathbb{Z}_2$ zu einem „großen" Körper $\mathbb{K}$ so erweitern kann, dass trotzdem nur mit 0 und 1 gerechnet wird. Insbesondere benötigen wir die Regelstruktur eines Körpers zum Aufbau der Vektorraumtheorie, die ja nur über Körper definiert ist.

Sei $\mathbb{K}_q$ ein endlicher Körper mit q Elementen und 0 und 1 als neutrale Elemente.

Wir wissen nach Satz A3.17, dass der Körper $\mathbb{K}_q$ nur Primzahlcharakteristik p besitzen kann, und dass nach Identifizierung $\mathbb{Z}_p \subset \mathbb{K}_q$ gilt (vgl. A3.18).

Wir zeigen nun, dass $\mathbb{K}_q$ als Vektorraum über $\mathbb{Z}_p$ aufgefasst werden kann.

Satz A7.1
Sei $\mathbb{K}_q$ ein endlicher Körper mit der Charakteristik p, p prim. Dann gilt:

(1) $\mathbb{K}_q$ ist ein Vektorraum über dem Körper $\mathbb{Z}_p$.
(2) Die Elementanzahl von $\mathbb{K}_q$ ist p^m für ein geeignetes $m \in \mathbb{N}$, also $q = p^m$.
(3) Ist $|\mathbb{K}_q| = p^m$, dann ist $\mathbb{K}_q$ ein m-dimensionaler Vektorraum über $\mathbb{Z}_p$.

Beweis:

(1) Als Skalare λ wählen wir die Elemente von $\mathbb{Z}_p$.

Als Vektorraumaddition $+_V$ dient die Körperaddition +. Dann ist $(\mathbb{K}, +_V)$ eine abelsche Gruppe, weil $(\mathbb{K}, +)$ eine abelsche Gruppe ist.
Als Multiplikation mit einem Skalar nehmen wir die Körpermultiplikation $\cdot$.
Also $\lambda \boldsymbol{x} := \lambda \cdot \boldsymbol{x}$ für $\boldsymbol{x} \in \mathbb{K}$ und $\lambda \in \mathbb{Z}_p \subset \mathbb{K}$. Es gelten:

$$1\boldsymbol{x} := 1 \cdot \boldsymbol{x} = \boldsymbol{x},$$

$$(\lambda \cdot \mu)\boldsymbol{x} = (\lambda \cdot \mu) \cdot \boldsymbol{x} = \lambda \cdot (\mu \cdot \boldsymbol{x}) = \lambda \cdot (\mu \boldsymbol{x}) = \lambda(\mu \boldsymbol{x}),$$

$$(\lambda + \mu)\boldsymbol{x} = (\lambda + \mu) \cdot \boldsymbol{x} = \lambda \cdot \boldsymbol{x} + \mu \cdot \boldsymbol{x} = \lambda \boldsymbol{x} + \mu \boldsymbol{x},$$

$$\lambda(\boldsymbol{x} + \boldsymbol{y}) = \lambda \cdot (\boldsymbol{x} + \boldsymbol{y}) = \lambda \cdot \boldsymbol{x} + \lambda \cdot \boldsymbol{y} = \lambda \boldsymbol{x} + \lambda \boldsymbol{y}.$$

Also ist $\mathbb{K}_q$ ein Vektorraum V über $\mathbb{Z}_p$.

(2) Weil $\mathbb{K}_q$ endlich ist, besitzt dieser Vektorraum V eine endliche Basis $\{\boldsymbol{x}_1, \boldsymbol{x}_2, \boldsymbol{x}_3, \ldots, \boldsymbol{x}_m\}$ mit einem $m \in \mathbb{N}$.

Jedes $\boldsymbol{x} \in \mathbb{K}_q$ kann eindeutig als $\boldsymbol{x} = \lambda_1 \boldsymbol{x}_1 + \ldots + \lambda_m \boldsymbol{x}_m$ dargestellt werden. Für jedes $\lambda_i \in \mathbb{Z}_p$ gibt es p Möglichkeiten. Jede dieser Möglichkeiten miteinander kombiniert ergibt p^m Vektoren $\boldsymbol{x}$. Der Vektorraum $V = \mathbb{K}_q$ besitzt also p^m Elemente.

(3) Sei $|\mathbb{K}_q| = p^m$. Hätte eine Basis von $\mathbb{K}_q$ $n \neq m$ Elemente, dann wäre nach dem Beweis von (2) $|\mathbb{K}_q| = p^n$. Also müsste gelten: $p^m = p^n$ und damit $p^{m-n} = 1$ oder $p^{n-m} = 1$ mit $m - n > 0$ oder $n - m > 0 \Rightarrow p/1$. Dies ist ein Widerspruch zur Definition einer Primzahl!

∎

Folgerung:

Man findet keinen endlichen Körper mit z. B. 6 oder 10 Elementen, weil weder $6 = 2 \cdot 3$ noch $10 = 2 \cdot 5$ Primzahlpotenzen sind. Es könnte auch sein, dass es z. B. zu 2^8 keinen Körper mit 2^8 Elementen gibt. Die Algebra zeigt aber, dass es zu beliebigen Primzahlpotenzen stets einen „eindeutig" bestimmten Körper gibt (vgl. Schafmeister & Wiebe, 1978, Kap. 34). Somit sind RS-Codes großer Länge unter Verwendung von nur zwei Symbolen konstruierbar.

Warum wählt man für einen Körper mit vier Elementen nicht einfach $\mathbb{Z}_4 := \{0,1,2,3\}$? Bezüglich der Restklassenmultiplikation $\odot$ modulo 4 gilt: $2 \odot 2 = 0$, obwohl 2 ungleich 0 ist. Die algebraische Struktur $(\mathbb{Z}_4, \oplus, \odot)$ besitzt Nullteiler, und überdies besitzt 2 kein multiplikatives Inverses. Betrachten wir die entsprechende Multiplikationstafel (Abb. 10.8).

Wir beobachten: Es gibt kein $y \in \{0,1,2,3\}$, mit $2 \odot y = 1$.

Also besitzt 2 kein multiplikatives Inverses. Damit ist $(\mathbb{Z}_4, \oplus, \odot)$ kein Körper.

Analog gilt in $\mathbb{Z}_6$: $2 \odot 3 = 0$ oder $3 \odot 4 = 0$. Also sind 2,3 und 4 Nullteiler. Auch in $\mathbb{Z}_8$ gibt es Nullteiler: $2 \odot 4 = 0$ oder $6 \odot 4 = 0$. Damit sind $\mathbb{Z}_6$ und $\mathbb{Z}_8$ keine Körper.

Beispiel A7.1 Wie konstruiert man einen Körper $\mathbb{K}_4$ mit vier Elementen?

Nach Satz A3.17 besitzt der Körper $\mathbb{K}_4$ eine Primzahlcharakteristik p. Nach Satz A3.18 gilt $(\mathbb{Z}_p, +, \cdot) \trianglelefteq (\mathbb{K}_4, +, \cdot)$. Damit ist insbesondere $(\mathbb{Z}_p, +)$ eine Untergruppe von $(\mathbb{K}_4, +)$. Nach dem Satz von Lagrange (vgl. Satz A3.9) ist $p = |(\mathbb{Z}_p, +)|$ ein Teiler von $4 = |(\mathbb{K}_4, +)|$. Damit ist nur $p = 2$ möglich. Daher besitzt $\mathbb{K}_4$ die Charakteristik 2, und nach Satz A7.1 ist $\mathbb{K}_4$ ein endlich dimensionaler Vektorraum über $\mathbb{Z}_2$ mit der Basis $\{x_1, \ldots, x_m\}$. Weil $4 = 2^2$ gilt, besteht die Basis aus zwei Elementen. Hätte sie $m \geq 3$ Elemente, so hätte $\mathbb{K}_4$ nach Satz A7.1 $2^m \geq 8$ Elemente. Bei $m = 1$ hätte $\mathbb{K}_4$ nur zwei Elemente. $\mathbb{K}_4$ ist also ein zweidimensionaler Vektorraum über $\mathbb{Z}_2$. Seien $\alpha \in \mathbb{K}_4$ und $\alpha \neq 0$ sowie $\alpha \neq 1$. Dann ist die Menge $B := \{1, \alpha\}$ linear unabhängig. Wäre $k_0 \cdot 1 + k_1 \cdot \alpha = 0$, dann ist nur $k_0 = 0$ und $k_1 = 0$ möglich. Wären nämlich k_0 und k_1 nicht gleichzeitig 0, dann gibt es drei Fälle:

$$\left.\begin{array}{r} k_0 = 1, k_1 = 0 \Rightarrow k_0 \cdot 1 + k_1 \cdot \alpha = 1 = 0 \\ k_0 = 0, k_1 = 1 \Rightarrow k_0 \cdot 1 + k_1 \cdot \alpha = \alpha = 0 \\ k_0 = 1, k_1 = 1 \Rightarrow k_0 \cdot 1 + k_1 \cdot \alpha = 1 + \alpha = 0 \Rightarrow \alpha = 1 \end{array}\right\} \Rightarrow \text{Widerspruch zur Wahl von } \alpha!$$

Abb. 10.8 Verknüpfung mit Nullteilern

$\odot$	0	1	2	3
0	0	0	0	0
1	0	1	2	3
2	0	2	0	2
3	0	3	2	1

In allen drei Fällen erhalten wir einen Widerspruch. Die Menge $B = \{1, \alpha\}$ ist also linear unabhängig. Damit ist $\mathbb{K}_4 = \langle 1, \alpha \rangle = \{k_0 + k_1\alpha | k_0, k_1 \in \mathbb{Z}_2\} = \mathbb{Z}_2[\alpha]_2 = \{0 + 0 \cdot \alpha, 1 + 0 \cdot \alpha, 0 + 1 \cdot \alpha, 1 + 1 \cdot \alpha\} = \{0, 1, \alpha, 1 + \alpha\}$. Diese vier Elemente kann man als Polynome in α über $\mathbb{Z}_2$ auffassen.

Anmerkungen:

(1) Bei Körperelementen schreibt man gerne α anstelle von x.

(2) Äquivalent kann der $\mathbb{K}_4$ auch als $\{0, 1, \alpha, \alpha + 1\}$ dargestellt werden, wenn man als Basis die Menge $\{\alpha, 1\}$ wählt.

Es bezeichne $\mathbb{K}_4^*$ die Teilmenge von $\mathbb{K}_4$, welche nur Elemente ungleich Null enthält, also $\mathbb{K}_4^* = \mathbb{K}_4 \setminus \{0\} = \{1, \alpha, 1 + \alpha\}$.

Unser Ziel ist das Finden von geeigneten Verknüpfungen + und · , sodass $(\mathbb{K}_4, +)$ und $(\mathbb{K}_4^*, \cdot)$ abelsche Gruppen sind und für + und · die üblichen Rechenregeln eines Körpers gelten. Insbesondere muss · distributiv bezüglich + sein (vgl. Definition A3.14).

Da die Elemente des $\mathbb{K}_4$ Polynome in α über $\mathbb{Z}_2$ sind, ist es naheliegend, für + und · die „gewöhnliche" Polynomaddition und Polynommultiplikation zu wählen (mit $1 + 1 = 0, 2\alpha = 0$). Dann findet man die in Abb. 10.9 dargestellten Verknüpfungstafeln.

Man beobachtet:

$\mathbb{K}_4$ ist bezüglich der Addition abgeschlossen. Weil die Polynomaddition assoziativ und kommutativ ist, gilt: $(\mathbb{K}_4, +)$ ist eine abelsche Gruppe mit 0 als neutralem Element. Dagegen ist $\mathbb{K}_4$ bezüglich der Multiplikation nicht abgeschlossen, da die Elemente α^2, $\alpha + \alpha^2$ und $1 + \alpha^2$ nicht mehr in $\mathbb{K}_4$ liegen.

Nun wissen wir nach dem Satz von der Division mit Rest (vgl. Satz A6.1), dass bei der Division durch quadratische Polynome $p(\alpha)$ als Rest nur die gewünschten linearen Polynome 0,1, α und $1 + \alpha$ auftreten. Damit gilt: $\mathbb{K}_4 = \{f(\alpha)\ mod\ p(\alpha) | f(\alpha) \in \mathbb{Z}_2[\alpha]\} = \mathbb{Z}_2[\alpha]_2$.

Wir führen daher auf der Menge $\mathbb{K}_4 = \{0, 1, \alpha, 1 + \alpha\}$ folgende Operationen $\oplus$ und $\odot$ ein:

(1) Wähle ein quadratisches Polynom $p(\alpha) \in \mathbb{Z}_2[\alpha]$.

(2) Addiere und multipliziere die Elemente aus $\mathbb{K}_4$ mit der „gewöhnlichen" Polynomaddition und der „gewöhnlichen" Polynommultiplikation aus $(\mathbb{Z}_2[\alpha], +, \cdot)$.

(3) Dividiere alle Elemente beider Verknüpfungstafeln durch $p(\alpha)$ und bestimme die eindeutigen Restpolynome. Man sagt: Die Rechenoperationen + und · werden „modulo

$+$	0	1	α	$1+\alpha$
0	0	1	α	$1+\alpha$
1	1	0	$1+\alpha$	α
α	α	$1+\alpha$	0	1
$1+\alpha$	$1+\alpha$	α	1	0

$\cdot$	0	1	α	$1+\alpha$
0	0	0	0	0
1	0	1	α	$1+\alpha$
α	0	α	α^2	$\alpha+\alpha^2$
$1+\alpha$	0	$1+\alpha$	$\alpha+\alpha^2$	$1+\alpha^2$

Abb. 10.9 Abgeschlossenheit bezüglich der Multiplikation gilt nicht

$\oplus$	0	1	α	$1+\alpha$
0	0	1	α	$1+\alpha$
1	1	0	$1+\alpha$	α
α	α	$1+\alpha$	0	1
$1+\alpha$	$1+\alpha$	α	1	0

$\odot$	0	1	α	$1+\alpha$
0	0	0	0	0
1	0	1	α	$1+\alpha$
α	0	α	$1+\alpha$	1
$1+\alpha$	0	$1+\alpha$	1	α

Abb. 10.10 Ein Körper mit vier Elementen

$p(\alpha)$“ ausgeführt. Vergleiche dazu den analogen Prozess zur Konstruktion von $(\mathbb{Z}'_m, \oplus, \odot)$ in Beispiel A3.2(2).

1. Versuch: Sei $p(\alpha) = \alpha^2 + \alpha + 1 \in \mathbb{Z}_2[x]$. Die in Abb. 10.9 dargestellten Verknüpfungstafeln gehen über in die Tafeln von Abb. 10.10.

   Es gelten folgende Divisionen mit Rest:

$$(1+\alpha) : (\alpha^2+\alpha+1) = 0$$
$(1+\alpha)$ Rest

$$\alpha : (\alpha^2+\alpha+1) = 0$$
α Rest

$$\alpha^2 : (\alpha^2+\alpha+1) = 1$$
$$\underline{\alpha^2+\alpha+1}$$
$(1+\alpha)$ Rest

$$(\alpha^2+\alpha) : (\alpha^2+\alpha+1) = 1$$
$$\underline{\alpha^2+\alpha+1}$$
1 Rest

$$(\alpha^2+1) : (\alpha^2+\alpha+1) = 1$$
$$\underline{\alpha^2+\alpha+1}$$
α Rest

Beobachtungen:

(1) Die Verknüpfungstafeln für $\oplus$ ist dieselbe wir für +. Grund: Bei der Addition von Polynomen vom Grad ≤ 1 ergeben sich nur Polynome vom Grad ≤ 1. Damit ist $(\mathbb{K}_4, \oplus) = (\mathbb{K}_4, +)$ eine abelsche Gruppe mit 0 als neutralem Element.
(2) Die Verknüpfungstafel für $\odot$ hat sich geändert. Die Menge der Elemente $\neq 0$, also $\mathbb{K}_4 \setminus \{0\} =: \mathbb{K}_4^*$ ist abgeschlossen bezüglich $\odot$. Es treten keine Nullteiler auf! Jedes Element besitzt ein inverses Element: $1^{-1} = 1$, $\alpha^{-1} = (1+\alpha)$, $(1+\alpha)^{-1} = \alpha$. Damit ist $(\mathbb{K}_4^*, \odot)$ eine abelsche Gruppe mit 1 als neutralem Element.
(3) Die Operation $\odot$ erfüllt die „üblichen“ Rechengesetze (beispielhaft):

Kommutativgesetz:	$\alpha \odot (1+\alpha) = 1 = (1+\alpha) \odot \alpha$
Assoziativgesetz:	$[\alpha \odot (1+\alpha)] \odot \alpha = 1 \oplus \alpha = \alpha$
	$\alpha \odot [(1+\alpha) \odot \alpha] = \alpha \oplus 1 = \alpha$
Distributivgesetz:	$\odot$ ist distributiv bezüglich $\oplus$:
	$\alpha \odot [(1+\alpha) \oplus \alpha] = \alpha \odot 1 = \alpha$
	$(\alpha \odot (1+\alpha)) \oplus (\alpha \odot \alpha) = 1 \oplus (1+\alpha) = \alpha$

Wir werden später zeigen, dass dies allgemein gilt.

Insgesamt ist aus $(\mathbb{K}_4, +, \cdot)$ mit den Verknüpfungstafeln aus Abb. 10.9 ein Körper $(\mathbb{K}_4, \oplus, \odot)$ mit den Verknüpfungstafeln aus Abb. 10.11 entstanden.

Nun wollen wir zeigen, dass sich nicht jedes $p(\alpha) \in \mathbb{Z}_2[\alpha]$ zur Erzeugung eines Körpers eignet.

2. Versuch: $p(\alpha) = \alpha^2 + \alpha = \alpha(\alpha + 1)$, wobei $p(\alpha)$ über $\mathbb{Z}_2[\alpha]$ in Linearfaktoren zerfällt, also mit Definition A6.5 nicht irreduzibel ist (Abb. 10.12).

$$\begin{array}{lll} \alpha^2 : (\alpha^2+\alpha) = 1 & (\alpha^2+\alpha) : (\alpha^2+\alpha) = 1 & (\alpha^2+1) : (\alpha^2+\alpha) = 1 \\ \underline{\alpha^2+\alpha} & \quad 0 \quad \text{Rest} & \underline{\alpha^2+\alpha} \\ \alpha \quad \text{Rest} & & 1+\alpha \quad \text{Rest} \end{array}$$

Beobachtung: Es treten Nullteiler auf: $\alpha \cdot (1+\alpha) = 0$. Also ist $(\mathbb{K}_4, \oplus, \odot)$ kein Körper.

3. Versuch: $p(\alpha) = \alpha^2 + 1 = (\alpha + 1)(\alpha + 1)$, wobei $p(\alpha)$ über $\mathbb{Z}_2[\alpha]$ wieder in Linearfaktoren zerfällt, also auch nicht irreduzibel ist (Abb. 10.13).

$\oplus$	0	1	α	$1+\alpha$
0	0	1	α	$1+\alpha$
1	1	0	$1+\alpha$	α
α	α	$1+\alpha$	0	1
$1+\alpha$	$1+\alpha$	α	1	0

$\odot$	0	1	α	$1+\alpha$
0	0	0	0	0
1	0	1	α	$1+\alpha$
α	0	α	$1+\alpha$	1
$1+\alpha$	0	$1+\alpha$	1	α

Abb. 10.11 Neuer Körper mit vier Elementen

Abb. 10.12 Nullteiler treten auf

$\odot$	0	1	α	$1+\alpha$
0	0	0	0	0
1	0	1	α	$1+\alpha$
α	0	α	α	0
$1+\alpha$	0	$1+\alpha$	0	$1+\alpha$

Abb. 10.13 Nochmals Nullteiler

$\odot$	0	1	α	$1+\alpha$
0	0	0	0	0
1	0	1	α	$1+\alpha$
α	0	α	1	$1+\alpha$
$1+\alpha$	0	$1+\alpha$	$1+\alpha$	0

$$\begin{array}{lll} \alpha^2 : \alpha^2+1 = 1 & \alpha^2+\alpha : \alpha^2+1 = 1 & \alpha^2+1 : \alpha^2+1 = 1 \\ \underline{\alpha^2+1} & \underline{\alpha^2+1} & 0 \quad \text{Rest} \\ 1 \quad \text{Rest} & 1+\alpha \quad \text{Rest} & \end{array}$$

Beobachtung: Es treten wieder Nullteiler auf: $(1 + \alpha) \cdot (1 + \alpha) = 0$.
Zusammenfassung:

(1) Der erste Versuch war erfolgreich. Das Polynom $p(\alpha) = \alpha^2 + \alpha + 1$ über $\mathbb{Z}_2[x]$ besitzt in $\mathbb{Z}_2$ keine Nullstellen: $p(0) = 1 \neq 0$, $p(1) = 1 \neq 0$. Daher ist es nach Satz A6.4 irreduzibel.

(2) Der Vorgang der Erweiterung von $(\mathbb{Z}_2, +, \cdot)$ auf $(\mathbb{K}_4, \oplus, \odot)$ erinnert an die Körpererweiterung von $\mathbb{R}$ auf $\mathbb{C}$, vom Körper der reellen Zahlen auf den Körper der komplexen Zahlen:
   $\mathbb{C} = \langle 1, i \rangle$ mit $p(i) = i^2 + 1$ ist irreduzibel über $\mathbb{R}[i]$.
   $\mathbb{K}_4 = \langle 1, \alpha \rangle$ mit $p(\alpha) = \alpha^2 + \alpha + 1$ ist irreduzibel über $\mathbb{Z}_2[\alpha]$.
   Dabei ist i ein Zeichen, das $i^2 + 1 = 0$ erfüllt.
   Das Zeichen α erfüllt $\alpha^2 + \alpha + 1 = 0$.

(3) Nun beschreiben wir den Algorithmus zur Konstruktion eines Körper $\mathbb{K}$ mit 2^m ($m \geq 1$) Elementen. Andere Primzahlpotenzen als 2^m sind in der Codierungstheorie wegen der notwendigen maschinellen Berechnung nicht von Bedeutung.

Mit einem irreduziblen Polynom $p(\alpha)$ aus $\mathbb{Z}_2[\alpha]$ mit $grad(p(\alpha)) = m$ wird ein Erweiterungskörper $(\mathbb{K}_{2^m}, \oplus, \odot)$ von $(\mathbb{Z}_2, \oplus, \odot)$ konstruiert.

Konstruktionsalgorithmus für einen Körper mit 2^m Elementen

1. Schritt: Ist $m = 1$, dann setze $(\mathbb{K}_2, \oplus, \odot) := (\mathbb{Z}_2, \oplus, \odot)$.
2. Schritt: Bestimme ein über $(\mathbb{Z}_2[\alpha], +, \cdot)$ irreduzibles Polynom $p(\alpha)$ aus $(\mathbb{Z}_2[\alpha], +, \cdot)$ mit Grad m. Dies ist stets möglich, aber aufwändig (vgl. Wan, 2003, Kap. 10).
3. Schritt: Ist $m > 1$, dann setze
   $\mathbb{K}_{2^m} := \mathbb{Z}_2[\alpha]_m = \{r(\alpha) = r_0 + r_1\alpha + \ldots + r_{m-1}\alpha^{m-1} | r_i \in \mathbb{Z}_2, i = 1, \ldots, m-1\}$.
4. Schritt: Die Rechenoperationen $\oplus$ und $\odot$ auf $\mathbb{K}_{2^m}$ werden folgendermaßen definiert:
   Für $r_i(\alpha), r_j(\alpha) \in \mathbb{Z}_2[\alpha]_m$ setze:
   $r_i(\alpha) \oplus r_j(\alpha) := (r_i(\alpha) + r_j(\alpha))\ mod\ p(\alpha)$
   und
   $r_i(\alpha) \odot r_j(\alpha) := (r_i(\alpha) \cdot r_j(\alpha))\ mod\ p(\alpha)$.

Anmerkungen:

(1) $\mathbb{K}_{2^m}$ kann man als Menge der Reste bei Division von Polynomen aus $\mathbb{Z}_2[\alpha]$ durch ein irreduzibles Polynom $p(\alpha)$ vom Grad m auffassen.

$$\mathbb{K}_{2^m} = \{f(\alpha)\ mod\ p(\alpha) | f(\alpha) \in \mathbb{Z}_2[\alpha]\}.$$

(2) Wegen $grad\ (r_i(\alpha) + r_j(\alpha)) \leq \max\ (grad\ (r_i(\alpha), grad\ (r_j(\alpha)) < m$ gilt $r_i(\alpha) \oplus r_j(\alpha) := (r_i(\alpha) + r_j(\alpha))$.

Insgesamt erzeugt dieser Algorithmus einen Körper $(\mathbb{K}_{2^m}, \oplus, \odot)$, denn:

(i) Die Verknüpfung $\odot$ ist weiterhin kommutativ, assoziativ und distributiv bezüglich $\oplus$, weil dies auch die „gewöhnliche" Polynommultiplikation ist:

Die Kommutativität gilt wegen:

$$r_i(\alpha) \odot r_j(\alpha) = (r_i(\alpha) \cdot r_j(\alpha))mod\ p(\alpha) = (r_j(\alpha) \cdot r_i(\alpha))mod\ p(\alpha) = r_j(\alpha) \odot r_i(\alpha).$$

Die Distributivität gilt wegen (vgl. dazu den alternativen Beweis zu Satz A3.1):

$$r_i(\alpha) \odot (r_j(\alpha) \oplus r_k(\alpha)) = (r_i(\alpha) \cdot (r_j(\alpha) + r_k(\alpha)))\ mod\ p(\alpha) =: r(\alpha)$$

$$\text{mit grad } r(\alpha) < \text{grad } p(\alpha) = m.$$

Also $u(\alpha) := r_i(\alpha) \cdot (r_j(\alpha) + r_k(\alpha)) = q(\alpha) \cdot p(\alpha) + r(\alpha)$.

$$\left(r_i(\alpha) \odot r_j(\alpha)\right) \oplus \left(r_i(\alpha) \odot r_k(\alpha)\right) =$$

$$= \left(\left(r_i(\alpha) \cdot r_j(\alpha)\right) \textit{ mod } p(\alpha) + \left(r_i(\alpha) \cdot r_k(\alpha)\right) \textit{ mod } p(\alpha) =\right.$$

$$=: \mathrm{s}(\alpha) + \mathrm{t}(\alpha) \text{ mit } \text{ grad } s(\alpha) < \text{grad } p(\alpha) \text{ und grad } \mathrm{t}(\alpha) < \text{grad } p(\alpha).$$

Also ist auch grad (s(α) + t(α)) < grad $p(\alpha) = m$.
Es gilt nach Definition von *mod* $p(\alpha)$:

$$\begin{array}{r} r_i(\alpha) \cdot r_j(\alpha) = q_1(\alpha) \cdot p(\alpha) + \mathrm{s}(\alpha) \\ \underline{r_i(\alpha) \cdot r_k(\alpha) = q_2(\alpha) \cdot p(\alpha) + \mathrm{t}(\alpha)} \\ r_i(\alpha) \cdot r_j(\alpha) + r_i(\alpha) \cdot r_k(\alpha) = (q_1(\alpha) + q_2(\alpha)) \cdot p(\alpha) + (\mathrm{s}(\alpha) + \mathrm{t}(\alpha)) \end{array}$$

mit grad (s(α) + t(α)) < grad $p(\alpha) = m$.
Nachdem die „gewöhnliche" Multiplikation distributiv bezüglich der Addition ist, gilt:

$$u(\alpha) := r_i(\alpha) \cdot \left(r_j(\alpha) + r_k(\alpha)\right) = r_i(\alpha) \cdot r_j(\alpha) + r_i(\alpha) \cdot r_k(\alpha) =$$

$$= (q_1(\alpha) + q_2(\alpha)) \cdot p(\alpha) + (\mathrm{s}(\alpha) + \mathrm{t}(\alpha))$$

mit *grad*(s(α) + t(α)) < *grad* $p(\alpha) = m$.
Wir haben zwei Darstellungen von $u(\alpha)$ in der Form des Satzes von der Division mit Rest erhalten. Wegen der Eindeutigkeit der Reste gilt

$$r(\alpha) = s(\alpha) + t(\alpha),$$

also

$$r_i(\alpha) \odot \left(r_j(\alpha) \oplus r_k(\alpha)\right) = \left(r_i(\alpha) \odot r_j(\alpha)\right) \oplus \left(r_i(\alpha) \odot r_k(\alpha)\right).$$

Ähnlich zeigt man die Assoziativität.

(ii) Es treten keine Nullteiler auf, da $p(\alpha) = \alpha^2 + \alpha + 1$ irreduzibel ist.

Erinnerung:

$$r_1(\alpha) = 0 \Leftrightarrow 0 = r_1(\alpha) \textit{ mod } p(\alpha) \Leftrightarrow r_1(\alpha) = q(\alpha) \cdot p(\alpha) + 0 \Leftrightarrow p(\alpha) \mid r_1(\alpha).$$

Dann gilt : Seien $r_1(\alpha)$, $r_2(\alpha) \neq 0 \Leftrightarrow p(\alpha) \nmid r_1(\alpha)$, $p(\alpha) \nmid r_2(\alpha)$.

Wäre $r_1(\alpha) \cdot r_2(\alpha) = 0 \Leftrightarrow p(\alpha)|(r_1(\alpha) \cdot r_2(\alpha)) \Leftrightarrow p(\alpha)|r_1(\alpha)$ oder $p(\alpha) \mid r_2(\alpha)$, Widerspruch!

Damit ist $\mathbb{K}_{2^m} \setminus \{0\}$ abgeschlossen bezüglich $\odot$.

(iii) Jedes Element ungleich Null besitzt ein multiplikatives Inverses, da $p(\alpha)$ irreduzibel ist.

Sei z. B. $r_i(\alpha) \neq 0$. Wegen $grad\ p(\alpha) = m > grad\ r_i(\alpha)$ gilt : $p(\alpha) \nmid r_i(\alpha) \Rightarrow ggT(r_i(\alpha), p(\alpha)) = 1 \Rightarrow$ (vgl. Satz A6.2 (3)) es gibt Polynome

$$k(\alpha), l(\alpha) \in \mathbb{Z}_2[\alpha] \text{ mit } 1 = k(\alpha) \cdot r_i(\alpha) + l(\alpha) \cdot p(\alpha)$$

$$\Rightarrow k(\alpha) \cdot r_i(\alpha) = l(\alpha) \cdot p(\alpha) + 1 \text{ in } \mathbb{Z}_2[\alpha] \Rightarrow r_i(\alpha) \cdot k(\alpha)\ mod\ p(\alpha) = 1$$

$$\Rightarrow r_i(\alpha) \odot k(\alpha) = 1.$$

Also ist $r_i(\alpha)$ invertierbar. Aus diesem Beweis erkennt man die Bedeutung der Irreduzibilität des Polynoms $p(\alpha)$.

Für das „praktische" Rechnen in $(\mathbb{K}_4, +, \odot)$ verwenden wir anstelle des $\odot$ das Multiplikationssysmbol $\cdot$ und geben einige Beispiele an.

Es gelten nach den Rechenregeln für einen Körper und unter Verwendung obiger Verknüpfungstafeln:

$$\boldsymbol{\alpha^2} = \alpha \cdot \alpha = 1 + \alpha,$$

$$\boldsymbol{\alpha^3} = \alpha \cdot \alpha^2 = \alpha \cdot (\alpha \cdot \alpha) = \alpha \cdot (1 + \alpha) = \mathbf{1},$$

$$\boldsymbol{\alpha^4} = \alpha \cdot \alpha^3 = \alpha \cdot 1 = \boldsymbol{\alpha},$$

$$\boldsymbol{\alpha^5} = \alpha \cdot \alpha^4 = \alpha \cdot \alpha = 1 + \alpha = \boldsymbol{\alpha^2}.$$

Oder

$$\boldsymbol{\alpha^5} = \alpha 2 \cdot \alpha^3 = \alpha^2 \cdot 1 = \boldsymbol{\alpha^2},$$

$$\boldsymbol{\alpha^6} = \left(\alpha^3\right)^2 = (1)^2 = \mathbf{1}.$$

Allgemein:

$$\alpha^{3k} = 1, \alpha^{3k+1} = \alpha, \alpha^{3k+2} = \alpha^2, k \in \mathbb{N}.$$

Beispiel A7.2
$$\left(\alpha^8 + \alpha^3\right) \cdot \left(\alpha^2 + \alpha^4\right) = \alpha^{10} + \alpha^5 + \alpha^{12} + \alpha^7 = \alpha + \alpha^2 + 1 + \alpha = \alpha^2 + 1 = \alpha + 1 + 1 = \alpha$$

Beobachtungen bezüglich α:

(1) $\left(\mathbb{K}_4^*, \cdot\right)$ ist eine zyklische Gruppe mit drei Elementen.

Die Elemente ungleich Null von $\mathbb{K}_4$ sind $\mathbb{K}_4^* := \{1, \alpha, 1 + \alpha\} = \left\{\alpha^3, \alpha, \alpha^2\right\} = \left\{\alpha, \alpha^2, \alpha^3\right\}$. Also ist $\left(\mathbb{K}_4^*, \cdot\right)$ eine zyklische Gruppe mit dem erzeugenden (primitiven) Element α (vgl. Definition A3.7).

Für dieses gilt $\alpha^3 = 1$, aber $\alpha = \alpha^1$ und α^2 sind jeweils ungleich 1.
Wir bemerken, dass auch $(1 + \alpha)$ ein erzeugendes Element für $\mathbb{K}_4^*$ ist, denn:
$(1 + \alpha)^1 \neq 1$, sonst wäre $\alpha = 0$,
$(1 + \alpha)^2 \neq 1$, sonst wäre $1^2 + \alpha^2 = 1$ und wieder wäre $\alpha = 0$,
$(1 + \alpha)^3 = 1$, denn $(1 + \alpha)^2 \cdot (1 + \alpha) = (1 + \alpha^2) \cdot (1 + \alpha) = 1 + \alpha^2 + \alpha + \alpha^3 =$
$= 1 + \alpha^2 + \alpha + 1 = (1 + \alpha) + \alpha = 1$.

(2) Da $\left(\mathbb{K}_4^*, \cdot\right)$ eine zyklische Gruppe ist, gibt es für die Elemente von $\mathbb{K}_4$ eine „Potenzdarstellung" $\mathbb{K}_4 = \left\{0, \alpha^3 = 1, \alpha, \alpha^2\right\}$ mit den in Abb. 10.14 dargestellten Verknüpfungstafeln.

Es ist laut Verknüpfungstafeln

$$1 + \alpha = \alpha^2, 1 + \alpha^2 = 1 + 1 + \alpha = \alpha, \alpha^2 + \alpha^2 = 0, \alpha^2 + \alpha = 1 + \alpha + \alpha = 1.$$

Nun ist $\mathbb{K}_{4=2^2}$ nach Satz A7.1 (3) ein zweidimensionaler Vektorraum über $\mathbb{Z}_2$. Daher gibt es auch folgende Darstellung für die Elemente aus

Abb. 10.14 Potenzdarstellung

$+$	0	1	α	α^2
0	0	1	α	α^2
1	1	0	α^2	α
α	α	α^2	0	1
α^2	α^2	α	1	0

$\cdot$	0	1	α	α^2
0	0	0	0	0
1	0	1	α	α^2
α	0	α	α^2	1
α^2	0	α^2	1	α

$$\mathbb{K}_4 = \{(k_0, k_1) | k_0, k_1 \in \mathbb{Z}_2\} = \{0 + 0 \cdot \alpha, 1 + 0 \cdot \alpha, 0 + 1 \cdot \alpha, 1 + 1 \cdot \alpha\} = \{0, 1, \alpha, 1 + \alpha\}.$$

$$0 \triangleq (0, 0);\, 1 \triangleq (1, 0);\, \alpha \triangleq (0, 1);\, 1 + \alpha \triangleq (1, 1).$$

Die Verknüpfungstafeln für diese Darstellung zeigt Abb. 10.15.

Die Verknüpfung „·" ist nicht das Skalarprodukt in $(\mathbb{Z}_2)^2$, sondern eine Verknüpfung, welche $(\mathbb{K}_4, +, \cdot)$ zu einem Körper macht.

In diesem Vektorraum, der ein Körper ist, kann auch dividiert werden:

$$\frac{(0, 1)}{(1, 1)} = (0, 1) \cdot (1, 1)^{-1} = (0, 1) \cdot (0, 1) = (1, 1).$$

Zusammenfassung:

Die Elemente des $\mathbb{K}_4 = \{x_1, x_2, x_3, x_4\}$ können auf drei Arten dargestellt werden (vgl. Tab. 10.2).

Weiterhin beobachten wir bezüglich α:

$$x^3 - 1 = (x - 1) \cdot (x - \alpha) \cdot (x - \alpha^2).$$

Das bedeutet, dass sich $x^3 - 1$ als Produkt von Linearfaktoren darstellen lässt:

$$(x - 1) \cdot (x - \alpha) \cdot (x - \alpha^2) = (x^2 - x - \alpha \cdot x + \alpha) \cdot (x - \alpha^2) =$$

$$= (x^2 - x \cdot (1 + \alpha) + \alpha) \cdot (x - \alpha^2) = (x^2 - \alpha^2 \cdot x + \alpha) \cdot (x - \alpha^2) =$$

$$= x^3 - \alpha^2 \cdot x^2 + \alpha \cdot x - \alpha^2 \cdot x^2 + \alpha^4 x - \alpha^3 = x^3 + \alpha \cdot x + \alpha \cdot x - 1 =$$

$$= x^3 - 1.$$

Abb. 10.15 Darstellung mit Vektoren

+	00	10	01	11
00	00	10	01	11
10	10	00	11	01
01	01	11	00	10
11	11	01	10	00

·	00	10	01	11
00	00	00	00	00
10	00	10	01	11
01	00	01	11	10
11	00	11	10	01

Tab. 10.2 Darstellung der Elemente eines endlichen Körpers

	Potenz von α	Polynom in α	Vektor
x_1	0	0	00
x_2	$1 = \alpha^3$	1	10
x_3	$\alpha = \alpha^1$	α	01
x_4	α^2	$1 + \alpha$	11

Alle Elemente $x_i \neq 0$ des $\mathbb{K}_4$ erfüllen $x_i^3 = 1$ mit $i = 2{,}3,\ 4$. Man sagt, dass sie dritte Einheitswurzeln sind. Nur x_3 und x_4 besitzen die Eigenschaft, dass kleinere Potenzen als 3 nicht 1 ergeben. Also $x_i^2 \neq 1$ und $x_i^1 \neq 1$ für $i = 3{,}4$. Man sagt, dass x_3 und x_4 primitive dritte Einheitswurzeln sind. Wir beobachten auch, dass nur x_3 und x_4 die Gruppe $(\mathbb{K}_4^*, \cdot)$ erzeugen. Nach Definition A3.7 sind x_3 und x_4 primitive Elemente der zyklischen Gruppe $(\mathbb{K}_4^*, \cdot)$.

Also: Primitive Elemente des $\mathbb{K}_4^*$ sind primitive *dritte* Einheitswurzeln.

Beispiel A7.3 Analoge Konstruktion eines Körpers $\mathbb{K}_8$ mit acht Elementen.

Wie bei Konstruktion des $\mathbb{K}_4$ schließen wir, dass die Charakteristik des $\mathbb{K}_8$ gleich 2 ist (3,5, 7 sind keine Teiler von 7). Ebenso schließen wir nach Satz A7.1, dass $\mathbb{K}_8$ ein dreidimensionaler Vektorraum über $\mathbb{Z}_2$ mit der Basis $\{1, \alpha, \alpha^2\}$ ist.

$$\mathbb{K}_8 := \left\{k_0 + k_1\alpha + k_2\alpha^2 | k_0, k_1, k_2 \in \mathbb{Z}_2\right\} = \left\{0, 1, \alpha, 1+\alpha, \alpha^2, 1+\alpha^2, \alpha+\alpha^2, 1+\alpha+\alpha^2\right\}.$$

Damit gilt $\mathbb{K}_8 = \mathbb{Z}_2[\alpha]_3$, d. h., die Elemente von $\mathbb{K}_8$ sind Polynome vom Grad ≤ 2 über $\mathbb{Z}_2$.

Als Addition + verwenden wir die „gewöhnliche " Polynomaddition aus $(\mathbb{Z}_2[\alpha], +)$. Diese führt aus $\mathbb{K}_8$ nicht hinaus.

Bei der „gewöhnlichen" Polynommultiplikation können Polynome vom Grad 3 und 4 auftreten. Um in $\mathbb{K}_8$ zu bleiben und keine Nullteiler zu erhalten, ersetzen wir die Ergebnisse der „gewöhnlichen" Polynommultiplikation durch ihre Reste bei Division durch ein irreduzibles Polynom vom Grad 3 über $\mathbb{Z}_2[\alpha]$, z. B. mit $p(\alpha) = \alpha^3 + \alpha + 1$.

$$r_i(\alpha) \odot r_j(\alpha) := \left(r_i(\alpha) \cdot r_j(\alpha)\right) mod\ (\alpha^3 + \alpha + 1).$$

Diese Ersetzung führt zu einer Verknüpfungstafel für $\odot$, sodass $(\mathbb{K}_8^*, \odot)$ eine abelsche Gruppe bildet. Insgesamt ist $(\mathbb{K}_8, +, \odot)$ ein Körper. Wieder schreiben wir $\cdot$ an Stelle von $\odot$.

Beispiel A7.4 Wegen $\alpha^3 : (\alpha^3 + \alpha + 1) = 1$ mit Rest $(\alpha + 1) \Leftrightarrow \alpha + 1 = \alpha^3\ mod\ (\alpha^3 + \alpha + 1)$ gilt:

$$\alpha^3 = \alpha + 1,$$

$$\alpha^4 = \alpha \cdot \alpha^3 = \alpha \cdot (\alpha + 1) = \alpha^2 + \alpha,$$

$$\alpha^5 = \alpha^2 \cdot \alpha^3 = \alpha^2 + \alpha^3 = 1 + \alpha + \alpha^2,$$

$$\alpha^6 = \left(\alpha^3\right)^2 = (1+\alpha)^2 = 1+\alpha^2,$$

$$\alpha^7 = \alpha \cdot \alpha^6 = \alpha \cdot \left(1+\alpha^2\right) = \alpha + 1 + \alpha = 1.$$

Alle vorhergehenden Potenzen von α sind von 1 verschieden.
Um dies begründen zu können, verwenden wir $\alpha \neq 0$, $\alpha \neq 1$ und
$\alpha \cdot (\alpha^2 + 1) = \alpha^3 + \alpha = 1 + \alpha + \alpha = 1$

$$\alpha^1 = \alpha \neq 1.$$

$\alpha^2 \neq 1$: *Wäre* $\alpha^2 = 1$, dann ist gleichzeitig $\alpha \cdot \alpha = 1$ und $\alpha \cdot (\alpha^2+1) = 1$, $\Rightarrow \alpha = (\alpha^2 + 1)$ $\Rightarrow \alpha^2 + \alpha + 1 = 0$. Zusammen mit $\alpha^3 + \alpha + 1 = 0$ erhalten wir durch Addition $\alpha^2 + \alpha^3 = 0$ $\Rightarrow \alpha^2 \cdot (\alpha + 1) = 0 \Rightarrow \alpha^5 = 0 \Rightarrow \alpha = 0$. Das ist ein Widerspruch zu $\alpha \neq 0$.

$\alpha^3 = \alpha + 1 \neq 1$, denn aus $\alpha + 1 = 1$ folgt $\alpha = 0$.

$\alpha^4 \neq 1$, denn aus $\alpha \cdot \alpha^3 = 1 \Rightarrow \alpha \cdot (\alpha + 1) = 1$, mit $\alpha \cdot (\alpha^2 + 1) = 1$ folgt
$\alpha + 1 = \alpha^2 + 1 \Rightarrow \alpha \cdot (\alpha + 1) = 0 \Rightarrow \alpha = 0$ oder $\alpha = 1$.

$\alpha^5 = 1 + \alpha + \alpha^2 \neq 1$, denn sonst wäre $\alpha + \alpha^2 = \alpha \cdot (1+\alpha) = 0 \Rightarrow \alpha = 0$ oder $\alpha = 1$.

$$\alpha^6 = 1 + \alpha^2 \neq 1, \text{denn sonst wäre } \alpha^2 = 0, \text{also } \alpha = 0.$$

Jedes Element ungleich Null aus $\mathbb{K}_8$ kann als Potenz von α dargestellt werden. Damit ist $\left(\mathbb{K}_8^*, \cdot\right)$ eine zyklische Gruppe, die von α erzeugt wird.

Weil $\mathbb{K}_8$ ein Vektorraum der Dimension 3 über dem Körper $\mathbb{Z}_2$ mit der Basis $\{1, \alpha, \alpha^2\}$ ist, ergibt sich folgende „Vektordarstellung“ des $\mathbb{K}_8$:

$$\mathbb{K}_8 = \left\{k_0 \cdot 1 + k_1 \cdot \alpha + k_2 \cdot \alpha^2\right\} = \{(k_0, k_1, k_2) | k_0, k_1, k_2 \in \mathbb{Z}_2\}.$$

Zusammenfassung:

Die Elemente des $\mathbb{K}_8 = \{x_1, \ldots, x_8\}$ können auf drei Arten dargestellt werden, wobei wir für die Vektordarstellung im Unterschied zu Beispiel A7.3 die Basis $\{\alpha^2, \alpha, 1\}$ wählen (Tab. 10.3).

Damit ist $\mathbb{K}_8 = \left\{k_0 \cdot \alpha^2 + k_1 \cdot \alpha + k_2 \cdot 1 | k_0, k_1, k_2 \in \mathbb{Z}_2\right\} = \{(k_0, k_1, k_2) | k_0, k_1, k_2 \in \mathbb{Z}_2\}$.

Für das praktische Rechnen verwendet man:

$$\alpha^{7k} = \left(\alpha^7\right)^k = 1; \alpha^{7k+1} = \alpha^{7k} \cdot \alpha = \alpha; \ldots, \alpha^{7k+6} = \alpha^6; \alpha^i + \alpha^i = 0.$$

Tab. 10.3 Darstellung der Elemente des $\mathbb{K}_8$

	Potenzen	Polynome	Vektoren
x_1	0	0	000
x_2	$\alpha^7 = 1$	1	001
x_3	α^6	$\alpha^2 + 1$	101
x_4	α^5	$\alpha^2 + \alpha + 1$	111
x_5	α^4	$\alpha^2 + \alpha$	110
x_6	α^3	$\alpha + 1$	011
x_7	α^2	α^2	100
x_8	α	α	010

Beispiel A7.5 Rechnen mit Potenzen:

$$x_6 + x_5 = \alpha^3 + \alpha^4 = \alpha + 1 + \alpha^2 + \alpha = \alpha^2 + 1 = \alpha^6 = x_3.$$

$$x_6 \cdot x_5 = \alpha^3 \cdot \alpha^4 = \alpha^7 = 1 = x_2.$$

Rechnen mit Polynomen:

$$x_6 + x_5 = \alpha + 1 + \alpha^2 + \alpha = \alpha^2 + 1 = x_3.$$

$$x_6 \cdot x_5 = (\alpha + 1) \cdot \left(\alpha^2 + \alpha\right) = \alpha^3 + \alpha^2 + \alpha^2 + \alpha = \alpha^3 + \alpha = \alpha + 1 + \alpha = 1 = x_2.$$

Rechnen mit Vektoren:

$$x_6 + x_5 = (011) + (110) = (101) = x_3.$$

$$x_6 \cdot x_5 = (011) \cdot (110) = \alpha^3 \cdot \alpha^4 = \alpha^7 = 1 = (001).$$

Dabei haben wir obige Tab. 10.3 verwendet.

Wir beobachten, dass für die Addition und Subtraktion die Polynom- bzw. Vektordarstellung praktisch ist. Für die Multiplikation und Division ist die Potenzdarstellung zweckmäßiger.

Beispiel A7.6

$$\frac{x_7}{x_4} = \frac{\alpha^2}{\alpha^5} = \frac{\alpha^2 \cdot 1}{\alpha^5} = \frac{\alpha^2 \cdot \alpha^7}{\alpha^5} = \frac{\alpha^9}{\alpha^5} = \alpha^4 = x_5.$$

Bemerkung: Als irreduzibles Polynom $p(x)$ mit Grad drei hätte man auch $p(x) = x^3 + x^2 + 1$ aus $\mathbb{Z}_2[x]$ wählen können. Für $\beta = x$ erhalten wir die Beziehung:

$$\beta^3 + \beta^2 + 1 = 0 \Leftrightarrow \beta^3 + \beta^2 = 1.$$

Damit erhält man wieder einen Körper $\mathbb{K}_8'$ mit acht Elementen. Die daraus resultierende Multiplikationstabelle ist von jener Tabelle, die mit $p(\beta) = \beta^3 + \beta + 1$ konstruiert wurde, verschieden. Es gelten aber in beiden Körpern dieselben Gesetze.

Alle Elemente $x_i \neq 0$ des $\mathbb{K}_8$ erfüllen $x_i^7 = 1$ mit $i = 2, \ldots, 8$. Sie sind also siebente Einheitswurzeln. Die Elemente $x_8 = \alpha$ und $x_6 = \alpha^3$ besitzen die Eigenschaft, dass kleinere Potenzen als 7 nicht 1 ergeben. Sie sind also primitive siebente Einheitswurzeln. Wir beobachten auch, dass sie die Gruppe $(\mathbb{K}_8^*, \cdot)$ erzeugen. Sie sind primitive Elemente der zyklischen Gruppe $(\mathbb{K}_8^*, \cdot)$.

Also: Primitive Elemente des $\mathbb{K}_8^*$ sind primitive *siebente* Einheitswurzeln.

Dann folgt: Das Polynom $f(x) := x^7 - 1$ besitzt sieben paarweise verschiedene Nullstellen $1, \alpha, \ldots, \alpha^6$, und nach Folgerung zu Satz A6.5 ist $f(x)$ von der Form $f(x) = c \cdot (x-1) \cdot (x-\alpha) \cdot (x-\alpha^2) \cdot \ldots \cdot (x-\alpha^6)$.

Wegen der Normiertheit von $x^7 - 1$ ist $c = 1$.

Also gilt analog zum $\mathbb{K}_4$ auch im $\mathbb{K}_8$: $(x^7 - 1) = (x-1) \cdot (x-\alpha) \cdot (x-\alpha^2) \cdot \ldots \cdot (x-\alpha^6)$.

Wir haben gesehen, dass es in beiden Körpern $\mathbb{K}_4$ bzw. $\mathbb{K}_8$ ein Element α gibt, sodass alle anderen Elemente ungleich dem Nullelement als Potenzen von α geschrieben werden können. Dies bedeutet, dass $\mathbb{K}_4^*$ bzw. $\mathbb{K}_8^*$ zyklische Gruppen bezüglich der Multiplikation sind.

Solche Elemente α nennt man primitive Elemente des Körpers $\mathbb{K}$. Sie sind nicht eindeutig bestimmt und für große Körper schwierig zu finden. Bezeichnet $|\mathbb{K}|$ die Elementanzahl von $\mathbb{K}$, so gilt für diese primitiven Elemente α: $\alpha^{|\mathbb{K}|-1} = 1$ und $\alpha^i \neq 1$ für $0 < i < |\mathbb{K}| - 1$.

Definition A7.1
Seien $n \in \mathbb{N}$ und $\mathbb{K}$ ein endlicher Körper.

(1) Ein Element $\alpha \in \mathbb{K}$ heißt *n-te Einheitswurzel* genau dann, falls $\alpha^n = 1$ gilt.
(2) Ein Element $\alpha \in \mathbb{K}$ heißt *primitive n-te Einheitswurzel* genau dann, falls $\alpha^n = 1$ und $\alpha^i \neq 1$ für $0 < i < n$.
(3) Ein Element $\alpha \in \mathbb{K}$ heißt *primitives* bzw. *erzeugendes* Element von $\mathbb{K}$ genau dann, falls α erzeugendes Element der zyklischen Gruppe $(\mathbb{K}^*, \cdot)$ ist.

Anmerkungen:
(1) Nach Satz A3.11 und dessen Folgerungen (1), (2) gilt:

$$\alpha \text{ primitives Element von } \mathbb{K} \Leftrightarrow \text{ord}(\alpha) = |\mathbb{K}^*| = |\mathbb{K}| - 1 \Leftrightarrow$$

$$\Leftrightarrow \alpha^{|\mathbb{K}|-1} = 1 \text{ und } \alpha^i \neq 1 \, f\ddot{u}r \; 0 < i < |\mathbb{K}| - 1.$$

(2) Seien $\mathbb{K}$ ein endlicher Körper mit p^m Elementen, p prim und $m \in \mathbb{N}$. Dann ist ein primitives Element aus $\mathbb{K}$ eine primitive $(p^m - 1)$-te Einheitswurzel von $\mathbb{K}$.

Die bisherigen Überlegungen zur Konstruktion eines Körpers mit vier bzw. acht Elementen können auf die Konstruktion eines Körpers mit p^m Elementen, p prim und $m \in \mathbb{N}$, verallgemeinert werden. Allerdings übersteigt ein Beweis Platz und Intentionen dieses Buches. Für einen Beweis vgl. Schafmeister & Wiebe, 1978, Kap. 34.

Die Bestimmung irreduzibler Polynome in Polynomringen über endlichen Körpern ist aufwändig und erfordert tieferliegende algebraische Kenntnisse (vgl. Wan, 2003, Kap. 10). Um Verwechslungen mit der Charakteristik p des Körpers zu vermeiden, bezeichnen wir irreduzible Polynome im Satz A7.2 mit dem Buchstaben f.

Satz A7.2
Sei p eine Primzahl und m eine natürliche Zahl.

(1) Konstruktion eines Körpers $\mathbb{K}_{p^m}$ mit p^m Elementen:
  (i) Ist $m = 1$, dann setze $(\mathbb{K}_p, \oplus, \odot) := (\mathbb{Z}_p, \oplus, \odot)$.
  (ii) Für $m > 1$ suche ein irreduzibles Polynom $f(\alpha)$ mit Grad m aus $(\mathbb{Z}_p[\alpha], +, \cdot)$.
  (iii) Setze $\mathbb{K}_{p^m} := \{r(\alpha) = g(\alpha) \bmod f(\alpha) \mid g(\alpha) \in \mathbb{Z}_p[a]\} = \mathbb{Z}_p[\alpha]_m$.
  (iv) Definiere für $s(\alpha), t(\alpha) \in \mathbb{K}_{p^m}$ Addition $\oplus$ und Multiplikation $\odot$ auf $\mathbb{K}_{p^m}$ durch:

$$s(\alpha) \oplus t(\alpha) := (s(\alpha) + t(\alpha)) \bmod f(\alpha),$$

$$s(\alpha) \odot t(\alpha) := (s(\alpha) \cdot t(\alpha)) \bmod f(\alpha).$$

Dann ist $(\mathbb{K}_{p^m}, \oplus, \odot)$ ein Körper mit p^m Elementen.

(2) Zu jeder natürlichen Zahl $m > 1$ existieren irreduzible Polynome vom Grad m über $\mathbb{Z}_p$.
(3) Zu jeder Primzahlpotenz p^m gibt es „genau einen" Körper mit p^m Elementen.
(4) Jeder endliche Körper $(\mathbb{K}_{p^m}, \oplus, \odot)$ besitzt primitive Elemente β.
(5) Es gilt bezüglich eines primitiven Elementes β:

$$x^{p^m-1} - 1 = (x-1) \cdot (x-\beta) \cdot (x-\beta^2) \cdot \ldots \cdot (x-\beta^{p^m-2})$$

10.8 Verschiedenes

10.8.1 Strukturübersicht (Satz von der Division mit Rest und Folgerungen) (Abb. 10.16)

Rechnen mit ganzen Zahlen

$(\mathbb{Z}, +, \cdot, \leq)$

Rechnen mit Polynomen über $\mathbb{K}$

$(\mathbb{K}[x], +, \cdot, \text{grad})$

Satz von der Division mit Rest
Zu je zwei ganzen Zahlen bzw. Polynomen
a, b mit $b \neq 0$
gibt es eindeutig bestimmte ganze Zahlen bzw. Polynome
q und r, sodass

$$a = q \cdot b + r$$

mit

$0 \leq r < |b|$ (ganze Zahlen) bzw. $(0 \leq \text{grad}\, r < \text{grad}\, b)$ oder $r = 0$ (Polynome)

r heißt Rest von a bei Division durch b.
$a \; mod \; b := r$

⇓

mittels erweitertem Euklidischen Algorithmus

⇓

Satz vom größten gemeinsamen Teiler
Es seien a und b zwei ganze Zahlen bzw. Polynome $\neq 0$.
Dann existieren ganze Zahlen bzw. Polynome k und l
mit

$$ggT(a, b) = a \cdot k + b \cdot l$$

⇓ ⇓

Primelementeigenschaft
Sei p eine Primzahl bzw. ein irreduzibles Polynom. Teilt p ein Produkt, so teilt p mindestens einen Faktor.

$$p|(a \cdot b) \Rightarrow (p|a) \vee (p|b)$$

Körper der Reste mod p
Sei p eine Primzahl bzw. ein irreduzibles Polynom aus $\mathbb{K}[x]$. Die Menge $\mathbb{K}$ der Reste bei Division durch p ist ein Körper bezüglich folgender Operationen:
$a \oplus b := (a + b) \; mod \; p$
$a \odot b := (a \cdot b) \; mod \; p$

Abb. 10.16 Strukturübersicht (Satz von der Division mit Rest und Folgerungen)

10.8.2 ASCII-Tabelle[2] (Abb. 10.17)

Decimal	Binary	Octal	Hex	ASCII	Decimal	Binary	Octal	Hex	ASCII
32	00100000	040	20	SP	64	01000000	100	40	@
33	00100001	041	21	!	65	01000001	101	41	A
34	00100010	042	22	"	66	01000010	102	42	B
35	00100011	043	23	#	67	01000011	103	43	C
36	00100100	044	24	$	68	01000100	104	44	D
37	00100101	045	25	%	69	01000101	105	45	E
38	00100110	046	26	&	70	01000110	106	46	F
39	00100111	047	27	'	71	01000111	107	47	G
40	00101000	050	28	(	72	01001000	110	48	H
41	00101001	051	29	)	73	01001001	111	49	I
42	00101010	052	2A	*	74	01001010	112	4A	J
43	00101011	053	2B	+	75	01001011	113	4B	K
44	00101100	054	2C	,	76	01001100	114	4C	L
45	00101101	055	2D	-	77	01001101	115	4D	M
46	00101110	056	2E	.	78	01001110	116	4E	N
47	00101111	057	2F	/	79	01001111	117	4F	O
48	00110000	060	30	0	80	01010000	120	50	P
49	00110001	061	31	1	81	01010001	121	51	Q
50	00110010	062	32	2	82	01010010	122	52	R
51	00110011	063	33	3	83	01010011	123	53	S
52	00110100	064	34	4	84	01010100	124	54	T
53	00110101	065	35	5	85	01010101	125	55	U
54	00110110	066	36	6	86	01010110	126	56	V
55	00110111	067	37	7	87	01010111	127	57	W
56	00111000	070	38	8	88	01011000	130	58	X
57	00111001	071	39	9	89	01011001	131	59	Y
58	00111010	072	3A	:	90	01011010	132	5A	Z
59	00111011	073	3B	;	91	01011011	133	5B	[
60	00111100	074	3C	<	92	01011100	134	5C	\
61	00111101	075	3D	=	93	01011101	135	5D	]
62	00111110	076	3E	>	94	01011110	136	5E	^
63	00111111	077	3F	?	95	01011111	137	5F	_

Abb. 10.17 ASCII Tabelle

[2] https://web.alfredstate.edu/faculty/weimandn/miscellaneous/ascii/ascii_index.html, 23.11.2022.

Bisher erschienene Bände der Reihe Mathematik Primarstufe und Sekundarstufe I + II

Herausgegeben von
Prof. Dr. Friedhelm Padberg, Universität Bielefeld
Prof. Dr. Andreas Büchter, Universität Duisburg-Essen

Bisher erschienene Bände (Auswahl)

Didaktik der Mathematik

K. Akinwunmi/A. S. Steinweg, Algebraisches Denken im Arithmetikunterricht der Grundschule (P)
T. Bardy/P. Bardy: Mathematisch begabte Kinder und Jugendliche (P)
C. Benz/A. Peter-Koop/M. Grüßing: Frühe mathematische Bildung (P)
M. Franke/S. Reinhold: Didaktik der Geometrie (P)
M. Franke/S. Ruwisch: Didaktik des Sachrechnens in der Grundschule (P)
K. Hasemann/H. Gasteiger: Anfangsunterricht Mathematik (P)
K. Heckmann/F. Padberg: Unterrichtsentwürfe Mathematik Primarstufe, Band 1 (P)
K. Heckmann/F. Padberg: Unterrichtsentwürfe Mathematik Primarstufe, Band 2 (P)
F. Käpnick/R. Benölken: Mathematiklernen in der Grundschule (P)
G. Krauthausen: Digitale Medien im Mathematikunterricht der Grundschule (P)
G. Krauthausen: Einführung in die Mathematikdidaktik (P)
G. Krummheuer/M. Fetzer: Der Alltag im Mathematikunterricht (P)
F. Padberg/C. Benz: Didaktik der Arithmetik (P)
E. Rathgeb-Schnierer/C. Rechtsteiner: Rechnen lernen und Flexibilität entwickeln (P)
E. Rathgeb-Schnierer/S. Schuler/S. Schütte: Mathematikunterricht in der Grundschule (P)
P. Scherer/E. Moser Opitz: Fördern im Mathematikunterricht der Primarstufe (P)
H.-D. Sill/G. Kurtzmann: Didaktik der Stochastik in der Primarstufe (P)

H. Kautschitsch, G. Kadunz, *Elemente der Codierungstheorie*, Mathematik Primarstufe und Sekundarstufe I + II, https://doi.org/10.1007/978-3-662-67520-5

A.-S. Steinweg: Algebra in der Grundschule (P)
G. Hinrichs: Modellierung im Mathematikunterricht (P/S)
S. Krauss/A. Lindl: Professionswissen von Mathematiklehrkräften (P/S)
A. Pallack: Digitale Medien im Mathematikunterricht der Sekundarstufen I + II (P/S)
A. Schulz/S. Wartha: Zahlen und Operationen am Übergang Primar-/Sekundarstufe (P/S)
R. Danckwerts/D. Vogel: Analysis verständlich unterrichten (S)
C. Geldermann/F. Padberg/U. Sprekelmeyer: Unterrichtsentwürfe Mathematik Sekundarstufe II (S)
G. Greefrath: Didaktik des Sachrechnens in der Sekundarstufe (S)
G. Greefrath: Anwendungen und Modellieren im Mathematikunterricht (S)
G. Greefrath/R. Oldenburg/H.-S. Siller/V. Ulm/H.-G. Weigand: Didaktik der Analysis für die Sekundarstufe II (S)
G. Greefrath/R. Oldenburg/H.-S. Siller/V. Ulm/H.-G. Weigand, Digitalisierung im Mathematikunterricht (S)
K. Heckmann/F. Padberg: Unterrichtsentwürfe Mathematik Sekundarstufe I (S)
W. Henn/A. Filler: Didaktik der Analytischen Geometrie und Linearen Algebra (S)
K. Krüger/H.-D. Sill/C. Sikora: Didaktik der Stochastik in der Sekundarstufe (S)
F. Padberg/S. Wartha: Didaktik der Bruchrechnung (S)
V. Ulm/M. Zehnder, Mathematische Begabung in der Sekundarstufe (S)
H.-J. Vollrath/J. Roth: Grundlagen des Mathematikunterrichts in der Sekundarstufe (S)
H.-G. Weigand et al.: Didaktik der Geometrie für die Sekundarstufe I (S)
H.-G. Weigand/A. Schüler-Meyer/G. Pinkernell: Didaktik der Algebra (S)
H.-G. Weigand/T. Weth: Computer im Mathematikunterricht (S)

Mathematik

M. Helmerich/K. Lengnink: Einführung Mathematik Primarstufe – Geometrie (P)
K. Appell/J. Appell: Mengen – Zahlen – Zahlbereiche (P/S)
A. Büchter/F. Padberg: Arithmetik und Zahlentheorie (P/S)
A. Büchter/F. Padberg: Einführung in die Arithmetik (P/S)
A. Filler: Elementare Lineare Algebra (P/S)
H. Humenberger/B. Schuppar: Anschauliche Elementargeometrie (P/S)
H. Humenberger/B. Schuppar: Mit Funktionen Zusammenhänge und Veränderungen beschreiben (P/S)
S. Krauter/C. Bescherer: Erlebnis Elementargeometrie (P/S)
H. Kütting/M. Sauer: Elementare Stochastik (P/S)
T. Leuders: Erlebnis Algebra (P/S)
T. Leuders: Erlebnis Arithmetik (P/S)
F. Padberg/A. Büchter: Elementare Zahlentheorie (P/S)
F. Padberg/R. Danckwerts/M. Stein: Zahlbereiche (P/S)
H. Albrecht: Elementare Koordinatengeometrie (S)

H. Albrecht: Geometrie und GPS (S)
B. Barzel/M. Glade/M. Klinger: Algebra und Funktionen – Fachlich und Fachdidaktisch (S)
S. Bauer: Mathematisches Modellieren (S)
A. Büchter/H.-W. Henn: Elementare Analysis (S)
H. Kautschitsch/G. Kadunz: Elemente der Codierungstheorie (S)
B. Schuppar: Geometrie auf der Kugel – Alltägliche Phänomene rund um Erde und Himmel (S)
B. Schuppar/H. Humenberger: Elementare Numerik für die Sekundarstufe (S)
G. Wittmann: Elementare Funktionen und ihre Anwendungen (S)

P: Schwerpunkt Primarstufe
S: Schwerpunkt Sekundarstufe

Literatur

Anton, H. (1998). *Lineare Algebra*. Spektrum.

Assmus, E. F., & Key, J. D. (1993). *Designs and their codes*. Cambridge University Press.

Automation, Systems, & Group. (2022). Technische Grundlagen der Informatik, Codierung.

Bosch, S. (2008). *Lineare Algebra*. Springer.

Cramer, G., & Kamps, U. (2020). *Grundlagen der Wahrscheinlichkeitsrechnung und Statistik: Eine Einführung für Studierende der Informatik, der Ingenieur- und Wirtschaftswissenschaften* (5. Aufl.). Springer Spektrum.

Dorfer, G. (2016). *Fehlerkorrigierende Codes*. (Vorlesungsskript). https://dmg.tuwien.ac.at/dorfer/codes/Pdf_Dateien/Skriptum_2018S.pdf. Zugegriffen am 07.07.2022.

Dorninger, D. (1996). Algebraische Codierungstheorie und Compact Disc. *Elemente der Mathematik, 51*(3), 89–101.

Golay, Marcel J. E. (1949). „Notes on Digital Coding" Proc. IRE. 37: 657.

Haftendorn, D. (2016). *Mathematik sehen und verstehen* (2. Aufl.). Springer Spektrum.

Hauck, P., (2005). *Codierungstheorie*. (Vorlesungsskript). https://www.math.uni-bielefeld.de/~baumeist/Codierungstheorie/hauck-Codierungstheorie-1.pdf. Zugegriffen am 24.08.2023.

Internet. (o.J.). *Asciicode Tabelle*. https://web.alfredstate.edu/faculty/weimandn/miscellaneous/ascii/ascii_index.html. Zugegriffen am 23.11.2022.

Internet. (o.J.). *Logopädie*. http://www.logopaedie-eichler.com/Interessantes.html. Zugegriffen am 19.08.2021.

Internet. (o.J.). *Wichtigkeit der Rechtschreibung?* http://bsti.be/newsletter/dokumente/20140112/Echtkrass.pdf. Zugegriffen am 19.08.2021.

Jänich, K. (1991). *Lineare Algebra*. Springer.

Kurzweil, H. (2007). *Endliche Körper*. Springer.

Lipschutz, S. (1990). *Lineare Algebra: Theorie und Anwendung*. McGraw-Hill.

Manz, O. (2017). *Fehlerkorrigierende Codes*. Springer Vieweg.

McEliece, R. J. (1985). The reliability of computer memories. *Scientific American, 252*(1), 88–95.

Padberg, F., & Büchter, A. (2018). *Elementare Zahlentheorie* (4. Aufl.). Springer Spektrum.

Pohlmann, K. C. (1994). *Compact-Disc-Handbuch: Grundlagen des digitalen Audio, technischer Aufbau von CD-Playern, CD-Rom, CD-I, Photo-CD* (M. Schaefer, Trans.). IWT.

Reed, I. S., & Solomon, G. (1960). Polynomial codes over certain finite fields. *Journal of the Society for Industrial and Applied Mathematics, 8*(2), 5.

Reiss, K., & Schmieder, G. (2007). *Basiswissen Zahlentheorie*. Springer.

H. Kautschitsch, G. Kadunz, *Elemente der Codierungstheorie*, Mathematik Primarstufe und Sekundarstufe I + II, https://doi.org/10.1007/978-3-662-67520-5

Schafmeister, O., & Wiebe, H. (1978). *Grundzüge der Algebra*. B.G. Teubner.
Schulz, R.-R. (1991). *Codierungstheorie*. Friedrich Vieweg.
Shier, W. K. T. (1999). *Applied mathematical modelling*. CRC Press.
Wan, Z.-X. (2003). *Lectures on finite fields and Galois rings*. Word Scientific.
Wikipedia. (o.J.). *Algorithmus* (Internetenzyklopädie). https://de.wikipedia.org/wiki/Algorithmus. Zugegriffen am 27.02.2023.
Wikipedia. (o.J.). *Fehlerkorrekturverfahren* (Internetenzyklopädie). https://de.m.wikipedia.org/wiki/Fehlerkorrekturverfahren. Zugegriffen am 16.11.2022.
Wikipedia. (o.J.). *Hamming-Code* (Internetenzyklopädie). https://de.wikipedia.org/wiki/Hamming-Code. Zugegriffen am 22.08.2023.
Wikipedia. (o.J.). *Syndrom* (Internetenzyklopädie). https://de.wikipedia.org/wiki/Syndrom. Zugegriffen am 24.03.2022.
Wittmann, E. (1997). *Grundfragen des Mathematikunterrichts*. Vieweg.

Weiterführende Literatur

Dorninger, D., & Müller, W. (1984). *Allgemeine Algebra und Anwendungen*. Teubner.
Gilbert, W. (1976). *Modern Algebra with Applications*. Wiley.
Hauck, P. (2005). *Codierungstheorie*. (Vorlesungsskript). https://www.math.uni-bielefeld.de/~baumeist/Codierungstheorie/hauck-Codierungstheorie-1.pdf. Zugegriffen am 24.08.2023.
Internet. (o.J.). *Codierungen. Technische Grundlagen der Informatik* (Manuskript. TU-Wien). https://docplayer.org/20611169-03-codierungen-technische-grundlagen-der-informatik.html. Zugegriffena m 09.11.2022.
Lidl, R., & Pilz, G. (1982). *Angewandte abstrakte Algebra* (Bd. 2). BI-Wissenschaftsverlag.
Lidl, R., & Pilz, G. (1998). *Applied abstract algebra*. Springer.
Manz, O. (2017). *Fehlerkorrigierende Codes*. Springer Vieweg.
Van Lint, J. (1999). *Introduction to coding theory* (Lehrbuch). Springer.
Willems, W. (2008). *Codierungstheorie und Kryptographie*. Birkhäuser – Springer.

Stichwortverzeichnis

H. Kautschitsch, G. Kadunz, *Elemente der Codierungstheorie*, Mathematik Primarstufe und Sekundarstufe I + II, https://doi.org/10.1007/978-3-662-67520-5

Printed in the USA
CPSIA information can be obtained
at www.ICGtesting.com
CBHW080429281024
16500CB00006B/231